非能动压水堆核电厂
用户要求文件

中 国 核 能 行 业 协 会
上海核工程研究设计院股份有限公司 编著

中国原子能出版社

图书在版编目（CIP）数据

非能动压水堆核电厂用户要求文件 / 中国核能行业协会，上海核工程研究设计院股份有限公司编著. -- 北京：中国原子能出版社，2024.4

ISBN 978-7-5221-3358-4

Ⅰ. ①非… Ⅱ. ①中… ②上… Ⅲ. ①压水型堆-核电厂-技术要求 Ⅳ. ①TM623.91

中国国家版本馆 CIP 数据核字(2024)第073819号

非能动压水堆核电厂用户要求文件

出版发行	中国原子能出版社（北京市海淀区阜成路 43 号　100048）
责任编辑	胡晓彤
责任印制	赵　明
装帧设计	侯怡璇
印　　刷	北京中科印刷有限公司
开　　本	787 mm×1092 mm　1/16
印　　张	27.5　　**字　数**　652 千字
版　　次	2024 年 4 月第 1 版　2024 年 4 月第 1 次印刷
书　　号	ISBN 978-7-5221-3358-4　　**定　价**　**188.00 元**

发行电话：010-68452845

《非能动压水堆核电厂用户要求文件》编制组

主　　编： 张廷克　中国核能行业协会副理事长兼秘书长
卢洪早　国家电力投资集团有限公司副总经理、上海核工院董事长
首席专家： 叶奇蓁　中国工程院院士、中国核能行业协会专家委员会主任
副 主 编： 颜　岩　上海核工程研究设计院股份有限公司党委书记
王明弹　上海核工程研究设计院股份有限公司总经理
严锦泉　原上海核工程研究设计院股份有限公司副总经理，总工程师
顾申杰　上海核工程研究设计院股份有限公司副总监
王煦嘉　上海核工程研究设计院股份有限公司副总监
李焕荣　国核电力规划设计研究院股份有限公司副总工程师
刘军良　国家电力投资集团有限公司首席专家
郝宏生　国电投核能有限公司董事长、党委书记
牛文华　中广核工程公司副总工程师
唐伟宝　上海电气核电集团有限公司首席科技专家
邹　杰　东方电气集团有限公司核能事业部副总经理
叶勇健　华东电力设计院有限公司副总经理、总工程师

专家委员会： 叶奇蓁　赵成昆　徐玉明　汤　搏
编写组组长： 张怀远
编写组副组长： 郑　焱　施健锋　倪依雨　潘如东　李　雷　程会方　贺　颖　苏　成
文　霞　徐慧玲　韩　鹏　任利国　林海燕
编写组成员： （按姓氏笔画排序）
丁　阳　丁宗华　于东国　马中杰　马旭升　马　涛　马　娟　马　骏
马渊睿　王永东　王弘昶　王赤虎　王丽华（上海院）　王丽华（国核院）
王　玥　王佳赟　王　珂　王　亮　王　奕　王梦琪　王　琪　王　静
巨文飞　毛兰方　仇永萍　邓晶晶　艾　明　艾鸿涛　左　波　卢俊强
卢燕芸　叶剑云　史骁辰　付亚茹　付　鹏　印舒蔚　乐秀辉　包堂堂
冯玉萍　冯旦韦　冯　磊　宁　冬　匡洪波　曲海涛　吕兴兵　吕奎明
朱立群　朱来叶　朱　良　朱健尧　伊成龙　刘　东　刘永骏　刘召平
刘　刚　刘　伟　刘　冰　刘　杰　刘建文　刘春丽　刘　洁　刘　洋
刘　勇　刘海滨　刘润发　刘　展　刘晶晶　闫　飞　江国焱　江　浩
汤福平　许以全　许志红　许孟轩　许娇丽　孙大威　孙志强　孙明军
孙学伟　孙拳砣　孙　浩　孙靖雅　花羽超　严经星　苏　夏　杜风雷

杜东旭	杜东晓	杜炎刚	李天吟	李天斌	李成武	李传庆	李闰生
李良浩	李　玲	李　挺	李彦峰	李晓滢	李　涛	李悦溪	李梦芝
李　翔	李　强	李　雷	李肇华	李　震	杨义忠	杨文泽	杨亚军
杨英豪	杨彦如	杨　洋	杨　磊	吴　双	吴　健	邱志靓	何艳红
何湘杰	余建辉	邹建兵	应秉斌	沙正峰	沈建宇	沈　翔	宋春景
宋　磊	宋　霏	张可丰	张东生	张　兴	张守卫	张志超	张　贤
张明辉	张政铭	张俊宝	张　亮	张振华	张振雨	张海峰	张淑侠
张淑慧	张琴芳	张静华	张赫男	张　锴	陆天庭	陆　辉	陈加荣
陈宇清	陈　松	陈明瑾	陈　孟	陈　战	陈嘉彧	陈　露	邵　舸
邵雅坤	武心壮	范　韬	林宇清	林骁元	林智勇	卓钰诚	易小勇
罗　刚	罗伟涛	罗海涛	周文霞	周　红	周　杨	周劭冲	周　莹
周　彬	周　焱	庞　锋	郑　伟	郑　华	郑何晔岚	郑铁雄	郑毅斌
赵莹玉	赵福贵	郝国锋	胡小洁	胡军涛	胡　娜	胡跃华	钟　云
钟　华	俞　平	施　锦	姜富世	姜　震	姚旭栋	姚梦凯	秦玉龙
袁　芳	袁　骞	都立国	耿　韬	聂黎明	桂璐廷	贾文杰	顾明伟
顾春辉	顾　钰	党　宇	党哈雷	倪星霞	徐　刚	徐传力	徐　进
徐进财	徐时吟	徐磊磊	殷海峰	奚梅英	翁晨阳	高圣钦	高　淳
郭丹丹	唐伟华	唐建文	浦　恺	黄小林	黄冬艳	黄若涛	黄　俊
黄祥明	黄程鹏	黄　磊	黄镜宇	梅　乐	梅其良	曹克美	曹　迪
曹　震	曹德嘉	戚佳杰	戚展飞	龚碧颖	崔艳艳	崔满满	巢孟科
彭　博	董文曙	董鸿杰	景　弋	喻子良	喻章程	舒华安	鲁春华
童　浩	温　欣	谢红军	谢晶晶	詹文辉	解明远	骞宏伟	蔡　宙
臧小川	廖　娟	谭文姬	谭鹏程	黎　明	黎　辉	潘新新	薛鸿元

目　录

0 术语定义及缩略语

0.1 术语定义

《非能动压水堆核电厂用户要求文件》中涉及的相关术语定义如下。

（1）正常运行 normal operation

核电厂在规定的运行限值和条件范围内的运行。

（2）预计运行事件 anticipated operational occurrence

在核电厂运行寿期内预计至少发生一次的偏离正常运行的各种运行过程；由于设计中已采取相应措施，这类事件不至于引起安全重要物项的严重损坏，也不至于导致事故工况。

（3）设计基准事故 design basis accident

导致核电厂事故工况的假设事故，这些事故的放射性物质释放在可接受限值以内，该核电厂是按确定的设计准则和保守的方法来设计的。

（4）设计扩展工况 design extension condition

不在设计基准事故考虑范围的事故工况，在设计过程中应该按最佳估算方法加以考虑，并且该事故工况的放射性物质释放在可接受限值以内。设计扩展工况包括没有造成堆芯明显损伤的工况和堆芯熔化（严重事故）工况。

（5）严重事故 severe accident

严重性超过设计基准事故并造成堆芯明显恶化的事故工况。

（6）非能动系统 passive system

依靠自然力（如重力或自然循环）或蓄能（如蓄电池或压缩流体）等来完成功能的系统。

（7）能动系统 active system

依靠泵、风机或柴油机等能动部件来完成功能的系统。

（8）非能动核电厂 passive nuclear power plant

依赖非能动系统完成设计基准工况下全部安全功能的核电厂。

（9）假设始发事件 postulated initiating event

设计期间确定的可能导致预计运行事件或事故工况的假设事件。

（10）可控状态 controlled state

一种核电厂状态，即在发生预计运行事件或事故工况后，核电厂能够保证并维持基本安全功能，以便有足够的时间采取有效措施使其达到安全状态。

（11）安全状态 safe state

核电厂在发生预计运行事件或事故工况后，反应堆处于次临界，并能够保证基本安全功能且长期保持稳定的状态。

（12）单一故障 single failure

导致单一系统或部件不能执行其预定安全功能的一种故障，以及由此引起的各种继发故障。

（13）共因故障 common cause failure

由特定的单一事件或起因导致两个或多个构筑物、系统或部件失效的故障。

(14) 多样性 diversity

为执行某一确定功能设置两个或多个多重部件或系统，这些不同部件或系统具有不同属性，从而减少了共因故障的可能性。

(15) 陡边效应 cliff edge effect

在核电厂中，由微小变化的输入引发核电厂状态的重大突变。例如，由参数微小的偏离导致核电厂从一种状态突变到另一种状态的严重异常行为。

(16) 最终热阱 ultimate heat sink

即使所有其他的排热手段已经丧失或不足以排出热量时，总是能够接受核电厂所排出余热的一种介质。

(17) 非居住区 exclusion area

指反应堆周围一定范围内的区域，该区域内严禁有常住居民，由核电厂的营运单位对这一区域行使有效的控制，包括任何个人和财产从该区域撤离；公路、铁路、水路可以穿过该区域，但不得干扰核电厂的正常运行；在事故情况下，可以作出适当和有效的安排，管制交通，以保证工作人员和居民的安全。在非居住区内，与核电厂运行无关的活动，只要不影响核电厂正常运行和危及居民健康与安全是允许的。

(18) 规划限制区 planning restricted area

指由省、自治区、直辖市人民政府确认的与非居住区直接相邻的区域，并经国务院核安全监督管理部门同意后实施。规划限制区内应对可能影响核电厂运行安全和应急计划实施的设施或项目建设进行限制，包括限制具有潜在危险的工业设施和大规模的人口机械增长，以保证核电厂运行安全和考虑事故应急状态下采取适当防护措施的可行性。

(19) 放射性流出物 radioactive effluents

通常情况下，核电厂以气体、气溶胶、粉尘和液体等形态排入环境并在环境中得到稀释和弥散的放射性物质。

0.2 缩略语

《非能动压水堆核电厂用户要求文件》中涉及的相关缩略语如表 0.2-1 所示。

表 0.2-1 相关缩略语

序号	缩略语	中文	英文
1	BOP	电厂配套设施	Balance of Plant
2	CDF	堆芯损伤频率	Core Damage Frequency
3	CFR	美国联邦法规	Code of Federal Regulations
4	DBF	设计基准洪水	Design Basis Flood
5	DBA	设计基准事故	Design Basis Accident
6	DEC	设计扩展工况	Design Extension Condition
7	DNBR	偏离泡核沸腾比	Departure from Nucleate Boiling Ratio
8	D-RAP	设计可靠性保证大纲	Design Reliability Assurance Program
9	EMC	电磁兼容性	Electromagnetic Compatibility
10	FCD	第一罐混凝土浇注日期	First Concrete Date

续表

序号	缩略语	中文	英文
11	HVAC	供暖通风与空气调节	Heating, Ventilation and Air Conditioning
12	LBB	破前先漏	Leak-Before-Break
13	LLE	低水平地震	Low Level Earthquake
14	LOCA	反应堆冷却剂丧失事故	Loss of Coolant Accident
15	LOOP	丧失厂外电	Loss of Offsite Power
16	LRF	大量放射性释放频率	Large Release Frequency
17	MCR	主控制室	Main Control Room
18	MSLB	主蒸汽管道破裂	Main Steam Line Break
19	NPSH	净正吸入压头	Net Positive Suction Head
20	NSSS	核蒸汽供应系统	Nuclear Steam Supply System
21	OBE	运行基准地震	Operating Basis Earthquake
22	PGA	峰值地面加速度	Peak Ground Acceleration
23	PSA	概率安全分析	Probabilistic Safety Assessment
24	RTNSS	非安全相关系统补充管理要求	Regulatory Treatment of Non-safety related Systems
25	SGTR	蒸汽发生器传热管破裂	Steam Generator Tube Rupture
26	SMA	抗震裕度评价	Seismic Margin Analysis
27	SPV	单点失效	Single Point Vulnerability
28	SSC	构筑物、系统和部件	Structure, System and Component
29	SSE	安全停堆地震	Safety Shutdown Earthquake

1 顶层原则和要求

本章简述了《非能动压水堆核电厂[①]用户要求文件（PUR）》编制的背景、目的和框架，着重阐明了非能动核电厂的顶层原则和要求，定义了非能动核电厂所应遵循的指导思想及机组所应具备的基本特征，此外还给出了非能动核电厂的项目实施说明。

1.1 引言

1.1.1 背景

作为先进核电厂的主要特征，非能动核电厂利用非能动特性，即依靠工质自然循环、蒸发和冷凝等自然驱动力，以及标高差、压缩空气和蓄电池储能等，而不依赖于泵、风机和柴油发电机等能动部件和设备冷却水、HVAC及交流电源等支持系统，在设计基准工况下执行安全功能，以简化电厂设计，提升机组安全性和经济性，增强市场竞争力。

从2007年我国引入AP1000以来，历经十多年，通过技术转让、消化吸收、研发设计，以及AP1000依托项目、CAP1000后续项目和“国和一号”示范项目的工程实践，非能动核电厂技术在国内不断发展和进步，目前已成为我国三代核电堆型体系中重要的组成部分。

为了进一步提炼和总结我国非能动核电厂工程研发、设计、建造和运行的实践经验，统一用户要求，规范后续非能动核电厂的设计建造活动，制定《非能动压水堆核电厂用户要求文件》[②]。

1.1.2 目的

PUR旨在形成体现用户关切的一整套完整配套、成熟合理、明确易行的非能动核电厂技术目标要求文件，其是连接法规标准与核电工程设计交付及实施文件的桥梁，用于规范、统一、指导和协同非能动核电厂设计建造活动。

1.1.3 文件结构框架

PUR框架分为以下三个层次：

(1) 第一层次为非能动核电厂实施应遵循的顶层原则和顶层要求。

(2) 第二层次为非能动核电厂实施的总体要求，包括安全设计、性能设计、结构设计、材料、可靠性和可用性、建造和可建造性、可运行性和可维修性、质量保证、执照申请、设计过程、机械设备设计和设备状态监测等，同时以附录的形式给出了概率安全分析和经济性评价的相关要求，并对非能动核电厂的特殊设计进行说明。

(3) 第三层次为非能动核电厂实施的具体要求，给出核电厂构筑物、系统和

① 这里的非能动压水堆核电厂仅涉及中大型反应堆，不包含小型反应堆的概念；同时为叙述方便，后文将“非能动压水堆核电厂”简称为“非能动核电厂”。

② 本文件基于国内外当前非能动压水堆核电厂的工程实践和技术前瞻制定，后续将视国内非能动技术要求和状态更新情况适时进行升版。

部件（SSC）层级的要求，包括反应堆系统、反应堆冷却剂系统及其相连系统、安全系统、燃料装卸和贮存系统、电厂冷却系统、电厂支持系统、仪表和控制系统、电气系统、放射性废物处理系统、蒸汽和动力转换系统等，并提出厂房设计与布置的相关要求。

1.2 顶层原则

本节给出非能动核电厂的顶层原则，这些设计理念和原则方法是指导开展非能动核电厂实施的基础。

基于国内外核电厂用户需求，结合安全监管当局关注的方面，非能动核电厂应遵循的顶层原则包括：纵深防御、非能动安全、设计简化、设计裕量、人因设计、标准化、许可证稳定性、成熟技术、可运维性、可建造性、质量保证、经验反馈、经济性、实物保护、环境友好性、运行灵活性、老化管理、退役考虑及风险指引等。

1.2.1 纵深防御

非能动核电厂应充分贯彻纵深防御概念，设置一系列的实体屏障（燃料基体、燃料包壳、反应堆冷却剂系统压力边界和安全壳），并提供一系列多层次的防御，防止事故对人员和环境造成危害。

（1）第一层次的防御是防止偏离正常运行及防止系统故障。这要求按照恰当的质量水平和经验证的工程实践，正确并保守地对核电厂进行选址、设计、建造和运行。

（2）第二层次的防御是及时检测和控制偏离正常运行状态，以防止预计运行事件升级为事故工况。这要求在设计中设置特定的系统和设施，通过安全分析确认其有效性，并制定运行规程以防止这些始发事件的发生，或尽量减小其造成的后果，使电厂回到安全状态。

（3）第三层次的防御是基于以下假定：尽管极不可能，某些预计运行事件或假设始发事件的升级仍有可能未被前一层次防御所制止，从而演变成事故。在电厂设计中，假定这些事故会发生。这就要求必须通过固有安全特性和（或）专设安全设施、安全系统和规程，防止造成反应堆堆芯损伤或需要采取场外干预措施的放射性释放，并能使电厂回到安全状态。

（4）第四层次的防御目的是减轻第三层次纵深防御失效所导致的事故后果。通过控制事故进展和减轻严重事故的后果来实现第四层次的防御。安全目标是在严重事故下仅需要在区域和时间上采取有限的防护行动，且避免场外放射性污染或将其减至最小。这要求可能导致早期放射性释放或者大量放射性释放的事件序列被实际消除。

（5）第五层次，即最后层次的防御目的是减轻可能由事故工况引起的潜在放射性释放造成的放射性后果。该层次要求配备恰当的应急设施，制定用于场内、场外应急响应的应急计划和应急程序。对于非能动核电厂，应为简化场外应急提供技术条件。

1.2.2 非能动安全

非能动核电厂应采用非能动安全系统，以非能动方式完成设计基准工况下的反应性控制、衰变热排出和放射性包容等安全功能，以保证核电厂安全。非能动方式是指利用自然驱动力来执行相关功能，自然驱动力包括重力、自然循环、储能（如压缩流体和蓄电池）等。非能动安全系统不依赖泵、风机或柴油发电机等能动部件，不需要交流电源、设备冷却水和HVAC等支持系统。通过非能动安全系统的应用，简化核电厂设计，减少正常运行和维护工作量；事故工况下非能动安全系统自动执行相应安全功能，在较长时间内无须操纵员干预，降低人因失误导致事故风险。

1.2.3 设计简化

设计简化作为非能动核电厂强调的设计原则，应体现在电厂设计、建造和运行各方面。没有必要的复杂设计被认为是导致核电厂诸多问题的重要原因，因此，设计简化应是非能动核电厂设计的一个重要原则。

在采用非能动安全系统对核电厂总体进行简化的基础上，设计简化还应体现在以下方面。

(1) 在满足功能需求的前提下，应使用尽可能少的系统和阀门、泵、仪表及其他机械或电气设备。

(2) 简化核电厂运行人机接口，包括采用操纵员在线诊断、简化异常/事故工况行动等。

(3) 系统和部件设计应考虑减少各种工况对操纵员的依赖。

(4) 设备设计和安装考虑维修便捷和简化。

(5) 保护逻辑和驱动系统应较能动核电厂简化。

(6) 采用标准化部件以便于运行和维修。

(7) 设计中应考虑建造便捷和简化。

1.2.4 设计裕量

设计裕量作为非能动核电厂重要的设计原则，有利于提高非能动核电厂的容错能力和耐用性。在满足安全要求的基础上增加设计裕量，有利于提高电厂安全性，同时设计裕量也有助于保障电厂运行安全和性能的提升。重要的设计裕量应包括：

(1) 避免瞬态工况下专设安全系统驱动。

(2) 为操纵员提供足够时间以评估和处理异常情况。

(3) 确保核电厂不存在陡边效应。

(4) 通过考虑设计裕量来提高系统和设备的可靠性，尽可能减少运行限值超限（如技术规格书）情况的发生，避免降功率或停运。

(5) 为核电厂60年或更长的设计寿期提供额外保障。

1.2.5 人因工程

从非能动核电厂设计初期，并贯穿整个设计过程，应在人机接口的设计上系统地考虑人因工程。

设计上应便于运行人员履行职责和完成操作，以减少人员差错并限制对安全的不利影响。设计过程应考虑核电厂布置、设备布置，以及包括维修程序和检查程序在内的有关程序，以便在各种工况下运行人员和核电厂之间进行互动。人机接口的设计应能按照决策所需时间和行动所需时间给操纵员提供全面且易于管理的信息。运行人员工作场所和工作环境的设计应符合人机工程学。

1.2.6 标准化

标准化有利于减少设计重复投入、维持许可证稳定性、降低建造成本且便于经验反馈，因此非能动核电厂应尽可能实施标准化。如设计上采用具有包络性的标准厂址参数；核岛设计做到最大标准化，具备较强的厂址覆盖性；常规岛和电厂配套设施做到尽可能标准化，减少厂址适应性的设计修改。

1.2.7 许可证稳定性

非能动核电厂设计应充分体现核安全监管的要求，具备良好的许可证稳定性。在满足标准化原则的同时，提高许可证稳定性的方面如下：

(1) 除满足现行有效的国内法规和标准并参考国际先进标准和规范外，应通过设计裕量以更好适应未来可能的安全要求变化。

(2) 在前期非能动核电厂安全审评经验的基础上，与核安全监管方形成技术共识，并在设计上体现这些共识。

此外，核电厂运行期间应当对修改过程中的各类风险进行有效管理，确保核电厂配置满足安全基准。

1.2.8 成熟技术

设计应尽可能采用经验证的工程实践，即具有工程实践的成熟技术。这里所指的成熟技术是那些已经成功应用于现有压水堆核电厂或类似运行环境并得到验证的成熟系统、设备、部件和材料，或成熟分析方法和计算机软件等。当引入未经验证的设计或设施时，应在投入使用前经过充分的试验，并在使用中进行监测，以验证达到了预期效果。

1.2.9 可运维性

非能动核电厂设计应充分考虑核电厂的可运行性和可维护性，并吸取投运核电厂运行、维修过程中的经验和教训。

(1) 核电厂的监测、控制和保护功能应采用数字化技术。

(2) 核电厂设计裕量足以应对偏离正常运行的工况。

(3) 除为了应对共因故障而采用多样性设备外，需维修的设备类型（如阀门、泵、仪表和电气设备）应尽可能少。

(4) 核电厂设计应考虑设备的可更换性（包括除反应堆压力容器外的主设备，如蒸汽发生器）。

(5) 设备的检查、监督试验和维修应尽量简便，并尽量减少维修需求。

(6) 系统布置应考虑维修方面的需要和可达性，包括设备出入、抽放空间、放置空间和重物升降等。

(7) 核电厂设计应考虑为设备的试验及维修活动提供良好的工作环境，如温度、辐照剂量、通风和照明等。

1.2.10 可建造性

应缩短非能动核电厂的建造周期，改善其可建造性。除了得益于简化的系统设备，为了实现这一目标，还应考虑如下方面。

(1) 在核岛第一罐混凝土浇筑（FCD）之前，项目主体工程设计图纸完成率达到70%，并满足后续连续施工要求。

(2) 设计中应充分考虑如何提高建造效率及建造过程中遇到的潜在问题，如为施工提供操作和布置空间、避免造成重大建造问题等。

(3) 建造中应最大可能采用先进技术，如模块化技术。模块化设计考虑将核电厂的整体系统结构根据组成特点，分割成若干可在工厂加工制造的预制模块，从而实现模块化制造和模块化施工，缩短建造工期。

1.2.11 质量保证

非能动核电厂应制定和实施质量保证大纲，对核电厂厂址选择、设计、制造、建造、调试、运行和退役等各阶段质量保证的要求作出规定。通过各方对质量保证大纲的有效执行从而确保工程质量。同时应通过执行监查制度，验证是否符合质量保证大纲的各个方面，确定大纲实施的有效性，并评价质量保证大纲实施的绩效。

1.2.12 经验反馈

非能动核电厂应建立核安全经验反馈体系，持续改进和提升机组性能：

（1）对运行事件、建造事件、其他报告事项及经验、行业良好实践和科技进步等信息进行及时筛选和评价，做好优化改进工作。

（2）及时响应国家核安全局提出的经验反馈管理要求，采用国家核安全局推荐的分析方法对事件进行调查分析，并及时向国家核安全局报告。

1.2.13 经济性

非能动核电厂设计应考虑的经济性原则如下。

（1）建造成本和发电成本在电力市场具有竞争力。

（2）开展定量化的费用不确定性评价，减少营运单位的投资风险。

（3）尽量降低投资和运营成本，以进一步改善经济性。

1.2.14 实物保护

非能动核电厂应设置实物保护系统和相关管理措施，管理程序和响应力量。防止对核材料的盗窃、非法转移和利用，以及对核设施的蓄意攻击和破坏。实物保护系统设计根据保护目标实施分级分区防护，并配置相应的设备和响应力量，具有防止蓄意破坏的能力和探测、延迟及响应蓄意破坏行动的能力。

1.2.15 环境友好性

非能动核电厂设计应满足环境友好性原则。

（1）环境友好性原则首先应体现在核电厂对于环境及周围居民是友好的。为了满足这一原则，采取合理可行技术措施从源头上尽量减少废物产生量，限制核电厂在正常运行情况下的放射性释放，包括固态放射性废物包装量、液态及气态放射性流出物的排放量。此外，有害化学废物的释放量也应尽量少，且满足国家法律法规及标准要求。

（2）环境友好性原则还应体现在核电厂能够安全稳定运行，对当地经济发展作出贡献，同时应采用美观的建筑设计风格。

（3）核电厂应具有完备的事故预防和缓解措施以限制并降低事故工况下放射性物质向环境的释放。

1.2.16 运行灵活性

基于核电后续的发展、应用的方向和趋势，非能动核电厂设计应在基荷电源功能的基础上考虑具备一定的运行灵活性，包括开展核能多用途利用及参与电网调峰调频。

（1）如果可能，具体厂址设计中可结合业主需求开展核能多用途利用，如居民供热、工业供汽、海水淡化和核能制氢等。

（2）非能动核电厂设计上应有一定的调峰调频能力，为参与电网市场辅助服务提供技术基础。

1.2.17 老化管理

设计中应为所有安全级 SSC 提供适当的裕度，以便考虑老化和磨蚀机理，以及与服役期有关的可能的性能劣化，从而保证这些 SSC 在其整个设计寿期内能够执行所必需的安全功能。应对所有正常运行工况、试验、维修、维修停役，以及在假设始发事件中和其后的核电厂状态下的老化和磨损效应进行考虑，并采取监测、试验、取样和检查措施，以便评价设计阶段预计的老化机理和鉴别在使用中可能发生的预计不到的情况或性能劣化。

1.2.18 退役考虑

在非能动核电厂设计阶段，应专门考虑便于核电厂退役和拆除的特性。在设计中应适当考虑：

(1) 材料的选取，以使放射性废物量尽实际可能地少，并便于去污。

(2) 必要的可达性和可操作性。

(3) 管理（例如分离或分拣、表征、分类、预处理、处理和整备）和贮存核电厂在运行过程中产生的放射性废物所需的设施，以及管理核电厂在退役时所产生的放射性废物的措施。

1.2.19 风险指引

非能动核电厂应持续开展风险指引方法在核电厂设计中的应用及风险指引型综合决策技术应用，优化设计和资源配置，加强核安全管理决策科学性；通过设计可靠性保证和发电风险管理等活动保证电厂的可靠性；建立并实施核电厂维修有效性评价体系和核电厂配置风险管理体系，进一步提升核电厂安全水平。

1.3 顶层要求

基于1.2节提出的顶层原则，结合三代核电的基本指标和要求，本节从安全性、经济性、性能、可建造性和设计过程提出非能动核电厂的顶层要求，从顶层目标层面确保非能动核电厂在电力市场中的竞争力。

1.3.1 安全性

从事故预防、设计基准工况应对及设计扩展工况应对三个层次给出安全性相关的顶层要求。

1.3.1.1 事故预防要求

1）通过设计简化提高系统可靠性。

2）设计上应有较大的裕量：

(a) 燃料设计热工裕量宜不小于15%。

(b) 较大的稳压器容积和蒸汽发生器二次侧装量。

3）反应堆设计应满足所有功率运行工况下慢化剂反应性系数为负值。

4）根据广泛的运行经验，采用可用的最佳材料和水化学技术。

5）泄漏探测、振动和其他潜在问题采用最佳的诊断监控技术。

1.3.1.2 设计基准工况应对要求

1）应根据电厂设计特性评估识别假设始发事件，确定设计基准工况清单，并采用经安全监管当局认可的保守的、或最佳估算加不确定性的计算方法和假设开展分析。

2）设计基准工况条件下，设置相应的非能动安全系统对事故进行预防和缓解，在事故后72 h内执行电厂安全功能，过程中不依赖于泵、风机和柴油发电机等能动部件和设备冷却水、HVAC及交流电源等支持系统。

3）设计基准工况下，事故后至少72 h内操纵员可不进行干预，电厂仍能维持安全，不发生堆芯损伤。

4）设置足够能力的安全壳及安全壳冷却措施，在设计基准工况下导出堆芯热量并包容放射性物质。

5）设置氢气复合器控制设计基准工况期间及之后安全壳内氢气浓度。

6）应充分利用非安全级能动系统的功能，提高纵深防御设防水平。

1.3.1.3 设计扩展工况应对要求

1）设计上应有能力应对不在设计基准工况考虑范围内的选定事故（即设计扩展工况），避免不可接受的放射性后果。

2）设计上需考虑这些设计扩展工况，

并针对这类事故制定切实可行的预防和缓解措施，如：

(a) 设置多样化驱动系统应对保护和安全监测系统共因失效。

(b) 设置可靠的卸压系统防止高压熔堆。

(c) 设置氢气控制系统，能在相当于100%堆芯活性区燃料包壳锆水反应产氢量的条件下，控制安全壳内氢气浓度，避免威胁安全壳完整性的氢气爆燃或爆炸的发生。

(d) 采用熔融物滞留措施，防止压力容器熔穿或安全壳底板熔穿。

(e) 设置可靠的安全壳冷却措施，防止安全壳超压，并考虑措施防止安全壳旁通和晚期失效。

3) 缓解堆芯熔化设计扩展工况的设施尽实际可能地与应对设计基准的安全系统独立。

4) 预防和缓解设计扩展工况的设施能在预计的环境条件下执行预期功能，并具有与要求其实现的功能相符的可靠性。

5) 具备抗商用飞机恶意撞击能力，对于特定机型飞机恶意撞击下，核电厂的设计可以维持反应堆堆芯的冷却或安全壳的完整性，以及乏燃料水池的完整性或乏燃料的冷却。

6) 应开展功率运行和停堆工况下，内、外部事件的一、二级概率安全分析(PSA)：

(a) 堆芯损伤频率低于1×10^{-5}/堆年。

(b) 大量放射性物质释放频率低于1×10^{-6}/堆年。

1.3.1.4 其他要求

1) 非能动安全系统执行设计基准工况安全功能的任务时间定义为72 h；72 h后可利用厂内设施和厂外支援等持续维持电厂安全功能。

2) 设计上考虑在假想的一定尺寸(如<DN150 mm) 反应堆冷却剂系统破口事故下不会发生堆芯裸露。

3) 非能动核电厂设计应为厂外应急简化提供技术基础。

1.3.2 经济性

本文件要求确保非能动核电厂的单位千瓦投资和发电成本与当前国内外其他三代堆型相比具有竞争力。在机组负荷因子达到80%的前提下，与沿海省份新建百万千瓦级燃煤机组相比具有竞争力。

1.3.3 性能

性能相关的顶层设计要求将按照五个方面进行规定：第一方面是电厂特征参数，如机组功率和设计寿命；第二方面是机组机动性和瞬态响应能力，如启动、停堆和负荷跟踪；第三方面是可靠性和可用性要求；第四方面包括可运行性、可维修性和可试验性要求；第五方面是人机接口要求。

1.3.3.1 电厂特征参数

电厂特征参数的顶层设计要求如下。

1) 非能动核电厂应为中大型机组，发电功率在300 ~1 800 MW。

2) 电厂设计寿命应不低于60年。

3) 应具有18~24个月换料周期运行的能力。

4) 燃料机械设计燃耗限值宜不低于60 000 MWd/tU。

5) 放射性废物处理系统和辐射屏蔽的设计基准应满足法规标准要求的燃料破损率要求。对于正常运行性能评估，燃料破损率取0.25%。

6) 正常运行情况下，单台百万千瓦级机组的放射性固体废物包年产生量不宜超过 50 m^3/堆年。

7）在核电厂寿期内职业照射平均集体剂量宜不超过 0.7 人·Sv/堆年。

1.3.3.2 机组机动性和瞬态响应能力

非能动核电厂机动性和非事故瞬态响应能力的顶层设计要求如下。

1）电厂应有能力在 24 h 内将机组从冷停堆状态提升至全温全压的热备用状态，同样地，也能够在 24 h 内将机组从全温全压的热备用状态冷却至冷停堆状态。

2）应具有日负荷跟踪能力，负荷跟踪过程可不通过调硼实现。

3）应具有一定的调频能力，具体调频性能要求需结合电网运行需求和核电设备能力确定。

4）应能接受满功率运行甩负荷到最小厂用电负荷，而不触发反应堆停堆、汽轮机停机，且不触发稳压器或蒸汽发生器安全阀动作。

1.3.3.3 可靠性和可用性

非能动核电厂可靠性和可用性的顶层设计要求如下。

1）电厂的年平均可用率应大于 90%。

2）电厂设计的正常换料停堆不大于 17 天，按 24 h 为 1 生产天计算。

3）非计划停堆应小于 1 次/堆年。为响应这一要求，停堆系统应在满足安全的前提下选取最小化的参数组合，同时考虑在正常运行带与停堆整定值之间预留充足裕量。

4）非安全级能动反应堆冷却剂的补给能力应满足一定尺寸（如 9.5 mm）的破口泄漏。

1.3.3.4 可运行性、可维修性和可试验性要求

非能动核电厂可运行性、可维修性和可试验性的顶层设计要求如下。

1）为了方便运行，非能动核电厂应运用数字化技术实现电厂的监测、控制和保护功能，同时考虑异常工况宽裕响应、设计裕量及操纵员工作环境舒适性。

2）设计中应考虑以往运行电厂的运行和维修存在的问题并进行优化。

3）贯彻设计简化总体要求，应尽量通过标准化来减少阀门、泵、仪表和电气等设备的类型，这不包括为防共因失效而需考虑多样性设计的设备。

4）在确保设计可用率目标的前提下，电厂设计应考虑设备更换便利，包括主设备，如蒸汽发生器等。

5）设备设计应尽量减少和简化维修需求，对于必要的维修应考虑便利性。

6）系统布置应考虑维修需求，如出入通道、抽拉空间、放置空间及重物吊装等。

7）应确保为设备维修和试验提供温度、剂量、通风和照明等工作条件。

8）设计应考虑为电厂维修活动中机器人的使用提供便利性，这些措施包括设置移动空间、进出设备通道、机器人通讯、机器人储存和去污等。

9）在役试验的设计应测量简单并能直接反映系统性能参数，同时最好能在电厂功率运行期间开展从而避免增加计划停堆期间的工作任务。机械和电气系统设计应避免造成电厂停运，电厂设备和布置应简化和便于监督试验。在合理情况下宜增加试验间隔。如果必须在停堆期间开展某项监督试验，设计上应确保其不会成为停堆换料的关键路径。

10）专设安全相关的保护和控制系统设计应确保一个保护通道试验或旁通时，电厂仍可正常安全运行；一个继发的单一

故障不会造成电厂停堆。

11）应简化试验和维修相关的人机接口，如尽可能采用自检和自动试验等。

12）设计中可考虑为核电厂配置智能化运维应用，以提供更加全面的机组状态监测、设备故障诊断及预防性维修等信息。

13）核电厂运行过程应建立维修有效性评价体系（即维修规则），以更加合理、有效地提高设备的可靠性；同时建立核电厂配置风险管理体系，以对核电厂多重系统或设备失效进行有效管理。

1.3.3.5 人机接口要求

非能动核电厂人机接口要求的顶层设计要求如下。

1）提供监测、控制和保护功能的仪控系统应采用数字化技术，包括使用光纤技术。数字通信技术可应用于包括安全功能在内的任何功能，这可以降低电厂电缆敷设成本和复杂度。

2）保护和安全系统应按法规要求进行分组并实施隔离。此外，电厂控制和监测的主要功能也应综合考虑功能的分组、组内冗余设备的分隔和设置容错设备，以获得较高的可靠性，并避免故障在冗余设备和分组之间传递。

3）人机接口设计应与电厂其他设计集成，同时使用实体模型、动态仿真，以及运行和维修人员经验作为输入，进行设计迭代。

4）主控制室应设计为可由 2 名操纵员和 1 名高级操纵员进行所有电厂模式的运行，同时在应急情况下应有足够空间布置容纳 11 人。

5）主控制室应提供冗余配置、带多个显示和控制设备的操纵员操作站，提供报警、显示和控制功能。每个操作站应能执行主控制室的所有功能，并支持根据操纵员职责进行分配。此外，主控制还应配置一个值长操作站。

6）主控制室应利用计算机技术为趋势信息、数据有效性、报警优先级和报警管理、动态的计算机化规程等方面提供更好的支持。

7）主控制室应设置大屏幕，提供包含设备状态、电厂参数和重要报警的电厂总貌显示。

8）应为主控制室提供舒适、适宜的工作环境，包括照明、HVAC、噪声和色彩等方面，从而提高操纵员工作效率和注意力。

9）就地和独立控制系统设计应采用与主控制室类似的方式进行，严格程度应根据其功能重要性确定，同时应采用一致的标签和命名规则。特别应注意可视性、颜色编码、图例使用、通道、照明和通信等。

10）非能动核电厂的主控制室应确保设计基准工况（除了需撤离主控制室的事件，如主控制室火灾等）下具备事故后监测能力。即使失去全部交流电，在没有外部支援的情况下主控制室功能可维持 72 h。

1.3.4 可建造性

非能动技术核电厂的可建造性顶层设计要求包含如下几个方面：建造工期和设计进度要求；设计与建造协同的要求；先进建造技术的要求；一体化建造规划和计划的要求；确保建造正确性和合理性的要求。可建造性的政策原则是能制订一份充分吸取参考电厂经验反馈的、切实可行、体现先进施工技术的施工计划。

1.3.4.1 建造工期和设计进度要求

建造工期和对设计进度要求应有一些关键的量化指标。下面给出 1 250 MW 和

1 500 MW 功率等级非能动机组的目标工期要求。

非能动 1 250 MW 机组从 FCD 到具备商运条件工期目标 54 个月，根据对具体项目厂址条件、设计图纸进展情况、设备厂家产能情况、承包商资源情况和现场实际情况等内外部风险因素充分评估分析的基础上，在 52～56 个月区间内确定合理目标工期。

非能动 1 500 MW 机组从 FCD 到具备商运条件工期目标 56 个月，根据对具体项目厂址条件、设计图纸进展情况、设备厂家产能情况、承包商资源情况和现场实际情况等内外部风险因素充分评估分析的基础上，在 54～58 个月区间内确定合理目标工期。

对设计进度的要求中最重要的指标是在 FCD 之前，项目主体工程设计图纸完成率达到 70%，并满足后续连续施工要求。同时厂家应尽快完成涉及设备性能参数的设计，以便支撑工程设计。

1.3.4.2 设计与建造的协同

应有相应的体制机制和流程确保设计与建造协同。设计与建造的协同应满足如下关键要求。

1）建造人员应参与机组的设计过程，使得可建造性（可建造性包括但不限于施工工艺、临时措施、作业现场的可操作性和模块化施工等方面）的相关要求都能在设计中得到充分考虑并落实。

2）设计应充分考虑施工和调试的简化性和便利性。例如有对某些设备和某些材料采购的规定、有充足施工空间和通道的规定、临建和临时设施的规定。

3）应尽量采用标准件，注明标准件的型号、尺寸、安装细节，以提高生产效率和减少材料的浪费。

4）应详细注明可接受的最终施工允许偏差，减少不必要的返工，提高工作效率。应充分考虑设备制造、土建与安装允许公差（偏差）之间的协调与匹配。

5）充分评估设计是否吸收了参考电厂中由设计导致施工问题的相关经验反馈。

6）设计应有对施工环境与本质安全的考量。

1.3.4.3 先进建造技术

设计中应包含使用先进建造技术的规定，以提高可建造性。设计中体现将更有利于先进施工技术的推进，同时先进建造技术的推进将有利于在施工计划和施工工期上的改进和优化。

现列举如下有关先进施工技术的设计规定。

1）设计应允许一些大型设备在场外进行组装和预制，最后通过运输车辆及大型吊车就位安装，这样可减少现场施工空间的拥挤，减少交叉作业，利于本质安全。

2）设计应着眼于项目整体利益，对模块化建造作出顶层设计与规划。一些设备和结构组件应尽可能模块化施工，释放出现场的作业空间，并且减少项目现场预制工作量，这样可提高工效、缩短工期、提升质量与本质安全。模块化设计时，应为模块留足维修、试验或者其他相关要求的空间。

3）设计应规定项目抗震要求最高的一些厂房在一整个底板上进行一次性浇筑。

4）设计应为数字化建造提供方便和基础模型数据输入。

1.3.4.4 一体化的建造规划和计划

应借鉴商运核电机组的建造经验制订一份高效的建造规划和计划，并对计划有效控制。实现上述目标应满足如下重要顶层要求。

1）开工前设计方、施工方和调试方应利用供应商和承包商的一些输入，根据项目管理大纲的要求制订一份联合的、详细合理的建造规划。这份建造规划将为下一层次的计划制订和计划执行提供方式方法和制定准则。

2）开工前应制订一份详细的包含设计、采购、建造、调试、竣工验收的一体化计划。调试计划应明确系统移交的逻辑、系统边界、系统编号和移交时间。

3）在控制施工进度时应采用专业的项目进度管理（软件）工具，对资源进行加载；应用一些量化的评估方式来评估施工活动的具体完成情况，例如，完成了多少焊缝、敷设了多少米电缆；应采取一些最新的计划控制方式，提前识别出一些计划偏差项，及时采取补救措施和调整相应的计划。这份计划应根据施工进度及时更新，以反馈最真实的施工状态。

1.3.4.5 确保建造的正确性和合理性

在满足核安全法规的前提下，应提供一整套相应的建造技术基准并据此制定一整套试验、监督、分析以及相应的验收准则，以证明电厂的建造和运营满足相关法律、法规要求。验收准则的内容和详细程度应保证监管方可以据此验证是否满足基准要求。

1.3.5 设计过程

本章节提出了非能动核电厂设计过程顶层要求。设计过程包括设计的全部流程，如策划、试验、分析、验证、设计文件的准备、建模、报告编制、执照申请、建造，以及电厂调试和向运行人员的移交。设计过程要求分为四方面内容：设计一体化、技术状态管理、信息管理系统和工程验证。

1.3.5.1 设计一体化

对非能动电厂重要设计因素的综合分析表明，非能动核电厂总体设计、系统设计、工艺布置大大简化，采用非能动安全系统大大降低了人因错误的可能性，减少了寿期内的费用和计划停堆时间。设计过程应视为完整的系统过程进行管理。设计单位应为电厂制定设计准则，设计准则应足够完整，以便从顶层设计要求设计和评价电厂。设计审查应贯穿于整个设计和建造的过程之中。设计单位应提供一个模拟机/性能模型，为研究电厂响应、电厂控制、控制室人因工程，以及电厂的正常、异常和事故运行程序方面提供设计工具。

1.3.5.2 技术状态管理

设计单位应制定一套技术状态管理程序以确保电厂结构、系统、部件和计算机软件满足已确认的设计要求。实施技术状态管理的目的是在电厂的设计要求、物项技术状态和技术状态信息之间建立三者的一致性，在电厂寿期内，特别是在产生技术状态变更时保持这种一致性，并在电厂全寿期内确保设计基准得到维护。

设计和建造阶段的目标重点是实现三者之间的一致性，是通过设计建造过程，逐步形成三者一致性的过程。

技术状态管理程序应适用于电厂整个寿期，包括设计阶段，并应提供给业主在调试和运行中使用。技术状态管理程序包括如下要素。

1）用于控制及保证设计基准文件使用的方法。

2）用于确保所有硬件和软件设计满足设计基准文件的验证方法。

3）变更控制方法：确保初始设计的所有变更得到相应级别的设计单位和业主审批，并用文件记录，在电厂整个寿期内进行保存。

4）确保程序数据收集、更新、修改、传播和安全的验证过程和审计过程。

5）技术状态管理程序和数据的定期审计和审查。

1.3.5.3 信息管理系统

设计单位应在设计过程中使用合规的计算机硬件和软件系统，建立、管理和运营信息管理系统（IMS），以供建造、调试、运营和退役时使用。信息管理系统应实现如下目的：将非能动核电厂分解为若干系统和系统组，并对所有的系统、部件、设施和文件进行标识；提供一个有效的方法来获得、贮存、检索和使用文件和数据（包括分析结果），为设计、建造、启动、运行、维修和退役阶段使用这些数据提供支持；在设计、建造及交给营运单位以后，有效地使用计算机辅助设计和工程；应保证建造和运行所需的信息都贮存在信息管理系统中，并且在电厂被移交给业主后是可用的。

1.3.5.4 工程验证

作为设计过程的一部分，设计单位应确定和执行必要的工程现场验证活动来确认建造的适当性。这些工程验证是建造工作正常的质量控制验证之外附加的。以下是适用的具体要求。

1）工程验证活动应在建造的早期确定并合理安排计划。

2）工程验证活动应包括踏勘、巡查等。

3）设计单位应可能减小工程验证的复杂程度与范围。

对于需要进行工程验证活动的情况，设计单位应制定程序，包括巡查的目标与范围、评价过程及不满足项的解决过程。

1.4 实施说明

本节对非能动核电厂的具体项目实施进行说明。

1.4.1 PUR 在项目实施中的作用

PUR 在项目实施中具有如下三方面的作用。

（1）建立稳定执照基础

PUR 应充分体现当前安全监管当局的安全要求，从而为新项目通过安全审评建立稳定的执照基础。

（2）为核电厂设计提供基准

PUR 给出了一整套适用于非能动核电厂设计的全面系统、成熟合理、明确易行的技术要求，为核电厂设计提供了要求基准。

（3）为招标文件提供要求

PUR 充分考虑核电用户的需求和关切，其要求本身兼顾了安全性和经济性，可作为电厂业主招标文件中技术要求附件使用。

1.4.2 首堆实施保障

非能动核电厂用户要求文件旨在形成标准化的电厂设计，但首堆项目更易受到审评环境和公众舆情等的影响。为确保首堆项目顺利实施，应考虑如下方面。

（1）减少建造和运行风险，增强投资者信心。

1）要求有较大可能通过安全审评。这些要求包括许可证稳定性、成熟技术等方面。

2）要求可进行有效的电厂建造，不存在重大问题和工期延迟。这些要求包括简化建造、缩短工期、采用模块化技术，以及在开工前完成 70% 设计文件等。

3）要求电厂具有较高的可用率，充分考虑在役电厂运行经验。

（2）使用已验证技术，不考虑建设原型堆。

1.4.3 项目实施过程

根据现有国内行政法规要求及核电工程建设流程，以核岛第一罐混凝土浇筑日期（FCD）为里程碑分界点，非能动核电厂项目实施过程可分为项目前期阶段和建造调试阶段。

（1）项目前期阶段：核电项目前期工作包括了 FCD 前的全部工作，根据我国核电项目审批程序和特点，可将前期工作大体划分为项目策划和项目准备两个阶段。

1）第一阶段为项目策划阶段，主要开展厂址选择工作，确定优选厂址申请进入国家核电中长期发展规划，主要开展开发策划、厂址普选和初步可行性研究等工作。

2）第二阶段为项目准备阶段，该阶段针对项目开展可行性研究，从电力系统、厂址条件、工程技术方案、核燃料和放射性废物管理、环境与安全及职业病评价、资源利用、节能分析、经济影响分析、社会影响分析、工程建设管理、投资估算和财务分析等方面进行充分论证；同时完成国家核准所必需的各类申报和评审，获得国务院核准，并取得国家核安全局批准颁发的核电厂建造许可证。主要任务包括成立项目业主单位，确定工程建设管理模式，签订贷款协议，开展工程设计、设备采购和施工等合同招标，完成厂址征地搬迁并进行“四通一平”与核岛负挖工作，具备工程开工建设条件。

（2）建造调试阶段：以 FCD 为起点，核电工程进入建造阶段，工作内容包括土建施工、设备安装和调试试验等。

非能动核电厂从 FCD 到具备商运条件的工期要求见 1.3.4 节，主要建设进度节点如表 1.4-1 所示。

表 1.4-1 非能动核电厂主要建设进度节点

序号	主要建设进度节点
1	核岛第一罐混凝土浇注（FCD）
2	大吊车可用
3	常规岛第一罐混凝土
4	安全壳底封头就位
5	反应堆压力容器就位
6	汽轮机厂房行车可用
7	反应堆冷却剂管道焊接开始
8	蒸汽发生器就位
9	安全壳顶封头就位
10	环吊可用
11	辅助电源倒送电完成

续表

序号	主要建设进度节点
12	循环水泵房进水
13	主控制室可用
14	最终安全分析报告（FSAR）上报
15	反应堆冷却剂系统移交
16	冷态水压试验开始
17	汽轮机具备进汽条件
18	热态性能试验开始
19	取得运行许可证
20	首次装料
21	首次并网
22	具备商运条件

2 总体要求

2.1 引言

为落实第 1 章提出的顶层原则和要求，本章从核电厂设计通用准则角度给出非能动核电厂所应考虑的总体设计要求，这些要求将为各 SSC 的具体设计提供通用规范。

本章给出的总体要求包括安全设计、性能设计、结构设计、材料、可靠性和可用性、建造和可建造性、可运行性和可维修性、质量保证、执照申请、设计过程、机械设备设计和设备状态监测等。

2.2 安全设计要求

2.2.1 概述

本节给出了非能动核电厂的安全设计要求。非能动核电厂的安全设计要求主要按照事故预防、设计基准工况应对及设计扩展工况应对三个层次展开。此外，本节给出了应急计划的相关准则和方法。

2.2.2 事故预防要求

非能动核电厂在事故预防方面要求如下。

（1）设计简化

通过设计简化提高系统可靠性，从而增强事故预防能力。

（2）设计裕量

非能动核电厂设计应考虑一定的裕量，以增强事故预防能力。关键设计裕量要求包括。

1）燃料设计热工裕量宜不小于 15%。

2）为运行瞬态提供较大裕量，如较大的反应堆压力容器装量，较大的稳压器装量，较大的蒸汽发生器二次侧水装量及较长的瞬态工况响应时间。

3）预留足够裕量以降低超出运行限制工况的可能性。

4）在正常运行带和反应堆停堆整定值之间预留足够裕量。

（3）材料和水化学：根据广泛的运行经验，采用可用的最佳材料和水化学条件。提供合适的水化学条件确保选定材料的长期运行，并减少正常运行和停堆期间的辐照剂量。

（4）诊断和监测：泄漏探测、振动等其他潜在问题应采用最佳的诊断监测技术。

（5）反应性系数：提高机组固有安全性，反应堆设计应满足所有功率运行工况下的慢化剂反应性系数为负值。

2.2.3 设计基准工况应对要求

（1）非能动核电厂应根据电厂设计特性评估识别假设始发事件，并将假设始发事件按照发生频率或参考成熟工程经验进行分类，确定一整套用于安全评价的设计基准工况清单。所需考虑的假设始发事件类型包括但不限于：

1）能动设备故障或操纵员失误导致的正常运行系统或设备的故障，如泵、阀门和控制器等。

2）设备（安全级系统）误启动。

3）非能动故障，如管道泄漏或破裂。

4）换料期间操纵员失误。

5）丧失厂外和厂内交流电源。

6）包容气态或液态放射性的能动或非能动设备故障或误动作。

非能动核电厂典型设计基准工况清单如表 2.2-1 所示。

表 2.2-1 典型设计基准工况清单

序号	具体工况	工况类别
1	**二回路系统排热增加**	
1.1	给水系统误动作引起给水温度下降	中等频率事件
1.2	给水系统误动作引起给水流量增加	中等频率事件
1.3	二次侧蒸汽流量过增	中等频率事件
1.4	一台蒸汽发生器大气释放阀或者安全阀误开启	中等频率事件
1.5	主蒸汽系统管道破裂	稀有事件（小破口） 极限事故（大破口）
1.6	非能动余热排出系统热交换器误动作	中等频率事件
2	**二回路系统排热减小**	
2.1	蒸汽系统单一故障导致蒸汽流量减小	中等频率事件
2.2	丧失外部电负荷	中等频率事件
2.3	汽轮机停机	中等频率事件
2.4	主蒸汽隔离阀误关闭	中等频率事件
2.5	丧失凝汽器真空及导致汽轮机停机的其他事故	中等频率事件
2.6	电厂辅助设备丧失交流电源	中等频率事件
2.7	丧失正常给水	中等频率事件
2.8	给水管道断裂	稀有事件（小破口） 极限事故（大破口）
3	**反应堆冷却剂系统流量下降**	
3.1	反应堆冷却剂强迫流动部分丧失	中等频率事件
3.2	反应堆冷却剂强迫流动全部丧失	稀有事件
3.3	反应堆冷却剂泵卡轴（卡转子）	极限事故
3.4	反应堆冷却剂泵断轴	极限事故
4	**反应性和功率分布异常**	
4.1	次临界或低功率启动条件下失控提棒	中等频率事件
4.2	功率运行下失控提棒	中等频率事件

续表

序号	具体工况	工况类别
4.3	控制棒组件误操作（系统故障或者操作员失误）	
	·同一个控制棒子组中的一束或多束控制棒掉落	中等频率事件
	·控制棒组件静态失步	中等频率事件
	·单束控制棒组件提升	稀有事件
4.4	在不恰当的温度下启动未运行的反应堆冷却剂泵	中等频率事件
4.5	化容系统误运行导致反应堆冷却剂的硼浓度下降	中等频率事件
4.6	燃料组件意外装载和运行在错误的位置上	稀有事件
4.7	弹棒事故	极限事故
5	**反应堆冷却剂装量增加**	
5.1	功率运行时堆芯补水箱误动作	中等频率事件
5.2	引起反应堆冷却剂装量增加的化容系统误动作	中等频率事件
6	**反应堆冷却剂装量减小**	
6.1	一台稳压器安全阀或自动卸压阀误开启	
	·稳压器安全阀误开启	中等频率事件
	·自动卸压阀误开启	稀有事件
6.2	安全壳外含有反应堆冷却剂的小管道破损	中等频率事件或稀有事故
6.3	蒸汽发生器传热管破裂	极限事故
6.4	一系列假想的反应堆冷却剂系统压力边界管道不同尺寸破口引起的失水事故	
	·小破口失水事故	稀有事件
	·大破口失水事故	极限事故
7	**子系统或部件的放射性释放**	
7.1	放射性气体废物系统泄漏或者失效	稀有事件
7.2	放射性液体废物系统泄漏或者失效	稀有事件
7.3	液体箱失效导致向环境的放射性释放	稀有事件
7.4	安全壳和乏燃料存储建筑内的设计基准燃料操作事故	极限事故
7.5	乏燃料运输容器跌落事故	极限事故

注：各工况类别发生频率的参考值如下。

（1）工况Ⅰ——正常运行工况。（2）工况Ⅱ——中等频率事件（$>1\times10^{-2}$/堆年）。（3）工况Ⅲ——稀有事件（1×10^{-4}/堆年～1×10^{-2}/堆年）。（4）工况Ⅳ——极限事故（$<1\times10^{-4}$/堆年）。

（2）对于设计基准工况，应采用经安全监管当局认可的保守的，或最佳估算加不确定性的计算方法和假设开展分析。设计上应设置合理数量的报警和指示，为操纵员正确诊断工况和采取适当操作提供保证。事故分析中如取信操纵员干预需留有30分钟时间窗口。

设计基准工况的分析一般不考虑非安全级系统和设备作用。但是在如下情况下，可以假设非安全级系统和设备处于可运行状态。

1）若非安全级系统和设备的运行将导致更不利的瞬态。

2）若可探测的、非事故后果引起的随机的、独立的失效才会导致系统失效的非安全相关系统和设备。

3）若非安全级系统和设备是作为备用的保护系统。

（3）部件失效和单一故障准则：对于安全级系统（包括反应堆停堆保护系统和专设安全设施）的设计应采用单一故障准则。对于部件失效考虑如下。

1）能动失效：将导致某个部件不能实现预期的功能，对于不同的部件，能动失效可能有所不同。

（a）对于阀门，一个能动失效是部件去完成要求其实现功能的机械动作的故障，它包括远距离控制的阀门发生故障，不能按要求改变其阀位。阀门的误动作也是一种能动失效，包括现场操纵员手动改变阀位的操作失效。

（b）按照单相流体工况进行设计的弹簧加载安全阀在单相流体情况下动作后，当其上游的流体压力降至低于其整定值的情况下，不考虑不能关闭这个能动失效。但在其面临两相流时，阀门回座失效可认为是一个能动失效。

（c）对于其他能动机械设备（如泵、风机和转动机械部件等），其能动失效是指部件不能启动或不能维持运行状态。

（d）对于电气设备，丧失电源（如丧失厂外电源或丧失一台柴油发电机）可认为是一个单一故障；不能产生某个动作信号（单个部件或某个系统级别的动作）也可认为是一个能动失效。

（e）此外，对于非能动安全系统中一个能动部件的误动作，可认为其是一个能动单一故障，除非能动部件具有某种特殊的设计特点或运行限制，可排除这种失效（如电源锁定、确认开启信号或连续的位置警报等）。

（f）若能证明某一具有能动功能的部件在发生可信工况下能执行正确的能动功能，则可不考虑该部件会发生能动故障（如按规范设计的安全阀和某些止回阀的开启）。

2）非能动失效：指限制部件执行其设计功能的静态部件结构失效。非能动失效适用于流体系统和流体系统边界的破裂，如管道破裂、法兰爆裂或阀门填料泄漏等。

（a）对于非能动部件，设计基准工况分析中假设始发事件24 h内不会发生非能动失效。

（b）对于按超安全标准设计的管线或安装在相对较低的温度和压力条件下的情况，非能动泄漏将不作为一项可信的失效机理，管线堵塞也不作为一项非能动的失效机理。

（4）对于设计基准工况安全评价，应按事故分析相关要求，对所分析事件的核电厂响应的重要关键参数作出假设。反应堆和燃料验收限值应满足表2.2-2的要求。放射性后果验收限值应满足表2.2-3

的要求。

表 2.2-2　反应堆和燃料限值

<table>
<tr><th colspan="2">频率类别</th><th>燃料限值</th><th>RCS 和主蒸汽系统压力限值</th></tr>
<tr><td colspan="2">中等频率事件</td><td>最小 DNBR>DNBR 限值（95%/95%）
峰值线性产热率不能超过导致燃料中心熔化的值</td><td><110%设计压力</td></tr>
<tr><td rowspan="2">稀有事故</td><td>LOCA</td><td>同下文 LOCA</td><td>/</td></tr>
<tr><td>其他事故</td><td>·最小 DNBR>DNBR 限值（95%/95%）
或
·监管方许可的其他可接受的燃料损伤准则，如发生 DNB 的燃料棒份额<限值</td><td><110%设计压力</td></tr>
<tr><td rowspan="7">极限事故</td><td>反应性事件</td><td>·相关验收准则包括燃料包壳失效、堆芯可冷却和裂变产物量等，具体可参考 NUREG-0800 第 4.2 节附录 B</td><td>< 110% 设计压力或
C 级使用限制</td></tr>
<tr><td rowspan="5">LOCA</td><td>包壳峰值温度<1 204 ℃（2 200℉）</td><td rowspan="5">/</td></tr>
<tr><td>局部氧化量<包壳厚度的 17%</td></tr>
<tr><td>总氢气产生量<1%理论值</td></tr>
<tr><td>保持可冷却的几何形状</td></tr>
<tr><td>保持长时间冷却</td></tr>
<tr><td>其他事故</td><td>·最小 DNBR>DNBR 限值（95%/95%）
或
·监管方许可的其他可接受的燃料损伤准则，如：
发生 DNB 的燃料棒份额<限值
芯块发生熔化的燃料棒份额<限值
燃料包壳温度<限值
燃料包壳锆水反应份额<限值
反应堆冷却剂过冷度裕量>限值</td><td><120%设计压力
或
用于低概率事件的 ASME 限值</td></tr>
</table>

注：（1）对于一个给定的工况，可能不需要对每个验收准则都进行详细分析，因为其后果可能被其他工况包络，或不会挑战验收准则。（2）对于一个给定的以 DNBR、RCS 一回路和二回路系统最高压力、燃料包壳最高温度作为验收准则的工况，进程较短，能够很快进入稳定阶段，极限时刻一般发生在工况前期的短期阶段，可能不需要对该工况的所有阶段均进行分析，即不需要从工况发生起一直分析到安全停堆状态。在极限的短期阶段之后，后续可以通过安全级系统或非安全级系统将电厂带入到长期稳定状态。（3）对于极限的放射性释放事故的放射性后果分析，将会持续到将核电厂带到停堆并达到长期稳定状态。

表 2.2-3 放射性后果分析限值

<table>
<tr><th rowspan="2">事故名称</th><th>RG1.183 验收准则</th><th colspan="2">GB 6249—2011 验收准则</th></tr>
<tr><th>有效剂量/mSv</th><th>有效剂量/mSv</th><th>甲状腺剂量/mSv</th></tr>
<tr><td>蒸汽发生器传热管破裂事故（事故并发碘尖峰）</td><td><25</td><td><5</td><td><50</td></tr>
<tr><td>安全壳外载有反应堆冷却剂小管道破裂事故</td><td><25</td><td><5</td><td><50</td></tr>
<tr><td>主蒸汽管道破裂事故（事故前碘尖峰）</td><td><250</td><td rowspan="8"><100</td><td rowspan="8"><1 000</td></tr>
<tr><td>主蒸汽管道破裂事故（事故并发碘尖峰）</td><td><25</td></tr>
<tr><td>反应堆冷却剂泵卡轴/卡转子事故</td><td><25</td></tr>
<tr><td>弹棒事故</td><td><63</td></tr>
<tr><td>蒸汽发生器传热管破裂事故（事故前碘尖峰）</td><td><250</td></tr>
<tr><td>大破口失水事故</td><td><250</td></tr>
<tr><td>燃料操作事故</td><td><63</td></tr>
</table>

注：(1) 非能动核电厂的设计基准事故放射性后果分析应满足《核动力厂环境辐射防护规定》(GB 6249—2011) 的验收准则，并可论证是否满足《核电厂设计基准事故估算的可替代放射性源项》(RG1.183) 的验收准则。按照 GB 6249—2011 验收准则开展分析时应采用 NB/T 20444RK 所给出的事故源项方法。按照 RG1.183 验收准则开展分析时应采用 RG1.183 给出的可替代源项方法。(2) 表中所列事故均为事故类别中具有包络性的事故。

(5) 设计基准工况下，设置相应的非能动安全系统对事故进行预防和缓解，在事故后 72 h 内执行电厂安全功能，过程中不依赖于泵、风机和柴油发电机等能动部件和设备冷却水、HVAC 及交流电源等支持系统。

(6) 设计基准工况下，事故后至少 72 h 内操纵员可不进行干预，电厂仍能维持安全，不发生堆芯损伤。

(7) 应设置足够能力的安全壳及安全壳冷却系统，在设计基准工况下导出堆芯热量并包容裂变产物。安全壳设计压力的确定应基于最为极限的反应堆冷却剂丧失事故或主蒸汽管道断裂事故。对于非能动核电厂，设计泄漏率最大值一般为 0.1%/天（质量百分比）。安全壳验收限值应满足表 2. 2-4 的要求。

表 2. 2-4　安全壳限值

安全壳设计限值	<设计压力
	<设计温度
	<设计基准事故压力峰值的 50%（事故发生 24 h 后）

（8）应设置安全级的氢气复合器确保设计基准工况期间及之后安全壳内氢气平均浓度低于燃烧限值（4%）。

（9）外部危险的考虑：

1）设计应采用具有包络性的标准设计厂址参数如表 2. 2-5 所示，能够覆盖国内大部分厂址。设计人员应在开展设计前进行厂址参数适应性评价。

表 2. 2-5　推荐标准厂址参数

气温	
最大安全值	干球温度 46. 1 ℃/对应湿球温度 30. 1 ℃ 湿球温度 30. 1 ℃（非对应）
最小安全值	−40 ℃
最大正常值	干球温度 38. 3 ℃/对应湿球温度 26. 7 ℃ 湿球温度 29. 2 ℃（非对应）
最小正常值	−23. 3 ℃
风速	
设计基准	65 m/s（3 s 阵风）
龙卷风	134. 2 m/s
地震	
SSE	0. 30 *g* 地面峰值加速度
能动断层	无
地基	
地基承载力特征值	地基承载力特征值大于或等于 426 kPa
剪切波速	核岛开挖深度处核岛基底岩土体剪切波速大于或等于 1 100 m/s
稳定性和均匀性	核岛地基稳定均匀
液化可能性	无
土体最小内摩擦角	在核岛开挖深度处基底下岩土体最小内摩擦角大于或等于 35 °

续表

飞射物	
龙卷风	质量为 1 800 kg 的汽车水平速度 47.0 m/s，垂直速度 33.1 m/s； 质量为 125 kg、20 cm 的钢管水平速度 47.0 m/s，垂直速度 33.1 m/s； 直径 2.5 cm 的钢球水平和垂直速度均为 47.0 m/s
洪水位	<厂坪设计标高
地下水位	<厂坪设计标高
降雨	1 h 可能最大雨强为 525.8 mm
雪/冰载荷	3.6 kPa

注：表中给出的厂址参数综合考虑了国内大部分厂址情况，具有一定的包络性。

2）自然现象和人为事件：电厂设计　　人为事件如表 2.2-7 所示。
应考虑主要的自然现象如表 2.2-6 所示，

表 2.2-6　自然现象

序号	自然现象
1	地震（安全停堆地震）
2	热带气旋
3	洪水（暴雨）
4a	龙卷风
4b	龙卷风飞射物
5	暴风雪
6	极端气象
7	海啸或湖震
8	火山活动

注：自然现象分析要求见 2.4 节。

表 2.2-7　人为事件

序号	人为事件[1]
1	飞机坠毁
2	船舶碰撞
3	工业事故
4	管道事故
5	地面交通事故
6	毒气或危险气体释放

续表

序号	人为事件[1]
7	易爆液体爆炸
8	内部火灾[2]
9	蓄意破坏[2]
10	水淹

注：(1) 人为事件分析要求参见2.4节。(2) 防火、蓄意破坏防护要求分别参见8.1节和8.6节。

(10) 应充分利用非安全级能动系统的功能，用于降低非能动安全系统运行频率，提高非能动核电厂纵深防御设防水平。对于风险重要的非安全级能动系统还应附加额外的设计和管理要求，即非安全相关系统补充管理要求（RTNSS），提高其可靠性和可用性，进一步提升核电厂安全性。

(11) 其他要求

1) 对于非能动核电厂，在假想的一定尺寸（如<DN150 mm）反应堆冷却剂系统破口事故下不会发生燃料损伤。可采用最佳估算方法计算反应堆温度，同时假设安全系统有效。

2) 在事故72 h内，在操纵员不干预的情况下，非能动安全系统依靠自动启动有能力避免堆芯损伤；事故后3~7天，可利用厂内设施维持电厂安全功能；另外，设置永久性接口设施，用于连接和使用便携式支持设备；同时设计中考虑设备连接过程的人员辐射剂量最小化。

2.2.4 设计扩展工况应对要求

(1) 为进一步提高核电厂安全性，非能动核电厂设计上应有能力应对比设计基准事故更严重的，或包含多重故障的事故（即设计扩展工况），避免不可接受的放射性后果。设计上需考虑这些设计扩展工况，并针对这类事故制定切实可行的预防和缓解措施。

(2) 非能动核电厂应基于其设计特征，以工程判断、确定论和概率论评价为基础，来确定应予以考虑的设计扩展工况。

1) 没有造成堆芯明显损伤的设计扩展工况（DEC-A）：评价国内外发布的技术政策与导则推荐工况的适用性，在确定论分析基础上结合非能动核电厂设计特征考虑可能的安全系统多重失效工况。

2) 导致堆芯熔化的设计扩展工况（DEC-B）：参考国内外相关技术政策建议考虑的典型严重事故现象，结合非能动核电厂设计特征确定可能存在的严重事故现象。

(3) 对于确定的设计扩展工况可采用现实模型和最佳估算方法进行评价。对于DEC-A工况，应不发生明显堆芯损伤，原则上保守采用极限事故工况的验收准则，评价结果应表明非居住区边界上任何个人在事故的整个持续期内（可取30天）通过烟云浸没外照射和吸入内照射途径所接受的有效剂量可以选择在10 mSv之下。对于DEC-B工况，应满足实际消除大量放射性释放的要求，即实际消除可能导致早期放射性释放或者大量放射性释放的事件序列，评价结果应表明仅需要在区域和时间上采取有限的防护行动。

(4) 非能动核电厂的非能动安全系统设计应确保具有多重和多样性，以缓解安全系统多重故障所导致的事故序列，设置多样化驱动系统（DAS）来应对保护和安全监测系统（PMS）共因失效及未能紧急停堆的预期瞬态（ATWS）。

缓解堆芯熔化设计扩展工况的设施尽实际可能地与应对设计基准的安全系统独立；预防和缓解设计扩展工况的设施能在预计的环境条件下执行预期功能，并具有与要求其实现的功能相符的可靠性。

1）设置可靠的卸压系统防止高压熔堆。

2）设置氢气控制系统，能在相当于100%堆芯活性区燃料包壳锆水反应产氢量的条件下，控制安全壳内氢气浓度，避免威胁安全壳完整性的氢气爆燃或爆炸的发生。

3）采用熔融物滞留措施，防止压力容器熔穿或安全壳底板熔穿。

4）应设置可靠的安全壳冷却系统，防止安全壳超压，并考虑措施防止安全壳旁通和晚期失效。

（5）应开展功率运行、低功率及停堆工况下，内、外部事件的一、二级概率安全分析（PSA）。

1）堆芯损伤频率低于1×10^{-5}/堆年。

2）大量放射性物质释放频率低于1×10^{-6}/堆年。

（6）其他要求

1）具备抗商用飞机恶意撞击能力，在特定机型飞机恶意撞击下，核电厂的设计可以维持反应堆堆芯的冷却或安全壳的完整性，以及乏燃料水池的完整性或乏燃料的冷却。

2）PSA应在整个设计流程中开展、维护和更新，并作为设计人员的工具来识别和解决潜在风险薄弱点，以支持设计扩展工况的确定、分析和应对。同时应利用PSA确定相关的技术基准，PSA结果可作为电厂技术规格书、应急运行规程和维修计划等的输入，以便业主能够实施确保风险重要物项可靠性的措施，并在核电厂寿期内持续维持PSA关键假设不被突破。

3）安全壳容积应设计为在干燥条件下，不考虑氢气控制系统缓解功能，75%活性区燃料包壳氧化所产生的氢气量不会使安全壳内氢气平均浓度超过13%。

4）电厂设计人员应编制严重事故管理程序（包括应急规程）的技术背景文件，并将电厂设计基准转化为操作限值和响应，便于电厂业主后续开发规程导则及培训。电厂设计人员应使用特定电厂PSA和其他相关信息来确认电厂设计与严重事故管理程序、应急规程的一致性。

5）汲取日本福岛核事故的经验反馈，满足《福岛核事故后核电厂改进行动通用技术要求（试行）》相关要求。

2.2.5 应急计划的准则和方法

非能动核电厂安全设计的基本目标是在技术上实现减轻放射性后果的场外防护行动是有限的，甚至是可以取消的，因此非能动核电厂设计上应满足简化厂外应急条件。尽管如此，具体工程项目中仍应按照法规标准及核安全当局要求制订应急计划。

2.2.5.1 简化厂外应急的评价流程

简化厂外应急的评价流程可分为以下4个步骤。

1）根据设计基准事故及严重事故确定出合适的应急事故。其中，设计基准事故主要从确定论角度出发，参考安全分析当中的各类典型的设计基准事故源项；严重事故主要从概率论角度出发，结合“实际消除”的安全设计实践，筛选出需要进行定量评价的堆熔序列。

2）采用具体项目厂址的气象观测数据进行大气弥散分析，采用高斯烟羽中心线模型，评估所关注位置处的大气弥散因子。

3）确定匹配适合的照射模型，早期照射阶段关注烟羽经过时或经过后短时间内来自烟羽中及地面沉积核素的照射，中期照射阶段及晚期照射阶段大气释放已基本停止，关注地面沉积核素照射及再悬浮照射。

4）对事故后早期照射阶段、中期照射阶段、晚期照射阶段分别进行剂量评价，论证简化厂外应急各项准则的符合性，包括不需要紧急撤离、不需要临时避迁和不需要永久再定居等。

2.2.5.2 简化厂外应急的评价准则

简化厂外应急的评价准则是对于没有被实际消除的事故类别（包括可能发生的设计基准事故及严重事故工况），早期照射阶段不需要紧急撤离，中期照射阶段不需要临时避迁，晚期照射阶段不需要永久再定居。具体技术要求和指标包括：

1）设计基准事故及严重事故工况早期照射阶段不需要紧急撤离：在 99.5% 的气象条件下，应确保 7 天人员剂量<50 mSv。

2）严重事故工况中期照射阶段不需要临时避迁：在 99.5%的气象条件下，应确保早期照射阶段之后的第 1 个月人员剂量<30 mSv，随后 11 个月内每月人员剂量<10 mSv。

3）严重事故工况晚期照射阶段不需要永久再定居：在 99.5% 的气象条件下，应确保事故后 70 年停留在原居住地的人员剂量<1 Sv。

2.3 性能设计要求

2.3.1 概述

本节提出非能动核电厂的性能设计要求，区别于核安全或投资保护要求，包括机组功率、设计寿命、机动能力和电网需求的响应、事件响应能力、堆芯性能、放射性废物、职业照射及单点失效分析等。

2.3.2 机组功率

非能动核电厂应为中大型机组，发电功率在 300 ~1 800 MW。

2.3.3 设计寿命

非能动核电厂设计寿命应不低于 60 年。

2.3.4 机动能力和电网需求的响应

2.3.4.1 负荷跟踪

非能动核电厂设计上应考虑日负荷跟踪方式，24 h 负荷跟踪循环定义为：从 100%额定功率开始，2 h 内线性下降到 50%额定功率，在 50%额定功率保持 2 ~ 10 h，随后 2 h 内线性上升至 100%额定功率；其他时段保持 100%额定功率。

在整个电厂设计寿期内，至少 90%燃料循环周期内具有不调硼日负荷跟踪能力。

2.3.4.2 频率控制

非能动核电厂应具有一定的频率调节能力，结合电网运行需求和设备能力参与电力系统频率调节。

1）一次调频

对于一次调频，设计上要求满足：

（a）死区：±0.067 Hz（采用电液型汽轮机调节控制系统的核电机组）。

（b）负荷限制：3%额定功率。

2）二次调频

对于二次调频，要求在电厂负荷跟踪及50%~100%额定功率运行范围，电厂应能以每分钟2%额定功率的速率，满足电厂10%额定功率变化需求（峰-峰值）。在整个换料循环周期内都应允许使用这一频率控制功能，每天允许35次峰-峰值的交替变化。

2.3.4.3 甩负荷

应能接受满功率运行时甩负荷，而不触发反应堆停堆、汽轮机停机，且不触发稳压器或蒸汽发生器安全阀动作，汽轮机可继续以最小厂用电负荷继续运行。

2.3.5 事件响应能力

2.3.5.1 启动和停堆时间

电厂应有能力在24 h内将机组从冷停堆状态带到全温全压的热备用状态；同样地，也能够在24 h内将机组从全温全压的热备用状态冷却至冷停堆状态。

2.3.5.2 反应堆紧急停堆响应

反应堆紧急停堆不会导致：

1）应急堆芯冷却系统启动（非能动安全注射和卸压）。

2）一回路系统安全阀或卸压阀动作。

3）稳压器加热元件裸露。

4）非能动余热排出热交换器启动。

2.3.5.3 汽轮机跳闸响应

电厂应能承受汽机在≤100%额定负荷下跳闸而不发生反应堆停堆，且不触发主蒸汽安全阀和大气释放阀。

2.3.5.4 丧失主给水泵的响应

电厂满功率运行时，丧失1台主给水泵不应触发反应堆停堆。

2.3.6 堆芯性能

2.3.6.1 换料周期

核电厂燃料循环正常周期考虑为18个月，同时具备24个月的燃料循环运行能力。其中，一个燃料循环是指相邻两次换料启动的时间间隔。

2.3.6.2 燃料机械性能

燃料组件机械设计考虑的燃料组件平均燃耗宜不低于60 000 MWd/tU。

2.3.6.3 燃料包壳破损率

由于制造缺陷导致的早期燃料破损应小于1/50 000。

2.3.7 放射性废物

2.3.7.1 高放射性废物

应具有10个日历年运行所产生乏燃料组件外加一个整堆芯卸料的湿式贮存能力。此外，应尽量考虑在厂址保护区内为乏燃料干式贮存设施预留场地。

2.3.7.2 低放射性废物

1）出厂废物的总量限值

正常运行情况下，单台百万千瓦机组的固体废物包年产生量不宜超过50 m^3。

2）贮存能力

应具备核电厂5年产生的低放射性废物的贮存能力。

2.3.8 职业照射

核电厂寿期内职业照射平均集体剂量宜不超过0.7人·Sv/堆年。

2.3.9 单点失效分析

对于非能动核电厂，若设备/部件发生失效或故障导致如下任何后果的：（1）导致反应堆停堆或汽轮机停机；（2）导致电厂功率阶跃下降，如20%额定功率，则该失效定义为单点失效（SPV）。

设计中应考虑开展SPV分析，识别SPV清单。在可能和可行的情况下，SPV应进行消除；对于无法消除的单点失效，应提出相应的管理要求。

2.4 结构设计基准

2.4.1 概述

本节给出了适用于非能动核电厂 SSC 的结构设计总准则，以提高核电厂结构安全性、施工与维修便利性，降低整体造价，包括提出非能动物项结构要求及确保能动设备功能正常的要求；建立与安全分级统一的关于功能和结构完整性的要求，明确采用的规范和标准，并确定验收准则；规定设计荷载、荷载组合，并包含厂址相关的标准设计。

2.4.2 分级要求

对于非能动核电厂 SSC，设计人员应按其功能要求和结构完整性要求进行安全分级和抗震分类，并给出 SSC 的质量保证分级。

2.4.2.1 安全分级

非能动核电厂 SSC 应根据其执行安全功能和安全重要性进行安全分级。SSC 的安全级别可划分为 A 级、B 级、C 级、D 级和其他非安全级①。其中 A 级、B 级和 C 级为安全级，D 级为附加要求非安全级。

1）A 级：适用于反应堆冷却剂承压边界，其失效将导致反应堆冷却剂泄漏量超过正常补给能力。A 级对应 HAD 102/03 的安全一级。

2）B 级：适用于设计基准事故后限制放射性物质从安全壳泄漏或引入紧急负反应性使反应堆处于次临界状态的 SSC。B 级对应 HAD 102/03 的安全二级。

3）C 级：适用于 A 级、B 级以外在设计基准工况中承担安全功能的 SSC。C 级对应 HAD 102/03 的安全三级。

4）D 级：适用于需增加设计、采购、检查或监督附加要求的 SSC。典型例子包括：（a）防止非能动安全系统的不必要启动，提供核电厂纵深防御功能的 SSC；（b）设计基准事故 72 h 后为电厂提供安全功能的 SSC；（c）用于放射性废物处理、贮存等的 SSC；（d）对电厂安全和风险具有一定影响的 SSC。

5）其他非安全级：适用于不属于安全级和附加要求非安全级的其他 SSC。

2.4.2.2 抗震分类

非能动核电厂采用极限安全地震动（SL-2）作为单一的设计基准地震，核电厂 SSC 根据抵御极限安全地震动影响的要求进行抗震分类，划分为抗震 Ⅰ 类、抗震 Ⅱ 类和非核抗震类。

1）抗震 Ⅰ 类（C-Ⅰ）——抗震 Ⅰ 类适用于安全级 SSC，抗震 Ⅰ 类 SSC 应设计成可以承受极限安全地震动的影响，确保安全功能执行。

2）抗震 Ⅱ 类（C-Ⅱ）——抗震 Ⅱ 类适用于不要求提供安全功能、但其构造的失效或相互作用却可能导致安全级物项恶化到不可接受水平或控制室内人员遭受严重伤害的 SSC。抗震 Ⅱ 类 SSC 应设计成极限安全地震动下能够保持结构完整性。

3）非核抗震类（NS）——不属于抗震 Ⅰ 类和抗震 Ⅱ 类的 SSC 归入非核抗震类。非抗震类 SSC 应按照常规工业规范进行设计。

2.4.2.3 质量保证分级

应对核电厂物项进行质量保证分级，并根据所取得的等级实施相应的质量保证

① 非能动核电厂具体设计中可采用其他类似安全分级方法，并使用其他安全分级标识。

要求。质量保证分级应主要依据物项的安全分级与抗震类别等因素，对物项进行质量保证级别的划分。具体的分级原则可参考 NB/T 20350 并结合实际情况制定。

2.4.3 法规与标准

非能动核电厂的结构设计应遵循适用的本行业国内、国外有关标准，如果采用了不同系列的标准和规范，应处理好不同系列标准和规范的匹配性。所采用的工业标准和规范应得到国家核安全局同意。设计人员应列出所有适用的规范和标准及适用的版本。

SSC 采用的主要规范标准见表 2.4-1。

表 2.4-1 SSC 采用的主要规范

序号	规范编码	规范名称
1	HAF 101	核电厂厂址选择安全规定
2	HAF 102	核动力厂设计安全规定
3	HAD 101/01	核电厂厂址选择中的地震问题
4	HAD 101/04	核电厂厂址选择的外部人为事件
5	HAD 101/06	核电厂厂址选择与水文地质的关系
6	HAD 101/07	核电厂厂址查勘
7	HAD 101/08	滨河核电厂厂址设计基准洪水的确定
8	HAD 101/09	滨海核电厂厂址设计基准洪水的确定
9	HAD 101/10	核电厂厂址选择的极端气象事件
10	HAD 101/11	核电厂设计基准热带气旋
11	HAD 101/12	核电厂的地基安全问题
12	HAD 102/02	核动力厂抗震设计与鉴定
13	HAD 102/03	用于沸水堆、压水堆和压力管式反应堆的安全功能和部件分级
14	HAD 102/04	核动力厂内部危险（火灾和爆炸除外）的防护设计
15	HAD 102/05	与核电厂设计有关的外部人为事件
16	HAD 102/11	核动力厂防火与防爆设计
17	GB 50267	核电厂抗震设计标准
18	GB/T 51390	核电厂混凝土结构技术标准
19	GB/T 51340	核电站钢板混凝体结构技术标准
20	GB 55001	工程结构通用规范
21	GB 55002	建筑与市政工程抗震通用规范
22	GB 55006	钢结通用规范
23	GB 55008	混凝土结构通用规范

续表

序号	规范编码	规范名称
24	GB 55003	建筑与市政地基基础通用规范
25	GB 50011	建筑抗震设计规范
26	GB 50191	构筑物抗震设计规范
27	GB/T 12727	核电厂安全级电气设备鉴定
28	GB/T 13625	核电厂安全级电气设备抗震鉴定
29	GB/T 12727	核电厂安全级电气设备鉴定
30	GB/T 13625	核电厂安全级电气设备抗震鉴定
31	GB/T 50476	混凝土结构耐久性设计规范
32	ASMEB&PV	ASME 锅炉和压力容器规范
33	IEEE 344	核电厂安全级设备抗震鉴定推荐实施方法
34	IEEE 323	核电厂安全级电气设备鉴定
35	NUREG-0800	美国核管理委员会标准审查大纲
36	ANSI/ACI 349	核安全有关混凝土结构的规范
37	ANSI/AISC N690	核安全有关钢结构设计、制作及安装规范
38	ASCE 4	核电厂安全有关构筑物的抗震分析
39	ASCE 43	核设施结构、系统和部件抗震设计准则
40	NB/T 20105	核电厂厂房设计荷载规范
41	NB/T 20011	压水堆核电厂核安全相关钢结构设计规范
42	NB/T 20360	核电厂安全相关土建结构抗龙卷风设计规定

2.4.4 设计荷载与工况

2.4.4.1 概述

应根据厂址条件、工艺要求或现行规范和标准确定 SSC 结构设计的荷载取值。应根据现行规范、标准和实践确定电厂 SSC 的荷载组合方法。当特定荷载组合被证明不适用时可采用经论证的其他荷载组合。

根据具体情况，可在国家核安全相关部门认可后，使用概率论方法对某些设计基准事件制定量化的设计荷载和荷载组合。

2.4.4.2 外部自然灾害

在设计非能动核电厂的 SSC 时，自然条件采用厂址参数包络值（即标准厂址参数），设计应确保其在自然现象因素影响下不丧失执行预定安全功能的能力。

1）风荷载

（a）对于抗震类结构，风荷载取值采用标准厂址参数；并根据《核电厂工程气象技术规范》（GB/T 50674）确定特定厂址 100 年一遇 3 s 阵风平均最大风速（距地面以上 10 m 高度处），与标准厂址参数值进行对比，对标准厂址参数不能包络的情况进行复核评估。

（b）对于非核抗震类结构，基本风压可采用50年重现期的风压，或由设计人员根据设计寿命选用，不同重现期风压的换算公式参照《建筑结构荷载规范》（GB 50009）。对于由风荷载控制的结构，应适当提高其基本风压，或适当提高其重现期来确定基本风压。

2）水文

（a）应根据《核电厂工程水文技术规范》（GB/T 50663）获得并评价厂址的具体水文数据。水文数据包括但不限于海水水位、降雨量、降雪量和地下水水位等记录。与厂址水文相关的设计荷载应采用标准厂址参数，对不能被标准厂址参数所包络的厂址应进行专门的评价。

（b）应确保厂址设计基准洪水位满足法规规定的防洪安全要求，对设施安全不构成影响。

3）地质与地基基础

（a）核电厂勘察应符合《核电厂的地基安全问题》（HAD 101/12）和《核电厂岩土工程勘察规范》（GB 51041）的规定。核电厂岩土工程勘察等级可由工程等级、场地复杂程度等级综合确定。

（b）核电厂岩土工程勘察应按照各勘察阶段的要求，查明厂址区的地形地貌、地层岩性、地质构造、水文地质、不良地质作用与地质灾害等岩土工程条件，提供岩土参数，对场地和地基的适宜性及边坡稳定性作出评价。

（c）核电厂岩土工程勘察应着重分析和评价以下问题：断裂破碎带对地基适宜性的影响；岩土的工程特性指标；地基的承载力、稳定性、均匀性和适宜性；场地水文地质条件；自然边坡和人工边坡的稳定性。

（d）抗震Ⅰ类、Ⅱ类物项应选择剪切波速大于300 m/s的岩土作为地基。

4）地震

（a）设计基准地震按现行核安全导则《核电厂厂址选择中的地震问题》（HAD 101/01）和《核动力厂抗震设计与鉴定》（HAD 102/02）确定极限安全地震动（SL-2）。SL-2通常为预估的核电厂址可能遭遇的最大地震动（对应年超越概率为万分之一风险水平的地震动），与之对应的自由场地面水平向加速度峰值不得低于0.15 g。

（b）通常为便于设计并考虑厂址的适用性，推荐采用认证的通用宽频谱和0.3 g 地面加速度峰值作为标准设计地震反应谱。设计者可选择一组代表性的土体剖面，提供包络的基底反应谱进行设计。

（c）在开始具体厂址的详细设计之前，应审查设计地震反应谱是否能够包络厂址特定反应谱，在不能包络的情况下，需要进行特定评价。

（d）安全级SSC按极限安全地震动（SL-2）进行抗震设计。当地基条件对结构的内力和变形有显著影响时，基底输入反应谱及结构分析中应考虑地基与结构相互作用效应。

（e）运行安全地震动（SL-1）不再是非能动核电厂的设计要求。对于疲劳敏感的物项，定义了由相当于SL-1水平的低水准地震激励引起的循环应力准则。地震后电厂手动受控停堆的评估准则根据累积绝对速度方法制定。

5）龙卷风

（a）对核电厂中抗震Ⅰ类构筑物设计时，应能承受由风压、压差和飞射物构成的设计基准龙卷风荷载并保持安全功能，包括不倒塌、不被飞射物贯穿和不产生二次飞射物；应确保安全停堆相关的安全级系统和设备正常运行。

(b) 设计基准龙卷风应采用标准厂址设计参数（见表2.2-3），超出设计基准的厂址要进行单独评价。

(c) 在考虑结构抗飞射物设计中，需考虑局部效应和整体效应。局部效应一般包括开裂、剥落、痂片及贯穿，厂房墙壁和屋顶的设计应能阻止厂房内部产生二次飞射物。最小厚度应满足《核电厂安全相关土建结构抗龙卷风设计规定》（NB/T 20360）中经验公式要求。

(d) 应对抗震Ⅱ类构筑物进行龙卷风荷载分析，确保不会与抗震Ⅰ类SSC发生相互作用。

6) 火山活动

对于存在火山活动的区域，在厂址选择时应评价火山活动对厂址适宜性的影响。

2.4.4.3 外部人为危险

1) 总体考虑

厂址评价应考虑周边地区可能存在的外部人为危险，如厂址附近地区的工业、交通事故对电厂可能产生的安全影响，包括火灾、爆炸、飞射物、有毒或可燃气体的释放，以及飞机坠毁的影响等。如果厂址评价不能排除这些外部人为事件可能产生的安全影响，则应在设计中考虑相应的防护措施。

2) 溃坝

电厂设计要考虑上游堤坝溃坏对电厂水淹的影响。如果厂址处于此类潜在危险的下游，应评价溃坝导致的最大水淹量是否可以接受。

3) 商用飞机恶意撞击

商用飞机恶意撞击作为超设计基准事故，应保证在电厂经受撞击后，仍能保证：反应堆保持冷却，或安全壳保持完整性；乏燃料保持冷却，或乏燃料池保持完整性。

2.4.4.4 电厂运行荷载

1) 正常工况荷载

(a) 电厂运行的各类工况的荷载均要考虑，包括预期的电厂瞬态，并尽量使其最小化。

(b) 应考虑并最大限度降低由往复运动、旋转运转、泵的脉动、阀门快速开关、流致振动、泄压阀排放、汽蚀效应，以及其他的流体效应造成的结构和设备荷载。应合理地选择某些重要特性，比如阀门的开启和关闭时间、泵的启动和流量衰减时间等，以避免不必要的保守。在系统设计中应考虑潜在的水锤事件。

(c) 应借助系统设计、设备选择及在流体系统中利用稳压箱，最大限度降低正常运行期间的振动。对于在现有核电厂已发生过问题的系统应加以重视。在无合理的办法避免振动时，应当采用吸能器、阻尼器或其他装置以便吸收或减低振动荷载。应注意避免把地震减震器用作振动减振器。

2) 事故工况荷载

(a) 应确定核电厂事故工况引起的对所有SSC的荷载。事故工况荷载包括由设计基准事故引起的压力、温度、反力、振动和冲击等。在确定这些荷载时，应最大限度地考虑与荷载相关运行状态的设计方法，并清楚、完整地规定荷载定义的基础（或利用概率论法和确定论法）。

(b) 核电厂事故工况荷载对SSC的效应可以通过降低或隔离荷载的设计加以减轻，或通过在核电厂设计早期阶段针对这些荷载加以缓解。

2.4.4.5 内部危险

应考虑电厂正常运行和假想事故下的环境条件导致的结构影响。这些危险包括管道破裂、内部水淹、火灾和飞射物。内部危险防护设计基于《核动力厂内部危险（火灾和爆炸除外）的防护设计》（HAD 102/04）的要求，内部火灾防护设计基于《核动力厂防火与防爆设计》（HAD 102/11）的要求。

1）管道破裂

（a）核电厂内的流体管道可根据压力、温度和流体性质等条件划分为高能管道和中能管道。在电厂正常运行工况下，最高运行压力超过 1.9 MPa（表压）或最高运行温度超过 95 ℃的任何系统或系统的组成部分定义为高能管道。如果管系在这些限制以上的运行时间相对于其执行预定功能的时间而言仅为很短的一部分（≤2%系统运行时间或者<1%电厂运行时间），则可将其定义为中能管道。所有承受大气压而没有变为高能管道的管系应划作中能系统。

（b）应根据管道的特性（应力值、疲劳因子等）采用合理的方法确定破裂位置，包括管道端部破口位置（固定点、与大管道或部件的连接处）和管道中间破口位置。

（c）对于高能管道破裂，需要考虑管道破裂引起的动态效应（包括喷射流冲击、管道甩击、隔间增压及流体系统的卸压）、水淹效应和环境（包括温度、压力、辐照、湿度、水淹、喷湿和化学物质）；对于中能管道破裂，需要考虑贯穿裂纹产生的喷湿和水淹效应，不需要评价这些裂纹产生的动力效应。设计人员应该保护安全重要的 SSC 免受这些效应影响。

（d）应采用如下措施对高能管道失效进行防护：在电厂布置上根据实际可能，把冗余安全系统布置在分离的隔间内；安全级系统应尽量远离高能管道；如有必要，对于在管道破裂事故后仍需维持功能的系统，设置专门的部件来保证其冗余特性，安全有关的设备必须根据假想的管道破裂导致的环境效应进行鉴定；利用墙体、楼板等结构隔离高能管道破裂的效应；在隔离提供的保护不够的地方必须提供额外的屏障，如挡板或防护罩；在现有的隔离、屏障不能提供足够的保护时，可以设置管道防甩件限制管道甩击。

（e）采用管道破前先漏技术（LBB），防止高能管道出现破裂。

（f）安全壳贯穿件区域内的管道设计宜满足标准审查大纲 BTP 3-4 的设计要求，防止高能管道出现破裂。

（g）考虑主控室可居性，对于位于主控制室附近的主蒸汽管和主给水管，需考虑破裂排除区域内隔间的水淹、喷湿和隔间增压的影响，同时还需要评价厂房内主蒸汽或主给水管道环向或轴向假想破裂所产生的动力效应的影响。

（h）作为安全壳结构和安注系统的设计基准事件，机组设计时应考虑任何假想管道破口，包括安全壳内的管道双端断裂的影响。

2）内部飞射物

所有电厂 SSC 的设计，应尽量降低影响安全级 SSC 的潜在内部飞射物产生的可能性。

（a）安全级 SSC 应考虑飞射物防护，通过以下方式最小化飞射物引起的潜在危害：通过设备设计最小化飞射物源；通过朝向和分离设计使潜在飞射物源远离安全级 SSC；通过在潜在飞射物源附近设置约束和屏障包容飞射物；在上述方法不可避免飞射物冲击时，考虑安全级 SSC 的硬化以承受飞射物冲击。

(b) 对于高能流体系统部件，应考虑压力容器和管道的失效导致的飞射物。对于重要的压力容器和管道，可通过材料特性，役前和在役检查，制造、装配和运行中的质量控制，设计的保守性，以及应用于特殊部件的谨慎的操作规程，排除压力容器和管道失效产生飞射物的可能性，否则应考虑其可能对周围 SSC 造成的破坏。

(c) 对于阀门故障，应考虑高能流体系统中的阀杆、阀盖或固定螺栓等可拆卸部件产生的飞射物。对于阀杆，应加装特定装置，以防止其故障时变成飞射物；对于阀盖，阀体和阀盖间应选用螺栓固定，以确保单个螺栓损坏时，除损坏的螺栓本身，不会产生其他飞射物。

(d) 对于温度计套管及仪表套管和管部件，应考虑部件连接处失效产生的飞射物。设计需避免螺纹连接，温度计套管和其他仪表套管、通风管、疏水管、试验连接件，以及高能系统中其他管件应与管道或压力设备焊接连接，整个连接的设计强度应比母材大。

(e) 对于控制棒弹出，应考虑飞射物是控制棒弹出损坏附近的控制棒、安全系统和安全壳构筑物。可通过特殊的设计装置降低控制棒的弹出频率，并通过实验和分析，证明该装置在某个控制棒驱动壳失效的情况下能够保持控制棒和驱动组件不被弹出。

(f) 对于高速转动设备，应考虑由于转动部件超速、故障或应力超过极限而产生飞射物。对于泵，如果可以保证叶轮等故障产生的飞射物不会穿透泵壳，则可以不考虑该飞射物，否则需对其效应进行评估。同样的原则适用于风机和压缩机，以及电机（考虑定子对转子的包容）。对于反应堆冷却剂泵，为了预防其飞轮的解体，在飞轮材料、设计、制造和检查方面应执行严格的要求，以便在所有运行条件下，排除飞轮故障产生飞射物的可能性，否则应考虑其可能对周围 SSC 造成的破坏。

(g) 对于汽轮机，应考虑汽轮机转子解体产生的飞射物。一般将汽轮机飞射物分为两种类型：高轨道飞射物和低轨道飞射物。

高轨道飞射物穿透汽缸向上飞射，如果下落时击中安全级 SSC 可能造成损坏。高轨道汽轮机飞射物或由于具有足够的速度而落于厂房外，或由于速度甚低而对电厂大部分构筑物的撞击不构成重大危害。

低轨道飞射物穿透汽缸飞射，并可能直接击中安全级 SSC，主要集中在汽轮机两端、轴线垂直方向±25°区域范围内。

3）内部水淹

核电厂内部水淹是指核电厂内部的管道、贮存容器等破裂或消防系统、喷淋系统的动作引起房间内大量积水，导致设备淹没，或者由于喷射、飞溅或滴漏的水进入设备，而造成设备失效的事件。应识别需进行水淹防护的系统设备，以及在水淹条件下仍能正常运行的系统设备，对在水淹条件下仍需运行的系统设备应确定相应的设计要求。

4）内部火灾

(a) 应考虑核电厂内部火灾对 SSC 结构的影响。除了火灾对 SSC 结构的直接影响外，设计上还应考虑火灾的热和烟气的影响。内部火灾的热和烟气会使得结构温度上升，超过最大限制温度后，结构单元可能失效。如果结构单元不同部分的温度响应存在差异（如装满液体的密闭储罐），则结构单元不同部分的响应差异可能造成结构单元破坏。火灾后，灭火系统投入会导致结构表面温度发生剧烈的变化，这可能导致结构单元失效。

(b) 内部火灾危险源主要是各种可燃物，例如电缆、电气和仪控机柜、设备内润滑油、活性炭、燃油、办公用品和临时存放的可燃物等。这些危险源产生的热和烟气会对结构产生影响。

5) 重物跌落

(a) 应考虑在吊运设备运行过程中发生重物跌落的风险，除非跌落事件发生概率极低足以排除。

(b) 重型设备跌落可由外部事件引起，例如地震或飞射物撞击，也可由人员差错引起。按照相关导则的建议可以降低由内部始发事件而导致的重型设备跌落的可能性。

(c) 应评估重物跌落对吊运区域内的设备和构筑物的影响，这取决于重物的重量、尺寸、形状、能量和设备与构筑物承受冲击的能力。同时还应考虑冲击可能导致重物自身受损的情况，尤其是跌落物中装有放射性物质的情况（如燃料组件等）。

6) 破前漏技术

应用破前漏（LBB）技术的管道系统，其裂纹在正常运行、预计瞬态和安全停堆工况载荷的作用下发展到导致失效的尺寸之前，已产生可探测到的泄漏，不考虑该管道双端剪切破裂导致的动态效应对SSC产生的影响。应对管道应用LBB技术进行分析论证，主要技术内容包括前提条件评估、材料要求、泄漏监测能力评估、临界裂纹计算（裂纹稳定性分析）、泄漏可监测裂纹计算。

(a) 前提条件评估

在高能管道中，存在可能影响系统完整性和LBB分析适用性的材料老化机理，如侵蚀—腐蚀导致壁厚减薄、应力腐蚀开裂、水锤、疲劳、热老化和热分层等，导致分析结论的不可靠。因此需对LBB应用对象进行分析，如无法在分析中精确地考虑这些因素的影响，则需证明管道在服役条件下发生上述情况的可能性极低。前提条件的评估主要内容如下。

a) 应评估由不利的流动状态和水化学条件引起的侵蚀、冲蚀和空洞现象导致管道退化的可能。

b) 应评估材料对腐蚀的敏感性、潜在的高残余应力和易腐蚀的环境条件，这些因素同时存在会导致应力腐蚀裂纹。

c) 应通过评估确保对象管道发生水锤的概率非常低。

d) 应证明管道对蠕变和蠕变疲劳不敏感，低于371.1 ℃的铁素体钢和低于426.7 ℃的奥氏体钢可以不考虑蠕变的影响。

e) 应保证管道材料在整个系统运行温度范围内对脆性机理破裂不敏感。

f) 应通过评估确保热或机械荷载造成的疲劳不会导致管道失效。管道系统在历史记录中未出现疲劳裂纹和疲劳失效。电站设计时应保证管道中的冷热流体充分混合，通过分析确保管道内热分层应力足够小，不会产生疲劳失效。

(b) 材料需求

应用LBB技术的管道材料要求为高韧性材料，且需要有较强的抗腐蚀、抗老化的能力，在寿期内材料不会有明显的弱化。断裂力学和泄漏率计算中需要材料的弹性模量 E、屈服强度 Sy、抗拉强度 Su、材料真实应力-应变曲线、J-R曲线。上述材料力学性能可以通过工业通用数据库和开展材料力学性能试验两种途径获取。工业通用数据库是指代表单个或一类材料的韧性和真实应力-应变数据的集合，取材料性能的下限值，需要足够的代表性和合理的保守性。为了确保使用通用数据库是适当的，必须要进行一次测定来证明通用数据库可以代表要评估的电厂材料的范围。

(c) 分析位置

分析位置应选择母材、焊接件、管嘴和安全端处应力和材料性能的最不利组合的位置。主要考虑焊缝部位，当受力最大部位和材料性能最差位置不一致时，应分别考虑。

(d) 荷载及荷载组合

泄漏率计算采用正常运行工况的载荷(压力、自重和热膨胀的组合)，临界裂纹长度计算采用电厂运行工况最大载荷(压力、自重、热膨胀和极限安全地震动的组合)。泄漏率计算时正常工况的载荷采用代数和组合，临界裂纹计算时采用绝对值和组合（也可采用代数和组合并乘以1.4的系数)。

(e) 泄漏监测能力评估

监测能力需满足相关标准或规范的要求。泄漏监测系统应包括两种或以上定量监测装置和一种定位监测装置。两种定量监测装置应使用不同的监测机理，不会导致共因失效，且在主控室设有发生报警，泄漏监测系统足够可靠、冗余、多样和灵敏，对确定性断裂力学评估中使用的贯穿缺陷进行探测时有足够的裕量。

(f) 泄漏可监测裂纹尺寸的确定

承压管道系统泄漏量的确定包含了不确定因素，因此需要有一定的裕量。不确定因素的来源包括颗粒材料对泄漏裂纹长时间的堵塞、泄漏预测、测量技术、人员和检查频率。在确定泄漏裂纹尺寸时相对预测泄漏率需要有10倍裕量。

(g) 临界裂纹计算

临界裂纹长度考虑为2倍的泄漏裂纹长度。

2.4.5 荷载工况组合

2.4.5.1 厂房结构

1) 设计时应根据现行核相关国家和行业标准的要求确定荷载组合。应基于确定论或概率论方法对荷载组合进行综合评估，发生频率小于 1×10^{-6}/堆年的事故导致的荷载不需考虑。

2) 钢安全壳的荷载组合应满足ASMEB&PV规范第Ⅲ卷NE分卷的要求。

3) 其他抗震Ⅰ类混凝土结构（普通混凝土结构和预应力钢筋混凝土结构)、钢结构和钢板混凝土结构应满足《核电厂混凝土结构技术标准》(GB/T 51390) 及NB/T系列规范的荷载组合要求，或依据相关国外法规标准要求。

4) 抗震Ⅰ类的构筑物设计荷载组合时，如任何一种荷载会减小其他荷载的效应，且该荷载经常出现或与其他荷载同时发生，则该荷载效应的荷载分项系数应取0.9，否则取0。

5) 抗震Ⅰ类构筑物的基础设计需进行稳定性验算，包括抗滑、抗倾覆和抗浮，其荷载组合和最小安全系数应满足《核电厂混凝土结构技术标准》（GB/T 51390）或SRP3.8.5的要求。进行抗震验算时需考虑包含地下水影响的土-结相互作用。

6) 抗震Ⅱ类构筑物采用与抗震Ⅰ类构筑物相同的荷载组合，但可根据性能需求采用不同的接受准则。

7) 非核抗震类厂房的荷载工况组合

依据一般国家标准设计规范和相关行业设计标准进行确定。

8）对已确认会发生与抗震Ⅰ类或抗震Ⅱ类物项相互作用的其他抗震物项，应按SL-2进行鉴定，采用与抗震Ⅰ类或抗震Ⅱ类物项相同的荷载组合，但可用不同的安全裕度。

9）结构及构件的承载力设计采用极限状态设计方法，满足下式要求：

$$S_d \leqslant R_d$$

R_d——结构的承载力设计值；

S_d——荷载效应组合设计值，$S_{d,i}=\sum_j(\gamma_{ij}\cdot S_{ij})$，其中$S_{ij}$为荷载标准值，$\gamma_{ij}$为相应的荷载分项系数，具体数值依据相关规范标准确定。

整个结构或其一部分作为刚体失去平衡的承载能力极限状态设计时，应符合下式要求：

$$R_{d,stb}/S_{d,dst} \geqslant k$$

$S_{d,dst}$——不平衡作用效应的设计值；

$R_{d,stb}$——平衡作用效应的设计值；

k——安全系数。

结构构件按正常使用极限状态设计时，应符合下式要求：

$$S \leqslant C$$

S——正常使用极限状态荷载组合的效应设计值，$S_i=\sum_j(S_{ij})$，其中S_{ij}为荷载标准值；

C——结构构件达到正常使用要求所规定的限值。

2.4.5.2 系统和设备

1）系统与设备的载荷来源需要充分考虑电厂运行各类工况下的最佳估算与评价，设计者需要充分考虑分析的完整性和核电厂设计的经济性两方面，确定合适的载荷和载荷组合。

2）在设备设计中，设计者应根据设备所在系统的运行工况，给出该设备可能经受的载荷类型及载荷组合情况。同时发生的概率极低的事件不必组合，动载荷最大值同时出现的概率很低，可采用平方之和的平方根（SRSS）方法进行组合。

3）支架计算应考虑正常工况下管道移动产生的摩擦力，但不考虑动载荷产生的摩擦力。

4）对于应用LBB技术的高能管道，不考虑破裂动态载荷的影响。

2.4.6 设计方法

2.4.6.1 一般规定

1）结构设计应满足指定的规范标准并经验证。

2）结构设计应符合安全性、适用性、耐久性及可建造性相关要求。设计人员要参考电厂设计经验，针对影响造价、进度、可维修性、可操作性和便于退役的因素，采取相应措施。

3）设计应尽量减小不必要的保守性，从而获得平衡且经济的设计，这些设计应基于实际和公认的技术而不是过于保守的假设。

4）优化应基于电厂生命周期的成本估算，考虑初始硬件造价、运行成本及维修成本。

5）设计应考虑合适的建造和安装误差，以及布置和定位时的潜在偏差。设备设计要有合理的裕量以应对将来的预期修改。

6）应充分利用经验证的计算化设计工具以提高经济性、效率和设计质量，简化专业之间的信息交流。

7）应提供一套防腐蚀的方法技术。

2.4.6.2 厂房结构

1）钢安全壳的设计、建造和试验应

符合 ASME B&PV 规范第Ⅲ卷 NE 分卷的要求。

2）抗震Ⅰ/Ⅱ类的钢筋混凝土结构构筑物应满足《核电厂混凝土结构技术标准》（GB/T 51390）等规范或 ANSI/ACI 349 等国外相关规范的设计要求；钢结构应满足《压水堆核电厂核安全相关钢结构设计规范》（NB/T 20011）等规范或 ANSI/AISC N690 等国外相关规范的设计要求；钢板混凝土结构应满足《核电站钢板混凝土结构技术标准》（GB/T 51340）等规范或 ANSI/ACI 349 和 ANSI/AISC N690 等国外相关规范的设计要求。

3）抗震Ⅱ类 SSC 应满足在 SL-2 地震作用下的结构完整性要求。应提供与安全级 SSC 的隔离以适应变形量，或评估地震造成的影响。

4）抗震Ⅰ/Ⅱ类构筑物应根据不同阶段的各种受力状况分别进行结构分析，并确定最不利的作用组合。所有的分析方法和设计程序都应符合适用的规范和标准，并经过鉴定和验证。分析中注意以下事项。

（a）构筑物的抗震分析应尽早开展，以便为所有系统和设备提供合理的地震设计输入。对作为主结构的子系统，如主控制盘，也应在设计中尽早进行抗震分析。如果在设计中发生了质量和刚度的明显改变，则应在最终设计阶段对建筑结构和主设备进行确认分析。

（b）为避免计算分析过于保守，拟合地震动时程的反应谱不宜超过设计地震反应谱太多，具体遵循相关规范要求。

（c）由主结构和子结构组成的结构体系的抗震计算宜考虑主结构与子结构的动力相互作用，建立耦联模型进行抗震分析；当满足相关规范的解耦准则时，如《核电厂抗震设计标准》（GB 50267）或 SRP3.7.2，可不进行体系的耦联计算，但反应堆冷却剂系统中主要部件的动力模型应与建筑模型耦合。

（d）设计人员可选择一组代表性的土层，对厂房进行土-结构相互作用分析。要采用经过验证的二维或三维的土-结构相互作用计算分析软件开展分析工作。土-结构相互作用的不确定性通过参数的变化和敏感性研究来考虑，不确定性包括土壤参数、结构与结构之间的相互作用、部分土壤和侧壁分离、地基的不对称性、不均匀土层和地下水位变化。

（e）当基础埋置较深时，在计算模型中应评估厂房埋置效应的影响。当必须考虑时，应对外墙与回填土之间空隙进行适当的假设。

（f）用于动态分析的结构阻尼值是基于规范规定、经验值或试验值。

（g）偶然扭转效应不在动力分析中考虑，但需在设计中考虑。

（h）楼面反应谱应从考虑土-结构相互作用分析中获得。通过评估不同土壤特性下的反应谱，组合多个土-结构相互作用分析的结果并将峰值至少拓宽 15%，按相关规范的要求形成包络的反应谱。

5）抗震Ⅰ/Ⅱ类构筑物的基础设计需进行包括抗滑、抗倾覆和抗浮的稳定性验算，其稳定安全系数应满足《核电厂抗震设计标准》（GB 50267）或 SRP3.8.5 的要求。进行抗震计算时需考虑包括地下水影响的土-结相互作用。与抗震Ⅰ/Ⅱ类物项安全相关的边坡应进行抗震稳定性验算。

6）混凝土表面的连接支撑应通过带锚栓的混凝土预埋板或者其他合适的锚固系统连接；混凝土膨胀螺栓用来在混凝土

浇筑之后进行重新定位支撑。如果膨胀螺栓承担设备的振动荷载，应选用具有延性的膨胀螺栓。

7）在壳型结构（例如钢制安全壳）中出现压应力时，应考虑整体和局部壳稳定性。在所有荷载组合下，满足 ASME B&PV 规范第Ⅲ卷 NE 分卷和补充案例 N-284的最小安全系数要求。

8）采用隔震和消能减震设计的核安全相关构筑物，应满足 ASCE4 或相关国内规范要求。当遭受极限安全地震动影响时，应能确保反应堆冷却剂压力边界完整、反应堆安全停堆并维持安全停堆状态，且放射性物质的外逸不超过国家规定限值。

9）允许采用基于性能要求的抗震设计方法，验收准则满足与其性能和抗震类别一致的安全裕度，设计遵循 ASCE43 规范或国内相关规范要求。

10）非核抗震类构筑物、系统及部件应满足相应国内标准的要求。

2.4.6.3 系统和设备

1）所有系统和设备的分析和设计程序应符合相应的规范和标准，并应经过评审和验证。

2）对于跨越多个楼层的管道的谱分析，可采用多点谱分析法和包络楼层谱分析方法。

3）刚性支架应满足支架对应的刚度和柔度设计要求，若不满足则应在管道应力分析模型中考虑支架刚度。无法设计成刚性支架的，可在管道分析模型中建立支架结构，或使用计算的刚度值。

4）当被支撑管道与支撑管道间惯性矩的比值≤0.04，或母管外径与支管外径（管道名义尺寸）之比≥3.0 时，支撑管道系统/母管的分析中可以不考虑被支撑的管道系统/支管，但被支撑系统/支管的分析中需考虑支撑系统/母管的影响。管道分析中应合理考虑设备接管的刚度。

5）应根据连接管道的尺寸和强度确定合理的通用设计接管载荷，设计接管载荷至少为连接管道 ASME B&PV 规范许用值的 50%。接管载荷设计值应作为采购规范的一部分提供给设备规范书编制人员。对于抗震类阀门，阀门采购规范中应规定合理的通用阀门加速度限值，除特殊阀门外，阀门加速度限值为各方向 6g。

6）在线弹性地震动力学分析中，极限安全地震动下的阻尼值基于规范规定、经验值和试验值。

7）在事故工况载荷组合中，地震载荷应考虑地震锚固运动（SAM）。

8）为了实现更合理的结构设计，应对主要设备和支架进行动力学分析，分析时考虑支架和主要结构件的刚度和连接件的影响。

9）在监管规范允许的情况下，设备支架在事故工况下可采用非线性分析设计。

10）应制定分隔准则，以排除抗震Ⅱ类管道、非抗震管道和安全物项之间的地震相互作用。

11）应分析非抗震管道与抗震管道连接接口附近的管道和支架，以确保抗震设计管道的结构完整性和规范边界处隔离阀的功能。抗震和非抗震管道区域的设计方法如下。

（a）非抗震设计管段和系统抗震设计管段采用锚固点隔离。

（b）采用三个方向的限位支架约束，将传输到抗震设计管段的响应限制在规范允许范围内。

12）分析时尽可能利用成熟的计算机

设计工具，以提高结构设计的经济性、效率和质量。应考虑各设计专业之间的接口要求，并为简化和受控的信息交换作出适当规定，尽可能地利用计算机信息库。

13）管道和设备各工况的计算应力应小于相应工况的应力限值。正常工况采用A级应力准则，异常工况采用B级应力准则，紧急工况采用C级应力准则，事故工况采用D级应力准则。试验工况满足试验应力准则。

14）设备及其支架之间的管辖边界，以及不同级别设备之间的边界，应按照相应规范定义。设备支架和建筑结构之间的管辖边界应位于标准支架和辅助钢或建筑结构的接口处。将支架连接到建筑结构或辅助钢（如焊缝或螺栓）的方式应在部件标准支架的管辖范围内。

15）其他设备及其支架设计应考虑静载荷、动载荷及其载荷组合。载荷和载荷组合应与分级、几何形状、位置和功能相适应。结构的强度和动态响应尽可能通过静态和动力试验或鉴定确定。应尽量使用标准化通用设计，以便于设计、制造和安装。

16）堆芯支承结构必须根据ASME B&PV规范第Ⅲ卷NG分卷或其他适用的标准规定的准则进行建造。

17）抗震Ⅰ类风管和支架应考虑局部载荷进行设计，包括内压和外压、风阀和电机惯性载荷，以及其他附件的惯性载荷。

18）应根据设计要求建立间隔距离准则，以避免SSC之间的干涉。

19）标准设计的非抗震设备的锚固件，应根据制造商提供的操作载荷进行设计，必要时，由设计单位补充地震载荷。应评估供应商对建筑接口处的锚固规定要求（如地脚螺栓尺寸、数量和配置等）。地震载荷作用下的设备锚固仅为保护目标物和人员安全，非安全相关设备的采购规范不包括任何其他抗震设计要求。

2.4.7 设备鉴定

2.4.7.1 机械和电气设备的抗震和动态鉴定

1）抗震和动态鉴定大纲

电厂设计者必须制定抗震鉴定大纲，以确保抗震Ⅰ类设备在经过适当量级较小的地震事件后，再经历极限安全地震动（SL-2）时及之后能满足规定的功能性要求。如通过试验对部件进行抗震鉴定，地震输入必须包括5次$\frac{1}{2}$SL-2幅值的事件，接1次SL-2事件。另根据《核电厂安全级电气设备抗震鉴定》（GB/T 13625）或IEEE 344附录D，当采用其他幅值的地震水平时，应使用等效于5次$\frac{1}{2}$SL-2事件最大峰值循环数的峰值循环数，之后再进行1次完整SL-2事件。

设备的抗震鉴定必须满足有关设备级别适用的工业标准的安全要求。抗震Ⅰ类机械和电气设备的抗震和动态鉴定必须满足《核电厂安全级电气设备抗震鉴定》（GB/T 13625）或IEEE 344的要求，但目前的运行安全地震（SL-1）要求要用上述激励要求来替代。应在标准所允许的范围内使用鉴定记录来补充鉴定大纲。

2）地震环境

设计者应在鉴定大纲中确定设备进行抗震鉴定的地震环境。地震环境通常用厂房或主要子结构（如控制面板）分析得到的地震反应谱或时程表示。

3）锚固准则

设计者必须规定待鉴定设备的锚固准

则，或必须采用设备制造商推荐的经抗震鉴定的锚固方式。不论何种方式，设计者必须采取措施确保在鉴定大纲中使用的“已鉴定”锚固方式，相当于在电厂实际使用的“已安装”锚固方式，并识别判断这两种方式间的差异。

4）抗震和动态鉴定方法

必须用试验、分析、试验和分析相结合，或者通过经验数据对设备进行抗震鉴定。该鉴定必须能验证设备的结构完整性和要求的功能可运行性。

（a）通过试验进行鉴定

当设备要通过试验进行鉴定时，实际的试验输入必须等于或超过鉴定频率范围规定的最小值。如不满足要求则必须进行单独说明并详细证明其合理性。

（b）通过分析进行鉴定

只有当结构完整性本身就可确保设备预期设计功能时才可以单独通过分析进行鉴定。

（c）通过试验和分析相结合进行鉴定

对不能简单地通过一种方法鉴定的大型或复杂设备，必须使用混合的鉴定方法。分析可以用于验证设备的结构完整性，型式试验大纲可用于满足抗震要求的任何一部分。

（d）通过经验进行设备鉴定

当技术上理由充分时，电厂设计者可采用经验数据对设备进行抗震鉴定。对设备鉴定经验数据的使用必须按照 IEEE 344。电厂设计者必须确定有特定要求的设备等级的准则，确保以前的动态试验和/或分析数据可适用于电厂设备，以证明设备有足够的抗震强度。经验数据必须从以前的自然地震、试验或试验/分析鉴定，或其他文档化的经验中得到。

2.4.7.2 机械和电气设备的环境鉴定

应确保核电厂机械和电气设备经过环境鉴定，并证明其能在运行环境条件下完成预期的设计功能。设备的鉴定必须满足适用于该设备级别的相关工业标准的要求。

1）机械和电气设备的环境参数

应通过对包括正常运行和设计基准事故（DBA）在内的设计工况下的环境条件进行分析，计算出环境鉴定的包络参数。环境鉴定的包络参数应按照法规和标准的要求考虑一定裕量，但也不宜过于保守。设备的环境鉴定参数包括但不限于辐照、温度、压力、湿度和蒸汽、化学喷淋、浸水和振动等。在鉴定过程中还应考虑各个环境参数之间的叠加效应。

2）机械和电气设备的环境鉴定方法

机械和电气设备环境鉴定试验采用加速老化试验的方法，等效模拟设备在特定环境条件下的技术状态和运行工况，并通过设计基准事件环境模拟试验，来证明在整个设计或鉴定寿命内设备性能在电厂工况下满足或超出安全功能。型式试验应由一个计划好的试验工况顺序组成，典型的试验顺序如下。

（a）基准功能试验。

（b）EMC 试验+功能试验。

（c）极限性能试验+功能试验。

（d）老化试验（包括热老化、辐照老化、振动老化等）+功能试验。

（e）振动试验+功能试验。

（f）抗震试验+功能试验。

（g）DBA 辐照老化+功能试验。

（h）安全壳压力试验+功能试验。

（i）DBA 试验+功能试验。

（j）DBA 后+功能试验。

（k）最终检查。

该序列中的试验并不对所有设备都是必须的，可以根据设备需要鉴定的环境条件选择必要项进行鉴定试验。

2.5 材料

2.5.1 概述

本节对非能动核电厂用材料提出了总体要求。在材料选择时需要考虑部件的设计要求，以及部件与系统的相互作用。在核电厂设计过程中，除应明确部件用的材料外，还应对制造、焊接和安装过程中的工艺控制，以及核电厂运行过程中影响材料性能的环境条件的控制提出要求。

本节的主要目的在于避免各类原因（如材料冶金缺陷、腐蚀、疲劳、辐照效应和焊接缺陷等）造成的材料性能劣化，并尽可能减少腐蚀产物及特定性产物（如^{60}Co等）的释放和转移。

2.5.2 一般要求

2.5.2.1 选材原则

核电厂使用的材料应满足所属部件在服役中经受工况的要求，应综合考虑服役性能、服役环境、可制造性、三废处理及退役等因素的综合平衡。同时关注良好的实践，采用最佳的技术选择。

1）在满足使用条件和设计性能目标的情况下，选用材料的类型和级别数量应尽量少。应尽量避免使用定制或专用合金。

2）对接触一回路冷却剂的部件，以及腐蚀产物可进入一回路冷却剂系统的其他系统部件，应严格控制部件材料中的钴含量；对于高中子通量区域的部件（如燃料包壳、堆芯支承板、反射层、控制棒和反应堆压力容器堆焊层等）、与一回路冷却剂接触面积较大的部件，也应限制所用的不锈钢和镍基合金中的钴含量；严格控制含银垫片的使用。

3）为提高结构连续性、可靠性，减少在役检查的焊缝数量并降低操作难度，应尽量减少焊接结构。一般焊接过程中应禁止使用衬垫，如需使用应满足特定的要求。

4）通常，部件所用材料应从经过核电厂服役验证的材料中选取。经验证的材料是指与现有核电厂所用的材料相比，具有相同的化学成分范围、相同热处理和力学性能、相同工艺（如铸造、锻造和轧制等），以及相同工作条件（如应力水平、水化学条件或温度等），且已在核电厂中使用若干年时间的材料。鉴于部分材料性能劣化机制的潜伏期较长，为了能够从在役材料中合理选材，除经若干年服役经验验证外，还应充分借鉴国内外核电厂的研究成果和反馈数据。

5）当必须采用未经验证的材料时，应通过经验、试验或分析等手段论证该材料在工作条件下的适用性，并提供使用该材料的书面证明资料，证明资料应至少包含：材料的化学成分、金相、热处理、物理性能；至少3个熔炼批的力学性能（至少涵盖室温到最高预期使用温度拉伸性能、必要时的低温性能、蠕变和疲劳等性能）；焊缝、焊接接头和焊接性的数据；服役的应力水平、水化学环境、辐照条件及使用温度方面的论证。

2.5.2.2 规范和标准的相符性

核电厂材料应符合相应设计规范和材料标准的要求，应优先采用具有良好服役表现的常用材料，不宜考虑突破材料极限的应用。但核电厂中的实际使用条件可能比标准规定的更恶劣，设计人员可根据需要在标准基础上对材料的物理或化学特性、力学性能、制造程序和检验等方面提出附加要求，并应验证附加要求的可行性。

2.5.2.3 有害材料

在必须采用可能对人员、设备或环境有害的材料（如放射性、毒性、易燃性、腐蚀性的材料）时，设计人员应根据相应规范和标准要求规定材料的装运、储存、操作和使用的方式，以将可能的危害降到最低，并满足相应的防护要求。同时应设置有毒有害废物暂存区域。

2.5.2.4 经验反馈的应用

非能动核电厂的材料选择应吸纳国内外核电厂材料相关经验反馈，在设计中考虑材料劣化、磨损、维修、管理或检验问题。

2.5.2.5 金属材料

与反应堆冷却剂接触的金属材料应具有良好的耐蚀性，一般不允许使用碳钢材料。与反应堆冷却剂接触的金属材料应能抵抗各种形式的腐蚀，如点蚀、晶间腐蚀、应力腐蚀和电偶腐蚀等。

对于与反应堆冷却剂具有较大接触面积的部件，如容器、管道和包壳等，其材料含钴量必须限制到合理可行尽量低，对这类用不锈钢或镍基合金制造的部件，其含钴量应控制不超过0.05%；蒸汽发生器传热管的钴含量应控制不超过0.016%，且单台蒸汽发生器传热管的钴含量平均值应控制不超过0.014%。用于一回路系统的具有较大湿润面积的材料（如蒸汽发生器传热管），应采用核电厂经验证可使其长期保持低腐蚀速率的工艺方法进行制造。

对于下列情况，应规定其钴含量。

1）应用于堆芯或靠近堆芯，其中子通量导致大量的^{59}Co活化为^{60}Co的材料。

2）预期在反应堆冷却剂中释放大量腐蚀产物的部件。

3）对于钴含量不超过0.05%，活化后其放射性仍超出核电厂维修人员承受的辐照目标（平均值）的部件。

压力边界铁素体材料应抗脆性断裂，初始无延性转变温度（RT_{NDT}）不应超过相应标准规定值，推荐不超过-10 ℃。对可能导致材料辐照脆化的微量元素，应控制其含量。

对于一回路系统部件和二回路系统中不锈钢和镍基合金，应严格控制低熔点金属及其合金（如铅、锑、镉、铟、汞、锌、铜、铋和锡及其合金）的含量。禁止将低熔点金属及其合金用于二回路系统部件。在二回路的泵轴承材料设计时，应考虑限制进入主给水中的有害低熔点材料含量。冷却剂中可以加入少量的锌，其含量按ZnO含量要求同等控制。铜合金可以少量用于不会扩散至反应堆冷却剂中的部件。

反应堆压力容器支承件所用材料应能抗脆性断裂，并且在寿期内因中子影响造成的RT_{NDT}变化尽可能小。应对反应堆压力容器支承件进行分析，以证明其在核电厂最大设计寿命和功率下的可接受性，并应识别所有操作限制以避免可能出现的脆性断裂。

与反应堆冷却剂接触并且在固溶处理状态下使用的奥氏体不锈钢，硬度不得超过92HRB。

铅和铅合金不允许用于被一回路和二回路冷却剂润湿的部件，如冷凝水泵轴承。

2.5.2.6 非金属材料

1）核蒸汽供应系统及相关系统中使用的非金属材料中的杂质水平应控制在规

定限值以下。对反应堆冷却剂系统，在下列情况下，非金属材料应控制杂质元素。

（a）核电厂运行期间与反应堆冷却剂接触。

（b）应用于与反应堆冷却剂接触的表面，并在服役前没有完全去除。

（c）出于设计要求或服役前未被完全去除，而与反应堆冷却剂系统设备外表面的不锈钢或镍基合金接触。

（d）在设备寿期内，暴露于剂量大于 1×10^{3} Gy 的环境中。

杂质含量限值如下：

a）氯总量：不超过 200×10^{-6}。

b）氟总量：不超过 200×10^{-6}。

c）汞总量：不超过 1×10^{-6}。

d）砷总量：不超过 2×10^{-6}。

e）铅总量；不超过 10×10^{-6}。

f）硫总量：不超过 200×10^{-6}。

g）锌总量：不超过 200×10^{-6}。

h）汞、砷、铅、硫、锌的总含量：不超过 300×10^{-6}。

不可接受的非金属材料包括乙烯聚合物（聚氯乙烯）、聚四氟乙烯（特氟纶）、氟硅氧烷和氯丁（二烯）橡胶。

2）对于非金属材料可能污染给水的压水堆二回路设备，或用于清洁二回路系统的不锈钢或镍基合金部件的非金属材料，杂质应控制在下列范围内。

（a）氯+氟总量：不超过 500×10^{-6}。

（b）硫总量：不超过 500×10^{-6}。

（c）重金属（汞、砷、铅）总量：不超过 250×10^{-6}。

3）对于核电厂配套设施，在制造、运输和贮存期间，用于安全壳内可能与钢或镍基合金接触的非金属材料不得含有超过以下限值的元素。

（a）氯总量：不超过 500×10^{-6}。

（b）氟总量：不超过 300×10^{-6}。

（c）活性硫：不超过 700×10^{-6}。

（d）低熔点金属元素总量：不超过 500×10^{-6}。

（e）单种低熔点金属元素：不超过 200×10^{-6}。

2.5.3 材料的选择

2.5.3.1 反应堆冷却剂系统和相关系统中的材料

1）范围

本节对反应堆冷却剂系统和相关系统中使用的金属材料提出了相关要求。

2）奥氏体不锈钢（非铸件）

奥氏体不锈钢使用应遵守以下规定。

（a）奥氏体不锈钢锻件应以固溶热处理状态供货，或在后续制造工序后进行了固溶热处理，固溶保温温度应不低于 1 040 ℃或材料标准中规定的最低温度，随后进行快速冷却。

（b）与硼酸水接触的奥氏体不锈钢、焊后没有进行固溶热处理或其他焊后热处理的奥氏体不锈钢，均应采用抗敏化和抗晶间腐蚀开裂的材料，包括奥氏体不锈钢（或等效牌号），以及其他经验证的奥氏体不锈钢。

（c）应按照材料标准的规定对奥氏体不锈钢材料进行晶间腐蚀试验，证明其抗晶间腐蚀能力。对于在焊态条件下与一回路水冷却剂接触且碳含量为 0.03%或更低的奥氏体不锈钢和焊缝，晶间腐蚀试验前应进行敏化处理。

（d）对于与硼酸水接触的部件在制造和装配过程中所用的不锈钢焊材，应控制碳含量不超过 0.03%，并应按相应标准规定严格控制其铁素体含量。

（e）应避免对奥氏体不锈钢的过度打磨。对于与一回路冷却剂接触的奥氏体不锈钢，如需在固溶处理后打磨，那么应使用逐级细化的磨料打磨表面从而去除大部分冷作硬化材料，最后使用的磨料的粒号应不超过 120 号。

（f）对于含硼水中、压力边界或堆内构件使用的奥氏体不锈钢锻件，若冷加工后不进行固溶热处理，则应按下述要求进行控制。

a）避免在机加工和打磨过程中对材料表面造成冷加工硬化；如果材料表面存在过度冷加工硬化，尤其是对于待焊材料，应采取缓解措施（如抛光等）以减轻或消除该效应；对于可能处于异常水化学环境（如富氧死水区域等）中的组件，冷成形或矫直应变应限制最大为 2.5%，与成形设备（如轧辊、芯轴等）接触的材料表面，应进行评估以避免出现过度冷加工硬化。

b）在必须使用冷加工奥氏体不锈钢时，可将其用于非焊接部件上，如销、螺杆、套筒和螺钉等。冷加工后的奥氏体不锈钢屈服强度应不超过 620 MPa。

c）300 系列奥氏体不锈钢的硬度不允许超过 92HRB。

3）奥氏体不锈钢铸件

所有奥氏体不锈钢铸件均应按相应标准要求进行固溶热处理，热处理保温温度应不低于 1 065 ℃，并优先采用水淬。所有与硼酸水接触的奥氏体不锈钢铸件，如果焊后未进行固溶处理，则其碳含量应不超过 0.04%。

奥氏体不锈钢铸件和焊材中的铁素体按相应标准要求进行控制。在水环境或蒸汽环境中运行，且作为一回路压力边界的 ZG022Cr19Ni10 和 ZG06Cr20Ni10（或等效牌号）奥氏体不锈钢铸件，固溶处理后的铁素体含量应为 8%～20%（体积百分比）。不建议使用 ZG022Cr19Ni10Mo2、ZG06Cr20Ni10Mo2 等含钼不锈钢铸件，必须使用时，铁素体含量应控制在 8%～16%（体积百分比）。

奥氏体不锈钢铸件补焊应满足相应标准的要求，补焊用填充金属应与相应母材相容。若补焊后进行固溶热处理，则应通过工艺评定确保热处理过程中 δ 铁素体的降低限制在可接受的水平。

为确保材料在寿期末韧性不会降低到设计所要求的限值以下，应对奥氏体不锈钢铸件进行分析验证或加速试验验证。

对于需要进行在役检测的一回路系统焊接部件，应尽可能不采用奥氏体不锈钢铸件，若因部件的形状或功能而必须使用（如阀体、泵壳等），则部件与主管道的焊缝连接区域应设计为便于执行超声检测的型式。

4）马氏体不锈钢

采用马氏体不锈钢锻件和铸件制造的部件，应按相应材料标准要求进行热处理。当用于可能产生应力腐蚀开裂的部件时，应通过适当的热处理工艺控制材料的硬度。

铸件焊接修补后应按相应标准要求进行完整的热处理，不允许进行局部焊后热处理。若未进行热处理，则应进行补充的技术评估，确认不会因残余应力而导致潜在的开裂。

5）镍基合金

使用 NS3105 合金（或等效牌号）时，应严格按照相应材料标准的规定进行时效热处理，以改善其抗应力腐蚀开裂的性能。NS3105 合金可用于制造蒸汽发生器传热管和其他主系统的热交换管。

高强度应用场合下，可使用时效硬化 GH4145 和 GH4169 合金（或等效牌号）。

禁止对所有用于浸湿环境的镍基合金进行表面酸洗。禁止使用 NS3102 合金（或等效牌号）及其焊材 ENiCrFe-3 合金（或等效牌号）。

6）碳钢和低合金钢

对于所有暴露在水环境中且未经保护的碳钢、低合金钢，应考虑腐蚀裕量（均匀腐蚀、点蚀和缝隙腐蚀等）。

反应堆压力容器和一回路系统容器所用的低合金钢，可选用 13MnNiMo 钢板、20MnNiMo 锻件、17Mn 锻件和 15Mn 锻件等（或等效牌号）材料。碳钢和低合金钢的硫含量应控制不大于 0.010%。与反应堆冷却剂接触的低合金钢、碳钢承压容器和管道应堆焊奥氏体不锈钢，堆焊层铁素体含量控制在 5~20FN。

无缝碳钢钢管可选用 15Mn（或等效牌号）材料。在安全壳里面的Ⅰ级部件应尽可能采用无缝钢管，应对 15Mn 进行正火或正火加回火热处理。与反应堆冷却剂接触的铁素体钢管道都应在内壁堆焊奥氏体不锈钢。

碳钢焊制管可选用 15Mn（或等效牌号）材料。焊接管应按相应标准进行焊接。

低合金钢板材可选用 15Mn（或等效牌号）材料，并按相关标准及设计要求控制其性能。

低合金钢锻件可选用 15Mn、17Mn 等牌号（或等效牌号）材料，并按相关标准及设计要求控制其性能。

普通碳钢铸件可选用 ZG-235-470、ZG-275-485 等牌号（或等效牌号）材料，并按相关标准要求控制其性能。铸铁不应用在安全相关的重要功能部件上。

管配件可选用 15Mn（或等效牌号）材料。

7）沉淀硬化不锈钢

与一回路或二回路冷却剂或蒸汽接触的沉淀硬化不锈钢应优先选用 05Cr17Cu4Ni4Nb（或等效牌号）材料。该材料应在固溶加时效处理状态下使用，最低的时效温度应为 580 ℃，最终热处理后不允许进行焊接，零件的成形或弯曲都应在时效处理之前完成。当必须采用其他沉淀硬化不锈钢时，该沉淀硬化不锈钢应具有类似工况条件下的良好服役经验。

8）其他合金

对于给水、蒸汽和冷凝系统的材料，应考虑限制杂质和铁进入蒸汽发生器。与给水、蒸汽或冷凝水接触的部件中禁止使用铜合金。

处于湿蒸汽、闪蒸液态流、单相湍流中的部件，需选用抗流动加速腐蚀的材料。材料抗流动加速腐蚀能力应与设备所处液流条件相匹配，如温度、湿度、湿蒸汽流速、氧含量和 pH 等。除碳和锰元素外，未添加其他合金元素的碳素钢不应在需要考虑流动加速腐蚀问题的工况下应用。

2.5.3.2 紧固件和粘结剂

1）金属紧固件

对于反应堆冷却剂及相关系统设备、管道和支承所用的紧固件，以及蒸汽、给水及冷凝系统设备、管道和支承所用的紧固件，应根据相似条件下的良好使用经验来选择材料。所有高强度低合金钢螺栓的硬度应按相应标准规定进行控制。

高强度低合金钢螺栓的硬度应控制不超过 40HRC。用作一回路和二回路冷却剂接触的内部组件的螺纹紧固件材料应符合 2.5.3.1 节的规定。沉淀硬化合金材料 06Cr17Ni12Mo2（或等效牌号）不得用作内螺纹紧固件。

2）螺纹紧固件润滑剂

设计人员应书面规定用于反应堆冷却剂系统及相关系统、蒸汽、给水及冷凝系统中设备、管道和支承的螺纹紧固件润滑剂。应基于使用经验和试验数据选择适用的润滑剂，且润滑剂不会引起和加速紧固件的腐蚀。如果在螺纹紧固件上使用泄漏密封剂，或在使用过程中密封剂与紧固件可能接触，应基于使用经验和试验数据选择合适的密封剂，应避免密封剂和润滑剂可能出现的不利的相互作用。

3）非金属粘合剂

非金属粘合剂应与所应用的材料相互兼容，并应通过经验验证或测试证明粘合剂不会导致相接触的金属材料性能劣化。

连续工作温度不超过 200 ℃，可采用硅化物；连续工作温度不超过 90 ℃，可采用聚醚聚氨酯。可根据经验或鉴定试验替换上述材料。

2.5.3.3　保温材料

对于需进行在役检测的管道或部件，或因可能污染而不宜用非金属保温材料的管道或部件，均要求采用金属保温层（奥氏体不锈钢）或带金属套的保温层。

2.5.3.4　电气仪控材料

在电气系统中使用的材料，特别是安全相关的应用中使用的材料，应在正常工况、异常工况及事故工况中进行功能可靠性检查，包括劣化影响分析。电气系统使用的材料需具备阻燃特性，最大限度地降低火灾的可能性及火灾后引起的后果。安全壳内的电气部件（如 CRDM、反应堆冷却剂泵等）应符合预期的环境要求并给予证明。

2.5.3.5　焊接材料

1）焊接材料总要求

焊接材料应满足适用的标准要求。

2）铁素体钢焊缝用焊接材料

铁素体钢焊缝用焊接材料的拉伸性能和冲击韧性应不低于相应母材的性能要求。应注意避免铁素体钢焊缝冷裂纹和铁素体钢表面堆焊层下裂纹。

3）奥氏体不锈钢焊缝用焊接材料

奥氏体不锈钢焊缝用焊接材料的拉伸性能和耐腐蚀性能应不低于相应母材的性能要求。

4）异种钢焊缝用焊接材料

异种钢焊缝用焊接材料的拉伸性能和冲击韧性（若要求）应符合任一侧母材的性能要求。

5）堆焊层用焊接材料

在与反应堆冷却剂接触的承压部件的铁素体钢表面上应堆焊耐腐蚀堆焊层。堆焊层用焊接材料的耐腐蚀性能应至少与奥氏体不锈钢、镍-铬-铁合金、马氏体不锈钢或沉淀硬化不锈钢的耐腐蚀性能相当。

2.5.4　过程控制

制造和安装工艺（如成形、弯曲、焊接、热处理、表面磨削和加工等）可能对材料表面状态和微观结构产生不利影响，需予以控制，确保产品满足使用要求。应根据核电厂建造时的规范要求和工业水平，制定制造、运输、贮存及现场安装过程中的清洁度标准。

应对制造和焊接过程进行控制，应对焊接产生的污染物加以控制，以确保不会因其导致腐蚀问题。

应尽可能减少由制造工艺带来的残余应力，应按标准的要求进行消除应力热处理。

2.5.5　检验和试验要求

材料和部件应在制造过程中或随后进行检验和试验，以确保满足使用要求。至少进行下列各项检验。

（1）承压材料应进行力学性能试验和化学分析，试验结果应满足要求。

（2）承压材料及焊缝应按相关标准进行无损检测。

（3）用于拉伸和冲击试验的材料应根据相关标准进行适当的热处理，包括模拟焊后热处理。

（4）对于与反应堆冷却剂接触的奥氏体不锈钢，其晶间腐蚀试验结果应满足要求。

（5）对于未要求进行体积检测且在焊缝两个方向上的焊接操作可达长度限制在350 mm以内的焊接接头，应在模拟受限条件下进行焊工技能评定。

（6）对于需要进行在役超声检测的设备或焊缝，其结构设计和材料要求应充分确保现场超声检测的可行性。对于要求进行射线检测的焊缝，尽可能优化设计，使得超声检测覆盖焊缝全厚度（而不仅是扫查在役检查规定的检查体积），以保留使用超声检测代替射线检测的选项。

应对需要进行役前检查的所有焊缝和部件制订役前检查计划，应考虑使用自动超声检测技术进行役前检查，役前检查所用技术应与在役检查技术等效。应考虑对进行在役检查的反应堆内部焊缝进行基准的目视检测和/或超声检测。

2.6 可靠性和可用性

电厂设计单位应根据概率安全评价（PSA）方法和行业经验建立设计可靠性保证大纲（D-RAP），D-RAP中涵盖了对堆芯损伤频率有重要影响的SSC。电厂设计单位应在设计阶段的相关活动中实施D-RAP，为未来电厂营运单位的可靠性保证活动提供基本信息。

2.6.1 设计可靠性保证

2.6.1.1 D-RAP目的和目标

1）确保对堆芯损伤频率有重要影响的SSC的设计可靠性。

2）确保电厂设计具有足够的可靠性，能够达到总体的可靠性和可用性目标。

3）通过可靠性设计增强纵深防御能力，以尽可能减少对安全系统的挑战。

4）为电厂业营运单位开展的可靠性保证活动提供信息。

5）确保满足原始基准和设计假设并且达到安全裕量要求。

2.6.1.2 D-RAP的基本要素

本节描述由电厂设计单位开发的D-RAP中需包含的基本要素，这些要素规定了D-RAP的实施要求。

1）分析要求

电厂设计单位应编写分析报告，表明电厂系统设计的合理性，并给出推荐的维修活动、备用部件、监督试验和试验间隔，以支持PSA的SSC可靠性与可用性假设的需求。该分析应与附录2-A对PSA的要求保持一致。另外，在非能动核电厂的标准化电厂设计中，可靠性和可用性应作为一个不可分割的组成部分，可以影响设计方案的选择，并允许适当的成本/效益的权衡。电厂设计单位应在采购和建造之前尽早开展此项分析，以尽可能减小设计变更的影响并确保满足SSC的可靠性假设。该要求适用于对堆芯损伤频率或电厂可用性有重要影响的SSC。

2）风险重要度应用

电厂设计单位应确保由PSA识别的主要失效模式在电厂设计中均按其风险重要度予以适当处理。电厂设计单位采用的PSA方法应根据SSC的风险重要度给出其权重，并识别主要失效模式。

3）电厂可靠性数据系统的工程数据库

电厂设计单位应为所有作为 D-RAP 备选的 SSC 提供必需的原始输入信息，建立工程数据库。工程数据库应为实施D-RAP提供足够的工程数据，数据来源包括厂家提供的可靠性数据、相似堆型同类设备的运行数据或行业通用数据。提供的工程数据应能够直接输入数据库，而不需要对数据进行编辑、转换或其他人工处理。

4）可靠性活动任务描述

在设计阶段，应建立运行经验报告（OPEX 报告）评价体系，包括 OPEX 报告数据处理方法、OPEX 报告定量评估方法、OPEX 报告评估程序、D-RAP 数据库。通过设备规范书和质保文件明确设备供应商提交 OPEX 报告的要求，OPEX 报告要满足定性要求（设备描述、关键设备特性、安装清单、产品升级）和定量要求（可靠性数据）等内容。对 OPEX 报告的审查是贯彻 D-RAP 目标的重要环节之一，保证了采购环节的可靠性与设计目标相一致；同时，OPEX 报告也为设备的安装调试、运行维护提供相应的技术指导。

电厂设计单位应为营运单位提供推荐可靠性活动的具体描述。每项可靠性活动任务的描述应包括任务执行的基本流程、任务的目的或预期收益、建议的执行任务频率或条件、任务期间使用材料的质量标准和规格（在保证可靠性至为重要时，需重视相关的注意事项和限制），以及对取消任务或改变任务频度进行评估时需要考虑的重要因素和后果。

电厂设计单位推荐的任务应包括那些为维持 SSC 环境鉴定条件、预防关键功能失效或维持可靠性所需的任务，如预防性维修、状态监测、性能验证和日常维修计划。

电厂设计单位应酌情推荐需要定期评估的状态监测参数及其可接受范围，以提供额外的可运行性保障。状态监测可以通过试验、检查或其他合适的措施来完成，确保不会以不可接受的方式发生 SSC 的性能降级。

电厂设计单位提供的状态监测建议应包括监测老化降级（在可行情况下）的条款。电厂设计方提供的信息应包括部件的预计使用寿命、该预计寿命所基于的限制环境条件、在超出限制环境条件限制时确定寿命缩减量的方法，以及维持预计使用寿命所需的维修建议。

这些建议应供营运单位进行评估，以便营运单位在制定可靠性相关工作时予以考虑。这些建议应按系统进行梳理，并以营运单位的电厂特定设计为基础。

5）PSA 设计假设控制

对于设计中那些不够详细的部分，电厂设计单位应明确在设计和建造过程中每个参与者都需要遵守的 PSA 假设（如接口要求等），以便于 PSA 可以用于支持电厂运行。这些假设应作为最终设计文件的一部分。

2.6.2 安全性准则

应通过 PSA 方法证明电厂的设计和 SSC 的可靠性假设足以将以下各段落中描述的事件频率维持在其规定限值内。

2.6.2.1 堆芯损伤频率及早期大量放射性释放频率

应用 PSA 方法评估电厂设计的堆芯损伤频率（CDF）和大量放射性释放频率（LRF）。电厂设计单位应确保 CDF 小于 1×10^{-5}/堆年、LRF 小于 1×10^{-6}/堆年，包括内部事件和外部事件（不包括蓄意破坏）。

2.6.2.2 全厂断电

电厂设计单位应提供电厂设计特性，保证用PSA方法能够证明：发生超过2 h的全厂断电事件的预期频率小于1×10^{-3}/堆年。

2.6.2.3 停堆频率

电厂设计单位应对可能造成电厂停堆的系统故障进行评估，以表明设计寿期内非计划停堆频率均值小于1次/年。

2.6.3 可用性准则

电厂设计单位应通过适当方法证明电厂的设计和SSC的可靠性/可用性假设足以将以下各段落中描述的可用性维持在其规定限值内。

2.6.3.1 发电可用率要求

电厂全寿期内的年平均发电可用率应大于90%。

2.6.3.2 强迫停堆

电厂强迫停堆的平均时间宜不超过5天/年。

2.6.3.3 换料持续时间

电厂正常换料停堆的总持续时间应不超过17天（假设一天工作24 h）。

2.6.3.4 计划停堆

电厂换料和定期维修的时间平均应不超过24天/年。换料和电厂维修平均每年24天相当于换料周期为24个月时的48天。

2.6.3.5 重大停运

电厂重大停运的频率和持续时间不超过150天/20年。

2.6.4 系统设计

电厂设计单位应在设计电厂时加入一些功能，以最大限度地减少电厂可用率和系统可靠性受到的威胁。应把本节各段落中描述的设计功能应用于电厂系统。

2.6.4.1 多堆公用系统

对于在同一个厂址的多机组电厂，公用系统数量应受限于辅助支持系统，如下水道、辅助蒸汽或电厂保卫。应分析公用系统发生的故障或试验对其他系统［包括其他系统的维修、合理可行尽量低（ALARA）、可用率、安全性或可运行性，以及每个机组的可用率］的影响。

2.6.4.2 启动和试验

应审查并优化用于初次启动和换料/维修停堆后启动的启动试验大纲，以支持完成必需的试验，且尽可能减小对电厂可用率的影响。作为审查和优化的依据，电厂设计单位应审查现有的轻水堆（LWR）启动试验大纲和对这些试验大纲已完成的优化报告。电厂设计单位应将相关结果引入电厂设计中；同时，应向有经验的启动和运行专业人员进行咨询。

2.6.4.3 故障机理

系统、设备和电厂的设计应考虑对停运时间有重大影响的故障机理。电厂设计单位应审查设备故障记录和历史数据，将其作为第2.6.1节所讨论数据库审查的一部分。对于正在运行的轻水堆电厂中已知的、长期存在的故障机理，应采取针对性措施。

电厂设计应确保已知的故障机理不会妨碍电厂达到其设计寿期，或满足第2.6.2节各段落描述的可用率和事件发生频率。这类故障机理包括但不限于：

1）碳钢结构的脆化。

2）因振动、热膨胀等造成的循环疲劳。

3）均匀腐蚀、晶间应力腐蚀、酸腐蚀和微生物腐蚀。

4）泵、阀门和汽轮机等的开裂。

5）蒸汽发生器、给水加热器和凝汽器的传热管和壳体的腐蚀。

6）风机、继电器和其他部件的机械老化。

7）电子部件的热老化。

8）连接器和非金属部件的疲劳。

9）电解电容的材料击穿。

10）堆芯内部和堆芯附近的电子部件的辐射老化。

11）因为暴露在高温或热循环和/或高辐射下使合金的冶金状态发生变化而丧失强度和/或抗断裂性。

对于那些预计在某个特定时段后要求修理或置换的故障机理，修理和置换应作为整个设计的一部分，以确保达到非能动核电厂平均可用率要求。

2.6.4.4 特定的系统设计功能

电厂设计单位应加入一些设计功能，以支持安全重要 SSC 的高可靠性和电厂高可用率。

1）设计试验时应考虑受试系统或相连系统的单一故障，以确保单一故障或某个可信的操纵员失误（比如在试验中配置到错误通道）不会导致电厂停堆。

2）保护系统和专设安全触发系统设计应确保：（a）当一个保护通道在做试验或被旁通（因为故障或其他原因）时，电厂能够长时间满功率运行；（b）当一个通道进行试验时，一个后续的单一故障不会引起电厂停堆。

3）在手动试验时，应通过设计使系统处于试验模式的时间最短。应通过以下方法达到这一目的：以能保证系统安全性和可用性的最低可接受频率进行试验，仔细审查试验方法和程序以确保其有效性。另外，对于控制逻辑仪表应采用连续的容错自测试方法。

4）作为在电厂建造之前完成的初始设计工作的一部分，系统和设备的设计中应明确包含试验相关内容，并对这些试验内容进行评价和验证。应进行行业经验分析，以识别过去发生的试验问题，并纳入设计考虑中。

5）应应用人因准则设计试验操作，从而确保设备配置和规程有助于正确操作和防止操纵员失误。

电厂应采用最低数量的与电厂安全要求相一致的电厂变量作为反应堆停堆信号，并应在正常运行范围和安全变量的整定值之间留有足够的裕量。

2.6.4.5 设备数量最小化

电厂设计单位应减少满足预期运行和维修功能所需的能动部件的数量。

2.7 建造和可建造性

2.7.1 概述

为了更好地实现第一章中的项目整体要求，此章节将规定电厂可建造性方面的基本要求和相关目标。其中关于制订建造计划的要求，利用先进施工技术提高施工效率的要求，均可降低项目造价和项目实施风险。设计是否充分吸收本章节的要求对可建造性的实现至关重要，因此设计方和建造方的协同和接口尤为重要，应精心策划和控制。

此章节将描述如下几个要素。

（1）建造规划及一体化的设计/采购/施工/调试计划。

（2）设计/建造的协同。

（3）设计/建造的接口。

（4）施工分包管理。

（5）现场仓储管理。

(6) 现场物项的成品保护管理。

(7) 现场材料控制。

(8) 先进建造技术。

(9) 模块化建造设计。

(10) 建造设施。

(11) 系统完工和调试试验。

2.7.2 建造规划和计划

2.7.2.1 规划和计划

应认真对项目管理和项目建设作出规划，对设计、采购、施工和调试所有方面制订计划。计划范围应全覆盖，计划内容中应明确各领域的进度计划编制原则、编制依据及深度、各领域的重要活动接口，计划条目间应建立完整、合理的逻辑关系。各领域的计划和计划执行均与项目整体计划保持一致。

2.7.2.2 建造规划

1）项目管理大纲

项目管理大纲是项目管理的纲领性文件，可用于指导项目产品实现过程和项目管理过程的各项工作。描述项目管理整体策划、项目管理、项目实施原则和内容，明确项目管理目标、措施、项目部各部门的主要职责，项目设计、采购、建安、调试（EPCS）实施方案、项目 HSE、质量、进度、费用、风险和合同等管理，项目管理活动的职责分工的具体要求。项目管理大纲应包括项目概述、项目管理目标、项目资源配置和项目管理实施等要素。

2）施工组织总设计

施工组织总设计是工程总承包单位对拟建工程项目全面安排施工准备，规划、部署、组织施工活动的指导性技术文件，是施工技术与项目管理的有机结合，是正确处理施工中人员、机械、原料、方法、环境、工艺与设备、土建与安装、消耗与供应、管理与成本等各种要素，科学合理、计划有序地组织项目施工的重要保障。同时，施工组织总设计也是分包商编制施工组织设计的编制依据性文件。

工程前期应制定施工组织总设计，用以说明如何管理和组织施工活动。施工组织总设计应说明处理主要活动或事项的方式或方法，内容包括建造合同内容、工程施工条件、组织架构及管理职能、总体施工部署、项目重点专项控制、施工准备、施工资源配置及管理、施工总平面布置、重大施工技术及方案等。业主应审查和确认施工组织总设计。一份完整的施工组织总设计可明确指导如何完成工作，保障工作按照计划进度推进。

所编制的施工组织总设计应能够识别完成施工任务的每个主要活动区域，覆盖施工阶段的所有关键作业，并与里程碑和总体施工计划相匹配。

2.7.2.3 建造计划

在项目建安调试阶段应设计一套六级进度计划管理体系、制订相应的建造计划，分级分层对项目的建造进行有效控制。

1）一级进度计划

一级进度计划是一份最顶层的计划，应包含设计、采购、施工和调试的内容。计划中应明确规定重大工程活动的实施日期和完成日期。计划由业主负责编制，以月为最小单位制订。设计、采购、施工、调试和业主联合输入工期和逻辑的信息，用以制订计划。

2）二级进度计划

工程总包应编制一份比一级进度计划更详细的、覆盖 EPCS 的一体化二级进度计划。计划中应包含里程碑、控制点、EPCS 作业，其中二级里程碑点要覆盖一级进度里程碑，并在里程碑节点以外选取部分重要节点作为控制点。

3）三级进度计划

在二级进度计划的基础上进行细化分解，制订一份覆盖设计、采购、施工、调试的一体化三级进度计划。此计划应包含各领域的三级进度计划及接口计划，通过接口计划将各业务领域计划逻辑关联成一体化的进度计划，在项目执行过程中动态管控，是工程总包方重点管控的计划。

2.7.2.4 计划控制

工程总包方应建立统一进度管理平台并对数据库进行管理，项目进度计划统一在平台下进行编制、跟踪和监控，实现相关数据共享。

在施工和调试阶段，施工人员应实时监测进度计划执行状态，定期向工程进度管理平台输入准确的更新数据信息，确保平台信息与现场实际安装进度保持同步。

根据进度执行的进展情况，对比进度目标、分析进度执行偏差，当进度出现偏差时，及时采取应对措施，消减偏差，向目标计划靠拢。

2.7.3 设计/建造的协同

整个项目的工程设计文件完成后都应上传至文档系统，以便于施工方查阅文件的状态，判定是否已具备设备制造和现场安装的条件、决定施工安排的顺序等。

在施工之前以下一些工作应已完成。

(1) 设计、施工、质量控制人员组成一个团队审核施工顺序和施工技术，确保使用设计方允许的最佳施工方案。确认设计方提供的模块化施工模式，确定这些模块制造的边界范围。这次的审核可借助缩小版的机组仿真模型或者 3D 模型。审核后的一些建议改进措施可上报业主征得同意。

(2) 在工艺和电气图纸上定义明确调试系统和子系统的边界范围。调试方应根据调试总进度计划确定每个子系统移交包的完成时间和建安移交时间。

2.7.4 设计/建造的接口

设计和施工期间，业主、施工方应参与设计审查。审查过程中，提出审查意见和更具有施工优越性的设计变更建议。

主要审查内容包括：

(1) 模块化施工技术的应用。

(2) 设备及其辅助设施的布置对安装和试验步序和逻辑的影响。

(3) 整体设计简化的要求。

(4) 电厂永久性设施和系统对施工的可用性。

(5) 设计进度对施工的影响。

(6) 设计内容深度对施工的影响。

(7) 设计图纸组合配置的合理性。

2.7.5 施工分包管理

2.7.5.1 施工分包程序

在工程总包审定同意的原则下，施工方应制定分包管理程序，包括分包合同、投标、裁决和分包合同管理等。

分包文件审查是圆满完成施工的关键工作，而且分包商对合同范围、性能标准及质量保证体系的理解对于最终的交工至关重要。

2.7.5.2 施工分包合同管理

施工方应制定工作程序和工作计划，用以指导和管理分包活动，分包文件包应包括分包内容、分包范围及相关的设计文件（设计文件应可清晰界定施工方和分包方之间的合同范围）。

2.7.6 现场仓储管理

应根据 ASME B&PV 规范等的相关要求对核岛设备、常规岛设备的仓储进行统一规划，并且规划确定仓储管理的模式。可采用本单位负责实施管理为主、引入“仓储管理支持服务商”协助管理为辅的模式。仓储环境级别要求应满足ASMENQA-1中对储存等级的要求，配置空调、除湿机，北方地区还需安装采暖设施，以满足库房温湿度要求。

2.7.7 现场物项的成品保护管理

为便于现场的设备维护管理，必须对保护物项进行分级，做到重点保护；同时，现场的维护等级务必与设备仓储期间等级相一致。设备维护分级应综合考虑被保护物项的物理特性、周围环境、质量等级及损坏后造成的后果等因素。

根据不同设备、管道等物项的图纸、设计规格书或者其他合适文件的具体规定，应明确各区域内设备、管道等物项的清洁度等级，根据清洁度等级建立不同级别的清洁区。

2.7.8 材料的现场控制

应制定现场材料控制程序，以满足技术规格书中的设备贮存和防护要求。现场材料控制程序应包括如下内容：仓库内部件和材料的防护、贮存和监督；接收检验；贮存材料的识别、定位和检索；装卸设备。

如果工程总包工作范围包含调试试验活动，总包方应制订备品备件的采购计划，确认调试期间能够实现快速响应备件可用的方法。备品备件的及时采购和现场的有效保管对于调试试验活动至关重要。

2.7.9 先进建造技术

在施工组织设计中，应对将要实施的先进建造技术及实践方式进行说明。施工方应在施工前与设计单位就计划实施的建造技术及实践进行协商沟通，以确保设计特征能与计划实施的建造技术及实践相兼容。

建议采用的先进建造技术包括模块化建造技术、大口径管道窄间隙自动焊、大型起重设施应用、大体积混凝土和模块内自密实混凝土施工、屏蔽墙和安全壳双层结构施工技术、大直径阶梯式盲孔现场制作技术和立式主泵安装施工技术等。

在施工组织设计中，应对将要采用的新材料进行说明。施工方应在施工前与设计单位就计划采用的新材料进行协商沟通，以确保设计特征能与计划采用的新材料相兼容。

2.7.10 模块化建造设计

电厂设计应使模块化建造技术应用效益最大化，应在设计的前期阶段确定用于电厂的模块类型的清单。模块类型主要包括完全在厂外制造、主要部分厂外制造最终在现场或存放区拼装、完全在现场模块拼装区制造。设计人员和施工人员应通过设计推动模块化建造。

模块的设计应尽量使用标准的元件和部件，应考虑用于安装、施工装配、维修、运行、搬运和更换部件的进出空间。模块图纸交付制造时，模块设计应100%完成，没有设计开口项。模块设计技术文件发布的进度应满足模块预制技术准备、材料采购的时间需求。

对于由场外制造商提供的复杂模块，在设计过程中应就如下方面对制造商进行咨询确认：运输因素、模块接口的制造公差、用于运行和维修时设施的可达性。模块的尺寸、重量和间隙的设置应充分考虑海运的限制因素和现场大型吊车的吊装能力。

（1）模块化方案

对于包含复杂接口（永久性结构、多

专业部件或材料）的大型设备，应制定模块化方案，并确定是否由厂外供应商制造或制造商现场装配。制定方案时，应完成对供应商、制造商采购和检验过程的评估，包括经济性优势和供应商材料采购风险的评估。上述风险应包括交付进度风险，应对比采用超大型模块与小型模块方案对安装灵活度和邻近施工活动的影响程度。

（2）模块安装顺序

应确认模块安装路径和安装顺序，以便根据安装优先顺序确定制造和交付要求；同时，应考虑系统启动试验进度的要求。

在考虑模块安装顺序和尺寸时，应确定外部建筑物外围的开孔和墙、地板上临时开孔的尺寸和位置。

应提供大容量起重机以便于大型模块的操作和安装（或模块整体出厂）。

厂外模块制造商通过工程总承包方提供的信息化平台报告设计、采购、制造和检查状态。

工厂制造、现场拼装和安装的程序和表单应标准化。

2.7.11 建造设施

（1）建造使用的永久性电厂系统

承包方建议使用的系统或部件应得到业主的同意。设计单位应审查附加服务要求，证明采购和设计要求是兼容的，并充分反映采购规格书要求。承包商应负责系统维护工作，并保证系统移交至业主永久性使用时处在功能完好的状态。

（2）力能设施

在可建造性审查阶段，现场临时力能服务设施（包括压缩空气，冲洗、灌注和水压试验用水，施工用电）的布置应体现在电厂的总体设计中。

（3）现场临时设施

工程总承包方应制定现场总平面布置方案，用于安排现场临时设施的空间和位置。现场总平面布置方案应明确临时设施与永久建筑物之间的关系，包括模块化制造车间，分包方的设施、仓库、工具间、中间集结待运区、特殊试验设施的位置，明确永久性电厂结构建造的顺序。设施布置方式应能够满足有效利用空间、减少工艺活动、便于调用工具和材料。现场布置方案应考虑工作人员停车、进入现场、材料部件和大型模块组件运送到安装区的需求。

承包方应制定办公设施布置方案，满足业主批准的建造人员办公需求。办公设施应包含办公室、会议室和支持服务。

责任方应规划现场混凝土搅拌站和备用搅拌站的位置和进出路线，并考虑材料供应和混凝土运送车辆对其他建造活动的影响。

（4）建造吊车的性能

承包方应确保在建造的各阶段大型机械及吊车的活动范围和能力能充分满足电厂结构的施工需求，并在第一罐混凝土浇筑之前12个月完成确认。大吊车的性能应能满足大型模块和主设备吊装就位的需求。

2.7.12 系统完工和调试试验

2.7.12.1 引言

为了更好地实现第1章中的项目整体目标，此章节将更具体地提出电厂各系统完工及调试试验要求和相关目标。明确系统移交边界、制定调试计划、建安参与调试计划及建立良好接口矩阵等均是提高施工及调试效率的有效途径，且可降低项目调试成本，有效降低调试进度计划被突破的风险。建安能否按确定的系统边界准时移交对调试计划可实施性至关重要，因此调试与上游设计、建安、施工及下游主方的接口和协同尤为重要，应通过完整计划逻辑进行合理分析和控制。

本章节将描述如下几个要素。

1）调试试验系统边界。

2）调试接口。

3）设备维修。

4）业主介入。

5）调试试验及接口矩阵。

6）工作许可。

7）系统竣工验证及接收要求。

2.7.12.2 调试试验系统边界

在系统开始安装前，对调试试验的移交边界进行明确定义。通过系统边界图明确注明子系统边界和范围。

通过对系统调试试验边界范围进行定义，对边界范围内的设备和结构部件进行命名/编号，并录入机组调试和业主生产数据库，用于指导建安遗留项的处理和调试试验开展工作边界的建立。系统流程图、电气单线图、电缆列表和设备标牌清单等通常是确定边界范围的有效工具，当系统及区域管理责任由建安向调试移交时，建安和调试单位应就系统/子系统的建造完工状态和范围达成一致意见，进而避免调试进度被延误。

2.7.12.3 建造和调试试验接口

建造施工单位与调试单位应就所有系统活动进行密切协作，以保证从建造完工到调试试验阶段的顺利过渡，其中包括调试进度计划的审查。建安应了解并熟悉调试计划需求，以避免系统支持调试的进度被延误；同时，建安有必要审查调试进度计划，以确保系统和子系统的建安完成工期与调试需求计划匹配。

2.7.12.4 设备维修

在建造和调试试验阶段，根据调试单位与建造单位、营运单位等之间的接口分工关系制定相关的设备维修工作管理和控制规程。规程应明确建造单位、调试单位、营运单位之间的责任划分，以促进调试阶段设备问题处理高效实施。

2.7.12.5 营运单位介入

调试单位与营运单位之间应明确系统设备移交前，营运单位对于未移交设备的管理、操作权限及责任分工。营运单位运行人员和技术人员应与调试单位共同承担调试工作，确保为运行阶段做好准备。调试时按照调试管理体系和质保体系要求执行。

2.7.12.6 调试计划及接口矩阵

调试计划的编制责任单位应由营运单位指定，调试计划需得到营运单位的批准，调试计划中应包括各项工作的逻辑关系和关键的调试活动内容。

调试计划中应按照不同的调试阶段配置对应的接口矩阵，用以定义负责执行必要活动的责任主体，这些活动是将设备/子系统投入运行。接口矩阵建立在系统概念基础上，规定从建造移交到系统调试、电厂试运行和商运的活动，这些活动调试涵盖建造移交到系统调试、试运行和商业运行各个阶段。

2.7.12.7 调试工作体系

调试单位应制定配套的调试管理体系和质保体系程序，用于在建安移交后对系统调试工作进行管控，管控要素包括但不限于：建立隔离和安全边界；规定调试工作授权；保证设备的可用性，规定必需的操作配合；调试工作实施的安全和质量监督等。

2.7.12.8 竣工条件验证

设计单位应保证系统的施工可行性和

调试可行性，且确定设计方案得到正确实施。建造开始前，应明确设计验证的范围、阶段及时间窗口，使试验过程和试验结果的评估工作有效开展，促使建造竣工和机组建设中相关里程碑可顺利达成。

设计单位应制定对应的技术条件，以检查/检验确定采购、安装的范围和方法、试验有效。每次检验活动结束时，应编制一份最终报告/记录，说明对检查/检验结果的评价和处理情况。竣工验收内容包括工程实体检查、工程竣工文件检查及工程监理验收。

1）工程实体检查

安装单位根据施工合同、图纸、规范、标准对工程实体组织自检，形成有实测实量数据的自检记录，确保工程实体质量、观感质量达到施工合同、设计文件和规范标准要求。

2）工程竣工文件检查

安装单位根据施工合同、图纸、规范、标准对工程实体组织自检，形成自检报告，确保工程竣工文件质量和内容达到施工合同、设计文件、规范标准和程序规定的要求。

3）工程监理验收

独立工程监理根据工程承包单位所提报的竣工实体检查记录和竣工文件自查报告/记录后，组织对工程项目竣工验收。验证活动完成时，应起草并出版最终报告/记录，用于说明验证结果的评估过程和结论。完工验收报告/记录内容包括工程建设依据、工程概况、初验与试运行情况、工程技术档案整理情况、工程计算概况、经济性分析、收尾工程处理意见、工程投产初步意见、工程建设经验反馈及建议。

2.7.12.9 系统接收

营运单位应设置调试试验管理部门及移交接产部门，在系统和子系统建造竣工及调试实施/完工时，代表营运单位进行系统和子系统的验收活动。验收部门完成的活动应包括以下方面。

1）监督子系统预运行试验的进展。

2）参与每个子系统的巡视和竣工审查。

3）同意系统移交前的竣工开口项清单。

4）制定文件移交要求，监督安装和调试试验活动的文件提交。

5）审查预运行试验程序和验收标准。

6）对已竣工但没有接收的部分系统进行监管。

7）对已完成安装但未完成试验和移交的系统设备成品保护进行监管。

8）监督调试试验活动的执行。

验收部门应制定营运单位所需执行的系统调试、建造完工验收相关配套管理体系程序，并验证如下内容。

1）建安实施试验全部完成。

2）系统试验全部完成。

3）完整的电厂竣工开口项清单及责任主体明确的竣工进度计划。

4）完整的维修、仓储记录提交营运单位管理部门。

5）系统图纸已完成边界范围标注，并且边界范围内容已按照建造要求实施。

6）完成系统、区域实体状态检查。

7）完成电厂组成系统更新，反映电厂验收时的最新状态，并将最新数据移交营运单位使用。

8）通过营运单位提供的系统录入未关闭不符合项数据，并标识不符合项的状态。

2.8 可运行性和可维修性

2.8.1 概述

本节通过结合电力生产过程中运行和

维修领域的经验和教训，规定了提高电厂可运行性和可维修性的各项要求。在电厂设计和建造过程中需重点关注高可用性，电厂工业设计需要在满足总体设计要求的同时，考虑设备设施本身的运维特点，为了保证在电厂寿期内因运维活动而产生的人员照射剂量合理可行尽量低（ALARA），需结合前沿新技术尽量优化运行维修活动，以降低人因风险并尽量提高电厂智能化水平。电厂设计方和建造方应充分考虑 ALARA 原则和电厂高可用性要求，同时尽量使用经过验证的、高可靠性的设备和系统，并考虑冗余设计，给设备预留足够的空间和通道进行检查和维修，确保设备检查和维修的可达性。电厂应通过以上措施和要求的实施，保证良好的可运行性和可维修性。

2.8.2 提高可运行性和可维修性的规定

2.8.2.1 解决已知的运行和维修问题

1）电厂设计方和建造方在电厂交付前，应在提交给电厂营运单位审查的相关报告中，说明非能动技术电厂设计的运行和维修问题的具体细节及其解决办法。

2）报告应涵盖电厂所有性能并足够详细，以便确定根本原因并制定合适的解决方案；电厂设计方应对报告中确定的具有重大风险的事件、或对有执照申请设计基准要求的事件进行最佳估算分析，该分析可作为编写正常和应急操作程序、技术规格书和操纵员培训材料的依据。

3）为减少电厂在所有运行模式下运行和维修过程中的失误，应采用人因工程设计原则开展电厂的运行和维修工作。

2.8.2.2 识别潜在的运行和维修问题

1）营运单位在电厂运行期间，应在设计方和设备供应商的支持下，定期对电厂整体运行情况和设备健康情况进行评估，对运行工况有不良趋势的系统和设备进行详细的分析。

2）营运单位应根据分析评价结果，识别出运行和维修方面的潜在问题和薄弱项，并积极改进。

2.8.2.3 程序和培训

1）按照标准电厂设计原则，运行和维修的程序和培训也应该标准化。电厂应研究并制定一套标准的运行和维修程序及培训教材，尽可能实现标准化。

2）应为培训和考核电厂运行操作人员提供足够的培训材料；同时，应提供培训用模拟机，用以进行核电机组启停、异常和事故工况的演练等。

3）应识别重大停堆风险问题，并制定解决这些问题所必需的应急运行程序。识别的内容应包括：识别在停堆期间可能出现的与事件相关的潜在安全问题；识别可能影响停堆事故严重性的电厂配置；识别可用于防止或减轻上述影响的电厂特征；识别技术规格书的要求，以尽量降低潜在事件发生的概率并减小事件影响。为了确定应急运行程序的要求，在审查中应考虑反应堆冷却剂装量控制、停堆反应性控制、安全壳隔离要求（包括燃料在容器内的时间要求）、衰变热排出要求和电源要求等因素。

4）用于停堆和低功率运行期间使用的应急运行程序，必须有仅针对停堆和低功率运行才有的入口条件。

2.8.2.4 设备

1）根据总体简化要求，在满足设备所有功能要求的前提下，应尽量减少和缩小阀门、泵、其他部件及系统的类型和尺寸，尽量减少仪表、控制和供电设备的类型。

2）应尽量使用通用部件替代“专门订购/设计”的非标部件。

3）在电厂的设计寿期内，部件的设计应考虑设备在运行过程中发生磨损、正常腐蚀和侵蚀等情况，留有足够的裕量。

4）电厂设计方应在设备供应商的支持下，建立电厂的预防性维修计划和设备健康数据库。

2.8.2.5　人因相关要求

1）运行相关的人因要求

（a）仪表和控制系统

仪表和控制系统应能就地进行标定，应允许进行规定的定期试验同时又不致使电厂处于不可接受的二取一或三取一的停堆逻辑。该要求也适用于汽轮发电机相关控制逻辑。

（b）主控制室

应通过人因分析确定主控制室的布置要求，包括允许由一名操纵员在控制台进行正常操作的可能性，以及建立支持人员高效能工作的环境。

多机组电厂应具有相同但完全独立的控制室，两机组共用部分的控制除外。

（c）多机组

对于多机组电厂设计，每台机组应具有相同的设备，设备和系统的布置及方向也应相同。相邻机组及共用厂房应做好防止走错间隔的合理措施。

（d）运行区域的环境

运行区域的空间、通风、照明、噪声水平和环境控制等方面都应充分考虑人因要求。

a）通风系统设计应考虑：

厂内所有区域应提供适宜的环境，保证在正常运行、正常停堆、假想设计基准事故工况下运行和维修人员的安全和舒适，以及电厂设备的可运行性。

b）照明系统设计应考虑：

·在电厂所有区域应提供适宜的照明。

·所有区域照明设备应能支持电厂的相关活动，照明设备应易于直接使用，即不需要脚手架，或者照明设备便于携带至使用区域。

c）噪声控制应考虑：

电厂的设计应考虑减少和减弱噪声源，以减少对运行和维修人员的噪声危害；应为人员提供不会造成人员伤害、不干扰语音或其他通信、不引起疲劳或降低效能的声学环境；部分存在噪声超标的关键区域，应通过持续优化设计去解决，避免不利环境对在此类区域长期工作的人员造成不利影响。

2）维修相关的人因要求

（a）应充分考虑人因要求，提供足够的空间、照明、工作平台、起吊设备、装卸装置、屏蔽、通信系统、HVAC和压缩空气供应来加强可维修性。

（b）应使用可移出的设备模块以便于维修或更换。在预期可能存在高放射性的区域，布置时应考虑到机器人的使用。

（c）关键性设备应建立模拟体，以用于设备维修的培训、减少维修差错和人员辐射剂量。

（d）设计中应确定并提供进行关键维修活动所需的特定支持系统。

（e）设计中应考虑运输重型工具、设备或更换部件至指定位置的通道，并在设计文件中注明这些通道及相关的结构限制。

（f）设备定位方向应便于维修操作，特别是需要经常维修或预计要定期更换的设备。

2.8.2.6　运行和维修要求

1）组织机构

电厂的运行和维修组织的规模和结

构，应确保能通过相关人员及管理策略，执行操作程序，有效控制并正确实施所有的运行和维修活动。

2）设备标识

应在设计阶段制定并使用设备标识系统，使其成为电厂配置系统的一部分，并在采购、安装和备件控制过程中保持使用。该系统应清楚地标识电厂所有系统和设备。启动试验时应及时安装永久性标识。标识的大小和位置应便于观察和读取信息。

对于需要频繁操作/巡视的设备，若不能直接从地面（桥架）接近，则应使用带有方向指示的定位标识，以便将工作人员引导至合适的位置进行操作和巡视。

3）预防性维修和检查

电厂设计方应在设备供应商的支持下，建立电厂设备的预防性维修大纲，预防性维修包括预期的、基于时间和预防故障发生的维修任务。为确保设备达到最佳性能和可靠性，营运单位应将预防性维修大纲纳入预防性维修计划，维修计划应满足设计时采用的规范和标准中对设备检查和试验要求的规定。

电厂设计时，在成本允许的范围内应尽量考虑从信息化、智能化、可视化方面实现对设备的连续监测，以便于日常运行监视及预防性维修的应用。

4）布置和操作便利性

电厂设计方在进行设备布置设计时，应尽量考虑设备的运维可达性，以便于运行操作和维修。

有排气疏水需求的系统，其疏排水管道应与专有的设备或系统对接，排气疏水管道布置应尽量设计成排列整齐、操作便利、无需新增临时接管的形式，以便于开展相关操作。

5）电厂环境监测

电厂设计方和建造方应对业主使用的环境监测系统提出建议，以确保电厂环境在整个电厂寿期内能维持在设计值范围内。环境监测系统应综合使用永久式或便携式仪表及仪器，以记录环境各要素的实时和历史数据（如温度、湿度、放射性、压力和振动等），测点应设置在那些其老化或失效时对电厂安全、可靠性或运行维修成本产生重大不利影响的SSC所在位置或其周围区域。

环境监测系统应与电厂设计寿命及其他环境需求相匹配，如工艺过程条件、人员环境和厂址条件等。

6）人员

电厂设计方和建造方在受委托建造非能动电厂后，应尽快根据职能组织架构和职责分工（也包括由其他公司或组织提供的支持），确定电厂运行和维修人员的配置。

在电厂总包合同签订后应尽早落实电厂现场和总部责任部门（即管理的最高两层）的关键岗位人员。这些关键岗位人员应具有丰富的在役核电厂的管理经验。

电厂设计、建造和启动相关的管理和监督人员应与营运单位相关人员一起参加由营运单位制定的电厂设计基准和工程执行计划相关的培训。核电厂运行部门所选拔、培训和授权的人员，应满足《核动力厂人员的招聘、培训和授权》（HAD 103/05）及《民用核设施操作人员资格管理规定》的要求。

电厂建造方应保证已完工设施的可用性，以便电厂运行部门的主要管理和监督人员，以及部分行政、运行和维修人员，在电厂首个系统冲洗或充注和/或第一台正式设备投运时能够在正式办公点办公。

2.8.2.7 远程技术

反应堆设计应包含一个硬接线、灵活、可扩展且功能强大的远程技术基础设施，该设施可支持以下永久性或临时性的功能。

1）控制区、核心区的电子物理访问控制。

2）辐射工作许可证换证区。

3）设备辐射监测。

4）利用便携式设备加强区域辐射监测。

5）人员实时剂量监测。

6）实保区和放射性控制区访问控制集成。

7）多频率的全厂音频通信系统。

8）在线性能监测和采样/分析。

9）泄漏监测系统。

10）全球定位系统跟踪人员和主要/关键部件。

11）用于放射性废物或材料控制的射频识别（RFID）技术。

2.8.2.8 先进技术对运维的智能化推动

非能动核电电厂应紧跟各项技术的进步发展，大力推动先进技术在运行和维修领域的落实，如：

1）疲劳监测系统

该系统对核电厂内重要设备及管道的重要参数进行采集、整合、处理和计算，能够推算出设备及管道的疲劳累积使用因子，监测核电厂主系统重要设备及管道疲劳最严酷位置的疲劳损伤现象，从而为电厂安全、维护、维修和更换提供技术支持；同时以监测的实际运行瞬态为基础，计算考虑水环境下的一回路承压边界60年设计寿命的累积疲劳损伤，为考虑环境加速疲劳的建造许可条件解决提供支持性材料。

2）智能检测诊断系统

该系统针对核电厂的关键SSC，设置常规的状态监测和故障诊断功能。基于运行数据和历史数据，通过机理模型、数据模型等实现核电厂关键SSC的异常监测、故障诊断和老化管理等功能，为机组的延寿提供数据支撑；同时，根据运行状态信息和诊断信息，对运行功能的可用性和运行任务的可执行性进行预测性管理，并能够对健康状态进行综合评估；结合诊断信息和运维保障资源信息，对复杂运行工况下的运行决策工作和预测性维修决策工作进行智能决策辅助。

2.8.3 运维活动中个人剂量合理可行尽量低

2.8.3.1 非能动核电厂设计特点

非能动核电厂应具备旨在减小辐射水平的专门的设计特点，本文件其他章节会给出所要求的这些专门的设计特点。

2.8.3.2 基本要求

非能动核电厂在设计和建造过程中，为了保持辐射水平在合理可行尽量低的水平，应满足的基本要求如下。

1）“零泄漏”燃料。

2）设计并安装合适的水处理和废物处理系统，保证高质量的水化学标准，并有效处理放射性废液。

3）控制材料的选用，应尽可能地将钴含量限制至最低，并控制材料加工方法，以尽量减少腐蚀产物的释放速率。

4）非能动电厂设计时，可将锌作为一回路冷却剂的添加剂。

5）选择经过实践验证过的热态试验工况和试验持续时间，以降低腐蚀产物的释放速率。

6）预留足够的维修和设备更换空间。

7）适当且充分的永久性或临时性屏蔽。

8）尽量减少管道系统中的盲管段和易积垢弯段，为无法避免的疏水管和存水弯管提供水冲洗的方式去污。

9）设计上应控制给水含氧量以减少腐蚀。

10）设计、设备选用和建造时，应尽可能降低试验和维护的要求。

11）系统和部件的设计应最大限度地减少通过沉积产生放射性的可能性。

12）对于那些设计上不能充分控制放射性沉积的系统和部件，应提供清洗和化学去污的途径。

13）应尽量配备远程测试和检查的仪器仪表。如条件许可，可应用机器人执行清洁、检查和维修任务。

14）非电厂的布置应保证有放射性的部件与常规工作区之间有充足的屏蔽，以保证工作区域的剂量率水平满足人员的工作需求。

15）应采用合适的系统用于远距离装卸、移动和存储带有废物处置包装的被污染的树脂和过滤器等材料。

16）应尽量采用模块化设备包装，以便能迅速拆卸进行检查和维修。

17）辅助管线应能快速拆卸，以便迅速更换设备。

18）供暖和通风系统应设计成能控制放射性控制区的温度和湿度。

19）在设计上应避免人员需要经常进出的通道与放射性剂量率高的区域重合。

20）电厂应有合适的设计和长期的控制手段，使得安全壳或其他区域的放射性物质不向环境非计划排放。

21）应尽可能将自动技术用于监测区域剂量率以及人员操作和维修设备所受到的辐照剂量。

2.8.3.3 特殊工艺处理

如电厂特定区域表面经表面预处理后可以显著降低维护时的人员剂量，则电厂设计方应予以考虑（如镀铬、电抛光和钝化等），除非经济性较差。至少应对下述区域考虑进行电抛光。

1）大直径反应堆系统管道。

2）反应堆冷却剂泵泵壳及内部构件。

3）蒸汽发生器下腔室封头及其隔板。

4）反应堆堆腔和燃料运输通道衬里。

2.8.3.4 运维设备的自动化提升

1）自动化设备应用分析

设计人员应结合厂房设计和布置中所述的可维护性评估与运行检查等因素进行自动化分析。还应考虑在涉及堆芯损伤的事故发生后，自动化技术在事故管理和电厂恢复中应用的可能性。该分析的目的是确定设计中应考虑的自动化设备的可选择性活动。设计人员应根据成本效益考虑，制定一份自动化设备应用功能清单，在合适的阶段应用到非能动电厂中。

2）使用自动化设备的电厂设计措施

对自动设备的有效运行具有重要意义的具体设计特征应纳入电厂的设计中。该设计特征应基于自动化应用分析确定的支持功能而开发。厂房设计和布置中需要考虑便于自动化技术应用的要求。

2.8.3.5 维修活动的屏蔽设置

应开展永久性屏蔽分析，评估应确定在功率运行或停堆工况时剂量率较高，且剂量率不会因结构和部件的设计和位置而降低的区域。

设计时应考虑是否有必要加入临时屏蔽结构，以便在特殊工作需要时进行屏蔽增强。应提供用于临时屏蔽结构的空间、支撑点和在安全壳内外使用频率较高的存储容器及处理设施。

2.8.4 运维设施要求

电厂应为人员和设备提供足够的支持设施，并应包括以下段落中规定的特征。

2.8.4.1 人员进出控制

应提供足够的设施用于控制电厂的人员进出。人员出入口应满足在任何情况下出入所需要的具有通行权限人员的能力。人员出入口的设施应有足够的空间以避免拥挤，并应设计成相互独立的直通通道。

应提供的附加设施如下。

1）金属探测器、易爆物探测器及受控通行门。

2）私密的男女搜身检查空间。

3）用于单独处理没有通行权限的访客和人员的房间。

4）带有电话功能的出入口污染监测器。

5）保护区外的办公和工作区域。

6）已标定的测量和试验设备的安全存储空间。

7）其他房间，如急救室、会议室、消防设施储存室、盥洗室和上锁管理的房间。

8）可存放包装食品和饮料的非放射性工作区域。

2.8.4.2 放射性工作区

除了满足一般的安全法规要求外，电厂还应包括下列有关控制污染和辐射照射的操作和处理人员的规定。

1）应设置分配和处理剂量测定设备的保护区。

2）储存和发放防护服的设备设施应有足够的可换衣服储量，且不应干扰人员通行。

3）储存、发放和处理呼吸设施的设备设施应有足够的呼吸器储量，呼吸器处理系统应具备足够的处理能力。

4）应在靠近污染工作区附近设置更衣室。这些更衣室应满足男性和女性更衣的功能需求；同时还应包含卫生设施，更衣室的设置不得靠近辐射源。

5）应在合适的区域配备足够的带锁储物柜。

6）应配置运行和维修常用污染设备（如泵检修工具、蒸汽发生器检查设备、法兰、软管、计量器具和临时仪表等）的存放区域和设施。

同时，对于放射性控制区的访问，应尽量减少进入核电厂所需的辐射控制点数量。中央控制点应配置足够的空间和电气、照明、暖通、除盐水和其他服务设施，以支持厂房设计和布置中关于放射性控制区的功能。

2.8.4.3 电厂服务

设计应根据实际需要提供高质量的电厂服务。包括：

1）专用防火设施。

2）厂用水（不是直接用于冷却设备的未经处理的厂用水）。

3）厂用压缩空气系统、仪用压缩空气系统、防毒防有害污染物污染的独立呼吸空气系统和除盐水系统。这些系统的设计应保证电厂正常运行和维修所需的容量。

4）覆盖全厂及安全壳的通讯系统，包括电话、公共广播系统、点对点通信的对讲系统。同时应提供放射性控制区和非放射性控制区之间的声像通信手段，以便两个区域间人员的正常交流沟通。

5）利用信息管理系统的计算机终端

和特定工作站。这些终端和工作站应用于各种操作和维护功能，如工作计划制定、保健物理信息处理等，可访问的信息管理系统及其数据库对于电厂正常工作的开展是很有意义的。

6）便携式人员和区域辐射监测设备、通风空调系统、视听设备的电源插座。

7）应在电厂各个需要进行运行和维修活动操作层的合适距离内，设置所有服务支持系统（包括压缩空气、呼吸空气、通信、厂用水、除盐水、380V 三相电源、220V 单相电源、真空清洁系统、视频和数据收集电缆等）的接口。

8）用于给便携式设备和维修设备供电的电源插座上，应标明电压和容量，并且应确保该插座电源不以任何方式与电厂仪表和控制装置或其他运行设备供电电源相连接。

9）饮用水和除盐水系统，包括应急洗眼和淋浴水，在设计上应确保与任何可能受放射性污染的系统完全隔离。止回阀不得用于隔离。设计上还应防止各个系统间的交叉污染。

10）在放射性控制区、化学实验室、化学添加箱和腐蚀性物质储存罐附近，应设置应急洗眼和淋浴设施。

11）在要求穿辐射防护服的所有区域，在合理可行的范围内，应用电梯、坡道或台阶代替梯子，以供人员在不同高度的楼层、平台和盖板之间通行。电梯的尺寸应能容纳大型物品（如脚手架等）。

2.8.4.4 维修车间要求

在电厂运行期间，应提供从所有工作区域均可直接进出的设备齐全的维修车间，用于维修机械、电气和仪控设备。维修车间可以是一个或多个设施，但放射性工作区应与清洁工作区分开，仪表、控制和电气区域也应以合适的方式分开。

1）维修车间的一般要求

维修车间至少应具有以下功能和要求。

(a) 仪表、控制和电气区域与机械维修区域应进行物理隔离。

(b) 配备起重机或其他合适的起重及运输设备。

(c) 焊接、钻孔、铣削和车床操作。

(d) 对拆卸零部件的校验和尺寸检查。

(e) 工具和维修设备的安全存放。

(f) 仪表和控制部件的诊断和维修。

(g) 小型设备和部件的拆卸、检查和维修（如阀门、泵、电机和小型热交换器等）。

(h) 对带入维修车间的物品放射性污染程度的监测能力。

2）放射性维修车间的要求

放射性维修车间的设施和设备应为穿着防护服的工作人员提供便利。车间应具有合适的通风设备，以保证足够的通风量；同时，通风设施的特征应与放射性排放功能相契合，如在维修活动时使用控制气载离子的挠性排风管等。在受污染或放射性设备设施上进行的维修工作需要采取特殊的预防措施，以减少人员接触和污染扩散。

放射性维修车间应具备以下额外的功能和要求。

(a) 被污染物品进出维修车间的便捷运输方式。

(b) 被污染物品的去污。

(c) 大型设备部件的拆卸、加工和翻新。

(d) 存放在维修车间的设备的临时屏蔽。

(e) 物品运送至运输车场的进出通道。

3) 清洁维修车间的要求

除安全要求外，干净的维修车间在电厂运行期间应可以不受限制地自由进出；同时，应对带入车间的物品进行监测，以确保它们未受污染。此类维修车间应设在厂区地面标高层，并尽可能靠近维修的设备。在维修仪表、控制装置和电气设备的车间，应有湿度、温度控制措施以确保设备处于合适的维修环境。车间应靠建筑外墙，并配备卡车停放区。

2.8.4.5 备件的供应、存储和控制

营运单位应根据设计方及设备供货商的建议和运行核电厂的维修经验，编制整个电厂的备品备件清单。该清单应足够详细，便于设备采购。备品备件清单应在电厂首次装料前 36 个月内完成编制，对于主要设备和选定的设备，在最初采购时就应适当考虑备件的采购。

应提供一个能与电厂其他数据库兼容的计算机系统，用于备品备件库存的控制、设备历史记录和备件跟踪。该系统的数据库应包含电厂每台设备的名称、供应商、功能、技术参考手册、备品备件清单，以及库存量和存放位置等信息。当备品备件的库存量低于制定的最小库存水平时，系统必须给出采购需求提示。备品备件库存管理系统应是电厂综合配置管理系统的一部分。

2.8.5 电厂主要部件更换的要求

除压力容器和电厂基础构筑物与电厂设计寿命一致外，布置设计中应考虑所有其他主设备的更换需求，如蒸汽发生器、主泵和给水加热器等，这些设备在以往商运核电厂都出现过更换的情况，应留有足够的空间以贮存和更换这些设备和部件。同时，在电厂设计和退役计划中应考虑在电厂寿期内那些由于性能降级或技术发展而需要更换的系统和部件。

电厂设计对运输、贮存和更换主要部件应包含以下要求。

(1) 设计方应考虑从预计可能被污染或有放射性的厂房中，移出主要部件及专用的工具和设备。

(2) 设计方应提供在未来可能难以采购到的设备清单，以满足备品和消耗品的使用需求。

(3) 设计方应列出电厂寿期内不可更换的主要设备清单。

(4) 寿期内可能需要更换的设备(如蒸汽发生器等)，需要明确拆装及运输的方案。

2.8.6 检查和试验

2.8.6.1 在役检查特点

应按 ASME B&PV 规范第Ⅲ卷划分为核安全 1、2、3 级的设备（包括泵和阀门），在设计阶段必须设置可达通道，以便按 ASME B&PV 规范Ⅺ卷的适用版本和补遗的规定进行在役检查和试验，以评价其运行状态。

2.8.6.2 在役检查技术要求

所有要求在役检查的设备应于在役检查期间及出厂前对其使用相应的检查技术开展检查。设备采购文件应提供或要求设备供应商提供检查所使用的详细规程。ASME B&PV 规范第Ⅲ卷的检查要求不应因 ASME B&PV 规范第Ⅺ卷检查的实施而被替代或更改。

2.8.6.3 监督试验验证

电厂设计应允许在功率运行状态进行尽可能多的监督试验，且不干扰电厂正常运行、升降负荷或各类继电器的状态。应

允许在尽可能接近正常操作条件下测试系统、设备或仪表回路。在功率运行状态进行试验时，应确保人员辐射剂量与核电厂停堆期间做相同试验相比没有增加。

监督试验应采用无干扰免侵入技术，或使监督试验本身造成的磨损量最小化的技术。

2.8.6.4 启动试验

启动试验应是综合的系统试验，用于验证整个系统实际的功能和能力，包括各子系统联合在一起时的能力。不应因便利性的原因而分开执行这些试验内容。这些试验的关键目的是检查系统是否按照设计的要求安装、设备联锁是否进行过性能试验、临时装置是否已经拆除或计划在装料前拆除。在试验过程中应记录启动过程数据，以供将来作为参考和比较系统性能的基准。

启动试验应包括化学试验性能，以收集有用的基础信息。启动试验应尽可能在设计的化学条件下进行，以促使反应堆冷却剂系统表面保护性氧化物形成，尽量减少腐蚀产物后续向冷却剂的释放。

2.8.7 危险、有毒化学物品

电厂内应尽量减少危险和有毒化学物品的使用，应避免在放射性控制区使用危险化学物品（除非无法找到替代方案）。在必须使用这些物质时，应设置由电厂运行人员实施的监测和控制措施，将这些危险物对人员和环境的影响减至最小。同时，这些控制措施应满足相应法律法规的要求。

2.9 质量保证

2.9.1 概述

本节规定了非能动核电厂质量保证总体要求，给出了质量保证总大纲的主要内容，并规定了参与和支持非能动核电厂设计、采购、施工和调试的质量保证分大纲的要求。本节要求的目的是在确保满足核安全法规和监管要求的前提下，强调现有核电厂中出现某些特定领域的质量问题，以防止这些问题重发。

组织质量的基本职责落实于执行质量相关职能的每个部门，并通过制定系统大纲来履行这一职责，以确保识别和落实适当的质量保证要求。质量保证部门负责就大纲是否符合规定的质量保证要求向本单位提供建议，并独立验证本单位执行其大纲的符合性和有效性。对这些大纲和程序的执行情况进行监查，以确保其正确实施。

2.9.2 基本要求

（1）非能动核电厂营运单位应建立符合《中华人民共和国核安全法》（主席令第 73 号）、《建设工程质量管理条例》（国务院令第 279 号）、《中华人民共和国民用核设施监督管理条例》（HAF 001）、《核电厂质量保证安全规定》（HAF 003）及其相关导则等要求的质量保证大纲。

（2）电厂设计方、建造商和调试组织应各自形成一份文件化的质量保证大纲，大纲应规定非能动核电厂的所有安全相关活动、构筑物、系统、设备和部件的质量保证要求，该大纲应在开始相关工作前及早建立。

（3）每个分包商的大纲应符合营运单位的要求，或包含在总承包商的质量保证大纲中。分包商质量保证分大纲应按照其所承担的工作的安全重要性，开展不同深度的质量管理。原则上，安全重要物项和服务应按 HAF 003 及其相关导则建立质量保证分大纲，非安全重要物项和服务的质量保证分大纲按其适用的质量管理标准（如 GB/T 19001 等）进行建立。

（4）应审查确认上述第（2）项中制定的质量保证大纲应符合《中华人民共和国核安全法》（主席令第 73 号）、《建设工程质量管理条例》（国务院令第 279 号）、《中华人民共和国民用核设施监督管理条例》（HAF 001）、《核电厂质量保证安全规定》（HAF 003）及其相关导则等要求。

（5）营运单位有权在《核电厂质量保证安全规定》（HAF 003）及其相关导则等基础上提出额外补充要求。营运单位可以实行严于公共安全或许可目的标准的质量保证要求。这些要求旨在保护投资或提高可靠性，如将法规要求应用于非安全相关 SSC，或者采用其他替代方法。

（6）营运单位必须承诺和明确开展核安全文化建设，积极培育和提升自身和分包商的核安全文化，将核安全文化融入生产、经营、科研和管理等各环节，在制定目标政策、设置机构、分配资源、制定计划、安排进度和控制成本时，始终坚持安全第一的原则，科学规范地开展各项工作。组织营运单位的决策机构和管理部门应当通过承诺、决策和行为示范等，不断强化法治意识、责任意识、风险意识和诚信意识，持续培育和建设核安全文化。组织营运单位应当定期组织开展核安全文化评估，评价本单位的核安全文化状态，促进核安全文化持续提升。

（7）营运单位应当建立经验反馈体系，鼓励从业人员报告安全隐患和管理体系缺陷，对所报告事项、建造和运行事件及经验、行业良好实践和科技进步等信息进行及时收集、筛选、评价和反馈，持续改进和提升管理水平。

（8）相关活动开始之前，应使用合适的方法以使相关方准确了解质量保证大纲中核安全要求的适用范围或边界。例如，可在有关设计文件/图纸（如系统说明书、系统管道和仪表流程图、设备规范书等）中标识 SSC 的核安全等级或核安全边界。

（9）根据物项和服务对核电厂安全性、可靠性、复杂性及成熟度等的影响，确定其质保分级，并确定相关的质量保证（QA）和质量控制（QC）的方法、工具、检查的要求及培训要求等。

（10）为防止假冒物项、欺诈物项、可疑物项及相关服务进入核电厂，防止核电厂建造过程中产生造假行为，相关活动参与者应建立防造假机制。参与项目的各方应当明确违规操作和弄虚作假防控要求与措施，发现相关行为的，及时依法依规处理；审查验证为非能动核电厂物项过服务提供检测的机构资质、合格证明文件或记录等，保证其真实、完整、可追溯，防造假相关要求和措施应融入其质量保证体系。

（11）相关活动参与者所使用的软件和特殊过程应经充分验证，从事影响安全/可用率的相关活动的人员应经资格审查。

2.9.3 接口

为了确保非能动核电厂的设计、制造、施工、安装、调试和运行充分满足标准要求，应特别关注电厂设计方与参与非能动核电厂设计、制造、施工、安装、调试和运行的主要承包商之间的接口。具体要求如下。

（1）营运单位及其代理人应详细规定电厂设计方、建造商、调试组织、主要承包商和参与电厂设计、施工和/或支持的营运单位人员之间的组织接口和详细职责。该项工作应在签署（总）承包合同时完成。

（2）电厂设计方应特别注意设计控制和审查过程。营运单位有权对设计控制和审查过程进行深度监督和审查，以确保其要求得到满足。

（3）营运单位有权查看电厂设计方或承包商的计算书、设计报告、设计审查报告、验证记录、测试程序和结果及其他类似文件。如有必要，营运单位有权要求设计方实施额外的（在规定的详细程度上的）设计工作。

（4）营运单位或其代理人有权对电厂设计方和承包商及其分包商实施监查。对于监查人员发现的不符合适用要求的物项和情况，被监查方应立即对其采取纠正措施。

（5）电厂设计方应制定系统、设备和部件规范书，其中应给出与营运单位整体质量保证大纲相一致的质量要求。

2.9.4 施工验证

（1）非能动核电厂质量保证大纲应解决如何提高施工现场质量的问题，并应特别加强从现有电厂的建设中吸取的经验反馈的管理。负责施工的组织应评估其他电厂的经验反馈，以识别在施工阶段出现的质量问题，并制定经验证的解决措施。表 2.9-1 初步列出了现有电厂中出现的常见问题种类，可作为每次评估的基础。评估结果将与其他投标文件一起提交。这种评估活动应酌情利用其他电厂施工分包商的相关经验反馈，并应定期补充和更新依据本文件所建立的经验反馈评估清单及内容。应在报告中列出根据评估确定的问题和解决方案，制定适当的施工质量要求或其他要求，并在获得营运单位批准后，应用于非能动核电厂施工中。

表 2.9-1　建造阶段典型质量问题

序号	问题描述
1	混凝土结构不满足强度要求/不合格
2	焊接问题
3	记录可追溯性的缺失
4	人员资格审查的不充分
5	技术状态管理的不充分
6	部分项目团队成员缺少核电工程经验
7	营运单位多层次的管理者（包括承包商等）监管的缺失
8	不适当的 NDE 结果和/或对其不适当的解读
9	不充分的材料检测活动或取样计划

（2）核电厂设计方和/或主要承包商，如核蒸汽供应系统供应商或汽轮发电机组供应商，应明确规定设备的储存、搬运、安装、测试及在施工和储存现场对相关物项进行定期检查的具体技术要求，以确保设备的储存、搬运、安装和测试符合技术要求。监测/检查发现的问题的书面报告应提供给营运单位及其代表，如施工现场经理或仓储经理。报告中应给出采取具体措施的要求以纠正所有不符合。如果问题比较重要，还应立即口头通知营运单位的管理层。

（3）在施工质量保证大纲中，应包含与施工工人、检查检验人员和监理等人员中的代表性人员进行定期面谈的要求，包括正在参与工程建设的人员及即将离职的人员，且面谈应记录在案。这些面谈的目的是确保及时发现并调查质量问题，以便在必要时快速完成重新检查和返工，防止其扩大为重大问题。

（4）在施工质量保证大纲中应明确规定审查和验收相关要求，以确保在施工活动完成后不久、后续活动开始之前，对所开展活动（特别是那些可能产生重新检查和返工的活动）的充分性进行审查和验收并保留相关记录。最终验收责任应由营运单位承担。应对施工工程验收过程和验收文件进行定期、独立的审查并记录在案，这些审查应确保在施工活动的验收和相关记录中没有未经检测的盲区。如果确实存在问题，应尽早发现，以防止重大停工和延误。

（5）在施工质量保证大纲中应包含相关要求，以提升实际执行和检验相关工作的人员的责任感和工作绩效。例如，在永久质量保证记录中使用照片作为介质，照片中显示工人和检查人员及其实际工作产品的样品；营运单位有关主管人员、承包商和分包商经理经常访问现场，以审查实际进度，并监测现场清洁度等关键指标。

（6）在施工质量保证大纲中应包括不符合和设计变更趋势分析的有关要求，以便查明根本原因并及时采取纠正措施。

2.9.5　记录

（1）在营运单位最终验收之前，设计方、制造商和承包商应在施工现场为每件设备及其制造、安装和施工等各个重要的阶段性工作提供足够的质量保证记录。应在质量保证大纲中确定为每项设备及其制造、安装和施工等各个重要阶段所需提供的具体记录类型。这些记录应按照核电厂设计方建立的文件控制系统进行管控，并按营运单位质量保证大纲的要求期限进行保存。

（2）根据营运单位质量保证大纲的要求，应定期审查质量保证记录。审查的频率应与被审查的活动相适应，例如，一些工作产生的记录可能需要每天审查，其他工作产生的记录可能需要每周或每月审查等。此类审查应验证记录的正确性，及时发现和纠正任何偏差或遗漏，从而尽量减少由此产生的返工或重新检查的风险。

（3）为硬件物项产生的质量保证记录应可追溯到组件、构筑物、设备及其安装/施工活动。记录中应明确给出相关检查、检验和测试的结果。

（4）应实施软件开发的配置管理，包括标识软件配置项、控制软件的实现与变更、记录和报告变更状态、验证发布软件的完整性和正确性等活动，保证软件开发过程中所有产品的完整性、一致性和可追溯性。

2.10　执照申请

本节规定了非能动核电厂的执照申请（核安全许可）要求。考虑到国家核安全相关法律、法规、导则和标准等会不断更新，为便于并确保营运单位获得相关核安全许可文件，设计单位应协助营运单位完成核安全许可申请相关技术报告编制，并应对国家核安全局组织的技术审查。

此外，设计单位应协助营运单位制订并实施核安全许可计划，该计划应包括获得许可证所需的各项活动。本计划应尽早制订和实施，以使核安全许可申请进展与核电厂建设计划相适应。

执照申请要求包括厂址选择、建造、运行和退役四个阶段。

2.10.1　厂址选择

非能动核电厂的厂址选择许可申请应遵照《核动力厂、研究堆、核燃料循环设施安全许可程序规定》（生态环境部令第

8号）中要求。

设计单位应协助业主营运单位完成厂址安全评估论证并编写《厂址安全分析报告》《环境影响报告书（选址阶段）》等厂址选择审查意见书申请所必需的文件。这些技术文件应论证并确保新建核电厂的选址符合厂址申请中承诺遵照满足的核安全法规、导则和其他有关规定要求。

2.10.2 建造

建造许可申请应遵照《核动力厂、研究堆、核燃料循环设施安全许可程序规定》（生态环境部令第8号）中要求。

设计单位应协助营运单位编写《初步安全分析报告》《环境影响报告书（建造阶段）》等建造许可证申请所必需的文件。这些技术文件应论证并确保新建核电厂的设计和建造符合建造许可申请中承诺遵照满足的核安全法规、导则和其他有关规定要求。

同时，新建电厂设计还应与附录2-B中重要安全审评问题处理原则一致。

2.10.3 运行

运行许可证申请应遵照《核动力厂、研究堆、核燃料循环设施安全许可程序规定》（生态环境部令第8号）中要求。

设计单位应协助营运单位编写《最终安全分析报告》《环境影响报告书（运行阶段）》等申请运行许可证所必需的材料。这些技术文件应论证并确保新建核电厂的设计、建造和调试符合运行许可申请中承诺遵照满足的核安全法规、导则和其他有关规定要求。

同时，新建电厂设计还应与附录2-B中重要安全审评问题处理原则一致。

2.10.4 退役

退役许可证申请应遵照《核动力厂、研究堆、核燃料循环设施安全许可程序规定》（生态环境部令第8号）中要求。

设计单位应协助营运单位编写《退役安全分析报告》《退役环境影响报告书》等申请退役许可证所必需的材料，并在核电厂终止运行后，协助营运单位制定停闭期间的安全管理措施，采取安全的方式进行停闭管理，保证停闭期间的安全，并接受国家核安全局的监督检查。

此外，在新建核电厂设计、建造和运行的不同阶段，设计单位必须对将来核电厂的退役进行充分考虑，并按国家核安全监管部门的要求制订相应的退役计划。

2.11 设计过程

2.11.1 概述

2.11.1.1 目的和范围

本节提出了非能动核电厂设计中过程要求，它涵盖整个设计所需的全部过程，设计过程包括研发、试验、分析、技术规格书和图纸的准备、建模、报告编制、执照申请活动、建造及向电厂运行单位移交等所需的支持性工作。设计过程要求覆盖本要求文件中定义的整个电厂范围。

设计单位应将核电项目作为一个单一、完整的过程进行管理，有责任将过程要求转化为各方都应遵循的专门要求和程序。

2.11.1.2 主要原则

1）人机接口：设计过程中应重点关注人机接口并进行充分的分析以满足相关的设计要求。

2）设计平衡：设计过程应按照公众和人员安全、投资保护、电厂性能、电厂成本的优先次序解决相冲突的问题。

3）经验反馈：应在电厂可建造性、可运行性和可维修性方面进行持续优化改进并进行记录；在影响电厂/人员安全、可用率、性能和可靠性、重大历史遗留问题等方面持续优化改进并进行记录；经验反馈应在早期的设计过程中开展。

4）可建造性设计：应合理组织设计过程，确保设计的可建造性、可运行性、可维修性，并充分考虑人员配备及培训。

5）规范和标准：设计单位必须遵守国家和政府部门以及核安全监管单位所颁布的法律、法规和标准，满足国家核安全局已颁发的现行有效的核安全法规和核安全导则的要求，同时参照国外最新安全标准的要求。

2.11.2 技术基准

电厂的设计应基于验证过的系统、设备和部件。经验证的系统、设备和部件是指与现有核电厂已成功应用的或类似运行环境和运行条件下已使用数年的设计具有相同的特性，并且所用材料在同样环境和运行条件下已被验证。

当引入未经验证的系统、设备和部件，必须借助适当的研究计划、具有明确准则的性能试验或通过其他相关应用中获得的运行经验的检验，获取支持性的论证，来证明其安全性。

2.11.3 设计寿命

2.11.3.1 设计寿命

非能动核电厂的设计寿命应至少为60年。应明确设计寿命以满足可靠性要求，并且使设计寿期内所有SSC的采购和维护费用降到最低。设计寿命计划应包括设计寿命分类、状态监测及电厂环境监测。

设计单位和供货商应制定一个设计寿命分类体系和清单，按照设计寿命能达到的水平进行分类，应提出策略以满足60年寿命的要求。

60年设计寿命是对电厂主要部件和设备的要求，合理地期望能满足该设计寿命。然而，除反应堆压力容器等不具备更换条件的部件外，电厂设计寿命不足60年的运行部件和设备应是可更换的。对于那些因陈旧或者为避免早期失效而预计更换的部件，设计单位应提供一个更换、维修计划，以保证在最低成本下实现整个电厂的设计寿命。

2.11.3.2 附加要求

1）状态监测：电厂设计寿命计划和预防性维修大纲应包含对关键的安全重要物项的状态监测。

2）瞬态：设计上应降低和减小瞬态频率和幅度，应考虑可减少电厂瞬态事件或减轻其影响的措施，并评估其经济性。

3）仪表和控制：应提供适当的监测手段，以监测和记录电厂寿期内的重要瞬态。对于电厂的关键系统和部件，以及允许次数少的瞬态，需要予以特殊考虑。为评估电厂实际寿命提供监测数据。

4）环境：设备和部件的设置应尽可能避免暴露于限制其寿命的环境中，或使其减小暴露的频率与程度。

5）文件：应在电厂整个寿期间按照相关管理程序的指导保管数据与文件。应在设计文件中明确标明设计寿命、环境限制、状态指标的验收准则及有关参数，并纳入电厂的数据管理系统中。

2.11.4 电厂简化

通过应用非能动的设计理念，在满足系统功能、可用率、可维修性和试验能力的前提下，应尽量减少阀门、泵和热交换器等机械部件、仪表、控制功能和控制回路。

应尽量简化所有运行模式下的操作，包括操纵员在诊断和处理异常和事故工况下的动作。

2.11.5 标准化

标准化设计应包括：整个电厂的标准化的设计基准；标准化的厂址包络参数；设备供应商均按标准化的接口要求供货；包含设计基准和设计结果的标准设计技术文件。

2.11.6 特殊分析与评价

设计单位应使用由所采纳的标准、规范和条例所要求的设计方法，以及自身的经验、方法和设计工具。

应根据项目的特定需要开展专项研究与评价。设计过程中应进行可靠性和可用率评价。设计过程中应进行概率安全评价，用来改进和优化设计。

2.11.7 工程信息系统

电厂设计阶段应建立工程信息系统，供所有相关设计单位在编制和识别设计交付物时使用。工程信息系统应提供如下内容。

（1）对电厂系统的合理划分。

（2）用作电厂数据库框架的电厂数据模型。

（3）向数据库增加信息的规则和方法。

（4）数据检索的方法。

（5）用于系统、设备、部件，以及所有文件的标准标识方法。

（6）用户能够在信息管理系统中直接通过计算机获得数据和文件。

（7）尽可能提供所有技术数据的单一的正式的来源。

2.11.8 设计研发计划

应建立完善、科学、合理的设计进度管理组织和职责明晰的设计进度管理制度，明确设计进度控制的总体目标和要求。设计研发计划控制的总体目标是按照合理的设计工作逻辑，确保设计工作成果的交付满足工程实施（采购、建安和调试等）要求、执照申请需求等各类外部需要。各层级设计工作计划的管控目标是支撑工程计划的有序实施。

各级进度计划的支持关系为低层计划服从高层计划，各级设计进度计划满足同级项目计划的时间节点要求。工程二级、三级进度计划设计部分的计划编制与采购、建安、调试的进度匹配。按照进度计划分级管理体系，为保证满足顶层计划的要求，工程设计级进度计划根据实际需求实施联动控制，为工程项目建造周期和进度安排提供保障。

设计进度管理人员充分了解设计文件体系和分类、设计工作流程，根据工程总体计划进度要求编制相关的设计计划等，指导各项设计工作的实施。设计进度管理人员按照项目需求或参考标准进度计划安排为重要或特定的设计工作编制设计专项进度。设计进度计划编制过程中，应识别需要外部提供输入（如设备资料、厂址条件和岛间接口等）的设计工作，并与相关的工作进度计划进行匹配。

各设计单位应根据进度管理相关的程序规定，在设计三级进度正式发布后，将设计任务下达给实施部门。实施部门应制订详细工作计划，并配备足够、适当的设计人员和设计所需的设备、工具，严格按进度计划开展工作。

设计进度管理应按照进度计划要求，识别出设计关键路径和工程关键路径的相互关系，持续监督各项工作实施情况，对计划的完成情况进行实时维护，定期进行进度执行情况分析，适时提出进度偏差预警，当进度出现偏差时及时采取补救措施。

设计进度管理人员将对项目设计风险管理贯穿项目运行全周期，连续、滚动开展项目设计风险管理工作，滚动管理周期结合项目进展调整。应建立项目设计风险制度，根据紧急程度做专项管理，确保设计风险及时进行提级管控。

2.11.9 技术状态管理

技术状态管理是在整个核电厂寿期内，运用技术和行政的手段，对技术状态项及有关的产品技术状态信息进行管理的一种活动。该活动包括维持设计要求、技术状态信息及物项技术状态全寿期内的一致性，并要求在该一致性遭到破坏时进行恢复。

2.11.9.1 技术状态管理目的

实施技术状态管理的目的是在核电厂的设计要求、物项技术状态和技术状态信息之间建立三者的一致性，在核电厂寿期内，特别是在产生技术状态变更时保持这种一致性，并在电厂全寿期内确保设计基准得到维护。

核电厂设计和建造阶段的目标重点是实现三者之间的一致性，是通过设计建造过程，逐步形成三者一致性的过程。

2.11.9.2 技术状态管理体系构架

技术状态管理体系应按照技术状态管理标准建立，该体系框架应包含以下主要方面。

1）技术状态管理策划。

2）技术状态标识。

3）技术状态记录。

4）技术状态变更控制。

5）技术状态审核。

2.11.9.3 技术状态管理要点

1）电厂设计单位应提出一个综合的技术状态管理程序，以用于设计和建造阶段。该程序应保证在确定设计基准、技术基线和接口要求时，电厂系统和设备的实际配置、电厂建造、运行和维护程序，以及所有相关保障重要文件在电厂整个寿期内都能够获取。

2）在电厂移交给营运单位商业运行之前，电厂设计单位应负责技术状态管理。正式移交过程应保证全部技术状态信息是以受控的方式提供给业主。

3）技术状态管理程序应包含变更控制过程，应明确规定变更批准准则，并且应为变更实体提供有关提出、评审、批准、实施、配置、文件更新和分发等的准则和程序。

2.11.10 设计综合

设计单位应制定各设计领域的设计准则。设计准则文件应是完整、适用的，确保依据顶层设计要求能够开展合格的设计，并提出评价竣工电厂对用户要求相符性的准则。

设计单位应准备系统、设备和部件的系统说明书、设计图纸和设备规范书，以保证满足顶层设计准则，并将设计、计算、制造、建造和试验要求形成文件。

设计单位应开发设计和建造时使用的电厂布置模型。

设计单位应与建造和调试机构协调一致，以保证设计的实施、试验和相关程序符合设计准则和性能目标。

设计单位应为安全相关 SSC 制定设计、试验和技术规格书要求。

设计单位应在力所能及的情况下，按需采用数字化设计软件开展主体工程设计、设备设计及设计分析计算与验证工作，在设计管理上采用智能化工具平台，开展设计接口管理、接口匹配和接口复查等工作，提升数据唯一性、接口一致性，从而提升设计工作效率和设计管控便利性、有效性。

2.11.11 专业间设计协同

设计单位应在整个设计、建造过程中进行专业间设计的协同。在设计和建造的全过程中实施综合性设计审查，必要时可邀请营运单位参加。

(1) 应建立独立的审查小组，审查小组成员有权向组织机构的高级领导报告。

(2) 设计单位应确定审查小组的审查和活动范围及授权。审查组应包括但不限于土建、电气、机械、化学、材料、核工程、人因工程、辐射防护，以及核电厂运行、维修和建造方面的有经验的人员。每次审查的各个参加者的专业应与被审题目相一致。

(3) 可使用适用的分析技术，如热工水力瞬态分析、安全和故障分析、可靠性分析和概率安全评价等。

(4) 设计过程早期应制定审查进度表，并定期修改。

(5) 审查应形成文件并作为电厂设计记录的一部分加以保存。

2.11.12 信息管理系统

在设计期间，设计单位应使用适合的计算机软硬件来建立、管理和运行信息管理系统，在建造期间使用，并将相关数据移交给业主在运行期间使用。

信息管理系统的主要目标如下。

(1) 提供获得、贮存、检索和使用对设计、建造、调试、运行和维修电厂所必需的文件和数据的有效的方法。

(2) 在设计和建造期间，以及将电厂数据移交给营运单位单位以后，有效地使用计算机辅助设计和工程管理。

2.11.13 设计/建造综合

电厂建造进度计划可参考标准电厂设计，除了厂址特定工程设计以外，该标准电厂设计应已完成并可支持建造进度计划的制订。

设计过程中应充分考虑建造的便利性，尽可能为模块化施工创造条件。

在建造开始时（一般指第一罐混凝土浇筑），工程设计文件应充足，以支持建造活动，应制订完成设计活动的进度计划。

在设计过程中，应考虑建造方法、建造实践和建造技术，以形成一个可建造的电厂设计。

2.11.14 工程设计执行验证

作为设计过程的一部分，应确定和执行必要的工程设计执行验证活动来确认建造的适当性。以下是适用的具体要求。

(1) 工程设计执行验证活动应在建造的早期确定并合理安排计划。

(2) 设计单位应可能减小工程验证的复杂程度与范围。

需要进行工程设计执行验证活动的，应制定程序，包括目标与范围、评价过程及不符合项的处理流程。

此外，应制定现场踏勘与数据测量的工作流程与实施计划，以确保竣工状态可以满足涉及安全与抗震的设计要求与关键假设。

2.12 机械设备设计

2.12.1 概述

2.12.1.1 目标

本节的目标是定义适用于电厂系统机

械设备的通用设计要求。

2.12.1.2　范围

本节描述的通用设备设计要求适用于电厂系统中的以下机械设备类型：阀门、阀门执行机构、泵、热交换器、螺栓连接件、螺纹紧固件和管道。本节按照设备类型阐述设计要求。

设备的特殊设计要求参见非能动核电厂用户文件要求的其他章节。

2.12.1.3　通用设计要求

设备供货商应为每个设备提供完整的维修说明和运行规程说明，包括详图和简图、材料等（如设备常规润滑指导书、设备更换指导书、状态检查指导书和控制设置指导书等）。维修和运行说明应经由设备供货商充分验证。

设备供货商应提供用于验证维修活动有效性的维修工具和试验设备，这些工具和设备包括但不限于阀座研磨抛光装置、泵集装式机械密封更换装置、螺栓预紧装置。应为一座核电厂或同一厂址核电厂中的一组同类设备提供至少一套这样的工具或装置。

维修说明中应给出推荐的备品备件。

所有的设备，如阀门、泵、热交换器和箱体等，应设就地标识，标识上有唯一的电厂设备名称和编码。该标识应与标准编码一致，同时与控制盘/台上使用的标签及电厂规程中使用的术语保持一致。这些标识应在当地环境中有足够的耐用性和可见性。标签应位于易见的位置，不被绝缘层或覆盖物隐藏，并且其位置应确保没有歧义。

2.12.2　阀门

2.12.2.1　应用

1）系统设计时应尽量减少阀门的数量，以满足安全性、功能性、可靠性和可用性的要求。电厂的设计人员应从以下方面评估每个阀门的需求。

(a) 系统安全功能。

(b) 系统运行功能。

(c) 预期流量范围。

(d) 设计压降范围。

(e) 可靠性要求。

(f) 冗余要求。

(g) 规范要求。

(h) 监管要求。

(i) 隔离和维护要求。

2）阀门最少化和简化的准则如下。

(a) 尽量减少采用双阀组，即两个相似的阀门串联成的阀组。

(b) 行业规范、标准中的要求及实践。

(c) 系统压力和温度。

(d) 系统安全功能。

(e) 电厂的运行和维护要求。

(f) 单阀安全故障的影响。

隔离阀应该利用“截断和接通”功能。“截断和接通”功能的阀门的进、出口阀座同时实现密封，通常适用于闸阀。通过旁路阀将进、出口阀座之间的阀门中腔压力引到阀门的上、下游管道中。

应通过设备和仪表布置来实现旁路或多个部件的隔离。

应考虑每一个潜在因素来控制动力操作的阀门数量。这些因素包括操作要求的频率、系统的布局和功能要求等。

3）当阀门内部流体是高速的、变速的和压力变动的或会发生闪蒸时，不能使用阀瓣不受控或者不能随流体变化而动作的阀门。

4）闸阀不能用在流量调节和节流的工况条件下。

5）刚性闸板的闸阀不能用在温度超过 65 ℃的系统中。

6）仪表管线中的隔离阀应采用针型阀或截止阀，对于低温或低压的工况，可以考虑使用隔膜阀。

7）没有经过验证具有隔离能力的流量控制阀不应用作隔离功能。

8）对于止回阀的使用应满足下面要求。

（a）止回阀只在必要时采用。

（b）止回阀相关的系统要求应完全明确技术参数，如果系统设计需要，针对特殊止回阀应提供相应参数，如关闭时间、泄漏量和流量等。

（c）所选阀门的类型和口径经过使用验证，并且符合电厂（环境）和系统的要求。

（d）阀门在管道系统中的安装位置和方向正确。

（e）所选阀门的设计特征和细节要求有助于延长阀门的使用寿命和提高可靠性。

（f）制造厂应为每个阀门提供详细图纸，图中应标明所有部件的尺寸、重量、运动部件之间的间隙、完整的材料明细，所有紧固件的拧紧力矩、装配前紧固件的润滑剂和所有锁紧及设定装置的细节。

（g）考虑实际运行工况流量条件下的零件间隙、阀瓣稳定性和磨损。

9）对于止回阀的使用应满足下面要求。

（a）阀门的系统需求和工况条件完整，如动作时间、运行压力、运行试验和承受压差等。

（b）所选的阀门是经过系统验证并与电厂（环境）和系统要求兼容。

（c）阀门的布置和安装位置准确，便于维护和试验。

（d）阀门的设计特征和细节要求有助于延长阀门的使用寿命和提高可靠性。

（e）对于安全相关的电动阀，需提供其在介质温度（局部冷却）下的执行机构动作载荷，也应考虑动态的地震影响。

10）用于超压保护的先导式安全阀或用于降低系统压力的动力操作安全阀应有被验证的运行业绩。

先导阀的主阀瓣/阀座结构（如弹性阀瓣结构等）应最大限度减少阀座的泄漏。当开启时，主阀应完全开启，防止阀座和阀瓣的冲蚀。

设计应避免先导阀的卡阻、金属间的粘住或咬死而导致开启或关闭设定值发生大的变化或开关失效。

用于超压保护的安全阀应该能够在不损坏阀座的情况下，准确地在现场对原设定值进行验证。

11）当蝶阀用作节流功能时，蝶阀的性能应可靠，蝶板应能耐冲蚀。

2.12.2.2 设计

1）阀门的设计和选材应该经过使用验证，在应用环境中具有较高的抗腐蚀和抗侵蚀的能力。对于易受汽蚀影响的阀门，应特别注意材料的选择。

2）对于用于原水环境的阀门，阀门的内件应为不锈钢。

3）标准化的闸阀、截止阀和蝶阀考虑由几个不同的供应商来制造。

4）因阀门填料或垫片的泄漏而可能被硼酸水浸湿的外部零件，应该采用不锈钢或其他耐硼酸材料。

5）如果阀门的阀体和阀盖之间采用法兰连接，法兰应采用通孔的螺栓连接方式，除非采用通孔设计的螺栓是不可行的，否则不应在阀体上钻螺纹孔，螺栓连接的设计应便于拆卸，避免磨损。

6）对于布置在具有放射性介质系统

中的阀门，若阀体和阀盖之间采用垫片连接，则阀体和阀盖之间应设计备用的密封焊坡口，以替代垫片的密封。

7）阀门阀体/阀盖和阀瓣的设计应能够防止流体的温度上升导致阀门中腔异常升压，大于上下游管道的压力。

8）DN50 以上阀门的设计不应采用螺纹或密封焊接阀盖结构。

9）阀门的设计应尽可能避免压力锁定，应尽可能降低热胀粘合的可能性。

10）阀体阀盖之间的密封不应采用压力自密封的结构。

11）阀体、阀盖和支架的结构能够承受来自阀门执行机构施加的最大的挤压、拉伸和剪切应力的载荷组合（包括地震工况下）。

12）用于原水介质的蝶阀应采用中线密封结构。

13）电动阀应采用升降阀杆，避免采用旋转阀杆。

14）阀杆的设计应能承受阀门执行机构施加的最大的挤压、拉伸和扭转载荷（如电动执行机构失速输出的扭矩等），负载还应考虑其他的载荷（如压力、热或外部事件的载荷等），阀杆在这些负载下不应发生永久变形。

15）当阀门处于正常位置（开启或关闭）阀杆受压情况下，这些阀门在第二个隔离阀之前的反应堆冷却压力边界内，或其工作在介质泄漏存在放射性或危险性（如放射性废物和化学系统等）的地方，应满足以下要求。

（a）DN50 及以下的阀门，除用于调节外，应采用无填料波纹管或隔膜的阀杆密封形式，无填料阀门应该有相似工况条件下的成功运行经验。

（b）DN50 以上的阀门包括调节阀，阀门的填料应采用碟形弹簧垫圈的浮动预紧，以维持填料上的压紧力。在高温环境中使用的阀杆填料应采用与系统流体和阀杆材料兼容的石墨填料。

16）不宜在双层填料中间的填料隔环处使用阀杆引漏设计。

17）不能通过其他阀门或冰塞与反应堆压力容器隔离的阀门，如果其在阀杆重新装填料时，需要反应堆压力容器排放至最低堆芯覆盖范围以下，或者需要排放至反应堆冷却剂管道的高度，则必须采用一个塞口、隔离阀和盖帽，通过该塞口、隔离阀和盖帽可以注入密封胶，来暂时阻止阀杆泄漏并进行维修。所使用的密封胶的类型必须有应用业绩，性能满足运行要求。

18）除了采用活塞式执行机构驱动的主蒸汽隔离阀、安全释放阀和小电磁阀外，所有直行程阀门和使用阀杆填料的阀门都应具有上密封功能，在维修时最大限度地减少阀杆泄漏，这种上密封功能不应依赖系统压力来实现。

19）阀门和阀门执行机构的选型应该确保阀门在各种设计基准流量和压降条件下动作，包括从潜在的错误的阀杆位置复位。在设计和选型时应考虑所有的操作模式，包括正常运行和最严酷的压差、流体温度变化和环境影响。

执行机构和阀门整机能够在所有的设计基础条件范围内操作。阀门的结构一般包括阀体、阀瓣、阀杆、阀盖、支架及与执行机构的连接，执行机构能够承受阀门操作时产生的最大推力或扭矩（如电动装置在最大电压下驱动时的堵转扭矩或推力等）。

20）为了支持运行条件的选择和电厂未来的改造，阀门供应商应提供与流量控制和止回阀有关的技术数据。这些数据除维修和操作的程序、图纸和逻辑图外，还应包括如下信息。

(a) 阀门动作或阀瓣位置变化时的流阻（或流量）。

(b) 阀门汽蚀的特性。

(c) 执行机构的加载和流量、压差的关系。

(d) 阀瓣全开时对应的最小流速和压降（止回阀）。

(e) 影响阀瓣稳定的因素。

21) 阀门内件的滑动表面应进行硬化处理（如堆焊等）。

22) 阀门内件的螺纹连接部件的锁紧设计应尽量减少零件松动的可能性。一般来说，焊接设计比卡入设计更可取。

23) 在选择膜片或O形圈材料时，应优先考虑三元乙丙橡胶材料，不建议使用丁腈橡胶。

24) 除了暖通系统或基于阀门流通能力考虑之外，蝶阀的阀座不应使用弹性密封材料。

25) 电动阀制造商应提供以下设计信息：选型计算、工厂订单和特殊的设计信息（间隙、材料、选型方法），以及电动阀的“薄弱环节”分析。

26) 气动阀制造商应提供以下设计信息：选型计算、工厂订单和特殊的设计信息（有效隔膜面积、阀杆位置、间隙、材料、选型方法）、流量系数与阀位的关系、执行机构输出扭矩与阀门行程的关系，以及气动阀的“薄弱环节”分析。

27) 高温介质的隔离阀的泄漏等级应不低于ANSI/FCI70-2中的Ⅳ级泄漏或采用其他等效标准。

28) 平衡式气动阀应采用低摩擦填料。含有特氟龙填料的材料必须与运行环境和施工材料兼容。

29) 平衡式气动阀不宜采用含有特氟龙的阀门填料。

30) 止回阀应满足如下要求。

(a) 止回阀的轴套或轴销密封材料应选择低摩擦材料。

(b) 止回阀的设计应考虑内部零件的腐蚀和冲蚀。

(c) 抽气或排气止回阀应采用含铬-钼的钢或者不锈钢材料。

(d) 螺母和止回阀阀瓣的立柱之间的定位应该用不锈钢的实心轴销，轴销的正确定位的实际方法由制造厂在阀门的使用手册中提供，并应该标记在阀门的装配图上。

(e) 阀门制造厂应明确标识止回阀的安装方向。

(f) 阀门制造厂应给出止回阀的预期最小和最大流量，而不仅是正常流量。

(g) 止回阀制造厂应该为新的和可重复使用的内件提供可接受的使用公差、正常尺寸和重量。

(h) 电厂设计人员在选择阀门时，应考虑止回阀的最小流量系数。

(i) 应尽量减少止回阀压力边界的贯穿结构。

(j) 石墨材料可应用于止回阀的压力密封中。

(k) 止回阀的设计应考虑在带压条件下轴销的稳定性。

(l) 当有旋转相关的运动时，止回阀的设计时应考虑使用轴套。

(m) 止回阀的设计应考虑轴销和轴套的表面硬化和耐磨，此外，这些部件应容易更换。

(n) 所有规定预紧力矩值的螺栓应使用硬化垫圈。

(o) 旋启式止回阀应设计成具有可自

调节的回座特征结构。

(p) 旋启式止回阀的阀瓣不应悬挂于阀盖上。

(q) 旋启式止回阀应设计成防止阀瓣转动的结构。

(r) 对于双瓣和带有轴销的旋启式止回阀，设计时应考虑消除螺栓和阀体/阀盖的接触或确保螺栓与阀体/阀盖垂直接触，以消除侧面的载荷。

(s) 除轴流式止回阀外，止回阀应安装在阀门上游至少 5 倍管道直径的位置，不应受任何对流体流动的干扰（如限流装置、管件、控制阀和泵等）。

(t) 不能就地维修的止回阀应从管道上拆卸下来（如轴流式止回阀、对夹式止回阀等）。

(u) 根据需要，止回阀要进行诊断监测（超声波、声音发射、脉冲电磁）时，应提供数据收集设备的布置点和表面要求。

2.12.2.3 鉴定

1) 安全相关的阀门及其执行机构应经过鉴定试验，来验证其在阀门数据表中规定的所有设计工况下的可操作性。这些试验应考虑阀门在电厂中预期的全流量、压力、温度、压差、环境条件和外部电源变化的情况下进行，包括正常工况和事故工况。

至少要选择 1 台完全相同的阀门整机并在相同运行条件下来进行试验。

应提供证明以表明鉴定试验适用于同样类型和相似条件下的其他阀门。试验可以在试验装置上或现场进行。

2) 考虑通过试验来验证阀门的操作力、正确的执行机构选型、正确的运行条件。

2.12.2.4 安装

1) 带有阀杆的阀门应该垂直向上安装，不符合该要求的阀门（如 Y 型阀门等）必须由电厂设计人员进行评估，评估应考虑阀门的可操作性的降低和阀门维护困难的增加等因素。

当阀门的设计不能实现阀杆垂直水平面方向安装时，应特别考虑填料的结构、导向结构、支架或执行机构的结构支撑。

2) 用于节流或调节的控制阀，在可能发生汽蚀的工况条件下，应该安装在管道弯头、三通、弯管和泵的上游至少 10 倍管道直径的地方。

对于性能可能受到上游流量干扰影响的阀门（如蝶阀、旋启式止回阀等），为了消除影响，从泵和管件到安装位置要有足够的上游直管长度。上游直管的长度应基于工程的实践，如果上游直管长度不能满足要求，则应使用流体整流装置。

直管应该考虑阀门和管件在正常运行位置不会引起主要流体变向，这些阀门和管件主要包括闸阀、球阀、变径、三通（分支常关）。

3) 在一次侧和二次侧的阀门与管道的连接方式应采用全焊透的对接焊方式，只有必须从系统管路中拆卸下来进行维护、校准和试验的阀门（如安全阀等）除外。采用承插焊接的阀门只允许在非放射性系统中使用，且阀门的公称尺寸不应超过 DN50。

4) 阀门的支撑仅依靠连接的管道。阀门的执行机构应尽可能不附加支撑。

5) 常关截止阀的安装方向应使管道高压侧位于阀瓣下方。

6) 连接到阀门执行机构的外部电源线（缆）应有足够的长度裕度以满足所有的阀门位置的移动。

7）外部电源或气源及控制管线应有足够的长度，以便于拆装执行机构进行维修。对于电动阀，还应该能够不需要拆除电机的线缆就能移动执行机构。

2.12.2.5 操作

1）一般来说，阀门的操作应符合 ASME OM“核电厂运行和维修通用要求”或其他等效标准中提供的关于阀门操作的准则和注意事项，还包括阀门供应商推荐的实践做法。

2）也可以参考 2.12.3.5 节的附加要求。

2.12.2.6 维护

维护的要求见 2.12.1.3 节“通用设计要求”。

2.12.2.7 试验

1）阀门基本的试验应符合 ASME B&PV 规范第Ⅺ卷规定或其他等效标准。

2）系统设计应包括按照 ASME B&PV 规范第Ⅺ卷的要求或其他等效标准对阀门进行基本的试验。

3）系统设计应允许对已安装的安全相关的止回阀进行全流量试验，以验证阀门在设计工况下的可操作性。电厂的设计人员应确定所有需要豁免全流量试验的阀门，并有充分的理由，应针对所有豁免的阀门制定验证其可操作性的方法。

4）系统设计应能够验证所安装的安全相关的止回阀止回功能，验证应通过直接的方法或进行诊断。如果必须验证其性能满足设计标准，应要求进行泄漏量的测量。

电厂的设计人员应确定不能进行止回试验的阀门。对于不能进行止回试验的阀门，应有说明接受其不进行止回试验的正当理由。

5）如果无法进行全流量或止回验证，阀门和系统的设计应包括使用非侵入式的诊断测试。

6）如果需要通过工艺流体或压力来验证止回阀的可操作性，尽可能设计在低辐射区域的中心位置，试验不得使用被测试验系统中的积液罐。

7）应建立可靠的方法及支持该方法的系统设计，从而验证电厂中相关电动阀的可操作性，方法应不限于以下几点。

（a）获取或利用在 2.12.2.3 节 1）提到的鉴定试验和其他试验中积累的数据，将其与安装电动阀所获得的数据进行比较。

（d）开发可靠的用来监测可操作性关键参数的仪器。

（c）在低于设计工况条件下进行现场可操作性试验，同时监测关键参数。

（d）在完整设计条件下（流量、压力、温度、压差）进行现场可操作性试验，同时监测关键参数。

8）系统设计应按照 ASME OM-S/G 第 8 部分或其他等效标准的规定，对必要的电动阀进行测试。

9）对于按照 ASME B&PV 规范第Ⅺ卷要求或其他等效标准进行检查和试验的安全相关阀门，应建立程序来确定其拆卸和检查的必要频率，以监测通过使用先进的非侵入式技术无法监测到的不可接受的性能退化。

2.12.3 阀门执行机构

2.12.3.1 应用

1）应尽量减少电厂中阀门执行机构的类型（尺寸、型号等尽量减少）。电厂设计者应记录每个阀门的执行机构的选取依据；有快速开启或关闭要求的阀门应配备气动、液动或电磁动的执行机构，具体取决于阀门尺寸和实现驱动所需的推力（或扭矩）。此类执行机构应能使阀门在失去外部电源时，通过弹簧复位或其他方式，使阀门处于特定位置（关闭或打开）。利用流动介质压力驱动的执行机构也包括在该类别中。

2）需要通过调节阀位来响应仪表控制信号，调节系统参数（如流量等）的阀门应配备气动执行机构。此类阀门必须通过弹簧复位作用或其他方式，使其在外部电源丧失时处于特定位置（关闭或打开）。

3）如果阀门的功能要求其在相对较长的时间内保持在固定位置（开启、关闭或中间位置），应配备电动执行机构。执行机构的开启速率应适中，并应提供自锁功能，以便在失去外部电源时，阀门将保持在原位，并且无论内部介质流动或压力如何，阀位均不得漂移（打开或关闭）。

4）只有当阀门必须在失去厂内和厂外交流电源的情况下运行时，才可使用直流电动执行机构。电厂设计人员应评估“直流电转交流电”转换装置的使用情况，以允许采用交流电的执行机构使用直流电驱动，评估应记录所有适用因素。蒸汽系统中的闸阀不应使用活塞式气动执行机构。

2.12.3.2 设计

1）所有阀门执行机构和其支撑结构的设计应确保其固有频率不小于 33 Hz，应通过试验或分析方法证明固有频率满足要求。经电厂设计方认可的特殊情况可不遵守本要求。阀门执行机构实现其功能所必须的外围设备，如开关、开关臂、空气管路和配件等，应防止意外损坏或启动。所有外围设备（如凸轮、开关臂和开关安装件等）上都需要设置强制锁定装置。

2）电动执行机构应具有防水端子排或防水的电缆接插件，设备的相关技术手册应提供维修后正确恢复或更换易损件（如垫圈和密封件等）的说明。电动执行机构在阀门介质发生显著温度变化（如 93.3 ℃或更高的变化）的情况下可采用双推力补偿弹簧组结构，以驱动阀门动作。

3）非金属零件的选择应尽可能延长其使用寿命，并减少维护。应确定阀门执行机构实现其功能所需的所有非金属零件的建议更换周期。更换周期应基于每个部件应用的磨损情况、温度、压力、湿度和辐射环境。

4）动力驱动阀门建议设置就地手动操作机构，包括直接控制装置（如链条和锁等）。条件允许情况下，应使用带有内置手动锁定装置的阀门。远距离操作机构应尽量简化配置和支撑，尽量使用单根直杆段。通过适当地布置阀门位置和方向，尽量减少杆万向节、柔性电缆和锥齿轮的使用。阀门远距离操作杆、手轮和减速箱应与阀门的尺寸和操作扭矩要求相匹配，并且其尺寸应确保手动操作不会损坏阀门或其本身。

5）每个阀门应具有指示阀门位置的机械指示装置，指示打开或关闭状态，可在无需仪器或电源的情况下通过直接观察来确定阀瓣位置。此外，这些阀门应能够通过直接观察来确定部分开启阀门的阀瓣位置。也可以使用简单的测量工具来确定中间位置，除非就地操作员在操作阀门时需要实时指示阀门位置。

6）电动阀门组件应配有易于连接的标准试验连接件，以便在不拆开电机执行机构的情况下进行状态监测，其目的是向电厂人员提供关键执行机构的信息（关键执行机构包括执行安全功能的阀门的执行机构或操作失误将导致安全事件或电厂不可用的执行机构）。实现执行机构在线性能评估和诊断需要的具体参数，包括阀门行程时间、电机运行电流、浪涌电流及其衰减时间、开关位置、阀门的阀杆推力和执行机构扭矩（或仅扭矩，如适用，如蝶阀）、振动和声发射特征。

7）应使用适当方法评估电动阀门和气动阀门在设计流量和压差条件下的推力和扭矩裕度。在气动阀门的执行机构设计选型中，应提供至少25%的推力/扭矩裕度。应使用适当方法评估评估气动阀门不确定性和执行机构设置参数。执行机构和阀盖之间应有足够的光滑阀杆区域，以便在不与填料干涉或拆解执行机构的情况下安装阀门诊断传感器。

8）对于有高温或高速运行的大多数力矩关的电动阀门，应考虑使用带有弹簧补偿装置的电动执行机构。对于气动阀，其控制功能应与快速启闭要求分开考虑，因为快速启闭受行程时间约束。应规定所有气动阀门的填料载荷。

9）气动阀门的空气减压阀应确保支持阀门动作所需的空气流量在其操作范围的50%~75%之间。柔性管应用于气动阀门执行机构的供气管路连接。空气过滤器（5 μm级）应安装在气动阀门执行机构的供气管线上。应考虑使用适用于高温环境的空气减压过滤器和定位器。

10）对于可能对安全相关部件的可操作性或电厂的持续运行产生重大影响的阀门，应考虑采用冗余设计，以防止单一故障（导致阀门可用性受限或降低），同时允许进行在线维护。

11）对于在高温环境中使用的弹簧膜片，应允许随时间变化调整弹簧力。对于弹簧膜片应用，应设置适当的弹簧预紧力。气动阀的设计应防止阀杆处产生横向载荷。不得使用碳薄膜电位器，首选非接触式电位器。

2.12.3.3 鉴定

2.12.2.3节内容中给出了阀门和阀门执行机构组件的鉴定试验要求，其中也规定了可对执行机构进行单独的鉴定试验，以确定辐照、温度、湿度、环境压力、潮气侵入、老化和地震加速度等因素对阀门和执行机构的影响，以支持阀门/执行机构组件的总体鉴定。

2.12.3.4 安装

1）阀门及其执行机构的安装位置应确保其易于维护、校准和测试，包括附近是否有操作平台、永久性的梯子、顶部是否有足够的维修空间和起吊设备。预期的维护事项应包括执行机构和阀门内件的完全拆除。执行机构的安装位置也应符合制造商的要求，以防止出现咬死现象，或电动执行机构的外壳或电机中出现油脂积聚。

2）重型电动阀门的执行机构应设置辅助的支撑点。辅助的支撑点应能够包括支架、吊耳、法兰或其他构件。支撑点应尽可能靠近执行机构的重心。支撑点应能够在垂直于阀杆轴线的任何方向，便于设置支撑以提高执行机构的抗震性能。应确保辅助支撑不会限制管道的热运动。如果辅助支撑是刚性的，则管道也应在靠近阀门通过基础结构的同一方向上进行支撑。执行机构的相关载荷分析中必须包括辅助支撑施加的荷载。

2.12.3.5 操作

1）应避免在系统全面清洁和电厂准备运行之前操作阀门。在此期间，阀门最好保持在关闭位置。应避免使用临时且可能受到污染的气动或液压动力源。

2）气动和液动执行机构的外部动力源应符合执行机构制造商的相关要求。此类要求包括但不限于清洁度、干燥度和无液体污染物。

2.12.3.6 维护

2.12.1.3 节“通用设计要求”中介绍了执行机构维护的相关要求。

2.12.3.7 试验

适用于阀门和阀门执行机构的相关试验要求在 2.12.2.7 节中进行了规定。

2.12.4 泵

2.12.4.1 尺寸

1）从设计点到关死点，流量扬程曲线应连续上升。

2）在不影响水力性能的情况下，应考虑使用标准化管口，以使标准化泵、阀门和管道可以更广泛地应用。

3）系统设计应确保所有操作模式下，泵不会在低于泵保护所需的最小流量下运行。如果需要最小再循环流量管线，这些管线的尺寸应确保旁路上的短期或连续运行不引起泵性能下降。如果装设最小流量管线，应能进行定期试验以验证流量是否符合设计。

4）泵应在可行的范围内采用模块化设计。应对泵的拆卸和更换作出规定，包括吊耳、导轨、道路护堤/路缘的清除，以及通过与泵尺寸和重量相称的轮式运输设备（手推车、托盘千斤顶、叉车）进入泵或索具设备的终端点。

2.12.4.2 密封与轴承

1）电厂设计人员在每台泵安装前应从泵制造商处获得密封水的纯净度和温度要求，并应确保每台泵的安装都符合这些要求，宜将这些要求通知电厂营运单位。

2）泵的设计应便于在最短的时间内更换泵机组的密封件和轴承。

3）密封设计应使压力和温度变化对密封性能的影响最小。

4）应保证密封在泵的关闭点扬程下仍然有效。

5）辐射区域的泵应该配置长寿命轴承和永久性润滑。泵内构件的设计应便于拆卸和维修，或可更换，如使用法兰连接和电气快速接头等。核电厂中的泵应配备排水接口和冲洗接口，以便于去污。

关于放射性废物系统密封和轴承的考虑，请参见放射性废物处理系统的泵部分。

6）密封应考虑采用封闭、坚固的控制泄漏设计，并带有防喷雾护罩，以允许目视检查密封泄漏，从而确保人员安全、放射性污染或油交叉污染得到充分的考虑。

2.12.4.3 在役试验

1）系统设计应提供泵可以在一个流量下进行定期流量试验的能力，以充分验证泵的可运行性及泵性能没有下降。如果可行，应提供在正常运行时进行系统流量试验的能力。最小流量应约为 60% 的设计流量。

2）系统设计应包括 ASME OM 第 1 分卷 ISTB 试验重要的泵的措施。

2.12.4.4 其他设计建议

1）应考虑采用带中间联轴节的干式联轴器进行动力传输。

2）考虑到对中的重要性，泵设备规范书应要求泵制造商提供泵内部同心度和平行度的对中要求或说明。

3）有特殊设计要求时，应考虑使用硬化耐磨环和 Lomakin 槽的泵。

4）在可能的情况下，泵仪表接线应利用多个快速接头（现场连接）合并到一个接线盒中。

5）在预期或规定的运行范围内（最小流量到最大运行流量）的任何不稳定区域都要在泵鉴定性能试验中确定。

6）对于中小型泵（<500 hp/~373 kW），转子的一阶临界转速应至少比运行速度高 25%；对于大型泵（≥500 hp），转子的一阶临界转速应至少比运行速度高 50%。

7）在满足工作流量范围且 ASD（可调速度驱动）/VSD（变速驱动）在经济上可行的情况下，应考虑 ASD/VSD。应考虑 ASD/VSD 较高的造价和维护成本。

8）对于采用先进设计技术的泵部件，包括特性、安装方法（如未安装在回路管道中等），或没有成功的核电厂运行经验证明的运行条件，需要进行鉴定试验，以证明泵在其使用期间必须运行的所有条件下的可接受性。应向电厂营运单位提供新设计理念技术的鉴定证明材料。

2.12.5 热交换器

包括蒸汽发生器在内的热交换器的设计应避免在最大预期流量和设计温度条件下发生传热管流致振动。热交换器不会发生流致振动应由以下条件之一来证明。

（1）同样的热交换器在至少与非能动核电厂热交换器所预期的同样苛刻的流量和温度条件下取得满意的运行经验。

（2）最大预期的二次侧速度的计算值低于流体弹性激发临界速度，并且计算的传热管最低自振频率超过在最大预期的二次侧速度下算得的漩涡脱落频率的 1.5 倍。

暴露在辐射或潜在的放射性液体下的热交换器应进行屏蔽。热交换器应易于实现检测、试验、维修、净化和更换。屏蔽设计应在不拆除的情况下考虑以上要求。根据高放射性区域的要求，屏蔽的结构布置应考虑易于人员接近控制。

相关阀门、仪表和控制装置应设置在热交换器屏蔽外，可接近并进行操作、检测和维修的区域。

电厂设计者须根据实际系统和设备设计、预期的运行条件及类似电厂的运行经验，保守地估计污垢集结，确定热交换器的污垢因子。应提供堵管裕量的要求，它应与本文件其他章节中的附加要求一致，并且与类似热交换器的经验一致。在热交换器设计中应至少考虑 5%的堵管裕量。

热交换器须设计成能承受最大系统压力，且须按 ASME B&PV 规范要求设置泄压阀。但泄压阀的设置不作为允许按低于系统压力进行热交换器设计的依据。

热交换器的整体设计和进口管道的布置必须保证入口流体不会产生局部高流速，以免侵蚀换热器传热管、管板和其他内件。

设计方和制造厂的经验可应用于热交换器的设计（如加强或更稳固的防冲板设计、入口接管流速的考虑、更大的直径和改进的排气方案等）。

考虑热交换器的节流设计和布置时，应在工艺出口进行节流，不应设置于工艺进口或冷却水进口。

在设计管壳式热交换器时考虑使用折流板窗口不设置传热管（NTIW）的结构。

更容易产生污垢的流体应设置于管侧以便于清洁。

应通过分析保证传热管材料和支承板的设计在设计壳侧流量或超设计壳侧流量 10%工况下不会产生管束振动。

当结构允许时，人孔通道应至少为

DN450 的尺寸。

当需要时，可在热交换器壳侧设置 DN100 的通道以便于壳侧的清洁和检测。

考虑使用大的被动阳极方式进行阴极保护。阳极应设置于靠近不同金属的界面。

对于蒸汽发生器，若使用未具有成功应用经验的核电机组中的先进的设计技术（包括螺旋传热管、新材料的应用、新的防振条和支承板设计等）、安装方法（如置于压力容器内等）和操作工况（如水化学工况、温度和流速等），应进行充分的计算分析、验证试验以证明蒸汽发生器在寿期内经历的所有工况下均可接受。

2.12.6 箱体

基于成本和性能的考虑，所有容纳放射性或潜在放射性流体的箱体在设计中必须考虑如下的设计要求，尤其应防止颗粒物的滞留。具体的设计要求如下。

（1）尽可能在放射性流体进入箱体前进行净化（过滤、离子交换）。

（2）箱体底部采用锥形（优选）或斜面。

（3）对于放射性废液箱，应采用立式筒体，圆锥形底部并设置人孔以便检修和清洗。

（4）对于卧式箱体，应在设备顶部设置法兰连接的人孔。

（5）含有可能积聚污泥的放射性废液（如放射性地面疏水、洗衣房/去污/化学废液等）的箱体需要进行表面处理（如机械法或电解法抛光等）。

（6）箱体应可进行冲洗。

（7）箱体设计应考虑对内部流体进行循环搅动，如设置喷头等。

（8）箱体可考虑化学清洗措施。

（9）箱体应周期性地排空至低低液位以实现定期清空。

对于安装于室外且容纳放射性液体和潜在放射性液体的箱体，不应采用现场施工的平底设计。如无其他选择（如冷凝液储存箱等），应通过严格的设计规范书和附加的制造控制确保建造质量符合要求。在建造和电厂运行的整个寿期内，应使用无损检测措施对箱体进行监测。对于安装于室外的箱体，其溢流必须通过硬管送至接收箱或室内地坑，箱体必须设置液位高高报警。

安装于室外的箱体应设置泄漏探测系统。安装于室外的金属储罐必须设置阴极保护。

2.12.7 螺栓连接和螺纹紧固件

2.12.7.1 螺栓连接的使用

1）螺栓连接和螺纹紧固件应仅在已明确需要的情况下使用。螺栓连接的应用，不仅应考虑采购成本，还应考虑后续的维护工作、运行风险，以及此类接头可能引入的放射性物质的风险。如果必须使用螺栓连接来满足系统功能要求，则应优先通过简单可靠的设计来实现，不依赖于高强度或特殊的材料、精密零件或专门的装配和检查方法。

2）本节的要求适用于反应堆冷却剂及相关系统、蒸汽、给水和冷凝水系统的压力边界内的螺栓连接。此外，本节适用于这些系统设备上的接头，压力边界和结构安装中的接头，以及具有重要机械功能的接头，如阀门执行机构与阀杆或阀体之间的接头等。

3）螺栓连接中使用的材料，包括螺纹紧固件、锁紧装置、润滑剂和垫片材料，应符合 2.5 节材料相关的要求。

4）螺栓连接的结构形式应根据其先前在类似应用中的令人满意的性能及电厂运行经验来选择。相似性应基于：

(a) 可类比材料，包括紧固件、垫圈、锁紧装置、润滑剂、表面处理（如电镀等）垫片、密封件、法兰和接头的其他部件。

(b) 可类比的温度和环境，包括辐射剂量、隔热类型和位置，以及异常情况，如垫片泄漏或去污解决方案导致的湿润等。

(c) 可类比的应力，包括主应力、二次应力和峰值应力以及可能影响应力的可比设计细节，如螺纹形式、螺纹结构、配合、公差和接头刚度等。

(d) 可类比的载荷和使用循环包括幅值和频率。

(e) 可类比的制造和安装，如金属成型方法（如镦头或螺纹成型等），电镀或其他表面处理、润滑和预紧等。

(f) 在制造、安装和服役期间进行可类比的检查方法。

(g) 锁定或固定螺纹紧固件可类比的方法。

2.12.7.2 接头结构设计

1) 当螺栓连接提供压力边界的密封（特别是当包含的材料是放射性的、有毒的或腐蚀性的），连接结构应最大限度地减小和减轻泄漏的可能性和泄漏的后果，如使用耐腐蚀的材料或采用便于发现泄漏的措施等。

2) 在某些情况下，垫圈泄漏会导致腐蚀和接头的显著结构退化，如硼酸水泄漏至碳钢上等。这些地方的接头应采用适当的耐腐蚀螺栓紧固件。但是接头的功能要求不能降低，应保证接头密封。

3) 如果耐腐蚀紧固件不能在特定的接头上使用，并且泄漏可能导致腐蚀，则必须提供检查和维修能力。此类接头必须书面告知营运单位，包括其设计理由，以及完成检查和维护工作的方法。

4) 接头的结构，包括螺纹紧固件，应便于检查，如在不拆卸情况下直接目视检查接头承载部分的状况等。

5) 接头设计应特别考虑到制造公差和安装预紧力的变化，以及在使用中可能发生的预紧力变化。

6) 如果螺栓连接采用预紧紧固件形式，设计人员应在文件（图纸或程序）中规定所需的预紧力及预紧方法，如螺纹润滑剂和力矩施加顺序等。预紧力以及预紧方法不应由工厂和施工现场决定。

2.12.7.3 螺纹紧固件的锁紧和保持

1) 螺纹紧固件应在以下情况下锁紧。

(a) 螺纹紧固件承受交变载荷。

(b) 无法对螺纹紧固件施加足够的预紧。

2) 自锁紧紧固件应满足以下要求。

(a) 在相同的运行条件下（如负载、环境、尺寸和配置等），锁紧方法应验证合格。

(b) 在采用塑性变形锁紧时，应将材料的延展性控制在适当的范围内。

(c) 锁紧装置不得有任何剧烈振动的部件。

(d) 锁紧装置不应对人员技能有太高需求。

(e) 锁紧装置应该能够在不拆卸的情况下容易检查和验证安装状态。

(f) 锁定装置的细节和使用方法应由电厂设计师在文件（图纸或程序）中规定。不允许在施工现场和工厂制造活动中决定。

3) 如果单个螺纹紧固件的预紧力降低，将导致紧固件松弛，并造成其他部件的损坏，从而导致人身伤害、停机和高成本维修，因此锁紧装置应能固定损坏的紧固件，并防止转动。

4）当采用焊接方式锁紧紧固件时，应满足下列要求。

（a）焊接方式应由电厂设计人员在文件（图纸或程序）中进行完整规定，包括尺寸、位置、焊接程序和检验。不允许在工厂制造和现场施工活动中决定。

（b）这些焊缝按照强固焊缝处理，即由合格的焊工按合格的程序进行焊接，并对焊接后的成品进行适当的检查。

（c）在接头和紧固件设计时，应考虑焊接操作加热对接头材料和紧固件预紧力的影响。

2.12.8 管道和管件

2.12.8.1 总体要求

1）含有放射性介质的管道应对接焊接，在需要经常拆卸维修的地方可以使用法兰。设计时应避免使用埋管输送放射性或可能存在放射性的介质。如果需要使用地下管道，设计时地下管应具有泄漏检测和监测功能，推荐采用管廊形式。

应使用卫星定位技术记录地下和埋地管道位置，应包括以下信息。

（a）系统名称/管线号/流体类型。

（b）等级代码。

（c）材料和接头类型。

（d）管段名称。

（e）回填和掩埋条件，包括使用混凝土低强度材料（流动填料）。

（f）阴极保护阳极床或局部阳极的位置、引线、测试站、解耦器、隔离套件和参考电极类型等。

（g）接地电网。

（h）涂层和衬里信息。

（i）检查和维修的地点和日期。

（j）附近设备、构筑物、重载路径和埋地物。

所有放射性废物系统和电厂液体释放管线之间接口应位于建筑物内，以便有效控制系统到系统之间的接口泄漏，减少不受监控的泄漏，便于检查和维修。

管道设计和管配件应尽量减少污染物积聚。

高固相/液浆/废树脂系统应使用弯管。

应使用对接焊，同时尽量减少承插焊的使用。

确保废物系统和其他高固体含量管道布置时，便于使用自带探头的高压水清洗。

应尽可能减少埋设在混凝土结构中的管道，管壁或接头损坏会污染周围的混凝土，且污染物会通过裂缝发生移动，使得泄漏点难以查明。

对于集水池、管道和埋地管道，设计应考虑泄漏检测，以确定是否有流体泄漏至环境中（地下水）。

2）在高能管道系统中，应尽量减少管道焊接次数。在允许的情况下，应用带弯管的管道来代替直管和弯头配件。

3）管道穿过钢制安全壳贯穿件内的套管的部分不得有承压焊缝。该区域连接工艺管道与套管的管配件必须设计成与工艺管道焊接，而不切断管道压力边界。

4）埋地和地下管道系统应运用远程监测技术。

（a）设置管廊，以便安装临时传感器。

（b）包括用于周期性导波检测的永久性导波传感器。

（c）提供进入管道内部的通道，以便导入检测功能的清管器。这通常还需要为启动和回收清管器提供通道，并且可能需要根据管道布局和清管器行程的干扰情况设置多个通道。这些通道还可为就地修复技术提供便利，如就地固化管道等。

(d) 提供一个备用的管道，这样就可以在不影响电厂运行的情况下将待检修管道从运行状态切换至检修状态。

5) 核电厂埋地管道因高度不同，往往存在复杂的空间分布，应考虑使用耐腐蚀材料（如 HDPE、奥氏体不锈钢等）来建造埋地更深的管道。近地表管道不受其他管道或结构阻碍的，可以用碳钢建造以降低成本。

2.12.8.2 流量限制器

1) 流量限制器或孔板的压降应足够小，以防止在正常运行条件下发生汽蚀。如果存在汽蚀的可能，需要串联使用 2 个或 2 个以上的限流器，但这一要求不适用于通过空泡来限制流量的设备，如空泡文丘里管等。设计人员应识别流量限制器应用的风险，确认不会造成管道损坏。

2) 用于平衡系统流量的孔板应避免在正常运行期间出现汽蚀现象，并安装在流量干扰下游和上游至少 5 倍管径的地方，如管件、阀门和设备等。如 2 个或多个孔板串联，它们之间的最小间距应为 5 倍管径。孔板应能拆卸维修。

3) 在系统中，流量限制器应有明显的特征，即在组装管道系统时不忽略流量限制器。此外，流量限制器应具有尺寸识别和流向。流量限制器应由制造商安装永久性铭牌，铭牌与限流器本身是一体的，不受现场组装操作的影响。允许局部拆除保温以进行观察。对于实际不能满足这一要求的限流器，如蒸汽发生器出口喷嘴限流器等，应由设备设计人员确认信息。

4) 孔板和流量限制器不应布置在弯头或者三通上游 10 倍管径内。

2.12.9 介质床和过滤器

2.12.9.1 介质床

介质床包含离子交换床、活性炭床和选择性介质床等。离子交换床装填介质通常为苯乙烯-二乙烯苯强酸性阳离子和强碱性阴树脂；活性炭床装填介质通常为适合放射性废液处理用的活性炭；选择性介质床装填介质通常为选择性介质或与颗粒活性炭的组合。

介质床高度、体积和类型的确定应综合考虑处理流速、污染物水平、出水水质要求、允许压降和单位体积处理废液产生的废物量等。最大高度应由该介质层的最大允许压降来决定，并且应小于可能造成介质或者床体内其他部件机械损坏对应的值。

介质床的介质在核电厂功率运行期间应可随时更换，且不会随着反应堆功率运行模式的改变而产生额外的辐照剂量。用于放射性废液处理的介质床应可在完全或部分介质负载情况下运行，并允许向容器内添加介质。

介质床应该是深床式的，按更换介质而非再生介质模式考虑。

应合理选择介质床体截面积，以获得合适的体积流速和足够的容量。

混床中阳离子与阴离子的比例，应选择在设计流速与进水水质条件下，可满足出水水质要求的最经济的比例。

应充分评估放射性使用限制，选择合适的单床设计或多床设计，并根据情况调整介质床的容积与装填介质的类型。

介质床及其内部构件通常应由奥氏体不锈钢制造或内部设置衬里，冷凝水系统和补给水系统中使用的介质床可选择橡胶或陶瓷作为衬里，本体用碳钢制造。

树脂工作温度通常应小于 60 ℃。应

在系统中作出规定并通过自动或手动的操作，确保运行温度不会超过此温度。

如果认为有必要进行树脂反洗以延长树脂的使用寿命（由于压降限制），则应提供足够的反洗膨胀空间。反冲洗水的温度和流速应作出合适的规定。凝结水处理系统的树脂通常不进行体内反洗，应转移到单独的容器内进行反洗或树脂清洗。此外，禁止对化容系统离子交换床进行反冲洗。如果规定进行反洗，则还应在离子交换床内进行树脂混合。冲洗介质床应采用接近设计要求的流速。

除在人员可达区域可使用重力输送方式进行介质的装填，介质床内介质的装填与卸载均应采用水力输送的远程操作方式。由于介质的装填与卸载是一项频繁操作，因此应在技术可行的最大范围内进行远程控制。远程操作的树脂浆料取样器应安装在废树脂罐的入口和出口和/或送往废物容器的管线上。装填接口应靠近容器顶部，卸载接口应位于出水口上方，最小接管尺寸为DN50。

介质床或树脂槽应将冲洗水重新引回废树脂储罐。

应确保阳树脂和阴树脂在添加之前被充分混合，并在装载到容器内部后也保持良好混合状态，或有措施使树脂在容器内混合而不分层。

离子交换床下游应提供树脂捕捉器（能够截留破碎树脂颗粒的滤网或筒式过滤器），以便在离子交换床内部筛网发生破损时捕获树脂。树脂捕捉器应尽可能位于介质床外，应具有远程反冲洗功能。对于不能反冲洗的树脂捕捉器，应提供手段，尽可能降低人员在滤网或筒式过滤器拆卸过程中所受辐照。

介质床排气口应设置滤网，以防止介质溢出到地漏或地坑。

下部布水器应能够防止介质和碎屑通过。出水和进水流量布水器应保证流体均匀通过介质床。出水口及其支撑应有足够的强度，以免承受介质施加的水力载荷、介质床两端最大设计压降，以及介质移动产生的压力时产生移动或变形。

2.12.9.2 过滤器

1）功能要求

电厂设计者应按如下要求来选择过滤器。

（a）满足充分去除杂质要求。

（b）有足够的纳污容量。

（c）对于反洗型过滤器，通常要求反洗频度不超过每8 h一次，并通过调整絮凝剂添加量、装料高度和过滤器的尺寸来满足高杂质水平下的使用。

（d）只有针对待排放的放射性废物或有手段能清除剩余絮凝剂的情况下才可使用絮凝剂。

（e）尽量减少在役期间的维护时间和人力。

（f）保持人员辐照符合ALARA原则。

（g）从运行维修、固体废物产生等方面综合考虑经济性。

（h）有成熟的同类运行经验。

另外，过滤器应考虑以下设计要求。

（a）在任何放射性过滤条件下都有可靠的过滤能力。

（b）如果滤芯需要金属支撑结构，则应考虑在过滤器容器内集成支撑笼，来支撑非金属滤芯。

（c）过滤器的更换不会导致额外的人员辐照。

（d）过滤器的更换不会影响除盐床的运行。

（e）放射性液体系统中的过滤器应考

虑屏蔽，以便将过滤器附近工作区域的剂量控制在最低水平。

2）反洗过滤器布置

各反洗过滤器应配置反洗接受罐，来收集过滤器重力排水。

3）过滤器压损

系统设计中应为过滤器的压损考虑足够的裕量。

4）过滤器内部承压

过滤器的滤芯应能够承受系统运行或瞬态下可能产生的最大压降。

5）阀门设置要求

（a）反洗用阀门应为快开型阀门。

（b）过滤器检修阀在关闭时不得泄漏。

（c）选择的阀门应避免放射性介质累积。

6）不同类型过滤器

（a）一回路放射性水过滤器

一回路放射性水过滤器和滤芯应满足以下要求。

a）滤芯的尺寸应能够装入标准滤芯容器中。

b）过滤器筒体和滤芯的设计应能够使用远程操作的滤芯转运装置进行操作。

c）过滤器容器应能够耐受高辐射剂量；同时，整个电厂的放射性水过滤器的维护和滤芯更换处理应能够标准化。

d）滤芯的更换准则应考虑高压差、使用时间和辐射水平，滤芯的更换压差应小于与供货商提供的最大压差。

（b）空气过滤器

a）送风系统中使用的空气过滤器

应根据空气过滤器的运行特性包括效率、空气阻力和容尘量来选择空气过滤器。

所有过滤器应可更换，尺寸应尽量采用标准模数。空气过滤器应防潮。最大面风速不应超过 2.54 m/s。

· 低效过滤器

低效过滤器应为连续介质，具有折叠玻璃纤维滤料的干型单元，以及刚性钢制框架。

这些过滤器应设在单元式冷却器的盘管上游，以保护盘管并维持它们的设计热效率。同时也设在空气处理机组高效过滤器的上游，以保护高效过滤器并延长它们的使用寿命。

· 高效过滤器

高效过滤器应为连续介质，具有折叠玻璃纤维滤料的干型单元，以及刚性钢制框架。高效过滤器应设在所有空气处理机组加热和冷却盘管的上游，以保护盘管并维持它们的设计热效率。

b）空气净化系统中使用的空气过滤器和活性炭吸附器

应根据空气过滤器的运行特性（包括效率、空气阻力和容尘量）来选择空气过滤器。应选择下列类型的过滤器：预过滤器；高效粒子（HEPA）过滤器；后置式过滤器。

所有过滤器应可更换，尺寸应尽量采用标准模数。空气过滤器应防潮。最大面风速不应超过 2.54 m/s。

· 预过滤器

预过滤器设在 HEPA 过滤器的上游，以保护 HEPA 过滤器并延长它们的使用寿命。过滤器应为连续介质，具有折叠玻璃纤维滤料的干型单元，以及刚性不锈钢制框架和铝制隔板。应满足 NB/T 20039.8 的要求。

· HEPA 过滤器

HEPA 过滤器设置在需去除放射性粒子气溶胶污染物和控制放射性向环境释放

的系统中，安装在活性炭吸附器的上游以去除放射性粒子气溶胶污染物。HEPA 过滤器单元应按 GB/T 17939 要求来设计、建造和试验。

· 活性炭吸附器

活性炭吸附器安装在空气过滤机组内以去除空气中的放射性碘。吸附器应为深床型吸附器（Ⅲ型）或抽屉型吸附器（Ⅱ型），Ⅲ型吸附器浸渍活性炭深度为 102 mm，Ⅱ型吸附器浸渍活性炭深度为 51 mm。活性炭吸附器应按 NB/T 20039. 12 或 NB/T 20039. 13 进行设计、建造和试验，Ⅲ型活性炭吸附器的额定去污效率为 99%，Ⅱ型活性炭吸附器的额定去污效率为 90%。活性炭吸附器内的吸附剂介质应满足 NB/T 20039. 15 的要求。

在设计风量加 20% 的情况下，活性炭吸附器内的最小平均空气滞留时间为每 51 mm 床深至少 0. 25 s。应按 NB/T 20039. 12 或 NB/T 20039. 13 来确定滞留时间。

所有与吸附剂介质接触的部件均应为 304 或 304L 不锈钢材料。

供货商应为每台空气过滤机组提供足够的试验取样罐，以支持在役试验。应按所能预见的运行频率来设置试验罐数量。试验取样罐应按 ASME N509、NB/T 20039. 12 和 NB/T 20039. 13 进行设计。

对于活性炭填装量超过 45 kg 的活性炭吸附器段，应设置水淹没或水喷淋系统。

· 后置过滤器

活性炭吸附器的下游应设置后置过滤器。后置过滤器应为 HEPA 过滤器单元，按 GB/T 17939 要求来设计、建造和试验。每个 HEPA 后置过滤器的额定风量至少为 1 700 m^3/h。HEPA 后置过滤器应满足 GB/T 17939 的性能要求。

(c) 海水过滤器

海水过滤器和滤网应满足以下要求。

a) 过流部件的材质应满足耐海水腐蚀的要求。

b) 除正常的投运启动外，过滤器应可直接进入最大压力和全流量的运行工况，不需要任何准备措施。

c) 过滤器应设置吊耳或其他可用于吊装的装置，以方便安装或拆卸。

d) 过滤器应方便在役检查和试验，且维护工作量尽量少。

e) 同类型过滤器的相同零件应能互换，不需要任何附加措施。

f) 应提供足够的外部空间，以便对滤网进行拆除清洁及维护。

g) 过滤器应满足较大的过滤面积、较强的纳污能力和较小的流阻等性能要求。

h) 滤网的孔径应满足下游用户（如板式热交换器等）的相关性能要求，保护下游用户避免堵塞。

i) 滤网需要金属结构支撑时，应考虑在过滤器容器设计中提供支撑架；同时具有耐磨性、耐腐蚀性，使用寿命较长等优点。

j) 过滤器的内部部件应能够承受系统可能的最大压差，并通过支撑部件将载荷均匀地分布到壳体上。

k) 过滤器应为自清洁式，通常要求反冲间隔时间不得小于 8 h，并配备手动应急装置，以便在超过额定压差时快速清污。

过滤器的反冲洗阀应采用快开型，配套阀门在关闭状态下不允许泄漏，且宜选用球阀等全流道阀门。

2.13 设备监测

2.13.1 概述

非能动核电厂在设计中，系统和设备的数量较传统能动电厂有较大幅度的缩减，这为设备的运维带来了便利。为保证主系统和主设备的可靠运行，电厂应根据需要配置必要的辅助系统，这些辅助系统对主系统和主设备正常运转起着重要的支撑作用。对重要辅助系统进行设计审查有助于发现潜在的设备监测改进，识别出能对系统和/或设备状态进行有效评估的状态监测参数，有助于更好地提高设备可用率和可靠性，进而降低电厂的运维成本。

良好的设备监测预期效果如下。

(1) 对核电厂设备和系统状态进行监控和趋势分析，能及时发现异常。

(2) 使得核电厂设备保持健康状态，支持设备达到预期的设计寿命。

(3) 提高核电厂循环效率。

(4) 降低核电厂放射性剂量。

(5) 提高核电厂设备维护的便利性，从而降低维护成本。

(6) 提供更准确的诊断分析。

本节系统性地提供了非能动核电厂主要机械和电气设备监测具体运行参数的建议，包括监测参数、监测方法和监测地点等。

2.13.2 主汽轮机监测

主汽轮机作为非能动核电厂热电循环过程中的重要设备，起着将热能转换为机械能的关键作用，其正常运行是整个热电循环的关键。主汽轮机本体和支持系统的设备建议的监测参数如表 2.13-1 所示。

表 2.13-1　主汽轮机监测

监测参数	监测地点	备注
转子转速	主控制室/就地	
轴瓦温度	主控制室	
轴瓦振动	主控制室	
转子振动	主控制室	
转子偏心	主控制室	低转速时
汽缸膨胀	主控制室	
胀差	主控制室	
第一级压力	主控制室	
再热蒸汽压力	主控制室	
第一级金属温度	主控制室	
再热蒸汽温度	主控制室	
进汽截止阀、调节阀阀门开度	主控制室/就地	
截止阀金属温度（内部和外部）	主控制室	
通过截止阀的压差	主控制室	

续表

监测参数	监测地点	备注
凝汽器真空	主控制室	
低压缸排汽温度	主控制室	
润滑油供油母管压力	主控制室/就地	
润滑油供油温度	主控制室	
润滑油回油温度	主控制室	
润滑油油质分析	化学实验室	取样分析
液压油供油压力	主控制室/就地	
液压油供油温度	主控制室	
液压油油质分析	化学实验室	取样分析
轴封蒸汽母管压力	主控制室/就地	
轴封蒸汽母管温度	主控制室/就地	
高低压缸轴封供汽压力	主控制室/就地	
高低压缸轴封供汽温度	主控制室/就地	
支持系统备用状态	主控制室/就地	如润滑油、顶轴油等
运行声音	就地	

2.13.3 主发电机监测

主发电机在热电循环中起着将汽轮机机械能转换为电能的重要作用，其运行监测除了工艺参数之外，还有一些重要的电气参数，建议的监测参数如表2.13-2所示。

表2.13-2 主发电机监测

监测参数	监测地点	备注
轴瓦温度	主控制室	
轴瓦振动	主控制室	
转子振动	主控制室	
润滑油回油温度	主控制室	
密封油供油压力	主控制室	
密封油供油温度	主控制室	
密封油油氢压差	主控制室/就地	
密封油油质分析	化学实验室	取样分析
空、氢侧密封油油压	主控制室/就地	

续表

监测参数	监测地点	备注
氢气压力	主控制室/就地	
氢气温度	主控制室/就地	
氢气流动压差	主控制室	
氢气纯度	主控制室/就地	
氢气露点温度	主控制室/就地	
氢气进/出口温度	主控制室	
定子冷却水流量	主控制室	
定子冷却水电导率、pH 值	主控制室/就地	
定子冷却水进/出口温度	主控制室	
定子冷却水进/出口压差	主控制室	
定子线圈、铁芯温度	主控制室	
转子线圈、铁芯温度	主控制室	
定子末端振动	主控制室	
出口高压套管温度	主控制室	
有功、无功功率	主控制室/电子间	
功率因数	主控制室/电子间	
定子线圈电压、电流和频率	主控制室/电子间	
转子电压和电流	主控制室/电子间	
励磁电压和电流	主控制室/电子间	
绝缘状态监测	主控制室/电子间	
机内积液监测	主控制室/就地	
碳刷工作状态监测	就地	
运行声音	就地	

2.13.4 泵类设备监测

泵类设备（包括驱动电机）在非能动核电厂大量使用，最常用的是离心泵，在一些特定的系统中还有柱塞泵、隔膜泵和液压油泵等其他类别，建议的监测参数如表 2.13-3 所示。

表 2.13-3 泵类设备（包括驱动电机）监测

监测参数	监测地点	备注
轴承温度（泵/电机）	主控制室/就地	中小型泵一般采用就地测量

续表

监测参数	监测地点	备注
轴承、壳体振动（泵/电机）	主控制室/就地	中小型泵一般采用就地测量
电流（运行/启动）	主控制室	
定子线圈温度（电机）	主控制室	如有
定子铁芯温度（电机）	主控制室	如有
输送工质的流量	主控制室	如有
输送工质的进/出口压力	主控制室/就地	如有
输送工质的进/出口温度	主控制室/就地	
轴承供油油压、油温	主控制室/就地	如有
油箱油位	主控制室/就地	如有
轴承油杯、油脂油位（泵/电机）	就地	如有
轴承、线圈、油系统冷却水参数	主控制室/就地	如有
机械密封腔压力、温度	主控制室/就地	如有
油质（油箱、油杯和油脂等）（泵/电机）	化学实验室	如有
空气冷却流道（电机）	就地	是否有异物堵塞
接地装置（电机）	就地	是否完整
供电母线电压	主控制室/电气开关室	
运行声音	就地	

2.13.5 风机类设备监测

风机类设备（包括驱动电机）主要运用在厂房和房间的通风系统中，建议的监测参数如表 2.13-4 所示。

表 2.13-4 风机类设备监测

监测参数	监测地点	备注
轴承温度（风机/电机）	主控制室/就地	中小型风机一般只能就地测量
轴承、壳体振动（风机/电机）	主控制室/就地	中小型风机一般只能就地测量
电流（运行/启动）	主控制室	
定子线圈温度（电机）	主控制室	如有
定子铁芯温度（电机）	主控制室	如有
通风流量	主控制室	如有
进/出口风压	主控制室/就地	如有
进/出口风温	主控制室/就地	如有

续表

监测参数	监测地点	备注
轴承油杯、油脂油位（风机/电机）	就地	如有
油质（油杯、油脂等）（风机/电机）	化学实验室	如有
空气冷却流道（电机）	就地	是否有异物堵塞
接地装置（电机）	就地	是否完整
供电母线电压	主控制室/电气开关室	
运行声音	就地	

2.13.6 空压机类设备监测

空压机类设备（包括出口干燥器）主要用于给各类用户提供足够的、合格的仪用、厂用和高压压缩空气。对于安全系统的重要气动阀门，如果失去仪用压缩空气，会造成阀门处于失效位置，从而导致安全系统动作，给电厂的安全稳定运行造成极大的挑战；同时，高压压空机可以向主控制室应急可居留系统提供工质补充。空压机类设备监测如表 2.13-5 所示。

表 2.13-5 空压机类设备监测

监测参数	监测地点	备注
空压机出口压力	主控制室/就地	就地为 PLC 控制柜（下同）
压缩空气母管压力	主控制室/就地	单独设备
出口温度	主控制室/就地	
露点温度	主控制室/就地	
压空流量	主控制室	一般指重要用户
电流（运行/启动）	主控制室	
排气温度	就地	
振动分析	就地	
级间压力	就地	
级间温度	就地	
润滑油油位	就地	
润滑油油压	就地	
润滑油油温	就地	
润滑油油质	化学实验室	取样分析
空气过滤器压差	就地	
后置冷却器空气温度/压力	就地	

续表

监测参数	监测地点	备注
冷却水进/出口温度	主控制室/就地	如有
冷却水进/出口流量	主控制室/就地	如有
干燥器进/出口阀阀位	就地	与干燥器运行方式保持一致
空气冷却流道（电机）	就地	是否有异物堵塞
接地装置（电机）	就地	是否完整
供电母线电压	主控制室/电气开关室	
运行声音	就地	

2.13.7 阀类设备监测

阀类设备在非能动核电厂大量使用，一般用于工质的隔离、控制（流量/压力/温度等参数）、节流和防止倒流超压等，驱动方式一般有手动、电动、气动、电磁驱动和液动等。对于阀类设备建议的监测参数如表 2.13-6 所示。

表 2.13-6 阀类设备监测

监测参数	监测地点	备注
位置（开度）	主控制室/就地	数字/机械/电动指示
定位器反馈信号	主控制室/就地	仅调节阀
限位开关	就地	如有
供电可靠性	主控制室/就地	除手动阀
供气压力	就地	仅气动阀
阀腔压力	就地	仅气动阀
阀体温度	就地	电磁阀需重点关注
可运行性	主控制室/就地	无卡涩、过力矩等
液压油供油压力	主控制室/就地	仅液动阀
液压油泵工作状态	主控制室/就地	仅液动阀
动作声音	就地	

2.13.8 变压器类设备监测

在电气系统中，一般有主变压器、辅助变压器、高压厂用变压器和低压干式变压器。对于变压器类设备建议的监测参数如表 2.13-7 所示。

表 2.13-7　变压器类设备监测

监测参数	监测地点	备注
绕组温度	主控制室/就地	
上层油温	主控制室/就地	油浸式
油枕油位	主控制室/就地	油浸式
油箱压力	就地	油浸式
油质	化学实验室	油浸式
呼吸器	就地	油浸式
瓦斯继电器	就地	油浸式
在线监测装置	就地	油浸式
冷却装置	主控制室/就地	
有载调压装置	主控制室/就地	如有
接地电流	就地	如有
电气参数（功率、电压、电流和频率等）	主控制室	
厂房环境	主控制室/就地	干式变
运行声音	就地	

2.13.9　柴油发电机组设备监测

在非能动核电厂设计中，柴油发电机组不是安全相关的系统，但是在丧失厂外交流电源后，对电厂纵深防御功能起着重要的支撑作用。对于柴油发电机组（包括柴油机和发电机）建议的监测参数如表 2.13-8 所示。

表 2.13-8　柴油发电机组设备监测

监测参数	监测地点	备注
转速	主控制室/就地	
振动	主控制室/就地	
轴承温度	主控制室/就地	
发电机线圈温度	主控制室/就地	
发电机出口电气参数（功率、电压、电流、频率和功率因数等）	主控制室/就地	
发电机出口断路器位置	主控制室/就地	
带载母线电气参数（电压、电流等）	主控制室/就地	

续表

监测参数	监测地点	备注
顺序带载控制器	主控制室	适用于中压备用柴油发电机组
燃油箱液位	主控制室/就地	日用油箱和储油箱
燃油供油压力	就地	
燃油供油过滤器压差	就地	
燃油油质	化学实验室	取样分析
启动空气储气罐压力	主控制室/就地	
汽缸排气温度	就地	
涡轮增压器进/出口排气压力	就地	
涡轮增压器进/出口排气温度	就地	
后置冷却器进/出口空气压力	就地	
燃烧空气过滤器压差	就地	
燃烧空气温度	就地	
润滑油压力	就地	
润滑油温度	就地	
润滑油冷却器进出口温度	就地	
润滑油过滤器压差	就地	
冷却水进/出口温度	就地	
冷却水膨胀水箱液位	就地	
冷却水水质	化学实验室	取样分析
厂房环境	主控制室/就地	
运行声音	就地	

2.13.10 中低压交流电源系统监测

在非能动核电厂设计中，为满足厂内电动设备的供电需求，设置中压和低压交流电源系统，给各种功率和电气等级的电气设备提供交流电源。对于中低压交流电源系统建议的监测参数如表 2.13-9 所示。

表 2.13-9 中低压交流电源系统设备监测

监测参数	监测地点	备注
母线电压	主控制室/就地	
母线电流	主控制室/就地	

续表

监测参数	监测地点	备注
母线频率	主控制室/就地	
保护及报警状态	主控制室/就地	
开关/断路器状态	主控制室/就地	进线/负荷
厂房环境	主控制室/就地	
运行声音	就地	

2.13.11 直流及 UPS 系统监测

直流和 UPS 系统是重要的支持系统，为各类设备、电气系统和保护系统等重要系统设备提供直流和不间断交流电源供给。对于直流和 UPS 系统建议的监测参数如表 2.13-10 所示。

表 2.13-10 直流和 UPS 系统设备监测

监测参数	监测地点	备注
直流母线电压	主控制室/就地	
直流母线电流	主控制室/就地	
工作/备用充电器运行状态	主控制室/就地	包括电源电压、工作电流、运行状态指示和报警状态等
蓄电池监视器	主控制室/就地	蓄电池电压、温度等
蓄电池工作状态	就地	电解液液位等
UPS 母线电压	主控制室/就地	
UPS 母线电流	主控制室/就地	
逆变器工作状态	主控制室/就地	运行指示、电气参数
静态开关工作状态	主控制室/就地	运行指示、开关状态
调压变工作状态	主控制室/就地	电压、声音等
保护及报警状态	主控制室/就地	应无异常
厂房环境	主控制室/就地	温湿度、氢气浓度等
运行声音	就地	

附录 2-A 概率安全分析

2-A.1 概述

2-A.1.1 目的

PUR 对非能动压水堆提出了一系列设计要求，作为电厂详细设计的一部分，应开展概率安全分析（PSA）。PSA 的目的在于：

（1）从概率风险的角度评价机组设计的平衡性，即电厂总风险不会过大或单个设备风险对电厂整体风险贡献过大。

（2）评估核电厂的整体安全水平，验证其符合新建核电概率安全目标的要求，即堆芯损伤频率（亦称堆芯损坏频率，CDF）小于 1×10^{-5}/堆年；大量放射性释放频率（LRF）小于 1×10^{-6}/堆年。

此外，PSA 可用于支持如下工作：

（1）核电厂状态的划分。

（2）对核电厂设计中所考虑的超设计基准事故的重要事件序列的选取。

（3）事故源项的选取和确定。

（4）核电厂纵深防御层次的设置。

（5）核电厂技术规格书的制定。

（6）某些具体安全要求的建立或调整。

（7）安全重要物项的分级。

（8）核电厂总体设计方案的论证、优化和确定。

（9）其他适合支持的工作。

为了获得堆芯损伤频率、大量放射性释放频率和风险贡献的重要见解，PSA 通常采用最佳估算的方法、数据和假设。

为了给 PSA 开展提供指导，设计方应给出 PSA 关键假设和基本准则文件，文件的目的是：

（1）确定 PSA 的分析目标。

（2）详细评估 PSA 的分析范围，包括所考虑的风险源、事件类型及其筛选准则，以及分析的详细程度等。

（3）确定开展 PSA 时所需的方法和假设。

（4）对于现有法规标准不完整或有争议的情况，或针对非能动电厂特有的需要额外的导则来评估设计的情况，给出相应实施程序，如失效安全相关特征、非能动电厂特有设备数据选取和非能动失效机理的处理等。

上述文件无需给出完整、详细的 PSA 过程和方法，而是根据现有的程序和方法，进行必要补充。

本附录目的是定义综合、高质量、可信且可实现的 PSA 方法。如果电厂设计人员采用了任何与本附录中要求不同的方法，这些例外宜在 PSA 报告简介中给出，设计人员应保证采用的方法可以达到预期目标。

2-A.1.2 总体框架

PSA 总体应包括内部事件和外部事件（但不包括恐怖袭击事件），电厂运行状态包括功率工况及低功率和停堆工况。分析层级方面应包括一级、二级，如需对厂外人员和环境风险进行评价，则还应包括三级，在分析对象方面包括堆芯和乏燃料贮存设施。总体框架应包括：

（1）内部事件一级 PSA。

（2）内部事件二级 PSA。

（3）外部事件筛选。

（4）内部水淹 PSA。

（5）内部火灾 PSA。

（6）地震 PSA。

（7）其他外部危险 PSA。

（8）厂外后果分析。

（9）乏燃料池风险评估。

2-A.1.3 非安全级系统补充管理要求的 PSA

2-A.1.3.1 非安全级系统补充管理要求（RTNSS）应构建专用 PSA 进行定量敏感性研究，以评估非安全级系统缓解事故的需求。专用 PSA 是指为开展 RTNSS 研究而构建的 PSA 模型。

1）专用 PSA 应基于电厂 PSA（即考虑了设备因试验、维修等原因导致的平均不可用度的基准 PSA 模型）进行构建。其中，基准 PSA 应包括考虑运行和停堆工况下的内外部事件。

2）专用 PSA 始发事件的范围及频率应与基准 PSA 相同。

3）专用 PSA 不应考虑非安全级纵深防御功能及其支持系统。

2-A. 1. 3. 2　当专用 PSA 需增加考虑某些非安全级 SSC，才能满足核安全目标（堆芯损伤频率低于 1×10^{-5}/堆年和大量放射性释放频率低于 1×10^{-6}/堆年）和安全壳性能目标时，应确定这些非安全级 SSC 的组合，并在专用 PSA 中考虑。

2-A. 1. 3. 3　应识别专用 PSA 新增考虑的风险重要非安全级 SSC 及其可靠性/可用性（R/A）任务。

2-A. 1. 3. 4　针对已识别的风险重要非安全级 SSC 及其 R/A 任务，应提出适当的管理措施。

2-A. 1. 3. 5　重复 2-A. 1. 3. 2 ~ 2-A. 1. 3. 4 节，以优化确定风险重要非安全级 SSC 及其 R/A 任务。

2-A. 1. 4　文档记录

PSA 需形成正式的文档。

PSA 的模型、数据和假设等应形成文档，其详细程度足以确保未参加过此 PSA 分析的人员可以在和原分析人员最少沟通的前提下对分析结果进行复现。文档记录包括的主要内容如下。

（1）电厂运行状态分析（POS）：停堆类型的定义、电厂运行状态的识别分组过程和准则、各 POS 组的定义及持续时间等。

（2）始发事件分析（IE）：始发事件清单识别、分组，以及始发事件频率定量化过程及结果、分析过程中的重要假设等。

（3）事件序列分析（ES）：事故进程描述、事件序列展开及事件序列中相关性的处理过程、反映在事件树中的操纵员动作等。

（4）成功准则（SC）：确定整个 PSA 成功准则和支持性工程依据的过程，包括堆芯损伤的定义、用于建立成功准则开展的计算或其他参考资料等。

（5）系统分析（SY）：包括系统功能和边界、所作假设、相关成功准则、考虑的失效模式（包括失效模式排除的理由）、相关性的处理和人员失误事件相关性的审查等。

（6）人员可靠性分析（HR）：识别、表征、量化始发事件前/后人员失误事件及恢复动作的过程和分析结果。

（7）数据分析（DA）：设备故障率、试验和维修不可用相关的数据库，包括对特别重要的事件或设备现有数据的适用性评价。

（8）相关性分析（DF）：相关性的类别、设备共因失效分析方法、模型和参数等。

（9）模型整合与定量化（MQ）：包括截断值的选取、恢复事件的处理、电厂总 CDF、不同始发事件和事故类别对风险的贡献、事件序列及其主要风险贡献的最小割集、不确定性、敏感性和重要度分析结果等。

（10）一级和二级 PSA 接口分析（L1）：包括接口分析中考虑的一级 PSA 事故序列特征、用于传递信息和处理相关性的假设和方法。

（11）安全壳性能分析（CP）：安全壳失效机理、失效准则（脆性曲线）及技术依据、各种失效机理导致的失效位置、开口尺寸或泄漏率、不确定性的来源及相关假设等。

（12）严重事故进程分析（SA）：计算程序中输入数据、建模假设和参数值的不确定性、计算结果及合理性的相关评价等。

(13) 安全壳事件树分析 (CT): 安全壳事件树的发展，安全壳失效模式及释放类的二级 PSA 模型、严重事故现象分支概率、人员失误和缓解系统失效概率的技术依据、二级 PSA 定量化结果及放射性释放终态的主要贡献等。

(14) 源项分析 (ST): 各释放类对应的源项中放射性核素随时间的变化、其他释放度量方式 (如 LRF 和 LERF 等) 定义和相关说明等。

(15) 二级 PSA 结果评价 (ER): 二级 PSA 中考虑的一级 PSA 堆芯损伤频率的比例、可能影响应用的分析详细程度的局限性等。

(16) 内部水淹 PSA: 保留分析的水淹区域及排除的区域不再进一步分析的理由、用于支持电厂分区的所有巡访信息、与电厂分区相关的假设和模型不确定性来源信息等。

(17) 内部火灾 PSA: 电厂区域划分、设备选择、电缆选择和定位、内部火灾 PSA 电厂响应、火灾情景选择和分析、定量筛选、火灾风险定量化、不确定性和敏感性分析等。

(18) 地震 PSA: 用于表征震源和地震动的具体方法、概率地震灾害性分析模型的不确定性和相关假设的来源、次生灾害对电厂影响中的结论和见解、用于量化 SSC 易损度的方法及关键假设、地震电厂响应分析与量化所采用的过程等。

(19) 其他外部危险 PSA 等: 外部危险的危险性定义和定量化过程、确定易损度曲线的具体方法的描述、建立外部危险 PSA 模型过程中对内部事件 PSA 模型进行的修改及理由等。

(20) PSA 的结果应以这样一种方式汇编和呈现: 应清楚地表达定量风险、对这些风险措施有重要贡献的电厂设计和运行特征、对限制风险起作用的措施及不确定性的重要来源。结果的呈现应附上分析人员认为重要的定量化相关的表格和讨论，以便提供与电厂特征相关的有意义的见解。

(21) 基于 PSA 给出核电厂设计改进建议和风险见解。

2-A.2 内部事件一级 PSA

2-A.2.1 模型概述

电厂模型应包括:

(1) 始发事件组: 一般包含一回路冷却剂丧失事故 (LOCA) 类和瞬态类。

(2) 事件树: 由始发事件、功能题头 (或系统) 或操纵员动作等构成; 对于一级 PSA 而言，包含在事件树序列中的功能题头应当是那些失效可能导致堆芯损伤或影响堆芯损伤频率的安全功能或系统。每棵事件树的序列终态包括 “成功 (OK)” “堆芯损伤 (CD)”，或转出至其他事件树进一步发展。

(3) 故障树或等价的数学函数: 以基本事件 (如设备失效、人员失误事件等) 的逻辑组合来描述系统的成功或失效状态。

事件树和故障树应组合在一起，以便识别每个事故序列的基本事件组合。对于堆芯损伤的事故序列，需结合用于维持安全壳完整性的系统的成功或失效，对电厂损伤状态进行分类和归组。电厂损伤状态分组后，再进行下游的安全壳响应物理进程建模分析。

2-A.2.2 堆芯损伤的定义

堆芯损伤的定义为堆芯裸露和升温到

预计会造成堆芯相当大的一部分区域长期氧化和严重的燃料损伤，一旦有放射性释放，就会给厂外公众健康带来影响。

根据该定义，可依据以下准则判断堆芯是否损伤。

(1) 堆芯水位在一段较长的时间内持续在堆芯活性区的顶部以下。或者

(2) 采用具有详细堆芯模型的程序，分析得到的堆芯燃料包壳表面峰值节点温度高于 1 204 ℃。或者

(3) 采用具有简化堆芯模型（例如，单节点堆芯模型，集总参数）的程序，分析得到的堆芯燃料包壳表面峰值节点温度高于 982 ℃。或者

(4) 采用具有简化堆芯模型的程序预计的堆芯出口温度持续 30 min 高于 650 ℃。或者

(5) 采取间接的判别准则。例如某个维持堆芯安全所必需的功能预计发生不可恢复或者长时间的失效，也可以作为堆芯损伤的判断依据。

2-A. 2. 3　电厂运行状态分析

核电厂的停堆过程本质上是电厂运行状态不断变化的过程，要用 PSA 方法评价低功率和停堆（LPSD）工况下核电厂的风险，首先应确定电厂停堆类型和划分电厂运行状态，通过合理假设和简化将动态的停堆过程离散成若干个相对稳定状态，这是开展事件树分析的基础。通常情况下，停堆类型可以分为换料停堆、非排水维修停堆、排水维修停堆，其中换料停堆是最主要的停堆类型。

POS 划分应包括反应堆运行的完整运行周期，同时各 POS 应不重叠，POS 划分过程中作出的假设和说明应形成记录。

POS 划分应综合考虑电厂主要运行参数（如堆芯反应性、一回路水位、一回路温度和一回路压力等）变化，在同一个 POS 下具有相同的堆芯热移出机制，专设驱动设施、专设信号等重要事故缓解措施具有相同的可用性。

2-A. 2. 4　始发事件分析

应尽可能完整地给出 PSA 需要考虑的所有可能的始发事件清单。始发事件的系统性审查通常采用以下几种方法：工程判断、参考以往清单、电厂运行经验和演绎分析方法（即主逻辑图法）等。应至少包括对当前电厂运行经验的审查、相似电厂的 PSA 和对系统设计的审查。应对电厂设计的每个系统进行审查，找出可能导致反应堆停堆（自动或手动）及用于防止堆芯损伤或厂外放射性释放的一个或多个系统降级的失效。

为了便于分析，可对具有相似电厂响应的始发事件进行归并分组。

在估算始发事件频率时应对运行电厂经验进行审查，并且以恰当的方式应用于非能动核电厂，即尽可能地体现非能动核电厂设计与其他运行电厂的差异。对于新的或者特有的始发事件，需建立更详细的逻辑模型计算其发生频率。

始发事件频率的定量化应尽可能地考虑现有电厂运行经验。对于与电厂特有的设计相关的事件，可采用最佳估算方法，比如考虑同类事件频率的适用性、采用设备级数据和人员可靠性分析进行评估。这类评估应考虑包含换料停堆在内的计划停堆的持续时间。

特别地，对与非能动电厂特征相关的结果，应重点加以说明，比如：

(1) 非能动余热排出功能丧失的频率，以及对此频率有重要贡献的因素。

(2) 降压功能及非能动补水功能受到影响的频率。

（3）误降压的频率等。

LPSD 工况始发事件清单在参考功率工况 PSA 时应考虑对各 POS 的适用性，并对 LPSD 工况下特有的始发事件进行梳理和补充，如丧失余热排出系统始发事件等。通常来说，针对每一个 POS 都应该开展始发事件分析。

LPSD 工况下的始发事件频率计算方法与功率运行工况类似，在其基础上应充分考虑 LPSD 工况的运行特征和大修的影响，再根据各 POS 持续时间进行折算。对于 LPSD 工况下特有的始发事件，其频率可以由故障树分析或事故情景分析得到，如果上述方法均无法得到始发事件频率，可以参考通用始发事件数据源。

2-A. 2. 5 成功准则

每个事件序列中需要的功能题头或系统成功和失效的定义应基于实际的电厂响应分析。

优先采用最佳估算的方法给出系统的成功或失效准则。

应使用经验证的热工水力分析程序以避免过度的保守，采用的程序应适用于评估非能动电厂。

分析人员可以采用保守的准则，应明确所采用的保守假设，并对结果进行检查，以保证这些保守性不会导致对结果的见解与现实情况严重不符。

2-A. 2. 6 事件序列分析

事件序列分析通常采用事件树分析方法，事件树由始发事件和功能事件组成。功能事件是前沿系统或操纵员为实现反应性可控和持续冷却的稳定状态而作出的响应。

应细致地检查始发事件对系统可用性的影响。

功能事件应首先按照响应顺序给出，然后以优化事件序列的方式（如按照系统之间的功能关系、硬件之间的关系等）进行调整。

为系统构建事件树，需要检查以下关键安全功能：反应性控制、反应堆冷却剂系统装量控制、反应堆冷却剂系统完整性、衰变热移出和安全壳完整性。

通常来说，LPSD 工况下每个始发事件都应该建立对应 POS 下的事件序列模型。

应充分考虑电厂在 LPSD 工况下的特性，包括系统配置的变化、热量排出方式、维修活动和成功准则的影响等。如部分 POS 下某些专设安全设施不可用或特定专设驱动信号处于闭锁状态等，都会影响事故的缓解进程。

2-A. 2. 7 任务时间

始发事件发生后，对于为保证堆芯冷却而需要持续运行的设备，其任务时间至少应为 24 h。对于特定系统，如果其任务时间小于 24 h，可以使用其特定的任务时间，但此特定任务时间仅用于计算设备的不可用度，且在 24 h 以后需要的动作要明确说明（如系统状态改变及补充水源等）。

对于不能在 24 h 内达到安全稳定电厂状态的序列，应进一步开展评估或模化分析，比如：

（1）为该序列指定一个合适的电厂损伤状态（对于一级 PSA，一般为堆芯损伤）。

（2）延长任务时间，并调整受影响的分析，使电厂工况达到可接受的状态。或者

（3）补充考虑该序列进程中所需的系统恢复或操作员恢复动作，从而证明该序列模化的合理性。

对于维持安全壳完整性所需的系统，通用的任务时间是24 h，对于堆芯损伤已经发生，而设备未能修复的事件序列，使用更长的任务时间。

对于长期堆芯冷却或者安全壳热量排出所需要的系统，需要对任务时间进行敏感性分析。造成严重的放射性释放的堆芯损伤频率，应进行敏感性分析研究，比如要求相关的设备持续运行72 h。

2-A.2.8 系统分析

系统分析通常采用故障树分析方法来开展，系统失效模型应使用故障树或等效的数学方法来建立。

故障树分析应首先定义系统的功能及组成，确定系统的边界，进行故障树分析准备。

根据分析的目的、系统的失效判据和对系统的了解明确定义故障树的顶事件。建树应从上向下逐级进行，从顶事件开始，根据“寻找直接原因”的原则层层展开，以避免遗漏某些失效模式。在这过程中不仅要考虑部件本身失效，还需要考虑人员失误、共因失效、试验维修不可用及支持系统失效等事件，而部件本身的失效应展开到与相应的可靠性数据库相一致的深度，即展开到可获得可靠性数据的部件失效模式为止。

故障树底事件应考虑设备失效、人员失误、试验或维修导致的不可用。应采用系统化或穷尽的方式建立底事件，包括：

(1) 失效模式与影响分析（FMEA）。

(2) 试验维修规程分析。

应对故障树中的事件和逻辑门按一定规则进行命名，即应建立一套标准化的、统一的编码系统，并严格遵循编码规定开展工作。不管采用何种编码方式，应至少包括如下内容。

(1) 设备失效模式。

(2) 特定设备类型。

(3) 共因失效。

(4) 设备所在系统。

对于非能动系统，如果能够确认非能动物理过程机理失效影响系统功能的可能性，宜在故障树中体现该影响。

2-A.2.9 相关性分析

应以全面的方式考虑相关性失效，并以最佳的方式进行定量。需明确模化的相关性，包括事件序列功能相关性、系统间相关性、部件间相关性、人员失误事件间的相关性、堆芯冷却系统和安全壳系统间的相关性。

事件序列功能相关性在事件树或等同的序列逻辑中考虑。功能相关性指一个系统或安全功能的状态对另一个系统或安全功能成功或失效的影响，或者是对相同系统不同组态执行不同安全功能的影响。应明确模化用于堆芯冷却的系统和安全壳系统，并考虑系统或功能之间的相关性。对于系统间不利的相互作用，应进行系统性检查，尤其是非安全系统的任何运行模式可能干扰非能动安全系统成功运行。

系统间相关性，包括固有相关性（如共用的供电、冷却水、联锁和控制等）和功能性相关性（比如环境冷却、足够的净正吸入压头等），应在系统故障树分析或者其他模型位置中明确模化。

部件间相关性应考虑同一系统内的相同类型部件，也可适当考虑不同系统中的同类型部件，拟使用最新的共因失效分析方法和数据。部件共因故障应在系统模型中模化，应达到共因失效数据所能支持的程度。

人员失误可能导致多个部件不可用，应采用2-A.2.9节中的方法予以考虑。

应明确考虑堆芯冷却系统和安全壳系统之间的相关性，即使它们是分别在各自模型中模化的，比如分别在堆芯损伤事件树和安全壳事件树中模化。如果没有适当考虑，可能会低估放射性释放频率。

2-A.2.10 人员可靠性分析

应以一种前后一致的并尽可能可追溯的方式来开展人员可靠性分析。

人员可靠性分析的范围应包括：

(1) 始发事件前/事故前人员可靠性分析。

(2) 始发事件后/事故后人员可靠性分析。

(3) 可能导致始发事件的人员可靠性分析。

对于始发事件前人员可靠性分析，应采用一种系统化的方法来识别和筛选需进一步分析的重要人员行为，并对筛选后的始发事件前人员行为开展定量分析，可接受的始发事件前人员可靠性分析方法包括事故序列评价程序（ASEP HRA）方法、人员失误率预测技术（THERP），若采用其他方法需证明所使用方法的适用性。

对于始发事件后的及可能导致始发事件的人员可靠性分析，应采用一种恰当且自洽的方法来开展定性定量评价，该方法应能够评价特定事故情景对人员行为的影响，可接受的始发事件后/可能导致始发事件的人员可靠性分析方法包括 HCR/ORE + CBDT + THERP 的组合型方法、SPAR-H 方法等，分析时需注意与非能动设计的结合，若采用其他方法，需证明所使用方法的适用性。对于分析中所采用的假设需进行详细说明。

对于可能导致始发事件的人员可靠性分析，可采用与始发事件后人员可靠性分析相一致的方法。分析范围应包括始发事件故障树或其他详细计算中涉及的人员行为，对于直接通过统计数据获得的始发事件频率，认为频率已体现了人员失误贡献，可不再单独分析。

人员可靠性分析中可适度考虑动作恢复/恢复因子，同时须确保恢复动作/恢复因子的考虑具有合理的依据，不会过于保守或过于乐观。

应采用恰当的方法对同一事故序列中人员失误事件之间的潜在相关性进行分析，并开展人员可靠性分析结果的不确定性分析。

LPSD 工况下的人员可靠性分析应采用和功率运行工况相同的分析方法，此外应注意系统配置变化、控制信号可用性等对人员动作的影响。

2-A.2.11 数据分析

数据分析的主要目的是提供 PSA 始发事件分析、系统故障树定量分析及事件序列定量分析所需要的基本事件数据，这些数据主要包括 PSA 设备可靠性参数、始发事件发生频率、共因失效参数及人员失误概率。通常，数据分析的范围限于设备可靠性数据，而始发事件频率、共因失效参数及人员失误概率等则在其相应章节中进行考虑。

数据分析应满足以下基本原则。

(1) 设备可靠性数据应尽可能反映电厂配置、运行环境和设计特征等。

(2) 考虑因试验或维修导致的系统或设备不可用。

(3) 考虑数据的不确定性。

在选择通用数据源时需要重点考虑通用数据源的设备相似性、数据完整性等原则，优先选用最接近非能动核电厂设备类型、反映较新的核电厂运行经验、应用广泛并具有代表性的通用数据源，比如国家核安全局发布的《中国核电厂设备可靠性数据报告》、美国的 *Industry-Average Performance for Components and Initiating Events at U. S. Commercial Nuclear Power Plants*（NUREG/CR-6928）等。考虑到非能动核电厂部分设备特点，必要时可对通用数据库中的可靠性数据进行适应性修改；此外，必要时宜开展实验和分析，得到特定设备的高可信度的可靠性数据。

在分析试验维修不可用数据时，对于重要部件应尽可能反映非能动核电厂与现有核电厂在试验频率或允许后撤时间的区别，在分析备用失效率时也需考虑非能动核电厂的特点。

LPSD 工况下的数据分析方法与功率运行工况类似，但应根据维修活动区分不同 POS 下的试验维修不可用度。试验维修不可用度计算时，各 POS 下设备列规定的可用时间等于对应 POS 的持续时间。

2-A. 2. 12 模型整合与定量化

事件序列模型应以综合的方式进行定量化，定量化过程应遵循下述基本准则。

2-A. 2. 12. 1 点估计值

事件序列定量化中采用的始发事件频率及电厂响应相关事件的概率均通过点估计值（基本事件参数均值）来估算。

尽可能采用最佳估算值以保证 PSA 对电厂安全给出相对现实的评估。如果无法得到详细的数据，可以先使用相对保守的值；如果这些保守的取值对结果有显著影响，应进行第二轮更精确的评估。

应计算得到所关注的风险度量的点估计值。在二级和三级 PSA 中，应基于一级事件均值的传递来计算得到大量放射性释放的频率及厂外后果的数值。

2-A. 2. 12. 2 截断值的确定

对于每个导致堆芯损伤的事件序列，应保留频率大于其割集中最大发生频率的 0. 1%的割集。截断值可通过迭代过程及收敛性来确定，例如，当截断值以十倍率连续减小时导致 CDF 的变化越来越小，且最终变化小于 5%时，认为收敛足够，可以满足计算速度和结果精度的要求。

应保证截断值的选择不会导致被截断的割集的累积频率对 CDF 有重要贡献。

2-A. 2. 12. 3 恢复分析

如果结果存在过于保守或逻辑上不合理的情形，则需要对结果进行修正，比如：

1）增加考虑在给定的任务时间内可以实施的恢复措施，以便尽可能现实地量化评估电厂风险。

2）应在最小割集的层面、而不是事故序列的层面对恢复的可能性进行识别。

3）一般来说，不考虑损坏设备在 24 h任务时间内的修复。

4）应当对在主控室就可以执行的恢复措施和就地才能执行的措施加以区分。

5）不应考虑涉及危害人身性命的维修措施。

2-A. 2. 12. 4 事件序列定量化

在对由事件树建立的事件序列频率进行计算时，应结合始发事件频率、系统不可用度及人员可靠性分析等进行综合评估。

始发事件频率定量化的要求见 2-A. 2. 3 节。系统不可用度的估算应在识别重要操纵员动作和/或评估功率运行工况开发的模型适用性的基础上开展。人员行为的可靠性分析应采用 2-A. 2. 9 节识别的方法开展，应特别注意事件中指示的可用性及人员动作之间的相关性。采用可以更现实地评估人员行为相关性的方法及可用的数据，有助于识别最重要的事件序列。

事件序列定量化分析应得到对堆芯损伤频率的尽可能现实合理的评估，以便识别出最重要的设计和运行特征。

LPSD 工况下遵循的基本原则和功率运行工况相同，此外应给出每个 POS 下的堆芯损伤频率分析结果。

2-A. 2. 13 不确定性、敏感性、重要度分析

2-A. 2. 13. 1 不确定性分析

对潜在的风险影响因素应进行不确定性分析。为了计算堆芯损伤频率，对于电厂模型里的基本事件，需要考虑概率分布。这些分布要能够在结果中反映，以得到堆芯损伤频率的定量化特性以及和频率值相关的不确定性。

对堆芯损伤频率不确定性有重要贡献的因素包括但不限于：

1）始发事件频率。

2）部件失效概率。

3）共因失效参数。

4）人员失误概率。

5）始发事件后操纵员动作间的相关性。

定量化的不确定性分析的开展应符合实际情况且有意义。对于一级 PSA 中的主要事件，在数据库中应建立能反映不确定性的概率分布，并且这些分布可以通过堆芯损伤频率模型进行传递。对于二级和三级 PSA，这种传递不作要求。但是，对于二级 PSA 中的主要事件，在计算其均值时，在条件允许的情况下应考虑不确定性。

定量化的不确定性分析应由定性的不确定性分析进行补充。不确定性分析至少包括以下内容。

1）对重要不确定性因素的识别和描述。

2）从 PSA 结果和见解的角度出发对不确定性因素的评价。

2-A. 2. 13. 2 敏感性分析

对潜在的风险影响因素还应进行敏感性分析：应开展一系列定量的敏感性分析对不确定性分析进行补充支持，需要针对部分重要的不确定性因素（如 PSA 的假设、参数方面等）的潜在影响进行敏感性分析。

敏感性分析至少包括以下内容。

1）对始发事件、风险重要的设备和人员失误事件等参数开展敏感性分析。

2）对建模的重要假设开展敏感性分析。

在开展敏感性分析时应注意：

1）虽然每次仅针对一项建模假设进行敏感性分析，但是对于影响 PSA 模型相同部分的一些假设或不确定性，可以同时开展敏感性分析，以确定是否产生相互作用。

2）对于基本事件的敏感性分析，可将其取值增大 10 倍或减小至 1/10 开展敏感性分析；但是对于成功准则之类的其他建模假设，则可能需要对模型进行更基础性的修改，比如需要修改故障树逻辑等。

3）对于非能动安全设施，应关注非能动特征带来的 PSA 结果的合理性；因此，非能动安全设施的设计人员应能确保非能动特征相关假设的合理性与它们对概率安全目标的贡献水平相匹配。恰当的敏感性分析应能表明，在最佳估算的基础上，增加一定的保守性也不会导致后果远超出可接受准则。

4）应对非能动物理失效的影响开展敏感性分析。

2-A. 2. 13. 3 重要度分析

重要度提供一种 PSA 结果的解释方

法。因此，应计算事件和事件组的重要度。

可以对下述重要度参数进行计算：Fussel-Vesely（FV）重要度、风险降低因子（RDF 或 RRW）、风险增加因子（RIF 或 RAW）。

对于事件组的重要度计算，可以针对一个系统、事故前人员失误事件组和事故后人员失误事件组等开展。

2-A.2.14 结果和见解

PSA 结果应给出定量化分析结果，电厂设计特性和不同的运行状态、不同始发事件和事故类别对风险的贡献，事件序列及其主要风险贡献的最小割集，不确定性、敏感性和重要度分析结果等。

应基于 PSA 结果给出核电厂设计改进建议和风险见解。

2-A.3 内部事件二级 PSA

2-A.3.1 模型概述

二级 PSA 应建立安全壳事件树，对堆芯损伤后的严重事故进程和现象、严重事故缓解系统响应及人员动作进行评价，定性识别和定量评价可能导致早期或大量放射性向环境释放的事故情景及发生可能性。

安全壳事件树由始发事件和功能题头的成功与否构成。针对事故进程相似的一级 PSA 堆芯损伤的事故序列进行分类和归组，得到电厂损伤状态或电厂损伤状态组，作为安全壳事件树的始发事件。功能题头包括安全壳功能、系统或严重事故现象，题头失效则可能导致放射性物质释放。安全壳事件树的序列终态为释放类（RC）。

2-A.3.2 一级和二级 PSA 接口分析

一级和二级 PSA 接口分析应对一级堆芯损伤序列进行适当的归组，划分成不同的电厂损伤状态组。

堆芯损伤序列应考虑安全壳系统的可用性。堆芯损伤序列的描述应与实际安全壳的响应一致，确保任何安全壳系统或安全壳内现象对防止堆芯损伤系统可用性的影响恰当地反映在事件树中。

对于每个电厂损伤状态组，应确保组内的所有序列具有相似的安全壳响应和源项后果。

2-A.3.3 系统分析

二级 PSA 中，应对缓解堆芯损伤后果、防止放射性物质释放的系统及相关操纵员动作进行可靠性分析，应特别考虑既影响预防堆芯损伤又影响安全壳完整的共用系统的失效模式。

2-A.3.4 安全壳隔离

应评估安全壳贯穿件对安全壳泄漏的影响。应分析以下两种释放路径的贯穿件。

（1）常开管道或在事故时可能会打开常闭管道（如阀门错位等）的隔离失效。

（2）通过密闭贯穿件的泄漏（如通过关闭的阀门座、电气贯穿件和人员闸门密封条等的泄漏）。

若安全壳贯穿件满足以下任一准则，则可筛除掉。

（1）事故后果影响较低（如通过某管道发生释放，而该管道在事故进程中一直充满水）。

（2）安全壳内部或外部的闭合环路。

（3）尺寸小的贯穿件，通过该路径的释放在可接受的标准范围内（如仪表管线等）。

2-A.3.5 安全壳旁通

评估安全壳旁通序列，应包括所有与

反应堆冷却剂系统连接的路径。

2-A. 3. 6 严重事故进程分析

严重事故进程分析应涵盖关键物理进程和现象，如堆芯升温熔化、安全壳载荷、放射性核素释放、堆芯熔融物-混凝土相互作用和可燃气体产生与燃烧等。

严重事故进程分析以严重事故一体化程序（如 MAAP 等）为主进行分析。若一体化程序尚未详细分析或其分析存在较大不确定性时，可采用机理性程序、适用的实验等作为补充。也可采用其他一体化程序或适用的堆芯及安全壳程序，应验证其适用性，方可取代在用的一体化程序（如 MAAP 等）。

2-A. 3. 7 安全壳性能评价

应采用安全壳结构性能分析方法对安全壳保持完整性和密封性的承压能力进行评估。安全壳性能评价应考虑严重事故热载荷和压力载荷的影响，这些载荷由以下功能失效所产生：反应性引入、一回路降压、堆芯冷却剂装量控制、安全壳压力/温度控制、可燃气体控制、安全壳隔离和旁通，以及其他会导致安全壳受到挑战的失效。

2-A. 3. 8 安全壳事件树分析

安全壳事件树应包括与安全壳载荷和/或源项变化进程相关的重要现象学问题、涉及影响安全壳完整性的系统、设备及相关人员可靠性分析问题。

安全壳事件树应考虑但不限于如下的严重事故现象。

（1）压力容器内燃料-冷却剂相互作用（蒸汽爆炸）。

（2）压力容器内氢气产生。

（3）蒸汽发生器传热管蠕变失效。

（4）氢气爆燃和爆炸。

（5）安全壳壳体温度升高（氢气扩散火焰）。

（6）衰变热引起的安全壳升温、升压。

（7）压力容器完整性。

（8）高压熔融物喷射/安全壳直接加热。

（9）压力容器外燃料-冷却剂相互作用（蒸汽爆炸）。

（10）安全壳底板熔穿。

（11）不可凝气体引起的安全壳升压，包括熔融物与混凝土相互作用时产生的气体。

安全壳事件树定量化应使用最佳估算值，最佳估算值应为均值。若事件所代表的严重事故现象等具有较大不确定性，且对发生释放的可能性有重大影响，则应估计这些事件相关的不确定性，以确定这些值。

用于确定安全壳事件树概率的基础和支持信息应编制文件进行记录。

2-A. 3. 9 任务时间

当尚未发生堆芯损伤时，执行安全壳冷却的系统的任务时间是 24 h。对于已发生堆芯损伤且安全壳冷却已维持 24 h 的序列，则应使用更长的任务时间。为考虑多种控制安全壳压力的措施，可使用的任务时间是 72 h。应特别注意同一个系统在一级和二级 PSA 中不同任务时间的相关性。

对于长期堆芯冷却或者安全壳热量排出所需要的系统，宜对任务时间进行敏感性分析，比如将任务时间设为 72 h。

2-A. 3. 10 源项分析

应归并相似的安全壳事件树序列终态，得到少量的释放类，以用于源项分析或场外后果分析。

应针对每个释放类，分别选择其代表性事故序列进行源项分析，并将该序列的源项分析结果作为其所在释放类的二级PSA源项。各释放类代表性序列的选择应考虑其频率、裂变产物向环境的释放量和释放时间。应采用已验证是合理的程序进行源项计算。

2-A.3.11 晚期释放评估

对于72 h内不会发生安全壳失效的序列，应证明72 h后可采取简单可行的人员行动，以保持安全壳完整性并终止放射性释放。

2-A.3.12 定量化

应使用最佳估算值对安全壳事件树进行定量化。如果事件所代表的严重事故现象或堆芯恶化和安全壳响应的其他方面存在较大不确定性，且对发生释放的可能性有重大影响，则应估算这些事件的不确定性。

2-A.3.13 重要度、不确定性和敏感性分析

应对二级PSA结果和相关结论进行重要度、不确定性和敏感性分析。

应计算始发事件、基本事件、电厂损伤状态和释放类等的重要度。

应对影响放射性释放频率的事件和现象的不确定性进行分析。对于安全壳事件树中特别重要的事件，应明确考虑其不确定性。此外，还应通过敏感性分析以确定这些不确定性对事故后果频率的影响，如下列参数相关的敏感性分析。

(1) 氢气燃烧相关参数，如氢气产生速率、绝热燃烧温度等。

(2) 压力容器失效后对堆芯碎片的冷却能力，包括可用的水量和传热途径的有效性。

(3) 安全壳承压能力、安全壳压力载荷导致的破口位置和尺寸。

(4) 影响高压熔喷的参数，包括压力容器破口尺寸、压力容器失效时一回路的压力、压力容器失效时释放的堆芯熔融物的数量。

(5) 压力容器外可燃气体的相关参数，如堆芯熔融物与混凝土相互作用(MCCI)的持续时间和气体产生速率。

(6) 影响事故进程的操纵员动作，如氢气大量积聚的情况下恢复安全壳冷却操作。

2-A.3.14 结果见解

应评估二级PSA结果，给出有关风险主要贡献项及不确定性等相关见解，并给出核电厂设计改进的相关见解。

2-A.4 外部事件风险评价

2-A.4.1 外部事件识别与筛选

外部事件的识别与筛选，应以业内公认的外部事件通用清单为基础，结合特定厂址信息和非能动电厂的设计特点，通过对清单中外部事件的初步筛选（定性）和定量筛选，筛除那些不会对电厂运行产生威胁或者对电厂风险影响非常小的外部事件。

2-A.4.1.1 外部事件初步筛选

在初步筛选中，以下筛选准则中的任意一条都可以作为筛除外部事件的合理依据。

1) 该事件不适用于分析的厂址。

2) 该事件的潜在危害等同或小于电厂设计对外部事件的抵抗能力。

3) 该事件发生位置距电厂较远，不足以对电厂造成影响。

4) 该事件已经包含在另一事件的定义中。

5）该事件发展缓慢，并且可以证明有足够的时间排除危险源或者采取措施，使电厂不会受到该事件的影响。

2-A.4.1.2 外部事件定量筛选

对于初步筛选保留的外部事件，如果满足下面任一准则，则可筛除该外部事件。

1）该外部事件的发生频率<1×10^{-6}/堆年，且条件堆芯损伤概率（CCDP）<0.1。

2）采用包络或保守分析证明该外部事件导致的 CDF 均值小于<1×10^{-7}/堆年。

通过对外部事件进行筛选，保留对电厂运行可能产生威胁的外部事件，对保留下来的外部事件开展详细分析。非能动核电厂的设计特性（如失效安全、具有多重衰变热导出途径等）在外部事件定量筛选时宜加以考虑，以更好地找出对非能动核电厂具有潜在威胁的外部事件。通常，内部水淹、内部火灾和地震事件应保留下来开展详细分析。

2-A.4.2 内部水淹 PSA

应开展内部水淹 PSA，从内部水淹风险影响的角度检查核电厂的防水淹能力及防水淹设计平衡性。

内部水淹 PSA 的执行宜包括下列内容。

（1）内部水淹电厂分区：根据电厂的实体布置和分隔识别那些发生内部水淹的电厂区域。

（2）内部水淹源的确定和表征：确定和表征可能导致堆芯损伤和大量放射性释放内部水淹源。

（3）水淹区域定性筛选分析：删除无水淹风险的区域，对可能产生水淹风险的区域开展详细分析。

（4）内部水淹情景的建立：确定可能导致堆芯损伤和大量放射性释放内部水淹情景。

（5）人员可靠性分析：识别内部水淹 PSA 中考虑的人员活动和相应的人员失误事件并对人员活动定量评估其人员失误概率（HEP）。

（6）水淹后果分析：通过评估水淹事件发生后的漫延情况和计算水淹高度，评估水淹事件对电厂重要电气设备的影响，确定水淹事件可能导致的电厂始发事件，并量化相应的始发事件频率。

（7）内部水淹 PSA 建模：通过评估水淹事件导致的电厂始发事件，将内部水淹与内部事件 PSA 事件树（包括内部事件一级、二级 PSA 模型）进行链接，并考虑水淹事件导致的特有的电厂失效组合和电厂人员执行相关水源隔离、事故缓解等操作，以此建立内部水淹 PSA 模型。

（8）低功率及停堆工况内部水淹分析：评估低功率及停堆工况内部水淹的特点，如大量人员维修和试验动作、安全相关系统隔离维修等。通过对低功率及停堆工况内部水淹事件开展系统分析和始发事件分析，链接内部事件低功率及停堆工况 PSA 模型，建立低功率及停堆工况内部水淹 PSA 模型。

（9）内部水淹 PSA 定量化分析：通过对模型定量计算，对内部水淹导致的堆芯损伤频率和大量放射性释放频率进行定量化。

（10）确定电厂设计特性和不同的运行状态、不同始发事件和事故类别对风险的贡献，事件序列及其主要风险贡献的最小割集，不确定性、敏感性和重要度分析结果等。

（11）应对满足条件的核电厂开展核电厂巡访，验证内部水淹情景的合理性。

内部水淹 PSA 应包括以下评估结果。

(1) 内部水淹导致的堆芯损伤频率和大量放射性释放频率。

(2) 内部水淹主要风险贡献的最小割集，不确定性、敏感性和重要度分析。

(3) 内部水淹主要风险贡献的水淹区域、厂房等。

2-A.4.3 内部火灾 PSA

应开展内部火灾 PSA，从内部火灾风险影响的角度检查核电厂的防火能力及防火设计平衡性。

内部火灾 PSA 的执行宜包括下列内容。

(1) 电厂区域划分：确定内部火灾 PSA 的整个分析边界及实体分析单元。

(2) 设备选择：选择在内部火灾 PSA 电厂响应模型中所涉及的电厂设备。

(3) 电缆的选择和定位：对选择出来的设备，识别出支持这些设备运行所需的全部电缆，并对其与内部火灾 PSA 电厂响应模型的相关性进行评估。

(4) 定性筛选：确定对火灾风险贡献可忽略的实体分析单元，无需对其进行定量分析。

(5) 内部火灾 PSA 电厂响应模型：识别可能由火灾事件引起的始发事件，并建立相应的事件序列模型，结合始发事件频率评估堆芯损伤频率和大量放射性释放频率，描述火灾事件与设备失效（随机的和火灾导致的），以及人员失误事件（HFE）之间的逻辑关系。

(6) 火灾情景选择和分析：为每一个未被筛选掉的实体分析单元挑选一系列火灾情景、表征所选火灾的情景、确定风险相关的火灾损害的可能性和程度，审查多隔间火灾情景。

(7) 点火频率：应采用一个通用的基准为其内不同类型的火灾建立电厂范围内的频率，且须对点火频率值进行修改以反映电厂情况，并把点火频率值分配给特定的实体分析单元和/或火灾情景。

(8) 定量筛选：根据火灾风险贡献的初步估算，运用已建立的定量筛选准则来筛选实体分析单元，以便进一步考虑（如作更详细的定量分析）。

(9) 电路失效分析：以每一个独立的火灾情景为基础，深入理解和精细处理火灾引起的电路失效，并确保已经考虑了每一个火灾情景中受损电缆和电路的后果。

(10) 人员可靠性分析：识别内部火灾 PSA 中考虑的人员活动和相应的人员失误事件并对人员活动定量评估其人员失误概率（HEP）。

(11) 火灾风险定量化：定量分析火灾导致的堆芯损伤频率和大量放射性释放频率，并得到重要的火灾风险贡献项。

(12) 不确定性和敏感性分析：识别分析中不确定性的主要来源，表征这些不确定性并评价这些不确定性对堆芯损伤频率和大量放射性释放频率的影响。

(13) 低功率停堆工况（LPSD）的火灾与功率运行火灾的主要差异在于火灾事件的特征，以及电厂配置和设备状态，这些差异对分析方法本身没有影响，仅影响分析内容及分析采用的数据。因此，在开展 LPSD 火灾 PSA 时，将主要依据功率运行火灾 PSA 的相关分析，并结合 LPSD 内部事件 PSA 得到最终的 LPSD 下的火灾堆芯损伤频率和大量放射性释放频率。

(14) 确定电厂设计特性和不同的运行状态、不同始发事件和事故类别对风险的贡献，事件序列及其主要风险贡献的最小割集，不确定性、敏感性和重要度分析结果等。

(15) 应对满足条件的核电厂开展核电厂巡访，验证火灾情景计算的合理性。

内部火灾 PSA 应包括以下评估结果。

(1) 内部火灾导致的堆芯损伤频率和大量放射性释放频率。

(2) 内部火灾主要风险贡献的最小割集，不确定性、敏感性和重要度分析。

(3) 内部火灾主要风险贡献的防火分区、厂房等。

2-A.4.4 地震 PSA

应开展地震 PSA，从地震风险影响的角度检查核电厂的抗震能力及抗震设计平衡性。

地震 PSA 的开展宜包括下列内容。

(1) 地震灾害性分析：获得厂址地区地震灾害性分析曲线簇和均一危险性反应谱。

(2) 地震次生灾害分析：定性或定量评估地震导致次生灾害（包括火灾、内部水淹和外部水淹等）的可能性，以及地震与次生灾害叠加的潜在风险。

(3) 地震易损度分析：评估给定设备或结构对地震动强度的承受能力及相应的不确定性，设备或结构对地震动强度的承受能力根据加速度反应谱的平均值或 PGA 值来定义，在该值下处于结构中某特定位置的特定设备或结构因其对地震响应超过其承受能力而失效。

(4) 地震电厂响应分析：以内部事件 PSA 模型为基础，构建地震事件树和故障树以确定那些可能导致堆芯损伤和大量放射性释放的事故序列，结合电厂逻辑，设备及结构易损度和地震灾害性的评估结果，计算堆芯损伤频率和大量放射性释放频率。

(5) 人员可靠性分析：识别地震 PSA 中考虑的人员活动和相应的人员失误事件并对人员活动定量评估其人员失误概率（HEP）。

(6) 低功率停堆工况（LPSD）的地震 PSA 与功率运行地震 PSA 的主要差异在于电厂配置和设备状态。因此，在开展 LPSD 地震 PSA 时，以 LPSD 内部事件 PSA 模型为基础，构建地震事件树和故障树以确定那些可能导致堆芯损伤和大量放射性释放的事故序列，结合电厂逻辑，设备及结构易损度和地震灾害性的评估结果，计算堆芯损伤频率和大量放射性释放频率。

(7) 确定电厂设计特性和不同的运行状态、不同始发事件和事故类别对风险的贡献，事件序列及其主要风险贡献的最小割集，不确定性、敏感性和重要度分析结果等。

(8) 应对满足条件的核电厂开展核电厂巡访，验证构筑物和设备的抗震能力情况。

地震 PSA 应包括如下评估结果。

(1) 地震导致的堆芯损伤频率和大量放射性释放频率。

(2) 地震主要风险贡献的最小割集，不确定性、敏感性和重要度分析。

(3) 地震主要风险贡献的地震动区间、设备和结构等。

2-A.4.5 其他外部危险风险评估

应根据非能动核电厂的厂址特定情况，结合 2-A.4.1 节的外部事件筛选结果，从其他外部危险风险影响的角度检查核电厂抵御其他外部危险的能力及设计平衡性。

其他外部危险风险评估的开展宜包括下列内容。

(1) 外部危险危险性分析：评价特

定厂址不同强度外部危险的发生频率。

（2）外部危险易损度分析：识别特定电厂可能会受外部危险影响的 SSC，并确定它们在不同外部危险强度下的条件失效概率。

（3）外部危险电厂响应分析：建立核电厂外部危险响应模型，以外部危险可能导致的始发事件和其他失效的形式来反映外部危险的影响。针对每个已定义的外部危险电厂损伤状态进行定量化，获得 CCDP，整合危险性分析和易损度分析获得电厂不同损伤状态的频率，将其与 CCDP 结合评估堆芯损伤频率；同样在获得条件大量放射性释放概率（CLRP）后，结合内部事件 CET 评估大量放射性释放频率。

（4）低功率及停堆工况其他外部危险分析：评估低功率及停堆工况其他外部危险的特点，如大量人员维修和试验动作、安全相关系统后撤等。结合低功率及停堆工况内部事件 PSA 模型，建立低功率及停堆工况核电厂外部危险响应模型，获得 CCDP 和 CLRP 后，进一步评估堆芯损伤频率和大量放射性释放频率。

其他外部危险风险评估应包括如下评估结果。

（1）其他外部危险导致的堆芯损伤频率和大量放射性释放频率。

（2）其他外部危险主要风险贡献的厂房、敏感性分析结果。

2-A. 5　厂外后果分析

2-A. 5. 1　公众安全要求的执行

应确定非居住区边界人员全身剂量的余补累积频率分布（CCDF）。如果非居住区边界处的平均全身急性中心线剂量超过 250 mSv 的频率小于 1×10^{-6}/堆年，则该设计符合风险要求。

2-A. 5. 2　场外放射性后果分析方法

应以具体厂址参数为输入，采用概率后果分析软件进行场外后果计算。为了检验核电厂风险对设计要求的符合性，应分析堆芯损伤后持续 24 h 内在非居住区边界处的人员剂量。

2-A. 6　乏燃料池风险评估

宜参考一级 PSA 的要求，进行乏燃料池风险评估。结合乏燃料池相关特征，下面补充给出乏燃料池风险评估应特别注意的要求。

（1）以燃料损伤频率为分析目标，其中燃料损伤定义为：由于乏燃料池丧失冷却或冷却水流失，导致乏燃料池水位下降而引起的燃料组件裸露，或者燃料组件结构损坏并导致大量放射性物质释放。

（2）根据乏燃料池燃料余热水平、相关系统配置、事故缓解系统可用性的变化，进行电厂运行状态分组。

（3）详细考虑各类始发事件，如丧失冷却、丧失冷却剂、反应性事故、重物坠落和外部事件等。

（4）事件序列分析应适当考虑系统恢复，应综合考虑反应堆堆芯一级 PSA 与乏燃料池 PSA 之间在事故缓解系统可用性、人员动作可靠性上的相互影响，以及乏燃料池附近环境条件恶化对相关人员动作的影响。

（5）考虑到乏燃料池事故进程缓慢，应适当延长任务时间，如 72 h 等。

（6）人员可靠性分析应综合考虑乏燃料池事故进程缓慢而有利于人员执行恢复行动的影响，以及乏燃料池相关的事故规程与响应反应堆堆芯事故的事故规程在详细程度上的差异等各种因素。

附录 2-B 非能动核电厂特殊设计的说明

2-B.1 取消运行基准地震（OBE）

非能动核电厂地震设计取消了 SSC 的运行基准地震（OBE）要求，以安全停堆地震（SSE）作为单一的设计基准地震。

2-B.1.1 取消 OBE 的原因

取消 OBE 主要基于以下考虑。

（1）虽然 OBE 的震动幅值低于 SSE，但 OBE 工况的许用应力限制相比于 SSE 工况更低，OBE 可能成为控制核电厂构筑物和系统设计的关键因素，导致核电厂设计增加不必要的安全裕度，取消 OBE 不会导致整个核电厂的安全裕度显著降低。

（2）核电厂管道系统的地震应力分析表明：当地震载荷在载荷组合中起主要作用时，如果 OBE 小于 SSE 的 1/3，则 SSE 是控制管道设计的关键因素，取消 OBE 不会显著降低其安全裕度。

（3）动力管道试验表明：焊接管道能承受 1 次 SSE 载荷而不会发生破损，OBE 引发管道双端断裂的几率极小，针对 SSE 设计管道系统足以保证安全。

（4）机械设备的抗震鉴定表明：完全锚固的机械设备具有很强的抗震性能，而功能性通常由间隙不超过限值来决定，即由 SSE 而不是 OBE 所控制。因此，对通过分析来鉴定机械设备而言，取消 OBE 不会降低安全裕量。电气设备抗震鉴定中的功能要求和疲劳效应仍可通过等效循环次数折算，通过试验方法进行鉴定。

2-B.1.2 取消 OBE 后的相关措施

取消 OBE 后，核电厂 SSC 的抗震设计应补充以下措施。

（1）构筑物的抗震分析应考虑 SSE 对相邻构筑物间相对位移的影响。

（2）管道抗震设计中应考虑地震惯性效应引起的一次应力、锚固点相对运动引起的二次应力，以及地震应力循环引起的疲劳效应：

1）对于二次应力，由地震引起的锚固点运动原在 B 级使用限制中加以考虑，D 级使用限制中可不予考虑。取消 OBE 后，在 D 级使用限制中应考虑由 SSE 引起的管道锚固点运动效应。

2）考虑地震循环效应引起的疲劳时，可采用 2 个 SSE 产生的应力反应，每个 SSE 反应具有 10 次最大应力循环，或根据 IEEE-344“推荐核电厂 IE 级设备抗震鉴定的实施方法”附录 D 折算 1/3SSE 应力的循环数。

（3）对于核电厂的部件和支承件，安全级部件和支承件在 SSE 载荷条件下应保持其功能，要求：

1）通过分析加以鉴定时，SSE 载荷导致的应力应保持在线弹性范围内。

2）如系统的正常功能是防止或减轻电厂危急/事故相关事件所产生的后果，则 SSE 载荷导致的应力应根据 ASME B&PV 规范第Ⅲ卷第 1 册 NF 分卷中的 A 级或 B 级使用限制评定，并将 SSE 事件归入 B 级使用限制。

（4）抗震设计取消 OBE 后，不应使用任何替代的地震载荷来确定假想的管道破裂和泄漏开裂的位置，应根据正常运行和瞬态工况来建立管道破裂和泄漏的准则。

1）疲劳效应，包含地震循环效应在内的疲劳累积因子计算。

2）应由管道高应力和疲劳位置来确定管道断裂和泄漏开裂的位置。

3）当采用附加措施（如控制侵蚀/腐蚀或升级管道材料）使正常瞬态工况下管道破裂可能性减到最小时，应考虑减少管道破裂位置的数量。

（5）安全级机械和电气设备的抗震鉴定：

1）取消 OBE 的设备采用试验鉴定时，可用 2 种备选方法来保持 IEEE-344 所规定的功能要求。

（a）5 次 1/2SSE 事件后再发生 1 次 SSE 事件，或

（b）采用 IEEE-344 附录 D，与 5 次 1/2SSE 事件等效的峰值循环数，再发生 1 次 SSE 事件。

2）取消 OBE 的设备采用分析方法进行鉴定时，机械设备可忽略 OBE 造成的影响，对应 ASME B&PV 规范不同使用限制要求，可采用 SSE 事件作为控制因素，以满足结构完整性要求。

（6）需进行疲劳分析的部件或管道，对地震引起的疲劳效应，可采用相当于 2 次 SSE 事件、每次 10 个最大应力峰值循环来等效。如幅值等于 SSE 反应的 1/3 时，低水平应力的循环次数等效约为 315 次。

（7）取消 OBE 后，应补充抗震裕度评价（SMA），以论证核电厂抗震水平在超过设计基准 SSE 地震时仍有足够裕量。如核电厂 SSE 最大地面加速度峰值为 $0.3g$，SMA 抗震裕度地震（SME）值应 $\geqslant 0.5g$。

（8）取消 OBE 后，应在核电厂运行中设定一个低水平地震，当超过低水平地震时要求核电厂停堆并进行检查活动。该低水平地震取 1/3SSE，并根据地面反应谱、反应堆厂房基础反应谱及 CAV 等参数分析确定完整的停堆决策。

2-B.2 非安全相关系统补充管理要求（RTNSS）

非能动核电厂采用非能动安全系统完成设计基准范围内的安全功能；同时，非安全级的能动系统为事故缓解提供纵深防御功能，增加电厂事故应对层次性和安全裕量。考虑这部分非安全级系统对核电厂安全的潜在贡献，非能动核电厂要求实施非安全相关系统补充管理要求（RTNSS），通过额外措施提高重要非安全级系统的可靠性和可用性。

2-B.2.1 RTNSS 产生背景

不同于传统能动核电厂，非能动核电厂采用非能动安全系统，利用自然驱动力（如重力、自然循环或储能等）完成设计基准范围内的安全功能，为电厂在设计基准事故工况下提供堆芯和安全壳冷却。非能动系统不使用泵、风机等能动设备，不依赖于交流电源、冷却水和采暖通风等支持系统，因此非能动核电厂将所有能动系统定义为非安全级。同时，部分能动系统可提供事故缓解的纵深防御功能，可作为挑战非能动安全系统的前一道屏障，如果有效，则可避免非能动安全系统动作，提升电厂安全性。

在 20 世纪 90 年代美国非能动核电厂（如 AP600 和 SBWR 等）研发过程中，因为非能动系统驱动压头较小且缺乏工程运行经验，所以当时美国核管会（NRC）和美国电力研究院（EPRI）对于非能动系统固有不确定性问题都非常关注，这些不确定性包括系统性能不确定性（如在较低压差情况下止回阀可能无法打开等）和热工水力现象不确定性（如 ADS 阀门临界流等）。

虽然 AP600 等核电厂一方面通过设计改进改善了系统的性能问题，如采用偏心

开止回阀，提高止回阀在小压差情况下打开的可靠性；另一方面开展了大量试验研究来验证非能动安全系统的可靠性，但当时 NRC 认为这些活动仅是降低而并非消除此种不确定性。正因为非能动系统存在这些不确定性，考虑采用能动系统所提供的纵深防御功能作为补充，NRC 制定了一套用于重要非安全级能动系统识别和管理的方法，即非安全相关系统补充管理要求（RTNSS），通过额外措施强化重要非安全级系统的可靠性和可用性。

2-B.2.2 RTNSS 具体实施要求

非能动核电厂 RTNSS 实施应参考 SRP19.3 节和 NRC SECY-94-084 的要求，按照如下 5 个准则开展了评估工作，从概率论和确定论角度识别重要非安全级功能及物项。识别准则和评价活动如表 2-B.2-1 所示。

表 2-B.2-1 识别准则和评价活动

SRP19.3 识别准则	评价活动
准则 A：用于超设计基准（SBO 和 ATWS）应对	ATWS 评价 SBO 评价
准则 B：用于电厂长期安全和地震事件	事故 72 h 后行动评价 地震裕度分析
准则 C：用于满足概率安全目标	PSA 缓解评价 始发事件评价
准则 D：用于满足安全壳性能目标	安全壳性能分析
准则 E：用于防止系统间不利作用	系统间不利作用分析

根据评价活动，确定可用性/可靠性（R/A）任务和风险重要非安全级物项（RTNSS 物项），针对性的提出相应的监督管理和设计要求，具体如下。

（1）质量保证要求：RTNSS 物项应纳入设计可靠性大纲（D-RAP），并满足 SRP 17.5 U.1 的 18 项质保要求。

（2）附加设计要求：针对 RTNSS B 类物项（事故后 72 h～7 天提供安全功能），从可用性、抗震能力、飓风和水淹等方面提出额外的设计强化要求，具体可参见 SRP19.3。

（3）可用性控制（AC）措施：RTNSS 物项应满足短期可用性控制要求，增加运行监督试验项目。运行监督试验内容应包括运行限值条件和监督要求，具体可纳入核电厂技术规格书。

2-B.3 安全停堆温度

相比传统压水堆核电厂，非能动核电厂利用安全级的非能动余热排出系统，在非 LOCA 等事故工况下可将反应堆冷却剂系统温度带至安全停堆温度（215.6 ℃）并维持电厂的长期安全停堆状态。

2-B.3.1 能动核电厂方法

对于传统压水堆核电厂，一般要求设计上应确保在 36 h 内将反应堆冷却剂系统从满功率停堆状态冷却至冷停堆状态（93.3 ℃）。冷却过程第一阶段通过应急给水系统向蒸汽发生器注水，并利用蒸汽排放将反应堆冷却剂系统温度降低至余热排出系统接入温度（176.7 ℃）；第二阶段通过余热排出系统将温度进一步降低至冷停堆状态（93.3 ℃）。应急冷却系统为安全级，设计上应满足单一失效准则并考虑厂内电源或厂外电源丧失。

2-B.3.2 非能动核电厂方法

对于非能动核电厂，利用安全级非能动余热排出系统在瞬态、事故或任何正常热量排出路径丧失时提供应急堆芯冷却，在非 LOCA 等事故后可将反应堆冷却剂系统在 36 h 内冷却至安全停堆状态并长期维持，使燃料、反应堆冷却剂压力边界和安全重要构筑物不超出设计限值。

非能动余热排出系统具有固有设计特点，堆芯余热通过浸没在安全壳内置换料水箱中的热交换器导出至水体中，再由水体受热沸腾蒸发，蒸汽则在钢制安全壳壁（热量通过非能动安全壳冷却系统带至最终热阱）上冷凝后由返回槽收集冷凝液并输送回内置换料水箱，循环往复，从而实现堆芯余热导出。虽然非能动余热排出系统无法将反应堆冷却剂温度降低至水的饱和温度以下，但设计上能够使反应堆冷却剂系统在 36 h 内冷却至安全停堆状态（215.6 ℃）以下并长期维持，因此将 215.6 ℃作为非能动核电厂的安全停堆温度。

此外，非能动核电厂设置了能动的停堆冷却系统，可将反应堆冷却剂系统带至冷停堆或换料状态。对于非安全级的能动余热排出系统，可通过实施非安全相关系统补充管理要求（RTNSS）等措施提高系统功能执行的可靠性和可用性。

附录 2-C 经济性评价

2-C.1 引言

2-C.1.1 目的

核电经济性评价的目的是衡量和比较不同技术或方案的经济竞争力，为政策制定、项目投资决策、项目经济性目标的确定和控制等提供全面、客观、合理的依据。

本附录旨在给出核电厂经济性评价的总体要求，包括费用测算、财务分析、不确定性分析和风险分析等。

核电厂费用测算和财务分析可得出各种经济性评价指标及其构成，为相关方了解核电厂经济性提供便利，也为核电技术的经济性优化改进提供支撑。

2-C.1.2 范围

本附录核电厂经济性评价的范围限于电厂层次，指电厂法人在建造和运营电厂过程中预计实际承担现金流出的费用，包括建设成本、运行维护成本和燃料成本，其中核电站运行寿命结束后、对电厂采取拆除或封闭等措施准备的资金即（退役基金）通常包含在运行维护成本中。

2-C.2 总则

2-C.2.1 经济性评价指标

核电厂发电成本主要由建设投资、运行维护成本和燃料成本构成。衡量和比较核电经济性的指标通常包括以电厂装机容量衡量的投资、以发电量衡量的成本及财务评价指标等。

单位千瓦投资是按装机容量计算的建设投资，与建设投资范围和内涵对应主要分为单位千瓦静态投资（基础价）和单位千瓦动态投资（建成价）。

以发电量衡量的指标根据是否考虑时间价值主要分为平准化发电成本（Levelized Cost of Electricity，LCOE）和经营期平均发电成本。

财务评价指标主要指资本金内部收益率或上网电价，当固定资本金内部收益率时测算上网电价，当已知上网电价时测算资本金内部收益率。

2-C. 2. 2 计算方法

单位千瓦投资相关指标计算主要参照《核电厂建设项目费用性质及项目划分导则》（NB/T 20639）、《核电厂建设项目建设预算编制方法》（NB/T 20024）、《核电厂建设项目工程其他费用编制规定》（NB/T 20025）及适用的计价依据，结合非能动核电厂设计方案，考虑基准日期的价格水平和财税利率政策等测算。

经营期平均发电成本和财务评价指标是在估算项目建设投资的基础上，按照《核电厂建设项目经济评价方法》（NB/T 20048）中规定的方法与参数，在保证成本回收、履行还贷合约的前提下测算。

LCOE 指假定所发电力全部收益的现值等于电厂建设和运行所发生全部费用的现值时计算的发电成本。

2-C. 2. 3 一般规定

标准化机组系列的平均单位千瓦投资低于具有相同特性但分别进行设计和建造的机组的单位千瓦投资，这主要是因为首堆效应和源于系列化、标准化制造建造的学习效应。核电经济性评价应考虑技术成熟度，区分首堆项目和后续项目，并识别厂址因素等引起的差异。

经济性评价参数应根据国家和行业的发展战略与发展规划、市场需求状况、投资经济效益的实际需要，并结合行业特点进行确定。经济性评价参数具有时效性，应适时测算、动态调整，测定和选用应坚持谨慎性和准确性原则。

LCOE 考虑了各类费用的时间价值，可在公允的平台上对不同发电技术、不同能源项目的经济性作出客观、真实的判断，在国外也用于衡量核电本身经济性，但在国内较少采用，本附录不展开描述。

2-C. 3 费用构成

2-C. 3. 1 建设投资

建设投资构成应将核电工程从大到小逐级分解，并将工程子项系统的范围划分得清楚且全面，便于进行费用计算和经济分析等。

2-C. 3. 1. 1 项目计划总资金

项目计划总资金由动态投资（工程建成价）和铺底流动资金、建设期可抵扣增值税额构成，工程建成价由工程费用、工程其他费用、基本预备费、n/m 首炉核燃料费、价差预备费和建设期利息构成，其中，工程费用、工程其他费用、基本预备费、n/m 首炉核燃料费之和称为静态投资（基础价）。

2-C. 3. 1. 2 工程费用

按费用性质划分，工程费用主要包括建筑工程费、安装工程费、设备购置费。按费用项目划分，工程费用包括前期准备工程费、核岛工程费、常规岛工程费、BOP 工程费。

1）建筑安装工程费用由直接费、间接费、利润、编制基准期价差和税金组成。

2）设备购置费由设备费和设备运杂费构成。

2-C. 3. 1. 3 工程其他费用

工程其他费用参照《核电厂建设项目工程其他费用编制规定》（NB/T 20025），包含建设场地征用及清理费、前期工作费、项目建设管理费、工程勘察设计与技术服务费、生产准备费、联合试运转费及其他方面费。

2-C. 3. 1. 4 基本预备费

因设计变更（包括施工过程中工程量

增减、设备改型、材料代用）而增加的费用，一般自然灾害可能造成的损失和预防自然灾害所采取的临时措施费用，以及为其他不确定因素可能造成的损失而预留的工程建设资金。

2-C.3.1.5 首炉核燃料费

核电工程中首次装入核燃料所需费用。一般根据换料比例和周期不同确定列入基本建设投资额为 n/m 首炉核燃料费。

2-C.3.1.6 价差预备费

建设工程项目在建设期间内，由于价格等变化引起工程造价变化的预测预留费用。

2-C.3.1.7 建设期贷款利息

筹措债务资金时，在建设期内发生并按照规定允许在投产后计入固定资产原值的利息及其相关费用。

2-C.3.1.8 铺底流动资金

为保证核电厂的初期生产和运营正常进行，用于购买核燃料、材料、备品备件和支付人员工资所需要的周转资金，铺底流动资金按生产流动资金的30%计算。

2-C.3.1.9 建设期可抵扣增值税

建设期间购买设备、建筑工程、安装工程及其他费用所需支付的相关增值税额。可在运营期内抵扣，不计入固定资产原值，不包含在建成价内，但需在建设期内支付，故包含在项目计划总资金内。

2-C.3.2 运行维护成本

核电厂发电总成本费用可分解为固定成本和可变成本。固定成本包括折旧费、摊销费、修理费、工资及福利费、退役基金、保险费、其他费用及财务费用等。可变成本包括核燃料费、乏燃料后处理费、材料费、水费、中低放废物处理处置费和核应急费等。

其中折旧费、摊销费及财务费用中的长期借款利息通常与建设投资相关，核燃料费和乏燃料后处理费与燃料循环相关。

运行维护成本指的是核电发电总成本中与建设投资无关、也与燃料循环无关的运行维护期间需要发生的费用，包括工资及福利费、修理费、保险费、其他费用、财务费用（流动资金及短期借款利息）、材料费、水费、中低放废物处理处置费、退役基金和核应急费等。

2-C.3.3 燃料成本

包括与燃料循环相关的核燃料费和乏燃料后处理费。特别地，n/m 首炉核燃料费计入了建设投资中，不再计入燃料成本。

2-C.4 费用测算

2-C.4.1 建设投资测算

2-C.4.1.1 一般规定

核电厂建设投资是核电厂建设项目自前期工作开始至项目全部建成投产运营所需要投入的资金总额，铺底流动资金和建设期可抵扣增值税等在建设期发生但不形成固定资产，不构成工程建成价。

费用项目划分次序如下。

1）工程费用

（a）前期准备工程。

（b）核岛工程。

（c）常规岛工程。

（d）BOP 工程。

2）工程其他费用

3）特殊项目

4）n/m 首炉核燃料费

5）基本预备费

注：1）～5）项构成工程基础价，即静态投资。

6）价差预备费

注：1）~6）项构成工程固定价。

7）建设期利息

注：1）~7）构成工程建成价，即动态投资。

8）铺底流动资金

9）建设期可抵扣的增值税

注：1）~9）项构成项目计划总资金。

核电厂建设项目建设预算是项目管理的重要内容，也是各阶段设计文件的重要组成部分，在初步可行性研究、可行性研究、初步设计和施工图设计的各阶段，应根据设计文件编制投资估算、初步设计概算和施工图预算。

技术经济专业在初步可行性研究阶段的主要任务是编制初步投资估算和厂址条件的比选，重点工作是厂址条件的比选。

技术经济专业在可研阶段主要工作是编制投资估算。投资估算是可行性研究报告的重要组成部分，项目确定后，投资估算总额还将对初步设计概算编制起控制作用。

初步设计概算是初步设计阶段设计文件的重要组成部分，是工程项目投资控制的基本依据。初步设计概算投资应控制在已批复的可行性研究投资估算投资范围内。如果初步设计概算总投资和可行性研究批复的总投资相比差距较大，应分析产生偏差的主要原因。初步设计概算总投资是控制施工图设计的投资限额，原则上不应突破。

核电厂施工图预算是设计文件的重要组成部分，是建设项目法人控制投资的重要手段，也是拨付阶段性工程款、子项工程结算和总结算的重要依据，施工图预算也可以是项目法人进行施工招标的依据，还可以是项目法人进行现场设备、材料拨付、交接，编制设备、材料采购计划的依据。施工图总预算应控制在初步设计概算总投资范围内，如超出时编制单位应分析说明超出的原因。

2-C.4.1.2 编制方法

在建设预算正式编制之前，应制定统一的编制原则及方法，确定统一的编制依据。编制原则及方法的内容包括工程基础价基准日期、定额、设备和材料的价格及取费标准的取定原则等；编制依据包括工程量计算依据，人工、材料、机械、设备等价格采用的依据，人工、材料、机械等消耗量计算的依据（简称定额或指标），以及取费计算标准等。

核电厂建设预算应按建筑工程费、安装工程费、设备购置费、工程其他费用、基本预备费、n/m 首炉核燃料费、价差预备费、建设期利息、建设期可抵扣的增值税和铺底流动资金分别进行编制。

为便于技术经济比较，应按照建设预算项目划分表中规定的技术经济指标单位计算各指标。技术经济指标单位为“元/千瓦”的指标，在计算时，千瓦数应以该工程的设计额定容量为准。在计算时，单位为“元/米”“元/千米”“元/平方米”“元/立方米”“元/吨”的指标，其数量应为不含施工损耗的设计用量。

具体编制方法参见《核电厂建设项目建设预算编制方法》（NB/T 20024）、《核电厂建设项目工程其他费用编制规定》（NB/T 20025）。

2-C.4.2 运行维护成本测算

2-C.4.2.1 一般规定

核电厂运行维护成本指核电项目在生产经营过程中发生的物质消耗、劳动报酬及各项非核燃料费用等，包含材料费、水费、中低放废物处理处置费、核应急费、修理费、工资及福利费、退役基金、保险费和其他费用等，其中只与机组容量有关，而与是否发电及电量多少无关的成本归集为固定成本，包括运行维护成本中的修理费、工资及福利费、退役基金、保险费和其他费用，与电量有关的成本归集为可变成本，包括运行维护成本中的材料费、水费、中低放废物处理处置费和核应急费等。

2-C. 4. 2. 2 编制方法

运行和维护成本（O&M）各科目的计算方法参见《核电厂建设项目经济评价方法》（NB/T 20048）。

特别地，退役基金指核电厂运行寿命结束后，对电厂采取拆除或封闭等措施准备的资金。目前我国已明确由中央财政设立核电站退役专项基金账户，各核电厂在商业运行期内提取退役基金存入该账户，但相应费用征收标准尚未确定。

在现有核电项目的财务计算中，退役基金总额按固定资产原值的10%来计取，在运营期内平均分摊。

2-C. 4. 3 燃料成本测算

2-C. 4. 3. 1 一般规定

核燃料循环成本包含前段成本和后段成本。

核燃料循环前段成本由天然铀成本、转化成本、浓缩成本和组件成本组成。前段成本通常区分为首炉核燃料和年燃料费。

首炉核燃料费包括首次装料时装入堆芯的全部燃料组件费用、相关组件费用，n/m 首炉核燃料费是核电厂基础价的组成部分，构成核电厂建设投资。燃料组件费用由天然铀采购费用、转化费用、浓缩费用、组件制造费用、运杂费及税金组成。相关组件费用包括黑控制棒组件、灰控制棒组件、可燃毒物组件、一次中子源组件、二次中子源组件及阻力塞组件等组件费用。

年燃料费用指年度消耗的核燃料费，一般根据平衡循环单次换料装载的燃料组件费用折算至年度。年核燃料费由天然铀采购费用、转化费用、浓缩费用、组件制造费用及运杂费组成。

核燃料循环后段成本主要指使用过的高放射性核燃料进行处理和处置的费用。

2-C. 4. 3. 2 编制方法

核燃料循环成本的计算方法参见《核电厂建设项目经济评价方法》（NB/T 20048）。

首炉核燃料费和年核燃料费报价或合同价格信息，包括天然铀（U_3O_8）单价、转化单价、分离功单价、燃料组件单价、相关组件费用及运杂费率，由项目业主提供。

首次装料燃料组件信息、相关组件信息，单次换料燃料组件信息，包括燃料组件的^{235}U丰度、燃料组件含铀量及组件数量，以及平均卸料燃耗等参数由非能动核电厂设计方提供。

2-C. 5 财务分析

2-C. 5. 1 一般规定

非能动技术电厂可依据《核电厂建设项目经济评价方法》（NB/T 20048）开展财务分析工作。

财务效益与费用测算是财务分析的重要基础，财务效益与费用测算应采用以市场价格体系为基础的预测价格。在建设期内，应尽可能考虑投入的相对价格变动，又考虑价格总水平变动。设计人员应提供工程造价和发电能力等相关数据，尽可能贴近实际发生的价格水平，并且细化各部分费用目标，以便能综合所有必要的资料来计算发电成本并且分析各部分费用在发电成本中的占比，使财务分析合理并准确，有助于业主更好地完成经济性优化工作。

国内项目的项目资本金占工程建成价的比例应符合国家法定资本金制度。建设项目的资金使用应根据项目的建设工期合理安排、明确项目资本金和债务资金的年度使用计划。

财务效益指销售产品所获得的收入，包括但不限于售电收入，采用不含增值税的价格计算。销售税金及附加费应包括增值税、城市维护建设税和教育费附加等。企业所得税应根据税法规定，并注意正确使用相关优惠政策。

费用测算具体内容和方法参见 2-C. 4 节。

2-C. 5. 2　财务分析

通过编制财务分析基本报表，计算财务指标，分析项目的盈利能力、偿债能力和财务生存能力，判断项目的财务可接受性，明确项目对业主的价值贡献，为项目投资决策提供依据。

2-C. 5. 2. 1　计算参数

参数的测定和选用应坚持谨慎性和准确性原则，财务分析工作需要在大量预测的基础上进行，对参数不能简单套用，而是在充分论证分析的基础上，结合具体情况合理选定相应参数，每个参数均有其自身的有效期，都需要适时地进行调整。

1）电厂输出功率：设计提供的电厂电功率，如考虑上网功率则应扣除厂用电率。

2）机组年利用小时数：机组年利用小时数=8 760 h×负荷因子。

3）电厂经济寿命期：经济寿命期参考《核电厂建设项目经济评价方法》选取。

4）项目建设工期：根据电厂建设进度的信息，确定电厂浇灌第一罐混凝土至商业运行的周期。

5）价格基准日期：核电厂经济评价应选取一个固定的基准日期。

6）借款利率：按项目法人与银行签订的还款协议中约定的利率，签订协议之前，按中国人民银行发布的编制当期的长期贷款利率。

7）汇率：核电厂经济评价应采用与基准日期相一致的汇率。

2-C. 5. 2. 2　盈利能力分析

盈利能力分析主要以项目投资内部收益率、项目资本金内部收益率和项目投资回收期为主要指标，以项目投资财务净现值、总投资收益率和项目资本净利润为辅助指标。盈利能力分析应结合市场环境、业主需求等因素进行分析，并给出以下指标。

1）项目投资内部收益率。

2）项目资本金内部收益率。

3）财务净现值。

4）项目投资回收期。

5）总投资收益率。

6）项目资本金净利润率。

2-C. 5. 2. 3　偿债能力分析

偿债能力分析主要以利息备付率、偿债备付率、资产负债率、流动比率、速动比率为主要指标进行分析，并判断其资产偿还长期债务与短期债务的能力。

2-C. 5. 2. 4　财务生存能力分析

财务生存能力分析是通过编制财务计

划现金流量表，考察项目计算期内的投资、筹资和经营活动所产生的各项现金流入和流出，计算净现金流量和累计盈余资金，分析项目是否有足够的净现金流量维持正常运营，以实现财务可持续性。

2-C.6 不确定性分析和风险分析

2-C.6.1 一般规定

项目经济性评价所采用的基本变量都是对未来的预测和假设，具有不确定性。

不确定性分析旨在找出影响项目经济性的敏感因素，确定敏感程度，主要包括盈亏平衡分析和敏感性分析。

风险分析可得出不确定性因素发生的可能性，以及对经济性影响的程度，可采纳不确定性分析找出的敏感因素作为风险因素识别和风险估计的依据。

2-C.6.2 不确定性分析

2-C.6.2.1 盈亏平衡分析

盈亏平衡分析根据项目正常生产年份的产量、固定成本、可变成本和税金等，计算盈亏平衡点，分析研究项目成本与收入的平衡关系。当项目收入等于总成本费用时，正好盈亏平衡。盈亏平衡点越低，表示项目适应产品变化的能力越大，抗风险能力越强。

2-C.6.2.2 敏感性分析

敏感性分析指分析不确定性因素变化对财务指标的影响，找出敏感因素。核电项目主要分析对内部收益率的影响，计算敏感度系数和临界点，结论应列表表示并绘制敏感性分析图。

根据核电工程项目特点，不确定性因素主要为建成投资、负荷因子、核燃料价格和上网电价四项。当给定内部收益率测算电价时，敏感性分析主要指建成投资、负荷因子和核燃料价格等不确定因素变化时对售电价格的影响，并绘制敏感性分析图。

2-C.6.3 风险分析

风险分析通过识别风险因素，估计各风险因素发生变化的可能性，以及这些变化对项目的影响程度，揭示影响项目的关键风险因素，提出项目风险的预警、预报和相应的对策。通过风险分析的信息反馈，改进或优化设计方案，降低项目风险。

从上网电量方面进行项目收益风险分析，从设备材料供应、物价水平等方面进行工程建设风险分析，从工期延长等方面进行工期风险分析，从资金来源、供应量和供应时间等方面进行融资风险分析，从燃料价格方面进行运营成本风险分析，从税率、利率、汇率及通货膨胀率等方面进行政策风险分析。

风险分析方法可采用专家调查法、层次分析法、概率风险分析和蒙特卡洛模拟法等，应根据实际情况选用一种方法或多种方法组合使用。

3 反应堆系统

3.1 通用要求

本节给出了反应堆系统设计的通用要求。

(1) 防止裂变产物释放的屏障

反应堆系统应设计燃料包壳和反应堆冷却系统压力边界2套独立的屏障，以防止裂变产物释放。

(2) 压力边界

反应堆压力容器的设计和制造应采用经验证的技术。应为反应堆压力容器选择合适的材料、设计和制造方法，使材料在正常运行和事故工况下，不会出现快速裂纹扩展或其他脆性断裂行为引起的失效。

(3) 反应性系数

反应堆的设计应使得在所有的运行工况下，反应性反馈能抑制功率的快速增加。在所有的功率运行工况下，功率反应性系数应为负值。反应性系数包括燃料多普勒系数、慢化剂温度系数，必要时还包括慢化剂空泡系数。

(4) 抗功率振荡

反应堆堆芯的设计应使得对于任何功率振荡，即使操纵员不采取动作，也能通过堆芯固有的特性或反应堆保护系统的保护来保证堆芯不超出燃料安全限值。

(5) 燃料热工裕量

反应堆系统的设计应保证燃料棒运行在特定的燃料设计限值以下，并应具有至少15%的热工裕量。

(6) 反应性控制

反应性控制系统的设计应确保其在正常运行、预计运行事件、设计基准事故和设计扩展工况下能够执行其安全功能。另外，它们也应能够执行地震事故下的预期功能。堆芯反应性控制要求设计2套独立的控制系统，2套系统的固有设计原理必须不同。在冷停堆状态下，这2套系统中应至少有1套能够维持反应堆次临界。

(7) 停堆裕量

反应性控制系统的设计应使得在反应堆全寿期中，冷态工况下最大反应性时刻，以及最大价值的一束控制棒完全抽出堆芯时，堆芯次临界度满足停堆裕量限值要求。反应性控制系统应与堆芯保护系统配合，限制反应性引入的总量和速率，以确保假设的反应性事故情况下（如弹棒事故等）不会导致堆芯熔毁、反应堆冷却剂压力边界破坏、堆芯充分冷却能力丧失。

(8) 次临界度

反应堆堆芯及相关元件或系统的设计应保证燃料操作期间系统处于次临界状态。所有预期工况下，都必须维持次临界度，包括计划的中间倒料、任何单一故障或者程序错误。换料时，可通过适当的硼化达到次临界要求。

(9) 燃料循环

初始核设计和燃料循环成本评估应以一次通过式铀燃料循环为基础。

(10) 能量输出

对堆芯和燃料的基本性能要求是，在

整个计划的运行循环期间产生并输出预期热量，并有足够的裕量和控制能力实现预期的电厂瞬态和计划的灵活运行。

（11）灵活运行能力

反应堆应具备灵活运行的能力。频率控制主要通过慢化剂温度变化和小幅度的控制棒自动动作实现，计划的负荷跟踪控制主要通过控制棒系统自动动作实现。应通过控制棒进行反应性控制以尽量减少含硼废水的产生。堆芯和相关系统应具备长期低功率运行能力和循环寿期末的延伸运行能力。在汽轮机甩负荷情况下，通过预先选定的控制棒快速下落等手段避免反应堆停堆，并可较快地恢复功率至甩负荷前的水平。

（12）稳定运行

堆芯特性应保证在任何正常的预期运行工况下堆芯均可稳定运行。允许操纵员识别不稳定因素并加以干预，但即使操纵员不采取任何措施，堆芯也不应当突破燃料热工限值。

3.2 堆芯核设计

3.2.1 堆芯装载和燃料燃耗

堆芯装载方案和堆芯外围区域的设计应使沿堆芯边界的中子泄漏尽量低；燃料循环长度应与电厂可用率和换料周期的要求一致；最高燃料棒平均燃耗不超过燃料性能分析确定的燃耗限值；同时，为了分区卸料燃耗深度达到预期值，堆芯的燃料装载必须提供足够的过剩反应性。

3.2.2 功率分布

在至少95%的置信度下满足下述要求。

（1）在Ⅰ类工况和Ⅱ类工况（包括最大超功率工况）条件下，堆芯的功率分布不应导致燃料的运行违反偏离泡核沸腾（DNB）设计准则。

（2）在Ⅱ类工况条件下，峰值线发热率（PLHR）不会导致燃料熔化。

（3）燃料管理设计应使燃料棒产生的功率和燃耗与燃料棒机械完整性分析所采用的假设相一致。

（4）在正常运行条件下，燃料的PLHR（包括热测量误差）不大于安全分析可接受的值。

3.2.3 反应性系数

燃料温度系数应是负的，并且在功率运行条件下慢化剂温度反应性系数不应出现正值，从而提供负的反应性反馈特性。

3.2.4 堆芯控制

3.2.4.1 最大可控反应性引入速率

由控制棒组件提升或硼稀释导致的最大反应性引入速率受到电厂设计、硬件和基本物理性能的限制。在正常功率运行期间，最大的可控反应性引入速率是受到限制的。对2个控制棒组事故提升，限制其引入的最大反应性变化率，以确保PLHR和偏离泡核沸腾比（DNBR）不会超过设计限值。

控制棒的最大反应性价值和控制棒提升引起的最大反应性引入速率应受到限制，以防止由于单束控制棒提升或弹棒事故导致冷却剂压力边界的破坏或堆内构件的损坏，从而削弱堆芯冷却能力。

在发生任何一种Ⅳ类工况事件后，如弹棒事故或蒸汽管道破裂事故等，反应堆应能达到停堆状态，并且堆芯能够维持可接受的传热几何形状。

3.2.4.2 反应性控制

通过溶解在冷却剂中的化学毒物、棒束控制组件和可燃毒物棒（包括整体型和离散型可燃毒物棒）来控制堆芯反应性。

3.2.5 停堆裕量

在所有的运行模式下，反应堆要求有适当的停堆深度或次临界度。在所有涉及反应堆停堆的分析中，都要假定价值最大的一束控制棒未能插入堆芯而处在全提升位置（卡棒准则）。

3.2.6 稳定性

堆芯基模功率振荡应具有固有的稳定性。在功率输出不变的情况下，应能可靠且容易地探测并抑制堆芯发生的空间功率振荡。

3.2.7 控制棒布置和反应性价值

（1）控制棒组总的反应性价值应适当，满足安全分析的要求。

（2）鉴于功率运行时这些控制棒可能部分插入堆芯，总功率峰值因子应足够小，以满足功率容量的要求。

（3）停堆棒组提供附加的负反应性，以保证足够的停堆裕量。

3.2.8 反应堆压力容器辐照

（1）合理设置中子屏蔽结构及堆芯与反应堆压力容器内表面的水隙，降低反应堆压力容器内表面快中子注量。

（2）采用低泄漏燃料管理策略，降低反应堆压力容器内表面快中子注量。

（3）合理布置辐照监督管，使用合适的中子测量组件，为反应堆压力容器材料辐照损伤状态的准确监督和评价提供可靠的数据。

3.2.9 中子源和测量仪表

3.2.9.1 中子源

堆外源量程核仪器能够提供足够的中子源强信号用于首循环和后续循环启动。中子源元件包括中子源材料（如^{252}Cf/铍或^{238}Pu/铍）和支持材料（锑/铍）。中子源元件应以简单的、经过验证的方式安装并固定在堆芯内，并且易于安装或卸除。当反应堆后续循环启动时，如果堆内燃料中自发裂变产生的中子源能够为堆外源量程核仪器提供足够的中子源强信号，则可以考虑取消中子源，实现“无源”启动。

3.2.9.2 堆芯功率水平测量仪表

堆芯功率水平由位于压力容器外仪表通道内的堆外中子探测器监控。在换料水池充满或未充水的情况下，都能容易地维护和更换这些探测器。

3.2.9.3 堆芯功率分布测量仪表

1）位于堆内的中子探测器对堆芯功率分布进行监控，它能够测量整个堆芯有代表性位置的中子通量。

2）堆芯功率分布仪表应能够清楚地探测到功率分布异常和功率分布振荡。

3.2.10 灵活运行和瞬时响应

3.2.10.1 负荷跟踪

电厂应在90%循环寿期内具备实施负荷跟踪的能力。典型的负荷跟踪运行方式见2.3.4.1节。机组应具备长期低功率运行和循环寿期末延伸运行的能力。

负荷跟踪期间允许调节硼浓度，同时也可通过低价值灰控制棒的使用实现不调硼的负荷跟踪，以减小含硼废水产量。

3.2.10.2 频率控制

电厂应具备对电网频率变化进行自动响应的能力。典型的频率控制运行方式见2.3.4.2节。

3.3 燃料设计

3.3.1 总体要求

3.3.1.1 安全要求

设计应保证燃料组件和燃料棒在正常

运行工况和预期运行事件下保持结构完整性；在事故工况下，没有燃料棒破损，或只允许有限数量的燃料棒发生破损。允许燃料棒发生破损的数量取决于事故的频率和性质，对于设计基准事故和没有造成堆芯明显损伤的设计扩展工况，应保证堆芯具有可冷却的几何形状。

设计应保证作为反应性控制手段的控制棒组件，在正常运行工况下能够始终保持执行快速停堆安全功能的能力，不应对执行快速停堆的能力和效率产生不利影响。

3.3.1.2 性能需求

1）基本性能

燃料设计的基本性能需求是在满足核安全相关法律法规和导则要求的前提下，在规定的运行循环长度内，通过核裂变反应产生足够的热量，使机组达到并能保持在所要求的功率水平。燃料系统的设计应有足够的裕量，以避免各类运行瞬态可能导致燃料设计准则被突破的情况，并且在正常稳定运行期间能够承受工况的波动和调整。

2）燃料燃耗与可靠性

燃料组件机械设计燃耗应不低于60 000 MWd/tU，燃料棒及燃料组件结构部件应能在堆内运行至少6年，以及在乏池中贮存至少60年。

在燃料系统的设计中，应以燃料“零失效”作为目标，尽可能减少随机少量破损，充分考虑各种可能影响燃料可靠性的因素，来指导相应设计工作的开展。影响燃料可靠性因素，至少应考虑以下方面：异物对燃料棒的磨蚀、弹簧刚凸与燃料棒的微动磨蚀、芯块包壳相互作用、水垢及其可能引起的包壳表面局部硼集聚和加速腐蚀，以及在燃料制造中可能引入的燃料性能劣化因素等。

3）燃料运行灵活性

燃料设计应确保能够满足机组实现快速功率变化以及不调硼负荷跟踪的能力，因此需要设计具有价值适中的控制棒（灰棒），用来进行反应性调节和功率分布的控制。

燃料设计应在确保安全的前提下，使机组在换料启动以及长期低功率运行后的升功率过程中，以尽可能少受限制的方式提升功率水平，获得更好的经济性。

4）控制棒组件寿期

控制棒组件设计寿命应足够长，以获得更好的经济性。设计寿命最低应不少于15个满功率年，且应以20个满功率年为目标。

3.3.2 燃料功能

3.3.2.1 燃料组件功能

为了确保燃料组件满足堆内运行要求并达到设计燃耗，燃料组件应满足以下整体功能要求。

1）保持燃料棒位置

燃料组件设计应确保燃料棒在组件中的相对位置保持固定，从而保证堆芯核设计特性满足设计要求，并确保燃料棒得到充分冷却，防止偏离泡核沸腾的发生。

2）保持燃料组件位置

燃料组件设计应确保燃料组件在堆芯中保持相对位置固定，从而确保冷却剂流量、堆芯布料方案和堆芯反应性控制满足设计要求。

3）提供相关组件棒可插入性

燃料组件设计应为相关组件提供插入通道并进行适当的横向支撑，从而确保相关组件在堆内的准确定位，以及控制棒组件进行反应性控制所必须的轴向移动。

4）产生热量并有效导出热量

燃料组件设计应提供足够的传热特性

和冷却剂流量，从而确保能够产生所需的热量，并能够有效导出，即能够在所要求功率下具有足够的热工裕量，同时确保堆芯内冷却剂流量分配可接受。

5）燃料及裂变产物包容

作为放射性裂变产物的第一道屏障，燃料组件设计应确保燃料及放射性裂变产物包容在燃料组件内不发生外泄，从而确保反应堆运行、乏燃料操作、乏燃料处置过程中的安全性。

6）热中子吸收截面小、感生放射性小、半衰期短

在满足燃料组件整体机械性能的前提下，燃料组件的材料应尽量选择热中子吸收截面小、感生放射性小、半衰期短的材料。

7）防止燃料棒穿出

燃料组件设计应确保燃料棒不会从上管座或下管座中穿出，从而确保燃料棒的位置可控。

8）允许燃料棒热膨胀和辐照生长

燃料组件设计应留有足够间隙供燃料棒沿轴向热膨胀和辐照生长，并确保燃料棒不会与上管座发生接触。同时格架夹持力应确保燃料棒与燃料组件骨架的轴向相对位置变化不对组件导向管造成过大载荷。

9）允许燃料组件轴向生长

燃料组件设计应确保燃料组件发生轴向热膨胀和辐照生长后不同时与堆芯上、下板发生接触，从而确保组件不发生过多弯曲。

10）燃料组件轴向刚度

燃料组件与堆芯上、下板通过定位销进行横向定位，轴向高度上无其他横向支撑，因此燃料组件应沿轴向具有一定的刚度，防止组件发生过大弯曲而影响相关组件的正常插入。

11）燃料组件相容性

燃料组件设计应考虑换料循环中新、旧燃料组件的相容性，具体包括结构接口、堆芯流量分配及横向流等。

12）容纳堆芯测量仪表

燃料组件设计应能够容纳堆芯测量仪表，并提供必要的冷却条件。

13）抗化学和辐照损伤能力

燃料组件长期处于堆芯高温、高压、高辐射环境中，燃料组件材料应具备抗化学损伤和抗辐照损伤能力，从而确保燃料组件的结构完整性。

14）抗水力提升力

燃料组件设计应确保Ⅰ、Ⅱ类工况下（泵超速工况除外），组件压紧弹簧能够提供足够的压紧力，使得燃料组件不离开堆芯下板，从而确保组件不因轴向窜动而发生损伤。

15）降低流致振动

燃料组件设计应确保通过燃料组件的冷却剂流动不会造成不可接受的流致振动，不会因为流致振动磨蚀而造成燃料棒破损。

16）操作、运输和贮存接口

燃料组件设计应确保燃料组件在装换料、吊装、运输和贮存过程中与操作工具和运输、贮存容器接口的相容性。

17）极限事故工况下燃料组件运行要求

Ⅲ、Ⅳ类工况下燃料组件应能够确保允许反应堆停堆、保持堆芯可冷却的几何形状、燃料棒包壳的温度和氧化膜厚度在安全限值以内。

18）燃料棒破损率

燃料组件设计应确保流致振动、包壳腐蚀、制造缺陷、PCI 导致的燃料棒破损

率在电厂自净化系统的可接受范围之内。

19）燃料回收处理

燃料组件结构材料的选择应考虑组件的回收再利用工艺，即确保乏燃料溶解过程中不与结构材料发生反应。

20）允许燃料棒拆装

燃料组件结构设计应考虑能够方便进行燃料棒的拆装和换棒操作，即燃料组件管座应设计为可拆卸。

3.3.2.2 控制棒组件功能

1）运行功能

控制棒组件在燃料组件中的插入和抽出应能为堆芯提供反应性控制。黑控制棒组件为运行时由功率、冷却剂温度和硼浓度变化引起的堆芯反应性变化提供补偿；灰控制棒组件用于补偿因燃耗、温度和功率水平等运行条件的变化而导致的反应性变化。

通过黑控制棒驱动机构将控制棒组件插入燃料组件，应能为堆芯提供正常停堆能力。

黑控制棒组件与控制棒驱动机构脱离后，可凭借重力快速插入燃料组件中，为堆芯提供快速停堆的能力。黑控制棒组件落棒时间不应超过根据全堆芯安全分析确定的时间。

黑控制棒组件应能使其落棒时在任何位置都不会引入正的反应性。

2）机械功能

应为控制棒提供支撑和定位，并通过与导向筒组件配合，使得控制棒能够插入燃料组件导向管，顺利实现反应性控制和停堆。

应能吸收控制棒组件和驱动杆部件快速落棒时的冲击动能，防止燃料组件受冲击而损坏。

应能够与驱动杆挠性接头配合，通过控制棒驱动机构实现控制棒组件的轴向定位。

应能隔离吸收体材料和一回路冷却剂，防止吸收体材料的腐蚀和扩散；同时，应保持吸收体进行反应性控制的几何形状。

应能限制控制棒从堆芯弹出。

3.3.2.3 可燃毒物组件功能

首循环时，可燃毒物组件应能补充冷却剂中硼的负反应性，帮助提供反应性控制。因为在首循环时，反应性过剩，如果只依靠冷却剂中的硼来控制反应性是不够的，反应性过剩可能引起正的慢化剂温度系数。

可燃毒物棒应包含足够量的^{10}B，以满足堆芯反应性控制需求，使冷却剂中可溶硼低于某一浓度，防止出现正的慢化剂系数；同时，^{10}B含量必须足够小，以使得燃料的径向功率峰值不超出设计限值。根据堆芯核设计要求，寿期初可燃毒物应覆盖燃料活性区。

应能在合适的位置对棒进行横向定位，以便于其插入燃料组件导向管，并限制其从堆芯弹出。

3.3.2.4 中子源组件功能

初级中子源棒应能为堆芯初始装载和启动监测提供足够的中子计数。次级中子源应能为后续低中子反应时期，如燃料装载、停堆和接近临界时的监测提供足够的中子计数。

初级中子源棒应包含足够的中子源，以保证反应堆首循环启动6个月后，最靠近中子源的源量程探测器的计数率能够满足法规要求。中子源材料堆积区域的轴向中点位置应与源量程探测器轴向中心一致。

次级中子源棒应包含足够的中子源材

料，以保证中子源材料在堆芯运行条件下受辐照激活后，在反应堆停堆后至少6个月的时间里在最近的源量程探测器处的计数率能够满足法规要求。中子源材料的轴向位置与源量程探测器的轴向位置大致相同。

应能在合适的位置对棒进行横向定位，以便于其插入燃料组件导向管，并限制其从堆芯弹出。

3.3.2.5 阻力塞组件功能

阻力塞组件应能限制未安装控制棒或其他固定式相关组件棒的导向管的旁通流量。控制阻力塞棒长度和径向间隙设计可以将导向管旁通流量限制在规定范围内。在冷却剂流量充足的电厂，可以不使用阻力塞组件。

阻力塞组件的直径和长度应能将堆芯旁通流量控制在可接受水平，阻力塞的最大直径和长度应确保导向管内不会发生容积沸腾。

应能在合适的位置对棒进行横向定位，以便于其插入燃料组件导向管，并限制其从堆芯弹出。

3.3.3 燃料材料

燃料和相关组件所使用的材料应当能够通过轻水反应堆中的大量运行经验证明，在腐蚀、强度、辐照、尺寸稳定性和制造等方面，能满足燃料和相关组件设计寿期内运行的要求。

如果选用的材料未在轻水反应堆中验证过，则设计方必须提供充分的试验数据，证明其在轻水反应堆中使用的可靠性和安全性。

燃料棒包壳材料选用锆合金，应具有高耐水腐蚀能力、低吸氢性能、低蠕变速率和低辐照生长速率，在燃料设计燃耗及堆内寿期内可最大程度降低氧化膜厚度和吸氢量。

3.4 热工水力设计

反应堆堆芯热工水力设计提供恰当的与堆芯发热分布相适应的传热能力。由反应堆冷却剂系统、正常余热排出系统或非能动堆芯冷却系统提供恰当的热移出能力。

反应堆堆芯的热工水力设计建立4项性能和安全准则要求：偏离泡核沸腾设计基准、燃料温度设计基准、堆芯流量设计基准、水力稳定性设计基准。

3.4.1 偏离泡核沸腾设计基准

在工况Ⅰ和工况Ⅱ期间，极限燃料棒不会发生偏离泡核沸腾（DNB）的概率至少为95%，并具有95%的置信度。

3.4.2 燃料温度设计基准

在与工况Ⅰ和工况Ⅱ相关的运行模式期间，具有峰值线功率密度的燃料棒温度不超过二氧化铀熔化温度的概率至少为95%，并具有95%的置信度。

3.4.3 堆芯流量设计基准

流经堆芯燃料棒区域的冷却剂流量至少应不低于热工设计流量，并有效地冷却燃料棒。应认为流经导向管和仪表管内的冷却剂流量、堆芯围筒与吊篮间的漏流、反应堆上封头冷却流量和反应堆入口管嘴至出口管嘴的泄漏流量对堆芯的热移出无效。

3.4.4 水力稳定性设计基准

在与工况Ⅰ和工况Ⅱ事件相关的运行模式下，反应堆堆芯不会发生水力学不稳定。

3.5 反应堆压力容器

3.5.1 定义

3.5.1.1 范围

本节规定了对反应堆压力容器的要求。本节包括反应堆压力容器筒体和顶盖、反应堆冷却剂进口/出口接管、顶盖贯穿件和接管、支撑、螺栓紧固件及保温层等部件的要求。

3.5.1.2 功能

反应堆压力容器应执行下列功能。

1）提供一个具有高度完整性的压力边界以包容反应堆冷却剂、反应堆堆芯和燃料裂变产物。反应堆压力容器是反应堆冷却剂的一回路压力边界和防止放射性裂变产物释放的第二道屏障。

2）为堆内构件和堆芯提供支承、定位和对中。

3）与堆内构件共同为反应堆冷却剂提供流动通道，以充分带走堆芯产生的热量。

3.5.1.3 接口

反应堆压力容器应具备以下接口。

1）反应堆压力容器设置有进口接管和出口接管，分别与反应堆冷却剂系统相连接。反应堆压力容器顶盖应具有向反应堆冷却系统排气子系统放气的功能。反应堆压力容器的超压保护由反应堆冷却剂系统提供。第 4 章“反应堆冷却剂系统及其相连接系统”中包含了对反应堆超压保护系统和反应堆压力容器放气系统的要求。

2）反应堆压力容器上的安注接管接受从非能动安注系统注入的冷却剂（详见第 5 章）。

3）反应堆压力容器为堆内测量仪表系统提供贯穿通道和接管嘴。

4）反应堆压力容器为控制棒驱动机构提供贯穿件。

5）反应堆压力容器为一体化堆顶组件、松动部件监测系统提供安装和固定的接口。

6）反应堆压力容器还与反应堆压力容器支撑和换料水池底部的密封机构存在接口。

3.5.2 性能要求

反应堆压力容器应能够在各种工况下满足所有功能要求。自然循环冷却瞬态应按异常工况作为 T/CNEA 100.1 或等效标准承压部件评估的一部分进行评估，或参照其他等效标准进行评估，该瞬态在整个反应堆压力容器 60 年寿期内至少发生 30 次。评估时，冷却速率应符合反应堆冷却系统的热量排出能力，以及技术规范书中规定的最大冷却速率。

3.5.3 设备设计要求

3.5.3.1 设计寿命

反应堆压力容器及其部件的设计寿命应满足以下要求。

1）反应堆压力容器及不可移动的内部构件、反应堆压力容器接管和安全端的设计寿命应不小于 60 年。反应堆容器压力边界材料在整个设计寿期内应满足 10CFR50 的附录 G 或其他等效标准的要求。

2）反应堆压力容器的紧固螺栓、螺母和垫片的寿期应不小于 60 年，且可更换。

3）封头法兰密封圈应是可更换的。应合理布置和设计法兰密封圈和堆芯仪表接管，使得维修工作量和人员的辐射照射符合第 1 章的可靠性及人员的辐照要求。

4）反应堆压力容器设计，应留有足够裕度以满足 T/CNEA 100.1 第 2 部分或其他等效标准的疲劳设计准则。应当鉴别、分析或试验反应堆压力容器关键设计特性，以论证其设计裕度满足疲劳设计准则。应该使用保守定义的运行要求，这些要求在数量上和严酷性上应包络第 2 章 2.2.4 节所规定的极限事故。

3.5.3.2 反应堆压力容器支撑

反应堆压力容器由支撑块进行支承，这些支承块以焊接或整体锻造的方式连接到筒体或冷却剂接管上。

3.5.3.3 堆顶排气贯穿件

反应堆压力容器顶盖上应设置贯穿件，使顶盖区域能够向反应堆冷却剂系统排气子系统放气，以便从反应堆压力容器中排出蒸汽和不可凝结气体。此外，顶盖放气贯穿件的尺寸应适应反应堆冷却剂系统排气期间的预期排气速率。

3.5.3.4 堆芯仪表接管/贯穿件

反应堆压力容器内的温度和中子探测仪表接管/贯穿件应位于堆芯上方。本章 3.2 节、3.3 节及第 9 章 9.3.5 中规定了测量装置的类型及范围的具体要求。

3.5.3.5 额外接管要求

除反应堆冷却剂接管和仪表接管外，可能需要增加其他反应堆压力容器接管。增加的接管需满足如下要求。

1）反应堆压力容器接管位置应位于堆芯上方。

2）不能影响换料操作、反应堆容器顶盖区域维修、反应堆压力容器及反应堆冷却剂环路接管的在役检查。

3.5.3.6 控制棒驱动机构贯穿件

反应堆压力容器顶盖上应设置贯穿件，以便控制棒驱动系统可以穿过反应堆压力容器顶盖，从堆芯上方将控制棒插入堆芯。

3.5.3.7 顶盖及密封的拆卸

顶盖及密封的拆卸应满足以下要求：应提供 1 套可以远距离卸载、拆除反应堆压力容器主螺栓，并将主螺栓孔覆盖起来的方法；应设置 1 套完善的装置系统用于反应堆压力容器顶盖的拆卸和安装。

3.5.3.8 内部附件

反应堆压力容器内部的整体附件（如堆芯支承块等）应该由符合第 2 章 2.5.4.1 节要求的耐腐蚀合金制成，并应在容器热处理后再焊接到容器上。对于镍基合金，如在热处理前焊接到容器上，需对其热处理后性能进行验证。

3.5.3.9 螺栓

应尽量少用高强度螺栓材料。反应堆压力容器法兰主螺栓、支承件螺栓及内部螺栓应满足下列相应要求。

1）螺栓应便于通过在役检查探测严重的劣化和/或失效。在反应堆开盖后才能接近的螺栓应可以进行就地检查。

2）螺栓预紧和配合面结构设计应采用成熟技术，特别应考虑。

（a）螺栓拉伸不均匀性的容许偏差。

（b）尽可能减少密封泄漏及随之引起的紧固件质量变差。

（c）应有利于检查和维修。

（d）间隙处应尽可能通风以减少间隙腐蚀效应。

（e）螺栓设计、锁紧装置设计及连接件设计应方便组装后的预紧，应便于在役检查。

3）应使用经过论证有效而且不会使螺栓材料发生腐蚀的螺纹润滑剂。禁止在反应堆系统上使用泄漏密封剂。

3.5.3.10 密封螺栓及顶盖的布置

主螺栓和顶盖的布置应合理，当法兰连接处、顶盖贯穿件泄漏时，尽可能减少反应堆冷却剂在主螺栓区域的积聚。

3.5.3.11 保温层

反应堆压力容器保温层应是不锈钢反射型保温层。保温层应有一个完整的空隙，能够排放内表面上的凝结水，反应堆压力容器和保温层之间应有一环状空隙(即使用间隙型保温层)。

在严重事故工况下，反应堆压力容器金属保温层应能维持结构完整性并与反应堆压力容器外表面形成一个冷却通道，避免反应堆压力容器被熔穿。

3.5.3.12 反应堆压力容器制造

反应堆压力容器应尽量在工厂车间完成焊接和加工。所有焊缝的位置和最终状态应便于将来按照 ASME B&PV 规范第Ⅺ卷或其他等效标准进行自动化在役检查。此外，还应满足以下要求。

1）反应堆压力容器容器各圆筒形筒节应通过锻造成形。容器的束带段（反应堆压力容器中直接环绕堆芯活性区有效高度的筒体区域）的长度内应无焊缝。最上部的筒节应设计为整体锻件，使得容器法兰和相邻筒体形成一个增强的环锻件。

2）对于上下封头应尽可能采用整体锻造结构，尽量避免使用拼接和堆焊成形结构方式制造承压边界部件。

3）电渣焊工艺不得用于反应堆压力容器承压边界焊缝的焊接。

4）所有在运行期间或换料期间被含硼水润湿的表面都应进行表面不锈钢堆焊，这包括容器法兰、螺栓孔和导向栓孔周围湿润区。螺栓孔和导向栓孔周围区域应为换料期间螺栓孔塞和导向栓下端塞提供有效密封面。

5）所有堆焊层应焊接熔敷。堆焊层的最终表面应可直接进行在役检查，不需进行进一步的打磨和抛光。

6）不锈钢制成的压力边界零部件(堆焊层和隔离层金属除外）不应炉内敏化。隔离层必须使用高铬低碳含量牌号的 NiCrFe-7/7A。

3.5.3.13 在役检查

应提供接近被检查部位的通道，并提供装备以确保可对压力容器所有焊缝(包括接管焊缝）进行自动在役检查。反应堆压力容器容器筒体的结构和焊缝的布置应合理，焊缝的在役检查覆盖率应达到 100%。

3.6 堆内构件

3.6.1 定义

3.6.1.1 范围

本节规定了对堆内构件的要求。本节所包含的部件包括上部堆内构件、下部堆内构件和压紧弹性环等。

3.6.1.2 功能

堆内构件的主要功能如下。

1）为燃料组件和控制棒组件提供支承、定位和导向。

2）在反应堆压力容器内为堆芯仪表套管组件提供支承和导向。

3）为控制棒驱动线提供对中和导向。

4）将控制棒动态载荷、燃料组件载荷和其他载荷传递给反应堆压力容器。

5）引导冷却剂流过堆芯，并合理分配流量。

6）在假想的失水事故下，引导冷却剂进入堆芯。

7）为反应堆压力容器提供辐照屏蔽，减轻其受到的堆芯辐照损伤。

8）为假想的堆芯跌落提供二次支承和缓冲。

3.6.1.3 接口

堆内构件安装在反应堆压力容器内，与燃料组件、反应堆压力容器、控制棒驱动线和堆内测量仪表等存在接口关系。

1）燃料组件

堆内构件上的燃料组件定位销设计应能满足燃料组件互换性的要求，堆内构件与燃料组件最大包络尺寸之间应留有适当的间隙，应能满足燃料组件热工水力和装卸要求。

2）反应堆压力容器

堆内构件通过法兰悬挂于反应堆压力容器筒体凸缘上；同时，与反应堆压力容器存在配合位置留有适当的间隙，以确保两者不会发生接触。

3）控制棒驱动线

堆内构件应满足控制棒驱动线的对中和摩擦力要求。

4）堆内测量仪表

堆内构件设计应为堆内测量仪表提供保护和导向，确保堆内测量仪表在堆内的布置。

3.6.2 性能要求

反应堆堆内构件的设计和布置应保证反应堆冷却剂的流量分配充分冷却堆芯，并且确保在强迫循环和自然循环工况下均能够满足热工裕量要求，便于自然循环足以有效地冷却堆芯并排出衰变热。

3.6.3 设备设计要求

3.6.3.1 结构设计

堆内构件相关部件的变形应满足一定的限制范围，以确保在所有工况下控制棒组件落棒时间均在可接受的时间范围内。

堆芯支承下板和堆芯围筒或围辐板结构的设计应便于堆芯装料或换料。

堆内构件尽可能减少螺钉和销钉连接件的结构设计，并采取有效措施降低连接件的松动脱落风险。

堆内构件设计尽可能减少冷却剂无效漏流。

3.6.3.2 热工水力

堆内构件设计应在满足反应堆冷却剂流量分配要求的前提下，尽量使下腔室容积最小。应在所预计的全流量范围内用反应堆结构水力模型试验证明冷却剂流量分配合理，且不会出现不利流动现象。

堆内构件设计时应考虑在压力容器顶盖区域形成冷却剂循环，使得顶盖区域不产生热分层而影响反应堆正常运行。

在正常运行工况下，堆芯周边区域的流体应向上流动。如果采用辐板结构，那么这些辐板在轴向应与燃料组件定位格架对齐。

3.6.3.3 屏蔽设计

根据反应堆压力容器寿期末中子注量计算，可在堆内构件吊篮筒体与压力容器之间环腔设置或不设置中子屏蔽结构。

3.6.3.4 换料和维护

上部堆内构件和下部堆内构件应可分别作为一个整体垂直吊装，不必在压力容器内进行拆卸操作。在换料和维护时，堆内构件吊装操作应满足停堆换料时间要求。

3.6.3.5 紧固件

堆内构件紧固件宜采用固溶退火处理的316奥氏体不锈钢；如果需要使用中等强度的紧固件，可采用冷作硬化处理；如果必须使用高强度紧固件，可采用镍基合金代替。

紧固件设计应使用机械方式或焊接进行锁紧，使得在螺纹部分断裂之后，能锁住螺栓头部，尽可能保证不脱落。

3.6.3.6 材料

堆内构件结构材料宜采用固溶退火处理的奥氏体不锈钢。

堆内构件结构材料钴含量限制为0.05%，其中紧固件或小零件可以放松到0.20%。

3.6.3.7 在役检查

在核电厂寿期内，反应堆堆内构件设计应便于反应堆停堆换料时对堆内构件结构完整性和表面沉积物等进行检查。对于堆内构件结构性能可能发生退化的零部件，设计上应便于在役检查。

3.7 控制棒驱动机构

3.7.1 定义

3.7.1.1 范围

本节和本章第2节的部分内容对压水堆控制棒驱动系统（包括第9章涉及的控制系统部分）提出了要求，控制棒驱动机构用于在反应堆正常运行和紧急停堆时调节控制棒在堆芯的位置。

压水堆控制棒驱动机构由承压壳体部件、钩爪部件、磁轭线圈部件、驱动杆部件、导向隔热套和电气连接器等主要部件组成。

3.7.1.2 功能

压水堆控制棒驱动机构应实现以下功能。

1）根据棒控系统的指令信号，把控制棒组件定位（上抽、下插）于堆芯适当的位置。

2）根据由手动或自动的反应堆保护系统发出的紧急停堆信号，断电立即释放控制棒组件，依靠重力将控制棒组件按要求速率插入堆芯，以保持燃料的完整性。

3）驱动杆部件和控制棒组件可连扣或脱扣。

3.7.1.3 接口

控制棒驱动机构由棒控系统发出的控制信号进行供电，使控制棒驱动机构线圈通电。第9章对棒控系统及位置指示器显示和控制提出了要求。对电力电缆、供电和开关设备（包括停堆断路器）的要求见第10章。

可通过冷却通风系统提供冷却空气，将控制棒驱动机构零部件的温度控制在可接受范围内。第8章给出了冷却通风的要求。

承压壳体部件包括钩爪壳体组件和棒行程壳体。其中，钩爪壳体组件的贯穿件与反应堆压力容器顶盖开孔进行焊接固定；棒行程壳体顶部与一体化堆顶组件的抗震支撑结构进行配合。

3.7.2 性能要求

3.7.2.1 使用寿命

控制棒驱动机构压力边界的设计使用寿命应为60年。使用寿命可以小于60年的非压力边界部件应按照第1章对电厂可用性、可维护性和人员辐照照射的要求进行维护和更换。

对设计而言，正常、事故和试验工况的负载循环（包括反应堆冷却剂压力边界水压试验、在运反应堆停堆及紧急停堆试验）的总次数应按下列规定。

1）LLSE：共有5次，每次包含63次循环（共315次循环）。

2）SSE：1次。

3）运行中紧急落棒：300 次。

4）落棒试验：450 次。

3.7.2.2 释棒延迟时间

控制棒驱动机构线圈断电时，控制棒应能在预先确定的紧急停堆时间内，从完全抽出位置通过重力插入到完全插入位置。从断电信号发出到检测开始释棒这段时间称为释棒延迟时间。

3.7.2.3 响应和定位能力

控制棒驱动机构的响应时间和定位应保证堆芯反应性引入率能够提供可接受的运行控制特性（预期的功率水平和功率分布）；同时，避免由控制棒意外抽出（如事故工况等）而导致的不可接受的反应性引入速率。

控制棒驱动机构应该有冗余的位置指示方法，递增地指示每个控制棒从完全插入到完全抽出的位置状态。直接式的位置感应方法至少应有 1 种；当控制棒棒位被用于电厂保护系统的输入以防止棒位偏差事件时，直接式的位置感应方法应有 2 种。

3.7.2.4 安全和可靠性

控制棒驱动机构的设计应确保任何一个部件、结构和功能的单一故障都不能影响控制棒驱动机构执行其落棒和防止弹棒的安全功能。

控制棒驱动机构应在没有冷却流体（空气或水）的情况下运行至少 30 min，而不会损坏机构或其他组件。

3.7.3 设备设计要求

3.7.3.1 结构要求

1）压力边界

控制棒驱动机构中作为反应堆冷却剂压力边界的部件，其设计应与反应堆压力容器承压结构要求一致。

2）密封

控制棒驱动机构采用密封焊设计进行压力边界密封，以防止反应堆冷却剂从控制棒驱动机构泄漏。驱动机构密封应可接近，无需拆除任何相邻机构。

3）行程限制

每个控制棒驱动机构都应防止其控制棒组件的插入或抽出超过极限行程，以免影响控制棒驱动系统执行其预期安全功能的能力或损坏其他组件。机械设计应能承受控制棒驱动机构的全部载荷而不损坏。

4）控制棒脱扣

脱扣连扣系统用于将驱动杆部件连接到控制棒组件上，系统应具有以下特点。

（a）控制棒驱动机构应具备脱开驱动杆部件的能力，以便于反应堆压力容器顶盖的拆卸。

（b）控制棒驱动机构应保证在控制棒组件抽出、插入和紧急停堆期间，驱动杆部件不会与控制棒组件发生意外脱扣。

（c）控制棒驱动机构应能在任何高度释放驱动杆部件，遇到卡棒事件时，压力容器顶盖提升超过驱动杆部件后仍能完成拆除工作。

（d）控制棒驱动机构和驱动线系统线应保证在反应堆拆卸过程中（即在压力容器顶盖或上部堆内构件拆卸时），控制棒组件不会从反应堆堆芯中意外拔出。在堆芯带着控制棒组件换料的反应堆设计应提供明确、直观的方法，以验证驱动杆部件与控制棒组件脱扣成功，并易于从控制棒组件上方提走，确保不出现意外吊起控制棒组件的可能性。

3.7.3.2 材料

用于控制棒驱动机构的材料应根据第 1 章的要求进行选择，并考虑适用的规范和标准的要求。

3.7.3.3 电气及测量仪表

1）供电

控制棒驱动机构的供电应可靠。当供电电源断电时，控制棒组件应自动落棒。

2）异常情况报警

除了常规压水堆控制棒驱动机构报警外，控制系统中棒控设备故障时也应报警。

3.7.3.4 维修及试验

控制棒驱动机构线圈组件和所有电气部件应在不破坏主系统压力边界和不拆除任何相邻控制棒驱动机构的情况下进行更换。

所有连接到控制棒驱动机构的外部冷却或电气的连接都应具有高可靠性，且设计经过验证。连接器应在不需要拆卸其他设备的情况下可以接近，并快速拆卸。

所有控制棒驱动机构部件，应都能在反应堆压力容器顶盖处于堆上时拆除，包括驱动杆部件（如有）。

除了与压力容器顶盖连接的贯穿件外，所有控制棒驱动机构的主要部件都应能单独更换，线圈组件应可互换。

3.8 一体化堆顶组件

3.8.1 定义

3.8.1.1 范围

本节规定了对一体化堆顶组件的要求。一体化堆顶组件是一个由多个系统和设备组成的组合件，用以简化反应堆的换料操作。一体化堆顶组件包括围筒组件、顶盖吊具、控制棒驱动机构抗震支承结构、电缆支承结构、控制棒驱动机构冷却通风系统、电缆及电缆桥架等。

3.8.1.2 功能

一体化堆顶组件应实现以下功能。

1）通过环吊可以实现一体化堆顶组件和压力容器顶盖的整体起吊、转移，并存放在指定存放架上。

2）为控制棒驱动机构提供抗震支承。

3）为控制棒驱动机构提供冷却系统，排出控制棒驱动机构运行产生的热量，维持控制棒驱动机构正常运行所需的温度。

4）能够实现堆顶电缆组件与相关设备快速连接和脱开。

5）为压力容器主螺栓拉伸机提供支持，实现拉伸机吊装、转移和就位。

6）为堆顶设备维护检修提供通道和平台，便于操作人员接近维修。

7）为顶盖放气系统布置提供支撑，并可实现放气管快速连接和脱开。

3.8.1.3 接口

一体化堆顶组件安装在反应堆压力容器顶盖上，依靠顶盖上的支承凸台和带支承凸台的吊耳支承，并通过螺栓与支承凸台连接。顶盖吊耳通过销轴与一体化堆顶组件吊具连接，用于起吊压力容器顶盖和一体化堆顶组件。

核反应堆设置多组控制棒驱动机构，这些机构规则地布置在反应堆压力容器顶盖上，一体化堆顶组件的围筒组件包围在控制棒驱动机构外围，并且不会发生干涉。一体化堆顶组件应设置控制棒驱动机构抗震支承系统，该系统一般设置在控制棒驱动机构的顶部，以有效减轻地震工况对控制棒驱动机构的影响。

压力容器顶盖上布置有堆芯仪表接管，一体化堆顶组件的围筒包围在堆芯仪表接管外部，并为堆芯仪表接管操作提供通道。

一体化堆顶组件与环吊的接口位于顶

盖吊具的中间连接装置，该装置通过销轴与环吊吊钩连接，用于换料期间起吊和转移一体化堆顶组件和压力容器顶盖。

3.8.2 性能要求

一体化堆顶组件应尽可能简化堆顶设备的操作步骤，缩短操作时间，以此减少操作人员的辐照剂量，保障人员安全。

一体化堆顶组件应为堆顶设备操作提供方便的路径和操作空间，便于堆顶设备操作和维护。

一体化堆顶组件应尽可能减少电厂寿期内维护。

3.8.3 设备设计要求

一体化堆顶组件由以下主要部分组成。

(1) 围筒组件。

(2) 顶盖吊具。

(3) 控制棒驱动机构抗震支承结构。

(4) 电缆支承结构。

(5) 控制棒驱动机构冷却通风系统。

(6) 电缆。

(7) 电缆桥架。

3.8.3.1 围筒组件

围筒组件安装在反应堆压力容器顶盖的支承凸台上，通过螺栓与支承凸台连接。

围筒组件是一体化堆顶组件的主要支承结构，围筒组件应能为控制棒驱动机构、冷却风机和电缆桥架等堆顶设备提供支承。另外，围筒组件应能为堆顶电缆提供支承和敷设路径。

围筒组件应能为控制棒驱动机构提供规则的冷却空气流道，用以均匀冷却控制棒驱动机构。

围筒组件应考虑将外部事件的影响最小化，如高能和中能管道由贯穿裂纹引起的喷射等。

3.8.3.2 顶盖吊具

顶盖吊具用于起吊反应堆压力容器顶盖和一体化堆顶组件，其设计应保证能将反应堆压力容器顶盖和一体化堆顶组件作为一个整体起吊、转移并存放到指定存放架上。

顶盖吊具由直吊杆、三角架、销轴和中间连接装置组成，其中中间连接装置用于三角架和环吊的连接。

顶盖吊具应满足核电厂中重载荷起吊控制的设计要求。

3.8.3.3 控制棒驱动机构抗震支承结构

控制棒驱动机构抗震支承结构支承在围筒组件上，能把地震载荷从控制棒驱动机构通过围筒组件传递到压力容器顶盖上。

控制棒驱动机构抗震支承结构应能为驱动机构提供水平抗震约束。通过限制棒行程壳体的偏转，保证棒行程壳体的弯曲不会影响控制棒安全落棒。

3.8.3.4 电缆支承结构

电缆支承结构安装在控制棒驱动机构顶部，为控制棒驱动机构动力电缆和棒位探测器电缆提供永久支承和布线。

电缆支承结构应该保证一体化堆顶组件的电缆有序布置，且便于集中管理和操作。

3.8.3.5 控制棒驱动机构冷却通风系统

控制棒驱动机构冷却通风系统用于为控制棒驱动机构提供强迫通风冷却，排出控制棒驱动机构运行产生的热量，维持控制棒驱动机构正常运行所需的温度。

控制棒驱动机构冷却通风系统应考虑

足够的设计裕量，避免由于单台风机故障损坏造成系统冷却能力不足。

3.8.3.6 电缆

一体化堆顶组件电缆是指从电缆连接板开始，连接到相应用电装置的这段电缆。这些电缆主要包括控制棒驱动机构电缆、棒位探测器电缆和堆芯仪表电缆等。电缆设计应配备合适的电缆接插件，保证可以实现电缆的快速连接和断开操作。

堆芯仪表电缆和接插件属于 1E 级设备，应满足 1E 级电气要求，并进行正常工况和假想事故工况下的环境鉴定。一体化堆顶组件内的其他电缆，包括驱动机构电缆和棒位探测器电缆属于非 1E 级。电缆敷设中应保证对 1E 级电缆与非 1E 级电气设备进行物理和电气隔离。

3.8.3.7 电缆桥架

电缆桥架应保证一体化堆顶组件引出的电缆能够通过电缆桥架敷设并引导到换料水池操作平台上，并可在操作平台上进行集中管理和快速连接或断开操作。

反应堆换料期间，电缆桥架应能够被翻转到接近竖直状态，与一体化堆顶组件一起吊离压力容器并存放在顶盖存放架上。

4 反应堆冷却剂系统及其相连接系统

4.1 通用要求

4.1.1 安全壳内部件的防护

在冷却剂丧失（LOCA）或主蒸汽管道破裂（MSLB）事故后，对于安全壳内投入运行的设备（包括测量和控制设备），应考虑防护措施，以免它们因LOCA、MSLB事故所产生的氢爆和水淹而遭到破坏。系统布置和设备设计应能防护由于临近高压系统泄漏而导致的喷射，且确保泄漏不会影响系统或设备的功能。在泄漏发生后，将反应堆带至安全停堆工况所需投入运行的系统和设备均应满足该要求。

核电厂设计者应当对关键部件，包括安装在安全壳内和LOCA或MSLB事故后执行功能的仪表和控制部件，规定环境鉴定要求。对需要在LOCA或MSLB事故后执行功能的主要设备（包括仪控设备），应在其进行现场安装之前完成产品环境鉴定试验和各种不符合项的处理，以确保其能够执行预期功能。

位于安全壳内的电气部件应当予以保护，以使事故不妨碍1E级电源执行其预期的安全功能。

4.1.2 疏水、充水和压力试验

反应堆冷却剂系统及其相连系统应设置适当的疏水/排气管线及隔离阀。在设备和管道的布置中应注意避免出现无法排水的低点。对于非运行期间所需的临时排气阀和疏水阀，宜在启动前全部移除（核电厂运行所需的除外）。试验和去污或冲洗的连接应使用串联的两个阀门、带管帽或盲法兰的一个阀门作为隔离边界。所有的排气应连接到同一背压区域。

设计中应考虑适宜数量的疏水和排气接口，保障系统的疏水/排气能力，尤其是可能出现不可凝气体聚集的区域。设备应以便于维修操作的方式进行疏水/排气和相关试验，特别是需要高频维修的部件或需定期更换的部件。

应提供足够的接口以保证反应堆冷却剂系统在换料后进行水压试验或泄漏试验，以及对各辅助系统箱、罐和管道在维护和日常监测后进行的试验。泄漏试验尽可能用已安装的固定设备进行。因进行水压试验的频次不高，不建议专门设置固定安装的专用水压试验泵。

4.1.3 保温要求

对于在热停堆期间操作人员需要接触的设备，其外表面温度不应超过60 ℃。支承结构应能补偿保温设备的热膨胀，不会出现缝隙和空穴，导致热损失增加。

安全壳内设备和管道的保温结构应易于拆装、去污（如果需要）和更换，应尽可能使用金属保温层。在设计中应对保温系统考虑适当的抗震要求。应采取足够的

质量控制以保证保温结构满足材料要求。

对于检查、维修、日常操作或停堆操作经常会接触到的设备或管道，保温系统设计应考虑安装屏蔽隔热板，且应考虑避免保温材料脱落的相关措施。

4.1.4 仪表

监测仪表及脉冲管的布置应确保传感器位于低放射性且可达区域，以减少在校验和/或维修操作时工作人员的辐照。每个压力传感器的隔离阀应当尽量安装在低放射性水平区域，以实现最低人员照射。

与反应堆冷却剂系统及其相连系统的连接仪表必须满足仪控功能和安装要求。传感器应该安装在工艺管道或设备部件最小热位移处（如支撑附件等）。尽可能考虑传感器（如进入较大管线或部件的压力、液位和流量传感器等）远离需要检查和维修的区域，以及位于水平工艺管道的侧面或顶部。

反应堆冷却剂系统温度传感器应根据相关规范采用焊接在管道中的温度计套管或绑在管道上的温度探头，不应使用直接浸入式温度传感器；测温探头和测温套管的组合体应当设计成容易抽出和插入，并减少热响应时间；核电厂控制和保护系统应可接受测温探头、测温套管组合和较长的热响应时间。

4.1.5 反应堆冷却剂接口系统

与反应堆冷却剂系统连接而延伸到安全壳边界以外的所有系统和子系统，应在切实可行的范围内承受不低于反应堆冷却剂系统全压力的极限破坏强度。对于不能满足反应堆冷却剂系统极限破坏强度要求的接口系统和子系统，应通过评价确保其隔离的质量和级别或潜在的超压危害性已降低到足以排除界面 LOCA 的发生。

高压到低压的接口（即核电厂正常运行时直接承受反应堆冷却剂系统压力的系统与低压系统的交界处）应具有下列防护措施：（1）能进行隔离阀的泄漏试验；（2）在主控制室有阀门位置指示，甚至当隔离阀操作机构丧失动力时也有阀门位置指示；（3）当压力升高到接近相连接的低压系统的设计压力，而 2 个隔离阀未关闭时，有高压报警信号通知主控制室操作员。

4.1.6 安全壳贯穿件

贯穿安全壳的相关系统管线的设计应符合安全壳隔离准则，即安全壳贯穿件泄漏率试验和安全壳隔离阀泄漏率试验中的全部贯穿件的综合泄漏率必须 $\leqslant 0.6L_a$。其中 L_a 为在安全壳峰值压力下，安全壳 24 h 允许的最大泄漏率。

4.1.7 主要部件支承

反应堆冷却剂系统主要部件支承应当使用优于裙座支承的支架型或开式框架型支承，以减少设备可达性的限制，支承应当允许在役检查和维修时接近部件。

4.1.8 设计与材料

应合理选择反应堆冷却剂系统的设计和材料，使主回路管道破裂不必设置喷射撞击屏障和管道防甩件（即对主回路管道的喷射撞击屏障和管道防甩件进行评价时，不必假设主管道破裂），使小尺寸的连接管道对撞击屏障和管道防甩件的需求最小。

4.2 反应堆冷却剂系统

4.2.1 系统功能要求

4.2.1.1 安全功能

1）维持反应堆冷却剂压力边界

除反应堆冷却剂压力边界（RCPB）

失效工况外，反应堆冷却剂系统应作为压力边界容纳反应堆冷却剂和应急堆芯冷却剂，以限制放射性向安全壳、非放二次侧系统和大气的释放（通过限制冷却剂泄漏）。

反应堆冷却剂系统应具有卸压能力，以防止反应堆冷却剂压力边界超压。

2）堆芯冷却和反应性控制

反应堆冷却剂系统应能循环冷却剂（自然循环和强制循环向自然循环转变时）以实现以下功能。

（a）排出反应堆停堆后堆内的堆芯显热和衰变热。

（b）使冷却剂温度均匀分布。

（c）在某些安全停堆运行和事故运行期间进行化学调节时，维持反应堆冷却剂的化学均匀性（如可溶中子毒物浓度等）。

反应堆冷却剂系统应在强制循环向自然循环转变时，提供冷却剂循环并排出衰变热，以保证在电厂运行期间所有主泵脱扣后不发生偏离泡核沸腾。

反应堆冷却剂系统应含有中子毒物，用以补偿部分控制棒未插入造成的负反应性不足，以满足核电厂安全停堆运行和事故运行期间的反应堆停堆深度要求。

3）过程监测

反应堆冷却剂系统应监测反应堆冷却剂压力边界内的过程参数，应向保护、安全监测系统和操纵员提供所需的信号。

4）自动卸压

反应堆冷却剂系统应设置自动卸压措施，参与缓解失水事故（LOCA）的后果。

5）应急下泄

应设置应急下泄通道以防止事故期间稳压器液位升高引起的长期满溢。该功能通过远距离操作的堆顶放气阀来实现。

4.2.1.2 其他功能

反应堆冷却剂系统应在电厂正常运行、正常停堆和启动运行期间，可根据发电的需要实现其他非安全有关功能。

1）堆芯冷却和反应性控制

正常运行工况下，反应堆冷却剂系统应能实现以下功能。

（a）将堆芯热量传递给蒸汽发生器系统以产生蒸汽，推动汽轮机发电。

（b）使冷却剂在反应堆本体和蒸汽发生器中循环，以达到正常运行工况下的热量传递要求。

（c）提供冷却剂循环以维持反应堆冷却剂中化学物质的均匀性（如可溶中子毒物浓度等），从而避免发生不可控的反应性变化。

（d）提供中子慢化剂和吸收剂以维持堆芯的中子链式反应。

（e）提供中子毒物，使反应堆系统中功率分布（和燃料损耗）均匀并提供反应性控制（该功能作为控制棒控制反应性的补充）。

在电厂停堆阶段，反应堆冷却剂系统应能够实现以下功能。

（a）提供中子毒物以补偿部分控制棒未插入造成的负反应性不足，从而满足反应堆停堆深度要求。

（b）将堆芯热量传递给蒸汽发生器系统，通过主蒸汽系统带走热量以维持电厂冷停堆，从而协助电厂启动的控制，并在电厂冷却第一阶段将堆芯从冷停堆冷却至余热排出系统可投入温度。

（c）在电厂冷却第二阶段，冷停堆、换料和启动前期阶段，与余热排出系统一起排出堆芯衰变热。

此外，事故工况下，反应堆冷却剂系统（与反应堆本体系统一起）将堆芯产生的热量传递给蒸汽发生器系统。反应堆冷却剂系统、蒸汽发生器系统和主给水和启动给水系统一起可以避免非能动余热排出系统的启动，执行非安全有关的纵深防御功能。

2）反应堆冷却剂系统控制

除开盖换料外的电厂所有正常运行期间，反应堆冷却剂系统与安全监测系统一起，应能实现以下功能。

（a）将系统压力控制在有利于堆芯和蒸汽发生器间传热所需的范围内；同时，也控制在反应堆冷却剂压力边界完整性限制内。

（b）控制系统压力和温度，支持停堆过程的热态零功率温度和压力条件。

（c）提供热段温度信号和冷段温度信号，以控制反应堆冷却剂系统平均温度和控制棒。

（d）提供稳压器压力和液位信号，并通过稳压器电加热器和喷雾来控制反应堆冷却剂系统压力。

（e）提供热段、冷段温度和稳压器液位信号以控制稳压器液位。

3）过程监测

在电厂所有正常运行工况下，反应堆冷却剂系统应能够实现以下功能。

（a）监测反应堆冷却剂压力边界内的过程参数，并向安全监测系统提供所需的信号以维持正常运行工况。

（b）监测操纵员所需的所有主要系统参数以便操纵员监测电厂运行和执行手动操作。

（c）监测操纵员所需的过程参数以便操纵员监测电厂运行和执行余热排出系统的启动/终止操作。

此外，在所有电厂运行工况下，监测反应堆冷却剂压力边界内的过程参数，向多样化驱动系统（DAS）提供所需的信号以触发反应堆停堆和专设安全设施，以便操纵员通过 DAS 手动触发反应堆停堆和专设安全设施，作为电厂保护系统（PMS）的后备，执行纵深防御功能。

4）压力控制

在开盖换料以外的电厂所有正常运行期间，反应堆冷却剂系统与电厂控制系统（PLS）将系统压力控制在堆芯和蒸汽发生器间传热所需的范围内；同时，也控制在反应堆冷却剂压力边界完整性限制内。

5）排气

反应堆冷却剂系统设计允许可手动控制卸压以缓解蒸汽发生器传热管破裂事故（SGTR）和支持停堆运行。该能力在假想多重失效工况下支持堆芯冷却。

应提供手动系统卸压以防止多重失效工况下的高压熔堆，作为自动卸压的后备。

4.2.2 系统配置要求

根据系统功能要求，反应堆冷却剂系统需要执行反应堆冷却剂压力边界完整性、堆芯冷却和反应性控制、过程监测及自动卸压等功能。因此，本系统需要设置可靠的压力边界、热量传输回路及有效的卸压路径。

反应堆冷却剂系统包括执行 4.2.1 节规定功能的设备（包括蒸汽发生器、稳压器及相关管路、泵、阀门、测量仪表和控制设备等）、管道及其支撑件。

反应堆冷却剂系统可由几个子系统组成。如由一个传输热量主回路、一个压力控制子系统、一个自动卸压子系统和一个堆顶放气子系统组成。这些子系统和装置组成一个统一体，共同完成系统功能。

典型的反应堆冷却剂系统及其边界主要包括蒸汽发生器（一次侧边界）、稳压器、稳压器波动管、喷雾管线、稳压器安全阀（包括其与稳压器的接管）、反应堆冷却剂泵（主泵）及主管道。同时，还包括所有与主管道、稳压器和主泵连接的管道直到并包括第二道隔离阀；反应堆冷却剂系统的疏水和排气管道；主管道、与主管道连接的管道，以及与稳压器安全阀、稳压器和主泵连接的管道。

4.2.3 系统设计要求

4.2.3.1 系统性能要求

1）维持反应堆压力边界

（a）反应堆压力边界的设计压力应可承受所有正常工况和电厂设计基准事故下的最大预期压力瞬态和最大预期温度。

（b）反应堆压力边界的设计应考虑电厂全部运行瞬态来分析和评定主设备的循环影响。

（c）应在可能引起反应堆压力边界超压的设计基准事故下，限制反应堆压力边界的压力在设计压力的110%以内。

（d）反应堆冷却剂系统的水化学应防止事故后反应堆压力边界的氯离子应力腐蚀裂纹。

（e）飞轮的设计可保证在125%的转速下保持完整性，并且在假想的飞轮破碎事故下，飞轮上的重金属碎片能量不足以击穿主泵的压力边界。

2）堆芯冷却和反应性控制

反应堆冷却剂系统联同蒸汽发生器系统、主蒸汽系统、化容系统、正常余热排出系统及非能动堆芯冷却系统，在核电厂不同工况下执行热量传递、堆芯冷却和反应性控制功能。

（a）反应堆冷却剂正常运行期间，为满足电厂的功率运行目标，反应堆冷却剂系统应能在指定的温度和压力下运行，以产生高质量的二次侧蒸汽供给汽轮发电机组。反应堆冷却剂系统应在电厂功率运行下具备足够的排热能力，以维持燃料状态在电厂允许的运行界限内。

（b）应在强制循环向自然循环转变时提供足够的堆芯冷却和衰变热排出，以确保不超过堆芯最小偏离泡核沸腾限值。

（c）安全停堆期间，系统内的冷却剂硼浓度足以补偿部分控制棒未插入造成的负反应性不足，即使在价值最大的一束控制棒卡在完全抽出位置的情况下，堆芯中总的负反应性仍能满足或超过技术规格书中对冷却、卸压工况的停堆深度要求。

（d）假定价值最大的一束控制棒组件（RCCA）在反应堆停堆后卡在完全抽出位置，对任何会导致反应堆冷却剂系统意外冷却的假想事件（如蒸汽管破裂等），反应堆冷却剂系统冷却剂硼浓度应能抵消由系统冷却带来的正反应性并将反应堆带到次临界工况。对工况Ⅱ和工况Ⅲ中的蒸汽管破裂事件，可以在堆芯不损坏的前提下重返临界。对工况Ⅲ和工况Ⅳ，必须限制重返临界的峰值从而满足厂外剂量限制（如蒸汽发生器中的水量充足等），相关反应堆冷却剂系统设备的位置应有利于实现自然循环以排出衰变热。

3）过程监测

反应堆冷却剂系统应能支持电厂控制系统（PLS）监测所有电厂运行工况下反应堆冷却剂压力边界内的过程参数。向多样化驱动系统（DAS）提供所需的信号以触发反应堆停堆和专设安全设施；同时，也能向操纵员提供所需的信号，以便操纵员通过DAS手动触发反应堆停堆和专设安全设施，作为电厂保护系统（PMS）的后备。重要测量参数见4.2.5节。

4）自动卸压

非能动核电厂采用非能动的安全注射

系统，即采用堆芯补水箱和安全壳内置换料水箱的非能动重力注射分别代替传统核电厂高压安注泵和低压安注泵的功能。由于受堆芯补水箱高压安注的水量和安全壳内置换料水箱低压安注的压头所限，对于不同破口尺寸的小破口 LOCA，为有效衔接高、中、低压注射，自动卸压系统必不可少。

反应堆冷却剂系统的自动卸压阀门与非能动堆芯冷却系统一起动作以缓解设计基准事故。它们的功能是以可控的方式降低反应堆冷却剂系统的压力，以便堆芯补水箱（CMT）、安注箱（ACC）和安全壳内置换料水箱（IRWST）进行安全注射。自动卸压系统主要用于缓解小破口 LOCA。

自动卸压阀门应在假定最严重的单一失效时实现其安全有关功能。必须考虑的单一失效包括：

（a）由机械失效引起的一个阀门开启失效。

（b）一个自动卸压阀门阀门在事故前误开。

（c）事故中一个自动卸压阀门虚假打开。

（d）启动序列的单一失效（与其相关的任意自动卸压阀门失去启动信号）。

（e）直流电源序列的单一失效。

5）应急下泄

反应堆冷却剂系统应通过堆顶放气排出足够的反应堆冷却剂，防止稳压器在任何设计基准非 LOCA 事故下满溢。堆顶放气系统应能够在稳压器液位降至足够低时重新关闭，且开启 2 个堆顶放气系列中的任何一个均应能满足排气容量要求。

6）压力控制

反应堆冷却剂系统、蒸汽发生器系统和主蒸汽系统共同限制设计基准正常和扰动事件下的峰值压力，从而使一回路和二回路安全阀不开启。

反应堆冷却剂系统应能维持系统压力，使运行瞬态时的最低压力高于安全注射和低压反应堆停堆的整定值，且最高压力低于高压反应堆停堆的整定值。

7）排气

在反应堆冷却剂系统（包括稳压器）高位上应设置排气通道，以排出可能影响堆芯冷却的气体。排气阀、电源或控制系统的单一故障应不妨碍排气通道的独立性。为了使误动作的可能性降到最小，在设计中应提供足够的冗余度。由于反应堆冷却剂排气系统是反应堆冷却剂压力边界的组成部分，因此必须满足对反应堆冷却剂压力边界的所有要求。排气管道的尺寸宜保持小于对冷却剂丧失事故定义的相应尺寸，以避免引起非能动堆芯冷却系统不必要的响应。排气系统应可由控制室来操作，并能给出阀门开度位置的指示。

4.2.3.2 安全分级和抗震类别

反应堆冷却剂系统是反应堆冷却剂压力边界的重要构成部分，这部分系统为安全 A 级抗震 I 类。压力边界包括反应堆压力容器、主管道热段/冷段、蒸汽发生器一次侧（进口管嘴、下腔室和传热管）、反应堆冷却剂泵属于压力边界的部分、稳压器及其相关管道子系统。与反应堆冷却剂主管道和稳压器相连的管道直到并包括第二道隔离阀均为安全 A 级抗震 I 类设备。其他连接到反应堆冷却剂系统压力边界的辅助管线为设备 B 级。这些管道通过一个限流孔板连接到压力边界，该限流孔板自身为安全 A 级抗震 I 类设备，相连管道为安全 B 级抗震 I 类设备。系统其余安全级部分为 C 级抗震 I 类设备。反应堆压力容器 O 型环密封泄漏管线应将泄漏流量引到放射性液体废物处理系统中，管线包容放射性流体应划分为D级非抗震类。

4.2.3.3 布置准则

1）反应堆冷却剂系统位于反应堆厂房内。

2）构成反应堆冷却剂系统压力边界的管道和部件，假定在泄漏前破裂，应对其可能的破口位置和对管道动力效应的保护进行分析。应使飞射物产生的可能性最小。

3）本系统布置和设备设置应在失去所有反应堆冷却剂泵供电且随后主泵惰转停止时，可实现反应堆冷却剂的自然循环。反应堆冷却剂系统自然循环排热能力应足以带出反应堆最大预计衰变热。在反应堆压力容器和1台蒸汽发生器间建立自然循环所需的反应堆压力容器温差不应超过正常满功率温差。此外，在任何需要自然循环排出余热的工况下，蒸汽发生器的排热应能够防止稳压器的满溢。

管道和部件上放气和疏水的位置和数量应考虑降低反应堆冷却剂泄漏和满溢的可能。应尽可能统一设置放气和疏水（几根管线可共用一处）。应尽可能将就地取样管、设备排气和疏水，以及取压管线与排气和疏水管线合并。

4）正常运行瞬态下，流体温度的快速改变可能引起反应堆冷却剂系统管嘴连接处产生高热应力，应采取措施（如热套管等）以避免这些热应力。

5）系统内所有在高温下运行的阀门、管道和设备（除需要释放热量的部件）均应带有保温使热损失最小。与辅助系统管道连接处直到并包括第一道隔离阀或止回阀也应设置保温。

4.2.4 设备设计要求

4.2.4.1 蒸汽发生器

蒸汽发生器是排出反应堆堆芯产生的热量的主要设备，是一、二回路的边界，也是反应堆冷却剂压力边界的一部分。蒸汽发生器将反应堆冷却剂的热量转化为蒸汽，蒸汽送入汽轮机发电。蒸汽发生器应能在功率运行、预期的瞬态工况和自然循环工况下把热量从反应堆冷却系统传递至二回路。

蒸汽发生器设计要求主要包括：

1）应采用一体化汽水分离器的立式U形管壳式蒸发器。

2）蒸汽发生器的一次侧压力边界应满足安全1级的标准；二次侧压力边界应满足安全2级的标准。

3）应评价蒸汽发生器在瞬态工况和预期事故工况下与温度和压力变化相关联的载荷，并对蒸汽发生器在反应堆冷却剂泵引起的流体作用和结构振动进行评价。

4）传热管束设计应至少考虑10%的堵管裕量。

5）热工水力分析计算时，应考虑污垢因子的影响。

6）出口湿度应确保汽轮机入口岛间接口处的湿度≤0.36%。

7）二次侧应设置2个人孔，作为检修通道。

8）一次侧进口和出口腔室应各设置1个人孔，作为检修通道。

9）二次侧管板上方应设置若干个手孔，用于管板上方的泥渣冲洗。

10）蒸汽发生器循环倍率应大于3。

4.2.4.2 反应堆冷却剂泵

反应堆冷却剂泵的功能是驱动冷却剂在一回路循环流动，并提供足够的堆芯冷却流量来保证足够的热量传递，以使偏离泡核沸腾比（DNBR）维持在安全分析中确定的限值以上。反应堆冷却剂泵的额定流量应在热工设计流量和机械设计流量之间。

反应堆冷却剂泵需要在高温、高压及高辐射条件下持续运行，这对设备的可靠性提出了很高要求。非能动核电厂中，反应堆冷却剂泵推荐选用屏蔽电机泵或湿绕组泵等不需要泵轴封的泵，以降低发生小破口 LOCA 的可能性，不需要轴封注水支持系统。

反应堆冷却剂泵频率推荐采用 50 Hz (国内电网频率)，避免主泵变频器的长期运行。

反应堆冷却剂泵应具备足够的转动惯量以提供惰转流量，从而满足安全分析要求。

4.2.4.3 稳压器

稳压器通过波动管与热段主管道相连，其主要功能是在各种运行工况和事故工况下，对反应堆冷却剂系统进行压力控制和超压保护。

为了在正常瞬态过程和事故工况下均具备对反应堆冷却剂系统压力控制的能力，稳压器设计应满足如下要求。

1）有足够的饱和水容积和蒸汽汽腔容积，能满足系统容积变化所要求的压力响应性能。

2）在反应堆自动控制的情况下，在负荷阶跃增加量为满功率的10%时，有足够的水容积，防止反应堆紧急停堆。

3）在控制系统正常工作及核蒸汽供应系统无故障的情况下，反应堆紧急停堆、汽轮机跳闸后，水容积足以保证电加热器不裸露。

4）在控制系统正常工作的情况下，负荷从100%满功率阶跃降至厂用电负荷，反应堆不紧急停堆时，有足够大的蒸汽容积调节由此引起的容积波动。

5）在无蒸汽排放的情况下，蒸汽容积足以防止在核电厂100%甩负荷和高水位引起紧急停堆后水通过安全阀排放。

6）在控制系统和补水系统正常工作，以及核蒸汽供应系统无故障的情况下，不因为反应堆紧急停堆和汽轮机跳闸，而触发稳压器低压专设安全设施驱动信号。

7）核电厂升温期间，电加热器加热稳压器内冷却剂，以满足反应堆冷却剂系统加热要求，并据此来选择电加热器总功率。

8）设置足够且冗余的稳压器电加热器，备用组可手动挂载到非安全级柴油发电机上，在支持蒸汽发生器自然循环冷却 (假定失去厂外电源) 的热备用期间，维持反应堆冷却剂系统过冷。该备用电加热器可在全开或全关的模式下运行，且能在瞬态事件下运行以增加反应堆冷却剂系统压力。

9）稳压器的喷雾母管宜布置形成一个水封，从而防止蒸汽回流至控制阀标高处。在反应堆自动控制且蒸汽旁排启动时，设计喷雾流量足以在负荷阶跃下降 (100%甩负荷) 下防止稳压器压力达到反应堆高压停堆整定值。

10）正常运行期间，喷雾管维持在一个较高的温度以使喷雾启动时的热瞬态最小。该连续喷雾也有助于维持稳压器中的硼浓度与反应堆冷却剂系统中的主冷却剂一致。

11）稳压器喷雾管和阀门足够大，利用热段和冷段间的压差作为驱动力，提供充足的喷雾流。

4.2.4.4 真空喷射器

电厂启动时，真空喷射器应能对反应堆冷却剂系统系统进行抽真空操作，从而有效排出传统主泵点动方式不易赶出的聚集在蒸汽发生器传热管顶部的空气，降低反应堆冷却剂泵汽蚀的可能性。

4.2.4.5 管道和管件设计

1）反应堆冷却剂管道

主冷却剂环路能将反应堆冷却剂的热量传递给蒸汽发生器。

主管道应采用锻造奥氏体不锈钢管道。弯管应能提供足够的柔性以适应热段和冷段管道间的膨胀差。应选择合适的环路、材料和制造工艺，使主环路和大的辅助管道满足“先漏后破”的要求，从而取消管道防甩装置。

2）稳压器波动管

波动管的大小应满足反应堆冷却剂系统利用非能动堆芯冷却系统的卸压要求。管道大的直径允许非能动堆芯冷却系统运行下冷却剂快速从系统到稳压器的转移。波动管限制了最大预期波入下的压损低于安全阀排放期间系统最大允许压力（在最高压力处）和稳压器的压差。

波动管应可承受正常运行下较热或较冷的水的容积波动导致的热应力。稳压器波动管应满足 ASME B&PV 规范限制和“先漏后破”准则。波动管应有足够裕量，从而使核电厂操纵员在升温和冷却期间不必过多监测热分层。

波动管线应通过特别设计和安装仪表，减小导致循环应力和疲劳用损增加热分层的可能性。在波动管线与热段的连接处，波动管线推荐从水平倾斜 26°。波动管与反应堆冷却剂热段的连接点属于环路管道部分，与水平面成一定角度并靠近蒸汽发生器入口管嘴。热段和稳压器之间的管段连续向上倾斜。波动管线与水平面应有至少 2.5°的夹角。波动管线方向的改变推荐用弯管而不是弯头来实现。

应监测波动管线的温度以指示热分层。可采用表面式电阻温度计在 3 个位置监测温度：1 个位于稳压器下部的垂直管段上；另外 2 个位于靠近稳压器的较为水平部分的管段顶部和底部。

4.2.5 仪表和控制要求

反应堆冷却剂系统设计中应提供仪表及控制设备，并应保证足够的精度与响应时间，以满足系统性能要求。

在主控制室，应对系统的下列参数给予显示和（或）报警。

（1）环路中各冷段和热段中的流量。

（2）各冷段的窄量程温度。

（3）各热段的窄量程温度。

（4）稳压器窄量程液位。

（5）稳压器压力。

（6）反应堆冷却剂泵转速。

（7）反应堆冷却剂泵轴承水温。

（8）RCS 宽量程压力。

（9）热段水位。

除上述参数外，同时监测下列参数以满足事故后监测要求。

（1）各热段宽量程温度。

（2）各冷段宽量程温度。

4.2.6 接口要求

反应堆冷却剂系统主要与以下系统存在接口。

（1）化容系统：为反应堆冷却剂系统提供水质控制、装量控制及支持稳压的功能。

（2）主蒸汽系统：甩负荷后，凝汽器蒸汽旁排系统开启以提供最高 40%满功率的蒸汽流来缓解后果。

（3）非能动堆芯冷却系统：支持事故下的堆芯冷却功能，并接收超压排气。

（4）正常余热排出系统：支持核电厂停堆相关的热量带出及疏水相关功能。

（5）反应堆本体系统：与反应堆冷却剂系统一起，支持反应堆的相关控制。

(6) 蒸汽发生器系统：正常及异常工况下，支持反应堆冷却剂系统的热量带出。

4.2.7 系统运维要求

应提供为了确保系统运行而进行系统运维的能力。

反应堆冷却剂系统应定期开展以下试验和检查的措施，便于评价系统的性能，保证系统的可运行性。

(1) 稳压器安全阀的定期检查和在役试验。

(2) 卸压阀的定期检查和在役试验。

(3) 排气阀的定期检查和在役试验。

(4) 其他安全级阀门的定期检查和在役试验。

反应堆冷却剂系统的设计应考虑其可维修性，为维修提供通道，以尽量减少移动其他设备、使用专用工具、损坏其他设备的可能性，使检修工作人员所受的辐照尽量低。

设备的选型应使设备所需的维修频度减到最低程度。

4.3 化学和容积控制系统

4.3.1 系统功能要求

4.3.1.1 安全功能

1) 安全壳隔离

化学和容积控制系统（以下简称"化容系统"）贯穿安全壳的管线应在事故运行期间隔离以支持安全壳系统维持其完整性。

2) 终止反应堆冷却剂系统意外硼稀释

在核电厂各种运行模式下，化容系统应隔离与反应堆冷却剂系统相连的非硼化水源，以终止意外硼稀释。

3) 保护反应堆冷却剂系统压力边界

化容系统应隔离与反应堆冷却剂系统相连的净化流出管线和净化返回管线、辅助喷雾管线，应在各种模式下保护反应堆冷却剂系统压力边界。

4) 隔离过多的补水

功率运行期间，化容系统宜在收到稳压器高液位信号后能自动隔离补水管道，以防止稳压器满溢。

5) 下泄隔离

化容系统设计宜考虑收到热段低液位信号时，能自动隔离下泄管道，以维持半管运行时的水装量。

4.3.1.2 其他功能

1) 反应堆冷却剂净化

在各种运行模式下，化容系统将反应堆冷却剂的纯度和放射性水平维持在可接受的限值以下。

2) 反应堆冷却剂系统水装量控制

化容系统应通过控制反应堆冷却剂的水装量，在正常运行、功率变化、启动和停堆期间通过补水和下泄，维持稳压器液位在其允许范围之内。此外，化容系统应为反应堆冷却剂系统管道小破口提供泄漏补水，以维持反应堆冷却剂系统水装量，防止非能动安全系统在反应堆冷却剂系统小破口失水事故下动作。

3) 化学补偿和化学控制

化容系统应在正常运行和停堆期间控制反应堆冷却剂系统中的硼浓度。化容系统应能向反应堆冷却剂系统提供硼化补水、维持适当的氢氧化锂浓度、注入如醋酸锌等溶液及其他所需要的化学品。

4) 氧控制

化容系统应能通过向反应堆冷却剂系统添加化学物（联氨）的方式除氧，或添加氢气来控制氢含量，降低辐照分解产生的游离氧。

5）稳压器辅助喷雾

化容系统在核电厂冷却后期反应堆冷却剂泵停运之后，向稳压器喷雾管嘴提供喷雾水、添加化学物，在事故工况下提供稳压器辅助喷雾以降低反应堆冷却剂系统压力。

6）反应堆冷却剂脱气

在核电厂冷却前和冷却期间，化容系统通过放射性液体废物处理系统的脱气装置，去除溶解在反应堆冷却剂系统中的氢气和裂变气体，再经化容系统补水泵返回反应堆冷却剂系统。

7）辅助设备的硼水补给

化容系统向所有需要冷却剂级硼水的系统提供补水，如乏燃料池、安全壳内置换料水箱、非能动堆芯冷却系统的安注箱和堆芯补水箱等。

4.3.2 系统配置要求

为完成4.3.1节要求的系统功能，化容系统一般包括净化子系统、补水子系统、下泄子系统、注锌子系统、注氢子系统、辅助喷雾子系统、硼酸制备及贮存子系统。

4.3.3 系统设计要求

4.3.3.1 系统性能要求

1）终止反应堆冷却剂系统意外硼稀释：在发生意外硼稀释后，化容系统应通过安全级措施隔离连接至反应堆冷却剂系统的非硼化水源，并在功率运行和停堆期间，防止发生意外硼稀释事故。化容系统在接到硼稀释保护信号时应执行其功能，终止硼稀释并避免堆芯重返临界。

2）保护反应堆冷却剂系统压力边界：应设置冗余的安全级隔离阀以保护反应堆冷却剂系统压力边界。

3）隔离过多的补水：化容系统应考虑在各种事故下能防止稳压器或蒸汽发生器满溢。

4）下泄隔离：在反应堆冷却剂系统半管运行期间，化容系统设计应考虑在收到热段低液位信号时，能够隔离化容系统净化回路的下泄管线。

5）反应堆冷却剂净化：化容系统应通过净化反应堆冷却剂，将正常运行期间，包括在设计基准燃料破损情况下的放射性水平维持在安全分析的限值之内。为完成此项目标，在设计基准事故下，化容系统能将反应堆冷却剂系统放射性水平维持在核电厂要求水平。

化容系统最低应提供每24 h净化一个完整的反应堆冷却剂系统装量的净化流量，并将职业辐照（ORE）降到最低，提供良好的反应堆冷却剂系统设备的可达性。净化流量应至少与其他有同样或更大反应堆冷却剂系统质量的现代核电厂的净化流量相当。

6）反应堆冷却剂系统水装量控制：化容系统必须在核电厂升温过程中维持反应堆冷却剂系统水装量，使稳压器液位保持在正常运行范围内。在升温期间，反应堆冷却剂系统冷却剂因热膨胀而排出，最大的净膨胀率发生在升温末期。因此，化容系统下泄流道设计的极限工况是基于此运行阶段的稳压器液位控制。在升温过程中，化容系统将反应堆冷却剂装量从下泄通道排到放射性液体废物处理系统处理。当反应堆冷却剂系统热态零功率到冷停堆期间，化容系统能维持稳压器最低液位。

化容系统为包括仪表管线（内径9.5 mm及以下）破口在内的泄漏提供补水，使核电厂能在不使用安全级补水系统的情况下进入冷停堆状态。

7）化学补偿和化学控制：化容系统设计能力宜考虑在堆芯寿期末完成一次冷停堆，随后返回功率运行，以及（作为独立事件）在核电厂换料停堆返回功率运行后立刻硼化到冷停堆。

化容系统宜使用不需要热跟踪的硼酸溶液。化容系统应添加所需浓度的氢氧化锂（7-LiOH）来控制反应堆冷却剂系统的 pH 值。

化容系统应可以向反应堆冷却剂系统注入醋酸锌。

8）氧控制：化容系统必须维持适当的反应堆冷却剂系统水化学性质以降低燃料和一回路表面的腐蚀。在功率运行期间，化容系统必须向反应堆冷却剂系统添加氢以去除游离氧并防止氨的形成。为此，化容系统应将反应堆冷却剂系统中溶解氢的浓度维持在 25 ~ 50 cm^3（cc）STP/kg。

在冷停堆后核电厂重新启动期间，反应堆冷却剂系统温度低时，化容系统向反应堆冷却剂系统中加入联氨控制氧含量。在核电厂其他运行期间都用氢来进行氧控制。这要求化容系统必须有一个小的化学物添加箱，将联氨添加到补水泵吸入口。

9）稳压器辅助喷雾：在反应堆冷却剂系统正常冷却运行期间，当反应堆冷却剂泵不运行时，化容系统向稳压器提供与额定补水流量相当的喷雾流量。

化容系统应在补水泵入口设置有化学物添加箱，在核电厂升温和冷却过程中可在反应堆冷却剂系统压力下以额定补水流量向稳压器添加化学物。

在需要反应堆冷却剂系统可控卸压的事故期间，化容系统应为稳压器提供辅助喷雾以控制反应堆冷却剂系统压力。化容系统应有能力在仅有 1 台补水泵运行、反应堆冷却剂系统正常运行压力的情况下，提供相当于额定补水流量的喷雾流量，以满足辅助喷雾的要求，并有一定裕量。

10）反应堆冷却剂脱气：化容系统（与放射性液体废物处理系统一起）提供从反应堆冷却剂中去除溶解裂变气体的能力。它要求化容系统将降温（≤54.4 ℃）降压后的反应堆冷却剂以额定下泄流量送至放射性液体废物处理系统脱气处理；同时，也要求化容系统能在反应堆冷却剂系统压力下，将脱气后的反应堆冷却剂以额定补水流量从放射性液体废物处理系统返回到反应堆冷却剂系统。

化容系统必须提供足够的反应堆冷却剂系统净化和脱气能力（与放射性液体废物处理系统一起），确保换料停堆期间反应堆容器顶盖能及时打开。

化容系统应能按停堆需要减低溶解氢的浓度。在冷停堆或换料停堆期间，反应堆冷却剂系统打开之前，化容系统应将氢浓度降低到 5 cm^3/kg。为避免延长停堆时间，化容系统（与放射性液体废物处理系统一起）应有能力在要求完成反应堆正常停堆的时间内将氢浓度降到 5 cm^3/kg。在此期间也可以结合化学脱气（添加过氧化氢）的方式来达到脱气目的。这需要化容系统能在反应堆冷却剂系统运行压力下向反应堆冷却剂系统提供一定流量的下泄和补水。

11）辅助设备的硼水补给：化容系统应能为电厂相关系统提供各种硼浓度的初装水和定期补水，如非能动堆芯冷却系统的安注箱、堆芯补水箱、安全壳内换料水箱和乏燃料池。

4.3.3.2 安全分级和抗震分类

执行保护反应堆冷却剂系统压力边界

功能的设备及管道为安全A级、抗震Ⅰ类，包括净化回路进出反应堆冷却剂系统的接管、稳压器辅助喷雾接管，以及直到并包括建立反应堆冷却剂系统压力边界隔离的阀门。

化容系统执行安全壳贯穿功能的管道和执行安全壳隔离功能的压力边界上的化容系统阀门为安全B级、抗震Ⅰ类，包括贯穿安全壳的补水管道及隔离阀、废树脂排放管道及隔离阀、下泄管道及隔离阀、注锌管道及隔离阀、注氢管道及隔离阀。

执行终止反应堆冷却剂硼稀释安全功能的除盐水隔离阀、位于反应堆冷却剂系统净化回流接口和稳压器辅助喷雾接口上游的化容系统管道和阀门、注氢管道安全壳隔离止回阀、净化回流管线间的氢气添加管线，以及净化第二道隔离阀和净化第三道隔离阀之间的管线和阀门为安全C级、抗震Ⅰ类。

大部分化容系统净化回路管道和设备为安全D级、抗震Ⅱ类。

与化容系统纵深防御功能（为反应堆冷却剂系统提供补水）相关的管道、阀门和设备也为安全D级。包括补水泵、补水泵入口水源（硼酸贮存箱和除盐水接口）、补水过滤器、补水泵小流量热交换器，以及补水管线上的相关管道、阀门和仪表。与放射性液体废物处理系统相接的下泄管线部分（管道和阀门）也与放射性液体废物处理系统一样为安全D级、非抗震类。

不支持纵深防御功能（为反应堆冷却剂系统提供补水），也不包含放射性流体的部分为非安全级、非抗震类。包括化学物添加箱及相关管道、硼酸制备箱和及相关管道、位于安全壳外的锌添加和氢气添加相关管道和设备。

4.3.3.3 布置准则

本系统的布置准则如下。

1）考虑到化容系统净化回路运行在反应堆冷却剂系统冷段压力下，因此净化回路主要设备宜布置在安全壳内。

2）补水泵的布置标高应保证在各种水源下都有足够的净正吸入压头。由于补水泵也承担减少堆芯熔化概率和纵深防御的功能，应尽量对这2台泵进行实体隔离并考虑内部危险（如房间水淹等）。

3）应考虑运行维修、在役试验和辐射屏蔽保护等要求。

4）应考虑核电厂不同运行工况导致的气体积聚。

5）应考虑环境条件对设备及管道的影响，位于室外的硼酸贮存箱及相关管道应考虑防冻设计。

6）含氢设备及管道的布置应满足标准相关要求。

4.3.4 设备设计要求

4.3.4.1 热交换器

再生热交换器尺寸的设计基准为核电厂升温最后1 h，此时化容系统净化下泄流和化容系统净化返回流之间的失衡最严重。在这种情况下，再生热交器管侧出口温度必须足够低，使下泄热交换器在设备冷却水设计温度下，能将下泄流冷却到树脂床工作的温度以下。

下泄热交换器的设计基准也是核电厂升温的最后1 h，此时下泄和补水温差最大。在这种情况下，再生热交换器出口温度最高，下泄热交换器必需在预期设备冷却水温度下将下泄流冷却到允许树脂床工作的温度以下。

在每条补水泵小流量循环管线上设1台小流量循环热交换器。每台热交换器将流经化容系统补水泵小流量循环管线的流体冷却到所需的温度以下，以保护小流量工况下泵的运行。

4.3.4.2 补水泵

化容系统设置有2台补水泵。每台泵的流量和扬程可满足完成反应堆冷却剂系统充水、维持冷却剂水化学及反应堆冷却剂系统水装量的要求，并能在核电厂停堆最后阶段去除稳压器蒸汽气泡时，提供稳压器辅助喷雾。当仪表管线（内径不超过9.5 mm）发生破裂时，1台泵运行可以维持反应堆冷却剂系统正常装量，而不需要启动非能动堆芯冷却系统。如果反应堆冷却剂系统泄漏或破口大于单台补水泵能力，第2台补水泵可手动启动。

4.3.4.3 除盐床

在净化回路上设有2台可冲洗除盐混床，提供反应堆冷却剂净化。除盐混床位于安全壳内。每台混床的容量都足以满足最高反应堆冷却剂系统放射性水平下1个完整燃料周期的运行要求。

除盐混床下游设有一台除盐阳床，阳床间歇运行，控制反应堆冷却剂系统中^{7}Li（pH控制）的浓度。阳床位于反应堆厂房内，能在最大净化流量下的运行。

4.3.4.4 硼酸贮存箱

硼酸贮存箱的容量宜不低于满足燃料循环末期一次冷停堆之后再进行一次换料停堆的要求。

4.3.4.5 硼酸制备箱

硼酸制备箱用于制备一定体积特定浓度的硼酸溶液。硼酸制备箱配有电加热装置及搅拌装置，用于快速、均匀地溶解和混合硼酸。

4.3.5 仪表和控制要求

本系统设计中应提供仪表及控制设备，并应保证足够的精度与响应时间，以满足系统性能要求。

在主控制室，应对系统的下列参数给予显示和（或）报警。

（1）再生热交换器管侧和下泄热交换器管侧出口温度。

（2）净化回路流量。

（3）除盐床和过滤器压差。

（4）下泄流温度。

（5）补水泵进出口压力、出口流量。

（6）补水泵入口缓冲罐液位。

（7）注氢流量、压力。

（8）锌添加箱液位、注锌流量、注锌压力。

（9）硼酸贮存箱温度、液位。

（10）硼酸再循环泵出口压力。

（11）硼酸流量。

（12）除盐水流量和压力。

（13）泵的状态。

（14）动力操作阀门的状态。

4.3.6 接口要求

化容系统主要与反应堆冷却剂系统、放射性液体废物处理系统、正常余热排出系统、放射性固体废物处理系统、乏燃料池冷却系统和非能动堆芯冷却系统存在接口。

4.4 一回路取样系统

4.4.1 系统功能要求

4.4.1.1 安全功能——安全壳隔离

对于贯穿安全壳的管道，一回路取样系统通过设置适当的隔离阀和安全级管道以实现维持安全壳边界的功能。除此之外，本系统不执行其他安全功能。

4.4.1.2 其他功能

1）一回路取样（正常运行工况）

在核电厂正常运行期间，一回路取样系统收集来自包括反应堆冷却剂系统和相关辅助系统在内的核电厂一回路流体系统的液体，并输送至手动取样装置；同时，一回路取样系统提供对安全壳气体的辐射监测和手动获取安全壳大气样品的能力。

2）一回路取样（事故工况）

事故后，可通过一回路取样系统收集一回路反应堆冷却剂和安全壳大气样品，但一回路取样系统提供的事故后取样能力不是安全功能。

4.4.2 系统配置要求

一回路取样系统提供用于收集和分析核核电厂正常运行和事故后运行模式下一回路相关系统中气体和液体样品的集中装置。对被取样系统运行中需遵守的安全重要化学和放射化学参数应尽可能考虑设置在线分析仪。

典型的一回路取样系统的主要设备有：

（1）手动取样装置。

（2）取样冷却器。

（3）除盐水增压装置。

（4）监测仪表。

（5）延迟盘管箱。

（6）阀门。

（7）就地控制柜。

4.4.3 系统设计要求

4.4.3.1 系统性能要求

1）取样要求：选取正常运行模式下反应堆冷却剂系统及其辅助系统和安全壳大气环境的液体或气体样品进行集中取样。选取正常运行期间需要进入安全壳内进行就地取样的一回路相关系统的取样点、放射性较高难以接近的取样点，以及取样频率较高的取样点进行取样。宜选取事故后可测量一回路和安全壳地坑中硼浓度、pH 值、γ 谱和总活度的液体样品的取样点。

同类品质的系统取样点宜根据取样目的确定最少数量的取样点，并可进行取样工艺管线的合并。应考虑从 2 个反应堆冷却剂环路取样，以保证故障情况下主回路取样的冗余度。

2）连续取样监测：为测量一回路锌离子浓度水平，应设置一回路连续取样。

反应堆冷却剂系统及其辅助系统取样管线上可设置合适的在线分析仪，如溶解氢、溶解氧分析仪、硼表、离子色谱仪和辐射监测仪表等。

安全壳大气取样管线上安装有辐射监测仪表，用于对安全壳大气环境放射性水平的实时监测。

3）取样的降压和降温：根据各系统取样点所在位置的温度和压力条件，一回路取样系统应考虑设置降温降压设备，对取样流的温度、压力和流量进行控制，降温降压后样品的运行温度和压力范围应确保系统在线分析仪连续测量和手动集中取样过程中采集的样品处于适宜且恒定的温度、压力和流量。

4）取样代表性：对于工艺流体系统，应在存在湍流的部位设置取样点以取得连续、充足的样品，确保所取样品具有良好的代表性。在收集样品前，需先用取样源进行扫液，扫液量应至少为取样管线容积的 3 倍，基于保守考虑可以将扫液量提高至管线容积的 10 倍。

4.4.3.2 安全分级和抗震分类

取自安全壳内的取样管线第一道隔离阀上游管道（包括隔离阀）的安全等级不低于被取样系统取样点所在管道的安全等级。取自安全壳外的取样管线和设备的安全等级应与被取样系统取样点所在管道的安全等级一致。

执行安全功能的安全壳隔离功能和作为安全壳屏障延伸的管道和安全壳隔离阀为安全 B 级，抗震 I 类。

执行其他功能的设备和管道属于安全 D 级或 E 级、非抗震类。

4.4.3.3 布置准则

本系统的布置准则如下。

1）为了确保半衰期较短的核素（如^{16}N）的充分衰变，系统在进行反应堆冷却剂系统取样管道布置时，可采用延迟盘管保证样品在安全壳内的流经时间不小于 60 s。

2）尽可能将含放射性的取样设备，如取样冷却器、隔离阀、排放管线等布置在屏蔽层的后面，以减少工作人员的辐射照射。

3）液体取样管线应减少垂直管段并缩短管道长度，在布置时应尽量保证液体取样管线尽可能连续向下布置到取样间；同时，减少潜在的管线低点和高点以减少排气和疏水点。支管上的隔离阀应尽量靠近液体取样主管，以减少不同样品间的交叉污染。

4）气体取样管线应尽可能连续地向上或向下布置到取样间。在布置时应避免出现低点，以防止冷凝水和颗粒物积聚。

5）手动取样装置应布置在安全壳外尽量接近安全壳的地方。它的位置应能够缩短取样点至手动取样盘的管线长度，尽可能减少取样人员的取样时间。与化学实验室距离近，人员可达。

6）应考虑运行维修、在役试验和辐射屏蔽保护等要求。

4.4.4 设备设计要求

4.4.4.1 手动取样装置

手动取样装置用于获取未降压的、降压的、稀释的和未稀释的液体样品，并从安全壳气体中获取稀释的和未稀释的样品。

手动取样装置为密闭设计，其取样面板为放射性屏蔽层，将操作人员和高放射性的样品隔离开。同时，手动取样装置接有通风口，通过厂房通风系统使取样装置内保持相对环境空气的负压。手动取样装置内设有集水槽，集水槽下游设有疏水箱和排水泵，取样产生的废液通过排水泵排放至放射性液体废物处理系统。

4.4.4.2 取样冷却器

取样冷却器为高温取样样品提供冷却，以保证降温后取样流温度满足手动取样及连续取样温度要求。

4.4.4.3 除盐水增压装置

除盐水增压装置内包含除盐水箱、泵、喷射器和相关管道、阀门，该装置用于在低压工况下为取样流提供驱动压力。

4.4.5 仪表和控制要求

本系统设计中应提供仪表及控制设备，并应保证足够的精度与响应时间，以满足系统性能要求。

在主控制室，应对系统的下列参数给予显示和（或）报警。

（1）液体取样压力。

（2）取样流压力。

（3）取样流温度。

（4）连续取样流量。

（5）溶解氢/氧浓度。

（6）样品放射性。

一回路取样系统安全壳隔离阀应接安全壳隔离信号或手动安全壳冷却驱动信号后关闭。安全壳隔离阀及取样隔离阀也可以在主控制室手动打开或关闭。

4.4.6 接口要求

除了与上游被取样系统提供接口外，

一回路取样系统还与以下系统存在实体接口。

（1）气体系统：气体系统为手动取样装置提供氮气，用于仪表校准、取样吹扫和稀释等。

（2）放射性液体废物处理系统：放射性液体废物处理系统接收来自手动取样装置的取样废液。

（3）化学容积与控制系统：化学容积与控制系统可接收来自的连续取样的反应堆冷却剂，回收至一回路。

4.4.7 系统运维要求

一回路取样系统投运前应进行取样管线预运行试验，验证设计的取样流量、温度和压力。

安全壳隔离阀应做定期试验，以保证设备能可靠执行其安全功能。

为保证一回路取样系统完成核电厂设计中所规定的系统功能，系统设计应包括必要的试验、检查和维修的措施。

一回路取样系统设计应满足维修的通用要求，保证取样系统部件的可达性和满足工作人员受照剂量最小化的规定。

4.5 正常余热排出系统

4.5.1 系统功能要求

4.5.1.1 安全功能

1）安全壳隔离

贯穿安全壳的正常余热排出系统的管道应具备安全壳隔离功能。

2）保持反应堆冷却剂系统压力边界

正常余热排出系统入口母管和出口母管与反应堆冷却剂系统连接，是反应堆冷却剂压力边界的一部分，应保持反应堆冷却剂系统压力边界的完整性。

3）提供安全壳补水流道

在设计基准事故 72 h 后，如果安全壳出现设计基准的泄漏，正常余热排出系统应为安全壳长期补水提供通道。

4.5.1.2 其他功能

1）正常冷却

在正常停堆阶段，正常余热排出系统可从堆芯和反应堆冷却剂系统排出热量。

2）事故后余热排出

在非能动安全系统成功缓解事故后，正常余热排出系统可从堆芯和反应堆冷却剂系统中移出热量，使核电厂恢复运行。

3）反应堆冷却剂系统低压注射

在自动卸压系统动作后，正常余热排出系统可从装料池或安全壳内换料水箱等水源吸水，为反应堆冷却剂系统提供非安全级的低压注射。

4）低温超压保护

正常余热排出系统在换料、启堆和停堆运行时可为反应堆冷却剂系统提供低温超压保护。

5）停堆净化

在核电厂启动、停堆阶段和换料运行期间，正常余热排出系统可为化容系统提供反应堆冷却剂净化的驱动力。

6）乏燃料池冷却

在丧失乏燃料池正常冷却时，正常余热排出系统可投入运行，以补充或替代乏燃料池冷却系统。在堆芯换料运行期间，正常余热排出系统可根据衰变热情况，与乏燃料池冷却系统一起冷却乏燃料池。

7）安全壳内换料水箱冷却

在非能动余热排出热交换器运行期间或核电厂正常运行期间，正常余热排出系统可为安全壳内换料水箱提供冷却。

4.5.2 系统配置要求

正常余热排出系统应设计有冗余机械

序列的设备用于余热排出，每一序列包括1台正常余热排出系统泵和1台正常余热排出系统热交换器，泵和热交换器均布置在辅助厂房。正常余热排出系统入口与反应堆冷却剂系统相连，出口经冷却后送回反应堆冷却剂系统。正常余热排出系统还应与安全壳内换料水箱、乏燃料池和化容系统连接，以实现4.5.1节的功能。此外，正常余热排出系统包括系统正确运行所需要的管道、阀门和仪表。

4.5.3 系统设计要求

4.5.3.1 系统性能要求

1）保持反应堆冷却剂系统压力边界：正常余热排出系统入口母管和出口母管与反应堆冷却剂系统（反应堆冷却剂系统）连接，是反应堆冷却剂压力边界的一部分。贯穿安全壳的正常余热排出系统管线的设计应保持反应堆冷却剂系统压力边界的完整性。

2）提供安全壳补水流道：在触发了自动卸压系统阀门开启的事故后，可能需要从安全壳外的水源进行长期补水。正常余热排出系统应提供补水的流道，利用安全壳外的可用水源，向安全壳补水。要求补水能力大于安全壳设计基准泄漏率。

3）正常冷却：正常余热排出系统热负荷的设计可保证在反应堆长期满功率运行后，一般能在96 h内将反应堆冷却剂系统的温度降至规定的换料温度，以符合换料进度的要求。在停堆冷却过程中，需要正常余热排出系统排出的热量包括：

（a）堆芯衰变热。

（b）反应堆冷却剂泵做功的热量。

（c）反应堆冷却剂的显热。

（d）反应堆冷却剂系统金属材料的显热，包括堆芯燃料组件、控制棒等的显热。

正常余热排出泵或热交换器容量的设计应保证在任一泵或热交换器不可用情况下，都不会丧失正常余热排出系统的冷却能力，只会延长核电厂冷却需要的时间。

正常余热排出系统设计应保证冷却速率是可控的。最大冷却速率不应超过反应堆压力容器、蒸汽发生器等反应堆冷却剂压力边界的部件可允许的冷却速率限值28 ℃/h。冷却期间不应导致设备冷却水供水温度超出最大供水温度限值。

4）事故后余热排出：在非能动安全系统成功缓解事故之后，正常余热排出系统能将热量从堆芯和反应堆冷却剂系统中移出。非能动安全系统的设计可以缓解所有设计基准事故，并将反应堆冷却剂系统冷却到允许闭式回路冷却的温度和压力。一旦非能动安全系统完成其功能，正常余热排出系统将用作闭式回路冷却。

事故工况下，泵的运行流量不应影响非能动安全系统设备的性能，如安全壳内换料水箱滤网、安全壳再循环滤网等。

冷却期间不应导致设备冷却水供水温度超出最大供水温度限值。

5）反应堆冷却剂系统低压注射：在自动卸压系统阀门动作后，正常余热排出系统从装料池或安全壳内换料水箱吸水，为反应堆冷却剂系统提供非安全级的低压注射。通过低压注射可防止堆芯补水箱液位降低到自动卸压系统阀门动作的整定值，进而避免安全壳水淹。

6）低温超压保护：在换料和停堆运行期间，正常余热排出系统为反应堆冷却剂系统提供低温超压保护，使反应堆冷却剂系统峰值压力低于压力容器压力温度限值和110%的系统设计压力。

当反应堆冷却剂系统未建立汽腔前，正常余热排出系统应能为所有设计基准冷态超压瞬态提供低温超压保护。

7）停堆净化：在停堆和换料运行期间，当主泵停止或减速运转时，或当正常余热排出系统投入运行，化容系统返回蒸汽发生器的管线无法继续提供正常净化流时，正常余热排出系统可为化容系统提供净化流。正常余热排出系统提供的额定净化流量应与化容系统的净化要求一致。

8）乏燃料池冷却：在不需要正常余热排出系统进行堆芯冷却的核电厂运行模式下，正常余热排出系统可以替代或补充乏燃料池冷却系统，提供对乏燃料池的冷却，正常余热排出系统提供的流量应满足乏燃料池系统在整堆芯卸载时温度控制限值的要求。

9）安全壳内换料水箱冷却：在非能动余热排出热交换器运行期间，如果有需要，正常余热排出系统为安全壳内换料水箱提供冷却。在非能动余热排出系统运行时，正常余热排出系统可维持安全壳内换料水箱的水温低于沸点。

10）单序列不可用：系统应设置 2 个余热排出系列，保证在任一泵或热交换器不可用情况下，都不会丧失正常余热排出系统的冷却能力，只会延长核电厂冷却需要的时间。

4.5.3.2　安全分级和抗震类别

与反应堆冷却剂系统直接相连的设备和部件划分为安全 A 级。一些疏水、排气和试验管线属于反应堆冷却剂压力边界，但可从安全 A 级中排除，划分为安全 B 级。

安全壳贯穿件、相连的管道和隔离阀划分为安全 B 级。

除热交换器设备冷却水侧设备和部件可划分为非安全级，安全壳外其余设备和部件划分为安全 C 级。

A、B、C 级的设备和部件为抗震Ⅰ类。

对于非安全级设备和部件，如果其结构失效或相互作用可能导致安全级 SSC 恶化到不可接受的安全水准，或者可能导致控制室人员遭受严重伤害，划分为抗震Ⅱ类。

其余设备和部件为非抗震类。

4.5.3.3　布置准则

正常余热排出系统应布置在能对设计基准地震、最大可能的外部事件（如洪水、龙卷风、火灾和飞射物等）提供保护的构筑物中。

布置设计应保证任何本系统的高能管道断裂都不导致本系统的安全功能失效。

正常余热排出系统可设置入口梯级管嘴、自排气管线（从反应堆冷却剂热段至正常余热排出泵入口管线无局部高点，倾斜向下），避免半管循环工况时卷吸气体并便于排气。

正常余热排出系统与反应堆冷却剂系统之间的隔离阀应设计成当阀间或阀腔内死水区受热膨胀而升压（锅炉效应）时保证能被打开。

正常余热排出泵应设置在厂房下部并靠近安全壳，确保泵的有效净正吸入压头，防止泵发生汽蚀。此外，泵还应安装在分隔的防飞射物房间内，每台泵之间用防飞射物的屏障隔开。

4.5.4　设备设计要求

4.5.4.1　正常余热排出泵

每台泵能为热交换器提供要求的设计流量，从而带出设计基准热负荷。在一个序列失效或者无法运行的情况下，冗余的泵和热交换器可以保证核电厂部分冷却。在核电厂冷却过程中，泵设计成可以承受从环境温度到正常余热排出系统最大投运温度的热阶跃瞬态。在低流量的情况下，小流量管线为泵提供保护，小流量阀常开，为了增大冷却流量，可在适当时由操纵员手动关闭。当正常余热排出系统热交换器出口流量低时，此阀门可以自动重新打开为泵提供保护。

事故工况下 2 台正常余热排出系统泵可在自动卸压系统动作后向反应堆冷却剂系统提供足够低压注射流量，可以避免自动卸压系统阀门动作。

正常余热排出泵的选取、管系设计和布置，应保证泵在全流量范围内具有足够的净正吸入压头及足够的总压头。

4.5.4.2 正常余热排出热交换器

正常余热排出系统有 2 台相同的热交换器，每台可以移出 50% 的设计热负荷。如果一个序列失效，另外一个序列可以保证部分移出堆芯热量。

4.5.5 仪表和控制要求

本系统设计中应提供仪表及控制设备，并应保证足够的精度与响应时间，以满足系统性能要求。

在主控制室，应对系统的下列参数给予显示和（或）报警。

（1）泵入口压力。

（2）泵出口压力。

（3）通过系统的反应堆冷却剂流量。

（4）热交换器入口温度。

（5）热交换器出口温度。

（6）泵的状态。

（7）动力操作阀门的状态。

余热排出泵在收到安全壳隔离信号时停泵，隔离信号可以复位，以便在事故缓解和核电厂恢复时使用正常余热排出系统。当泵运行且处于反应堆冷却剂系统冷却和停堆冷却阶段时，若丧失厂外电，无需操纵员参与泵的启动操作，正常余热排出系统泵将在备用柴油发电机启动后，随其所在负荷组顺序带载时重新启动。

4.5.6 接口要求

正常余热排出系统主要与以下系统存在接口。

（1）化容系统：在核电厂停堆期间，化容系统接收来自正常余热排出系统的停堆净化流。反应堆冷却剂在净化后返回反应堆冷却剂系统。

（2）非能动堆芯冷却系统：在安全壳内换料水箱冷却期间，非能动堆芯冷却系统应能接收正常余热排出系统的流量。在丧失冷却剂事故后，非能动堆芯冷却系统提供来自安全壳内换料水箱的低压注射水源和安全壳再循环水源。

（3）反应堆冷却剂系统：反应堆冷却剂系统提供反应堆冷却剂泵运行基准，以及反应堆冷却剂泵热量输入基准。在停堆冷却期间，反应堆冷却剂系统应能接受正常余热排出系统的流量。

（4）乏燃料池冷却系统：在丧失冷却剂事故后，装料池可以为正常余热排出系统提供低压注射水源。

（5）厂内备用电源系统：在反应堆冷却剂系统冷却第二阶段，如果失去交流电，厂内备用电源系统必须能向正常余热排出系统供电。

4.5.7 系统运维要求

（1）应符合可靠性、有效性和可维修性的目标和准则。

（2）部件设计时要为服役期间的磨损和腐蚀考虑足够的裕量，避免不必要的维修。

（3）正常余热排出系统及其设备的设计将使其维护和检查的辐照剂量减到最少。

(4) 应提供为了确保系统运行而进行系统运维的能力

(5) 正常余热排出系统的设计应包括定期开展能动阀门及泵的定期在役试验和检查的措施，便于评价系统的性能，保证系统的可运行性。

5 安全系统

5.1 通用要求

本节给出了安全系统的通用总体性要求，与后文5.2~5.5节内容相结合，提供了非能动核电厂安全系统的完整要求。

5.1.1 系统功能要求

安全系统在核电厂正常运行期间，应处于备用状态；在核电厂发生设计基准事件/事故状态下应能实现以下基本安全功能。

（1）控制反应性。

（2）排出堆芯余热，导出乏燃料贮存设施所贮存燃料的热量。

（3）包容放射性物质、屏蔽辐射，以及限制事故的放射性释放。

5.1.2 非能动设计要求

安全系统应以非能动方式完成设计基准内的反应性控制、衰变热排出和放射性包容等安全功能，确保核电厂安全。非能动方式是指利用自然驱动力来执行相关功能，自然驱动力包括重力、自然循环、储能（如压缩流体和蓄电池）等。非能动安全系统不依赖泵、风机或柴油发电机等能动部件，不需要交流电源、设备冷却水和HVAC等支持系统。非能动安全系统执行设计基准工况安全功能的任务时间至少为72 h；72 h后可利用厂内设施和厂外支援等持续维持电厂安全功能。

5.1.3 系统设计要求

安全系统设计应符合核安全法规要求，采用成熟的方法，必须遵循经验证的工程实践。

安全系统设计应考虑单一故障准则、独立性、多重性、多样性以确保设计可靠性。安全系统的支持系统也必须同样可靠，从而与所支持安全系统的安全重要性相适应。

安全系统设计时应充分考虑内外部危险的防护，如火灾、水淹、飞射物、管道破裂、地震和龙卷风等，以保证安全不受到损害。

安全系统设计应保证核电厂寿期内的安全运行，即能确保其进行标定、试验、维护、修理或更换、检查和监测等活动。

5.1.4 仪表和控制要求

安全系统的仪表设置应确保能获得核电厂安全和可靠性运行的信息，能确定核电厂在事故工况下的状态，以及用于事故管理的决策信息。

应设置可靠的控制系统，使得相关的过程变量保持在规定的运行范围内，并能探测不安全状态且自动触发安全动作。

主控制室、远程停堆控制室应能够提供必要的设备状态信息、报警功能核控制功能。

5.1.5 其他要求

应明确系统上下游接口系统，明确各系统接口传递的信息。系统设计需考虑运维的可实施性，制定合适的在役试验频率及要求。

5.2 非能动堆芯冷却系统

5.2.1 系统功能要求

5.2.1.1 安全功能

1）应急补给和硼化

在反应堆冷却剂系统正常补给和硼化不可用或不足时，非能动堆芯冷却系统为反应堆冷却剂系统提供应急补给和硼化功能。

2）安全注射

在发生各种破口尺寸的反应堆冷却剂丧失事故（LOCA）时，非能动堆芯冷却系统为反应堆冷却剂系统提供安全注射功能。

3）应急堆芯衰变热排出

在正常热量排出手段丧失时，非能动堆芯冷却系统为反应堆冷却剂系统提供应急堆芯热量排出功能，使反应堆进入并维持安全停堆状态。

4）安全壳 pH 控制

非能动堆芯冷却系统在事故后给安全壳内的水添加化学物，满足 pH 要求。

5.2.1.2 其他功能

严重事故后，非能动堆芯冷却系统确保反应堆压力容器外壁面能被淹没，从而为损坏的堆芯提供冷却。

未能紧急停堆的预期瞬态（ATWS）期间，非能动堆芯冷却系统能排出足够的热量以冷却堆芯，并注射足够的硼使反应堆停堆。

非能动堆芯冷却系统在事故后 36 h 内将反应堆冷却剂系统冷却的温度冷却到安全停堆温度。

安全壳内置换料水箱水装量足够在核电厂正常换料时淹没换料水池。

5.2.2 系统配置要求

根据系统功能要求，非能动堆芯冷却系统需要设置事故后可用的冷却介质及有效的冷却路径。

非能动堆芯冷却系统属于专设安全设施的一部分。非能动堆芯冷却系统利用以下非能动机理执行其功能：自然循环、蒸发、冷凝、压缩气体和重力排水等。

非能动堆芯冷却系统由执行 5.2.1 节规定功能的设备（包括容器、热交换器、阀门、测量仪表和控制设备等）、管道及其支撑件，以及水源组成。

非能动堆芯冷却系统可由几个子系统组成。如一个非能动注射子系统、一个非能动余热排出子系统、一个安全壳 pH 控制系统，这些子系统组成一个整体，根据不同的事故分别或共同完成非能动堆芯冷却系统的功能。

典型的非能动堆芯冷却系统的主要设备有：

（1）堆芯补水箱。

（2）安注箱。

（3）安全壳内置换料水箱。

（4）非能动余热排出热交换器。

（5）pH 调节篮。

（6）安全壳内壁冷凝液收集装置。

（7）反应堆冷却剂卸压鼓泡器。

（8）安全壳内置换料水箱滤网和再循环滤网。

（9）阀门。

5.2.3 系统设计要求

5.2.3.1 系统性能要求

1）应急补给和硼化

为反应堆冷却剂系统提供应急补给和硼化功能时，非能动堆芯冷却系统的能力应满足以下要求。

(a) 非反应堆冷却剂丧失事故(LOCA)时，降低由于冷却而导致的反应性增加。

(b) 自动卸压系统（ADS）仅在LOCA或长期丧失电源事故时进行动作。

(c) 反应堆冷却剂系统泄漏率低于技术规格书规定的可识别泄漏时，非能动堆芯冷却系统的补给能延迟ADS动作。

(d) 大LOCA后，即使无控制棒插入，也能为反应堆冷却剂系统提供足够的硼以保证停堆深度。

2) 安全注射

LOCA后，非能动堆芯冷却系统的能力应满足以下要求。

(a) 燃料包壳计算峰值温度不超过1 204 ℃。

(b) 包壳总氧化量的计算值不超过氧化前包壳总厚度的17%。

(c) 包壳金属和水或蒸汽发生的化学反应所产生氢的计算总量，不超过假定活性区包壳金属都发生化学反应时产氢量的1%。

(d) 应确保堆芯几何形状发生变化时，能够维持堆芯的冷却功能。

(e) 维持堆芯的长期冷却。在非能动堆芯冷却系统顺利运行后，应能在长期维持堆芯温度处于可接受低值，并且能带走堆芯热量。

3) 应急堆芯热量排出

为反应堆冷却剂系统提供应急堆芯热量排出功能时，非能动堆芯冷却系统的能力应满足以下要求。

(a) 发生会导致反应堆冷却剂系统过冷的事故时，非能动余热排出热交换器不能带走过多热量以防堆芯损伤或ADS启动。

(b) 非能动余热排出热交换器应能在36 h内将反应堆冷却剂系统的温度冷却到安全停堆温度。

(c) 蒸汽发生器传热管破裂期间，非能动余热排出热交换器应快速冷却反应堆冷却剂系统，以防止蒸汽发生器满溢或ADS启动，并将反应堆冷却剂系统的温度降低到低于蒸汽发生器二次侧的温度。

4) 安全壳pH控制

考虑事故后初始和30天内安全壳内存在的酸性物，非能动堆芯冷却系统提供足够的磷酸三钠，并在8 h内完全溶解以维持硼水的pH在7~9.5。

5.2.3.2 安全分级和抗震分类

非能动堆芯冷却系统的安全等级要求如下。

1) 属于反应堆冷却剂压力边界的设备和部件为安全A级，如非能动余热排出子系统、堆芯补水箱、压力边界隔离阀与反应堆冷却剂系统之间的管道、阀门等。

2) 其余执行安全功能的设备和部件为安全C级，如安注箱、安全壳内置换料水箱、pH调节篮、安全壳内置换料水箱返回槽、鼓泡器、再循环滤网和安全壳内置换料水箱滤网以及相关的管道、阀门等。

3) 一些仪表管线、疏水和排气及试验管线上可设置9.5 mm内径的流量限制孔板，从而将等级从安全A级降为安全B级。

4) 执行安全壳隔离功能的管线和阀门为安全B级，如氮气供给管等。

非能动堆芯冷却系统的抗震类别要求如下。

1) 执行安全功能的设备和部件为抗震Ⅰ类。

2) 执行非安全功能但是在安全停堆地震条件下可能对抗震Ⅰ类物项产生安全

影响的设备和部件为抗震Ⅱ类。

3）其余设备和部件为非抗震类。

5.2.3.3 机械设计准则

非能动堆芯冷却系统的机械设计准则如下。

1）系统应在有关规范的压力限制内，能承受任何系统运行工况的压力、温度及其导致的相互作用，包括安全停堆地震载荷效应导致的相互作用。

2）在安全停堆地震及系统运行工况共同施加的载荷作用下，系统不会发生破裂，执行安全功能的部件不应失效。

3）系统承压设备的材料应具有断裂韧性，以防止在寿期内发生脆性断裂。

4）系统的材料应与水化学特性相适应，系统中与含硼水接触的设备和管道应采用奥氏体不锈钢或具有抗腐蚀能力的材料或涂料。

5）系统的瞬态以流体压力、流体温度和流量变化来体现，系统设计时应考虑各种瞬态造成的疲劳、断裂等。

5.2.3.4 布置准则

非能动堆芯冷却系统的布置准则如下。

1）为保证驱动力，系统布置应确保必要的高差。

2）堆芯补水箱入口管和非能动余热排出热交换器入口管应有坡度地持续向上一直到高点，以确保热驱动力并防止水锤。

3）管线布置应尽量防止热分层和循环现象的发生。

4）布置应考虑运行、维修、在役试验和辐射屏蔽保护等要求。

5）应在合适的位置设置排气（含防止气体积聚的要求）和/或疏水。

6）应设置取样管线，在电厂正常运行期间进行取样并调节水的化学特性，取样点应合理设置，以确保取样的代表性。

7）应满足隔离要求。

5.2.4 设备设计要求

5.2.4.1 堆芯补水箱

堆芯补水箱中的水是高压安注水源，其容量应确保 LOCA 后，即使堆芯补水箱运行在蒸汽补偿模式下，也能持续注射一段时间（一般为 20 min），并触发 ADS 动作以确保反应堆冷却剂系统充分降压。

堆芯补水箱布置在高于反应堆冷却剂环路的标高处，利用进出口管线的密度差提供驱动。堆芯补水箱下部应设有支撑，外围应设置围堰以防止再循环水进入到其下方的房间，从而确保再循环水位高度满足堆芯冷却要求。

堆芯补水箱的设计：

1）应设置入口扩散器，以减小进入堆芯补水箱的蒸汽速度。

2）应设置液位计，以触发 ADS 动作。

3）应设置人孔和疏水装置，以允许进行维修、检查和清洁水箱。

4）应考虑堆芯补水箱热胀造成的滑动，如设置滑动板等。

5.2.4.2 安注箱

安注箱中的水是中压安注水源。安注箱依靠箱内的压缩氮气提供驱动。安注箱应有足够的容量确保在大破口事故下有足够的注入流量。

安注箱的设计：

1）应设置卸压阀以防止设备超压。

2）无损检测应根据 B 级部件的规则执行。

3）应设置人孔和疏水装置，以允许进行维修、检查和清洁水箱。

5.2.4.3 安全壳内置换料水箱

安全壳内置换料水箱（IRWST）采用

不锈钢衬里混凝土水箱，水箱中的水是低压安注水源。水箱的布置应与压力容器直接注射管（DVI）有一定的高差，以确保重力注射。

LOCA 后，安全壳内置换料水箱提供低压注射，确保堆芯淹没并带走堆芯热量。在安全壳再循环过程中，水箱中的水淹没安全壳，且再循环水位高于热管和冷管高度，提供满足带走热量要求的驱动力。

安全壳内置换料水箱的设计：

1）应设置人员通道和疏水装置，以允许进行定期维修、检查和清洁水箱。

2）应设置泄漏探测收集系统，以及时探测水箱贯穿件及水箱内部钢覆面焊缝处的泄漏。

3）应设置排气和溢流装置，以防止超压。

4）墙和箱顶板应足够厚，以保护水箱免受飞射物危害。

5.2.4.4 非能动余热排出热交换器

非能动余热排出热交换器布置在安全壳内置换料水箱内，高于环路标高，利用进出口管线的密度差提供驱动，将热量传递给 IRWST。非能动余热排出热交换器进出口封头安装在安全壳内置换料水箱墙面上，其依靠框架结构的上、下部支撑与换料水箱相连。

非能动余热排出热交换器考虑设计堵管率，在主泵不运行、安全壳内置换料水箱水温最大、冷凝液返回量最小、ADS 不动作、考虑单一失效工况下，非能动余热排出热交换器和蒸汽发生器二次侧的水装量应在 36 h 内将反应堆冷却剂系统冷却到安全停堆温度。

非能动余热排出热交换器的设计应满足以下要求。

1）应尽量远离鼓泡器，并能承受鼓泡器动作造成的载荷。

2）传热管之间的距离应适当以确保换热能力。

3）应有通道和特定的工具进行检查和维修。

5.2.4.5 pH 调节篮

调节篮顶部位于再循环最小水位以下，篮中的磷酸三钠应高于地面。

5.2.4.6 安全壳内壁冷凝液收集装置

安全壳内冷凝液收集装置应收集安全壳内的冷凝液并输送回安全壳内置换料水箱，冷凝液返回率应满足非能动余热排出热交换器传热要求。

不同标高处的冷凝液可采取不同方式收集，如环吊和加强筋处可采用落水管收集，操作平台处应设置 360° 返回槽收集。

5.2.4.7 反应堆冷却剂卸压鼓泡器

鼓泡器与自动卸压阀门相连，鼓泡器控制进入安全壳内置换料水箱的蒸汽分布均匀，从而使蒸汽冷凝更有效。鼓泡器流量应满足自动卸压要求，但不应给安全壳内置换料水箱造成过大载荷。

5.2.4.8 安全壳内置换料水箱滤网和再循环滤网

滤网的压降应满足事故分析的要求，确保事故后注射流量足够带走热量。

滤网应防止大颗粒注射进入反应堆冷却剂系统，以防燃料元件的通道堵塞和堆芯冷却受到抑制。

滤网顶部应比正常安全壳再循环淹没水位低，以确保其所有的表面积都能用来过滤。

5.2.5 仪表和控制要求

非能动堆芯冷却系统的仪表和控制设计要求如下。

（1）应基于功能需求设置各种类型

的仪表和仪表整定值。非能动堆芯冷却系统一般应设置压力、温度、流量、液位和放射性仪表等。

(2) 对于系统的某些重要设备，应由安全级保护系统发出触发信号自动启动。此外，可设置多样性保护系统，提供非安全级的自动启动或手动启动。

(3) 非能动堆芯冷却系统仪表一般要求在主控制室显示和/或报警。非能动堆芯冷却系统典型仪表设置如下。

1) 压力仪表：安注箱压力、非能动余热排出热交换器入口管线压力、试验集管压力。

2) 温度仪表：堆芯补水箱入口管线温度、堆芯补水箱温度、DVI 管线冷管段温度、DVI 管线热管段温度、安全壳内置换料水箱温度、非能动余热排出热交换器入口冷管段温度、非能动余热排出热交换器入口热管段温度。

3) 流量仪表：非能动余热排出热交换器流量、试验集管流量。

4) 液位仪表：CMT 宽量程液位、CMT 窄量程液位、CMT 高点液位、安全壳内置换料水箱宽量程液位、安全壳内置换料水箱窄量程液位、IRWST 溢流液位、IRWST 高点液位、安注箱液位、非能动余热排出热交换器高点液位、安全壳淹没水位。

5) 安全壳放射性仪表。

(4) 触发堆芯补水箱运行的信号可以根据事故的不同而不同，如稳压器低压、安全壳高压、蒸汽管道低压、冷段低温、稳压器低液位、ADS 动作和热段高温叠加蒸汽发生器低液位等。

(5) 触发非能动余热排出热交换器运行的信号可以根据事故的不同而不同，如堆芯补水箱驱动、蒸汽发生器窄量程低液位并延迟后叠加启动给水低流量、蒸汽发生器宽量程低液位和稳压器高液位等。

5.2.6 接口要求

为保证非能动堆芯冷却系统的可靠运行，对相关系统提出以下要求。

(1) 压缩空气系统应提供压缩空气，保证阀门正常运行时处于正常阀位，事故后处于事故阀位。

(2) 化学与容积控制系统为非能动堆芯冷却系统水箱提供初始硼酸溶液和定期补水，以调整液位和/或硼酸浓度；同时，为反应堆冷却剂压力边界隔离泄漏试验提供压力源。

(3) 电厂气体系统为安注箱提供初次填充氮气和定期补充氮气。

(4) 取样系统定期取硼水试验，确保非能动堆芯冷却系统化学特性在设计范围内。

(5) 正常余热排出系统能冷却安全壳内置换料水箱。

(6) 乏燃料池冷却系统能净化安全壳内置换料水箱，并在换料期间将安全壳内置换料水箱内的换料水送往换料水池，再送回安全壳内置换料水箱。

(7) 放射性废液系统能接受非能动堆芯冷却系统的各种疏水。

(8) 反应堆冷却剂系统与非能动堆芯冷却系统相连接，如主管道、反应堆压力容器、蒸汽发生器和稳压器等，这些都是为了执行非能动堆芯冷却系统的功能或协助非能动堆芯冷却系统执行功能。

5.2.7 系统运维要求

非能动堆芯冷却系统应定期开展以下试验和检查，以便评价系统的性能，保证系统可运行。

(1) 堆芯补水箱、安注箱、安全壳内置换料水箱和再循环注射管线流动试验，确认注射管线阻力在设计值内。

(2) 非能动余热排出热交换器传热能力试验，确认传热能力在设计值内。

(3) 阀门定期试验，包括远距离阀位指示试验、行程试验、失效安全试验、可运行性试验，以及压力边界隔离阀泄漏率试验。

(4) 安全壳内置换料水箱回流槽、滤网和再循环滤网的定期目视检查，确认其未被碎片堵塞。

(5) pH 调节篮的化学药品数量和样品性质检查。

应为非能动堆芯冷却系统维修提供通道，以尽量减小移动其他设备、使用专用工具、损坏其他设备的可能性，使检修工作人员所受的辐照尽量低。

设备的选型应尽可能减小使用设备所需的维修频度。

5.3 非能动安全壳冷却系统

5.3.1 系统功能要求

5.3.1.1 安全功能

1) 安全壳热量排出

非能动安全壳冷却系统利用安全级非能动部件，将安全壳大气中的热量传递至环境，限制并降低设计基准事故后安全壳内的温度和压力，防止其压力、温度超过规定限值，维持安全壳的完整性，限制事故后放射性物质向外部环境释放。

2) 乏燃料池补水

非能动安全壳冷却系统提供安全级水源和安全级非能动补水流道，在发生乏燃料池冷却丧失事件时为乏燃料池提供给补水，保证乏燃料不裸露。

3) 安全壳压力监测

非能动安全壳冷却系统对核电厂正常运行和设计基准事故后安全壳内的压力进行监测，为保护和安全监测系统提供安全壳压力信号。

5.3.1.2 其他功能

1) 设计基准事故 72 h 后安全壳热量排出

非能动安全壳冷却系统利用非安全级能动部件，将安全壳大气中的热量传递至环境，限制并降低设计基准事故 72 h 后安全壳内的温度和压力，防止其压力、温度超过规定限值，维持安全壳的完整性，限制事故后放射性物质向外部环境的释放。

非能动安全壳冷却系统利用临时补水装置将厂内外可用水源连接至安全级补水接口，向安全壳提供冷却水，实现事故后安全壳热量排出。

2) 超设计基准事故后安全壳热量排出

发生超设计基准事故后，非能动安全壳冷却系统将安全壳大气中的热量传递至环境，防止因安全壳超压和（或）超温造成安全壳失效，从而保证安全壳完整性，限制事故后放射性物质向外部环境释放。

3) 乏燃料池补水

非能动安全壳冷却系统提供非安全级水源和非安全级能动补水流道，在发生乏燃料池冷却丧失事件时为乏燃料池提供补水，从而保证乏燃料不裸露。

4) 消防补水

非能动安全壳冷却系统提供抗震的消防水源，为核电厂安全相关区域（如安全壳和辅助厂房安全相关区域等）提供消防水。

5) 安全壳压力监测

非能动安全壳冷却系统对超设计基准

事故下安全壳内的压力进行监测，为多样化驱动系统提供安全壳压力信号。

6）系统水质调节功能

非能动安全壳冷却系统应能循环、监测非能动安全壳冷却水的化学性质和温度，并将其维持在可接受范围内。

5.3.2 系统配置要求

能动安全壳冷却系统应设置事故后可用的冷却介质及有效的冷却路径。

非能动安全壳冷却系统利用以下非能动机理执行其功能：自然循环和对流、冷凝、导热、蒸发和重力排水等。

非能动安全壳冷却系统包括执行5.3.1节规定功能的设备（包括容器、阀门、测量仪表和控制设备等）、管道及其支撑件和水源。

非能动安全壳冷却系统可由几个子系统组成。如由一个重力输水子系统、一个再循环子系统、一个泄漏探测子系统和临时补水装置组成。这些子系统和装置组成一个统一体，共同完成系统功能。

典型的非能动安全壳冷却系统的主要设备有：

（1）非能动安全壳冷却水箱。

（2）冷却水输送流道（通过重力排放方式向安全壳表面输水）。

（3）水分配装置（包括分水斗、围堰等）。

（4）空气流道（包括空气入口、空气出口和空气导流板等）。

（5）非能动安全壳冷却辅助水箱。

（6）再循环泵。

（7）化学添加箱。

（8）加热器。

（9）阀门。

（10）临时补水装置（如移动式柴油机应急补水泵等）。

5.3.3 系统设计要求

5.3.3.1 系统性能要求

1）安全壳热量排出

（a）安全壳冷却水流量：事故后至少72 h内，应采用非能动方式控制安全壳冷却水流量，保证系统的热量导出能力与堆芯衰变热相匹配。应确定安全壳冷却水流量随时间变化曲线的上限值和下限值，最小冷却水流量用于计算安全壳内压力偏高保守的工况，最大冷却水流量用于计算安全壳内压力偏低保守的工况。

（b）安全壳冷却水温度：如果最低厂址环境温度低于冰点，应采取措施（如设置加热器、保温层等），使安全壳冷却水不结冰。应确定安全壳冷却水温度的上限值和下限值，最高冷却水温度用于计算安全壳内压力偏高保守的工况，最低冷却水温度用于计算安全壳内压力偏低保守的工况。安全壳冷却水温度的上限值和下限值应考虑厂址极限环境条件和水源的保温措施等。

（c）安全壳水膜覆盖率：应设置水分配装置（如分水斗、围堰等），使冷却水在安全壳外表面的湿润面积尽量大，即使安全壳水膜覆盖率尽量大。应确定安全壳水膜覆盖率与安全壳冷却水流量之间的关系式，该关系式应经过验证，用于计算事故后安全壳内压力。

（d）空气流道阻力特性：对于设计的空气流道，应使其阻力尽量小，以提供足够的自然循环空气流量。

（e）系统启动：非能动安全壳冷却系统应采用安全壳高压或安全壳高温作为系统自动启动信号。非能动安全壳冷却系统的设计应允许操纵员必要时在主控制室手动触发运行。

非能动安全壳冷却系统设计应将误启

动的可能性降到最低。压力启动整定值不宜过高，以确保安全壳内压力不超过设计压力；同时，此整定值不宜过低，以避免不应有的系统启动。

安全壳内压力计算时，应考虑非能动安全壳冷却系统启动的延迟时间，包括：

(a) 信号产生和传递的时间。

(b) 阀门动作时间。

(c) 冷却水充满管道时间。

(d) 冷却水稳定覆盖安全壳外表面的时间。

2) 乏燃料池补水

如果非能动安全壳冷却系统执行乏燃料池补水功能，则应具有足够的乏燃料池补水能力，在发生乏燃料池冷却丧失事件时为乏燃料池提供补水，保证乏燃料不裸露。

3) 消防补水

如果非能动安全壳冷却系统执行消防补水功能，则应提供足够的抗震消防水源，为核电厂安全相关区域（如安全壳和辅助厂房安全相关区域等）提供消防水。消防水量应至少考虑 2 个消防栓运行 2 h。

5.3.3.2 安全分级和抗震分类

执行安全功能的重力输水子系统的设备及管道为安全 C 级、抗震 I 类，包括非能动安全壳冷却水箱、分水斗、围堰和导流板等。

执行其他功能的再循环子系统的非能动安全壳冷却辅助水箱和管道属于安全 D 级、抗震Ⅱ类；其余设备为安全 D 级、非抗震类，但要求其支撑为抗震Ⅱ类，包括再循环泵、再循环加热器和化学添加箱。

5.3.3.3 布置准则

非能动安全壳冷却系统的布置准则如下。

1) 非能动安全壳冷却水箱应位于安全壳之上，与屏蔽厂房结构为一体，且与安全壳保持足够的位差，以保证能完全通过重力排放方式将冷却水输送至安全壳外表面。

2) 非能动安全壳冷却辅助水箱应布置在靠近辅助厂房的厂区。

3) 再循环加热器出入口应布置在加热器顶部，防止因为加热器无水导致加热器损坏。

4) 在非能动安全壳冷却水箱出口隔离阀后的冷却水输送流道应连续倾斜向下布置。

5) 应考虑运行维修、在役试验和辐射屏蔽保护等要求。

6) 应在合适的位置设置排气和疏水。

7) 应设置取样管线，以在电厂正常运行期间进行取样并调节安全壳冷却水的化学性能。

5.3.3.4 其他要求

再循环泵和加热器由电厂的主交流电源供电，必要时可手动加载至电厂的备用柴油发电机。再循环泵在必要时还可手动加载至电厂的辅助柴油发电机。

5.3.4 设备设计要求

5.3.4.1 非能动安全壳冷却水箱

非能动安全壳冷却水箱用于提供设计基准事故后至少 72 h 内的安全壳或乏燃料池冷却水，以及消防抗震水源。事故后非能动安全壳冷却水箱内的冷却水通过重力输水至安全壳外表面，带走安全壳内的热量。非能动安全壳冷却水箱还设置通过重力流向乏燃料池的流道，可以在乏燃料池丧失正常冷却时提供补水。

非能动安全壳冷却水箱应位于安全壳之上，与屏蔽厂房结构为一体，其内壁应衬不锈钢覆面，在电厂寿期内无需进行大修也能保持其完整性。

1）非能动安全壳冷却水箱的容量应满足以下要求。

(a) 为安全壳提供至少 72 h 的冷却水量。

(b) 为安全壳和辅助厂房安全相关区域的 2 个消防栓提供 2 h 的消防水量。

2）非能动安全壳冷却水箱的设计应满足以下要求。

(a) 保证事故后至少 72 h 内不结冰，可考虑设置保温层或加热器。

(b) 提供防止冷却水输送管道被碎片堵塞的手段，如设置滤网等。

(c) 设置保护措施（如排气管等），保证水箱即使以最大流量进行充排，也不损坏水箱和（或）影响排水流量。

(d) 设置人员通道和疏水装置，以允许进行定期维修、检查和清洁水箱。

(e) 设置泄漏探测收集系统，以及时探测水箱贯穿件及水箱内部钢覆面焊缝处的泄漏。

(f) 能防止外部飞射物、狂风和龙卷风等自然灾害的影响。

5.3.4.2 冷却水输送流道

冷却水输送流道通过重力排放方式将非能动安全壳冷却水内的水输送至钢安全壳外表面，且在设计基准事故后至少 72 h 内采用非能动方式控制冷却水流量，保证系统的热量导出能力与堆芯衰变热相匹配。

冷却水输送流道的设置应考虑流道的冗余性和多样性，满足单一故障准则，每条冷却水输送流道上应串联设置 2 道阀门（称为非能动安全壳冷却水箱出口隔离阀，1 道常开阀门，1 道常关阀门），阀门由不同系列的安全直流电源供电，采用失效安全设计，并在主控制室提供阀位指示功能。

非能动安全壳冷却水箱出口隔离阀接安全壳高压或高温信号后自动打开，启动安全壳冷却功能。

5.3.4.3 水分配装置

1）总设计要求

水分配装置利用非能动手段，将安全壳冷却水尽可能均匀地分配到安全壳外表面，尽可能抵消安全壳制造安装误差、环焊缝等对水分配的不利影响，使安全壳外表面湿润面积最大化。

水分配装置的设计应保证最大安全壳冷却水流量下不满溢。水分配装置应具有系统试验、运行及雨水后的排空能力。

水分配装置可包括分水斗和围堰。

2）分水斗

分水斗应悬挂在安全壳顶封头正上方，与安全壳壁面保持一定距离，以适应安全壳壁面由温度、压力引起的变形。

3）围堰

围堰一般直接安装在安全壳顶封头环焊缝下方的安全壳外表面，通过非能动收集、再分配冷却水的方式消除环焊缝对水分配的不利影响。

围堰的设计应防止其被碎片堵塞。

5.3.4.4 空气流道

空气流道用来形成沿安全壳外表面向上的自然循环气流，增强安全壳外表面的水蒸发从而降低安全壳的压力。空气流道常开，不含能动部件。

空气流道一般包括空气入口、外环腔（屏蔽厂房内壁面与空气导流板之间形成的流道）、空气导流板、内环腔（空气导流板与安全壳外表面之间形成的流道）和空气出口等。

空气流道应尽量减小流动阻力，以保证足够的自然循环空气流量和冷却安全壳的能力。应确保流道内突出物的迎风面积最小或圆滑，减小流动损失。

空气入口应沿屏蔽厂房上部周向对称布置，以提供对称的空气入口，减少风速、风向或邻近构筑物影响。

应合理选择外环腔和内环腔的截面积之比，一方面减小外环腔的空气流速，减小流动损失；另一方面增大内环腔的空气流速，增加安全壳外表面的传热。

空气导流板应能使在外环腔向下流动的空气在其底部以180°转向内环腔向上流动，且使流动损失尽量小。

空气导流板的支撑对流动损失和冷却水流动的干扰应尽可能小，一般选用与流道方向一致的U型支撑件。

空气出口标高应高于空气入口，从而提供附加的浮力并减小空气逆流的可能性。

空气入口和空气出口的设计应能防止其在厂址环境极限低温时结冰或积雪，防止空气流道堵塞。

安全壳和屏蔽厂房之间的环腔底部应设置疏水装置，排水能力应达到最大安全壳冷却水量和最大可能降水量之和，防止空气流道堵塞。

5.3.4.5 钢安全壳涂层

钢安全壳是安全壳大气和冷却水之间的换热表面，钢安全壳表面的涂层应满足以下要求。

1）具有良好的湿润性能，增加安全壳表面的湿润面积，提高安全壳内部冷凝和外部蒸发的冷却能力。

2）具有良好的导热性能。

3）能紧密粘附在安全壳表面，即使在事故后的严酷环境下也不易脱落。

4）具有防止钢安全壳腐蚀的功能。

5.3.4.6 非能动安全壳冷却辅助水箱

非能动安全壳冷却辅助水箱用于提供设计基准事故72 h后至少4天的安全壳和乏燃料池冷却水。一般布置在厂区地面标高。

1）非能动安全壳冷却辅助水箱的容量应满足以下要求。

（a）事故72 h后，为安全壳和乏燃料池提供至少4天的冷却水量。

（b）为安全壳和辅助厂房安全相关区域的2个消防栓提供2 h的消防水量。

2）非能动安全壳冷却辅助水箱的设计应满足以下要求。

（a）保证事故后至少7天内不结冰，可考虑设置保温层或加热器。

（b）设置保护措施（如排气管等），保证水箱即使以最大流量进行充排时，不损坏水箱和（或）影响排水流量。

3）能防护外部飞射物、狂风和龙卷风等自然灾害的影响。

5.3.4.7 再循环泵

电厂正常运行期间，再循环泵用于定期循环非能动安全壳冷却水箱或辅助水箱内的水，以监测和维持水箱内水的化学性能和温度在可接受范围内。事故后，再循环泵用于从非能动安全壳冷却辅助水箱吸水，提供安全壳和（或）乏燃料池冷却水及消防水。

再循环泵容量应保证同时输送足够的冷却水流量至安全壳外表面和乏燃料池。

再循环泵的选取、管系设计和布置，应保证泵在全流量范围内具有足够的净正吸入压头及足够的总压头。

再循环泵宜根据需要手动启动。

5.3.4.8 化学添加箱

化学添加箱用于投入除藻剂（如过氧

化氢溶液等）以防止非能动安全壳冷却水箱和辅助水箱中藻类滋生。

化学添加箱的尺寸应易于操纵员手动操作。

5.3.4.9 加热器

当最低厂址环境温度低于冰点时，可在非能动安全壳冷却水箱、辅助水箱或再循环回路口设置加热器，防止水箱内结冰。

加热器的容量应考虑在最低厂址环境温度时的热量损失，防止水箱内结冰。

加热器宜能根据水箱水温自动启动或停运。

当最低厂址环境温度低于冰点时，位于厂区可能结冰的管道应有防结冰措施。

5.3.4.10 临时补水装置

临时补水装置（移动式柴油机应急补水泵及连接管道、管件和仪表等）在事故后，连接厂内外可用水源及非能动安全壳冷却系统固有的安全级补水接口并建立流道，为安全壳和乏燃料池提供冷却。

临时补水装置满足事故后安全壳和乏燃料池的最大补水流量及扬程要求，平时应贮存于抗震厂房中，事故后运输至现场进行补水操作。

5.3.5 仪表和控制要求

非能动安全壳冷却系统设计中应提供仪表及控制设备，并应保证足够的精度与响应时间，以满足系统性能要求。

在主控制室，应对系统的下列参数给予显示和（或）报警。

（1）安全壳压力。

（2）冷却水流量、温度。

（3）非能动安全壳冷却水箱和辅助水箱液位、温度。

（4）再循环回路流量、压力、温度。

（5）空气流道出口温度。

（6）非能动安全壳冷却水箱出口隔离阀的阀位指示。

非能动安全壳冷却水箱出口隔离阀应接安全壳高压或高温信号后自动打开，启动安全壳冷却功能。隔离阀也可以在主控制室手动打开或关闭。

再循环泵宜设有低温启动、高温停运的自动控制功能。

5.3.6 接口要求

非能动安全壳冷却系统主要与以下系统存在接口。

（1）消防系统：非能动安全壳冷却系统为消防系统提供抗震水源；同时，消防系统在必要时，可以为非能动安全壳冷却系统提供补给水源。

（2）乏燃料池冷却系统：非能动安全壳冷却系统可以在发生乏燃料池冷却丧失事件时为乏燃料池提供补水，从而保证乏燃料不裸露。

（3）压缩空气和仪表空气系统：压缩空气和仪表空气系统为非能动安全壳冷却水箱出口气动隔离阀提供压缩空气气源，保证阀门处于系统要求的阀位。

（4）除盐水储存和分配系统：除盐水储存和分配系统为非能动安全壳冷却水箱和非能动安全壳冷却辅助水箱提供除盐水。

5.3.7 系统运维要求

非能动安全壳冷却系统应定期开展以下试验和检查，便于评价系统的性能，保证系统可运行。

（1）非能动安全壳冷却水箱出口隔离阀的定期检查和在役试验。

（2）空气流道的定期检查，确认流道没有堵塞。

（3）定期水分配试验，测试冷却水

流量和安全壳水膜覆盖率。

(4) 安全壳外表面的定期检查和清洁。

非能动安全壳冷却系统的设计应考虑其可维修性，并为维修提供通道，以尽量减少移动其他设备、使用专用工具、损坏其他设备的可能性，使检修工作人员所受的辐照尽量低。

设备的选型应尽可能减小使用设备所需的维修频度。

5.4 安全壳氢气控制系统

5.4.1 系统功能要求

5.4.1.1 安全功能——设计基准事故氢气浓度控制

在设计基准事故期间和事故后，安全壳氢气控制系统应防止安全壳氢气浓度达到最低可燃限值，避免氢气威胁安全壳的完整性。

5.4.1.2 其他功能

1) 氢气浓度监测

安全壳氢气控制系统应能够连续监测安全壳氢气浓度，并具有高氢气浓度报警功能。

2) 超设计基准事故后氢气浓度控制

安全壳氢气控制系统应将严重事故后安全壳氢气浓度限制在10%以下，防止氢气在高浓度下发生失控燃烧（如爆炸等），以维持安全壳完整性。

3) 安全壳大气混合

安全壳氢气控制系统应能通过自然循环促进安全壳大气的混合，比如利用非能动氢气复合装置的氢氧复合反应生成的热量等促进气体的对流，避免局部空间内氢气积累及安全壳内产生气体分层。

5.4.2 系统配置要求

安全壳氢气控制系统属于专设安全设施的一部分。根据系统功能要求，安全壳氢气控制系统可由几个子系统组成，分别用于执行系统的不同功能，如由一个氢气复合子系统执行设计基准事故氢气浓度控制功能；一个非安全级的氢气点火子系统和/或一个非安全级的非能动氢气复合子系统执行超设计基准事故后氢气浓度控制功能；一个氢气监测子系统执行氢气浓度监测功能。这些子系统组成一个统一体，共同完成系统功能。

通常地，安全壳氢气控制系统的各子系统的主要设备如表 5.4-1 所示。

表 5.4-1 各子系统的主要设备

子系统	主要设备
氢气复合子系统	非能动氢气复合装置
氢气点火子系统	氢气点火器
氢气监测子系统	氢气浓度监测仪表

5.4.3 系统设计要求

5.4.3.1 系统性能要求

核电厂正常运行期间，安全壳氢气控制系统处于备用状态。

安全壳氢气控制系统应具有足够的氢气浓度控制能力，以限制设计基准事故的安全壳大气的氢气浓度，非能动氢气复合装置在氢气浓度达到启动阈值后自动投入运行，在氢气浓度降低到停止阈值后自动停止运行，无需外部干预。

安全壳氢气控制系统应具有足够的氢气浓度控制能力，以限制超设计基准事故后的安全壳大气的氢气浓度，通过氢气点火器控制快速生成的氢气，氢气点火器由操纵员手动控制。

安全壳氢气控制系统应具有安全壳内大气氢气浓度的监测能力，并提供高氢气浓度报警。

5.4.3.2 安全分级和抗震分类

执行设计基准事故氢气控制的设备为安全C级设备、抗震Ⅰ类，包括安全级非能动氢气复合装置。

执行其他功能的设备是安全D级设备、抗震Ⅱ类，包括氢气点火器、氢气浓度监测仪表、非安全级非能动氢气复合装置，设备的支撑为抗震Ⅱ类。

5.4.3.3 布置准则

1）非能动氢气复合装置的布置准则

(a) 氢气复合装置的安装，应考虑消氢必需的流道特性、电厂运行和检修要求及设备尺寸等因素。

(b) 氢气复合装置应安装在能承受安全停堆地震事件的支持结构上。

(c) 氢气复合装置的安装应保证其消氢效果，应促进氢气的整体和局部流动和分布，不宜放在角落里；应避免喷淋液进入氢气复合装置壳体的开口部分；不在安全壳地坑布置，以免水淹；应与地面保持一定距离，以保证氢气复合装置良好的介质流通条件。

(d) 氢气复合装置的安装应保证便于维修和定期试验，应保证维修和定期试验的可达性，应与高放射性设备保持足够距离，减少操作人员的辐照剂量。

(e) 氢气复合装置的安装应保证不影响其他安全设备和活动，应保证人员通道畅通，应保证附近其他设备（如阀门、管道等）的维修，应离开安全壳内壁至少1m，否则应采取相应措施，如使出口背向安全壳内壁，朝向安全壳大空间。

(f) 氢气复合装置催化部件的现场安装，应按照安装指导文件和相应的规程要求进行。

2）氢气点火器的布置准则

(a) 氢气点火器的布置，应考虑消氢必需的流道特性、电厂运行和检修要求，以及设备尺寸等因素，不宜布置在角落或者气流死角；不宜在安全壳地坑内布置，以免水淹；在无法避免水淹的部位，应在相应的氢气点火器供电线路上单独设置熔断器，以保护其他氢气点火器不受被水淹没氢气点火器的影响。

(b) 氢气点火器应安装在能承受安全停堆地震的支撑结构上。

(c) 氢气点火器的安装应便于维修和定期试验，尽量减少操作人员的受照射剂量。

(d) 氢气点火器的布置应不影响附近其他设备（如阀门、管道等）的维修，应保证人员通道畅通。

(e) 氢气点火器的现场安装应按照安装指导文件进行。

3）氢气浓度监测仪表的布置准则

(a) 氢气浓度监测仪表的分布应满足覆盖整体氢气浓度测量的要求，因此，氢气浓度监测仪表应安装在氢气可能产生、流动或积累的主要区域或隔间内。

(b) 氢气浓度监测仪表应位于操作平台上方，安全壳对流区域内，但不能布置在氢气释放的直接路径上，以免造成整体氢浓度高的虚假信号。

(c) 氢气浓度监测仪表应尽量远离墙体和其他大表面，以避免流动死区。应尽量远离氢气点火器，避免传感器暴露在潜在火焰和热源中。

(d) 氢气浓度监测仪表的处理和显示单元应位于环境条件较好的壳外。

5.4.4 设备设计要求

5.4.4.1 非能动氢气复合装置

1）非能动氢气复合装置至少包括催化部件、壳体、框架和连接件。

2）非能动氢气复合装置的设计应满足安装条件、环境条件和外部作用的要求。

3）非能动氢气复合装置的构造应确保气体与催化剂充分接触，并能避免杂质的积聚。壳体应能保护催化剂表面不受壳体外部的颗粒和液滴等的沾污。催化剂不应因基体材料和催化剂不同的热膨胀程度而造成剥落。

4）非能动氢气复合装置的设计应确保在寿期内的安装、运行、维护和修复时的防火安全。

5）同一型号的非能动氢气复合装置，相同尺寸的部件（除了支撑和连接件）应具有互换性。

6）非能动氢气复合装置的设计应便于在役检查和维修。

7）非能动氢气复合装置的可移动部件应尽可能少。

8）非能动氢气复合装置的每个催化单元应有永久的唯一标识（工厂编号），便于安装和在役检查时快捷、正确地定位、放置。

9）非能动氢气复合装置的设计应使其运行时对电厂的运行影响减至最小。

10）非能动氢气复合装置的设计应提供消氢能力与压力、氢气浓度等参数的关系式。

5.4.4.2 氢气点火器

1）氢气点火器用于消除严重事故产生的氢气，在氢气浓度较低时点燃氢气，从而防止氢气在高浓度下发生失控燃烧（如爆炸等），以维持安全壳完整性。

2）氢气点火器主要由点火元件、电连接器、壳体和防水挡板等部件构成。

3）氢气点火器在启动后点火元件表面温度应不低于 800 ℃或应能产生电火花，保证能够在一定氢气浓度下将氢气点燃。

4）氢气点火器的设计寿命宜与核电厂设计寿命一致。氢气点火器的连续运行时间应满足严重事故后氢气风险控制的相关要求。

5）氢气点火器用于消除严重事故产生的氢气，其安全分级为非安全级，质保等级应与安全分级相对应；氢气点火器应在安全停堆地震后仍能够执行其功能。

6）氢气点火器的设计应满足严重事故环境条件的要求。

7）氢气点火器的设计应满足设备安装条件的要求。

8）氢气点火器的设计应能做到尘密且可防猛烈喷水，应达到 IP66 防护等级。

9）同一型号的氢气点火器、相同尺寸的部件（除了支撑和连接件）应具有互换性。

10）氢气点火器应便于定期试验、维修和更换。

11）氢气点火器的每个点火元件应有永久的、唯一的标识，便于安装和定期试验时快捷、正确地放置。

12）氢气点火器在机械强度的设计上，应考虑压力、温度、流体冲击和地震等载荷影响。

13）氢气点火器应便于与供电电缆连接。

5.4.5 仪表和控制要求

在主控制室，应对系统的安全壳氢气浓度给予显示和（或）报警。操纵员根据堆芯出口温度，通过电厂控制系统，从主控制室或远程停堆控制室对氢气点火器进行手动控制，也可以通过多样化驱动系统对氢气点火器进行手动控制。

5.4.6 接口要求

安全壳氢气控制系统主要与以下系统存在接口。

（1）堆内仪表系统

堆内仪表系统提供堆芯出口温度，作为严重事故下操纵员启动氢气点火器的判断依据。

（2）多样化驱动系统

多样化驱动系统提供氢气点火器手动驱动方式，支持安全壳氢气控制系统的运行。

5.4.7 系统运维要求

安全壳氢气控制系统应定期开展以下试验和检查，便于评价系统的性能，保证系统可运行。

（1）非能动氢气复合装置的定期检查和在役试验。

（2）氢气点火器的定期检查和在役试验。

（3）氢气浓度监测仪表的定期检查和在役试验。

安全壳氢气控制系统的设计应考虑其可维修性，并为维修提供通道，以尽量减少移动其他设备、使用专用工具、损坏其他设备的可能性，使检修工作人员所受的辐照尽量低。

设备的选型应尽可能减小使用设备所需的维修频度。

5.5 主控制室应急可居留系统

5.5.1 系统功能要求

在设计基准事故或在正常通风系统不可运行后，主控制室应急可居留系统为控制电厂的操纵员提供不少于 72 h 的可居留环境。

主控制室应急可居留系统为主控制室内人员提供呼吸用气。

主控制室应急可居留系统维持主控制室相对于周围区域处于相对正压，以防止气载污染物侵入。

主控制室应急可居留系统应能为在设计基准事故后必须运行的设备和设施提供非能动冷却，不限于利用围护结构的热容等方式。

主控制室应急可居留系统为主控制室压力边界内的空气提供安全相关的非能动过滤功能，移除所有渗透进入主控制室压力边界的潜在污染物。

5.5.2 系统配置要求

主控制室应急可居留系统非能动运行，除一次动作的阀门外，不依靠 AC 电源或能动部件。利用应急压缩空气贮存罐和配套的阀门、管道、喷射器、过滤机组、风管及仪表向主控制室输送压缩空气，以实现通风、加压和空气过滤等设计功能，并通过相关的阀门、管道和风阀实现主控制室相对正压的调节功能。

同时，主控制室应急可居留系统将核岛厂房的土建结构及其附属钢结构作为非能动热阱，利用其有效热容对特定区域的电气设备与工作人员提供过热保护（也可采用其他热阱）。主控制室应急可居留系统还对构成主控制室压力边界的土建结构有气密性要求。

典型的主控制室应急可居留系统有以下的主要设备。

(1) 应急压缩空气储存罐。

(2) 喷射器。

(3) 安全相关空气过滤机组。

(4) 主送风管远控隔离阀。

(5) 压力调节阀。

(6) 卸压隔离阀。

(7) 主送风管隔离阀。

(8) 备用送风管隔离阀。

(9) 主控制室卸压风阀。

(10) 流量调节孔板。

5.5.3 系统设计要求

5.5.3.1 系统性能要求

在电厂正常运行期间，主控制室应急可居留系统处于备用工况，不执行任何功能。

在电厂起堆、满功率稳态运行、带载、冷停堆和换料操作等电厂运行模式下，通常由核岛非放射性通风系统维持主控制室、仪控间和直流设备间的室内环境温度。但在上述电厂模式下主控制室应急可居留系统必须能够随时投入运行（换料操作模式下只需在乏燃料组件装运期间系统可投入运行即可），在冷停堆模式下不要求该系统可运行。

在发生设计基准事故后 3 天内，主控制室应急可居留系统执行加压、通风、过滤和冷却等安全功能。加压、过滤和通风功能是减轻操纵员放射性剂量的重要手段。冷却功能则可确保事故后监测的电气设备正常执行其预定安全功能。

1) 主控制室通风要求

主控制室应急可居留系统利用应急压缩空气储存罐模块储存压缩空气，为主控制室内人员提供至少 72 h 的呼吸级空气，维持主控制室内空气品质。

2) 主控制室加压要求

主控制室应急可居留系统维持主控制室压力边界内相对于周围区域至少 30 Pa (g) 的正压，以防止包括放射性粒子、烟气和有毒化学物质等在内的气载污染物侵入主控制室。在尽可能降低主控制室压力边界泄漏率的同时，通过维持系统向主控制室送入的恒定空气流量来实现加压。

对于主控制室采用双门门厅等方式的主出入口，所有通道门配有密封垫，以降低潜在放射性污染的空气进入主控制室压力边界的空气渗透量。通过布置卸压风阀调整主控制室内气流组织，将多余的室内空气通过门厅排至主控制室外，提高门厅清洗通风的效率。

3) 主控制室空气过滤要求

主控制室应急可居留系统利用压缩空气气流的动能诱导室内空气进入喷射器，混合后进入过滤机组过滤，过滤可能渗入主控制室的潜在污染物，诱导回风量和过滤效率至少应维持主控制室内人员剂量低于 HAD 002/01 限值。

过滤系统的回风口应设置在主控制室的通道门附近，以尽可能靠近并收集渗透的潜在污染空气。

4) 主控制室冷却要求

在正常通风系统停运后的 72 h 内，主控制室应急可居留系统利用围护结构等热阱，为在设计基准事故后必须运行的设备和设施提供非能动冷却，限制主控制室压力边界内的干球温度在正常通风系统停运后的 72 h 内不超过 35.0 ℃。

主控制室的墙体和顶板等热阱（也可采用其他热阱）可以提供足够的蓄热能力来吸收设备、照明和人员等的散热。仪表间和直流设备间在正常通风系统停运后可维持室内温度不超过设备容许温度限值。

5.5.3.2 安全分级和抗震分类

主控制室应急可居留系统是安全相关系统，主要设备和管道是安全C级、抗震Ⅰ类。

5.5.4 设备设计要求

5.5.4.1 应急压缩空气储存罐

应急压缩空气储存罐用于提供设计基准事故后至少72 h内的主控制室人员呼吸用气源。事故后应急压缩空气储存罐内的压缩空气通过压力输送空气至主控制室，实现主控制室内通风、加压和空气过滤功能。

应急压缩空气储存罐的设计应满足以下要求。

1）全部应急压缩空气储存罐的最低空气储存容量，可向主控制室提供至少72 h的风量。

2）应急压缩空气储存罐不为主控制室应急可居留系统提供超压保护，应急压缩空气储存罐外有安全卸压阀提供超压保护功能。

3）应急压缩空气储存罐接管应与其匹配的接管连接附件相连接，以确保空气罐端塞在更换垫圈时可拆卸。

4）应急压缩空气储存罐抗震类别是抗震Ⅰ类，应对包含应急压缩空气储存罐、模块集气管、应急压缩空气储存罐接管、支承钢架和管道支架等在内的完整的设备包进行抗震鉴定。

5.5.4.2 喷射器

喷射器安装在应急压缩空气储存罐的送风管线出口处，连接至非能动过滤管线。压缩空气通过喷射器诱导一定量的室内空气进入非能动过滤管线，实现安全相关的非能动过滤功能。

喷射器的设计应满足以下要求。

1）喷射器的设计和制造应遵照ASME B&PV规范第Ⅲ卷ND章节。

2）压缩空气通过喷射器诱导的室内空气量应满足主控制室空气过滤要求。

3）喷射器出口全压应能克服非能动过滤管线阻力。

5.5.4.3 安全相关空气过滤机组

安全相关空气过滤机组在主控制室应急可居留系统运行时用于去除空气中的放射性粒子和碘，以减少潜在的主控制室剂量。

HEPA过滤器的制造、鉴定和试验满足《核空气和气体处理规范通风、空调与空气净化 第19部分：特殊类型的高效空气过滤器》（NB/T 20039.19）的要求。活性炭吸附器的建造、鉴定和试验满足《核空气和气体处理规范通风、空调与空气净化 第12部分：碘吸附器（Ⅱ型）》（NB/T 20039.12）的要求。后置高效过滤器满足NB/T 20039.19的制造准则。

5.5.4.4 阀门和执行机构

1）主送风管远控隔离阀

主送风管远控隔离阀安装在压力调节阀的下游，平时常闭维持应急压缩空气储存罐的压力边界，在接到开启信号后自动打开气流输送通道。

2）压力调节阀

压力调节阀安装在公用集气母管下游的压缩空气送风管路上，以降低节流孔板上游的流体压力，确保送入主控制室的气流流量恒定。该压力调节阀是一体式两级压力调节装置，任何一级发生故障都不应导致阀门失效全开。

3）卸压隔离阀

卸压隔离阀安装在2个互为冗余的气

流排放通道上，目的是限制主控制室内的压力升高。卸压隔离阀具有气密性，在电厂正常运行期间维持主控制室压力边界的完整性，阀门常闭，在接收到主控制室应急可居留系统的启动信号后延时打开。

4）主送风管隔离阀

主送风管隔离阀位于主控制室压力边界内，安装在主送风管远控隔离阀下游。主送风管隔离阀平时常开，在压力调节阀发生故障的情况下，可关闭该阀门以隔离主送风管，并保存储存罐内的压缩空气。

5）备用送风管隔离阀

备用送风管路上设置一个位于主控制室压力边界内、平时常闭的手动操作阀。在主送风管路不可用时，可手动打开该阀门以启用备用送风管路。

6）主控制室卸压风阀

主控制室卸压风阀位于卸压隔离阀下游，作为主控制室压力边界，维持主控制室相对周边区域压差稳定。

5.5.4.5 流量调节孔板

流量调节孔板安装在旁通管线上，位于压力调节阀的下游，与压力调节阀一起维持恒定的送风量。

5.5.5 仪表和控制要求

主控制室应急可居留系统设计中应提供仪表及控制设备，并应保证足够的精度与响应时间，以满足系统性能要求。

在主控制室，应对系统的下列参数给予显示和（或）报警。

（1）应急压缩空气储存罐压力和空气总量。

（2）主控制室送风管路流量。

（3）主控制室测量压差。

（4）非能动过滤管路流量。

（5）主送风管远控隔离阀和卸压隔离阀的阀位指示。

主控制室应急可居留系统启动时，主送风管远控隔离阀打开，卸压隔离阀延时打开。

5.5.6 接口要求

主控制室应急可居留系统主要与以下系统存在接口。

（1）压缩空气和仪表空气系统：压缩空气和仪表空气系统为应急压缩空气储存罐提供可呼吸级压缩空气；为卸压隔离阀提供仪用压缩空气。

（2）直流电源系统：为主送风管远控隔离阀和卸压隔离阀提供控制电源。

（3）电厂安全监测系统：为主控制室应急可居留系统提供运行指令。

5.5.7 系统运维要求

主控制室应急可居留系统应包括定期开展以下试验和检查，便于评价系统的性能，保证系统可运行。

（1）主控制室应急可居留系统阀门行程、阀位检验试验。

（2）应急压缩空气储存罐内空气质量试验。

（3）主控制室应急可居留系统触发试验。

（4）主控制室应急可居留系统卸压和复位试验。

（5）主控制室应急可居留试验，包括总体内漏率试验和压差试验。

（6）主控制室应急可居留系统通风过滤试验。

（7）主控制室应急可居留系统的设计应考虑其可维修性，并为维修提供通道，以尽量减少移动其他设备、使用专用工具、损坏其他设备的可能性，使检修工作人员所受的辐照尽量低。

设备的选型应使设备所需的维修频度减到最低程度。

5.6 裂变产物去除和控制

5.6.1 功能要求

在反应堆事故后进行裂变产物去除和控制，实现包容放射性物质及限制事故的放射性释放功能。

5.6.2 配置要求

根据法规要求，核电厂必须控制可能释放到安全壳中的裂变产物。

该要求的实现主要分为三部分：(1) 放射性物质包容（安全壳隔离）；(2) 放射性物质沉降（安全壳喷淋）；(3) 放射性物质去除（地坑 pH 调节）。

本章并不要求独立的裂变产物去除和控制系统，可通过其他系统实现该功能。

5.6.3 性能要求

5.6.3.1 安全壳隔离

安全壳容器、贯穿件和隔离阀组成安全壳隔离系统保证事故后的放射性物质释放造成的场外辐射剂量小于法规要求的限值。

该性能要求可通过安全壳隔离系统实现。

5.6.3.2 安全壳喷淋

在设计基准 LOCA 时，假想的堆芯降级会导致大量的放射性物质释放到安全壳大气中。放射性物质主要由惰性气体、气载粒子、元素碘和有机碘组成。这些放射性物质的去除应通过自然沉降（需要对安全壳内放射性物质自然去除机理进行详细论证）过程来实现。

该性能要求可通过安全壳喷淋系统或者非能动安全壳冷却系统实现。

5.6.3.3 地坑 pH 调节

大量的非气态放射性物质最终将沉降在安全壳地坑溶液内，因此需要调节地坑溶液的 pH。在设计基准事故后，安全壳地坑内碘的长期驻留要求地坑溶液的 pH 调整至 7~9.5。

该性能要求可通过非能动堆芯冷却系统实现。

6 燃料装卸和贮存系统

6.1 概述

6.1.1 目的

本章明确了非能动核电厂燃料装卸和贮存系统（Fuel Handling System，简称装换料系统）的设计要求。本章内容结合了现行和在役运行的压水堆核电厂燃料装卸和贮存的技术和经验。

6.1.2 范围

本章所涉及的系统和设备都与非能动核电厂的装换料活动有关，这些活动包括。

（1）新燃料的安全接收。

（2）新燃料在使用前的检查和贮存。

（3）转运新燃料并装入反应堆。

（4）从反应堆中卸出已辐照燃料并运输至乏燃料水池。

（5）将已辐照燃料重新装入反应堆（如需）。

（6）已辐照燃料的贮存、检查、修复，以及将其从乏燃料水池移出所作的准备。

（7）燃料容器在厂房内的装卸。

除了装换料系统外，还包括对装换料活动之前和之后的反应堆拆卸及组装活动的要求，以及对直接支持装换料系统功能的辅助流体系统和供热、通风及空调系统（HVAC）的性能和专用接口的要求。

本章所述的燃料包括燃料组件及其相关组件。

6.1.3 功能

燃料装卸和贮存系统可以进一步分为燃料装卸系统、燃料贮存系统，以及关联或支持系统和设备，本系统的安全有关功能、非安全有关功能，以及相关的系统、设备或构筑物的详细功能如下。

6.1.3.1 安全功能

1）在设计考虑的核电厂所有状态下，确保燃料组件及其相关组件的操作与贮存均处于次临界状态。

2）在设计考虑的核电厂所有状态下，确保已辐照燃料组件热量的正常排出。

3）在安全停堆地震（SSE）工况下，系统所属的抗震Ⅰ类设备应能保持结构及功能完整性。

4）在安全停堆地震（SSE）工况下，系统所属的抗震Ⅱ类设备应保持结构完整性，且不能妨碍抗震Ⅰ类设备的正常运行。

5）在燃料操作和贮存期间，系统应能包容放射性物质、屏蔽辐射和限制事故的放射性释放。

6）在反应堆运行期间，贯穿安全壳的燃料运输管道应能保持安全壳压力边界的完整性。

7）对本系统运行相关的环吊、乏燃料运输容器吊车和设备闸门吊车等应提出防重物跌落的设计要求。

8）燃料运输管道闸阀应可以在燃料运输管道盲板开启时，作为安全壳压力边界的一部分，并能承受换料水池水压。

9）乏燃料水池的水闸门应能承受来自乏燃料水池侧的水压，以实现乏燃料水池和临近水池之间的水密封。

10）正常运行及设计基准事故下，保证乏燃料池液位高于乏燃料格架顶部。

6.1.3.2 其他功能

1）燃料装卸

在反应堆内装卸燃料组件，在换料水池和乏燃料水池之间来回转运燃料组件从而完成堆芯更换，并在乏燃料水池内进行相关组件的转运、更换。

2）燃料贮存

在设计考虑的核电厂所有状态下，对新燃料和已辐照燃料进行贮存。

3）新燃料接收

将新燃料从新燃料运输容器中卸出，进行新燃料的接收和检查，并将新燃料装入新燃料贮存格架。

4）乏燃料外运的厂内装卸

将满足外运条件的乏燃料组件装进乏燃料运输容器，并进行容器的厂内装卸。

6.1.3.3 燃料贮存系统

燃料贮存系统的基本功能是在核电厂内对燃料组件及其相关组件进行安全、可靠的贮存。系统主要包括：新燃料贮存间和新燃料贮存格架、乏燃料水池和乏燃料贮存格架、换料水池和燃料暂存架及相关工具。燃料贮存系统的基本功能如下。

1）满足用于一次堆芯平衡换料的新燃料组件的最低贮存要求，在新燃料组件进厂、接收和检查完成后，为新燃料提供贮存设施直到其被用于换料。

2）应满足至少10个日历年正常换料所卸出的乏燃料组件再加一个完整堆芯应急卸载的贮存能力。使用乏燃料水池为乏燃料提供湿法贮存条件，直到乏燃料产生的余热和放射性达到外运或转运至核电厂内干式贮存设施的可接受水平。另外，乏燃料水池还可用于贮存等待外运处置的相关组件。

3）乏燃料水池应设置破损或失效燃料组件对应的贮存位置。破损或失效燃料组件应贮存在专用的贮腔或容器中，以尽可能减少燃料碎片或裂变产物的扩散。

4）应有措施可排出水池中乏燃料产生的余热；同时，保证乏燃料池的水位不会降至低于所贮存已辐照燃料组件的安全淹没水位。

5）确保所贮存的已辐照燃料组件处于次临界状态。

6）对所贮存的已辐照燃料组件设置屏蔽，以保证在该区域或相邻区域工作的人员的安全。

7）为燃料组件的检查和修复提供操作空间。

8）提供足够容积的水，以保证在全厂断电事件中已辐照燃料组件的充分冷却和屏蔽防护。

6.1.3.4 燃料装卸系统

燃料装卸系统的基本功能是在核电厂内安全、可靠地运输燃料组件及相关组件。具体包括在反应堆堆芯内、换料水池反应堆堆芯和乏燃料水池之间，以及乏燃料水池和外运容器之间对燃料进行转运。

非能动核电厂燃料装卸系统的设备主要包括：

1）装卸料机：用于在反应堆装卸新燃料组件或已辐照燃料组件，将燃料组件转运至燃料运输系统，或直接将燃料组件转运至乏燃料水池内的贮存位置。

2）燃料运输系统：用于通过燃料运输通道，在换料水池和乏燃料池之间运输燃料组件（适用于乏燃料池位于反应堆厂房外的典型压水堆布置。燃料运输系统包括燃料运输管道、燃料运输设备)。

3）燃料装卸设备：用于在燃料贮存区运输和吊装燃料组件（如新燃料升降机和燃料抓取机等)。

4）燃料组件及相关组件的操作工具(如新燃料组件操作工具、乏燃料组件操作工具、控制棒组件操作工具、可燃毒物组件操作工具和阻力塞组件操作工具等)。

6.1.3.5 反应堆拆装设备

反应堆拆装设备属于本系统的支持系统和设备，包括反应堆压力容器拆卸和组装设备（用于拆装反应堆压力容器顶盖和堆内构件以进行装卸料和维修操作)，以及反应堆拆装相关的操作工具（如驱动机构驱动杆操作工具、辐照监督管操作工具等)。

6.1.3.6 燃料容器装卸设备

本系统的相关设备还包括燃料容器在厂房内的装卸设备。容器接收、操作设备的基本功能是在容器接收区的接收、转运和检查容器，在保证容器完整、设施和人员安全的前提下有效完成容器在厂房内的吊装和转运操作。此外，还应考虑对容器进行去污的功能需求。

6.1.3.7 乏燃料冷却系统

燃料水池冷却系统属于本系统的支持系统，其基本功能如下。

1）维持乏燃料水池的温度在限值内，以使水池附近保持适宜的工作环境。

2）维持乏燃料水池液位，确保乏燃料组件能够被水覆盖并获得冷却。

3）保持乏燃料水池的水及补充水的化学性质、放射性及透明度在可接受的限值内。

4）保持安全壳内置换料水箱(IRWST）中水的温度、化学性质和透明度在可接受的范围内。

系统设计描述详见 7.4 节“乏燃料冷却系统”。

6.1.3.8 燃料操作区的通风子系统

燃料操作区域的通风子系统属于本系统的支持系统，其基本功能如下。

1）维持燃料操作区域空气的温度和湿度在可接受的范围内，以保证电厂人员完成其工作任务；同时，避免因环境不当引起的设备、设施的损坏。

2）在通风系统可用时，维持燃料操作区域的空气负压状态，以防止正常和事故工况下气载放射性非受控地向环境释放。

3）当事故工况通风系统不可用时，气载放射性向环境释放的事故分析结果应符合法规标准要求。其中，事故工况包括导致设施内产生严重气载放射性后果的任何潜在燃料操作事故。

4）限制燃料操作区域气载放射性的水平在可接受的范围内。

6.1.4 接口系统

装换料系统与本文件中其他章节所述的几个系统存在接口，下面给出这些接口并列出对应的章节号。

6.1.4.1 反应堆系统（第 3 章)

在进行乏燃料卸载、新燃料装载的操作之前，反应堆压力容器顶盖及燃料上方的所有堆内构件都必须拆除。另外，有关堆腔密封的要求也包含在第 4 章中。

6.1.4.2 反应堆冷却剂系统（第 4 章)

当换料水池充水和反应堆压力容器顶盖打开后，反应堆冷却剂系统和换料水池连为一体，其所含的水可以自由混合。

6.1.4.3 安全系统（第 5 章)

在非能动核电厂中，安全系统的安全

壳内置换料水箱用于提供换料水。

6.1.4.4 电厂冷却系统（第 7 章）

换料水池和乏燃料水池内的水通过乏燃料池冷却系统进行冷却，换料水池的充排水也通过此系统完成。

6.1.4.5 HVAC 系统（第 8 章）

在非能动核电厂中，燃料操作区域通过第 8 章所述的 HVAC 系统的子系统进行加热、冷却、湿度控制和过滤。

6.1.4.6 仪表和控制系统（第 9 章）

装换料设备通常需要控制系统。支持装换料系统的辐射监测设备的要求也包含在第 9 章中。

6.1.4.7 电气系统（第 10 章）

装换料设备通常需要电厂电气系统提供电能。

6.1.4.8 放射性废物处理系统（第 11 章）

燃料操作区域和容器操作区域排出的液体，以及 FPCCS 产生的污染物必须通过电厂放射性废物处理系统进行处置。

6.1.4.9 厂房设计与布置（第 13 章）

在厂房设计中，装换料系统与电厂布置存在接口。在非能动核电厂中，通常需要设置燃料运输管道用以贯穿反应堆安全壳，故燃料厂房须为燃料、燃料容器提供操作和贮存的条件及空间。

6.1.5 总体要求

以下各小节包括了与装换料系统有关的非能动核电厂大纲的总体要求，这些要求构成了各小节中具体设计要求的基础。

6.1.5.1 一般要求

本章所述装换料系统的设计应遵守第 1 章中的总体要求，适用法规文件的目录及有效版本参见第 1 章附录 B。电厂设计人员有责任确保系统设计满足所有的电厂总体要求。

6.1.5.2 停堆换料时间

本章所述装换料系统的基本目标是确定设计要求，假设换料期间不发生任何问题，对于运行周期为 18～24 个月的反应堆，按核电厂的实践确定停堆换料的时间。换料时间定义为：以切断电厂输出断路器为开始、完成换料活动后合上电厂输出断路器为结束的持续时间，其中包括与停堆换料直接相关的所有活动。本章规定的换料方式包括堆内倒换料和整堆卸出换料 2 种，其中，“整堆卸出换料”通常被称为“正常换料模式”。

6.1.5.3 辐射照射

过去的经验表明，在压水堆核电厂的各项操作中，人员所受的辐射照射量大部分与换料操作有关。某些换料操作需要人员在放射性相对较高的环境中工作，具体包括拆卸、安装反应堆顶盖和堆内构件、燃料运输设备的操作准备，以及对换料水池壁进行去污。本章的基本目标是减少人员因换料操作所受到的辐射照射量，基本方法包括简化和加快操作，对于高放射性操作采取自动或远距离人员操作来完成。另外，还应包括的设计特点有采用永久性换料密封和表面光滑的水池壁等。推荐采用整体拆装的一体化堆顶，以减少反应堆拆卸和组装的操作，从而降低辐射照射总量。

6.1.5.4 成熟的设计

所有部件和系统尽可能使用成熟的设计是非能动核电厂的基本要求之一。本章所包含的要求应尽可能使用现行压水堆中已证实的设计。然而在某些情况下，可能需要采用没有大量在役经验的部件或系统，这要求电厂设计者必需通过特殊试验或其他方法来证实此部件和系统具有高度可靠性。该类要求包括燃料运输用的转运容器、装卸料机的定位、压力容器拆卸的远距离人工操作。

6.1.5.5 简化

系统简化是非能动核电厂的基本要求之一，目的是加强安全性、可靠性、可用性和可构造性。此原则应用于装换料系统时，须使系统构造尽量简化，通过设置尽可能少的设备，完成所有要求的功能；同时，保证安全性和可用性留有必要的冗余度。基于对已有压水堆核电厂换料经验的评估，设备的操作规程应尽可能简单，设备设计应尽可能简化，以方便人员操作。

6.1.5.6 乏燃料运输容器的装载和吊运

乏燃料及其运输容器的操作的通常方法为容器淹没法，具体为：直接将一个乏燃料运输容器置于乏燃料水池旁的一个专门设计用于容器装载的水池，即容器装料池内，并淹没于换料水中。

此方法的关键优点是只需要在容器接收区和乏燃料水池区之间转运容器。

采用该方法，需采取手段确保乏燃料运输容器吊运过程中不会跌落到燃料贮存区域或安全有关设备上。一种方法是通过核电厂的布置设计应尽量避免乏燃料运输容器在燃料贮存区域或安全有关设备上方经过，从布置设计上规避容器跌落到相关区域上的可能性；另一种方法采用单一故障保护设计起重机和保守设计相关吊具，从机械设计上避免乏燃料运输容器在吊运过程中发生跌落的可能性。

6.1.5.7 乏燃料贮存

非能动核电厂提供充足的乏燃料湿法贮存能力，在不需要厂内或厂外运输乏燃料或燃料密实化操作的情况下，可以容纳10个日历年运行所产生的乏燃料组件并加上整个堆芯卸载的全部燃料组件。

6.1.5.8 再循环燃料

本章的要求中不考虑在非能动核电厂中操作或使用再循环燃料，也不制定相应的条款。如考虑将来使用再循环燃料（非能动核电厂不排除使用再循环燃料），则所有的系统或设备都应与之相适应。

6.1.5.9 水池泄漏保护

由于水池发生意外泄漏事故的后果是非常严重的，非能动核电厂设计成将这种泄漏事故的可能性降到最低。乏燃料水池及换料水池的布置要求排除因为设备故障或虹吸而引起其泄漏的可能性。

6.2 燃料贮存系统

6.2.1 燃料贮存系统总体要求

6.2.1.1 新燃料贮存设施

1）新燃料贮存容量

新燃料贮存设施应为厂内新燃料组件提供干式贮存能力，如每次平衡换料的新燃料组件全部采用干式贮存，其容量应可满足贮存一次平衡换料时所需的全部燃料组件的需求。

2）新燃料贮存临界要求

新燃料贮存设施应在核动力厂所有状态下可保持规定的次临界裕度以防止临界。

新燃料贮存设施应通过燃料贮存格架适当的几何安全布置和/或固定式中子吸收材料以防止临界。

新燃料贮存设施应考虑使用物理或工艺措施增加正常运行期间燃料贮存的次临

界裕度，防止在假设始发事件（包括内部、外部危险产生的假设始发事件）期间达到临界。

新燃料次临界计算的有效增殖因子（k_{eff}）必须包括所有相关的偏倚和不确定性，并且在95%概率和95%置信水平下满足限值要求。在正常运行工况下，最大的k_{eff}不大于0.95；在预计运行事件和事故工况下，最大的k_{eff}小于0.98，并且分析中须考虑最佳慢化条件。

6.2.1.2 乏燃料贮存设施

1）乏燃料贮存容量

应设置乏燃料湿法贮存设施，在乏燃料水池中设置乏燃料贮存格架，其可以贮存电厂至少10个日历年运行所产生的未经密实化处理的已辐照燃料组件，外加1个完整堆芯的全部燃料组件。此外，乏燃料水池及相关水池的设计还应考虑为燃料组件、燃料棒及相关组件的检查和修复设备提供空间。

乏燃料水池应设置破损或失效燃料组件贮存空间。破损或失效的燃料组件可以保存在特殊设计的容器罐或贮存格架中，以尽可能地减少燃料碎片或裂变产物的扩散。

乏燃料水池应设置可以独立贮存至少1个相关组件的空间。

此外，应尽量考虑在厂区保护区内为乏燃料干式贮存设施预留场地。

2）乏燃料贮存临界要求

乏燃料贮存设施应设计成在核动力厂所有状态下保持规定的次临界裕度以防止临界。

乏燃料贮存设施应设计成通过燃料贮存格架适当的几何安全布置和/或固定式中子吸收材料以防止临界。

乏燃料贮存设施的设计应考虑使用物理或工艺措施以增加正常运行期间燃料贮存的次临界裕度，防止在假设始发事件（包括内部、外部危险产生的假设始发事件）期间达到临界。

乏燃料次临界计算的有效增殖因子（k_{eff}）必须包括所有相关的偏倚和不确定性。

（a）若不信任可溶硼，当装载预期最大反应性组件的乏燃料贮存格架淹没在纯水中时，在正常运行、预计运行事件和事故工况下，最大的k_{eff}不大于0.95。

（b）若信任可溶硼，则必须同时满足以下2项准则。

a）当装载预期最大反应性组件的乏燃料贮存格架淹没在全密度纯水中时，在正常运行、预计运行事件和事故工况下，最大的k_{eff}必须小于1.0。

b）当装载预期最大反应性组件的乏燃料贮存格架淹没在具有最小硼浓度的全密度水中时，在正常运行、预计运行事件和事故工况下，最大的k_{eff}不大于0.95，并在核动力厂技术规格书中规定所要求的最小硼浓度。

对于可溶硼信任的依赖应最小化。

3）乏燃料水池温度

正常卸载工况下，能动冷却系统应控制乏燃料水池温度≤50 ℃；应急整堆芯卸载工况下，能动冷却系统应控制乏燃料水池温度控制≤60 ℃。非能动核电厂允许事故后乏燃料水池沸腾，因此，事故工况下非能动冷却系统对于事故后的乏燃料水池温度无具体限值要求。

6.2.2 新燃料接收、检查和运输设备

6.2.2.1 通用要求

燃料的接收、检查、贮存和运输设备应可以处理一次平衡换料所需的全部新燃料组件。

6.2.2.2 设计要求

1）新燃料卸载和检查区应足以容纳至少6个新燃料组件的运输容器；同时，还应设置可以打开和卸载新燃料运输容器的工作间。

2）新燃料贮存设施应为一个干式贮存间；同时，应考虑其满载且处于最佳慢化条件的工况。

3）新燃料贮存格架的相邻贮腔中心距尺寸如不能满足临界要求，则应设置中子吸收材料。

4）新燃料贮存设施应保证除了设计允许的位置以外，新燃料组件不会被插入到贮存格架中的其他任何位置。

5）贮存设施应设置排水管，以清除积聚的凝结水和任何由于泄漏或水淹而引入的水。

6）操作人员应可以接近新燃料贮存间内的所有贮存单元。

7）根据实际情况，新燃料贮存间应尽可能地靠近乏燃料水池及燃料操作区。

6.2.2.3 操作流程

对新燃料的接收、检查和运输应设置合理的操作流程，典型操作流程为：

1）新燃料组件装在专用的新燃料运输容器内，由专用运输车辆运至核岛厂房内的燃料接收和检查区。

2）新燃料的接收操作在核岛厂房的新燃料接收和检查区进行。首先进行外部检查，并确认商标、标记及安全铅封均完好。当容器打开后，检查安装在其内部的震动监视器，确认运输过程中的震动没有超过设计限值。

3）当准备从运输容器中取出燃料组件时，借助新燃料开箱操作台，检查其塑料包装，确认组件没有受损。然后去掉包装材料，对整个新燃料组件进行目测检查，确认符合设计和运输技术要求后，方可接收并运至核岛厂房的新燃料贮存区贮存。

4）使用燃料抓取机及新燃料操作工具或相应功能的设备将新燃料组件逐一转运至新燃料贮存格架中；或转运到新燃料升降机里，经新燃料升降机下降到乏燃料水池中，然后转运并存放在乏燃料贮存格架中，或转运至燃料运输设备的燃料篮内。

5）重复上述贮存操作过程，直至所有新燃料组件全部放入贮存架内。

6）对于首炉新燃料的贮存，在新燃料到厂后，超过新燃料贮存格架容量的部分都采用暂时贮存在乏燃料贮存格架内的方法。

7）对于相关组件，同样经过检查并确认符合设计和运输技术条件要求后，装入相应的新燃料组件内贮存。

6.2.3 乏燃料水池

6.2.3.1 水层最小厚度

1）乏燃料组件顶部以上的水层最小厚度应不小于对电厂人员进行屏蔽所需要的厚度，在水池上方的操作人员所受的辐照剂量率应小于0.01 mSv/h。另外，燃料操作区应设置辐射报警装置。

2）乏燃料水池应有足够的水容量，以保证在1）中规定的热负荷条件下，即使水池丧失燃料冷却功能72 h以后，燃料组件也不会发生裸露。

3）在确定乏燃料组件顶部以上的水层厚度时，应考虑乏燃料水池的除碘功能。

4）电厂在乏燃料水池中水下操作和贮存放射性非燃料部件时，其上方的水层最小厚度应满足屏蔽的要求。

6.2.3.2 水池钢覆面

乏燃料水池内应设置采用焊接结构、尺寸匹配且防泄漏的奥氏体或双相不锈钢钢覆面。

6.2.3.3 乏燃料水池水闸门

1）乏燃料水池水闸门应在正常运行和预计运行事件时保持水密封。支持系统（如压缩空气系统等）的供应丧失不应影响水闸门的密封功能。

2）对于需要提升水闸门的操作，设计应确保在吊装水闸门时其不会跌落到安全相关设备（如贮存的燃料组件等）上。

6.2.3.4 防池水流失

1）水池设计中不应包含可能导致池水过量流失的排水管道、永久连接的机械设备和流体系统，以保证贮存中的燃料组件上方的屏蔽水层厚度不小于3 m。

2）所有水闸门下端面标高均应高于存放于乏燃料贮存格架中的乏燃料组件顶部标高。

3）应在控制室和乏燃料区域设置水位报警仪表，测量区间应包括从乏燃料开始裸露的水位到满水位，可采用连续测量或间断式测量。间断式测量应设有必要的关键水位报警装置，用以指导操作人员进行相关的补水操作。

6.2.3.5 检漏系统

1）应在乏燃料水池钢覆面的每一条水下连接焊缝处设置检漏和收集系统。

2）检漏系统所收集的废液应排向放射性废物处理系统，并可对泄漏率进行监测。

3）检漏系统应采用分段设计。

6.2.3.6 照明

1）应设置照明系统，为乏燃料水池及燃料操作区域提供充足的照明，以方便进行燃料操作。

2）水下照明系统灯具应全部安装在密闭的防碎片散落的灯罩内。

3）水下照明系统的电源开关应设置在便于人员操作的地方。

6.2.3.7 乏燃料水池布置

1）乏燃料水池的布置应保证当操作人员接近其相邻水池、并在其中操作时，不会受到过量的辐射照射。

2）乏燃料水池的相邻水池应能够独立执行充排水功能，且不影响乏燃料水池的水位。

6.2.4 乏燃料贮存格架

6.2.4.1 结构设计

1）乏燃料贮存格架应当为冷却水提供足够的侧向流动空间（在底部和下管座上平面下方）和轴向流动空间，在正常和事故工况下，保证贮存的乏燃料组件能够得到足够的冷却。

2）乏燃料贮存格架应保证燃料组件不能被插入到2个相邻贮存位置的中间。

3）如果某个乏燃料贮存位置可能会引起对人员的放射性危害或需要对附近的区域进行限制，则应清楚地标识该位置为受控制位置。

4）乏燃料贮存格架的高度应保证当燃料组件和相关组件完全插入时，贮腔的导向口上平面不露出。

5）乏燃料贮存格架中所有燃料贮存位置都应位于由最边缘的格架支承垫板所确定的边界之内。

6）乏燃料贮存格架的每个贮存模块应可以进行水平和垂直方向的调整。

7）乏燃料贮存格架应为自由直立式（即侧向不依靠墙体支承，底部不与水池底锚固），且在满载和地震载荷等所有条件下均可保持稳定。

8）乏燃料贮存格架Ⅱ区应设置与燃料组件几何尺寸相匹配的导向装置，以方便进行组件的装载操作。

6.2.4.2 中子吸收材料

在乏燃料贮存格架设计中，如满足下列条件，则可以使用固定式中子吸收材料进行临界控制。

固定式中子吸收体与贮存格架组成一个整体。格架的设计应防止固定式中子吸收材料被意外拆除，或者由于机械或化学作用使得吸收材料的能力退化。吸收材料在贮存格架上的位置应固定，以确保燃料组件与吸收材料之间的距离不改变。

对于贮存格架中的固定式中子吸收体，应采用试样树等方式进行在役监测。

6.2.4.3 燃料组件的跌落保护

乏燃料贮存格架应设计成可以承受燃料组件（带控制棒组件等相关组件）、燃料操作工具从其最高提升位置跌落时产生的影响，包括装载和卸载时的工况。应限制跌落工况下的格架变形，除了跌落位置正下方对应的单独燃料组件外，不能损坏其余位置贮存的燃料组件的包壳。

6.2.4.4 燃料贮存单元标识

应对乏燃料贮存格架中的各贮存位置进行标识。

6.2.5 换料水池

应在反应堆压力容器周围设置换料水池，用于反应堆装换料期间堆内构件的水下存放和燃料组件的水下操作。水池内设有堆内构件存放架，用于存放堆内构件及其吊具；通常还应设有燃料暂存架，用于临时存放从堆芯卸出的燃料组件。

6.2.5.1 水池钢覆面

1）换料水池内应设置采用焊接结构、尺寸匹配且防泄漏的奥氏体或双相不锈钢钢覆面。

2）应对换料水池钢覆面的表面进行抛光，以减少污染物的附着和提高水池排水后去污的效率。钢覆面应具有4级或更好的抛光表面，且钢覆面的焊缝应打磨光滑。

6.2.5.2 换料水池底部的可达性

应在换料水池内靠近池壁的位置设置爬梯，作为从反应堆厂房的操作层面进入换料水池底部的直接通道。

6.2.5.3 反应堆压力容器隔离

当上部和下部堆内构件从压力容器内拆除后，换料水池水位可降低到低于压力容器法兰面的位置；同时，应确保堆内构件被充分淹没和屏蔽，以允许人员接近法兰区。

6.2.5.4 水下照明

1）应设置水下照明系统，为换料水池和燃料操作区域提供充足的照明，以方便进行反应堆部件拆装和水下燃料操作。

2）水下照明系统灯具应全部安装在密闭的防碎片散落的灯罩内。

3）水下照明系统的电源开关应设置在便于人员触碰的地方。

6.2.5.5 燃料暂存架

换料水池中应设置能够存放至少4个燃料组件的燃料暂存架。燃料暂存架的临界安全要求与乏燃料贮存格架相同。

6.3 燃料装卸系统

6.3.1 燃料装卸系统总体要求

燃料装卸系统中的燃料操作设备应能准确将抓具定位于燃料组件的上方。仅根据位置指示器的读数，装卸设备即可以准确地定位于堆芯和贮存格架中的指定位置，从而在没有损坏燃料危险的情况下装卸燃料组件。如果没有类似经验可以证明装卸设备重复定位的可靠性，则制造商应进行全尺寸模拟试验以证明装卸设备性能要求的符合性。燃料装卸系统应满足：

(1) 应为经过水池上方或位于操作人员可能处于的工作区的非浸没式齿轮箱、减速器和油压机械等设备设置集油盘或其他防护措施，以防止可能掉落的金属零件、金属碎片或泄漏的油脂进入水池或危及人员安全。

(2) 所有燃料装卸设备应避免使用不加保护的开关或其他从设备中突出的部件。

(3) 用于抓取燃料组件或燃料相关组件的抓具应设有机械自锁，防止其意外打开。

(4) 所有燃料组件相关的操作工具和设备应在非预期失效的工况下，能够保持燃料组件在安全状态和位置，并保证燃料组件有充分的冷却和屏蔽。

(5) 水下设备的润滑剂应与换料水池和乏燃料水池的水质相溶。

6.3.1.1 载荷跌落

1) 载荷分类

应考虑载荷跌落的可能性。跌落事故可能会损坏已贮存燃料或影响其他安全功能的执行。燃料操作过程中的载荷跌落主要是由设备故障或操作人员失误引起的。根据载荷跌落的后果，载荷分为重载①和轻载②。

(a) 对于轻载（如燃料组件），设计应考虑该载荷在其任何操作区域内的跌落。

(b) 对于燃料贮存区域重载的操作，应采取设计措施避免重载的跌落。

2) 载荷跌落

在燃料贮存区域，应通过对装卸料、燃料贮存和容器装载区域的合理布置，以及燃料装卸设备的可靠设计，避免在燃料贮存区域发生重载跌落。

(a) 燃料装卸和贮存系统的设计和布置应尽量避免重载在燃料贮存区域上方经过。应通过独立燃料贮存区域的结构、设置结构围堰或其他结构等措施预防重载跌落的间接影响，以避免在重载跌落于燃料贮存邻近区域时造成乏燃料水池水装量的大量丧失。

(b) 起重机应满足单一故障保护设计，相关吊具应进行保守设计，以排除与换料操作相关的重载跌落。这类重载包括反应堆压力容器顶盖、堆内构件和燃料容器等。

6.3.1.2 仪表和控制

1) 所有燃料装卸系统设备的控制界面应简洁、直观。

2) 所有燃料吊运设备的控制和显示（包括颜色、操作指令和可视性等方面）应与电厂通用惯例相一致。

3) 在要求操作人员佩带手套的区域，所有控制设备应设计成可佩带手套进行操作。

4) 控制设备的放置位置应方便操作人员在控制的同时可以观察正在进行的操作。

5) 对于所有由人工操作的燃料操作

① 重载：操作的载荷其重量大于单个带最重燃料相关组件的燃料组件加上相应操作工具的总重量。
② 轻载：操作的载荷其重量小于或等于单个带最重燃料相关组件的燃料组件加上相应操作工具的总重量。

设备（如装卸料机、燃料抓取机等），应设置电动和手摇操作联锁。

6.3.1.3 联锁

燃料装卸系统设备之间所有联锁（如装卸料机和燃料运输设备等）都应在控制台上予以显示，并明确被激活的联锁，取消联锁状态所需要的操作和联锁激活的可能原因等。联锁功能应使燃料组件受损的可能性降至最低。

6.3.1.4 设备和工具贮存设施

在反应堆厂房内应设置专用存放架，以存放需要保存在本厂房内的燃料操作相关设备和工具。在燃料厂房内也应设置专用存放架，以保存需要保存在本厂房内的所有设备。存放架应满足以下功能要求。

1）按功能分区放置设备和工具。

2）应有分类标识。

3）不影响其他设备运转和维修活动。

4）尽量减少存放架的去污工作量。

5）具有抗震能力。

6）有保护措施，可防止设备和工具受到损坏或撞击。

6.3.1.5 水下设备

1）所有在水下使用的燃料操作工具应设置排水孔，在工具浸入水池中时可以充水，从水池中取出时可以排水。

2）对于所有永久安装在水下的燃料装卸系统设备或部件，应尽量避免或减少使用辐照敏感的水下器件，或将其布置在辐照剂量率尽可能低的位置。

3）处于水下的所有燃料操作设备，应尽可能在无需降低换料水池或乏燃料水池水位的情况下进行拆卸和更换。

4）水下工具和设备应易于去污。

5）用于水下操作的设备应可以在干式环境条件下进行一定时长的操作。

6.3.1.6 紧急停止

燃料装卸系统设备的电源供给应具有就地紧急停止的功能，并与普通设备的控制保持独立和隔离。控制紧急停止的位置应处于燃料操作时常用的工作区域。

6.3.1.7 通信系统

在控制室和燃料操作区域之间应设置通信系统，该系统的运行应独立于电厂其他通信通道，并不受失去厂外电源的影响。

6.3.1.8 材料

1）换料装卸系统部件结构材料的选择应以使用寿命60年为设计基准。

2）任何水下使用的材料应采用不锈钢或等效的防腐蚀合金材料。

3）任何水下工作的设备或部件都不能使用镀镉的紧固件。

6.3.2 装卸料机

装卸料机应能准确和重复地将其抓具定位于燃料组件的上方。定位精度应设计成仅根据位置指示器的读数，装卸料机即可以准确地定位于堆芯和燃料倾翻装置位置，从而在没有损坏燃料危险的情况下装卸燃料组件。对于反应堆厂房内置乏燃料水池的布置形式，则应可以准确地定位于堆芯和和燃料贮存格架中的指定位置。对于缺乏类似型式成熟设计参考的装卸料机，制造商应进行全尺寸模拟试验以验证装卸料机的重复定位精度等性能满足要求。

6.3.2.1 通用计要求

1）装卸料机桥架、小车和提升机构的运动应由可变速的电动机驱动。同时，应设置连锁应设置联锁，禁止设备在堆芯附近运行时移动到规定界线以外。

2）应限制装卸料机桥架、小车和提

升机构的运行速度，确保在操作运行时传递给燃料组件和燃料相关组件的惯性载荷小于设计允许的限值。

3）应设置联锁，当燃料组件正在移动，或其他操作工具正在堆芯操作时，限制装卸料机提升机构、桥架或小车的运行，禁止同时在垂直和水平方向上移动。当带有燃料组件的套筒组件没有完全收回时，应禁止桥架或小车自动运行。

4）在装卸料机上应设置运行警示，在装卸料机的桥架和小车运行时予以提示。

5）桥架、小车和提升机构的位置应在装卸料机控制台上的操作屏幕上实时显示，桥架和小车的位置指示的误差应不大于±3 mm；同时，应设置一套备用的位置指示系统。

6）装卸料机的闭路电视系统应能有效地观察水下对燃料组件的操作。

7）装卸料机的设计应为燃料组件在线啜吸装置提供安装位置、电源供应等。

6.3.2.2 失电操作

1）在失去所需的电源和/或压缩空气的事故情况下，燃料装卸设备应能够通过手摇操作保证设备和操作的燃料组件处于安全状态。

2）在控制失效或失去电源的事故情况下，装卸料机应能保证其吊运的燃料组件或燃料相关组件保持在原位置。当电源恢复后，如操作人员未启动装卸料机，其不能自动运行。

3）装卸料机的手摇装置应安装在可确保操作人员安全的位置。

6.3.2.3 装卸料机套筒

1）装卸料机应采取带套筒的结构设计，使得燃料组件抓具可以在换料水池或乏燃料水池的水面以上进行提升或旋转操作

2）装卸料料机的套筒应设置导向装置，用于升降套筒的垂直导向及设备运行时的横向约束。

3）装卸料机上应设置可靠的机械止挡装置，以防止将燃料组件提升至超过小于最小安全屏蔽水层。

4）装卸料机的提升机构应设置可以显示载荷重量的载重测量仪器。应设置联锁，在操作载荷增加或减少至超出安全限值时，中止升降操作。中止升降操作的重量限值应在燃料设计者所推荐的限值范围内可调。

5）外套筒应设计成可以带着内套筒和抓具整体转动，且能分别定位和锁定在0°、90°、180°、270°的4个工作位置，且要求在0°和180°的位置均可以进行堆芯的装卸操作。

6.3.2.4 燃料组件抓具

1）燃料组件抓具的设计应保证在抓具完全抓取之前，不能启动并提升燃料组件。

2）燃料组件抓具应设计成具有直观显示和电子显示抓具处于释放或抓取状态的能力。

3）燃料组件抓具应设置相关的接口，在其不支承载荷的情况下，可以借助一套额外的专用机械释放工具操作抓具释放。

4）当在堆芯内抓取燃料组件时，抓具不能与组件中自带的相关组件（如控制棒组件、阻力塞组件等）产生干涉，也不能与临近燃料组件产生干涉。

6.3.3 燃料运输设备

燃料运输设备包括燃料运输小车和燃料倾翻装置。

6.3.3.1 燃料运输小车

1）燃料运输小车的驱动装置应设置

在燃料厂房侧。

2）燃料运输小车应设置应急回收装置，在驱动装置失效的情况下，能够将满载的运输小车从反应堆厂房拉回辅助厂房。

3）燃料运输小车的驱动系统应设置超载保护，当运输小车在运输管道内发生超载时，该保护中断驱动设备的运行。

4）燃料运输小车的驱动系统应允许运输小车在其行程中的任一点停车和返回。

5）燃料运输小车的燃料篮上应设置流水孔，在运输的过程中，包括运输小车可能卡在运输管道内的情况下，保持对燃料组件的充分冷却。

6）燃料运输小车的长度应保证带载燃料篮的主小车位于反应堆厂房时，其尾部位于燃料厂房内，用于在设备故障时通过人工方式将设备返回燃料厂房进行维修，此时燃料运输管道处的闸阀应能关闭。

6.3.3.2 燃料倾翻装置

1）倾翻装置控制台的位置设置应保证操作人员能够看到倾翻机的操作过程。每个倾翻机应设置独立的控制台。

2）应设置联锁，只有在运输小车正确到达倾翻位置并发出到位信号后，才能允许倾翻机进行倾翻操作。

3）应设置联锁，在装卸料机（或燃料抓取机）的套筒处于垂直状态燃料篮的上方并且没有收回之前，禁止燃料篮倾翻。

4）应设置联锁，以防止运输小车进入处于垂直状态的倾翻机位置。

5）如果在操作过程中丧失电源，燃料篮应能控制倾翻速度，使之安全倾翻至水平位置。失电时应能通过手动操作使燃料篮倾翻。

6.3.3.3 燃料运输管道密封盲板

燃料运输管道在反应堆厂房侧应设置能够快速打开的密封盲板，此盲板的拆装操作应无需其他起吊设备辅助。

6.3.3.4 燃料运输管道闸阀

燃料运输管道闸阀应设计成采用人工操作，且操作位置应高于乏燃料水池平面。

6.3.3.5 燃料运输设备的对中

燃料运输设备的结构设计，应能承受燃料运输管道中轨道支撑结构可能出现的一定范围内的不对中情况。

6.4 相关支持系统和设备

6.4.1 反应堆拆装设备

6.4.1.1 总体要求

1）应设置反应堆压力容器拆卸和组装设备，用于拆装反应堆压力容器顶盖和堆内构件以进行换料和维修操作。

2）在进行乏燃料卸载、新燃料装载的操作之前，反应堆压力容器顶盖及燃料上方的上部堆内构件都必须拆除。

3）永久性换料水池应采用底部密封和表面光滑的水池壁等设计特征，并推荐采用可以整体拆装的一体化堆顶，以减少反应堆拆卸和组装的操作步骤，从而降低总辐射剂量。

4）当上部和下部堆内构件从反应堆压力容器内拆除后，换料水池水位可降低到低于反应堆压力容器法兰面的位置；同时，堆内构件应被充分淹没和屏蔽，以允许人员接近反应堆压力容器法兰区。

6.4.1.2 远距离人工操作

拆装反应堆压力容器顶盖保温层和反

应堆压力容器顶盖的过程中应尽量采用远距离人工操作的方式执行任务。

6.4.1.3 起升载荷监测

起重机应设置称重仪以方便的显示起吊载荷（起吊堆内构件和反应堆压力容器顶盖等）的重量。

6.4.1.4 主螺栓拉伸机

电厂设计应提供主螺栓拉伸机，以及用于吊运主螺栓拉伸机、螺母和垫片的必要设备。设计方案应尽最大可能地采用远距离人工操作。

6.4.1.5 堆内构件

电厂布置应可以将所有正常操作时需要拆卸的堆内构件贮存在换料水池或就近的贮存水池中，且要求堆内构件一直处于水下，确保其对位于附近操作层面人员的辐射剂量率始终小于 0.01 mSV/h。

6.4.1.6 反应堆厂房起重机

反应堆厂房起重机应按正常模式和危险载荷模式分别设置运行速度。提升机构空载时可将起升速度提高至带载工况下最大速度的 2 倍，以用于快速地升降。应设置联锁，当吊钩上连接载荷时或吊钩临近反应堆压力容器或操作平台时，禁止使用“快速”档。

应设置措施协助电厂操作人员将起重机与反应堆压力容器的中心线精确对准。

6.4.1.7 一体化顶盖

反应堆的设计推荐采用一体化的反应堆压力容器顶盖组件。应尽最大可能将顶盖吊具、吊杆、控制棒驱动机构通风冷却系统、电气和仪表电缆、保温层和反应堆压力容器顶盖设计成一个整体。

6.4.1.8 主螺栓孔的腐蚀防护

在停堆换料期间应对反应堆压力容器主螺栓孔予以保护，应设置具有可靠密封的主螺栓孔塞，以防止含硼水或腐蚀产物进入主螺栓孔。

6.4.1.9 布置

反应堆拆卸和维护设备布置应不能影响对换料水池底部密封的清洁。

6.4.2 燃料容器装卸设备

6.4.2.1 乏燃料运输容器的接收要求

1）乏燃料运输容器操作的布置应可以在电厂任何运行模式期间装载乏燃料组件及相关组件，并对乏燃料运输容器进行厂内转运或厂外运输。

2）乏燃料运输容器操作的布置应保证可以采用容器淹没法或转运容器法将乏燃料组件转运到乏燃料运输容器中。

6.4.2.2 乏燃料运输容器的接收要求

应提供设施用于接收、检查和初始处理乏燃料运输容器及其运输车辆。应提供的设施包括水、空气、排气的接口、操作过程中产生的废液的排放管道、包容和控制气体悬浮物的设施、升降通道、吊运的能力及服务。

6.4.2.3 乏燃料运输容器吊车

1）应配备起重机以满足乏燃料运输容器操作的要求。

2）乏燃料运输容器吊车的工作范围和厂房的布置应确保：如果容器或其他起吊的重物在其运行路径上发生跌落，不能损坏新或乏燃料组件；不能使乏燃料水池泄漏；不能损坏任何安全相关的系统或设施；容器本身的损坏不能造成严重的厂外后果。

3）在容器接收间，用于容器接收的起重机应有足够的横向运动范围，以确保在运输车辆固定的情况下，可在水平和垂直状态之间倾翻运输容器。如果厂房尺寸的设计受到限制，另一个可接受的替代方案是分别控制运输车辆完成纵向移动、吊车完成垂直运动，两者配合完成容器的翻转。在后一个选项中，必须对运输车辆的位移进行精确的控制，运输车辆的移动应精确地与厂房吊车的移动相互协调。吊车和运输车辆的移动应通过处于容器接收间内的控制台进行控制。

4）乏燃料运输容器吊车应采用无极变速驱动系统，须有微调特性。厂房起重机应按正常模式和危险载荷模式设置运行速度。提升机构空载时可将起升速度提高至最大速度的2倍，以用于快速地升降。

5）乏燃料运输容器吊运设施的布置应使得在所有的正常吊运活动中均不要求起重机的主钩淹没在水中。在任何时侯都应避免主钩被淹没。

6.4.2.4 容器清洗池

1）应在乏燃料水池旁边提供空间以用于容器装载前的准备和去污，必须提供充足的空间和设备用于容器通行。

2）容器清洗池设计应为容器的去污和运输准备提供方便。容器清洗池应尽可能地靠近容器装料池，从而使得湿容器被转运到去污区所造成的污染路径缩到最短。

3）容器清洗池的布置应为干式贮存容器顶盖的充气和自动密封焊接设备预留空间。

6.4.2.5 容器装料池

1）在乏燃料水池的附近应设置容器装料池，该区域应足够大以适应乏燃料运输容器或干式贮存转运容器的尺寸。容器装料池应可以和乏燃料水池通过带有密封的水闸门相连通。

2）容器装料池应设计成能够支撑住容器，如果倾倒也不会使其翻入乏燃料水池中，或者采用可靠的方法对容器进行约束。

6.4.2.6 其他设计要求

使用乏燃料运输容器和厂区干式贮存容器的乏燃料转运设施应包括如下设计特点。

1）在核岛厂房内的容器装料池及容器清洗池等区域对乏燃料运输容器或厂区干式贮存的转运容器进行操作。

2）乏燃料运输容器吊车应能够在其全行程内起吊和转运转运容器。

3）转运容器应在其每个转运接口处设置可靠、密封的包套。

4）在转运容器内和转运操作过程中，应为转运容器设置可靠的燃料位置指示。

5）转运容器在操作时应可以有效地固定燃料组件。

6）在燃料组件转运期间，转运容器应能精确地确定其相对运输容器或贮存容器的位置。

7）转运容器应采取污染控制措施，并应设计成便于去污的形式。

8）电厂设计中应在乏燃料水池附近的指定位置为转运容器提供贮存位置。

9）在正常的容器操作期间，人员所受的平均辐射照射剂量率应不大于0.01 mSv/h。

6.4.3 乏燃料冷却系统

乏燃料冷却系统的具体要求详见7.4节。

6.4.4 燃料操作区域的通风子系统

6.4.4.1 燃料操作区域的环境

燃料操作区域的通风子系统应设计成：在所有正常的运行模式下，考虑堆芯燃料全部卸载到乏燃料水池内，并假设乏燃料池冷却系统的两个序列同时运行，能保持燃料操作区域的环境温度为 10~36 ℃。

6.4.4.2 燃料操作区的压力

燃料操作区的通风子系统应能够保持该区域呈微负压状态。

6.4.4.3 区域隔离

燃料操作区的通风子系统应能将此区域与电厂的其他区域隔离。

6.4.4.4 维修可达性

燃料操作区通风设备中需要进行周期性例行维护的设备不得布置于乏燃料水池上方，并且应考虑设备维修的便利性。

6.4.4.5 气流分布

燃料操作区的通风子系统的送、排风管道的布置应有利于气流从放射性低污染区流向放射性高污染区。

6.4.5 已辐照燃料检查和维修设备

6.4.5.1 布置

在乏燃料水池区域应设置专用空间，用于燃料组件的检查、修复，该空间应足够大以容纳与此有关的设备。

6.4.5.2 检查台架

在乏燃料水池中应提供空间，用于设置水下燃料检查台架，该检查台应可以根据目视检查的要求对燃料组件进行提升、下降和旋转。

6.4.5.3 破损燃料检查

应提供设施以支持检查燃料组件中破损燃料棒的设备，该设施的布置应考虑可同时进行燃料检查和燃料组件的移动。

6.4.5.4 公用设施支持

应提供交流电、去离子水和压缩空气以支持燃料检查活动。装卸料机轨道的下方应设置套管，以方便电缆和软管与水下设备的连接。

7 电厂冷却系统

7.1 通用要求

7.1.1 系统要求

7.1.1.1 流速

一般管道流速不高于 5 m/s。水源为海水的供水系统，循环水管流速不宜小于 3 m/s。

7.1.1.2 疏水排气

在电厂冷却水系统的排气应安装在系统高点，疏水安装在系统低点。疏水和排气管应尽可能布置为永久性管道，减少非永久性连接管道的使用。

7.1.1.3 管道布置

管道布置应尽可能地减少局部高点和低点。设计应确保所有管道都可疏水和排气，且易于操作。

7.1.1.4 水锤

应通过在管道上设置排气管确保管道保持在满水状态，从而减少泵启动后发生水锤的可能性。合理考虑阀门开启和关闭的时间，尽可能降低水锤影响。对于非永久性连接的排气管，应设有接管嘴和管帽。所有疏水口应配有管帽或末端具有关断密封功能的管件。

7.1.1.5 排气和疏水尺寸

排气口和疏水口的尺寸应满足排气和疏水的功能需求，并便于维护，如尽可能选用通用标准尺寸。对于大管径且在维修时需快速疏水的总管，应相应配置疏水能力大的疏水管（DN100 及以上）。此外，应考虑地坑或地漏的尺寸大小以匹配疏水速率。

7.1.1.6 管道冲洗

应设计管道冲洗措施，以避免管道流动缓慢区域微生物的富集和腐蚀的发生。

7.1.1.7 水淹风险

对于原水冷却系统，设计上应评估由系统管道破口导致安全重要设备所在构筑物隔间的潜在水淹，确定构筑物隔间破口流的预防、探测、定位、终止或隔离的措施。

7.1.1.8 冷源安全

对于直流冷却机组，应根据海域堵塞物特征设计防控措施以保证取水安全，如流场主动导避、多级过滤和监测预警等措施。

7.1.2 设备要求

7.1.2.1 泵

在泵设计点，泵的扬程应满足相关标准要求。扬程-流量曲线从设计点到关闭点应单调递增。设计上应考虑泵性能的下降。

设计上应尽量使用不需要额外提供轴封冷却水系统的泵。

在尺寸和成本可接受的情况下，应尽量选用低速泵。如有必要，可采用变频泵。

有效汽蚀余量（*NPSHa*）应满足以下

条件：泵在所有预期工况下所需的必需汽蚀余量（*NPSHr*）应满足相关标准要求。可用的有效汽蚀余量应在预期最高温度、最大流量和正常水位高度下计算得到。

设计方应要求泵制造商按其标准向设计方提供每台泵的经认证的试验数据。

泵和驱动器（如电机等）的布置应提供足够的场地和空间，以便检查和维护，包括完全拆解、拆卸泵和驱动器。

在可能的情况下，考虑到最低流量要求和操作限制，应避免使用泵小流量循环回路管道。电厂冷却水系统的设计应使泵在所有运行模式下都不会低于泵保护所需的最小流量。如果需要改变泵流量以适应大范围变化的操作模式，设计上应该考虑使用变速驱动器。设计上必须确保有足够的时间让操作人员关停一台运行中的泵，即使泵的排放流量被意外阻断，也不会导致泵的严重损坏。

泵在设计上应确保在所有预期工况下（从最小流量到最大流量），都不会因小流量循环损坏。

泵电机过载保护装置的尺寸应适当，以免引起误跳闸。除非存在即将发生故障的总过载表征，否则电机不能自动停止。非过载状态应触发警报。

湿式地坑泵的泵井设计和泵的淹没深度应防止在泵井的运行水位范围内形成空气漩涡吸入。

7.1.2.2 热交换器

应根据现场实际的污垢情况和系统的水化学参数，建立并记录每个热交换器的污垢数据。通常为了应对结垢堵塞问题，管壳式热交换器的传热管应考虑10%的堵管裕量，板式热交换器应额外装配10%的传热板片裕量。

在额定流量条件下，管壳式热交换器的传热管内介质速度不应低于0.9 m/s。

热交换器的布置应提供足够空间，以便能对所有零部件进行检查和维护，包括传热管取出空间、检查及清洁通道。

热交换器污垢因素应由设计方根据实际系统和设备设计，以及预期的电厂运行条件，考虑污垢积累超过电厂寿命的保守预测来确定。在设计热交换器时，不仅要考虑污垢、腐蚀和侵蚀的裕量，还要考虑有计划地更换管束/传热片或更换热交换器。

热交换器传热管应该安装在管板上，安装方法应尽量减少局部缝隙腐蚀，并允许简化传热管的拆卸和更换。

7.1.2.3 阀门

只有在无法实现就地手动操作时，或在需要执行安全功能的情况下，应安装远程操作机构。设计方应确定每个远程驱动阀门的功能，并说明远程操作的必要性。对于大型阀门（大于DN600），应提供使用辅助动力措施的阀门工具。

所有就地和远程操作的阀门都应该有足够大的通道，便于就地操作和拆卸维修。

阀门各部件的材质应考虑所通过的介质类型。

冷却水系统设计应尽量减少温度控制阀的数量。

电厂冷却水系统的设计应满足有关在役阀门试验和检查要求的规定。应确定在每次计划停机期间要检查和维护的阀门。

阀门选型应考虑阀门的运行工况。可以通过试验来证明阀门在这些工况下的性能。

7.1.2.4 过滤器

自动反冲洗过滤器应该具有手动清洗功能，以便在压降超过设计压差时能够快速清除杂物。

应提供在清洗过滤器碎屑的同时继续运行的能力。过滤器的旁路管线也必须具有过滤杂物的功能。Y 型和单层过滤器不应作为主过滤器安装，但可用于旁路。主过滤器可以使用双滤网。

应提供足够的场地和空间，以便拆卸过滤器滤芯进行清洗和对过滤器进行维护。

海水系统滤网的各部件材质应考虑海水腐蚀的影响；机械密封动静环应考虑因海水泥沙进入导致磨损从而引起漏水的问题。

7.1.2.5 孔板

如果使用孔板，它们的尺寸应使每个孔板的压降足够低，以防止在正常运行工况下发生汽蚀。这可能需要串联使用 2 个或多个孔板。2 个或多个孔板串联使用，孔板之间的最小间距应是管道直径的 10 倍。

所有孔板都应该有指示尺寸和流向的闸板。孔板安装应该允许拆卸维修。

7.1.2.6 过滤设施

粗格栅及细格栅应设置在泵的上游以防止大块碎屑损坏水泵。通常粗格栅间距为 200 mm，细格栅间距为 50 mm，并应设置清污措施。

滤网应安装在拦污网下游和冷却水系统原水泵上游，以防止鱼类和植物入侵；冷却塔补水也应设置滤网。

滤网应提供在线滤网清洗系统。在从河、湖和海洋等会周期性受到大量杂物、鱼类数量爆发增长影响的水域中取水的取水系统中，滤网应持续运行并设置双排冲洗系统。滤网还应考虑尽量降低杀死当地鱼类的风险。设置双侧进水滤网被证明可以更有效地降低过滤后水流中杂质含量。

对于网格尺寸小于 5 mm 的，应提供确保滤网可运行性的设计特性，以及滤网堵塞探测和滤网清洗操作手册。

滤网应有足够的开孔面积，以确保在堵塞 50%的情况下，仍能保证下游水泵正常的吸上水头。

滤网应有隔离水源并排空以便维修滤网的措施。

滤网应允许在冰点以下工况运行。

7.1.2.7 设计压力和设计温度

冷却水泵、热交换器、管道和阀门的设计压力应符合适用的标准规范。设计压力应为泵关闭扬程、泵最大 *NPSHa* 和最大水位压头之和，再加上 10%的裕量。

设计温度应符合适用标准。

对于由于热效应或较高压力源的最大可能泄漏而导致压力增加的部分系统，应提供超压保护。这种保护应包括卸压阀，卸压阀的卸压点应与所排放的流体相适应，符合最大限度减少放射性废物量的目标。

7.1.3 分析要求

设计方应为冷却水系统的设计提供分析依据，应包括以下内容。

(1) 评估系统流量、系统热负荷、运行温度，以及相关的泵、管道、阀门和热交换器尺寸。考虑系统各类运行工况，包括全负荷运行、部分负荷运行、停运，以及在事故工况下运行。

(2) 有效汽蚀余量与泵的必需汽蚀余量是流量和温度的函数，需要证明有效汽蚀余量超过所有电厂运行工况下泵必需汽蚀余量。

(3) 各种运行工况（泵启动或运行、瞬态等）对维持系统运行的重要参数的影响。

(4) 热应力和系统热性能分析，应

考虑到冷却管道的排放温度高于预期，以及由于热交换器的低热负荷导致工艺侧过度冷却的影响。

（5）应对所有电厂冷却水系统进行详细的水力分析。要求中包括了设计各阶段的压力、流量和汽蚀余量的验收标准。最终水力分析报告应提供正常工况、最大热负荷工况、最小热负荷工况及事故工况下的结果。边界条件的确定应考虑满功率、部分功率和停堆冷却等所有正常运行模式。

7.1.4 试验要求

7.1.4.1 性能试验要求

如果有热负荷，关键热交换器的性能试验应在运行前的调试期间进行，应测量流体的流量和进出口温度，以确定整体传热系数。如果没有热负荷，可以使用单传热管测试装置来测试热交换器。

7.1.4.2 最大流量试验

每个电厂冷却水系统的最大流量试验应在商业运行前的调试阶段进行。应测量主要设备流量和泵流量。应提供一份试验的书面报告。

7.1.4.3 并联双泵试验

如果适用，并联双泵试验应在商业运行前的调试阶段进行。应测量并联运行泵中的流量，以确保负载均匀平衡。

7.1.4.4 首次试验

在商业运行前的调试过程中，如果分析或性能试验认为有必要进行设计变更，则应进行修改。应重新试验以证明每次设计更改的有效性。

7.1.4.5 设计流量功能试验

每个冷却水系统应验证在所有设计工况下的流量满足设计要求。

7.1.4.6 在役试验

设计应考虑泵和阀门在役试验的相应措施。

7.1.5 材料要求

采用淡水的厂用水热交换器传热管材质在氯化合物不大于 200×10^{-6} 时采用 304L 系列不锈钢，在氯化合物低于 500×10^{-6} 时采用 316L 系列不锈钢。采用其他具有更好耐腐蚀性能的材料需提供证明并获得业主批准。

采用海水或咸水的管壳式热交换器传热管采用钛材或超级奥氏体不锈钢材质。板式热交换器应使用奥氏体不锈钢或具有等同抗腐蚀性能的材料。

应酌情使用样件测试来检测材料的性能。

原水管道安装应允许在电厂的年度计划大修计划期间，对每个厂用水回路和循环水回路的管道进行全面检查和更换。

所有管道衬里应能够在现场修补和更换，尤其是在焊接位置。管道衬里只能安装在直径为 DN600 或更大的管道中，以便人员可以进入管道进行检查和维修。

原水系统尽量不使用铜基材料。

原水管道材料应使用现场补充水进行测试。这些试验应在水化学性质与循环水系统和厂用水系统相似的典型工作温度下进行。

关键系统的埋地焊接钢管的零塑性转变温度应低于管道内的最低预期水温。

7.1.6 原水处理

水处理应与受浸湿的材料相适应。

当允许排放杀生剂时，原水系统应设置杀生剂注入手段。杀生剂类型的选用、注入浓度和注入频率应根据环境法规、补给水化学性质、操作条件确定，且杀菌剂不得使用气态氯。

若系统不允许排放杀生剂，应采用非杀生剂处理手段，如热反冲等。

原水系统设计应考虑阻止系统内结垢，需根据环境法规、补给水化学性质、浓缩倍率和系统材料选择阻垢剂。

应根据环境法规、补给水化学性质、浓缩倍率和系统材料决定是否向循环冷却系统中添加缓蚀剂，并给出腐蚀控制方案。

7.1.7 仪控

7.1.7.1 控制站

控制站可分为主控室、远程停堆站和就地控制盘。

7.1.7.2 孔板流量计

为满足孔板流量计的安装要求，每台泵的排放管道和每个热交换器的上游管道应包括一个长度至少为 15*D* 的直段管道。对于尺寸大于 DN400 的管道，应在距离直管上游端至少 10*D* 和距离直管下游端至少 5*D* 的地方安装一个接管（最小直径 DN100）。

7.1.7.3 压力仪表校正

每台泵的入口/出口管上都应安装可就地校准的压力表和压力传感器。此外，还应包括在监督试验期间用于测量总压差压头的临时差压压力表或传感器。

7.1.7.4 永久流量计仪表

如果安装了再循环管道，应在所有位于再循环管道上游的安全相关泵的出口管道上安装永久性流量仪表。

7.1.7.5 压力和温度计仪表

应提供压力和温度仪表，用于安全相关的热交换器。该仪器应该能够在不干扰系统的情况下进行校准、操作。

7.1.7.6 仪表精度

安装的温度、压力和流量仪表的精度应足以计算出安全有关的热交换器的总传热系数，使其在验证传热能力所需的限度内。

7.2 设备冷却水系统

7.2.1 系统功能要求

7.2.1.1 安全功能

设备冷却水系统贯穿安全壳的部分执行安全壳隔离功能。

7.2.1.2 其他功能

1）支持电厂正常运行

设备冷却水系统在电厂各运行工况下为各类设备提供设备冷却水并带走用户设备热负荷。热负荷最终传递至电厂热阱。

2）为一回路和外部冷源之间提供中间屏障

设备冷却水系统作为一回路和外部冷源的中间屏障，为各类一回路设备提供设备冷却水。系统可以避免一回路用户的放射性液体向环境释放；同时，也可避免厂用水系统的流体泄漏并污染一回路用户设备。

3）纵深防御功能

设备冷却水系统为非安全级系统。在电厂事故工况下，如设备冷却水系统和相关系统可用，则可缓解事故或避免非能动系统的投运。

7.2.2 系统配置要求

根据系统功能要求，设备冷却水系统不执行除安全壳隔离以外的安全功能。因此系统的设备（除安全壳隔离外）均为非安全级。

通过换热设备将用户的热负荷传递至

厂用水系统。为保证各用户的流量满足要求，系统设有流量调节手段（如孔板或节流阀等）以合理分配用户间流量。为执行中间屏障功能，系统应设有辐射监测装置以监测含一回路介质的用户向系统的泄漏。除上述功能外，系统还设置波动箱以消纳由水体热胀冷缩引起的体积变化、由泵启停和阀门动作引起的压力波动和用户侧向系统的泄漏；设置补水管路以补偿系统和用户侧的向外泄漏；设置化学加药装置进行系统流体的水化学调节。

典型的设备冷却水系统的主要设备有：

（1）设备冷却水泵。

（2）设备冷却水热交换器。

（3）流量调节装置，如节流阀或孔板等。

（4）波动箱。

（5）水化学调节装置。

（6）阀门。

（7）辐射监测装置

7.2.3 系统设计要求

7.2.3.1 系统性能要求

设备冷却水系统的设计应满足如下的总体要求。

1）设计应明确系统最低温度和最高温度。

2）设计宜评估在0%不保证环境温度、机组功率运行工况下系统换热性能，以及1%不保证环境温度、机组停堆工况下系统的换热性能。

3）设计应避免在极端低温环境下系统供水温度过低而影响用户（如影响润滑油的粘度等）。在环境低温下，系统应通过旁通/节流措施防止冷却水过冷。

4）不应直接使用厂用水冷却用户设备。

5）系统应设置必要的冗余以满足可靠性和可用性的要求。

具体要求如下。

1）安全壳隔离

系统安全壳隔离阀收到相关信号自动隔离，具体要求见安全壳隔离系统相关内容。

2）支持电厂正常运行

（a）总的要求

在电厂所有的正常运行工况下（如启堆、功率运行、停堆和换料等），系统为其用户提供必要的冷却水。系统的设计应保证在各工况和假定的环境温度下，设备冷却水的温度不超过规定的限值；各用户的设备冷却水流量不低于额定要求。

在设计基准事故下，设备冷却水系统不需要执行任何安全相关功能。系统设计需要考虑一回路用户向冷却水侧的泄漏和隔离、失去厂外电和单一故障等异常。

（b）设备冷却水流量

在电厂所有的正常运行工况下（如启堆、功率运行、停堆和换料等），系统为其用户提供必要的冷却水。冷却水流量不应低于各用户在各工况下的额定流量，以避免换热能力不足；也不应高于用于设冷水侧的流量上限，以避免设备损坏。

为防止系统流量产生不必要的波动，应尽可能避免采用温度-流量的联锁控制，防止个别用户的设冷水流量调节影响整个系统的运行。

（c）设备冷却水供水温度

在电厂所有的正常运行工况下（如启堆、功率运行、停堆和换料等），系统为其用户提供的冷却水温度应在规定范围内。该限值通常根据用户需求、冷源热阱条件和电厂可用性等因素确定。设备冷却水系统的换热性能必须保证在各用户热负荷达到额定值时，系统的供水温度不会超过或低于限值。

(d) 系统的补水

系统应设置必要的补水手段以补偿系统管道和用户侧的设冷水泄漏，防止系统水装量的减少影响泵的运行。

(e) 一回路用户的泄漏和隔离

设冷水系统可能包含热侧为一回路介质的用户，其一回路侧的压力通常高于设冷水系统的运行压力。如果上述用户的传热管出现泄漏，将导致高温高压的一回路介质进入设备冷却水系统。因此，系统应设置相应的泄漏监测、超压排放和隔离措施。一般的极限工况为热交换器出现单根传热管的双端断裂。

(f) 系统的水化学调节

设备冷却水系统内的流体需要根据水化学专业的要求进行化学调节。系统可设置简单的化学加药箱进行手动加药，或设置自动加药装置进行自动加药。

3) 系统容量

系统的容量设计应满足如下要求。

(a) 系统应至少设置 2 个 100% 容量的系列，包括泵和热交换器。单个系列泵和热交换器容量应满足电厂功率运行的需要，备用系列的泵应处于备用状态并能在系统压力下降时自动启动。

(b) 系统的设计应保证在一个系列退出运行后，备用系列运行能提供必要的冷却水维持一回路系统在换料模式下运行。

(c) 在停堆工况下，余排热交换器的设冷水侧不应出现沸腾。

7.2.3.2 安全分级和抗震分类

设备冷却水系统用于安全壳隔离的阀门和管道定义为安全 B 级（安全壳压力边界），抗震 I 类。其余设备部件一般定义为 D 级。

7.2.3.3 布置准则

系统的布置设计应满足如下要求。

1) 泵和热交换器的布置应使厂用水管道尽可能地短，以减少腐蚀的影响。

2) 泵的布置应保证在所有工况下，泵有足够的 *NPSHa*。

3) 设置旁通热交换器的管路，以调节设冷水系统的供水温度，防止过冷。

4) 被冷却设备设冷水供水管线上的阀门与放射性设备间应尽量设置屏蔽和隔离，尽量降低操作员和阀门检修人员的辐照剂量。

5) 2 台泵的布置应防止由于一个序列设备（泵和热交换器）的泄漏导致冗余泵的水淹，进而导致另一个序列无法运行。

6) 辐射监测仪必须安装在放射性低的区域。

7.2.3.4 其他要求

1) 用户设备控制

设冷水用户的启用/停用应由运行人员控制，尽可能地减少用户自动启动/停用的设计。

2) 电气设计要求

设备冷却水泵和相关阀门由不同序列的非 1E 级电源供电并加载至电厂备用柴油发电机。

7.2.4 设备设计要求

7.2.4.1 泵

1) 泵在额定点的扬程应满足相关标准要求，流量-扬程曲线应避免使用驼峰曲线。

2) 设计上应尽量使用不需要额外提供轴封冷却水系统的泵。

3) 在任何工况下，泵的 *NPSHa* 应满足相关标准要求。

4）供货商应提供每台泵的试验数据。

5）泵和驱动装置的布置应保证足够的空间，以便于安装、检查、维修和解体。

6）泵的设计应尽可能运行在高效区。如系统运行工况差异导致泵流量大幅变化，泵可考虑采用变频泵的形式。

7.2.4.2 热交换器

1）使用原水冷却的板式热交换器，原水侧应设置滤网和反冲洗设备，在高压差情况下进行反冲洗。

2）为防止热交换器海水泄漏，设备冷却水的压力应高于厂用水。

3）使用原水冷却的热交换器材质宜选择钛合金，以提高抗腐蚀性。

7.2.4.3 孔板

1）孔板的压降应避免出现汽蚀。如压降过高，可采用双级或多级孔板。

2）所有的孔板都应标识尺寸和流向，安装位置应便于拆除和维护。

7.2.5 仪表和控制要求

本系统设计中应提供仪表及控制设备，并应保证足够的精度与响应时间，以满足系统性能要求。

在主控制室，应对系统的下列参数给予显示和（或）报警。

（1）总的冷却水流量。

（2）各用户的冷却水流量。

（3）设冷水的供水温度。

（4）设冷水的回水温度。

（5）泵的进/出口压力。

（6）波动箱液位。

（7）设冷水放射性。

系统的泵应设置控制联锁，在系统低流量或低压工况下自动启动备用泵。

7.2.6 接口要求

设备冷却水系统主要与以下系统存在接口。

（1）厂用水系统：厂用水系统为设备冷却水提供冷源。

（2）压缩空气和仪表空气系统：压缩空气和仪表空气系统为设备冷却水系统的气动阀门提供压缩空气，保证阀门处于系统要求的阀位。

（3）除盐水储存和分配系统：除盐水储存和分配系统作为补水水源，为设备冷却水系统的波动箱提供除盐水。

（4）乏燃料池冷却系统：设备冷却水系统为乏燃料池冷却系统热交换器提供冷却水，为各工况下乏燃料池的冷却提供支持。

（5）正常余热排出系统：设备冷却水系统为正常余热排出系统热交换器提供冷却水，为电厂的停堆冷却提供支持。

（6）其他核岛系统（非安全级）：设备冷却水系统为其他核岛系统（非安全级）热交换器或设备提供冷却水，以支持上述设备在各工况下的运行。

7.2.7 系统运维要求

设备冷却水系统应定期开展试验和操作措施，评价系统性能，确保系统可运行性，如：安全壳隔离阀的定期检查和在役试验。设冷水泵和热交换器的定期切换运行。

系统设计应考虑设备可维修性，如提供适当的维修通道，尽量减少移动其他设备、使用专用工具及损坏其他设备的可能性，并使检修人员所受的辐照尽量低。此外，设备选型应考虑尽可能地降低维修频度。

7.3 冷冻水系统

7.3.1 系统功能要求

7.3.1.1 安全功能

冷冻水系统贯穿安全壳的部分执行安全壳隔离功能。

7.3.1.2 其他功能

1）系统的设计应能通过专用的管道系统在电厂正常运行和停堆期间为电厂特定区域的空气处理机组提供和分配足够量的冷冻水，并根据需要为工艺系统提供冷冻水。

2）系统为主控制室和1E级电气设备间的空气处理机组提供冷冻水。

3）系统为余热排出泵房和化容补水泵房等有纵深防御功能设备的房间单元式冷却机组提供冷冻水。

7.3.2 系统配置要求

冷冻水系统是非安全级闭式循环系统，它为HVAC系统的冷却提供冷冻水，当有需要时为工艺系统的冷却提供冷冻水。

系统由冷水机组、泵、定压水箱或稳压罐，以及相应的管道和控制部件组成。冷冻水系统的水冷冷水机组由设备冷却水系统冷却。

7.3.3 系统设计要求

7.3.3.1 系统性能要求

1）HVAC负荷

冷冻水系统应为HVAC系统负荷提供冷冻水。

2）非HVAC负荷

根据工艺需求，系统还应为非HVAC系统的冷却提供冷冻水。

3）冷却水供水温度要求

冷水机组的性能取决于设冷水的供水温度、支持满功率停堆运行的冷负荷和空气温度。

4）最低温度要求

系统应能为HVAC设备间的冷盘管提供足量的冷冻水，冷冻水供水温度应不低于4.4 ℃，冷水机组的最大供回水温差为10 ℃。

5）容量要求

系统应具有足够的容量以满足HVAC系统在所有运行模式下对冷冻水量的要求。冷冻水系统负荷和流量的合理组合及随时间的变化应由HVAC系统的设计确定。

6）运行工况分析

在确定所要求的系统容量时，应针对所有可能的运行工况进行分析，并合理考虑不确定性及可能的误差来源。分析应包括：

（a）换料期间，燃料厂房和安全壳内冷负荷的变化。

（b）在电厂正常运行工况下，安全壳内的冷负荷。

（c）在发生设计基准事故之后涉及电厂投资保护所需要的冷负荷，这包括控制室电气设备区域及要求HVAC系统冷却的其他设备区域。

7）性能试验

应进行冷水机组性能试验的现场见证，并提供相应的试验报告。

7.3.3.2 安全分级和抗震分类

冷冻水系统的安全壳隔离部件为安全B级，抗震Ⅰ类，其余管道和部件均为非安全级，其中具有纵深防御功能的管道和部件应为安全D级，其他管道和部件应为非安全级。

7.3.3.3 布置准则

冷冻水系统布置位置应考虑关联热交换器和 HVAC 系统的负荷，并尽可能进行集中布置。

冷冻水系统穿越安全壳的供、回水管道贯穿件应配备合适的隔离阀。

7.3.3.4 其他要求

冷冻水系统的配置应考虑设备的可靠性和冗余度。应通过合理的系统容量配置满足系统在冬季及夏季的负荷需求。

冷冻水应当直接供应到 HVAC 空气处理机组，或者供至热交换器，再由热交换器供应到空气处理机组。

在丧失正常交流电源时，为安全壳通风系统供冷的冷冻水泵和冷水机组宜由备用柴油发电机组供电。

在丧失正常交流电源时，具有纵深防御功能的冷冻水系统应由备用柴油发电机组供电。

7.3.4 设备设计要求

冷冻水系统应当是一个集中的系统，它为 HVAC 和工艺系统的负荷冷却提供冷冻水。如果厂房的布置不允许一个集中的系统向所有厂房提供冷冻水，则可为每个厂房提供单独的冷冻水系统。但冷冻水系统应当集中布置在它所支持的厂房内。系统应包括 1 个稳压装置、至少 2 台冷水机组、2 台冷冻水泵、控制器和仪表，以及调节流量的相关设备。作为最低要求，在 1 台冷水机组和 1 台冷冻水泵停运情况下，系统应能承担满峰值热负荷。

7.3.4.1 泵

1）泵在额定点的扬程应满足相关标准要求，流量-扬程曲线应避免使用驼峰曲线。

2）设计上应尽量使用不需要额外提供轴封冷却水系统的泵。

3）在任何工况下，泵的 *NPSHa* 应满足相关标准要求。

4）供货商应提供每台泵的试验数据。

5）泵和驱动装置的布置应保证足够的空间，以便于安装、检查、维修和解体。

7.3.4.2 冷水机组

1）每台冷水机组由压缩机、冷凝器、蒸发器和连接管道、控制器组成。

2）冷水机组的蒸发器、冷凝器的管侧流速应满足设计规范要求，在设计流量下，流速不应低于 0.9 m/s，不应高于 2.3 m/s。

3）冷水机组应使用环保型冷媒。

4）冷水机组的布置应保证足够的空间，以便于安装、检查、维修和解体。

7.3.5 仪表和控制要求

冷冻水系统控制和仪表设计应满足如下要求。

1）冷冻水系统应与相关的 HVAC 系统一起运行，以满足系统规定的冷却要求。每台设备都应有通过就地仪表盘启动的能力。

2）如果在运冷水机组丧失冷冻水流量，则冷水机组和冷冻水泵应借助冷冻水管线中的流量开关联锁关闭。在就地控制屏上也应有报警显示。

3）冷冻水出水温度高和流量丧失应在就地控制屏上显示。

冷冻水系统的每台设备都应可以在主控制室实现手动启动。

7.3.6 接口要求

冷冻水系统与下列电厂系统有接口关系。

（1）冷冻水系统为非安全有关的 HVAC 系统提供冷冻水。

(2) 冷冻水系统为有需要的工艺系统提供冷冻水。

(3) 由设备冷却水系统提供冷却水为水冷冷水机组进行冷却。

(4) 由除盐水系统提供补给水。

(5) 由压缩空气和仪表空气系统为系统的气动阀门提供压缩空气。

(6) 由生产废水系统接受水泵、冷水机组及相关管道的厂房内排水。

(7) 由主交流电源系统向水泵、冷水机组及相关阀门的控制和指示系统提供电源。

(8) 在失去正常 AC 电源时，由厂内备用电源系统提供备用电源给系统部件。

(9) 由电厂控制系统提供系统水泵、冷水机组、气动和电液动阀的控制。

(10) 由数据显示和处理系统提供系统仪表通道及设备控制回路的数据处理、显示及报警。

7.3.7 系统运维要求

应提供为了确保系统运行而进行系统运维的能力。冷冻水系统的设计应包括定期开展能动阀门的定期检查和在役试验，便于评价系统的性能，保证系统的可运行性。

冷冻水系统的设计应考虑其可维修性，需要维护/检查的设备的位置易于接近。设备的选型应使设备所需的维修频度降到最低程度。

7.4 乏燃料冷却系统

7.4.1 系统功能要求

7.4.1.1 安全功能

1）安全壳隔离

乏燃料冷却系统通过使用安全壳隔离阀隔离贯穿安全壳的管线来维持安全壳的完整性。

2）为乏燃料池提供安全级补水

乏燃料冷却系统应设置安全级补水途径，在设计基准事故（如地震等）后为乏燃料池提供安全级的补水。

3）保证乏池的水位高于乏燃料格架顶部

乏燃料冷却系统应保证乏燃料池的水位高于乏燃料格架顶部。

7.4.1.2 其他功能

1）乏燃料池净化

乏燃料冷却系统应能净化乏燃料池，维持乏燃料池的放射性水平在可接受的较低水平。

2）装料池净化与循环

乏燃料冷却系统应能定期净化装料池，移除放射性裂变产物、腐蚀产物和其他杂质，以维持装料池水清澈度和装料池低放射性水平。

3）换料水池净化

换料运行期间，乏燃料冷却系统净化换料水池。乏燃料冷却系统移除放射性裂变产物、腐蚀产物和其他杂质，以维持池水清澈度和换料水池低放射性水平。

4）水的输送

换料运行期间，在安全壳内换料水箱和换料水池之间输送水。乏燃料冷却系统也可以在安全壳内换料水箱、燃料运输通道、装料池和清洗池之间输送水。

5）安全壳内换料水箱冷却和净化

如果正常余热排出系统不可用，乏燃料冷却系统可以用来冷却安全壳内换料水箱。在换料之前电厂正常运行期间，乏燃料冷却系统净化放射性腐蚀产物及裂变离子，控制安全壳内换料水箱水的放射性水平。在换料运行期间，乏燃料冷却系统的设计能维持安全壳内换料水箱水的放射性与换料水池放射性的要求相一致。

6）换料水池疏水

换料水池的疏水管线提供正确的疏水以支持换料操作。

7）乏池池水氚浓度控制

通过疏排和补水等方式维持乏池中的氚浓度在正常水平。

8）排出乏燃料组件的衰变热

乏燃料冷却系统将乏燃料池中的水从乏池泵送到热交换器，然后返回乏池，排出储存在乏池中的乏燃料组件的衰变热。

7.4.2 系统配置要求

乏燃料池冷却系统可用于乏池或安全壳内换料水箱的净化、冷却；同时，还可以为换料水池、乏池、装料池和清洗池之间进行水装量的运输。一般而言，乏燃料冷却系统都会配置乏燃泵、热交换器、除盐床、过滤器及相关的阀门、管道和仪表。通常设置至少2个回路，当一个回路在进行冷却、净化乏池的时候，另一个回路可以用于水的传输、净化、乏池并行系列冷却或者为运行系列备用。

典型的乏燃料池冷却系统的主要设备有：

(1) 热交换器。

(2) 乏燃泵。

(3) 除盐床。

(4) 过滤器。

(5) 去浮器。

(6) 乏池喷淋喷嘴。

7.4.3 系统设计要求

7.4.3.1 系统性能要求

乏燃料冷却系统应有足够的部件冗余度，以保证即使在假想设计基准事故叠加单一能动故障的情况下仍能实现安全功能。

乏燃料冷却系统部件应按照与其安全功能对应的工业标准质量分组的规定进行设计和制造。

乏燃料冷却系统应遵守ASMEB&PV规范第Ⅺ卷和电厂技术规格书的规定，在适当时对乏燃料冷却系统部件进行试验和检查。

在火灾、内部飞射物或管道破裂的特定危险中，乏燃料冷却系统应能执行其安全有关功能。

应保护乏燃料冷却系统安全有关部分免受地震、龙卷风和洪水等外部事件的影响。

7.4.3.2 安全分级和抗震分类

乏燃料冷却系统的设计保证系统能可靠执行其功能，允许一定程度的失效。运行可靠性通过使用高可靠性、冗余的非安全有关设备来实现。乏燃料冷却系统的非安全有关部分不需要在低概率事故，如地震、火灾、破坏、非能动失效和多重能动失效的事故后运行。

乏燃料冷却系统的安全有关部分仅包括安全壳隔离阀、特定的隔离阀和非能动乏燃料池衰变热排出所需要的抗震Ⅰ类管道。乏燃料冷却系统这部分的设计要符合电厂设计基准中规定的安全有关系统设计要求。

7.4.3.3 布置准则

本系统的布置准则如下。

1）乏池与燃料运输通道之间和乏池与装料池之间的闸门顶部标高应该位于辅助厂房操作平台之下，在乏池水淹时提供溢流。闸门底标高应高于储存燃料顶部，这样乏池水位不会意外排空导致乏燃料裸露。

2）乏燃吸入管线和回流管线的布置

使乏池不可能疏水到乏燃泵吸入管接口标高之下。

3）乏燃泵之间应隔离，如果一个系列的设备（泵/热交换器）发生泄漏，也不会淹没另一个系列。如果不设置单独的防水隔间，则应使用实体屏蔽（如台阶、墙体等），防止安放完好设备的楼层被泄漏的放射性液体淹没。泵的位置足够低于水池的吸入管线接口标高，确保所有系统运行期间乏燃泵有足够的 *NPSHa*。泵维修隔离阀的位置应尽量接近泵，以便维护，并减少管线疏水。

4）在更换树脂之前，每个除盐床都能提供连续的乏燃料冷却系统净化运行。在除盐床筒体和所有运行人员可达区域之间必须设置屏蔽。必须保护人员免受除盐床树脂冲洗管线的辐照，尤其是在冲洗运行期间。用于冲洗树脂的阀柄必须与放射性区域屏蔽。树脂管线必须尽量短，并且尽量直接接到除盐床筒体。

5）每个过滤器都能提供 1 年的连续运行而不需要更换滤芯。必须在过滤器房间和所有维护及人员可达区域之间设置屏蔽。必须采取多种措施以减少过滤器滤芯更换运行期间的人员接触和辐照。

6）乏池的应急补水连接在操作平台之下，布置区域不受乏池沸腾的影响，允许操纵员在适当环境和不受池水沸腾或池水低液位影响的放射性条件下连接应急补水。

7）管道的布置应考虑高点放气和低点疏水的要求，防止气体进入和积聚。

8）在包络尺寸范围内，喷淋管嘴的安装应保证最大的有效覆盖面积，并考虑安装操作易于实施。

7.4.3.4 其他要求——合理可行尽量低

乏燃料冷却系统设计影响减少电厂人员辐照的整体目标的实现。乏燃料冷却系统的设计符合辐射和屏蔽设计准则的要求。乏燃料冷却系统及其设备的设计尽量将维护和检查有关的放射性辐照剂量降到最低。

所有乏燃料装卸操作都是在含硼水覆盖下进行的，这样可以提供辐射保护并维持次临界度。燃料运输通道和乏燃料池的混凝土墙为池水提供屏蔽，将工作区域的最大辐射剂量水平限制在辐射分区限值之下。

7.4.4 设备设计要求

7.4.4.1 热交换器

1）热交换器的设计应考虑污垢系数，管壳式热交换器通常考虑 15% 的堵管裕量。板式热交换器设备框架应考虑具备安装额外板片的裕量。

2）管壳式热交换器的管侧流速应满足设计规范要求，通常流速不应低于 0.9 m/s。

3）热交换器的布置应保证足够的空间，以便于安装、检查、维修和解体。

7.4.4.2 乏燃泵

1）泵在额定点的扬程应满足相关标准要求，流量-扬程曲线应避免使用驼峰曲线。

2）设计上应尽量使用不需要额外提供轴封冷却水系统的泵。

3）在任何工况下，泵的 *NPSHa* 应满足相关标准要求。

4）供货商应提供每台泵的试验数据。

5）泵和驱动装置的布置应保证足够的空间，以便于安装、检查、维修和解体。

6）泵的设计应尽可能在最小流量上运行，避免设置小流量管线。

7.4.4.3 除盐床

除盐床能为乏池池水提供净化。除盐床中预装混合树脂（氢离子型树脂和氢氧根型树脂），净化腐蚀产物和裂变产物。除盐床的净化流量在 24 h 内能将乏池中的水容积循环至少 2 次。

7.4.4.4 过滤器

过滤器布置在除盐床的下游，收集固体颗粒、树脂碎片以及悬浮物。过滤器受到屏蔽保护，最高预期运行温度是 60 ℃。可以在不更换滤芯的情况下运行约 12 个月。

7.4.5 仪表和控制要求

本系统设计中应提供仪表及控制设备，并应保证足够的精度与响应时间，以满足系统性能要求。

在主控制室，应对系统的下列参数给予显示和（或）报警。

（1）乏燃料冷却泵入口压力、出口压力、出口流量、出口温度。

（2）乏燃净化流量。

（3）乏燃除盐床压差。

（4）乏燃过滤器压差。

（5）乏池温度、液位。

乏燃料池冷却泵入口壳内/外隔离阀、乏燃料池冷却泵出口壳外隔离阀在收到安全壳隔离信号或乏池低液位信号后自动关闭。

7.4.6 接口要求

乏燃料池冷却系统主要与以下系统存在接口。

（1）设备冷却水系统：设冷水系统为乏燃热交换器提供冷却水，以冷却返回乏池的水，移出乏池的衰变热。

（2）化容系统：化容系统为乏池提供硼化，防止乏燃料临界。

（3）除盐水储存和分配系统：除盐水系统为乏燃料冷却系统补水，以补偿由于蒸发引起的乏池失水，并协助控制乏池硼酸浓度。

（4）装换料系统：装换料系统提供乏燃料池和装料池及燃料运输通道之间的闸门的开启和关闭方式。在设计基准事故期间和事故之后，装换料系统支持乏燃料冷却系统维持正常的闸门位置，保证乏池、燃料运输通道和装料池水装量足够冷却乏燃料。

（5）其他水源系统：在设计基准事故下，可以由其他安全级的水源（如非能动安全壳冷却系统等）为乏燃料冷却系统提供抗震、安全有关的补水；在超设计基准事故下，也可由其他水源（如消防系统等）为乏池提供额外的补水。

（6）一回路取样系统：取样系统接收乏燃取样点取出的样品。

（7）正常余热排出系统：余排可以在需要时用来支持或补充正常乏燃冷却。

（8）三废系统：放射性废液系统可接受、处理并排放水池清洁后产生的污水；放射性废物系统接受乏燃污水泄漏和乏燃设备、管道检查或维护时的疏水，具有处理装料池和清洗池内水的能力；放射性废固系统接受乏燃除盐床的废树脂和过滤器废滤芯。

7.4.7 系统运维要求

应提供为了确保系统运行而进行系统运维的能力。

乏燃料池冷却系统的设计应包括定期开展以下试验和检查的措施，便于评价系统的性能，保证系统的可运行性。

（1）能动阀门的定期检查和在役试验。

（2）乏燃料池水位的定期检查，确

认水位满足技术规格书要求。

(3) 清洗池水位的定期检查，确认水位满足技术规格书要求。

(4) 装料池水位的定期检查，确认水位满足技术规格书要求。

(5) 乏燃料池硼浓度的定期检查，确认满足技术规格书要求。

乏燃料池冷却系统的设计要满足可靠性、可用性和可维护性的要求。可采取以下措施提高可维护性和可检查性。

(1) 简化冷却功能和设备，大量使用非安全有关的设备，减少不必要的检查和试验要求。

(2) 简化系统流程，如取消了单独的去浮泵回路等。

(3) 需要维护/检查的设备的位置易于接近。

(4) 在整堆芯换料期间，可以使用余排泵进行乏池冷却，以便乏燃系列故障维修，减少故障对乏池温度或乏池中燃料存放的影响。

(5) 使用板式热交换器，易于检查和维修。

7.5 厂用水系统

7.5.1 系统功能要求

7.5.1.1 安全功能

厂用水系统不执行或支持任何安全功能。

7.5.1.2 其他功能

1) 支持电厂正常运行

厂用水系统为设备冷却水系统热交换器提供冷却，并将热量最终传递至电厂最终热阱。

2) 纵深防御功能

厂用水系统为非安全级系统。通过向设备冷却水系统热交换器提供冷却水，以支持设备冷却水系统的纵深防御功能。

7.5.2 系统配置要求

根据系统功能要求，厂用水系统不执行或支持任何安全有关功能。因此，系统的设备均为非安全级。

系统根据厂址环境条件选择合适的冷源，如海水或冷却塔等。通过换热设备将用户的热负荷传递至电厂最终热阱。

系统至少由 2 个 100% 容量的系列组成。若一个系列失效，系统应能够支持电厂正常功率运行、反应堆停堆和整堆换料。

系统由泵、冷却塔（循环冷却）、过滤器、阀门、管道和相关控制仪表组成。

典型的设备冷却水系统的主要设备有：

(1) 泵。

(2) 冷却塔（循环冷却）

(3) 自动反冲洗过滤器。

(4) 阀门、管道。

(5) 控制仪表。

7.5.3 系统设计要求

7.5.3.1 总的要求

系统应在电厂正常运行模式下安全运行，以排除设备冷却水热交换器带出的热量。正常运行模式包括启动、满功率和非满功率正常运行、冷停堆、停堆及换料工况。

应满足如下的总体要求。

1) 向设备冷却水系统提供满足水量、水温需求的冷却水。

2) 在极端低温环境下，通过旁通、节流等措施，防止设冷水过冷。

3) 系统应设置必要的冗余以满足可

靠性和可用性的要求，如噪声、盐沉积（循环冷却水源采用海水）等。

7.5.3.2 供水流量

系统提供冷却水流量不应低于设备冷却水系统在各工况下的额定流量需求，以避免换热能力不足；也不应高于冷侧的流量上限，以避免设备损坏。

7.5.3.3 供水温度

在0%不保证环境温度能够满足机组功率运行要求，在1%不保证环境温度能够满足机组正常停堆冷却要求。

在水温较冷的情况下，使用旁路、节流等措施，维持设备冷却水温度在允许最低温度以上。

7.5.3.4 冷却塔补水

循环冷却的厂用水系统应设置2个不同的补水源，分别为正常补水源和备用补水源。

正常补水量应包括系统正常运行模式下的蒸发、风吹、排污和泄漏等引起的水量损失。

备用补水源应采用重力流补水。备用补水源储存的水量与系统最小储水量的总和，应保证电厂失去正常交流电源工况下系统至少运行24 h，且系统不考虑期间的排污。

7.5.3.5 泄漏和隔离

设备冷却水热交换器的热侧压力通常高于冷侧的厂用水系统。如果设备冷却水系统带放射性，并且热交换器板片出现泄漏，将导致高温高压的带放射性介质进入厂用水系统。因此在热交换器厂用水系统侧的出水管上设置相应的放射性泄漏监测，高剂量报警并手动停运系统，控制放射性对环境的泄漏排出。

7.5.3.6 系统的水化学调节

系统需要投加杀生剂和其他需要的化学药剂以防止厂用水系统管道、泵及热交换器内表面形成生物膜。循环冷却系统需要投加阻垢缓蚀处理药剂，并应选择高效、低毒、化学稳定性及复配性能良好的环境友好型水处理药剂。

该部分化学药剂的投加可不单独设置，如由循环水系统的化学加药系统进行统一考虑。

7.5.3.7 单一故障准则

厂用水系统应考虑冗余设计，系统中能动部件（如泵、电动阀等）的单一故障不会导致系统纵深防御功能的丧失；同时，也不会导致功率运行期间汽轮发电机停机或反应堆停堆。

7.5.3.8 系统容量

系统至少由2个100%容量的系列组成。若一个系列失效，系统应能够支持电厂正常功率运行、反应堆停堆和整堆换料。除正常厂用电以外，每个系列应分别由各自系列的备用柴油发电机供电。

系统应至少设置2台泵、2台过滤器和相应的冷却塔（循环冷却）。水泵按2台100%的容量设置，备用泵应能在系统低压时自动启动。

7.5.3.9 布置设计

系统的2个系列应有各自独立的水泵、冷却塔（不同冷却单位）、过滤器、阀门、管道、控制仪表及供电。每一系列向一个设备冷却水热交换器提供冷却水，也可通过联通管交叉运行。

在满足系统功能的前提下，系统的布置应简洁流畅，宜缩短系统供排水管线的长度，同时满足施工、安装、运行、检修和安全的要求。

系统的布置应将水锤发生的可能性降至最低，并应有防水锤破坏的措施。

系统主管道应满足在线检查的要求，宜敷设在管沟或管廊内；若可以从内部进行检查，也可室外埋地敷设。

系统的取排水建筑物宜与常规岛冷却水系统合并，并满足厂用水系统的要求；同时，常规岛冷却水系统的运行不应影响厂用水系统的取排水安全。

直流供水的厂用水取水建筑物的布置应避免单一设备或通道的不可用，造成2个系列的厂用水系统取水同时失效。

7.5.3.10 其他要求

厂用水泵和相关阀门由不同系列的非1E级电源供电并加载至备用柴油发电机组。

7.5.4 设备设计要求

7.5.4.1 泵

1）泵在额定点的扬程应满足相关标准要求，流量-扬程曲线应避免使用驼峰曲线。

2）设计上应尽量使用不需要额外提供轴封冷却水系统的泵。若需要泵轴密封水和电机轴承冷却水，应由水泵自身提供。

3）在任何工况下，泵的*NPSHa*应满足相关标准要求。

4）泵和驱动装置的布置应保证足够的空间，以便于安装、检查、维修和解体。

5）如选用长轴立式泵，则必须设计有足够的轴向支撑并安装振动监测设备。

6）过流部件的材质应满足耐腐蚀的要求。

7）水泵及电机的密封及轴承应设计为快速替换形式。为便于拆卸和更换零件，应考虑集装式密封件，尽量减少拆卸工作，避免使用特殊的吊装和拆卸设备。

8）局部暴露在室外环境中的泵必须进行防冻保护。

9）每个泵的吸水口应设置单独的流道。不同系列的泵之间宜采取实体隔离措施。

7.5.4.2 自动反冲洗过滤器

1）过流部件的材质应满足耐腐蚀的要求。

2）除正常的投运启动外，过滤器应可直接进入最大压力和全流量的运行工况，不需要任何准备措施。

3）过滤器应设置吊耳或其他可用于吊装的装置，以方便安装或拆卸。

4）过滤器应方便在役检查和试验，且维护工作量尽量少。

5）同类型过滤器的相同零件应能互换，不需要任何附加措施。

6）应提供足够的外部空间，以便对滤网进行拆除清洁及维护。

7）过滤器应满足较大的过滤面积、较强的纳污能力和较小的流阻等性能要求。

8）滤网孔径应满足下游用户（如板式热交换器等）的相关性能要求，保护下游用户避免堵塞。

9）滤网需要金属结构支撑时，应考虑在过滤器容器设计中提供支撑架；同时，应具有耐磨性强、耐腐蚀性强、使用寿命较长等优点。

10）过滤器的内部部件应能够承受系统可能的最大压差，并通过支撑部件将载荷均匀地分布到壳体上。

11）过滤器应为自清洁式，通常要求反冲间隔时间不得小于8 h。同时，配备手动应急装置，以便在超过额定压差时快速清污。

12）过滤器的反冲洗阀应采用快开型，配套阀门在关闭状态下不允许泄漏，且宜选用球阀等全流道阀门。

7.5.5 仪表和控制要求

本系统设计中应提供仪表及控制设备，并应保证足够的精度与响应时间，以满足系统性能要求。

在主控制室，应对系统的下列参数给予显示和（或）报警。

（1）泵出口流量。

（2）泵出口压力。

（3）泵电机电流。

（4）热交换器入口压力和压差。

（5）热交换器入口水温和出口水温。

（6）热交换器出口放射性。

（7）过滤器压差。

（8）远程操作阀门的阀位。

系统的泵应设置控制联锁，在系统低流量或低压工况下自动启动备用泵。

7.5.6 接口要求

厂用水系统主要与以下系统存在接口。

厂用水系统所支持系统的接口：

（1）设备冷却水系统：厂用水系统为设备冷却水系统热交换器提供冷却水。

厂用水系统的支持系统的接口：

（2）压缩空气和仪表空气系统：压缩空气和仪表空气系统为厂用水系统的气动阀门提供压缩空气，保证阀门处于系统要求的阀位。

（3）循环水过滤系统：循环水系统的滤网向厂用水系统提供经过过滤的清洁海水。循环水系统的化学加药系统向厂用水系统投加所需的杀生剂和其他需要的化学药剂以防止厂用水系统管道、泵及热交换器内表面形成生物膜。

（4）数据显示和处理系统：数据显示和处理系统提供厂用水系统仪表通道及设备控制回路的数据处理、显示及报警。

（5）主交流电源系统：主交流电源系统向厂用水泵、过滤器及相关阀门的控制和指示系统提供电源。在失电之后，主交流电源系统由厂内备用电源系统向厂用水泵、泵电机加热器、过滤器、阀门及其他部件提供电源。

（6）电厂照明系统：电厂照明系统提供了厂用水系统运行区域，包括部件和相关管道的照明。

（7）电厂控制系统：电厂控制系统提供厂用水泵、过滤器、气动和电动阀的控制。

（8）辐射监测系统：辐射监测系统监测厂用水系统中设备冷却水系统热交换器之后流体中的放射性水平，以及在放射性水平超过限值时提供报警。

（9）生产废水系统：生产废水系统接受厂用水泵/过滤器及相关管道的厂房内排水。

（10）厂内备用电源系统：在失去正常 AC 电源时，厂内备用电源系统提供备用电源给厂用水系统部件。

（11）泵房采暖通风空调系统：泵房采暖通风空调系统保障厂用水泵在正常工况与失电工况下的温湿度环境。

（12）泵房消防系统：泵房消防系统为厂用水泵提供消防保护措施。

7.5.7 系统运维要求

在停堆冷却期间，厂用水系统需要 2 个系列运行以排除反应堆冷却剂系统余热。所以在功率运行期间，当只要求厂用水系统 1 个系列运行时，应对厂用水部件进行计划检修。计划检修应尽量保证备用系列可用。

8 电厂支持系统

8.1 核岛消防系统

8.1.1 系统功能要求

消防系统的功能是保护非能动核电厂免遭火灾危害，确保核电厂在火灾事件中能实现和保持安全停堆状态，确保厂内人员的生命安全，同时尽可能保护财产和保持电力生产连续性。本系统包括火灾探测及报警系统、自动和人工灭火系统。

8.1.1.1 安全功能

在设计基准事故发生时，消防系统执行安全壳贯穿管线的安全壳隔离功能。

8.1.1.2 其他功能

1）火灾探测和灭火

在电厂正常运行模式下，消防系统应提供火灾探测、报警和灭火手段，可减少火灾对那些安全有关的 SSC 的不利影响。

2）用于排除余热的冷却水

消防系统应提供另一种冷却余热排出泵和热交换器的方法，在火灾使设备冷却水系统丧失正常余热排出功能后，该方法可以使电厂进入冷停堆状态。

3）非能动安全壳冷却水箱的补水

消防系统应提供非能动安全壳冷却系统的另一水源，在发生需要使用安全壳冷却功能的设计基准事件后，消防系统如可用，则可湿润安全壳或重新注满非能动安全壳冷却水箱。

4）乏燃料池补水和喷淋

消防系统如可用，则还应作为乏燃料水池补水的备用水源和乏燃料水池喷淋的备用水源。

5）安全壳喷淋

消防系统如可用，则应提供非安全有关的安全壳喷淋功能，可作为严重事故的缓解措施。

8.1.2 系统设计要求

8.1.2.1 系统性能要求

1）总则

核电厂消防系统的设计、安装和试验应符合《核动力厂防火与防爆设计》(HAD 102/11）的规定。火灾不应导致反应堆冷却剂压力边界出现受控裂口。

安全和非安全辅助设备所在区域的单一火灾如可能阻碍电厂实现和维持冷停堆状态，那么此区域应按自动灭火进行设计。如果单一火灾可能危害正常余热排出功能，那么应为余热排出功能提供备用水源接口。仅接口需要采用固定安装方式。

有安全停堆设备区域的部分消火栓立管系统，要求有特殊的抗震设计，满足在安全停堆地震（SSE）后消防系统的完整性和功能性要求。

设计基准应假设工作人员不能进入受火灾影响的区域进行维修或运行为实现和维持安全停堆所需的设备。然而，根据火灾危害性分析，可假设工作人员为实现和维持冷停堆进入受火灾影响的区域来维修或运行所必需的设备。

2）火灾危害性分析

执行安全停堆、排出余热和包容放射性功能的建（构）筑物、系统及设备应当开展火灾危害性分析。设计单位负责对电厂核安全相关区域进行火灾危害性分析，并且应当分析确认其他区域的火灾不会对核安全相关区域造成不可接受的影响。

火灾危害性分析应包括火灾探测、灭火设施（如自动喷水灭火系统、消火栓、气体灭火系统和便携式灭火器等）、通风防火防烟、应急照明和通讯等设计情况，以及火灾二次效应评价、防火安全措施充分性评价和火灾安全停堆评价等分析内容。

8.1.2.2 法规标准

非能动核电厂消防设计应满足 HAD 102/11 的要求，并遵守我国适用于核电厂的消防相关强制性标准，同时参考《核电厂防火设计规范》（GB/T 22158）。非能动核电厂特殊设计要求未被这些标准覆盖的，可参考国外同类技术标准开展设计。

8.1.2.3 冗余安全序列的防护

布置有冗余安全停堆设备的区域应设置实体隔离，以保证核电厂在假想火灾情况下有充分的安全停堆能力。

在主控制室的防火区内不再要求用防火屏障进行分隔。如果火灾后要求撤离主控制室，远距离停堆室应可以为电厂的安全停堆提供独立的控制。在安全壳防火区内不再要求用防火屏障进行分隔，在安全壳内应通过减少易燃材料的数量，并利用空间分隔、适当的火灾探测和灭火措施来防止发生火灾、扑灭火灾。

8.1.2.4 消防供水

消防用水应来自专门的供水水源。消防用水应进行化学处理以减少生物污垢，并经过滤去除泥砂和碎屑。

由于辐射区采用水系统灭火有可能引起污染扩散，所以在灭火过程中把使用水系统作为最后的措施。如果辐射区安装水系统，那么水系统应保证辐射控制区系统试验中使用的水能被收集并排出。

位于含有安全停堆所需设备区域内的消防水立管供水管系、消火栓及水龙带，应在 SSE 载荷条件下进行分析，以确保在此条件下系统的功能性。在 SSE 条件下，通过手动启动连接到通向抗震类系统的立管总管上的阀门，从抗震类供水系统获得水源，或者从经分析可承受 SSE 影响的供水系统获得水源。应能至少向 2 个室内消火栓提供水流，其流量为每个水龙带站近似为 5 L/s。

8.1.2.5 部件更换

预期会发生老化、早期故障或者报废的部件应便于更换。

8.1.2.6 扩大消防覆盖范围

安装了自动灭火系统的所有核电厂区域也应同时配备人工备用灭火装置。在不需要自动灭火系统的区域，应根据火灾危害性分析结果安装人工灭火装置。

根据火灾危害性分析，若确定防火区内含有的可燃材料达到了必须安装自动灭火系统的标准，则应配备自动灭火装置；火灾危害没有大到必须配备自动灭火系统的区域，应配备火灾探测及报警系统。

放有贵重设备和易燃的重要电力生产用材料（如电缆或对其他发电重要建筑物构成火灾威胁的那些设备等）的仓库，应配备自动喷水灭火设备。

室外消火栓为每个厂房提供水柱保护，每个消火栓都应配备单独的隔离阀。

对于可燃物集中并且已由火灾危害性

分析确定有潜在火灾危害的通风过滤器，应安装灭火系统。

8.1.2.7 安全分级和抗震分类

1）安全分级

消防系统中需要承担安全壳隔离功能的部分是安全B级。

2）抗震分类

承担安全壳隔离功能的消防系统管道和附件应按抗震Ⅰ类的标准设计；布置在保护安全停堆设备区域内的人工灭火系统管道和附件应按抗震Ⅱ类（满足功能性抗震要求）的标准设计；构造的失效或相互作用可能导致安全级SSC恶化到不可接受的安全水准的消防管道及部件按不低于抗震Ⅱ类（结构完整性）的标准设计；余下部分的管道和附件按非抗震的标准设计。

设置在反应堆厂房和辅助厂房的火灾探测及报警系统设备应按抗震Ⅱ类且震中震后可用的标准设计；设置在靠近辅助厂房的附属厂房区的火灾探测及报警系统设备应按抗震Ⅱ类标准设计；其余区域系统均为非抗震类。

8.1.3 设备设计要求

8.1.3.1 预作用灭火系统

在系统的泄漏或误触发可能产生非常不利后果的场合，应运用预作用灭火系统。在由地震可能引发泄漏或误触发可能会导致水喷向对电厂运行具有重要性设备的场合，不应运用湿式管道系统。

8.1.3.2 消防泵

应设置2台或多台消防泵以保证最大容量泵发生故障或失去厂外电源的情况下仍能提供100%的消防泵设计容量。柴油机驱动的消防泵至少应提供100%的消防泵设计容量。

消防泵应自动启动以保持消防总管压力，且只能手动关闭。

对于由水箱或类似专用水源供应的消防泵，应提供带有流量指示的100%流量再循环管线，以进行泵试验。

8.1.3.3 稳压泵

稳压泵启泵压力应维持在设定的消防泵的初始启动压力值以上，增加值至少为0.04 MPa。

8.1.3.4 气体灭火系统

应尽量减少使用全淹没固定式气体灭火系统，除非确实需要并对区域有利。例如，存在明显电气火灾危害的区域，如果使用其他灭火剂可能损害设备时，可使用气体灭火。

气体灭火系统中使用的连接装置，应通过使用空气而不是气体灭火剂完成检查性实验，以证明集管和支嘴没有堵塞。

8.1.3.5 电缆桥架起火

喷淋灭火装置的灵敏度应进行试验，验证其足以扑灭多层电缆桥架的火灾。为对预期可能的电缆桥架火灾保持有效的灵敏度，可采用分析的方法或在不确定的区域使用所选择的喷头进行全尺寸火灾试验，以确保电缆桥架得到充分保护。

8.1.3.6 室内消火栓

含有安全相关设备的区域或者对安全相关设备有火灾危害的区域至少要在2股有效水柱的保护范围内。

8.1.3.7 便携式灭火器

便携式灭火器不应放在高放区，除非火灾危害性分析有特殊要求。如果是后者，便携式灭火器应放在没有阻挡的、易于接近高放区的地方。手提灭火器应尽可能放在高放区的外面。

8.1.3.8　火灾探测器

火灾探测器选型应考虑湿度、空气流速、温度、空气污染、辐射和压力的影响，还应特别考虑燃烧产物、危害类型和预期的火灾荷载。选择探测器的安装位置时，除考虑上因素外，还应考虑各种干扰、定期试验和更换探测器的需要，以及减少例行试验期间的放射性辐照，在探测器故障、移除或更换时都不应影响探测器回路的性能。

8.1.3.9　控制室电缆

在控制室地面下或吊顶里敷设电缆的区域及其电缆通道发生火灾时，应不需使用自动灭火系统。应提供靠近这些区域的通道以便能使用手动灭火器扑灭含有较大火灾荷载的地板或吊顶内任一区域的火灾。

8.1.3.10　灭火剂

在设备设计和选择灭火剂时，应考虑灭火剂腐蚀性对核电厂敏感元件的影响。

8.1.3.11　人的因素

探测和报警系统的设计应考虑到人的因素。

8.1.3.12　柴油发电机厂房

柴油发电机设备的灭火系统应采用泡沫灭火系统、自动喷水灭火系统或水喷雾灭火系统。

8.1.3.13　放射性废物厂房

放射性废物处理区的设计中应包括火灾自动探测和灭火要求。

8.1.4　仪表和控制要求

系统中所有设备的控制均应能通过集散控制系统和/或控制柜完成。

电动阀门除主控制室内远程手动打开关闭外，应设置就地按钮直接打开关闭，同时通知主控制室。

电动消防泵、柴油机驱动消防泵可在主控制室的中央火灾报警控制盘或汽轮机厂房的就地火灾报警控制盘远程手动启动。

电动消防泵、电动稳压泵和柴油机驱动消防泵的运行状态应在主控制室有指示。

8.1.5　电气设计要求

采用电动机和柴油机驱动的消防水泵组合时，若备用泵为柴油机驱动消防水泵且其性能满足被保护建（构）筑物的消防用水流量和压力要求时，电动消防水泵无需柴油发电机组提供备用电源。当采用2台电动消防泵时，应由满足系统分级要求的柴油机供电系统中不同的系列分别进行供电。

8.1.6　接口要求

消防系统主要与以下系统存在接口。

(1) 设备冷却水系统：消防系统为正常余热排出系统泵和热交换器提供水源。

(2) 安全壳系统：消防系统的消防水箱作为非安全有关的安全壳喷淋的一种水源。

(3) 非能动安全壳冷却系统：在核电厂正常运行及安全停堆地震工况下，非能动安全壳冷却系统向消防系统抗震立管系统提供消防水；同时，消防系统在必要时，可以向非能动安全壳冷却水箱和非能动安全壳冷却辅助水箱提供补水。

(4) 乏燃料池冷却系统：如果消防系统可用，消防系统可作为乏燃料水池补水的备用水源和乏燃料水池喷淋的水源。

(5) 压缩空气和仪表空气系统：压缩空气和仪表空气系统为消防系统的预作用系统及干式系统提供仪表用气。

(6) 厂区生活水分配系统和厂区生产水分配系统：厂区生活水分配系统和厂区生产水分配系统为消防水箱提供补水，满足 8 h 内重新注满每个水箱。

(7) 非放生产废水系统：非放生产废水系统满足消防系统测试及火灾后的排水要求。

(8) 放射性废水疏排系统：放射性废水疏排系统满足消防系统在放射性区域测试及火灾后的排水要求。

(9) 常规岛消防系统：核岛消防系统向常规岛消防系统提供满足水量及水压要求的消防水。

8.1.7 系统运维要求

消防系统应定期开展以下试验和检查，便于评价系统的性能，保证系统的可运行性。

(1) 消防泵的定期检查和在役试验。

(2) 报警阀的定期检查和在役试验。

(3) 消防水箱补水的定期试验。

(4) 稳压罐的定期检查和试验。

(5) 贯穿件隔离阀的定期在役试验。

(6) 消火栓立管系统的定期试验。

(7) 火灾探测及报警系统的定期试验。

消防系统的设计应考虑其可维修性，并为维修提供通道，以尽量减少移动其他设备、使用专用工具、损坏其他设备的可能性。设备的选型应尽可能减小使用设备所需的维修频度。

8.2 压缩空气和气体系统

8.2.1 系统功能

8.2.1.1 安全功能

在设计基准事故发生时，执行安全壳贯穿管线的自动隔离功能。

8.2.1.2 其他功能

1) 为所有气动仪表和设备持续提供干燥、无油、经过滤的仪表用压缩空气。

2) 为气动工具、各种设备、呼吸用空气过滤单元和各种维修目的持续提供干燥的厂用压缩空气。

3) 为一回路冷却剂除氧、发电机冷却、净化、稳压、吹扫和保养提供所需的各种气体及提供压力调节。

8.2.2 系统配置要求

8.2.2.1 压缩空气系统配置要求

压缩空气系统应配置成以下独立的、相互隔离的子系统。

1) 厂用空气。

2) 仪表空气。

3) 呼吸用空气。

厂用空气可与仪表空气系统相连接，以提高向仪表空气系统持续供气的可靠性。连接位置的设计应确保仪表空气系统的空气质量水平在任何时候都不会下降。隔离应设计为交叉连接，以确保系统之间的隔离。

正常运行所需、影响电厂可用率的所有气动设备，应由仪表空气系统来供应。

如有呼吸用空气系统需求，则应采用由厂用空气系统供气的与厂用空气站相接的便携式呼吸用空气净化装置。主控制室应急可居留系统空气贮罐和自持式呼吸器充灌站（如有）应由高压空气子系统提供干净、无油的高压空气并为其灌充，自持式呼吸器的充气应与灭火呼吸器的充气来源相同。

在考虑到有限供应量的情况下，瓶装空气也可被用于支持呼吸用空气。

8.2.2.2 气体系统配置要求

气体系统应按需配置成以下独立的、

相互隔离的子系统。

1）氮气系统：高压气瓶或高利用率的液氮贮槽。

2）氢气系统：高压气瓶、氢气拖车或制氢站，需要氢气泄漏探测系统。

3）二氧化碳系统：高利用率的液态二氧化碳贮槽，需要二氧化碳泄漏探测系统。

应根据所处理的气体种类对各个气体系统的部件进行颜色标识，包括管道、联箱、阀门和排气口等。在排气口处应尽可能设置特有的管接头和标识，以进一步区分各气体供应系统。

8.2.3 系统设计要求

8.2.3.1 系统性能要求

1）设计压力与温度

压缩空气和气体系统的设计压力和温度的选择应充分考虑采购可行性，尽量保证可以选择成熟可用的产品。

2）空气压缩机和贮气罐容量

空气压缩机和贮气罐的设计应具备足够的储备容量，以便在事故停机（即空气压缩机停止运行）的情况下，在控制室内低压整定点报警前，至少提供 4 min 的供气时间；同时，为备用压缩机留出在事故停机后启动和为贮气罐充气至工作压力的时间。

3）空气压缩机电源供应

每组压缩机应由单独的供电母线供电。由厂内备用柴油机支持的正常非安全有关电源母线为仪表空气压缩机和仪表空气干燥装置供电。

4）交叉连接的能力

系统应包含相互分开的序列中单个工艺设备之间的手动交叉连接的能力（如使用“A”中的压缩机和“B”中的干燥器）。

5）空气干燥器旁路

宜安装旁路管道，包括手动“紧急”空气干燥器旁通阀，以便允许使用干燥器系统的旁路。

6）杂质控制（空气质量）

空气系统应能够控制和清除如下所示的水分和杂质。

(a) 厂用空气和仪用空气的气体品质建议按照《压缩空气　第 1 部分：污染物净化等级》（GB/T 13277.1）执行，根据用户需求确定等级。

(b) 厂用空气的压力露点建议低于厂址极端最低温度 5 ℃（排气压力）；仪用空气的压力露点建议低于厂址极端最低温度 10 ℃（排气压力）

(c) 呼吸空气质量

电厂呼吸用空气质量应满足《呼吸防护用压缩空气压缩空气质量指标》（GB/T 31975）要求。如果呼吸用空气还用于冷却穿着防护服的人员，那么便携式呼吸用空气净化装置还需额外的设计容量。

7）仪表空气取样

(a) 取样管

宜设置仪表空气取样管和阀门，以便从电厂安全相关的气动设备上取得空气样本。取样口的位置应尽可能靠近驱动装置，以获取具有代表性的样品。

(b) 定期取样

宜制订仪表空气质量的定期取样计划，以确保仪表空气系统的可靠性和可用率。应根据设备和空气质量要求，确定空气取样的间隔时间和取样口的位置。

8.2.3.2 安全分级和抗震分类

1）系统和设备安全分级和抗震分类

压缩空气系统与安全壳贯穿件相关的管道和阀门支持安全壳隔离，为安全 B 级，抗震 I 类；其余部分为非安全级，非抗震类。

气体系统为非安全级，非抗震类。

2）免除安全级要求

（a）不应要求压缩空气和气体系统执行例如事故缓解等任何与安全相关的功能或者安全停堆功能。但是，对压缩空气和气体系统的简化不应破坏系统作为正常和异常情况下维持供气需求的正常手段所提供的纵深防御和冗余。

（b）即使仪表空气系统没有被划分为安全相关系统，它也应连接现场非安全级备用交流电源，在丧失厂内电源时获得供电。

（c）为了确保空气和气体管道在贯穿安全壳处的安全壳完整性，空气和气体系统的一些部件应为安全相关，并按抗震Ⅰ类设计。这些部件包括常开安全壳隔离阀、止回阀和安全壳外隔离阀与止回阀之间的管道。

（d）如果安全相关的气动部件在正常仪表空气系统压力丧失后需要复位，应通过安全级的手段将执行安全功能的储罐从系统气动源侧隔离，以便在非安全级气动系统供气压力突然或逐渐丧失时，为安全相关的气动部件提供足够的空气供应。安全级储罐的设计应当能够提供足够的空气量，以适应预期的泄漏和执行安全相关气动部件的复位操作，安全级储罐不属于压缩空气系统范围。

隔离装置、储罐和连接安全相关气动部件的部分仪表空气管线应为安全相关，并按 ASME B&PV 规范第Ⅲ卷或其他等效标准设计。

8.2.3.3 布置准则

1）空气压缩机周围及空气干燥器四周设置通道，以方便维护。

2）贮罐出口空气总管斜向上布置，这样使贮罐处于低点，从而降低空气带水的可能性。

3）氢气系统布置需满足《氢气站设计规范》（GB 50177）的相关要求。

8.2.3.4 其他要求

应从有效和经济的角度来确定所需的总系统容量和独立子系统数量或备用的部件数量，来满足核电厂的可用率要求。

布置在辐射控制区内的电气元件和电缆应选用耐辐照产品。

8.2.4 设备设计要求

8.2.4.1 主要设备

1）以下列出的主要空气系统设备的设计和选择应满足本节规定的空气质量设计要求，应尽可能使用商用设备。

（a）压缩机。

（b）空气储罐。

（c）干燥器/过滤器。

（d）缓冲罐。

2）应通过降噪，确保压缩空气和气体系统空气压缩机附近可居住区域的噪声水平符合职业安全的相关标准。

8.2.4.2 干燥器/过滤器系列

1）仪表空气干燥器/过滤机组应配备进出口空气取样点、仪表和阀门，以便在以下情况下自动切换到备用机组。

（a）在供应管线中检测到过多水分。

（b）过滤装置的压差超过其正常设定的工作范围，或干燥器/过滤器装置下游的压力低于正常工作压力范围。

（c）循环冷冻式干燥器（如使用）的下游温度超过其正常运行的温度范围。

控制系统应最大限度地减少切换造成的压力或流量脉动。此外，还应设置操纵员控制的备用手动转换装置。

2）预过滤器的容量应能至少处理 2

台压缩机。

8.2.4.3 空气和气体分配母管

1）通用要求

（a）厂用空气和仪表空气母管及管道应使用焊接接头。

（b）法兰连接只能用于无法通过焊接连接的设备（如空气压缩机和空气干燥器等）。

（c）不得使用螺纹配件。

（d）正常运行期间仪表空气系统上不得连接厂用空气系统接头。

（e）配电箱的位置应根据正常运行和停电期间的预期使用情况来确定。

（f）合理设计空气和气体分配母管及其供气支管，以尽量减少压缩机和设备引起的振动。

2）其他要求

供气管道系统应全部焊接并做试验，以消除或尽量减少泄漏。应为之前在8.2.3.1节2）中定义的每个气体系统提供单独的母管和供应管道。

所有供气管道系统都应配备吹扫阀和安全排气点，以便清除供气管道系统中可能存在的滞留空气。

应确保在设计压缩空气和气体系统供气母管和管道时应尽量消除或减少潜在的进水路径。

应谨慎使用仪表空气系统中的软焊铜接头。如果使用软焊铜接头，应在安装后进行容积检查（如超声波检查等），以验证这些接头的完整性。

隔离阀应安装在仪表空气母管沿线和各个分支连接处。

对于多机组电厂，应根据需要在相邻机组之间交叉连接压缩空气系统，以应对超设计基准的工况。这些交叉连接可以是永久安装的，或需要在应对时间要求内手动安装。实现交叉连接所需的工具、连接件和连接说明应就近放置。

应设置将临时便携式压缩机（如租赁装置等）连接到压缩机排放母管的接口。

8.2.5 仪表和控制要求

8.2.5.1 控制

压缩空气和气体系统中的空气系统应自动控制，以维持正常的工作压力，并在压力低于正常工作预设压力限值时自动切换至备用单元或机组。

在试验、校准等过程中频繁使用或操作的就地控制的阀门应可确保手动执行机构或开关不能停留在正常阀位以外的其他阀位（如弹簧加载以恢复至正常阀位，或锁定并标记在正常阀位等）。

压缩空气和气体系统中的所有自动或远程驱动阀应在失效阀位下能保持系统运行和可控。

液态氮和以液态形式储存的其他气体的汽化器应具有故障安全控制装置，以防止低温液体在汽化器故障或断电时到达维修部件。应提供汽化器功能故障警报。

8.2.5.2 仪表

1）控制室空气系统监测

应按需远程监控所有供气机组的系统运行状态，至少应包括一个多通道控制室监视器，用于监测：

（a）压缩机和阀门运行状态。

（b）储气罐压力和温度。

（c）过滤器/干燥器下游的仪表空气母管压力。

（d）含水量。

（e）空气过滤器压差。

2）控制室报警和跳闸

在设备出现故障时，应远程报警至控制室，并联锁相应的压缩空气和气体系统压缩机停运。控制室内应为每个空气系统提供一个通用空气系统故障报警；同时，在每个空气系统的就地控制面板上提供单独的故障报警。应确定需要报警和停机的条件。应考虑的报警和跳闸示例如下。

(a) 压缩机组故障。

(b) 空气温度高+跳闸。

(c) 曲轴箱油温高+跳闸。

(d) 高振动+跳闸。

(e) 曲轴箱润滑油压力低+跳闸。

(f) 仪表空气排气压力低。

(g) 厂用空气排气压力低。

(h) 仪表空气备用电源启动。

(i) 含水量高。

(j) 空气过滤器压差高。

(k) 备用干燥器/过滤器机组启动。

3) 控制室气体系统监测。

应提供按需手动选择功能，以远程监控各种气体系统的运行状态，至少应包括一个多通道控制室监视器，用于监测：

(a) 母管压力。

(b) 母管温度。

(c) 易燃或有毒气体的流量。

4) 控制室气体系统报警

当瓶装气体供应几乎耗尽时，应在控制室提供低压报警；如易燃或有毒气体流量超过其正常工作范围，应提供高流量报警。

8.2.6 接口要求

压缩空气和气体系统的主要接口如下。

(1) 控制室报警信号器仪表板（第 9 章“仪控系统”）。

(2) 反应堆厂房（第 13 章“厂房设计与布置”）。

(3) 辅助厂房（第 13 章“厂房设计与布置”）。

(4) 汽轮机厂房（第 13 章“厂房设计与布置”）。

(5) 服务性厂房（第 13 章“厂房设计与布置”）。

(6) 封闭的冷却水系统（第 7 章“电厂冷却系统”）。

(7) 防火系统（第 8 章第 1 节“核岛消防系统”）。

(8) HVAC 系统（第 8 章第 3 节“HVAC 系统”）。

(9) 仪表和控制系统（第 9 章“仪控系统”）。

(10) 中压交流配电系统（第 10 章“电气系统”）。

(11) 现场非安全级备用交流电源系统（第 10 章“电气系统”）。

(12) 所有需要气体动力源的电厂设备。

(13) 电厂放射性废物系统和除气系统（第 11 章“放射性废物处理系统”）。

8.2.7 系统运维要求

(1) 压缩空气和气体系统应在电厂所有运行模式中发挥作用，包括瞬态和电厂停堆期间。

(2) 在设计基准事件发生之前、期间或之后，非安全相关的压缩空气和气体系统系统的故障不应损害安全相关部件或系统的运行。

(3) 压缩空气和气体系统应设计为通过正常运行和定期试验使操作人员熟悉系统。所有系统应能够通过正常运行和定期试验来检查和验证系统的可运行性。

(4) 压缩空气和气体系统的安全壳隔离阀宜能够实现就地手动控制功能。

8.3 采暖、通风和空调（HVAC）系统

8.3.1 系统功能

在电厂正常运行期间，放射性控制区的通风系统通过维持内部气载放射性污染物浓度，尽可能降低工作人员的放射性剂量。

放射性控制区的送风和排风管布置应使气流从低气载放射性污染区流向高气载放射性污染区。

维持放射性控制区域和厂房相对于非放射性区域和周围环境为负压。

通过设置合适的净化过滤系统去除和抑制放射性物质的传播。

在电厂运行状态和事故工况下，监测和限制放射性物质排放。

为运行和检修人员维持舒适的工作环境。

为设备和构筑物维持合适的环境。

防止烟气、热空气和灭火剂蔓延到其他防火区，影响安全停堆能力及操纵员的行动。

8.3.2 系统及设备设计要求

8.3.2.1 HVAC 设计温度

1）HVAC 室外设计温度

HVAC 室外设计温度要求如表 8.3-1 所示。

表 8.3-1 HVAC 室外设计温度要求

最高/最低安全温度①	适用于核安全相关系统及具有纵深防御功能的通风空调系统
最高/最低正常温度②	适用于其他核岛通风空调系统
不保证 5%最高/最低温度	适用柴油机厂房通风空调系统

注：①最高和最低安全设计值基于累年最热 4 个月和累年最冷 3 个月不保证 2 h 的历史数据。
②最高和最低正常设计值为不保证 1%的温度。

室外气象参数参见厂址包络参数。

2）HVAC 室内设计温度

室内温度应根据建筑物、区域正常运行工况时的功能确定。

（a）居留区：轻体力工作（控制室）没有特殊电子设备为 20～26 ℃；相对湿度为 25%～60%。

（b）居留区：轻体力工作（办公室、实验室）没有特殊电子设备为 18～26 ℃。

（c）居留区：中等体力工作（车间、维修设施）为 18～30 ℃。

（d）经常检查、维修区（没有敏感电子没备）为 10～40 ℃。

（e）非经常检查或维修活动的区域：根据工作类型和工作时长确定。

（f）非通行区（没有敏感电子设备）：10～55 ℃。

8.3.2.2 放射性控制区域的通风设计要求

1）应保证放射性控制区域相对于大气和邻近区域为负压，减少不可控放射性物质向环境排放。

2）应为放射性控制区提供足够的通风，减少气载放射性污染物浓度，并使气流从低气载放射性污染区流向高气载放射性污染区。

3）应通过对排风进行净化过滤，减少受控放射性物质向环境的排放。

4）应对潜在污染排放点的排风设置连续性监测，并在控制室设放射性剂量高报警。

5）为保证最大允许浓度（MPC）水平符合ALARA原则，应对室内空气进行净化和/或提供新风。

6）应给出对放射性泄漏区域的排气定位并对其进行隔离的措施。

8.3.2.3 设备设计要求

1）所有空气净化设备的设计、制造、安装应符合《核空气和气体处理规范设计和制造通用要求》（NB/T 20038）、《核空气和气体处理规范通风、空调与空气净化》（NB/T 20039）或其他等效标准。

2）风机、过滤器、盘管和档板等设备的类型应尽量减少，尺寸应尽量统一。

3）通风系统穿越防火屏障时应设置防火阀，防火阀的耐火极限至少应与防火屏障自身所需耐火极限相同。通风和过滤系统中使用的软连接应采用不燃或难燃材料。

4）穿越保卫边界的通风管道贯穿件应装备适当的屏障。

5）应配备足够数量的平衡阀以保证充分的流量平衡。

6）设备设计应考虑必需的消声特性。

7）电动机、风机、阀门和其他部件应能在正常工况的环境条件下正常运行。

8）系统和部件的故障不应对抗震Ⅰ类系统的功能产生影响。

9）事故后会被反应堆冷却剂淹没的场所不应使用锌和铝。

10）为弥补系统设计和系统参数中的不确定性，应在空调负荷和风管压降计算中考虑15%的设计裕量。

11）安全壳贯穿隔离部件为核安全B级、抗震Ⅰ类。

12）空气处理设备应固定安装或配备重载止动装置，以保证在地震工况下的可用性。长轴轴流式风机应支承在电动机和风机之间，并且在电动机和风机上设有支承。

13）应明确需要进行防龙卷风保护的新风口和排风口，龙卷风防御等级应与存在开口的构筑物的设计保持一致。

14）为减少室外环境影响，HVAC设备通常安装在构筑物内。为高效运行需安装在外部的空冷制冷装置之类的部件可放在室外。

8.3.2.4 冗余度

当由于维修或检修，最大容量部件（风机、过滤器、盘管）停运时，部件应有冗余度，从将以下区域维持在设计条件下（流量、温度、湿度和压力）。

1）含有安全有关设备的所有区域/部件（即使假设只有部分HVAC系统冷却可用，服役设备在如此环境条件下还是合格的）。

2）主控制室。

3）含有温度敏感仪表的实验室，如放射化学、健康物理实验室和入口监测区等。

4）通常人员居留密集的区域。

5）对于其他区域，在考虑部件的冗余度时，当最大容量部件（风机、过滤器、盘管）由于维修或检修而停运时，在满足下列准则时，环境温度可超过其设计温度和湿度。

（a）因维修或检修而降级的HVAC系统所能达到的临时设计温度能够满足必要的人员居留要求，且不超过设备所在通风/冷却区域的温度；同时，设备供应商担保设备能可靠运行。

（b）保持ALARA目标的空气流向一

直得到维持。

(c) 辐射控制区保持负压。

8.3.3 系统配置及性能要求

8.3.3.1 安全壳循环冷却系统

安全壳循环冷却系统在电厂正常运行和停堆时，控制反应堆厂房所有区域的温度和相对湿度，为设备运行和人员进入提供合适的环境条件。

1）系统由循环冷却机组、风管、风阀，以及相关的控制和测量仪表组成，包含100%的冗余度。

2）正常运行时，宜维持安全壳内环境平均温度低于49 ℃，维持反应堆堆腔区混凝土和反应堆压力容器支撑区混凝土温度低于相关标准限值。

3）由备用柴油发电机提供备用电源。

4）系统由非安全级的冷冻水进行供冷。

8.3.3.2 安全壳空气过滤系统

安全壳空气过滤系统的空气处理机组向安全壳送风，并通过安全壳循环冷却系统的循环机组送风，在安全壳内分配净化空气。

1）系统由空气处理机组和排风过滤机组组成，包含100%的冗余度。

2）安全壳空气过滤系统在设计基准事故时关闭贯穿安全壳管线上的安全壳隔离阀和安全壳真空卸压隔离阀，以保证安全壳压力边界的完整性。在设计基准事故后，上述阀门关闭，防止放射性泄漏。

3）在冬季，电厂丧失交流电源时，若安全壳内真空度过高（接近安全壳设计压力），则安全壳空气过滤系统应执行安全壳真空卸压功能，打开安全壳内外侧的真空卸压阀门组，缓解壳内真空度，保护安全壳。

4）正常运行时，系统应间断性地为安全壳送、排风，以维持安全壳压力在设计压力范围之内，并清洗安全壳大气中的放射性污染物，使运行人员进入前放射性剂量在允许范围之内。系统应处理送入安全壳的室外空气，减少安全壳循环冷却系统（VCS）循环冷却机组的凝结水。

5）冷停堆时，系统清洗安全壳，以减少潜在气溶胶污染物而保护维护人员。

6）系统净化安全壳排风以保证正常厂外气态放射性排放在安全范围内。

7）系统测量、显示和记录电厂烟囱排放至大气的放射性物质的浓度，并提供主控制室报警和指示。

8.3.3.3 核岛非放射性通风系统

核岛非放射性通风系统提供下述安全有关功能。

1）在设计基准事故期间和设计基准事故后，提供主控制室边界与周围区域和室外环境的隔离。

2）提供主控制室送风气载放射性监测，并向保护和安全监控系统发出信号来启动主控制室应急可居留系统。

主控制室HVAC系统应根据室外空气温度（不保证2 h）进行设计以保持电厂正常运行时厂房的环境状态满足下列要求。

1）主控制室温度维持在23～26 ℃，相对湿度25%～60%，最高温度达到30 ℃的时间不超过1 h。

2）相对于周围区域保持微正压。

核岛非放射性通风系统包含3个子系统：主控制室/技术支持中心通风子系统、1E级电气间通风子系统和非能动安全壳冷却系统阀门间通风子系统。

1）主控制室/技术支持中心通风子系统

（a）主控制室/技术支持中心通风子系统由2×100%容量的设备序列组成，包括有冗余的辐射监测装置，空气处理机组和回/排风机组件，新风过滤机组（2×50%），辅助风机，相关风阀、控制和仪表，以及公用送、回、排风风管分配系统。

（b）冗余的空气处理机组和回/排风组件应通过实体屏障进行隔离，所有转动设备不应产生飞射物。

（c）冷却盘管应由冷冻水系统供水。

（d）冗余部件应由永久性非安全级负荷供电电源的不同母线供电。

（e）当探测到主控制室送风管上的气载放射性（惰性气体、气溶胶或碘）"高"报信号时，主控制室通风子系统应能够从正常运行模式切换到新风过滤模式，为主控制室提供人员保护。

（f）当探测到主控制室送风管上的气载放射性（惰性气体、气溶胶或碘）"高-高"报信号，空气处理机组送风机和回/排风机、卫生间排风机（和运行着的新风过滤机组的送风机）自动停运。主控制室边界隔离阀自动关闭。启动主控制室应急可居留系统。

（g）失去厂外电源时，主控制室/技术支持中心通风子系统将自动切换到厂内备用柴油发电机。失去全部交流电时，通过有冗余的辅助风机进行通风和冷却，来维持主控制室可居留性。辅助风机由厂内辅助柴油发电机供电。使用时只开启其中1台将室外空气送入主控制室。

（h）为隔离外部环境，主控制室通风子系统应配备冗余气密的、由失效关驱动装置操控的抗震Ⅰ类隔离风阀。盥洗室和厨房的排气通道应安装冗余隔离风阀。

（i）火灾后主控制室通风子系统应能够通过手动触发方式排出控制室烟气。

2）1E级电气间通风子系统

（a）每个子系统均由2×100%容量的设备通道组成，分别服务于A和C电气通道、B和D电气通道，以及远距离停堆室，冗余设备应利用实体屏障彼此隔开。

（b）每个通道包括独立的空调机组和回/排风机组件，相关风阀、控制和仪表，以及共用送、回、排风风管分配系统。

（c）1E级蓄电池间设置2×100%容量的排风机，排风机为防爆型。

（d）失去厂外电源时，1E级电气间通风子系统将自动切换到厂内备用柴油发电机。失去全部交流电时，B序列仪表间和C序列仪表间各设置1台辅助风机来维持室内温度。辅助风机设在各自服务的房间内。

3）非能动安全壳冷却系统阀门间通风子系统

（a）包括1×100%容量的排风机。

（b）包括2×100%容量的单元式电加热器。

8.3.3.4 放射性控制区通风系统

放射性控制区通风系统包括2个子系统：辅助/附属厂房通风子系统和燃料操作区通风子系统。

1）辅助/附属厂房通风子系统

辅助/附属厂房通风子系统服务于进行放射性控制的设备、管道和阀门间，以及相邻的通道和中转区，用于维持厂房环境，维持放射性控制区相对相邻干净区或室外环境保持轻微负压。

（a）系统采用直流式通风系统，由2×50%容量的空气处理机组、2×50%容量的排风机、送风和排风管路、隔离风阀、空气分布器、自控装置及附件组成。

（b）送风机和排风机联锁控制，手动启动排风机后，自动联锁启动相应的送风机。

（c）余热排出泵房和化容补水泵房分别设置单元式空气冷却机组，单元式冷却机组的冗余度应与余热排出泵和化容补水泵相同。

2）燃料操作区通风子系统

系统服务于燃料操作区、树脂转运泵间及废树脂设备间等区域，用于维持厂房环境，维持放射性控制区相对相邻干净区或室外环境保持轻微负压。

（a）系统为直流通风系统，系统由2×50%容量的空气处理机组、2×50%容量的排风机、送风和排风管路、隔离风阀、空气分布器、自控装置及附件组成。

（b）排风经电加热器、预过滤器、HEPA 过滤器、活性炭吸附器和后置过滤器净化处理后排至电厂烟囱，并对排放至厂区的气载放射性浓度进行监测。

8.3.3.5 核岛保健物理和热机修车间通风空调系统

核岛保健物理和热机修车间通风空调系统服务于附属厂房保健物理区和热机修车间，用于维持厂房的环境条件，同时维持厂房的微负压。

1）系统为送风和排风系统组成的直流系统。

2）系统由 2×100% 的空气处理机组和 2×100%容量的排风机组成。

3）排风接至厂房烟囱，排风管上设置放射性监测器，用于放射性物质泄漏时的记录和报警。

8.3.3.6 放射性废物厂房通风空调系统

放射性废物厂房通风空调系统系统服务于放射性废物厂房，维持厂房的环境条件，维持厂房负压。

1）系统为送风和排风系统组成的直流系统。

2）系统由 2×50% 的空气处理机组和 2×50%容量的排风机组成。

3）排风接至厂房烟囱，排风管上设置放射性监测器，用于放射性物质泄漏时的记录和报警。

8.3.3.7 附属厂房和辅助厂房非放射性通风系统

系统服务于附属厂房内的非放射性人员和设备区域、电气设备房间、走廊、辅助柴油发电机房房和除盐水脱氧间、硼酸制备间，以及在辅助厂房内的主蒸汽隔离阀（MSIV）间、反应堆停堆断路器室和非 1E 级管道/设备贯穿件间，维持服务区域的环境条件。

在失去厂外电（LOOP）的情况下，电气设备间和设备间通风子系统的空气处理机组的送回风机自动连接厂内备用电源系统。

在厂内备用电源系统供电并且冷冻水可用的情况下，系统保证电气设备间和直流设备间维持在设计温度范围内（10～40 ℃）。

在失去厂外电（LOOP）并且冷冻水不可用的情况下，由厂内备用电源系统供电，系统保证电气设备间和直流设备间的温度不超过 50 ℃。

1）一般区域通风子系统

系统服务于安保区域外的附属厂房人员停留区域，用于维持服务区域的环境条件。

（a）系统由 2×50% 容量的空气处理机组，以及加湿器、排风机等部件组成。

（b）系统可以设置成直流式通风排烟模式用于火灾后排烟。

2）电气设备间通风子系统

系统服务于附属厂房内的电气设备间，用于维持厂房环境条件。系统由2×100%容量的空气处理机组、送回风管、风阀组成

3）设备间通风子系统

系统服务于附属和辅助厂房的电气和机械设备间，也服务于附属厂房内的安保区域，用于维持服务区域的环境条件。

（a）系统由2×100%容量的空气处理机组、蓄电池间排风机、电散热器、加湿器、电加热盘管组成。

（b）蓄电池间设置独立的排风系统，排风机采用防爆型。

4）主蒸汽隔离阀间通风子系统

系统服务于辅助厂房内的主蒸汽隔离阀间，用于维持服务区域的环境条件。

（a）每个阀门隔间均包括2×100%容量的循环空气处理机组。

（b）设备在丧失厂外电源工况下可手动加载至备用柴油发电机。

5）机械设备区域通风子系统服务

服务于附属厂房内的辅助柴油发电机房，除盐水脱氧间和硼酸制备间等区域，维持服务区域的环境条件。

（a）系统包括2×50%容量的空气处理机组、排风机、风阀组成。

（b）辅助柴油发电机燃油储存间由2×100%的防爆风机进行排风。

（c）除盐水脱氧间和硼酸制备间由防爆风机进行排风，防止氢气积聚。

6）阀门/管道贯穿件间通风子系统

系统服务于辅助厂房的阀门/管道贯穿件间，维持服务区域的环境条件。

（a）系统由2×100%容量的空气处理机组，排风机、风阀组成。

（b）每个空气处理机组均为防爆型。

（c）设置一套独立的排风系统，在房间内氢气浓度探测仪表高报时启动。

8.3.3.8 柴油发电机厂房供暖和通风系统

柴油发电机厂房供暖和通风系统主要用于维持柴油发电机厂房的环境条件。

系统设备与厂内备用电源系统具有相同的设备冗余度。

每个序列的备用排风风机、室外新风阀门及其控制都要联锁到柴油发电机服务的同一个电源区。

在失去厂外电（LOOP）情况下，备用排风风机、电气设备间空气处理机组自动连接到厂内备用电源系统。

备用排风风机及新风进风阀与其所服务的柴油发电机联合运行。当发电机启动时，打开与其联锁的电动进风阀，同时允许风机开启。发电机停运时，备用排风机停运且不允许运行。当风机开启时，其联锁的电动进风阀门自动开启；风机停运时，其联锁的电动进风阀门自动关闭。

当柴油发电机运行时，备用排风系统和柴油发电机房空气处理机组维持柴油发电机厂房及其中的燃油输送区域温度不超过50 ℃。

电气设备间空气处理机组提供通风，在柴油发电机运行的各种工况下，维持电气设备间的室内温度低于25 ℃。

1）正常通风子系统

（a）由空气处理机组、排风机和单元式电加热器等组成。

（b）当柴油发电机运行时，柴油发电机房的空气处理机组运行。

（c）柴油发电机房单元式电加热器在失去厂外电期间不运行。

2）备用通风子系统

（a）由屋顶排风机、进风阀门和风管

等组成。

(b) 无论发电机何时启动，备用通风子系统的风机都应自动启动。低温时风机应自动停机。一旦探测到起火，该子系统应跳闸并进行隔离，火灾后应采取排烟措施。

3) 日用油箱间排风系统

(a) 由防火阀、进风口、排风机、排风管和重力止回阀等组成。

(b) 排风机连续运行。

(c) 排风机为防爆风机。

(d) 排风机失去厂外电时由备用柴油机带载。

4) 燃油输送区域排风子系统

(a) 由排风机、排风管和重力止回阀等组成。

(b) 排风机连续运行。

(c) 排风机失去厂外电时由备用柴油机带载。

8.3.4 仪表和控制要求

(1) 系统应配备足够的仪表和控制装置以确保系统安全、有效和可靠地运行。

(2) HVAC 控制系统和显示设备应设计包含人因要求。如果通过人因工程论证合理，那么 HVAC 控制可来自于主控制室而非就地控制屏。

(3) 通过调节区域的送风量，同时维持该区域的恒定排风量来实现需维持负压区域的负压控制。

(4) 不宜使用开关式控制，就地温控器的使用仅限于单元式加热器或相似设备。

(5) 通过调节至盘管的供水流量来控制通过冷却盘管的冷冻水流量。

(6) 应监测每个过滤器段前后的压差。

(7) 所有就地流量、压力和温度仪表的设置应易于读数，无需使用爬梯。

(8) 一般通过使用迎风或旁通风阀来控制带热水加热盘管的空气处理机组的出口空气温度。

(9) 根据房间温度通过控制热水管路上的电磁阀开关来控制单元式热水加热器。

8.3.5 系统运维要求

为进行部件和设备的初始试验和定期试验，应在恰当位置上安装足够的仪表和仪表接头，以验证部件和设备是否在性能限值内运行。

仪表设备的布置应保证在不拆卸风管的情况下可拆除，否则风管应分段安装，保证仅需拆除小部分的风管。

所有地面安装的带冷却盘管的设备应安装在至少 150 mm 高的混凝土平台或钢平台上，以保证足够的冷凝水排水的水封空间。

考虑到盘管、风机和过滤器等从风管和部件上拆卸下来，应提供足够的空间。部件可能有放射性的场所，应提供合适的辐射防护空间。

设备和部件之间应尽可能共用拆卸空间。

对于大型部件如盘管和风机应配有吊钩、单轨或其他结构部件用于吊装和拆卸。

在每个设备或部件的上游和/或下游侧应按要求设置门和检修面板，以便有足够的检修和清洁通道。

在需要的地方设置排水接口。所有清洁废水，比如来自服务于非放射性区域的冷却盘管的冷凝水，应接管至清洁水地漏。

8.4 辐射监测系统

辐射监测系统应包括以下 3 个部分：核岛辐射监测系统、个人剂量和控制区出入口管理辐射监测系统、气象和环境监测系统。

8.4.1 核岛辐射监测系统

8.4.1.1 系统功能

1）安全功能

核岛辐射监测系统应对主控制室送风管道中的放射性活度浓度进行监测，并向保护和安全监测系统提供触发信号，用于隔离主控制室和启动主控制室应急可居留系统。

核岛辐射监测系统应监测安全壳内的放射性水平，并向保护和安全监测系统提供用于安全壳隔离的触发信号。

2）其他功能

核岛辐射监测系统应提供如下主要功能。

（a）对选定的电厂工艺流（气态和液态）、流出物（气态和液态）、气载放射性及电厂区域提供放射性监测。

（b）执行事故期间和事故后监测功能。

（c）向电厂控制系统、保护和安全监测系统提供辐射监测信息（实时和历史数据、报警信息、故障信息）和工艺控制信号。

（d）向电厂工作人员提供放射性异常报警信号。

（e）为核电厂的流出物排放管理和年度报告提供放射性测量数据。

8.4.1.2 系统配置要求

核岛辐射监测系统应包括以下几类主要设备。

1）由辐射探测器及控制和测量装置组成的工艺、排出流、气载和区域辐射监测仪。

2）用于集中收集、显示和管理上述辐射监测仪表信息的辐射监测专用计算机。

8.4.1.3 系统设计要求

1）系统性能要求

工艺监测仪应对工艺流中放射性活度浓度的增加提供预警信息，自动或通过操纵员手动对高放射性信号作出响应，触发修正动作。

排出流监测仪应对电厂流出物中辐射水平的增加提供预警信息，自动或通过操纵员手动对高放射性信号作出响应，触发修正动作。

气载监测仪应提供气载放射性活度浓度存在异常的信息，自动或通过操纵员手动对高放射性信号作出响应，触发修正动作。

区域监测仪应提供电厂特定区域的 γ 辐射水平信息，自动或通过操纵员手动对高放射性信号作出响应，触发修正动作。当这些区域的 γ 辐射水平超过预置阈值时，布置在通道入口的报警灯和区域范围内的控制和测量装置立刻发出就地声光报警信号，警告电厂工作人员不要进入或及时撤离该区域。

2）安全分级和抗震分类

核岛辐射监测系统中以下执行安全功能的辐射监测仪应为 1E 级和抗震 I 类。

（a）主控制室送风管道辐射监测仪。

（b）安全壳高量程区域辐射监测仪。

其余不执行安全功能的辐射监测仪表应为非 1E 级。其中安全壳大气辐射监测仪的抗震要求为抗震 I 类，其他监测仪的抗震要求为抗震Ⅱ类或 NS。

8.4.1.4 设备设计要求

1）控制和测量装置

控制和测量装置应提供监测通道和相关设备的控制，可在控制和测量装置的面板上显示辐射剂量率、放射性活度浓度或泄漏率的测量值和运行信息；可在运行时调整报警阈值；控制和测量装置可在本地存储模块中存储历史数据。

2）辐射探测器

根据本底辐射水平要求，可对探测器进行屏蔽，以确保探测器的最低可探测水平和要求的最小测量范围。

3）取样管

与离线式监测仪相关的取样管的安装应考虑《核电厂烟囱的气载放射性物质取样》（NB/T 20374）的要求。在空间条件允许的情况下，应避免长距离的直管道（特别是水平管段），并尽量减少弯头的数量。

8.4.1.5 仪表和控制要求

辐射监测仪提供以下报警、状态指示和显示。

1）H1 报警。

2）H2 报警。

3）变化率（对特定的监测仪）。

4）通信失效（来自探测器或控制和测量装置）。

5）监测仪（通道）故障。该报警说明探测器失去电源、低电压供电或探测器失效等。

6）控制和测量装置状态（停止工作状态、就地或远程控制状态或故障状态）。这些状态由控制和测量装置发出，并由辐射监测专用计算机通过数据链路传送到电厂 DCS。

7）检查源已经驱动或监测仪正在试验。

所有控制和测量装置均提供以计数率或电流为单位表示的读数，也提供用工程单位表示的读数，如 Gy/h 或 Bq/m^3等。

控制和测量装置维护的参数数据库包括校准数据、报警阈值及其他监测仪运行参数。

8.4.1.6 接口要求

辐射监测系统同如下系统间存在接口。

1）电厂电源系统：为辐射监测仪提供安全级或非安全级电源。

2）接地和防雷系统：为辐射监测仪提供设备接地。

3）照明系统：为辐射监测系统试验和维护活动提供照明。

4）压缩空气和仪表空气系统：为辐射监测仪提供清洗用仪表空气。

5）除盐水储存和分配系统：为辐射监测仪提供冲洗用的除盐水。

6）选定的工艺系统：辐射监测系统为选定的工艺系统提供工艺监测。

7）选定的暖通系统：辐射监测系统为选定的暖通系统提供气载和排出流监测。

8）电厂控制系统：辐射监测系统提供非安全有关辐射输入信号和诊断信息，由电厂控制系统驱动电厂设备。

9）保护和安全监测系统：辐射监测系统提供安全有关辐射输入信号，由保护和安全监测系统驱动电厂设备。

10）数据显示和处理系统：辐射监测系统提供测量数据，用于处理、存储和显示。

8.4.1.7 系统运维要求

应对设备性能和部件完整性、准确性进行定期维护，以避免系统部件因老化而导致的性能下降和故障。定期检查包括以下内容。

1）运行设备和系统性能监测，如仪表准确度和运行状态等。

2）对每个过滤器压降进行监测，以确定过滤器合适的更换时间。

监测仪对可能导致放射性物质释放的事件会有响应，在发生这种事件的可能性较小期间，可以安排对监测仪进行例行维护。

核岛辐射监测系统是连续运行系统，需要监测仪停止运行的探测器校准、过滤器更换和其他例行维护活动均应安排在电厂停堆工况期间进行。

8.4.2 个人剂量和控制区出入口管理辐射监测系统

8.4.2.1 系统功能

1）对工作人员体内放射性物质的含量进行直接测量，用于定期估算和评价由于摄入放射性核素产生的内照射剂量。

2）控制和管理进出控制区的工作人员，对其所受的瞬时剂量值和累积剂量值进行测量和管理，确保工作人员每年或某一个阶段内接受的辐照剂量符合国家规定的限值。

3）对离开控制区人员衣物的外表面、体表、所携带的小件物品和安全帽等进行表面污染测量，以避免沾污物质的扩散和可能造成的对人员的伤害，从而使污染控制在小范围内。

8.4.2.2 系统配置要求

个人剂量和控制区出入口管理辐射监测系统应包括以下几类设备。

1）个人剂量内照射测量和管理设备，主要是全身计数器及工作站。

2）个人剂量外照射测量和管理设备，主要包括电子式个人剂量计及读出装置、热释光个人剂量计及读出装置、个人剂量管理计算机等。

3）表面污染测量设备，主要包括门框式污染监测仪（C1 门）、全身表面污染监测仪（C2 门）、小件物品污染监测仪和安全帽污染监测仪等。

4）全厂个人剂量管理设备，主要由服务器、工作站、网络设备、网络打印机和个人剂量查询终端等组成。

8.4.2.3 系统设计要求

1）系统性能要求

应定期对工作人员体内放射性核素所发射的 γ 射线进行直接测量，以估算和评价其受到的内照射剂量。

应为进出核电厂各控制区的工作人员提供电子式个人剂量计，对进入控制区工作人员的个人剂量进行实时的监测和报警管理。

应为进出核电厂各控制区的工作人员配置所需的热释光剂量计，对其在控制区工作期间佩戴的热释光剂量计定期测量。

应对核电厂员工的内照射剂量和外照射剂量进行统一管理和数据分析。

应对离开核电厂各控制区工作人员衣物的外表面、体表、所携带的小件物品和安全帽等进行表面污染测量，以避免沾污物质的扩散和可能造成的对人员的伤害，从而使污染控制在控制区。

2）安全分级和抗震分类

个人剂量和控制区出入口管理辐射监测系统设备的为非 1E 级仪表，抗震分类为非抗震类。

8.4.2.4 设备设计要求

个人剂量和控制区出入口管理辐射监测系统设备无特殊的设备设计要求。

8.4.2.5 系统运维要求

个人剂量和控制区出入口管理辐射监测系统设备应进行定期试验，以验证所有设备的运行满足其设计规范要求。

8.4.3 气象和环境监测系统

8.4.3.1 系统功能

气象和环境监测系统不需要执行安全功能。

气象和环境监测系统具备如下主要功能。

1）应具备采集必须的气象参数的能力，以支持放射性流出物辐射影响分析，并在事故期间为事故后果评价与事故决策提供气象数据。

2）应具备获取核电厂周围环境放射性水平信息的能力，用于评估核电厂对环境造成的辐射影响，并在事故期间为事故后果评价与事故决策提供放射性测量数据。

8.4.3.2 系统配置要求

气象和环境监测系统分为气象观测系统、环境监测系统 2 个子系统。

气象观测系统应包括气象铁塔、厂区地面气象站及气象数据接收处理设备。

环境监测系统应包括辐射环境自动监测站、数据采集与存储设备、环境监测车和环境实验室等设备或构筑物，可根据情况配置废液采样站。

气象和环境监测系统的实时测量数据统一存储、管理，能够实时传输至应急指挥中心与各机组主控制室。

8.4.3.3 系统性能要求

1）系统性能要求

(a) 气象观测系统性能要求

正常运行时，气象观测系统应提供如下气象数据：气温、湿度、气压、地温、辐射、风向和风速、降水量、大气稳定度计算。

全年气象数据获取率应不低于 90%。

(b) 环境监测系统性能要求

辐射环境自动监测站应提供环境 γ 剂量率的连续测量，可根据需要提供气溶胶、碘、^{3}H、^{14}C、雨水、沉降灰的采样。辐射环境自动监测站应 24 h 连续正常工作；当系统供电电源失效时，辐射环境自动监测站中的备用电源应确保环境 γ 监测仪表和通信设备继续工作 72 h。

废液采样站可从进水和排水中定时取样，样品送环境实验室测量分析。

环境监测车应在正常工况下对核电厂周围区域环境开展巡回监测，在事故情况下可执行应急监测。

环境实验室应具备开展 HJ 61 中的环境样品分析项目的能力。

气象和环境监测系统的实时测量数据应统一存储、管理，可按照电厂的要求制作相应的月、季和年报表，应能够实时传输至应急指挥中心与各机组主控制室。

2）安全分级和抗震分类

气象和环境监测系统设备的安全分级应为 E 级，抗震分类为非抗震类。

3）设备设计要求

气象和环境监测系统设备无特殊的设备设计要求。

4）系统运维要求

气象和环境监测系统设备应进行定期试验，以验证所有设备的运行满足其设计规范要求。

8.5 电厂通信系统

8.5.1 系统功能

通信系统在正常运行、异常运行、事

故（包括失去正常交流电源）和应急工况下为操作、维护和电厂其他工作人员提供可靠的语音通信。在应急工况下，通信系统能在全厂范围内播放相关警报信息、指挥人员疏散撤离等。

核运行闭路电视监视系统主要为反应堆厂房和辅助厂房内核运行相关的操作（如燃料装卸、燃料储运等）提供实时视频及录像，用于主要设备的操作与维护。

在核电厂正常运行、事故（除地震以外）或意外事件（包括火灾）工况期间，通信系统能为核电厂内处在任何环境噪声下的工作人员之间提供至少一种有效可靠的通讯手段。

通信系统还应维持下列各项功能和任务。

（1）处在厂内或厂外任意区域的核电厂工作人员（包括操作人员、维护人员和管理人员）之间均应保持正常可靠的通信。在任何环境噪声区域，通信系统保持有效性。

（2）身着防护服（如气衣等）的工作人员，也应能保持有效的通信。

（3）通信系统的各子系统具有相互独立性，因此任何一个子系统的故障都不会影响其他子系统的性能。

（4）若主要系统失效，应有一套可用的备用的通信系统。

（5）在核电厂内选定的区域间，能够为运行和维护提供有效的通信手段。

（6）通信系统与核电厂厂内及厂外的其他通信手段兼容，包括无线电话系统、电力线通信系统等，而且能与当地电信公司所提供的设备相连接。

（7）在失去厂内交流电源时，系统应具有警告和报警功能。

（8）应避免通信系统失效影响核电厂其他系统的运行。

（9）通过设置足够的天线、放大器和传输装置等，使指定区域的通讯清晰可辨。

（10）通信设备应避免与其他灵敏的仪表和控制设备互相干扰（包括无线电频率干扰 RFI 和电磁干扰 EMI）。

（11）通信系统所采用的设备适合在核电厂环境条件下运行。

（12）通信系统的线缆敷设应与核电厂其他系统独立，主要在线槽内或专用的镀锌钢管内敷设，并且与系统的供电回路电缆隔离敷设。

（13）时钟子系统用来建立精确的时间基准，为该系统内的子钟和核电厂内其他需要时间基准的系统及设备提供精确的时间信号。

（14）核电厂核运行闭路电视监视系统为反应堆厂房内的装卸料区域和辅助厂房的燃料储运及乏燃料存储等区域提供监控功能，为辅助厂房的主控制区提供监控功能，同时还为电厂其他厂房或区域的重要工艺操作流程提供监控功能。

8.5.2 系统配置要求

通信系统应具有冗余性和多样性，保障在任何工况下都有可用的通信系统。根据《核电厂通信设计规范》（NB/T 20263）的要求，应包括但不限于无线电话系统、呼叫通话系统（对讲电话系统）、检修电话系统（声力电话系统）、自动电话系统（行政电话系统）、应急自动电话系统（安全电话系统）、时钟系统、警报系统、广播系统、核运行闭路电视监视系统。

8.5.3 系统设计要求

8.5.3.1 无线电话系统

无线电话系统主要用于电厂运行人员

之间的无线通信联系。本系统应为低功耗、数字式微蜂窝射频系统，与其他有线通信具备互联互通的接口。

无线电话设备的使用不得干扰核电厂安全运行监测及控制等设备的正常运行，满足电厂电磁兼容性指标。

8.5.3.2 呼叫通话系统

呼叫通话系统的主要功能是在全厂范围内呼叫和调度指挥核电厂工作人员，为全厂通信系统提供更多的适应性和可靠性，系统也可以用于常规的语音通信。

系统在功能上、线路上都是独立的，并具备一定的扩容能力。

系统设置在主控室的调度台可发布生产广播信息和调度指令。由呼叫通话系统通话站发起的语音呼叫可通过遍及核电厂的各类扬声器播送，并通过与广播系统的接口向核电厂 BOP 及室外厂区等其他区域进行分区、全区广播。

在高环境噪音区域，呼叫通话系统的通话站具有抗噪功能，局部通话站设在隔音亭（罩）内。

8.5.3.3 检修电话系统

检修电话系统主要用于核电厂执行任务的工作人员间的常规通信，如开通调试、试运行检查、仪器校准、换装燃料、停堆维修及电厂停堆操作等。

系统应具备普通抗噪通话功能，同时在主机失效情况下采用应急模式，通过应急模式进行基本的语音通信。应急模式能够提供多路独立的通信线路，覆盖不同厂房，通过跳线实现不同厂房之间的通话。

8.5.3.4 自动电话系统

自动电话系统提供全厂范围内的常规语音通信，并与所需的厂外通信链路连接。

自动电话系统提供所有话机间的全双工语音通信，该系统具有呼叫转移及多方电话会议功能，支持包含无线电话系统终端在内的多方电话会议。系统设有与其他通信子系统的接口，并可通过交换机 IP 网关，进行语音通话及数据处理功能。

8.5.3.5 应急自动电话系统

应急自动电话系统用于应急工况下电厂重要岗位之间的通信联系，具有呼叫转移及多方电话会议功能。该系统的规模小于自动电话系统，系统话机主要设置在主控制室、远距离停堆室、技术支持中心和其他关键操作区域，应采用高防护等级的话机，并在强噪音区域采用抗噪话机，保证事故后的应急通信。

本系统宜选用与自动电话系统不同颜色或标签的话机，且与自动电话系统相互独立，并具有录音功能。

8.5.3.6 时钟系统

时钟系统用于建立一个精确的时间基准，为该系统内所有子钟和电厂其他系统及设备提供准确同步的时间信号。时钟系统通过接收全球定位系统（GPS）卫星和北斗卫星发出的标准时间信号来为全厂提供一个精确的时间基准。

系统母钟应具备多种输出接口，包括但不限于 IRIG-B 输出、同步脉冲输出、NTP 输出及串行时间信息输出接口。

8.5.3.7 警报系统

在核电厂发生事故时，可在主控制室和远距离停堆室启动本系统，发出相应的声光警报信号，通知人员撤离或紧急撤离，并且在事故排除后能发出警报解除信号。

本系统可产生 3 种不同的声和光警报信号，并控制警报信号的发出。本系统控制器上设有紧急撤离按钮、撤离按钮（包括核事故撤离、反应堆启动安全壳撤离和主控制室火灾撤离 3 个按钮）、撤离解除按钮、试验按钮、复位按钮和相应状态显示灯等。系统控制器还可发出系统故障报警信号。警报控制器能够接收电厂控制系统发出安全壳撤离报警信号，自动触发安全壳厂房内的警报设备。

8.5.3.8 广播系统

广播系统在正常工况下，可通过广播站及主控制室向全厂发送通知及发布信息指令或寻人，并可在应急工况下，在应急指挥中心发送事故撤离通知，起到应急广播的功能。

广播系统包括应急广播及正常广播 2 个部分。其中，应急广播主机设置在应急指挥中心内；正常广播主机设置在厂区各核心节点并且互连互通。应急广播具有最高的广播优先级，能够中断厂区的各种广播信号并进行插播。

广播系统控制台在自身权限范围内可进行全呼及组呼，其中厂区应急广播控制台根据需要可向核岛、常规岛、BOP 子项、厂区道路和其他区域等进行全呼，也可任意选择单个或多个区域进行组呼。

系统扬声器分为号筒式、箱式及吸顶式等，应根据情况在不同的区域选择不同类型的扬声器。

8.5.3.9 核运行闭路电视监视系统

核运行闭路电视监视系统主要用于装卸料操作、燃料储运操作、树脂传送操作、其他重要工艺操作及主控制区人员活动情况的监控。

设置在辐射区域的摄像机及其配套的镜头、云台等设备在寿期内应能承受任各辐射区域的辐射剂量。高性能耐辐射的摄像机能够提供清晰的视频图像。

8.5.4 设备设计要求

通信系统设备设计由厂家负责完成。

8.5.5 仪表和控制要求

无。

8.5.6 接口要求

通信系统的支持系统的接口清单如表 8.5-1 所示。

表 8.5-1 通信系统的支持系统的接口清单

支持系统	接口描述/顶层要求
UPS 系统	为所有通信系统设备提供正常的工作电源
接地系统	为有需求的通信系统设备提供接地功能

通信系统所支持系统的接口清单如表 8.5-2 所示。

表 8.5-2 通信系统所支持系统的接口清单

所支持系统	接口描述/顶层要求
电厂控制系统	收到安全壳撤离报警信号时自动触发安全壳警报设备
消防系统	在火灾时，提供用于通信的通信设备
燃料装卸和贮存系统	提供用于燃料储运操作的通信设备

续表

所支持系统	接口描述/顶层要求
主控制室系统	在应急工况下，提供用于播报警报信息的通信设备
核应用程序系统	提供标准的同步时间信号
闭路电视系统	提供标准的同步时间信号
交流电配电系统	提供标准的同步时间信号
辐射监测系统	提供标准的同步时间信号

8.5.7 系统运维要求

通信系统的运维要求应参见各系统供货商提供的运行手册，日常应定期巡检各主设备工作状态。

8.6 实物保护系统

8.6.1 系统功能

实物保护的目的是通过技术和管理措施，阻止蓄意破坏核设施，以及盗窃、抢劫、非法转移和未经授权使用核材料的活动。

实物保护系统的设计原则为纵深防御、均衡保护，其设计依据包括 3 个部分：其一为国家实物保护相关的法规标准和管理制度；其二为依据实物保护法规标准确定的核材料核设施实物保护等级；其三为结合核电厂所在地的敌情社情确定，并经国家主管部门确认的核电厂实物保护系统设计基准威胁。

实物保护系统应具备延迟、探测和响应等功能，通过专用信息系统网络，实现三要素的有机统一。

根据我国现行法规标准要求，我国核材料核设施实物保护等级分为Ⅰ、Ⅱ、Ⅲ级，其中Ⅰ级为最高等级，Ⅲ级实物保护系统需建立控制区，Ⅱ级实物保护系统需建立控制区、保护区，Ⅰ级实物保护系统需建立控制区、保护区、要害区。核电厂的实物保护等级，应依据我国法规标准、核电厂生产能力及所使用核材料的量与类型确定。

核电厂的实物保护措施应包括如下内容。

(1) 按照分区管理的要求，分别建立实物保护区域周界实体屏障及出入口设施，以及执勤岗哨等，实现实物保护系统的延迟功能。

(2) 结合分区情况，对重要区域、重要部位设置实物保护技术措施，包括出入控制、入侵探测报警、视频监控复核、专用通信、巡更、制卡、照明、电源、集成管理及专用网络等功能系统，设置网络安全技术措施，实现实物保护系统的探测功能。

(3) 应配备专职警卫力量，实物保护等级为Ⅰ级的核电厂应配备驻场武警部队，作为实物保护系统的响应力量，并为响应力量配备不低于设计基准威胁的装备，定期开展专业化培训及实物保护突发事件应对演练。

(4) 建设保卫控制中心（Ⅲ级建设保卫控制室），作为核电厂全厂最高实物保护集中管理与信息处理、通讯指挥中心，实现全厂实物保护的集中统一管理。保卫控制中心应按照全厂最高实物保护等级设置相应技术措施。

8.6.2 系统配置要求

实物保护的设计范围主要是针对核电厂厂区的所属范围，对核电厂进行安保区域划分，并在此基础上设置各种技防设施。实物保护主要包括以下几方面的内容。

（1）集成安保控制及管理系统。

（2）周界探测报警系统。

（3）闭路电视监视系统。

（4）出入口控制系统。

（5）安保通信系统。

（6）巡更系统。

（7）安保照明和安保电源、防雷接地系统。

（8）实物保护建筑及实体屏障。

8.6.3 设计基准

8.6.3.1 设计基准威胁

设计基准威胁是实物保护系统设计的重要依据之一，应结合当地安全部门提供的信息与数据，以及核设施的风险等级而确定，并经国家主管部门审查确认。依据设计建设的实物保护系统应具备低于设计基准威胁的能力。

8.6.3.2 遵循的法规、导则、规范和标准

实物保护系统设计、建设、运行维护与升级改造，应主要依据如下法规标准。其他与实物保护相关的国家法规、导则、管理要求、标准规范，以及行业标准，同样适用于核电厂实物保护系统。

1）《中华人民共和国核安全法》。

2）《中华人民共和国反恐怖主义法》。

3）《中华人民共和国核材料管制条例》（HAF 501）。

4）《中华人民共和国核材料管制条例实施细则》（HAF 501/01）。

5）《核材料与核设施核安保的实物保护要求》（EJ/T 1054）。

6）《核设施实物保护》（HAD 501/02）。

7）《核电站安全保卫规定》。

8）《电力系统治安反恐防范要求》（GA 1800.6）。

8.6.4 保护目标

核电厂实物保护目标及其实物保护等级应依据《核材料与核设施核安保的实物保护要求》（EJ/T 1054—2018）、《核设施实物保护》（HAD 501/02）确定，根据实物保护目标的实物保护等级及其物理位置划分实物保护分区，其中Ⅲ级实物保护目标应位于控制区内，Ⅱ级实物保护目标应位于保护区内，Ⅰ级实物保护目标应位于要害区内。

8.6.5 设计原则

核电厂的保护区域按照纵深防御的保护原则和保卫目标的重要性依次划分为控制区、保护区和要害区，每个区域的安保要求逐级加强，而且每个区域都要遵循均衡保护原则，不能存在防护薄弱处。

在核电厂实物保护设计中要充分考虑到系统的完整性和有效性，在确定设计基准威胁、保护目标的前提下明确实物保护系统的基本功能。完整意义上的实物保护应包括人防、技防和物防。实物保护总体设计主要是通过人防、技防和物防三方面的紧密结合，根据现场条件及安保管理的实际情况，使得电站的保卫人员做到迅速报警、准确判断。

同时，实物保护系统还要与核电厂运行、应急、消防和辐射防护系统留有相关功能接口，满足核电厂不同情况下对本系统的需求。例如：实物保护系统与厂区应急指挥中心留有部分功能接口。

8.6.6 实物保护建筑子项

实物保护建筑主要由保卫控制中心、要害区出入口、保护区出入口、控制区出入口及办证中心、岗亭等建筑组成。

实物保护区域的人员出入口数量应保持在必要的最低限度，其延迟能力应与邻近的实体屏障相匹配。

保卫控制中心一般采用2层建筑，主要有控制中心、设备间、办公室、资料室、电源室、配电间、柴油机房和卫生间等，在保卫控制中心还配有柴油发电机房。该子项需按要害区进行保护。

控制区一般设置1个主出入口，设有办证室、办证大厅、设备间、保安值班室、人员和车辆出入通道等，用于电厂运行人员办证和出入控制区。

保护区一般设置1个保护区主出入口，设有人员和车辆通道、保安值班室及设备间等。人员通道数量需满足正常通行需求，车辆需设置正常进出的双车道，以及1条应急车道。

要害区出入口一般设置在要害区厂房内部，包括人员出入口的旋转门、设备间和保安值班室等。

8.6.7 系统设计要求

(1) 出入口及出入口控制系统

出入口控制系统主要对厂区内各区域(控制区、保护区及要害区)的人员和车辆出入进行安全检查、控制与管理；另外，在应急情况下，系统还可以分别对控制区、保护区及要害区的工作人员数量进行清点。系统可对不同区域的出入口设施进行逻辑控制，并实时获取相关设备的信息、状态和报警信号。系统具有防胁迫、防返传和防尾随等功能，并对系统的数据库具有管理功能，可对不同人员设置不同的出入级别。在应急状态，如火灾等情况下和极端断电情况下，出入口通道具备手动开启功能。

授权进入实物保护区域的人员应减少至必要的最低限度。出入实物保护区域的人员均须在出入口接受证件检查和安全检查。不同的实物保护区域应使用不同标识或授权的证件，所有证件都须具备防伪造、防复制、防涂改的功能。除另作规定外，在进入实物保护区域后所有人员应随身佩带或携带证件。对外来人员要求进入实物保护区域的申请，应严格规定审批权限。外来人员在获得进入授权后，须履行登记手续。出入保护区和要害区的临时来访人员应由本单位指定的人员全程陪同。出入口通道通常应处于锁闭状态，只有在出入口控制系统确认人员身份后，通道方可开启，每次开启只允许1名持证者出入。保护区和要害区出入口控制应有防返传、防胁迫、防尾随功能，控制区出入口控制应有防返传功能。保护区或/和要害区的出入口应有违禁品检查措施，以查验出入人员及其携带的物品。

(2) 周界入侵探测报警系统

通过合理选择适合现场条件、技术先进及误报率低的各种类型的周界入侵探测报警系统，来对核电厂的保护区及要害区周界进行及时、有效而且可靠的探测报警。周界入侵探测报警系统中的各个子系统独立运行，其中任何一个子系统发生故障都不应影响到其他系统的正常运行。各类周界入侵探测报警系统信号需接入到集成安保控制与管理系统，向集成安保控制与管理系统提供报警等信息，而且可以联动视频切换视频主机来调出相应的摄像机图像，完成视频复核过程，为核电厂提供一个快速有效的安全保障。周界入侵探测报警系统各个防区的设防及撤防可以由集成安保控制与管理系统进行控制管理。

（3）闭路电视监视系统

闭路电视监视系统是实物保护系统的重要组成部分，监视各安保区域的出入口、周界及重要部位，一方面，系统起到对不法分子的威慑作用，防患于未然；另一方面，在出现意外或报警时，安保人员能通过系统迅速了解现场的情况，并对现场的报警信号进行视频复核，以便于采取有效的措施。同时，系统能存储现场图像，为有关部门提供现场证据，并能方便地进行多种查询，为保障核电厂的安全起到应有的作用。

（4）集成安保控制及管理系统

一方面，集成安保控制及管理系统将出入口控制系统、闭路电视监视系统、周界入侵探测报警系统、胁迫报警、安保通信系统、巡更系统、安保照明控制、安保供配电及其他相关设备控制系统通过各种控制、通信或网络接口连接在一起，使它们成为一个相互关联的整体，实现各子系统间的实时联动、实时综合信息交互和应急预案响应等功能，也为安保工作人员和管理维护人员提供一个完善的人机对话窗口，使他们能通过集成安保控制及管理平台就能够完全地监控、管理整个安保系统；同时，各子系统也能独立于集成安保控制及管理系统运行。另一方面，系统可在必要时（或在其下子系统管控出现故障时）手动或自动接管相应的实物保护的子系统基本功能运行与管理，保证即使是在子系统控制主机出现故障的情况下，各子系统仍能完成其基本功能。系统采用集中管理和存储、分散控制方式，主要功能包括视频监控、出入口控制、报警管理、联动控制、安保调度、巡更管理、照明控制、设备监控和日志记录等。同时，可以在系统中查询历史记录，进行统计分析，并根据用户的需求生成报表。

集成安保控制及管理系统的网络是一个独立的专用网络，只在相关的安保区域和建筑物内设置，与实物保护系统无关的设备不应接入安保网络。实物保护系统服务器和工作站具有权限管理和数据读写管理功能。为了保证信息安全，防止对实物保护系统网络的破坏，集成安保专网应参考《信息系统安全等级保护基本要求》（GB/T 22239）中第三级的相关内容，对该专网进行建设、应用、管理和维护。

（5）安保照明系统

实物保护安保照明系统用于在无正常照明的情况下，满足闭路电视监视系统、周界入侵探测报警系统和保卫控制中心等区域的工作照明要求和夜间人员观察要求。在保卫控制中心能对上述照明灯具进行手动或自动控制，自动控制纳入集成安保控制及管理系统。

（6）安保通信系统

安保通信系统是安保系统中一个很重要的子系统，保卫控制中心内的安保工作人员与各出入口、重要厂房、值班室、巡逻警卫、岗哨和主控制室等之间，以及与当地公安部门、武警部队之间都需要畅通可靠的通信联系。系统应确保快速响应时间，通讯联系的快捷、畅通和可靠。

保卫控制中心还要与核电厂分管保卫工作的领导、主控制室、消防指挥中心、应急指挥中心、地方公安机关、邻近地区消防队、国家原子能机构核材料管控办公室保持通信联系，确保在突发事件时，进行统一、协调的指挥。

（7）安保电源、防雷接地系统

实物保护电源系统是保证实物保护系统能够正常工作、完成实物保护系统功能的重要支持系统。实物保护系统负荷由两路电源供电，实物保护系统主电源引自实物保护系统保护区内的两路独立可靠的厂用电源，其中一路接柴油发电机组作为备用电源。在保卫控制中心设置保护系统专用 UPS 电源，当正常电源失去时，系统能自动由 UPS 供电。

整个实物保护系统防雷接地系统从功能上主要分为防雷接地、保护接地、工作接地 3 种，采用联合接地体，即保护接地、防雷接地、工作接地均采用共用接地极，并与厂区联合接地网络相连。

（8）巡更系统

在控制区、保护区和要害区内合理地设置巡更点，通过指定的巡更人员和设定的巡更路线来保证各区域均被巡查到。

系统控制软件一般安装在安保工作站上，与集成安保控制及管理系统相连并对巡更系统进行管理。集成安保控制及管理系统可根据用户需要编制多种巡更路线，调出预制的巡更路线，随时更改巡更路线。

8.6.8 实物保护区域划分

按照《核材料与核设施核安保的实物保护要求》（EJ/T 1054）、《核设施实物保护》（HAD 501/02）要求，对于最高实物保护分区为Ⅰ级的核电厂，其实物保护分区由外向内分别设置：控制区，保护区和要害区，三区呈纵深布局，并在其周界分别上设置相应的实体屏障。在要害区内还设有要害部位，以进一步加强对要害区内核安全有关的设施和重要场所的防护。

（1）控制区：本区域即沿核电厂生产区域周界构成的一个封闭区域。控制区主要为核电厂生产辅助区域、水处理厂和循环水泵房前池等。

（2）保护区：本区域为控制区和要害区之间的区域。根据厂区情况，保护区主要包括放射性废物区等厂房。

（3）要害区：在保护区之内沿反应堆厂房、核附属厂房和核辅助厂房等核岛厂房的周界设置。

（4）保卫控制中心：在要害区内，且距所在实物保护区域周界的距离不小于 6 m。

8.6.9 设备设计要求

实物保护系统的延迟功能最主要的就是依靠实体屏障去实现，它也是整个系统物防部分的主要体现，所以实体屏障要完整可靠，各种屏障的选择要根据设计基准威胁的情况，且符合整个系统的延迟时间大于反应时间的原则。

（1）控制区屏障：控制区屏障一般为单层编制网围栏。该围栏由立柱和网片等组成，网的垂直高度为 2.5 m，立柱通过预制基础在地面上固定。网孔尺寸小于 60 mm×60 mm，横、竖丝的直径都为不小于 3.5 mm。网片宜为热镀锌并涂塑。顶部加装朝向实物保护区外侧、与垂直方向形成 30～45°夹角、长度不小于 0.7 m 的支架，在支架上附设 4 股带倒刺的铁丝。

（2）保护区屏障：保护区实体屏障采用双层防暴网围栏，外层网的垂直高度不低于 1.5 m，内层网的垂直高度不低于 2.5 m，防暴网固定在水泥地面上，防暴网下边缘与水泥地面之间的空隙不得大于 5 mm。防暴网的网孔尺寸小于 13 mm×77 mm，垂直高度要求与编制网一致。两层屏障之间的隔离带宽度为 6 m，带内不准放置影响视线的障碍物，不准种树和植被，当中设置技防系统。

在穿越保护区周界的电缆沟等地下设施，若其尺寸大于临界尺寸（0.06 m^2 开孔平面内，任何方向最小尺寸大于 15 cm 时），则加设金属栅栏进行封闭，并设置人员入侵探测报警系统。对于有检修需求的留有检修门，平时加锁关闭。

(3) 要害区屏障：要害区实体屏障采用单层防暴网或单层防暴网与建筑物墙体相结合的做法。若采用墙体作为实体屏障，其抗穿透能力不应低于 20 cm 的钢筋混凝土层。保卫控制中心的墙、顶板、地板应六面坚固。

(4) 群堆核电厂建设期间的临时屏障：临时管理措施及技术措施需经国家主管部门批准。对于同一厂址内连续建设的相邻核设施，在运行设施与在建设施之间应至少设置 1 层临时实体屏障，安装入侵探测装置、防冲撞装置，设置报警复核系统或固定岗哨，并考虑临时实体屏障的实物保护照明措施。临时设置的出入口应验证、控制出入。应加强警卫人员在临时实体屏障区域的周界巡视等人防管理措施。

8.6.10 仪表和控制要求

无。

8.6.11 接口要求

8.6.11.1 本系统的支持系统

实物保护系统与核电厂的交流供电系统留有接口，系统的两路电源由厂用电源系统提供，并且不能出现同时断电的情况。本系统的支持系统的接口清单如表 8.6-1 所示。

表 8.6-1 实物保护系统的支持系统的接口清单

支持系统	接口描述/顶层要求
UPS 系统	为实物保护系统提供正常和备用电源
通信系统	在事故、火灾、失电及其他紧急状况下提供通信手段

8.6.11.2 本系统所支持的系统

实物保护系统还要与核电厂通信相关子系统（如电话、广播、警报系统等）、应急通信相关子系统、核电厂火灾探测及报警系统、辐射防护系统留有相关功能接口，满足核电厂各种工况下对本系统的需求。本系统所支持系统的接口清单如表 8.6-2 所示。

表 8.6-2 实物保护系统所支持系统的接口清单

支持系统	接口描述/顶层要求
通信系统	在事故、火灾、失电及其他紧急状况下提供通信手段
应急指挥中心	实物保护系统提供相关功能接口

8.6.12 系统运维要求

对于实物保护系统应进行定期试验，保证系统的可用性和完整性，以满足电厂在不同工况下对系统的使用要求。运维要求应参见各系统供货商提供的运行手册，日常应定期巡检各主设备工作状态。

9　仪表和控制系统

本章建立了仪表和控制系统的要求。仪表和控制系统执行核电厂监测、控制和保护功能，它的要求与全厂的原则和目标一致。

仪表和控制系统包含执行以下功能的设备。

（1）数据采集设备：监测核电厂过程变量和设备状态。

（2）数据通信设备：用于不同设备之间数据传输。

（3）数据处理设备：处理核电厂数据供操纵员或自动的保护和控制功能使用。

（4）信息显示和控制设备：提供报警、显示画面和控制器供操纵员监视电厂过程变量和设备的状态，并控制电厂设备。

（5）输出处理设备：数据处理设备和电厂设备驱动装置之间的必要接口。

仪表控制系统需要在电厂所有正常模式（包括启堆、停堆、备用、功率运行和换料），以及瞬态、应急和事故工况下执行所需的功能。本章所提的要求适用于仪表和控制系统的设计和制造活动。仪表和控制系统的设计除了需要满足本章的要求，还应满足《核动力厂仪表和控制系统设计》（HAD 102/10）及其他相关标准。

9.1　目标和原则

9.1.1　目标

（1）利于操纵员使用

仪表和控制系统的设计应充分考虑操纵员能力的优势，但不应超出其能力限制。为避免对操纵员关注不足，应在仪表和控制系统设计中明确纳入人员因素。

（2）与电厂总体设计一致

仪表和控制系统应与电厂总体设计一致。仪表和控制系统的设计人员应与工艺系统、厂房结构及其他相关专业的设计人员保持沟通，确保在整个设计的迭代过程中始终保持这种一致性，防止对仪表和控制系统或电厂设计提出超出实际的限制性或复杂的技术要求。

（3）一致的一体化设计

仪表和控制系统中控制、保护和监测功能的设计应考虑一致的一体化的方案，以共同增强电厂运行并降低操纵员负荷。所有控制站应当集成，以便协同工作，并提供一个一致的易于理解和操作的人机接口供操纵员使用。

（4）高可靠性

仪表和控制系统应达到高可靠性。为此仪表和控制系统应由高可靠性的部件组成，开展各类分析，并在安装前、安装和运行阶段开展测试和试验。此外，仪表和控制系统的设计应确保一个主要功能的失效或故障不应传播到另一个主要功能，应使干扰尽可能减小，不增加操纵员负荷。这些主要功能包括反应性控制、蒸汽发生器装量控制、汽轮机蒸汽需求控制、稳压器压力控制和一回路装量控制等。

（5）考虑维修的设计

仪表和控制系统设备的设计和制造应

从一开始就充分认识到在其整个生命周期内对所安装的仪表和控制设备进行维修、测试及检查的必要性，这包括在设计时考虑在电厂整个生命周期内更换和升级设备的需要。

9.1.2 指导原则

本节提供了总的指导方向，是本章各节中许多要求的基础。

（1）仪表和控制系统设计方法

仪表和控制系统应采用成熟、先进的数字化技术，系统设计满足可靠性要求，具体包括主要功能的分区，同分区内冗余设备的隔离，使用容错设备以实现高可靠性，以及防止故障传播。对选定的过程变量信号校验可确保操纵员和自动控制功能使用高质量和高可靠性的数据。在被证明可信的情况下，输入/输出数据通信可用于任何功能，包括安全功能，以降低厂内仪表和控制电缆的成本和复杂性。数字化系统的高精度和无漂移运行可减少整体维护校准负荷。在适当的情况下，可使用光缆进行数据传输提高数据传输率，以低成本提供电气隔离并免受电磁干扰。可在全厂范围内提供局域网基础设施以促进厂内语音、视频和数据通信，可提供无线基础设施以便增加较少的额外线缆即可满足未来增加的设备监控需求。

硬件和软件的标准化和设计的模块化可简化维护过程并一定程度上缓解设备技术过时。内置测试功能可对数字化硬件和通信路径进行连续的自检，并对检测到的故障进行报警。内置测试功能可提供计算机辅助的定期试验功能，在手动启动该功能后自动验证系统功能，在检测到故障时定位故障，并记录测试结果。大部分仪表和控制系统的设备应置于由可靠的暖通空调系统维持受控环境的房间内。所有仪表和控制系统设备的选择应与正常工况下的环境和满足完成功能需求所处异常工况下的环境匹配。

（2）设计过程

仪表和控制系统的设计由一个负责整个仪表和控制系统设计的单一组织牵头，并由多学科的设计团队执行。仪表和控制系统设计团队应充分考虑工艺系统需求，以及运行和维护需求，以确保设计过程的协调一致。设计过程还要求将人因考虑集成到设计工作中，包括在设计早期使用实物模型和仿真来评估特定的设计特性和选择，并支持设计和确认的迭代。此外，在设计的同时，一个独立的团队还要进行持续的验证和确认工作，特别是软件方面（包括可编程器件），以确保最终的产品满足要求，可靠并能抵御意外错误。这一过程包括标准商用产品在安全级和非安全级功能应用时的设计评价和鉴定/认证。设计过程的所有阶段均需考虑网络安全。仪表和控制系统设计的正式文档通过整个项目的设计文档系统和配置控制过程来实现。

（3）设计固有的可靠性

仪表和控制系统设计应具备足够的纵深防御能力，通过分组、独立或其他措施，对故障的传播具有足够的抵御能力，以防止一个电厂控制功能故障传播到其他电厂控制功能，从而避免操纵员因复杂的瞬态事件而加重负担。此外，仪表和控制系统的设计应足够可靠，避免由单个仪控设备随机故障导致强迫停堆。仪表和控制系统应尽可能地减少会导致电厂停堆、瞬态或因维修导致长期停运的工况，这可能需要使用多台计算以及分布式的微处理器技术。其重点是确保完善的故障处理机制，使操纵员的负荷不会过重，不会导致基本安全功能的丧失。

(4) 测试

仪表和控制系统应提供完善的系统测试能力。设备的设计和配置宜满足人因工程原则，避免采用增加测试跳线或拆线等可能导致人因失误的措施。设备宜提供内置测试功能，包括用于连续在线测试的自检和用于定期监督试验的自动功能测试。

在设计开发和实现阶段，应按测试计划执行测试。厂内测试（包括工厂测试和出厂验收测试）是确认硬件和软件性能是否满足设计要求。厂内测试宜作为安装后验证测试的基础，确保安装的系统可长期运行。厂内测试也是长期维修监督试验的基础。

(5) 成熟技术

由于最新的先进技术相比于在役电厂使用的一些技术具有优势，本文件鼓励应用先进技术解决现有问题或对以往设计进行改进。应使用经过验证的技术及其相关软件和固件来防止新问题的出现。一项技术在类似电厂或工业过程应用中有记录的成功经验，或者它经过了广泛的测试，即可被证实具备成熟性。

(6) 经济性

新开发的仪表和控制系统的设计和制造成本比直接采用现有技术要花费更多，然而，优化后的仪表和控制系统可实现更高的电厂可用率因子，为提高电厂的经济性作出重大贡献。通过提供自动化测试、在线设备诊断和其他提高电厂可用率因子的方式，还可节省长期的运行和维护成本。

(7) 运行人员配备和资质

运行人员的规模、教育和培训将长期影响电厂运行，包括自动化程度、控制设施的规模，以及控制和显示装置的选择和布置。运行人员配置水平的充分性可在设计过程中通过实物模型和动态仿真来验证。

预期 1 名反应堆操纵员就能够在正常功率运行期间在主控制室完成主要的电厂控制功能。仪表和控制系统宜通过提供足够的过程信息来实现这一目标，从而使控制室人员能够持续了解正在执行的过程，而不是让控制室人员使用非必要信息加重其负荷。主控制室内设有主控制区，在反应堆启停、瞬态和应急工况时，需要容纳更多的操纵员。这时的运行任务宜被分配给更大规模的人员配备，预计有 2 ~3 名操纵员。为了给仪表和控制系统的设计提供基准，确保主控制区在必要时能容纳更多的操纵员，应定义最多的操纵员数量及其他相关活动的人员数量。

(8) 人因工程

人因工程必须从设计活动一开始就系统策划并成为关键部分，其原则适用于仪表和控制系统设计过程和验证过程。

人为因素和潜在的人员失误是实现必要的电厂安全和可用性的重要因素。过往人因工程的研究成果如果适用，可用于支持当前设计决策和特定的设计特征，在缺乏研究和具体设计指导的领域，如一些新技术应用等，设计过程应使用迭代方法对设计进行全面评估。最初的设计基准源于本文件的要求、过往设计和运行经验的数据、其他行业适用于核电厂的人因工程研究成果、监管导则和其他使用的工业标准和导则。随着设计的进行，可使用实物模型、原型和仿真开展试验，收集数据来支持设计决策。可使用全范围模拟机开展集成设计确认。设计的迭代试验和评价应包括相关的人员，如实物模型、工作站和全范围模拟机中的操纵员，以及维修人员。

评价应基于定性和定量的人员效能验收准则。效能标准的选择应基于要开展的具体评估，包括减少失误、响应时间和脑力工作负荷等措施。

在减少人员失误的可能性方面，仪表和控制系统的设计特别强调：

1）消除人员失误的来源——基于人因工程研究的当前状态，回顾当前设计经验，在设计中应用功能和任务分析，使用实物模型和仿真技术来验证和确认设计。

2）通过选择和分配任务降低人员失误的可能性，通过详细评估显示和控制需求支持已确定的任务。开展针对任务分析、设计的软硬件实施、运行规程、主控制室环境和人员培训要求之间的一致性和一体化工作。对于运行人员和电厂维修人员来说，减少潜在的人员失误是设计时优先考虑的因素。

3）在发生人员失误时，提供检测和恢复功能。应提供可靠的设计，利用运行团队的概念（操纵员和值班长互为后备）并采用现代化的数据处理和显示技术，提供自检和报警，在人员失误后能及时监测到并协助操纵员从失误中恢复。

实施人因工程的目的是在整个仪表和控制系统中一致地反映人因工程准则，并将人为因素问题降到最低。

（9）自动化水平

仪表和控制系统设计人员需评估每个监视、控制和保护功能，以作为设计过程的一部分，并在充分考虑总体操作负荷（包括自动设备的潜在故障）后确定每个功能的适当自动化水平。这种评估包括系统响应要求、操作复杂性、操纵员负荷、所需专注水平和持续时间等方面的考虑。在选择自动化水平时，仪表和控制系统设计人员应将操纵员纳入考虑，使其了解电厂的状态，以便操纵员保持警惕，并可根据需要干预电厂运行。仪表和控制系统设计人员还必须认识到，随着自动化水平的提高，操纵员的角色从直接操作变为管理或监督，这反过来也改变了必须呈现给操纵员的数据的形式和级别。自动控制系统故障的影响也必须作为选择自动控制或手动控制过程的一部分加以处理。根据不同系统和电厂的要求，自动控制系统应尽可能采用故障安全或故障后保持原状态的特性。自动控制系统必须进行自检和自诊断，以确保自动控制系统内的故障和缺陷被检测到并通知控制室运行人员。

（10）主控制室

仪表和控制系统人接机口的核心是主控制室。主控制室宜设计成一个协调的整体，由专门的跨学科控制室设计团队开展设计，该团队是整个仪表和控制系统设计团队的子集，包括熟悉运行和维修的人员对控制室设计的走查和其他评估。

主控制室的位置和布局应降低其他电厂人员访问主控制室的必要性，同时保持必要的能力，使主控制室人员能够有效地与现场设备操作员和维修人员交互。主控制室的环境设计应用人因工程原则，以提供一种舒适的、专业的氛围，提高运行人员的工作效率。此外，宜注意颜色使用和照明水平，以提高操纵员的警惕性，减轻疲劳。

主控制室的布局及确定报警、显示和控制清单是主控制室设计过程的一部分，以支持明确、全面、自上向下、基于功能的决策方案，用于探测、规划、执行和验证各种电厂工况的控制。此外，主控制室设备和信息应与电厂其他功能进行集成和协调，包括工程、维修、管理和应急响应的设施。

作为设计的出发点，主控制室应包含紧凑、冗余的操作站，具备多个显示和控制设备，提供对报警、显示和控制的有组织的、分层的访问。每个操作站应具备执行主控制室功能的完整能力，并支持不同操纵员之间的任务分工。在主控制室中应设置一个额外的操作站供值长使用，该操作站不应提供电厂控制，而只提供监视功能。应提供冗余的操作站，任一操作站的不可运行不会妨碍操纵员执行操作任务（即使原本需要不同操作站配合）。此外，某些对安全很重要的控制应以独立和多样化的方式提供，如传统的硬接线控制或多样化的数字化控制等。这些控制器提供独立于操作站的后备功能。宜为操纵员提供一种随时获取操作站显示器硬拷贝的输出方法。

主控制室应提供大屏幕总貌显示，用于动态显示连续可视的电厂参数、系统状态和报警信息等，以保持主控制室人员对电厂状态的了解，增强人员之间的协调。

本文件描述的具体特性是以设计为出发点考虑的，它们必须作为仪表和控制系统设计过程的一部分进行试验和确认，作为人因工程研究和人员效能评价的设计和验证基准。当针对设计的试验和验证评价表明人因工程要求冲突或需要修改时，设计过程的要求应优先于人因工程角度提出的具体特性要求。这种试验必须确保自动功能的正确运行，并证明操纵员在非正常条件下具备确认自动功能正在采取动作的能力。

设计应考虑多功能显示和控制功能的使用，以获得集成、紧凑的操作站设计，以便为所有工况提供一致的接口。例如，这包括使用设备接口控制装置来操作冗余的安全序列需要操作的设备或安全级和非安全级都需要操作的设备。

操作站的设计应满足现行有效的法规和标准，如保护系统的要求、设备独立性要求及系统级手动启动保护动作的要求等。仪表和控制系统设计人员应合理使用现有的防御措施（如分隔、隔离、独立性、多样性、容错、信号验证、自检、故障检查和看门狗等），以确保操作站不违背这些导则。此外，这些防御措施也适用于设备接口控制装置。

（11）其他监控操作站

技术支持中心、应急指挥中心、远距离停堆室、就地控制站和其他支持电厂安全和可用性关键任务的监控设施，也应采用同样严格的人机接口设计方案。仪表和控制系统设计的一个重要部分是确定技术支持中心和应急指挥中心的数据通信和显示要求。远距离停堆室应有能力监测和控制电厂的安全停堆，包括启动和控制长期余热排出的能力。远距离停堆室的控制可以依赖部分选定的就地操作。

操纵员的通信需求应纳入任务分析，所需的通信设备应集成到操作站，包括厂内通信及满足应急通知、事故管理的特殊通信。

与电厂安全或可用性相关的就地控制站应与仪表和控制系统的其余部分保持一致。在设计阶段，应通过分析就地控制站的功能和任务来考虑是否有指示灯和显示器、照明、访问、通信和特殊设备的需要。在适当的情况下，设计可通过实物模型或动态仿真来验证。操纵员应能随时访问就地控制站，就地控制站应便于使用。就地控制站应按照人因工程原则开展设计，以提高操纵员的工作效率，减少失误。就地控制站的颜色编码、模拟图、标签和分界线的应用与主控制室操作站一致。就地控制站的环境应保护运行人员和设备，减少正常和异常工况下心理压力导致的操作失误。

为了将仪表和控制系统的复杂性降到最低，通常不由主控制室控制的系统应集成到仪表和控制系统的就地控制中。就地控制站集成到仪表和控制系统中可以最大限度地减少特定供货商平台的数量、供货商平台之间的通信问题，以及仪表和控制系统的整体设计复杂性。就地控制站应提供给设备操作员对系统进行就地控制的能力。当只需要就地控制的能力时，主控制室应配备适当的指示和报警，但不应具备控制能力。

应考虑技术顾问，以及电厂和现场的管理人员的任务需要，为他们提供监测手段，并使之与仪表和控制系统一致。

(12) 过时管理

仪表和控制的最先进技术在不断变化，因此，仪控系统相比当前技术等变得过时的问题一直受到重点关注。为了最大限度减少仪表和控制系统设备在电厂生命周期内技术过时的影响，仪表和控制系统的设计应在结构（包含软硬件）上模块化，并通过软硬件标准化以简化维护培训及备件需求，支持仪表和控制系统的设备可随时更换和升级。仪表和控制系统及配套基础设施，如设备机架、电源、网络设备、电缆和端接应设计成支持单个模块的更换，不需要对周围或支持的系统、结构和部件进行重大移除或更换。仪表和控制系统基础软件和固件应根据常规的配置控制及验证和确认程序进行升级和安装新版本、缺陷修复和补丁升级。过时管理比起替换同等组件或系统，不应造成成本更大的变更。

9.2 关键要求

9.2.1 设计过程要求

仪表和控制系统设计应通过一个规定的过程完成，这个过程与其余的电厂设计过程同时开始，且要满足本节的要求。

9.2.1.1 设计过程整体要求

仪表和控制系统详细设计的进展过程应保证电厂系统的功能要求和其他要求得到满足，避免不必要的复杂性，不采用未经验证的或处于开发早期的仪表和控制策略。

1) 功能设计方法

应规划仪表和控制系统的设计过程以采用基于电厂功能的分区，而不是传统的基于实体的分区。特别是，设计过程应从以下基本功能的角度提出反应堆的全面控制。

(a) 反应性控制。

(b) 反应堆冷却剂压力控制。

(c) 反应堆冷却剂装量和化学控制。

(d) 反应堆堆芯热量排出。

(e) 蒸汽发生器液位控制。

对于电厂的其他部分，也应采用相似的基于功能的划分，例如，基于以下功能。

(a) 能量流的控制。

(b) 电厂就地环境的控制。

(c) 物质向环境释放的控制。

(d) 厂用水、暖通和电力的提供。

2) 协调和迭代

设计过程应充分地使仪表和控制系统的设计与电厂其余部分的设计过程结合起来。特别是，应同时考虑工艺系统要求及仪表和控制系统要求，以便得到均衡的符合实际的设计。设计过程还应保证所有的运行方式，例如启动、停闭、功率运行、装换料、预期瞬态和事故工况，包括严重事故均得到考虑，以及诸如监督试验和维修等重要活动在设计中予以考虑。

3）一致性

一致性应适用于电厂与其运行人员和支持人员之间的所有接口。即，仪表和控制系统设计过程应在不同系统间保持一致，范围覆盖：

(a) 不同系统，例如核蒸汽供应系统 (NSSS) 或电厂配套设施 (BOP)。

(b) 不同分级，例如安全级或非安全级。

(c) 不同位置，例如主控制室或就地控制站。

(d) 不同的电厂运行方式，例如功率运行或停闭。

9.2.1.2 设计组织结构和计划

1）设计责任

仪表和控制系统的设计工作应正式组成一个团队，负责仪表和控制系统的总体设计。

2）设计团队

仪表和控制系统设计团队应针对特定的主要接口，组织设计团队，其中至少有一个设计团队全面负责和协调主控制室的设计。除了仪表和控制设计人员外，主控制室的设计团队应至少还包括以下人员。

(a) 主蒸汽供应系统设计人员。

(b) 电厂 BOP 设计人员。

(c) 人因工程专家。

(d) 熟悉电厂运行和维修活动的人员。

3）独立审查

设计过程应包括对整个过程中的仪表和控制系统设计的所有方面进行独立审查。这应包括验证设计过程的各个阶段的正确性和各阶段之间的资料传递是否正确。独立审查还应确认仪表和控制系统要预期实现的功能。应建立一个符合 9.2.1.4 节要求的独立审查团队。

4）设计计划

应准备一个开发和实施仪表和控制系统设计的全面计划，至少包括设计方法说明、进度计划、设计交付和设计工具的配置管理计划、评审计划、接口交换计划。设计计划中还应考虑代表电厂运行需求的工程师，以及运行、保健物理和维修人员如何参与到整个设计、实施、测试和安装全过程中，确保相关的适用要求应一致和系统地体现在设计过程中的计划和方法，以及保证在设计过程中发现的人因问题能充分地沟通，以保持系统性和一致性的管理系统。

9.2.1.3 设计过程要点

1）设计经验反馈

仪表和控制系统设计过程应保证现有核电厂中仪表和控制系统存在的问题得以鉴别，并在新的核电厂设计中得以解决。为了满足这个要求，在设计过程中应采取下列措施。

(a) 在设计过程之初，应进行全面和系统的审查，以识别已经引起影响安全、降低电厂可用性或增加维修负荷的问题。

(b) 在新建核电厂中，应就每一个已识别出的问题进行适用性评价。

(c) 最终设计应特别地表明每一个问题是如何解决的。

(d) 应按 9.2.1.4 节的独立审查完成问题的确定、评价和解决。

2）简单化和标准化

为保证达到电厂简单化以及在电厂范围内设计标准化的目标，设计过程应：

(a) 提供标准设计导则，包括通用配置和部件（如控制和 I/O 组件等）的标识；同时，还应包括运行和控制中心相关的设计导则。

（b）包括开发和应用与配置管理程序、人因工程设计惯例、常规用法相兼容的标准化的系统和设备的术语。

3）功能和任务的确定

设计过程应明确地确定为支持电厂全面运行所需的仪表和控制系统功能。设计过程也应明确地确定为执行这些功能所必需的各项任务。功能和任务的初次识别应是设计过程早期步骤之一，且应对它们进行分析并在整个设计过程中迭代进行。

（a）功能和任务的范围

功能和任务应包括影响仪表和控制系统设计的所有功能和任务。应考虑到在设计过程中功能和任务的增加，以及初始数据的修改。要求应随着设计的进展，功能和任务始终保持在最新状态，以便当设计完成时，功能和任务将精确地反映仪表和控制系统设计的基准。

（b）功能和任务的分析

应通过以下方法提供功能和任务的分析和确认，这些方法为：

（a）在各运行和控制中心的模拟装置上由有经验的操纵员或其他人员进行走查。

（b）用有限目的模拟机和全范围电厂模拟机进行动态建模和仿真。尤其是，对分配给自动控制系统或特定控制站的功能应进行确认，必要时改变功能分配和重新进行分析。

（c）功能和任务分析结果的应用

应至少在以下活动中应用功能和任务的分析结果。

a）在自动控制和手动控制之间进行功能分配。

b）在操作站之间进行任务分配。

c）控制和操作策略的开发。

d）运行人员的责任分配。

e）操纵员工作负荷的分配（包括脑力和体力）。

f）操作站的布置。

g）显示类型及其详细特性的选择。

h）控制及其详细特性的选择。

i）报警的选择和布置，以及与运行和控制中心设计的集成。

j）运行规程和培训要求的开发。

k）仪表和控制系统设备失效影响的评价。

l）验证和确认（V&V）。

m）就地或远程控制系统的选择。

（d）功能和任务文件

应提供已确定的功能和任务的文件。这些文件应包括在自动控制系统和操纵员之间进行功能或任务分配的基准及每一项任务的详细信息和动作要求。

4）可能存在的设备故障的考虑

应明确考虑电厂仪表和控制系统可能的故障及其后果。这意味着应确定操纵员为应对设备故障所引发的功能和任务，并把它们作为设计基准的一部分，包括设计基准事故叠加大范围的非安全级人机接口失效、超设计基准事故（如设计基准事故叠加软件共因故障及严重事故等）。模拟机的模型应能模拟假定的设备故障。在主控制室模拟机上进行的人机接口确认试验应包括对假定故障和其纠正措施的模拟。

应评估在丧失所有电厂交流和/或直流电源的情况下安全系统故障安全逻辑、电厂实物保护设计和设备驱动逻辑。失去供电后的系统配置应满足相应的超设计基准策略、规程和电厂出入口控制的需要。

在丧失电厂电源后，用于评估堆芯和安全壳状态，以及监视冷却效果的事故后监测仪表应提供可靠供电（或者自供电），或者由可用的便携式设备读取以执行事故后监测功能。

5）分析要求

（a）功能规范确认

应包括快速原型开发，其重点放在开发过程的早期开发出原型设备，以便能及早得到反馈和分析结果以支持设计过程。应采用快速原型开发用于功能规范的确认。

（b）电厂动态模型

应包括开发基于数字化的动态模型，用于模拟整个电厂响应以及各控制系统，包括操纵员动作的动态模型。这些动态模型应包括：

a）适用于分析稳态和瞬态工况。

b）用于确认控制方案的适宜性。

c）用于确认分配给自动控制系统或操纵员的控制任务。

d）用于编制和确认电厂运行规程。

e）在实际许可条件下，通过真实的电厂运行和试验予以确认。

f）在设计过程中及早开发，以便在早期对系统进行修改。

g）尽可能与电厂全范围或有限用途的模拟机相结合。

h）需全部文档化，且文档应作为最终设计的一部分。

i）在允许的情况下，动态模型应可由系统设计人员、安全及瞬态分析人员采用与电厂实际设计相同的工具和输出来开发。

（c）控制系统分析

为了保证在所有运行工况下控制系统能提供所需的稳态和瞬态响应，应对所有控制系统进行分析。控制系统分析应假设所有数据通信路径有最大预期的人机接口信号传输延迟。

6）系统和部件试验

（a）试验计划

应在正式试验计划中确定对系统和设备部件的试验要求。这些试验计划应包括为了证实设计中的人因工程的恰当程度所需的试验，为了证实仪表和控制系统设计正确、系统预运行所需的所有试验，以及系统运行后和维修后所需的试验。每一项试验计划应覆盖的最小内容包括：

a）确定需进行试验的项目，若适用也包括它们的版本。

b）确定在试验期间不进行试验的系统功能和不进行试验的原因。

c）描述整个试验方法。

d）规定试验规程。

e）规定验收准则。

f）规定试验环境。

g）规定试验设备。

h）确定负责执行试验的部门。

i）确定所需的试验人员的相关技术水平。

j）规定试验顺序和提出实施试验的时间估计。

（b）在役检查试验

应包括明确的要求，以确定为保证设备长期运行和满足所有适用的管理要求所需的电厂设备和辅助部件的在役检查试验。

完成试验的功能和任务应包括在设计基准内，并应在设计过程中充分地予以考虑。例如，应编制试验规程，并用于各运行和控制中心模型的走查中。

（c）安装和试验

设计过程应包括编制用于在电厂安装完成后对设备和系统所进行的试验计划和通用规程，并作为初始电厂调试的一部分。

7）网络安全和安全的开发和运行环境

网络安全应满足 HAD 102/10 等相关法规标准的要求。

法规标准中所提出的网络安全导则应适用于所有的用于电厂保护和控制的安全级和非安全级数字化设备。

法规标准中的导则应被使用以确保网络安全的考虑已被纳入到电厂设计过程的所有阶段，并确认由此设计出的系统在整个系统生命周期内满足法规标准的要求。网络安全功能宜集成在安全系统接口，而不是作为安全系统的组成部分。应考虑网络安全与核安全之间的协调。

（a）防御策略

仪表和控制系统的架构和设计应基于定义多个网络安全等级的总体防御策略，最密集的安全措施应集中在最关键的级别，以及在不同等级之间的接口处。

可能影响关键电厂系统的数字化系统和设备应被定义为关键数字资产（CDA），具有最高网络安全风险的关键数字资产应被限制在最关键的等级内，并提供最严格的保护措施。

（b）网络安全纵深防御

仪表和控制系统的防御策略应采用多种方式用来保护不同防御等级之间的通信以及访问关键数字资产。

当发现新威胁或者发现新的纵深防御方法时，应及时更新防御策略。

（c）网络安全计划

网络安全计划的主要内容应包括：

a）定义岗位和职责并组建网络安全队伍。

b）识别关键数字资产，对采用数字化技术的计算机、通信系统和网络开展分析，以识别影响核安全、实物保护和应急响应功能的关键数字资产。

c）审查和确认每个关键数字资产的直接和间接连接。

d）纵深防御策略。

e）网络安全控制手段。

f）大纲的实施和维护等。

（d）数字化仪表和控制系统网络安全的物理安全支持。

包括网络和远程 I/O 设备的所有机柜应有一定的实体防护措施，如被安装在上锁的房间内等。

网络通信设备（如交换机和路由器等）应被安装在上锁的房间内等。

仪表和控制系统的网络通信设备应与其他网络设备分开。

这些房间应给仪表和控制系统专用，并应尽量减少（最好避免）对支持设备的任何访问要求。

（e）工程师站的访问控制

工程师站应优先考虑安装在上锁的机柜内，其次考虑安装在机柜所在的上锁房间内。

9.2.1.4 设计过程的审查

应对仪表和控制系统的设计活动和最终设计进行审查，并提供以下 3 个层次的审查。

1）整个仪表和控制系统设计过程的总体审查。

2）系统及其设备执行其预期功能的独立确认。

3）设计过程中各个步骤已被正确执行的独立验证。

这些独立审查应满足对仪表和控制系统硬件、软件两方面设计审查的质量保证要求。审查团队应在技术、管理和财务上与设计团队具有适当的独立性，这种独立性的程度和类型应与相应系统或所含部件的安全等级相匹配。对于安全级系统，审查团队应在上述 3 个方面完全独立于设计团队。独立总体审查范围应包括审查团队认为可能影响适用性的任何问题或范围。

1）审查人员资格

独立审查团队应由具有与仪表和控制系统设计团队人员同等技术资格的人员组成。

2）审查计划

在启动设计过程之前，仪表和控制系统设计团队应编制独立审查的初步计划；最终的审查计划则应由独立审查团队及仪表和控制系统设计团队共同制定。

3）审查时间安排

独立审查应与设计过程同步启动，并延续直到通过已完成系统的试验。

4）V&V 审查

下列要求规定了仪表和控制系统设计过程的 V&V 所需开展独立审查的最小范围。

（a）功能要求审查

审查团队应审查仪表和控制系统功能要求和功能设计，并给出电厂系统功能要求被满足的一致意见。

（b）设计规范审查

审查团队应审查硬件和软件的设计规范，并确认这些规范可保证功能设计的有效实施。功能设计及硬件和软件规范的审查应确认，设计是功能要求的正确、有效和高效率的转化。这些审查还应考虑设计的系统架构、接口、可试验性、可维修性和人因工程方面。

（c）设计选择和其他方案的审查

系统功能要求、系统功能设计及硬件和软件规范的审查应包括对仪表和控制系统设计人员和其他人员在制定这些要求和规格书中考虑的替代方案的评估，并包括对以往电厂设计中存在的系统和设备问题的纠正措施。审查应涉及设计的所有方面，包括：

a）简单化。

b）标准化。

c）可靠性和可用性。

d）防止共因故障。

e）电源故障及其影响。

f）网络安全概念及要求。

g）环境的兼容性，包括：

- 温度。
- 湿度。
- 辐射。
- 电磁干扰（EMC）。
- 振动和地震载荷。
- 火灾和消防系统。
- 洪水。

h）可试验性，包括试验会影响电厂运行的可能性。

i）可维修性。

j）运行人员和维修人员的人因要求。

k）应对技术过时。

l）灵活性和可扩展性。

m）可施工性。

（d）测试审查

审查团队应审查用于工厂测试和启动试验的系统和设备测试计划，应见证测试并审查测试结果。审查应包括为验证和确认人因工程特性而进行的测试。

审查可由设计测试团队和/或独立的 V&V 团队来制定和执行补充测试。

（e）设计文档的审查

审查团队应审查仪表和控制系统设计文件的完整性和准确性。审查应包括确认设计文件提供了设计特征（包括人因工程设计特征）到测试的可追溯性，以确认其充分性。

(f) 审查结果文档化

审查团队应将全部审查结果文档化。这些文件应说明审查出的问题。文件应包含可使第三方再审查和了解审查结果的充足的资料。审查结果应按规定的时间表提供给仪表和控制系统设计人员，以便可以进行任何需要的修改而不推迟仪表和控制系统及电厂的进度。

9.2.1.5 全厂数据库

应定义、创建、填充、维护和控制一个电厂范围内的数据库，该数据库完整定义了需要在仪表和控制系统中传输的数据信息。

该数据库应在仪表和控制系统的整个生命周期内进行维护。

9.2.2 安全性

仪表和控制系统的安全性是由可靠性设计、技术成熟性、可测试性、可维修性，以及所需的访问控制、设备鉴定、软件质量过程等来保证的。特别是针对安全级的系统和部件，法规和标准已给出了定性或定量的强制性要求。安全级系统和部件设计可靠性可通过应用单一故障准则、冗余性、独立性、多样性和故障安全原则等实现。本文件要求设计人员在仪表和控制系统设计时考虑这些要求，但对这些要求实现的方式不展开规定，具体要求见 HAD 102/10 及适用的标准。

9.2.3 成熟性

核电厂应最大程度采用已验证的成熟技术（包括系统或设备的设计、制造、试验、建造、调试及运维等技术），以便充分利用成熟技术来降低核电厂设计、采购、运维成本和风险，确保电厂可靠、稳定运行。

如果要采用一些电厂未曾使用过的最新的系统、设备、软件和固件等非成熟技术，只要这些技术满足如下应用准则，并且在其他应用场合得到验证的话，也是合理的。

9.2.3.1 成熟技术的应用准则

成熟技术应至少满足下列要求之一。

1）在类似电厂中已有应用，且有 3 年以上良好的应用实践。

2）根据试验程序完成指定仪表和控制系统样机的试验验证，该试验程序应是针对核电厂仪表和控制系统专门设计制定的。

9.2.3.2 非成熟技术的应用准则

对于任何未按照核电厂要求加以验证的软件、固件、组件或系统等非成熟技术，如果这些技术的使用可以对仪表和控制系统简化或对系统性能方面有明显改善，则可以考虑使用这些技术，但必须同时满足下列要求方可使用。

1）制订了详细计划用于测试或者收集这些技术的经验数据以满足 9.2.3.1 节成熟技术应用准则要求。

2）确定了专门的替代方法，并将其纳入仪表和控制系统设计过程，以便在无法充分验证该技术的情况下，也能够满足核电厂的限制性要求。

3）完成必要的测试或经验数据收集及评估，并在不影响整个电厂计划的情况下，可在替代方法之间作出选择。

9.2.4 经济性

仪表和控制系统设计的经济性应符合核电厂的成本目标和经济评估，尤其应满足业主对电厂全寿期的经济性评估要求。仪表和控制系统设计应从以下几方面考虑电厂成本。

（1）运行、维护和维修，包括放射性泄漏和污染控制。

（2）计划停堆和非计划停堆。

（3）运行人员和技术人员的培训。

（4）启动和监督试验。

（5）分析和仿真。

（6）更换。

9.2.5 操纵员动作

仪表和控制系统的设计应明确考虑操纵员和其他电厂人员操纵和控制电厂的动作，并且这些动作应在所有操纵员的能力范围之内。

9.2.5.1 操纵员负荷和警觉性

设计不应要求操纵员执行超过其能力的任务，特别是在事故和异常工况期间。应通过全范围模拟机对这些动作开展动态仿真来确认这一要求是否符合。此外，应规定设计中采用的操纵员工作负荷评估方法。

设计应采取便于操纵员在活动中保持警觉性、注意力的措施。

设计应包括支持团队协作的措施，包括增强团队沟通和协作的措施，以及为团队成员提供相互支持和互为后备的能力。

9.2.5.2 运行规程

运行规程的呈现形式可包括计算机化规程和纸质规程。

计算机化和纸质的运行规程都应作为仪表和控制系统整体设计的一部分来开发。人机接口设计过程应包括提供检验所有分配给电厂操纵员的已包括在运行规程中的功能和任务的步骤。应采用性能模型或电厂模拟机对规程进行验证。

计算机化规程的要求见 9.3.3.4 节。

9.2.5.3 自动或手动控制的选择

应针对以下因素进行评估，作为自动与手动控制或监视设计选择的基础。

1）操纵员负荷，包括并行或可能同时发生的应急活动。

2）操纵员的能力，包括响应时间、技能和准确度。

3）过去在相似应用中使用自动或手动控制或监视的经验。

4）操纵员的警觉性，以及保持操纵员介入和了解电厂状态的需要。

5）仪控设备（包括软件）的数量和复杂性，以及维修和试验的负荷。

6）自动设备可能发生故障或可能发生操作错误的后果。

7）法规要求。

9.2.5.4 远程或就地控制的选择

应针对以下因素进行评估，作为远程或就地控制设计选择的基础。

1）操纵员负荷，包括访问就地设备时间的影响，以及并行或可能同时发生的操纵员任务。

2）操纵员的能力，包括控制操作后进行反馈或监视的需要。

3）就地环境条件，例如可达性、温度、辐射和污染水平、泄漏和其他人员危害因素。

4）需操纵员监视的、难以远程监视的就地工况，如探测小泄漏、损坏的部件、异常噪声等。

5）仪控设备的数量和复杂性，以及维修和试验的负荷。

6）远程设备故障的后果。

7）过去在相似应用中使用远程或就地控制的经验。

9.2.5.5 操纵员支持

人机接口设计应包括在执行特定任务时为操纵员提供支持的考虑。操纵员支持手段应作为整个人机接口设计整体的一部分。这些操纵员支持手段应包括：

1）为便于操纵员执行确定功能和任务的呈现形式，直接提供可用的整合和过程信息。

2）有助于减轻操纵员记忆负担的永久信息、仪表或注意事项。

9.2.6 可用性和可靠性

仪表和控制系统设计人员应为仪表和控制系统部件和子系统建立定量的可靠性和可用性准则，并进行记录。

9.2.6.1 仪表和控制系统失效的影响

1）失效后的默认状态

在设计过程中，仪表和控制系统设计人员应根据电厂工艺系统具体情况，确定电厂设备（如泵和阀门等）在失去动力（如电动、气动或液压等）时的状态。对于保护系统，默认的失效状态通常应该是安全状态，但在某些情况下也应考虑在失效后是否需要保持状态不变。对于控制系统，默认的失效状态通常应该是能使电厂保持最稳定的状态。在控制系统恢复供电时，仪表和控制系统不应改变受控设备的状态，仪表和控制系统对设备的控制模式应在手动模式下初始化。

2）单一故障的影响

仪表和控制系统设计应与电厂工艺系统设计相结合，使任何仪表和控制系统设备或其支持设备的单个随机故障都不会导致以下事件。

（a）电厂强制停运。

（b）与安全系统冲突。

（c）误触发安全系统动作。

（d）超出技术规格书的运行限制条件。

（e）重要设备长时间不可用。

（f）触发电厂应急事件。

仪表和控制系统在所有正常运行和测试模式（包括在线自诊断测试和定期功能试验）下，都应满足上述准则。上述事件包括由故障引起的自动停堆及操纵员因故障引起的工况而手动执行的停堆。

9.2.6.2 可靠性总体要求

1）强迫停堆频率

因仪表和控制系统设备故障导致强迫停堆的期望间隔时间应大于50堆运行年。该要求应适用于仪表和控制系统的整个设计寿命。强迫停堆应包括由故障引发的自动停堆，以及操纵员为避免由故障引起的超出电厂技术规格书的事件而手动执行的停堆。

2）可用性丧失

在仪表和控制系统的设计寿命内，引起电厂可用性降低的仪表和控制系统设备期望平均无故障时间应大于5年。电厂可用性丧失定义为电厂无法在任何功率水平达到或维持稳态运行。

3）维护频率

仪表和控制系统应不需要进行频繁地矫正、维护。在仪表和控制系统的设计寿命内，其维护周期不应低于14天。即使仪表和控制系统部分模块的故障不影响系统的正常运行，该类故障也应被视为需要引发运维活动的因素而在计算时予以考虑。维护频率计算应包括以下系统。

（a）保护系统。

（b）电厂控制系统。

（c）数据显示和处理系统。

9.2.6.3 可用性和可靠性的设计要求

1）重要功能的分组

仪表和控制系统的设计应能防止因设备发生故障而导致多个主要控制功能的丧失。系统的功能和实体设计应通过功能分组或其他预防措施来防止功能失效在主要系统间蔓延。如果主要控制功能无法进一步分组，或者设计人员拟定了替代方案来达到防止功能失效蔓延的目的，那么设计人员应明确并论证设计方案的合理性。不应仅通过冗余措施来取代功能分组的实施。如果重要功能的设计无法确保分组，那么应在设计文件中明确。应在设计文件中记录与保存功能间分组的相关设计准则。

(a) 传感器和数据传输的分组

在功能设计中，每个功能分组应使用各自的测量参数来实施相应的控制功能。对于每个功能分组，应尽可能使用不同的传感器、变送器和传输到仪表和控制系统的通信链路。但当一个测量参数用于控制功能时，其仍能用于其他控制功能的信号验证、交叉校验、标定或补偿。如果测量信号用于上述目的，设计人员应确保该测量回路的失效不会影响被验证/校验/标定/补偿的测量回路和相应的控制回路。

(b) 处理器和电源的分组

即使处理器和电源采用了冗余策略，存在冗余关系的功能分组（例如主要的控制和监测功能）也应尽可能使用不同的处理器和电源。电源模块应提供在故障状态下的输出能力，包括保持电压或负载的能力。

(c) 设备的实体分隔

用于不同功能分组的数据处理和通信设备应尽可能布置在不同的机柜内。不同功能分组的设备可以布置在同一房间或隔间，承受相同的环境条件。不同功能分组的通信链路不应共用电缆或配管，除非该链路中的数据同时通过其他电缆和配管进行冗余传输。

(d) 功能分组的实体分隔

对于不同功能分组（例如主要的控制和监测功能），不同分组的信号通信链路的相关设备应尽可能使用不同的电源，并布置在主控制室以外的不同机柜。

(e) 重要功能的分组

重要功能的分组应尽可能与受控设备的分组相匹配。对于单个机械设备故障会导致电厂停堆或较大瞬态的情况（如丧失主给水调节阀等），仍应在设计中通过采取冗余和分组措施消除与该单个机械设备或部件相关的仪控单一故障点。

(f) 保护与安全监测系统的功能分组

除了满足适用的法规外，保护与安全监测系统设计人员应尽可能采用与上述非安全级控制、数据显示和处理系统相似的功能分组方法，包括在反应堆保护功能和其他功能之间、各序列之间进行分组。

2) 共因故障

仪表和控制系统设计人员在开展仪表和控制系统架构和具体软硬件设计时，应考虑潜在的共因故障及其引发的影响。仪表和控制系统应尽可能避免造成其支持的电厂功能的不可用。为实现这一目标，应考虑在软硬件及其维护方面的潜在共因故障。设计人员应对每种故障进行逐一识别，并在设计环节针对这些故障采取措施。共因故障的评估应考虑纵深防御措施，纵深防御措施由电厂控制系统、数据显示和处理系统、多样化驱动系统来实现。

仪表和控制系统应采取措施来防止共因故障，设计人员应记录对潜在共因故障的分析和解决方案，作为仪表和控制系统设计文件的一部分。

3) 环境条件

仪表和控制系统应能够在所处房间的正常、异常环境条件下正常运行，并满足所有可靠性和可用性的要求。仪表和控制系统和其他电厂系统的设计人员应迭代各自的设计，从而通过最简单、可靠的方式来满足适用的要求。设计人员应优先考虑非能动手段来确保仪表和控制系统设备的环境条件，例如机柜的自然循环冷却。对于非能动核电厂，在丧失厂用电后的一段时间，仪表和控制系统应能够继续执行功能，因此，仪表和控制系统的设计应能使设备在丧失厂用电期间，仅通过非能动的环境控制手段就能保证仪表和控制系统的正常运行。

当仪表和控制系统所处环境发生异常时，操纵员应能接收到报警，并迅速定位到受影响的机柜。

9.2.6.4 可靠性和可维护性分析

仪表和控制系统设计人员应通过分析来预测仪表和控制系统及其子系统的可靠性。应采用统一的、系统性的、可追溯的方法和适用的分析工具来进行可靠性分析。在分析的过程中，应考虑可预期的正常环境条件、异常环境条件、人为错误及其他适用的因素（例如瞬态切换），还应考虑对潜在的极端环境条件的评估，包括暖通系统或设备故障。在仪表和控制系统设计过程中，这些分析应形成报告，并进行独立审查。

1）部件可靠性数据

应使用正式发布、来源可靠的部件可靠性数据开展分析。仪表和控制系统部件的平均故障率应在仪表和控制系统设计过程中通过文档记录，并进行独立审查。

当无法获得正式发布、来源可靠的部件可靠性数据时，仪表和控制系统设计人员应通过可靠性测试来确定仪表和控制系统部件的平均故障率。测试和分析的过程应在仪表和控制系统设计过程中通过文档记录，并进行独立审查。

2）潜在电路分析

仪表和控制系统设计人员应对所有仪表和控制系统软硬件进行分析，从而识别非预期的运行模式，包括运行了预期外的功能、抑制了需要被实现的设计功能。这些分析应在仪表和控制系统设计过程中通过文档记录，并进行独立审查。

3）失效模式和影响分析

仪表和控制系统设计人员应分析单个部件失效导致的影响，并在仪表和控制系统设计过程中通过文档记录，并进行独立审查。

4）可维护性分析

仪表和控制系统设计人员应对硬件进行分析，从而预测由于维修而导致单个子系统或部件无法运行的时间。对于智能传感器、智能执行器和其他数字设备，固件升级也属于维修活动的范围。

5）网络安全分析

应根据法规和标准要求制订网络安全计划，以确保与核电厂安全和应急功能相关的计算机、通信系统和网络得到高度保障，从而避免受到网络攻击。该计划应包括与电厂可靠运行、安全停堆相关的数字资产。仪表和控制系统设计人员应执行网络安全评估，识别关键数字资产，统计网络安全威胁，评估每个关键数字资产对网络安全威胁的敏感性。

仪表和控制系统设计人员应确保一个安全的开发环境，不应引入任何非预期、未记录、非必要的功能。仪表和控制系统还应确保在关联系统发生非预期行为和因意外访问而引发事件时，安全级和非安全级仪表和控制系统的可靠运行不会受到影响。

9.2.7 可测试性要求

9.2.7.1 连续在线自诊断

尽可能多的仪表和控制系统硬件应具备连续在线自诊断能力，连续在线自诊断不应影响系统功能。自诊断范围可包括（但不限于）RAM 和 ROM 失效检查、处理单元失效检查、数据缓存检查、心跳指示和看门狗定时器。提高自诊断的覆盖范围可减少或消除系统对定期功能试验的需求。

9.2.7.2 定期试验

系统应具备执行定期功能试验的能力。定期试验宜手动启动，且应满足《核电厂安全系统定期试验与监测》（GB/T 5204）的要求。

9.2.7.3 试验功能的可靠性

执行连续在线自诊断功能的设备及执行定期功能试验设备的 MTBF，应大于被试验设备的 MTBF。

9.2.7.4 退化逻辑

在探测到系统内存在故障时，系统应能被转换为额外的单一故障不会阻止系统级保护或安全动作的状态。在具有连续在线诊断的情况下，这种转换应自动执行，并向操纵员提供新状态的指示。如果系统具有足够的冗余性，即使不进行转换也能满足可靠性目标的情况下，可不需要这种自动转换，但是当在线诊断探测到任何故障时必须向操纵员提供警告。

9.2.7.5 故障定位

仪表和控制系统诊断和试验功能应能够识别检测到的故障位置，故障应尽可能定位至最小可更换模块。

9.2.7.6 用于试验的系统配置

应为定期试验提供内置的试验功能，以消除系统结构变化带来的影响（如添加跳线、拆下导线和对换电缆等）。定期试验的启动也应满足 9.2.6.2 节中的要求。

9.2.7.7 安全系统试验

安全系统（如保护系统等）内的连续自诊断和定期试验，以及试验间的交迭，应满足技术规格书中的定期监督要求和 GB/T 5204 的要求。

9.2.7.8 试验性能

在电厂功率运行期间执行的定期试验应不会引起紧急停堆或专设安全设施驱动装置误动。如果功率运行下进行定期试验会干扰电厂运行或造成设备损坏，应在降功率或停堆情况下进行试验。

所有需在电厂功率运行或电厂升功率期间执行的试验，都不应引起紧急停堆或降功率。

9.2.7.9 试验旁通

系统应提供为执行功能试验而建立适当旁通的能力，并能对已建立的旁通提供指示。

完成试验后，系统应支持运维人员移除所有为执行试验而建立的旁通，并为运维人员提供指示，以使运维人员确认所有试验造成的旁通已被移除，且系统已配置至正常运行的状态。

9.2.7.10 试验和旁通状态指示

对于定期功能试验，试验装置应在就地机柜设置指示，为试验通过、失败及旁通状态提供快速指示。

9.2.7.11 试验输入信号

在执行定期功能试验期间，紧急停堆和专设安全设施驱动功能处理器不得与正常的执行回路断开。因此，试验装置执行的所有输入和输出功能试验均应采用模拟的试验输入信号。

9.2.7.12 处理器初始化自诊断

对所有处理器进行初始化时，应执行全面的自诊断程序。

9.2.8 可维修性要求

9.2.8.1 维修负荷

仪表和控制系统的设计应简化和减少在电厂寿期内所需的维修次数和难度。

9.2.8.2 设备更换

作为理想情况，仪表和控制系统设备具有足够长的使用寿命，且在使用寿命期间不需要进行设备更换。但实际上，数字系统及其组件的寿命总是比整个电厂寿命短得多。因此，仪表和控制系统设计应采取必要的措施，将设备组件更换的影响降至最低，并确保仪表和控制系统组件的磨损或老化不会降低电厂的可用性。应确定所有必须更换设备的使用寿命及后勤支持所需的时间（例如设备和人力）。

9.2.8.3 模块化更换

仪表和控制系统设备的维修通常应可通过现场执行简单的模块化更换来完成。更换部件无需引起设备重大修改。组件也应是模块化且易于更换，无需进行大量拆卸或移除周围的系统、结构和组件。

9.2.8.4 故障检测和修复时间

在整个设计寿命周期内，对于仪控设备最小可替换模块，最长故障检测和维修时间应小于 8 h。该时间包括故障检测、抵达故障设备所在地、确定维修方案、获取备品备件、执行维修或更换及验证维修完成的时间。在评估维修时间时，应假定技术人员具备必要的技能水平且具有合理的后勤支持。本要求适用于具备自检功能的仪控设备。

9.2.8.5 在线校准

任何需要在每个换料周期中执行多次校准的模块都必须提供在线校准功能，并保持足够的控制、监测和系统性能。

9.2.8.6 在线维修

任何仪表和控制系统设备相关的预期维修活动都不应威胁电厂安全或阻止保护功能。此外，仪表和控制系统应尽可能允许在电厂运行期间完成预期的设备维修，应提供维修旁通（包括适当的闭锁或联锁）以允许在线维修，并确保在维修过程中操纵员的人因失误不会导致电厂停堆。在将其他通道置于触发、旁通或试验模式前，仪表和控制系统应提供故障信息并警告运维人员。

9.2.8.7 维修中的人因工程

仪表和控制系统维修应遵循良好的人因工程原则。具体环节及要求如下。

1）确定维修任务

应系统地确定维修仪表和控制系统设备所需的任务，包括技能、工具、测试设备和权限等。任务应包含在维修完成后恢复设备所需的测试。

2）评估维修任务

应评估维修任务，以确保所需的维修操作简单、易于理解并在维修人员的预期能力范围内。

3）维修相关的设备设计

仪表和控制系统设备的设计应便于维修，并尽量减少维修过程中出现错误的机会。

4）维修路径

仪表和控制系统机柜的设计应便于维修人员接近。通往仪表和控制系统机柜所在房间的门和通道尺寸应允许拆除和更换机柜。

5）维修地点

对于控制站，特别是主控制室，维修人员应能够在一个区域内完成故障定位以及设备相关的试验和维修，且不会影响操纵员接近控制器与显示装置，不会干扰操纵员观察显示屏。

6）维修相关的人员操作和指示

仪表和控制系统设备通常接受工作站或盘台上的控制器输入，并驱动相应的指示装置或显示屏。仪表和控制系统设备应能够接受模拟控制器的信号输入并提供和监测输出。在维修期间，除非前面板正在维修，否则不需要人员采取动作来提供额外的输入或监视。当正在进行的测试会影响设备或系统的可运行性，或造成设备或系统更容易受到异常事件的影响时，应为人员提供指示（如门打开、通道旁通、通道触发、通道测试等）。

7）用于维修的控制和显示

仅在维修过程中使用的控制器和显示器，不应允许操纵员访问。应在有需要的地方提供就地的维护工作站，与用于正常、异常和紧急操作的操作站分开。同样，操纵员不应从操作站访问维护功能。当系统和部件因日常维修或纠正性维护而停止运行时，人机接口应清楚地指示这些部件的状态（如安全挂牌、隔离、无法使用等）。

对于基于集散控制系统等通用产品，工程师站和操作站可能具有几乎相同的硬件和基础软件，可基于用于身份验证及权限设定等管理方式进行使用上的区分。

9.2.9　设备制造要求

仪表和控制系统设计应尽量减少设备制造、安装的时间及工作量，但不应对设备的运行、试验、维修等性能及能力造成不利影响，具体要求如下。

（1）设备的制造和安装应基于成熟的制造、组装和安装技术。

（2）设备设计及制造应尽量减少现场作业；模块化设计方便测试及升级；尽量限制现场布线量和端接；线束和电缆应包括备用导线（如可行），为电厂维修或改造提供灵活性。

（3）施工标准化设计，在可行的情况下，影响现场操作的特征应标准化，包括：外部快速连接的接头和线束的尺寸和类型；机柜搬运、运输和安装的硬件；模块和部件的标签和标识。

9.2.10　设计灵活性

仪表和控制系统设计应具备灵活性，以更好适应后续需求变化对系统设计的影响，此外，还要考虑仪控系统硬件更换，系统升级的需求。具体考虑如下要求。

（1）系统硬件应采用模块化设计，便于开展硬件设备更换和系统升级改造。

（2）仪控盘、台及接线端子排等需要考虑裕量。

（3）系统的输入与输出点数、存储及处理运算能力应考虑裕量。

（4）在报警与显示系统中，信息处理和显示两方面都应考虑裕量。

（5）系统的数据通信应考虑裕量。

（6）外部的供电与暖通应考虑裕量。

（7）电缆桥架、线槽、配管、防火隔板和贯穿件应考虑一定的裕量。

9.3　人机接口

9.3.1　设计过程要求

仪表和控制系统的设计人员应确定一个过程，保证电厂所有人机接口采用一致的设计方法。

9.3.1.1　功能和任务的应用

人机接口的设计过程应基于并集成在功能和任务的识别过程中。

9.3.1.2　人机接口设计

设计过程应根据初始确定的任务对人

机接口进行设计。这些设计应足够完整，以便按9.3.1.3节的规定进行审查，并且应包括：

1）运行和控制中心的布置图。

2）确定控制器和显示器及其主要特性。

3）逐项列出详细的任务清单，以及任务所需的显示和控制。

4）运行和控制中心内执行的初步运行规程。

9.3.1.3 设计审查

应对人机接口的设计和分配的功能和任务的匹配性进行多学科的审查。

1）审查团队的组成：除了工艺、仪表和控制系统等工程人员以外，至少还应包括具有运行经验的人员和人因工程专家。

2）实物或仿真模型的应用：应考虑制作各运行和控制中心的静态实物模型、动态数字模拟机或虚拟现实模型用于审查；应在电厂设计的早期就可使用，以便评价结果能影响仪表和控制系统和电厂系统的设计。

3）全范围模拟机的应用：用模拟机指导的评价应是人机效能和预定的验收准则的定性定量衡量的基础，并且这些应由审查团队特别审查。由于评价涉及运行班组，因此这应包括对效能的适当的定性、定量估计。

9.3.1.4 功能、任务和设计的迭代

设计过程应考虑运行和控制中心设计同分配给人机接口的功能和任务之间的迭代。

9.3.1.5 设计规范

设计过程应考虑给定在设计进展过程中采用的特定的详细设计规范，包括：

1）控制器和显示器。

2）标识。

3）颜色编码。

4）分界线。

5）术语。

6）位置规定。

7）模拟图和符号。

8）缩写和缩略词。

相关设计规定应符合相关标准规范和项目人机接口设计导则的要求，或被人因工程专家审查认可。

9.3.1.6 最终设计的文件

应提供所有人机接口最终设计的详细文件，至少包括：

1）人机接口的设计配置。

2）人机接口的功能和任务。

3）人机接口的设计规范。

9.3.2 人员配置

9.3.2.1 正常人员配备

仪表和控制系统设计人员应按本节的规定配备正常运行人员。即正常的电厂操作的功能和任务可以由满足有关资格和工作地点规定的人员进行。

正常值班操作定员规定如下。

1）每一值班组设置1名值长，他对整个电厂的运行负责，并具有高级反应堆操纵员许可证（SRO）。值长的正常岗位设在主控制室内的主控制区中或主控制室内邻近主控制区的值长办公室。值长不必在主控制室内值岗，可随时离开控制室去电厂边界内其他场所。

2）每一值班组还有另一名具有SRO证书的副值长（机组长）。此人负责主控制室操纵员的直接监督，正常岗位在主控制区，但他可以去主控制室内其他场所。

3）每一值班组有2名具有反应堆操

纵员许可证（RO）的值班员。这些人员负责在主控制室进行控制操作，在正常情况下他们都在主控制区进行控制。他们之中任意一人在控制电厂时，另一人不能离开主控制室。

4）每一值班组还应另有 1 名具有反应堆操纵员许可证（RO）的值班员。他负责在主控制室协助操纵员与其他电厂人员的联系工作，如为维修人员标记隔离和签票等。该操纵员的正常岗位在主控制室邻近主控制区的地方；但是他可在控制室内休息，或协助另一名 RO 操纵员，或离开控制室去电厂边界内其他场所。

5）每一值班组还有 1 名具有一定资格的人员以值班技术顾问（STA）的身份提供技术支持。他的正常岗位在邻近主控制区的办公室内，也可离开控制室去电厂边界内其他场所。

6）每一值班组还应有 2 名具有一定资格的人员在就地操作电厂的设备。这些人员正常情况时不在 MCR，但根据操作需要可到电厂不同的地方。

7）每一值班组还可配置 1 名具有恰当的资格和培训过的人在行政管理事务方面帮助值长，如获得参考资料、处理函件等。他正常应在或邻近值长办公室；也可离开控制室去电厂边界内其他场所办公。

仪表和控制系统设计人员应在设计中对运行班组中的每一名成员规定的责任进行说明。这包括监视责任并考虑到所有运行方式。

9.3.2.2 应急时的人员配备

作为仪表和控制系统设计过程的一部分的电厂瞬态和应急事故分析应基于以下假定。

1）在正常功率运行时至少有 1 位具有许可的操纵员，所有时间均在主控制区内，并且能立即应付任何异常情况，在场进行控制。

2）2 名有许可证的操纵员（至少其中之一是 SRO）在传呼后 1 min 内可到达主控制区。

3）2 名现场操作员通过语音通信能立即执行来自控制室操纵员的指令。

5）值长、STA 和另一名 RO 能立即应答控制室操纵员，并在 10 min 内到达主控制区。

在应急情况下，操纵员可不干预时间为 72 h；但是，仪表和控制系统的设计不应阻止操纵员在该时间前采取行动。

9.3.2.3 最多人员配备

控制室设计（大小、环境、布置、数量和操作站设计等）应支持在主控制区中，在应急情况时可容纳下列最多的运行人员进行操作。

1）1 名值长（具有 SRO 许可证）。

2）1 名副值长（具有 SRO 许可证）。

3）3 名操纵员（具有 RO 许可证）。

4）1 名 STA（具有 SRO 许可证）。

5）2 名操作员。

还应考虑在主控制区容纳 3 名观察员和助手。

1）1 名来自核安全监管部门。

2）1 名来自营运单位管理部门。

3）1 名进行通信联系。

应考虑最多人员配备下的人员位置，这些考虑应包括确定这些人员的工作位置和从事观察活动的特定区域，并且不影响正常、最大运行编制的定员运行下的人员。

每个工作区域应允许在人员换班时临时为 2 人使用。

9.3.2.4 正常运行操纵员要求

仪表和控制系统应设计为：1 名具有

许可证的操纵员能够正确地完成必需的监视和控制功能，把电厂从热备用状态升至满功率，保持功率运行，并将电厂功率降至热备用状态。

9.3.2.5 启停堆操纵员要求

仪表和控制系统应这样设计：从冷停堆启动至热备用和从热备用至冷停堆所必需的控制和监视功能可由9.3.2.1节规定的正常的运行值来完成。

9.3.3 人机接口

9.3.3.1 报警

1）报警系统总的要求

人机接口设计应包括主控制室中的报警系统，以及为支持分配给就地控制站的功能和任务所需的就地控制站报警系统。

报警系统应设计为：

（a）提醒操纵员非正常工况的出现，要求其采取行动；帮助操纵员确定和保持对电厂状态及其系统或功能的了解。

（b）指导操纵员进行恰当的响应。

（c）通过报警系统尽量减少操纵员分心和不必要的工作负荷。

报警系统应结合功能和任务分析的考虑，识别报警信息在什么方面，以及如何与其他信息相配合，执行一个功能或任务，或者触发/变更任务以响应报警。

报警系统应具备试验功能，使操纵员能够定期确认报警系统功能是否正常。

报警系统的有效性应通过实时的动态仿真验证。仿真评估应包括对报警系统重要设计特征和特性的专门评估。

（a）特定的报警选择是否恰当。

（b）声音和视觉显示的有效性。

（c）操纵员和报警系统交互方法和设备。

部分设计特性的评估可在非全范围模拟机或近似配置的模拟机上进行。但是整个报警系统有效性的最终验证应采用全范围模拟机完成。报警系统有效性的最终评估应和对人机接口和主控制室的全面V&V结合在一起。

2）报警条件的选择

在选择电厂报警条件时应采用一致的方法和原理。选择过程应建立在电厂系统设计和人机接口设计相互配合的基础上，以保证不但满足各个单个系统的要求，而且同时采用了统一的准则，形成的报警系统能与操纵员的需求和能力相匹配。

用于选择报警条件的准则应包括以下要点。

（a）对每一个报警都有确定的操纵员响应动作。

（b）基于“在功率运行时暗盘”的概念。

（c）报警整定值的选择应使操纵员足够早地被警告，以便有时间采取恰当的措施。但整定值不应过于接近正常运行量程，以免产生不必要报警。

（d）若可行，应在引起降低可利用率（例如电厂停堆）设计故障，违反技术规格书或其他严重后果的重要系统或部件问题出现前，为操纵员提供报警。

（e）若可行，工艺偏差报警应基于确认的过程信号而不是单个传感器的指示。

应为每一个报警响应条件准备一份报警响应规程，规定要求的操纵员操作，提供保证恰当响应所需的其他信息。

在特定条件下，应提供操纵员定义的临时报警或整定值。

3）报警处理

（a）虚假报警

报警系统设计应尽量减少潜在的虚假报警。

应对虚假报警进行评估，并在此基础上选择报警整定值、输入滤波或延迟、限定逻辑和其他措施，以便尽最大努力防止虚假报警；同时，确保真正需要产生的报警不受影响。

(b) 报警抑制

报警系统应设计成在电厂异常或处于紧急情况时，尽量减少报警的数量；同时，向操纵员提供形成正确响应所必需的信息。应使操纵员能够访问被抑制的报警信息。

(c) 重闪

对于通过“或”逻辑组合的多于一个报警输入的报警，其报警逻辑系统应提供重闪的能力，当第一个报警出现并确认后接着又满足了报警条件，应重新以视觉和音响指示报警。

4) 报警呈现

(a) 每名操纵员有完成其指定任务所需的报警信息，考虑到运行班组不同的操纵员可能出于不同目的使用报警信息。

(b) 用来提供报警信息的每个显示特征应与信息使用的意图相一致（即短时间用于对异常条件的快速响应，长时间用于设备问题的诊断和事故后的分析）。

(c) 在保持对电厂和其主要系统的状态的了解方面，报警系统支持整个运行团队的需要。

(d) 报警信息应同给操纵员的其他过程信息很好地集成在一起，以便操纵员利用报警和其他显示监督和诊断各种问题。

(e) 固定位置报警显示应按电厂系统和功能组成报警组。

(f) 报警应按其优先级显示，以便操纵员的响应可根据其重要性或紧急性，以及操纵员应采取行动的时间。应限制分配给最高优先级报警的数量，以便在可信的异常或事故产生多种报警时，不向操纵员显示过多数量的最高优先级报警。

5) 报警系统控制

报警显示和给操纵员提供的与报警相互配合的控制（如确认、静音、复位等）的安排和设置应考虑：

(a) 应响应报警的运行班组成员在获得报警信息后，应有足够的时间进行正确的响应。

(b) 应避免一个人获得报警信息仅为了转述给另一个人，然后由后者进行响应。

(c) 操纵员在确认报警的位置上应能阅读报警信息。

(d) 应尽量避免操纵员为了确认一个报警而离开其工作位置。

6) 声调

报警系统应能针对各种报警条件发出不同的声调或信号。

7) 和控制站的设计一体化

一个控制站上的报警应作为该控制站控制盘台设计的一个整体部分对待。

8) 报警的时间顺序

每个报警应给出其发生的时间，以便得到分辨率在 1 s 以内的报警时间顺序信息。对事件顺序报警（SOE），其分辨率应为 1 ms。

应通过在线显示或打印的形式，使操纵员在任何时候能够获取至少 4 h 时间段的报警序列。报警系统的硬件和软件应有足够的计算速度、容量和缓存容量，以保证在电厂可能发生的最坏的异常或应急情况下，不会丢失报警信息的历史记录，包括失去电源和其他引起许多报警的有关事件。应同时向主控制室和技术支持中心提供报警时间顺序信息。

报警时间序列应作为电厂运行永久性历史记录的一个组成部分。

9.3.3.2 显示

1）一致的显示

人机接口设计应减少提供给操纵员的显示设备类型的数量，不同的显示设备类型应与不同的信息特点或信息使用清晰关联。

2）任务支持

显示的选择、配置和性能应能支持任务完成。

3）实际和要求指示

若可行，提供给操纵员的位置或状态指示应是设备实际的工作状态或位置。

4）显示故障指示

当显示可能出错时（如失去了电源或输入信号丧失等），应向操纵员提供鉴别手段。

5）阀门位置指示

应为所有阀门在其控制地点提供“关”或“开”的位置指示。应为功能和任务分析所要求的阀门提供远程显示。若需要，手动操作阀门可以提供远程位置指示。对控制或节流阀，应提供连续指示。

6）电机电流指示

对于在控制室可以启动的主要转动设备（如泵、风机等），应为操纵员提供其电机的电流指示。电机电流为设备正确启动和运行提供了有意义的信息。

7）灯光指示

不应使用单个灯（如白炽灯泡、LED等）的灯光指示，单灯故障不应导致信息丢失。故障应易于识别，且易于操纵员更换。

8）运行趋势信息

人机接口设计应明确需要持续显示的趋势信息，以及请求后显示的趋势信息。

9）大屏幕总貌显示

应在主控制室提供集中的总貌显示，以协调主控制室班组运行任务。总貌显示应包括下列信息。

（a）有限数量的关键运行参数。

（b）重要设备运行状态的显示。

（c）综合信息（电厂的运行方式或状态、安全系统或功能的可用性）。

（d）关键报警。

总貌显示的设计应通过试验验证。

10）VDU 显示的硬拷贝

应提供 VDU 显示硬拷贝的能力。

11）声像监视

对由于高放射性或其他危险性等因素，在正常情况下操纵员不能接近的区域，应提供声像监视。

9.3.3.3 控制器

1）控制器类型的一致性

应尽量减少操纵员使用的控制器类型数量。但是，具有不同特征和用途的控制器应是不同类型。

2）防止误驱动

应通过选择控制器的类型和位置或采取简单的防护措施以防止控制器误驱动。应尽量避免使用带锁的控制器。特别是需要在紧急情况下需要驱动时，不能用带锁的控制器。

软控制器应采用恰当的方式防止误操作。

3）软控制器

（a）软控制器的设计应标准化。

（b）应明确指示软控制器的激活状态。

（c）应明确指示软控制器的不可用状态。

（d）应清楚地区别用来选择显示和控制器的操作与实际上是改变电厂设备状

态的操作。

4）安全功能的手动驱动控制器

主控制室应提供系统级手动驱动硬控制器，为自动驱动的安全功能（如反应堆停堆、安全注射、一回路卸压、安全壳隔离和其他由系统驱动的安全功能）提供后备。手动控制器应满足以下要求。

(a) 能否履行功能和主控制室中正常操作站的可操作性无关。

(b) 满足隔离准则要求。

(c) 应通过硬接线连接到仪表和控制系统结构中尽量低的层次上，但仍然要实现系统级驱动。

(d) 应随时能使用，并且单个操纵员就能操作，除非有防误操作的特殊考虑。

(e) 应考虑防误操作的措施，但不能采用带锁的控制器或者要求有源系统或专门装置动作的控制器。

(f) 操纵员应能通过简单的控制动作触发有效的系统驱动，但不能要求多于几个简单的手动操作，并且不能要求按复杂的顺序或组合进行手动操作。

(g) 应使操纵员能在操作位置处立即获得驱动实施后的反馈信息。

安全系统或部件的系统级或部件级驱动的就地控制器也适用这些要求。

9.3.3.4 计算机化规程

在数字化控制室中，宜使用计算机化规程。应对规程的显示作出规定并进行验证。计算机化规程应：

1）采用逻辑图或流程图的形式。

2）规程画面上提供操纵员决策所需的参数。

3）规程画面提供直接访问执行任务所需控制器的能力。

4）从软件上检查操纵员所作的决定，但是操纵员保有控制权并且对是否执行此规程做最终决策，对此类不一致情况应自动记录。

5）规程显示的电厂参数和状态应持续刷新。

6）适宜时，规程软件应能追忆操作步骤顺序，以保证系统或设备维持在正确状态，这些步骤不包括操纵员为控制设备所采取的动作。

在无计算机化规程的运行和控制中心内，应提供纸质规程。

在有计算机化规程的运行和控制中心内，纸质规程也作为计算机化规程的后备。纸质规程在格式上和内容上与计算机化规程应一致。

9.3.3.5 语音通信系统

语音通信系统用于支持运行和维修的厂内通信，以及应急工况下同厂外组织和其他机构的通信，并为主控制室提供多种通信手段。

9.3.3.6 控制盘台

1）控制器与显示器的布置

应根据运行和控制中心确定的功能和任务来布置控制器和显示器在控制盘台上的位置。布置可在实体模型、三维模型或图纸上采用走查或讨论方式进行评审。主控制室的最终布置应通过全范围模拟机确认。

2）控制盘台及其部件标识

应确定全面和统一的方法，标识控制盘台及其部件的功能划分，该方法应作为运行和控制中心设计规范的一部分进行完整描述。应编制控制室人机接口使用的缩略语、符号和缩写清单。

3）控制盘台改造

控制盘台的设计应便于将来的改造。盘台方案设计时应确定满足此要求的设计特性，并概括地记载在设计文件中。

9.3.4 布置和环境

运行和控制中心的布置和环境应匹配其被分配的功能和任务。应考虑活动的路线、支持设备的使用、操纵员之间及操纵员与其他地点人员之间的通信、环境条件可能的降级（如使用应急照明）等情况。所考虑的功能和任务应包括由运行和控制中心执行或支持的定期试验，也应考虑操纵员专门完成的行政性质的功能和任务，如记录日志、编写报告和交接班等。

（1）布置

运行和控制中心的布置应考虑运行和控制中心使用所需存放的物资，包括参考资料（如规程、手册和图纸等）、应急设备和运行人员个人物品等。应考虑使用和存放这些物项的要求空间，以及从存放地进出的空间。

（2）照明

运行和控制中心应根据其任务类型提供适宜、可调节的照明。

（3）噪声

运行和控制中心的噪声水平不宜妨碍语言交流，所有需连续进行日常工作的运行和控制中心，如主控制室噪声水平应不超过 50 dB（A）。

（4）微气候环境

应提供通风和空调（HVAC）系统用于调节环境温度和空气湿度，将温度、湿度和风速控制在适宜的范围。

（5）表面装饰

长时间连续有人的运行和控制中心，如主控制室、技术支持中心和应急指挥中心的天花板、墙面和地板宜选用具有吸声功能材料，这些材料应阻燃、易于保养、防静电、吸声及美观。

9.3.5 运行和控制中心

9.3.5.1 主控制室

主控制室安全边界内包括以下区域和房间：主控制区、值长办公室、休息室和厨房、放置参考资料和应急设备的区域或房间。

1）功能和任务的使用

主控制室设计应根据被分配的任务进行配置。对于与给定任务无关的控制器和显示器，应进行管理控制，防止未授权的人员登录。

2）主控制室的位置和通道

主控制室的位置应在反应堆厂房和汽轮机厂房之间，抗震 I 类构筑物内。

主控制室的布置和设置应满足运行和功能的要求。

主控制室和远距离停堆室应分开布置，并位于不同的防火分区。

进出主控制室通道应考虑：

（a）运行人员通道：从电厂不同区域到主控制室的通道，以便现场操纵员可直接找到主控制室操纵员；由于异常工况就地操作的需要，从主控制室到电厂各就地操作区域的通道；出入这些通道，除非为了有效沟通，否则不应妨碍主控制区运行人员的工作；特别地，除了在主控制区为电厂来访人员安排合适的地方以外，在主控制区外面应为咨询提供地方，而且访问这些地方不必通过主控制区。

（b）电厂非运行人员访问主控制室：主控制室设计应考虑主控制室的操纵员同其他人员之间的必要互动。同时，在正常情况下主控制室布置需限制非运行人员对主控制区操纵员注意力的影响，特别是与值长、指定进行标记隔离操作的操纵员的例行工作，不应需要穿过主控制区。

（c）主控制室撤离：至少应有 2 个独

立的通道，可供主控制室撤离情况下使用。操纵员可以从任意一个通道到达远距离停堆室，而不必使用诸如钥匙卡之类的安全装置。

3）操纵员休息区

主控制室布置中应包括1个操纵员休息区域，该区域应靠近厨房和卫生间，也应靠近主控制区。休息区应有足够的面积供运行人员放松和进行一定的身体活动。

4）卫生间和厨房

至少应提供1个卫生间。应提供简易厨房（包含微波炉、饮水机、冰箱）。卫生间和厨房应在主控制室内（不与主控制室外其他区域共用）。

5）交接班区域

应考虑交接班的活动，特别是人员的交接班不能干扰主控制区的活动。交接班区域可以和操纵员休息区结合在一起。

6）主控制室操作站

每个操作站应具备执行主控制室功能的全部能力。操作站设计应考虑任务分配给2名操纵员分别在2个操作站完成时的灵活性。操作站设计应考虑冗余性，以便在1个操作站失效时，在2个操作站间重新分配任务。

为值长至少提供1个正常情况下可使用的操作站，满足功能和任务分析所确定的值长需要。

主控制室操作站的布置应便于各操作站操纵员之间可以看到彼此并直接交谈。

一个操作站的单一故障不应导致其他任何一个操作站不可用。

应提供定期地确认在正常情况下不处于使用状态的冗余操作站的可运行性的能力。此外，这些设施正常情况下是不工作的，它们的投入不能导致切换瞬态（如电压峰或电流波等）或设备和系统的异常动作。

7）事故监视

主控制室进行事故后监测应采用日常使用的电厂仪表。若某些参数来源于未经事故后环境条件的鉴定，应对操纵员有所提示，以免操纵员使用可能错误的信息。

事故后监测的参数应基于事故后对操纵员潜在动作的功能和任务分析确定所需监视的参数信息。

8）和主控制室其他区域的通信

在无法直接语言交流的地方，应为主控制操纵员提供召唤主控制室其他区域人员的手段，特别是操纵员休息区。

9）应急设备

主控制室应考虑存放应急设备的储存空间，如主控制室人员可能需要的呼吸器具、防护衣等。

9.3.5.2 就地控制站

1）就地超驰

例如为了支持就地维修或试验操作，可能在就地控制站上进行操作以超驰主控制室的控制器或在主控制室显示一个假信号，对于这种情况，应为主控制室操纵员提供允许超驰的控制器，或者提示他们不能控制或他们的显示器不起作用。

2）环境、设备和访问

非日常使用或每次人员使用不超过几个小时的就地控制站，其环境要求可以不那么严格，但其环境不应影响到操作员完成事故或正常工况下的指定任务，例如，照明应足以支持任务执行，噪声应不影响通信，进出不应危害设备和人员。

3）就地控制站的人员配备

就地控制站应设计成可由一人操作，但其空间应能容纳2人。

4）误操作

就地控制站的设计应尽量避免控制器

误操作，这应考虑就地控制盘台区域内可能的电厂人员。

5）未经授权的使用

对于在正常无人值守的就地控制站，应对可能产生严重后果的控制予以说明。严重后果包括：违反电厂技术规格书、导致电厂立即停堆、触发安全系统动作、损坏贵重设备或需要长期停役的维修。

对于这些控制器，应采取有效措施防止未经授权的操作，除非这些措施影响应急工况下使用该控制器。对于无法采取有效措施的控制器，应将控制器未经授权的动作通知主控制室。

6）功能和任务的集中

应确认所有功能和任务，包括每个就地控制站的使用。应特别考虑将多个控制站的功能集中而不是分散，功能分散可能会给通信、人员协调或与执行要求操作相关的操纵员工作量造成过度的负担。就地控制站的专用控制器、显示器、通信设备和其他设备根据其确定的功能和任务进行选择。运行经验评审应包括运行电厂中就地控制站的经验反馈，特别是就地控制站的位置、分配功能、布置和设计。

7）与主控制室的一致性

如果合理可行，主控制室操纵员可能使用的就地控制站，应采用与主控制室操作站相似的技术，即就地控制站与主控制室操作站相似。

9.3.5.3 远距离停堆室

应在主控制室外提供一个与主控制室实体分隔、电气隔离和功能隔离的一个独立地点，即远距离停堆室，并配置仪表和控制设备。

远距离停堆室应能在主控制室丧失执行重要安全功能时完成下述任务：使反应堆进入并保持在停堆状态，排出余热以及监测核电厂的重要参数。

1）功能和任务的使用

应确定远距离停堆操作涉及的所有功能和任务，包括远距离停堆室和其他就地控制点（如有）的任务。远距离停堆室的控制与显示应根据其功能和任务进行选择。

2）远距离停堆室人员配置

远距离停堆操作应建立在缩减操纵员人数的基础上，即两个持照操纵员（SRO或RO）在短时间内到达远距离停堆室，将反应堆带入安全停堆状态。后续运行，则假设一个正常运行班组可用。

3）布置和设计

远距离停堆室控制和显示设备的布置应与主控制室类似设备的布置一致。其他设计要素，如标识、术语、颜色编码等应与主控制室相同。

4）正常运行期间远距离停堆室的使用

设计人员应评估远距离停堆室日常可能的使用，如试验、监督检查和其他运行要求等。

5）远距离停堆室的启用

主控制室发生不可用的事件时，操纵员在确定撤离主控制室后，执行反应堆紧急停堆后进入至远距离停堆室并将其投入运行。

采用合适的切换机制，主控制室设备故障或操作不应妨碍远距离停堆室执行其功能。切换装置不应导致主控制室和远距离停堆室同时失效。远距离停堆室的启用或控制切换都应通知主控制室。

启用远距离停堆室应要求最少的操作步骤、满足可靠性要求以及防止未经授权的操作或误操作。

9.3.5.4 技术支持中心

人员从技术支持中心到主控制室的时

间应不超过 2 min，包括在应急工况下，人员也可在主控制室和技术支持中心之间无障碍的通行。从技术支持中心进入主控制室，也受主控制室的行政管控，以免技术支持中心人员干扰主控制室运行。

应提供从技术支持中心观察主控制室活动概况的能力，这可以通过设置闭路电视监视系统实现。

技术支持中心日常可以为支持电厂运行做其他使用，但不应损害应急工况下对它的使用。

9.3.5.5 应急指挥中心

应为场内应急指挥中心提供可获取电厂过程数据设备，以支持主控制室、技术支持中心或其他控制站（如远距离停堆室）。

应为主控制室、技术支持中心、应急指挥中心和外部机构之间提供合适的通信手段。

9.3.5.6 应急响应设施的数据要求

数据可用性：技术支持中心、应急指挥中心应能获取支持应急响应的必要的电厂数据，宜提供主控制室操纵员在操作站和大屏幕上监视的所有数据，并且这些数据采用与主控制室相同的格式呈现。

数据传输的可靠性：技术支持中心和应急指挥中心数据传输应设计为不会因为单一故障而丧失通信。此外，对于可能占用特定网段带宽的网络或设备故障模式，不应传播到其他网段。

处理能力：应为技术支持中心、应急指挥中心的人员提供数据存储、处理和显示的能力，且不应增加电厂计算机或主控制室与这些设施通信线路的负荷。

电厂其他用户对数据的获取：应考虑到其他人使用数据，例如营运单位管理部门和电厂内外的组织。

9.4 系统和设备

9.4.1 性能要求

（1）控制系统算法应提供滤波功能。

（2）控制系统的手、自动切换应为无扰切换。

（3）设计方应设置合理的调节参数，确保控制系统满足控制精度要求。

（4）在输入信号采集过程中应采取如下措施：

1）对于模拟量信号，应增加滤波环节，消除噪声干扰。

2）对于开关量信号，当采样频率低于输入信号变化频率时，也应增加滤波环节。

（5）对于执行主要控制和保护功能的控制器应当尽可能连续运行，但允许有利于提高系统可靠性的运行中断。

（6）对于不直接执行主要控制和保护功能的控制器，以下情况可允许运行中断。

1）定期运行功能。

2）操纵员输入信号。

3）网络通信。

4）控制器故障诊断。

5）有利于提高可靠性的软件优化。

（7）当需要执行上述运行中断时，应优先考虑保护功能，其次是控制功能，最后才是监视功能。

（8）仪表和控制系统的设计应考虑电厂启动试验的便利性，尽量减少使用特殊仪器或内部接线。

9.4.2 通用软件要求

本节定义开发、采购和安装仪表和控制系统软件的通用要求。仪表和控制系统中使用的软件除了满足本节规定的要求外，还需要满足本文件第一章规定的顶层原则和要求。仪表和控制系统软件包括所有软件（计算机程序）、固件、可编程逻辑、软件工具、配置数据和电厂运维所需的相关设计辅助工具。

许多已建立的软件过程标准都是基于一个默认的假设，即数字化系统是从头开始设计的，这意味着仪表和控制系统的设计人员可完全掌控系统详细设计。然而，系统使用的软件平台通常已是现有的设计，而不是针对一个特定应用的定制结构。使用商用产品的模式可以以更低的成本获得强大和可靠的系统，这些产品已经在广泛的商用市场得到证明，后续还需开展核安全评价。考虑到商用市场比核能应用市场大得多，在现实中核电厂仪表和控制系统设计人员对市场上商用产品的内部设计或用于构建平台或相关软件工具的内部设计过程细节几乎很难有影响。外部设计和对平台供货商过程的可见性对安全评审软件平台是常见的选择，以确保平台已经通过了严格的设计过程和测试审查。仪表和控制系统设计人员应根据其运行经验、设计的严谨程度、产品的性能以及软件在整个仪表和控制架构中的适用性来选择最合适的产品。

应用程序软件通常是为特定应用场合定制的，或者可能是从已经验证过的产品修改的。如果软件是现有的未修改的设计，那么仪表和控制系统设计人员需要基于供货商的设计过程来开展软件评估。如果监管当局需要开展安全评价，那么软件中的可公开物项应提供给监管当局进行审查。如果软件需要修改，仪表和控制系统设计人员应评估软件的修改、软件修改的生命周期过程以及软件修改过程中产生的修订文档。如果软件是一个全新的设计，那么仪表和控制系统设计人员负责评估软件的设计过程。

对于由可编程逻辑器件构造的系统，可编程逻辑不需要操作系统或其他基于软件的系统。然而，因为可编程逻辑的验证和确认需要依赖软件工具的结果，应对软件工具开展更细致的评估。类似于平台类评估，仪表和控制系统设计人员应评估软件的适用性。

当前大多数仪表和控制系统的软件都由配置文件、高级语言或图形化语言描述的逻辑以及注释脚本组成。可参照基于模块的编程标准来开展设计。

本文件重点关注了为达到高质量和置信度软件设计的过程原则。仪表和控制系统设计人员直接设计评估的活动通常局限于它产生的应用程序代码，例如系统构建模块的配置。商用或核应用产品的选择和确认同样重要，应记录存档。

仪表和控制系统设计人员和系统供货商应确定每个系统或系统所使用的软件生命周期中有多少交付物应提供给业主，其余部分在电厂整个寿期中由合适的组织保存。根据维修、故障排除、事故调查、审查、审计、修改以及其他活动的需要，软件生命周期过程的交付物应易于访问获取。

执行安全功能的软件应满足本节的所有要求。执行纵深防御功能、风险重要的非安全级功能、安全功能后备功能或其他有额外质量要求的软件应满足除了软件质量保证大纲（SQAP）外的所有要求。防止人身伤害、满足电厂性能目标或用于设备保护的软件，应满足非安全级软件的要求。若能证明该软件具备高完整性、高质量时，可使用替代的软件要求取代本节的要求。除上述软件之外的其他软件，不需要满足本节的所有要求，但必须证明当前软件具有良好的工程实践。

9.4.2.1 设计过程

应为设计人员或其分包商提供的每个软件产品，商品级物项软件或随系统采购的成套的嵌入式软件定义完整的软件生命周期。这些软件包括特定平台软件、应用软件、测试维修软件、培训软件以及相关的工具。

软件生命周期计划、大纲、程序和说明需应用于所有软件开发过程。安全级软件应制定软件质量保证大纲（SQAP），满足 HAF003、GB/T 13629 的要求。执行安全功能的可编程逻辑还宜遵守 NB/T 20300 的相关要求。

在任何情况下，专门为本项目开发的软件或配置应在适合软件安全等级的软件生命周期下进行设计、开发、评审、测试、质量保证、安装和维护。而对于商品级物项软件，仪表和控制系统设计人员应对软件进行评估，以确保软件具有充分的质量。

仪表和控制系统的软件应确保开展以下活动或提供以下文档（活动或输出文档的名称可自行规定）。

1）系统需求规范。

2）软件需求规范。

3）软件设计规范。

4）代码和软件生成。

5）测试、安装和调试。

6）移交职责。

7）运行。

8）维护。

9）项目管理。

10）验证和确认。

11）软件或系统安全分析。

12）软件质量保证。

9.4.2.2 软件设计

1）所有软件的设计应采用自上而下的开发方法。

2）软件文档应与软件设计同时开发。文档应包括系统规范、硬件规范和软件规范，描述系统和软硬件的功能性能、设计约束、接口和集成需求。

3）软件设计应包括防御措施：包括限值检查、设置默认值功能、超出设计范围的输入禁止、对通信错误引入的错误输入数据进行逻辑检查等，以防止出现软件不稳定、错误计算或错误控制等其他不利结果。

4）应根据 GB/T 13629 的要求制订软件开发计划，这包括实现模块化的要求和方法。此外，软件开发计划应包括确保软件在所有生命周期阶段均可审计和可测试的方法。

5）操作系统软件应保持供货商交付时的状态，不得修改、变更或植入影响操作系统的应用软件。

6）系统和应用软件应与仪表和控制系统软件平台的迁移策略兼容。

7）软件设计应采用层次化设计结构和模块化设计原则，具有一致内聚的模块。对于安全级软件，应尽可能降低软件复杂性。

8）软件设计阶段应明确各种假设，以及违背这些假设时程序的运行模式。

9）应尽可能少使用不同种类的编译器、操作系统、编程语言，和其他支持软件包。

10）编程时选择的编译器、操作系统和支持软件包应易于获取，避免使用新的或未验证过的编译器、操作系统和支持软件包。

11）软件设计时应使用与编程算法以

及所应用场合相匹配的已被广泛认可的高级语言。汇编语言应在无法使用高级语言实现足够的性能或根据本文件的其他要求需要使用时才使用。

12）对于基于软件的系统，依赖特定机器语言的编程宜限制在模块级，除非因性能要求必须在更高层级使用。使用FPGA时，应尽量减少特定FPGA集成电路硬件的使用，以提高可移植性。

13）软件设计时应提供软件维护、更新和技术支持计划，范围覆盖应用程序本身及其支持软件（如编译器、操作系统和设计工具等），并说明支持的时间期限。

14）仪表和控制系统的保护、控制、报警和显示功能应基于数字化技术的特点。

15）应在初始化和运行阶段执行综合诊断。维修过程中，应提供旁通诊断工具的措施，但是在系统重新投入使用前，确保重新启用诊断功能。

16）仪表和控制系统软件设计时推荐使用静态链接的方式将多个库连接到一个模块装入内存。特别是对安全系统，以减少发生故障的可能。

17）仪表和控制系统软件设计时宜在受保护的存储区间保存重要软件。至少，安全级保护和控制功能应存储在受保护的存储区间内。

18）当软件的某个功能被多个软件模块所共享或调用时，它宜采用全局变量编程。

19）应采取措施防止在软件系统内传播寄生软件（如病毒）。

20）应提供数据库管理工具实现数据存储和恢复的能力。数据存储应有一定的冗余性，以确保不会因单一事件丢失重要数据。此外，数据存储应具备时间戳、数据质量等属性，提供数据导出、转存、排序和拷贝等功能。

9.4.2.3 性能要求

1）仪表和控制系统的软件应根据最极限负荷来设计，以获取足够的性能裕量。最极限负荷至少应包括以下方面：数据扫描、数据通信、数据处理、逻辑处理、分析计算、控制请求服务、显示处理、操纵员请求处理、停堆或其他电厂瞬态以及数据存储和恢复等。此外，仪表和控制系统软件应设计有合理的可扩展裕量。

2）应确认仪表和控制系统软件的性能裕量满足设计的需求。

3）仪表和控制系统软件应尽可能地具备合理可行的在线诊断能力，以便检测出严重故障。故障应通告电厂运行人员。所有诊断出的错误应具有时间和日期属性，可通过打印机打印记录。

4）仪表和控制系统软件应具备诊断和配置管理功能，提供硬件状态检测，检查软件错误或未授权修改。

9.4.2.4 验证、测试和认证

1）仪表和控制系统人员应开发用于开发/运行软件系统的工具和技术，以提高软件质量的可靠性。其中，集成系统确认应满足NB/T 20448的要求。

2）工具和技术的设计、开发、测试和文档化应与使用这些工具的可交付软件具有相同的严苛程度和详细程度。

3）工具和技术应置于配置管理控制之下，并需维护和归档。

4）工具尽可能应使用高级语言编程，增强可移植性。除非由于性能约束，必须使用汇编语言来实现特定的测试目标。

5）V&V应采用人工测试方式（例如代码审查）和基于计算机的测试。

6）测试首先应以发现编程错误为目标，其次是验证软件是否正确执行，第三是确认集成软件出现故障时按照预期执行，第四是确认集成系统在通信网络上产生和使用了正确的数据，第五是确认通信网络和接口系统为仪表和控制系统提供了适当的容错。

7）负责软件开发的个人或团队不能执行软件的测试工作。

8）对每项测试，应预先定义期望值，以便给出更客观的评价，以免产生错误的理解。

9）基于软件的设计应满足 GB/T 13284.1 的可测试性、校准和旁通要求，并满足 GB/T 13629 的要求。

10）集成系统（包括硬件和软件）的设计应符合本文件总体章节的可测试性要求。

9.4.2.5 可用性和可靠性

1）应制定 V&V 计划，并包括系统性的质量保证活动。

2）设计人员应评估每个仪表和控制子系统的多样化和冗余的要求，规定每个仪表和控制子系统相对于整个系统的多样化和冗余的程度。特别的，仪表和控制系统的设计应考虑多样化系统的需要。

3）应提供可靠性评估，以确保最终集成的仪表和控制系统满足系统的要求。

4）应提供安全的开发和运行环境，安全系统应符合 GB/T 13629 的要求。对于未授权的篡改程序，可能在软件中很难检测，应通过软硬件结合的方式在设计中考虑。至少应设置两种防护等级，以区别对待电厂操纵员和授权的维修人员。

5）基于软件的安全系统应满足基本的核电厂设计原则如纵深防御、冗余、独立性、结构简单和多样性。

9.4.2.6 可维护性

1）除软件本身的用户手册外，软件设计人员应将所有分包商提供的手册移交给业主。

2）软件设计人员应向业主提供维护和修改系统所需的所有文件、诊断工具、校准工具和组态工具等。

3）软件设计人员应制订一份软件维护计划，该计划应符合 NB/T 20335 的配置管理要求。业主的软件维护水平应满足其相关要求。

9.4.3 通用硬件要求

9.4.3.1 定义

本节规定仪表和控制专用硬件的设计、选型和安装的通用要求。本节不重复其他节已描述的要求，而是通过提出一些专用的要求进行补充。此外，本节适用于完全可测的可编程逻辑，对于无法完全可测的可编程逻辑，其要求参见 9.4.2 节。

本节要求适用于所有仪表和控制的硬件，主要内容如下。

1）通用要求。

2）设计和选择下列专用部件的要求。

（a）数字化设备，包括计算机系统。

（b）开关。

（c）传感器。

（d）隔离装置。

3）考虑专用阀门的控制、监视要求，对在设计和选择这类阀门相关仪表和控制设备时的相关要求。

4）仪表和控制设备供电要求。

5）用于仪表和控制设备的接地要求。

6）仪表和控制设备的贯穿件和密封件要求。

7）仪表和控制系统设备电缆、光纤和电缆托架的设计、选择和安装要求。

9.4.3.2 通用要求

控制系统设计应保证在所有设计基准工况下提供平稳的全厂控制。

控制系统的监视功能应为操纵员提供足够的关于系统和设备运行的信息，以监视其性能趋势并在设备和/或系统出现误操作或故障时采取适当措施。

基于微处理器、微控制器、计算机或可编程逻辑器件的任何仪表和控制系统，在电源恢复时都应能“自启动”，而无需人员干预。但是，非安全级系统在没有运行人员干预或授权的情况下，不宜允许系统自启动后执行自动控制操作，并且不宜允许在非失电情况下自行“重启”。

应提供独立式或挂墙式仪表机架，用于安装需要维护、更换、校准的过程传感器和阀门模块。过程信号变送器、电磁阀以及相关的接线应尽量便于该类设备的试验和维护。

当某一区域内使用现场总线技术时，应根据这些仪表安装位置进行分段，并统筹考虑数据传输带宽要求、浪涌和电压跌落等因素。特别地，应对会导致整个现场总线或任一现场总线段失效的故障模式进行分析。

机架上所有与外部连接的电气接线都应引到供货商提供的端子箱或连接件上。

过程仪表的仪表管线不应过长，以免影响测量精度、响应时间和灵敏度。

仪表和控制设备和部件应通过设计、布置保护栅和使用外壳以防止潜在危险。

仪表量程应覆盖被测参数的变化范围，并留有适当的裕量。确定量程时，应考虑到正常、瞬态和事故的工况。

正常运行情况下，仪表应尽量指示在仪表量程的中间段，尽量避免使用仪表量程的低段或高段。

模拟量信号应采用电流输入或差分电压类型，尽量避免使用单端电压信号。

仪表漂移引起整定值的变化不应超越技术规格书的限值。

所有设备和装置应不受电磁干扰的影响，或者通过安装有合适的屏蔽和隔离装置将干扰降低到可接受的水平。安全级设备以及运行重要的非安全级设备应根据相关标准要求进行电磁兼容试验以满足功能性要求。仪控系统和设备不应超过相关标准中要求的发射水平。

在仪表和控制设备的设计、选材和制造中，应尽可能地减少静电放电。对于需要操作或维护的设备，应开展静电放电试验。

安装在构筑物（不包括安全壳）室内仪表和控制设备应在室内环境温湿度范围内运行。如果仪表和控制设备的工作环境无法达到前面规定的要求，则仪表和控制设备应设计成可在所有的电厂运行工况都能正常运行。

对于严重事故工况，包括全厂断电和丧失厂外电，仪表和控制系统应能提供安全所需的监测和控制功能以保护电厂投资。如现有系统和设备不能提供所需功能，应增加临时或额外的设备。这些临时或者额外的设备，应常备电厂内，以便需要时可用。

户外设备应能应对当地的最低和最高温湿度条件。必要时，应考虑防冻措施。

当输入电压和频率发生预期的变化时，包括 GB/T 12727 规定的范围，仪表和控制设备应能正常运行并达到规定的性能。可采用电源调整器或者不间断电源（UPS）对输入电压和频率进行滤波，使设备能在其设计范围内工作。应编制仪表和控制系统设备和外部电源系统间的接口规范，以确保两者之间的相容性。此外，应确保外部电源系统不会明显成为仪表和控制功能共因故障原因之一。

应采取措施保护系统防止由瞬态变化、跌落电冲击和干扰输入（如电磁干扰）引起的故障，这些往往通过连接外部供电系统的供电电缆引入系统。

仪表和控制设备的设计应尽量降低对诸如供电和暖通等支持系统的要求。

对实际上达不到60年设计寿命的仪表和控制装置，应提出并采用合适的更换备件或检修的措施，以达到整个电厂的可利用率和设计寿命。对于有寿命使用年限的设备，如电池或电解电容器等，应在运维手册中明确更换周期以及技术参数。

大的和重要的仪表和控制系统应按最大应用范围预先组装好，并对它们的最终组态进行测试。测试应包括调试和性能检验要求。

仪表和控制设备不应安装在危险区。

对系统中所有关键安全、控制和电厂可利用率的信号均应进行验证。信号验证的复杂程度应根据其信号执行的关键功能情况而定。对系统非关键信号宜能采用较简单的经济实用的验证技术。对每一种应用情况，仪表和控制设计人员应确定其信号验证的复杂程度。

所有的仪表和控制设备应具备线路板级或模件级故障诊断和纠错的能力。

仪表和控制设计人员应对装在机柜内的线路板或模件提供做试验的措施。应提供扩展板、试验点或其他适当的手段，以便进行诊断和试验。

在非安全级系统的机柜内或其他放置设备的地方应有3插孔220VAC公用电源标准插座，以便于检修。当确定插座的位置时，仪表和控制系统设计人员应考虑人员的安全，对电厂运行的影响、移动性、电磁干扰效应和其他对运行有影响的因素。这些公用电源插座便于进行维修时使用辅助灯光和电动设备。当公用电源与仪表和控制系统设备的电源来自不同的源头时，设计时应考虑两者之间接地的不一致，不应给仪表和控制系统设备带来故障或者失效。

尽量避免在仪表和控制系统设备的机柜内进行维修工作。对确需在机柜内维修的，在机柜设计中要考虑有效的内部常设照明。该照明对维修工作是必要的，但其不应构成对人员的危险或要求维修人员在带电设备上操作。应采取一定的设计措施，当维修结束机柜关闭后，照明灯不会继续亮着。

仪表和控制系统设备和部件应对附近的危险物采取保护措施。

9.4.3.3 计算机设备

计算机硬件和软件应尽量标准化。

应确定计算机系统和其外围设备的设计寿命。应提供措施更换老化的设备。

硬件和软件应组合在一起进行测试和验证。硬件、软件、可编程逻辑以及配置应互相匹配，并一起交付。

要求进行充分的组合测试和验证，以确保每项互相有影响的任务都进行了测试。所有的验证和测试均应用文件记载，并作为历史记录保存。仪表和控制系统应执行系统集成测试。如果条件不允许集成验证，那么在发货前应提供足够的交叠测试，在电厂安装调试阶段应执行集成度更高的试验确认系统功能正确性。

应评估和确定计算机和外围设备必需的冗余度和多样性。

所有的设备文件资料和培训记录应从计算机上或外围设备供货商处移交业主。

实时的数字化系统应与全厂统一的时钟服务器进行时钟同步。为简化系统复杂度，安全系统不应有实时系统时间和日期，以减少与外部系统时间、日期同步造成的问题。安全系统应将时间顺序记录数据以数字量或者模拟量数据的形式提供给非安全级系统（已与全厂时钟系统同步）以获取精确的时间标签。未与全厂时钟系统同步的非安全级系统内的时间顺序记录数据，也可采用上述方法。

任一电源模块发生故障时，应发出告警或通知。

执行发电或应急操作的非安全级工作站、服务器及机架应使用不间断电源供电。如果电厂不间断电源系统无法给这些设备供电，那么在这些设备就近的地方应设置不间断电源，并根据丧失电源后设备应至少运行的时间来确定不间断电源的容量。

9.4.3.4 开关

本节所提出的要求适用下列开关类型。

1）接近开关。

2）接触开关。

3）液位开关。

4）压力开关。

5）位置开关等。

应根据应用场景和运行要求，明确每种类型开关的精度、重复性、设计寿命和鉴定寿命要求，并对精度、重复性、寿命进行验证。支持对开关进行组合逻辑，以简化操纵员信息。当使用组合逻辑时，组合逻辑输出以及组合内每个开关的状态都应可读取。

根据应用场景还需确定使用“干”触点或“湿”触点开关类型。应用于严酷环境的安全级开关应进行环境鉴定。

为有效检测开关故障，可考虑采用智能逻辑设计，包括软件算法或硬件逻辑。

所有开关性能都应进行测试验证，并明确测试设备和测试信号类型。

开关应采用模件化设计以便组件能够独立更换。如有需要，开关位置还应设计成可调。

9.4.3.5 传感器

本节提出的要求适用下列传感器类型。

1）温度传感器。

2）压力传感器。

3）声学传感器。

4）光学传感器。

5）振动传感器。

6）流量传感器。

7）中子传感器。

8）辐射传感器。

9）液位传感器。

10）电流传感器。

11）电压传感器等。

应根据应用场景、特点和使用情况选择合适的温度测量传感器类型，提出每种传感器的精度、重复性、校准精度等要求，并证明所选类型符合相关要求。

在温度分层引起测量不确定性的位置，应布置足够数量的温度传感器，将温度测量不确定度降至可接受的程度。

应尽可能考虑采用核电厂中应用广泛的温度测量仪表，如铂电阻和热电偶。

对于流量传感器，一般采用孔板、文丘里、超声波、电磁等常用流量计，根据需要也可采用流量管嘴、均速皮托管、涡街流量计等其他仪表。如需要远程显示和记录，应采用线性刻度显示或图表显示方式。

所有传感器应在要求的正常、瞬态和

异常工况下通过鉴定。

所有传感器都应设置对应测试接口，能够提供直接的输入、输出，从而便于基于微处理器系统进行校准。

如传感器需要配置内部逻辑，应设置可更换逻辑模块，以便能够单独更换该模块，而无需更换整个传感器。

所有传感器都应允许实验室校准和现场校准，并配置对应直接输入输出设备进行测试和诊断。校准规程规定的最大偏移应充分考虑现场校准环境和实际运行工况的差异。

传感器在使用中不应出现无法探测的故障模式。

应基于对传感器共因故障导致的风险的考虑，通过采用必要的多样性准则进行防御，如运行原理多样性、功能多样性等。

9.4.3.6 隔离装置

根据 GB/T 13286，为了保持 1E 级的完整性，应采用安全级的信号隔离装置，对 1E 级信号与非 1E 级信号（数字量和模拟量）之间进行隔离。

可采用光纤对多路传感器和数据采集设备之间进行隔离。

应根据设计的应用情况和环境条件选择隔离的类型。可接受以下隔离类型：光耦合、变压器耦合或其他合适的类型，例如固态隔离器等。应能表明为某种应用所选的隔离装置满足有关输入电压保护的要求。应考虑在电力分配和导线互联中的发热。

采用模拟隔离装置不能使仪表安全级回路精度低于安全分析的要求。

模拟隔离装置的线性度和稳定性不应随时间和温度的变化而显著地降低。

应根据应用场合，选择用于共模抑制的隔离器。

9.4.3.7 阀门仪控特性

电动阀应配置独立于逻辑驱动回路的阀门控制方式和阀位指示，并避免使用共用的驱动回路。

电动执行机构应尽可能采用标准设计，包括可编辑逻辑，以及可更换的控制和位置指示部件。

执行机构应具有下列特性。

1）电动阀应具有阀开和阀关的位置检测，并配置保护措施放在阀门全关和全开操作时防止机械过载。应明确阀门类型、精度、重复性和阀位指示数量等技术信息，并满足可靠性、可使用性、可维修性的要求。

2）如阀位和过载回路通过电平逻辑产生信号，应采用干触点输出。对于严酷环境的安全级干触点应用，应确保触点回路所在的执行机构通过鉴定。

3）安全系统中的气动阀在失去气源或控制信号时应确保故障安全。

4）在供电故障或全厂失电导致气源无法补充的情况下，根据需要可配置备用气源，具备驱动阀门在有限循环次数内完成所需量程范围内动作的能力。

5）阀门通常在开、关位置分别设置一组限位开关。

6）1E 级电动阀应根据《核电厂安全级电力系统及设备保护准则》（NB/T 20089）的要求设置热过载装置，并在主控制室提供热过载动作报警。

7）除非执行机构由于失电或力矩开关动作而使阀门停在中间位置，所有非调节型阀门（如截止阀或旁通阀）应设计匹配的控制电路以防止阀门在其中间位置走向逆转。

8）安全级阀门控制回路的设计应确

保安全级自动信号相比较所有其他过程控制信号具有最高优先级。

9）非调节型阀门应尽量避免使用中间位置走向逆转的类型。当需要使用这种类型的阀门时，设计方应阐明使用理由并设置适当的安全措施，防止阀门在中间行程位置发生意外的走向逆转。

10）对于失去气源后仍需动作的气动阀，应配置备用气源，如储气罐或压缩氮气气源。备用气源应能确保阀门动作至所需位置，设计方应合理设置确保备用气源不会因为系统运行变化而丧失影响阀门在失去气源后动作的能力。储气罐一般用于失去气源后仍需连续调节的阀门。

11）位于惰性气体或高辐射区域气动阀的先导电磁阀应尽量布置在上述区域以外，以便能够进行运行维护和检修。

12）气动阀，不论是否为调节型，都应配置阀位指示，宜配置就地端子箱。

13）应用于严酷环境的安全级气动阀，其限位开关应进行环境鉴定。

14）气动阀的阀位指示（带定位器）应同时具备阀位指示和控制阀位的能力。

15）对非闭式循环的流体系统，泵的出口阀应与泵进行联锁控制，以防止泵发生过载，通常采用将阀位与泵的启停进行控制关联。其中，阀位应直接通过阀杆获得，而不应当采用控制回路输出或通过先导阀门反馈。对于已采用其他物理方式避免泵过载发生的系统，如使用防气蚀的文丘里管，泵阀可以不进行联锁。

16）1E 级电动阀的控制和驱动电源应与其安全序列相同，非 1E 级电动阀的控制和驱动电源也应当与其供电电源序列相同。

17）具有公共接触电刷的触点对不能用在不同相位、型号或电压水平的电路中。

如果动力阀的阀杆位置不可见或阀位指示不可用，应配置就地阀位指示装置。

所有手动阀应尽可能配置安全锁定装置，以及可用于远传的阀位变送器。对于无法配置阀位变送器的手动阀，需提供操纵员手动输入阀位的人机接口。同时，通过相应逻辑应能在系统层级上显示阀门旁通或不可用状态。

应明确需进行外部和/或内部泄漏监视的重要阀门。在电厂运行时，应对外部泄漏进行检测。

安全系统中的气动阀在丧失气源或控制信号时应处于故障安全位置。

当失去外部动力源时，反应堆回路控制相关的阀门应处于故障安全位置，避免电厂安全系统功能的实施受到影响。同时，阀门失效位置也应考虑事故后电厂恢复操作的需要。对于失效不影响电厂安全，以及事故后电厂恢复无需操作的阀门，其故障安全位置应使电厂保持功率运行及可控工况。

9.4.3.8 仪表和控制设备的供电

当供电电源的电压和频率在设计范围内发生变化时，仪表和控制设备应能正常运行。

当直流输入电压在设计范围发生变化时，仪表和控制设备设计应能正常运行。

电源输入的浪涌保护装置应设计成并经过试验可承受相应标准范围内最大的冲击。在相关标准范围内的冲击应不损坏电源或与其相连接的设备。冲击过去后，设备应不经维修或电厂人工再标定而能实现所有功能和达到所有的性能。电源输入冲击承受要求，仅适用于供电电缆穿过机柜边界的情况。

机柜内应提供对交流输入电源的过流

保护。

机柜子系统的直流电源供电应提供过压、过流保护。实施电源保护措施不应引起设备的损坏。故障条件一旦消除，直流供电恢复，系统复原，设备应能正常运行并达到规定的性能。这可能要求电厂人员在恢复系统至运行工况前，手动复位系统供电保护设备。

应在机柜内将交流供电输入分配至柜内其他交流和直流（如电池）接线端子。

在同一机架内设备应由同一个直流电源供电，一个机柜内直流电源母线不应跨越机架。

应根据每个机柜内的设计负荷，确定从配电盘到机柜的供电电缆规格。

非 1E 级仪表和控制及其实现相关功能的所有设备，均应由非 1E 级电源和配电系统供电，不应和 1E 级电源或配电系统相连接。

如果一个仪表回路由不间断电源母线供电，则其整个功能（指示、报警等）应由不间断电源母线供电。

显示器、就地指示器和在仪表回路中需要电源的设备应有明确丧失电源的指示。

若一些专门的仪表要求区别于指定的电源要求，则需要电源子系统应该提供电源。

9.4.3.9 接地

所有仪表和控制设备的接地应与全厂接地原则保持一致。

1）保护和电源接地

机柜内，电源的保护接地点应与信号接地点分开。

应为所有设备，包括机柜机架和门提供合适的接地方法接至机柜接地点上。

断开任何一个设备的接地连接，都不应影响其他设备与地的连接。

当电气设备停运时，应有措施使其有效接地，接地应包括可移动的接地电缆，电缆应足够长，能从最远处接到地网接头或设备接地母线。

机柜接地母线网络设计应使机柜内各子系统间的共模电压减至最小值。公共接地母线应接至电厂接地母线尺寸适当的接地螺栓上。机柜内接地母线宜使用一根专用的适当尺寸接地电缆，直接接至电厂主接地网上。

电源公共点应提供低压电流从负荷返回到电源的一个通路。电源公共点应以一点接到机柜接地母线上。

2）仪表接地

仪表接地系统通过单独的接地母线和绝缘电缆组成的放射式接地系统接地。仪表接地系统与全厂接地网一点连接，并与其他接地回路相隔离。

屏蔽线的接地应和模件分开，从而使得从回路中取出模件不会破坏屏蔽的连接。

屏蔽层接地时，应使屏蔽层的电势尽量接近信号源处地的电势。屏蔽电流既不能在地基准点上，也不能在信号导线上流动有地电势差。设备间信号的传送，可采用差压、电流、光导或交流耦合的方式。系统之间应有足够的隔离以防止形成地回路。

电厂仪表接地应使系统间的地电势差不会因为共模电压过大而损坏接口设备。系统间信号可通过隔离器连接，以保护设备不受损害。

至仪表接地母线的连接件应采用防腐蚀的材料和技术。

9.4.3.10 电气贯穿件和密封件

若用屏障型贯穿连接件，仪表和控制

信号不应衰减。如果不会造成信号衰减，则可使用拼接方式。干式电路的连接件应使用适当的节点镀层防止腐蚀。严酷环境下使用的安全级干式电路连接件应经过相关鉴定。

所有安全壳电气贯穿连接件应有备用连接头，应确定备用连接头的数量并体现在设计图纸上。

在仪表和控制信号贯穿件的设计中应考虑来自其他电气贯穿件的电磁干扰影响。

安全壳电气贯穿件应根据《核电厂安全壳电气贯穿件》（GB/T 13538）开展设计和鉴定试验。

不同电压等级的电缆应使用不同的安全壳电气贯穿件，即中压电缆、低压电缆、控制电缆和仪表电缆不可混用同一个贯穿件。在模块化的贯穿件中，光缆模块可与控制电缆和仪表电缆模块共用一个贯穿件组件。如果通电发热不会影响光缆回路的功能，那么光缆模块可与低压电缆和中压电缆模块共用一个贯穿件组件。

连接安全功能电缆的贯穿件不应连接非安全级的电缆或者不同序列的安全级电缆。

9.4.3.11 电缆、光纤和电缆桥架

1）设备电缆

考虑电缆更换的价格、复杂性和电厂停役时间等因素，应确定电缆备用芯的要求，并将备用芯的信息体现在图纸上。在电厂建安阶段，应移除有缺陷的电缆。

所有仪表和控制电缆应有指定的颜色编码和识别编号，应建立颜色编码和识别编号的体系，应尽量与颜色编码和识别编号的工业标准一致。

应按相关标准的规定对多芯控制电缆的芯线编号。如果在控制电缆环境鉴定试验中未附带绝缘颜料进行试验，那么控制电缆的颜色编码和序号应印在绝缘层的表面，且不应再使用绝缘颜料。

屏蔽双绞线至少应为所有的对芯线提供总屏蔽。尽可能使用多对芯的电缆。每对芯线、屏蔽应提供颜色编码或者编号。

应根据整个电厂设计中确定的颜色和编号标准编制屏盘内的接线标准。

所有的仪表和控制电缆应尽可能预置好。

系统数据传送电缆应满足《核电厂安全级电气设备和电路独立性准则》（GB/T 13286）中隔离要求。

所有 1E 级电缆应满足相关标准的要求。

电缆中间不应有接头，除非采用端子箱做专门的保护。接头的材料应专门审查且适合于运行环境。用于 1E 级回路中严酷环境下的接头和连接件应开展环境鉴定试验。如果使用了连接件，应留有足够的空间进行维护而不对其他连接件造成影响。连接件不应使电缆受到明显的拉伸。

电缆系统设计应做到尽可能小的建安工程量，满足最小弯曲半径、最大张力和侧壁轴承压力的要求。关于拉伸张力和最大允许敷设长度的计算应与相关标准的要求一致。

2）电缆桥架

低压控制和仪表电缆桥架系统应与动力电缆桥架系统相分离，以使对信号干扰降至最小。可采用接地的金属电缆管道和空间分离方法来达到桥架隔离的目的。

动力电缆应屏蔽。屏蔽应接地以把接地干扰减至最小。金属铠装可以作为低压动力电缆的屏蔽。

屏盘内走线量不宜超过走线能力的 40%。

盘内走线应采用下列隔离准则。

(a) 交直流线路应分开。

(b) 仪表信号走线应和电源、控制走线分开。应采用不同的走线通道将其分开。不允许将仪表信号线和电源、控制线交织在一起。

(c) 应按 GB/T 13286 的要求将 1E 级线路和非 1E 级线路及冗余的 1E 级线路进行隔离。

(d) 冗余的 1E 级设备和控制开关盘内导线间的最小隔离距离应满足 GB/T 13286 的要求。在无法满足隔离距离时，应安装隔栅。

(e) 非 1E 级电路不能和 1E 级或 1E 级相关电路一起敷设。对于有护套和没有护套的光缆的隔离要求见 GB/T 13286。

(f) 1E 级屏内的开口套管应密封。

当电缆穿越防火屏障时，应采取相关措施保证桥架的密封确保防火屏障的完整性。

3) 光缆

光缆的电缆桥架，电缆托架和贯穿件应考虑光缆的最小弯曲半径。

每一根光缆都应有 100%的备用线芯。

光缆及其内部结构应满足《核电厂安全级电缆及接头鉴定》(NB/T 20420) 关于火灾蔓延的要求。可采用实物填充或者阻燃屏障的方法实现。光缆的外部护套和子单元结构中的内部护套应采用低烟无卤类型。

光缆应采用与电缆相同的颜色编码。

应考虑光缆传输过程中的信号衰减。

应尽可能减少光缆的类型。

4) 光缆桥架

当光缆敷设在桥架中时，可采用以下方式。

(a) 已采取相关措施防止光缆被挤压造成损坏，则可将光缆敷设在梯架中，也可布置在桥架托盘的底部。

(b) 如果光纤有内部护套保护，则可将光缆敷设在梯架中。

光缆的隔离应满足 GB/T 13286 的要求。

光缆可与仪表电缆、动力电缆敷设在同一电缆托盘中。应采用合适的保护方式或者光缆内部采用导管包裹光纤以保护光缆在托盘内不受损坏。如果光缆采用金属铠装作为保护层，那么应满足 GB/T 13286 关于金属导体的隔离要求。

如果光缆与电缆同时敷设在套管内，则光缆应加保护或者光缆内部有导管保护光纤。

9.4.3.12 现场端子和连接

现场接线端子和连接方法应有以下特点。

1) 可靠牢固，能承受设计基准地震和电厂设备振动而连接不会脱落。

2) 留有一定的改进性维修空间。

3) 在维护、检修和更换部件时方便断开。

4) 有端子的编号。

5) 所有材料和工作环境相容、信号不会减弱。

6) 应备有直接和简单的现场端接工艺，供电厂业主的人员使用而不需大量的和频繁的培训或专门的设计工具。

7) 符合 GB/T 13286 关于端接的规定。

针对有较多现场接线连接到某一较为集中的地方，在此处应考虑设立端子箱。

9.5 功能要求

9.5.1 保护系统

9.5.1.1 系统功能

保护系统应为执行用于保证电厂安全所要求的电厂和系统功能提供必要的监视和控制。各种监控功能应在反应堆保护及每个安全驱动功能之间进行合理分配，以保证在设计过程中明确要求的功能和任务得以正确执行。本节虽然对这些监控功能进行了初步分配，但设计者应最终负责对所有监控功能的运行进行有效匹配和集成，从而保证所有功能得以有效运行。此外，在完全满足设计过程要求（特别是功能设计方法要求）及功能和任务分析的前提下，监控功能的分配还可从是否能显著改善电厂的可运行性、简单化或可靠性的角度进行考虑。

保护系统的功能可以分为以下两类。

1）与防止堆芯损伤相关的功能。

2）假如发生堆芯损伤，与缓解其后果相关的功能。

即使防止性功能执行完成，但某些事件仍有可能导致堆芯发生损伤，此时需要执行缓解性功能。在这些事件中，保护系统应尽实际可能地通过执行上述防止-缓解功能来限制堆芯损伤的程度。

由于涉及对安全功能的监视和控制，因此保护系统的这些功能几乎都是安全级的。设计者应负责对所有安全级的监控功能进行识别，并保证这些系统满足相关的监管要求和导则。

上述功能通常包括以下方面。

1）限制反应堆功率水平

作为防止堆芯损伤总体功能的一部分，应提供将反应堆产生的能量限制在不会导致堆芯损伤的程度的必要控制和监视。此功能主要由反应堆保护系统完成，它监视功率水平和其他电厂变量，并通过触发控制棒动作来降低堆芯反应性。对于长周期运行的工况，可通过在反应堆中添加可溶毒物来降低反应性和产生的能量。

2）降低反应堆冷却剂压力

作为防止堆芯损伤总体功能的一部分，应提供将反应堆以及反应堆冷却剂系统压力降低到与电厂工况相匹配的水平的必要控制和监视。对于大多数工况而言，压力控制和监视由反应堆冷却剂系统的控制系统提供。对于降低其压力相关的安全功能，应提供与控制系统相独立的监视和控制。

3）维持反应堆冷却剂装量

作为防止堆芯损伤总体功能的一部分，应提供将反应堆和冷却剂装量维持在适当水平的必要控制和监视。对于大多数工况而言，反应堆冷却剂装量的控制和监视应由控制系统和冷却剂泄漏探测系统提供。对于维持反应堆冷却剂装量的安全功能，应提供与上述系统相独立的监视和控制，以保证独立的安全功能可以可靠执行。

4）排出反应堆余热

作为防止堆芯损伤总体功能的一部分，应提供用于排出反应堆堆芯产生的余热以保证不会超过可能导致堆芯损伤温度的必要控制和监视。余热排出功能可由几种不同的独立系统执行，应通过合理分组来保证对这些系统的监视和控制具有独立性。

5）隔离安全壳

作为缓解堆芯损伤后果总体功能的一部分，应提供用于建立安全壳隔离触发条件的必要监视、提供完成隔离的控制、并提供用于确认隔离完成和维持状态的监视。

6）维持安全壳完整性

作为缓解堆芯损伤后果总体功能的一部分，应提供维持安全壳边界完整性的必要控制和监视。这包括提供安全壳冷却以及防止出现可能导致结构损坏或泄漏增大的超压。

7）限制放射性释放

作为缓解堆芯损伤后果总体功能的一部分，应提供用于识别放射性潜在释放的必要监视，以及将释放限制在一个可接受低水平的必要控制。

9.5.1.2 范围和接口

保护系统为每个安全系统提供的监视和控制功能范围，应与这些系统的实体边界保持一致。

系统实体范围包括必要的硬件和软件，通常包括：

2）仪表传感器。

2）辐射监测探测器。

3）数据通信设备。

4）数据处理设备。

5）控制器和逻辑装置。

6）操纵员接口硬件（如控制器、指示器等）。

7）支持硬件的软件。

为保证不同电厂系统之间的运行匹配和集成，设计者应规定和控制在各种监控系统之间以及与电厂工艺系统之间的接口。以下是与保护系统存在接口的典型系统。

1）中子测量系统通常提供关于堆芯中核功率大小及分布的相关信息，作为反应堆保护系统逻辑的输入，并在保护功能驱动时确认其有效性。

2）反应堆、一回路系统、主蒸汽、汽轮机系统及其他电厂系统的传感器通常为反应堆保护系统逻辑提供输入信号。

3）控制棒驱动系统通常根据反应堆保护系统逻辑发出的命令对控制棒进行控制，并在保护功能驱动时确认其有效性。

4）电气系统通常为反应堆保护系统的运行提供关键和冗余的供电。

5）暖通系统通常为反应堆保护系统设备提供适宜环境的控制。

9.5.1.3 通用监控策略

除了根据某些特定要求而作出改变外，设计人员应对保护系统各部分提供一致的控制和监视策略。

1）触发和驱动运行

通常应为保护系统提供自动的触发或驱动。即：需要保护或安全动作的工况应在无需操纵员操作下自动触发相关系统动作，但同时操纵员也应具有手动触发系统动作的能力。保护或安全系统的触发应在主控制室中产生报警，并为操纵员提供充分信息，用于确认：

（a）驱动是必要的，如是对电厂实际需要的响应。

（b）驱动产生了预期的系统动作，如泵启动、阀门打开等。

2）正常运行

保护系统应能在保护动作驱动后至少30 min内保持连续自动运行。在这之后，可能需要一些手动动作，但不应为执行保护或安全功能而要求长时间的手动操作，如几小时或几天。

3）停运或重新配置运行

保护系统通常应为操纵员提供手动将保护系统置于停运（或返回备用状态）的手段。为确保保护或安全系统的手动停运或重新配置仅发生在避免事件严重性升级时，保护系统应设置最少的必需的联锁。宜将为避免设备损坏而使系统自动停运或复位的必要性降至最低，应保证维持安全功能优先。

4）试验运行

保护系统通常应提供在运行人员指导下启动试验的能力，但试验本身大部分应能自动执行。对于无需系统设备实际动作的试验，设计人员应评估是否可以采用自动试验的方式。在自动试验无法实现的情况下，设计人员应为运行人员提供辅助或有助于减少运行人员潜在失误的其他功能。在任何情况下，试验都不应损害保护系统执行保护或安全功能的能力。如果可行，试验中的系统在需要动作时应能自动恢复至正常运行状态。

9.5.1.4 集成和协同运行

保护系统应将各安全系统的功能进行集成和匹配，从而使电厂总体及各单个系统的性能和功能要求得以满足。

设计人员应保证保护系统与其他监控系统之间的匹配和协同，尤其是能量产生相关的控制系统。

设计人员应明确保护系统与电气系统控制之间的协同，以保证供电与功能重要性之间的匹配，特别是那些在丧失交流电时需要运行的系统。

9.5.1.5 通用性能要求

1）触发信号

设计人员应为自动驱动反应堆停堆和其他安全功能选择一系列电厂过程变量，并在下述两方面进行权衡。

（a）提供多样化的驱动信号以降低共因故障可能性。

（b）避免由于输入信号过多而导致误驱动。

特别的，设计人员宜保证所有信号（特别是那些主要为提供多样性而选择的信号）都是明确的，如感知的工况能始终表征驱动要求。宜在只有需要优化响应时间且信号明确的情况下才可采用预期性驱动，如预期信号的出现表征导致要求驱动的工况肯定会出现。

2）动作的完成

驱动系统动作的保护功能一旦被系统逻辑触发，则动作就应执行完成。

3）复位

一旦已经引发系统驱动，应要求只有在采取适当措施的管理控制下，才可执行手动动作来复位系统逻辑。

4）保护动作故障的影响

系统的单一故障不应阻止或引起保护动作驱动。《单一故障准则应用于核电厂安全系统》（GB/T 13626）给出了单一故障定义以及应满足的包括可探测和不可探测故障在内的准则。系统中发生的第二个故障不应阻止保护动作，但可能会导致反应堆停堆或系统驱动。这里双重故障的要求仅限于传感器及系统的驱动部分，不包括反应堆停堆或其他终端驱动装置。另外，双重故障要求仅适用于系统的非试验工况。

5）信号符合

反应堆保护系统的触发逻辑应要求对来自同一个变量或同一变量组合的两个或多个通道进行符合。即来自两个或多个不同变量的单独通道的符合，不应导致保护动作。

6）手动和自动触发的独立性

系统动作的手动触发应满足前文关于安全功能手动驱动控制器的要求。

7）环境对设备的影响

反应堆保护系统应在可能遇到的极端环境条件下执行其安全功能，包括：

（a）正常运行。

(b) 诸如温度、湿度、放射性及电磁或射频干扰等环境压力。

(c) 维修。

(d) 假想事故，如 LOCA 等设计基准事故。

(e) 同时丧失交流和直流电源。

(f) 消防系统运行，如喷水、灭火剂或二氧化碳系统（不包括使用手持式灭火器直接对反应堆保护系统和安全系统设备执行的高压或低压喷射）。

8) 后备保护动作

应设置一套后备反应堆停堆系统，或通过电厂设计（如利用大容量卸压阀或稳压器容积）保证反应堆和一回路系统在经受未能紧急停堆的预期瞬态（ATWS）考验时不会造成堆芯损伤、丧失冷却剂或安全壳边界的完整性。无论采用哪种方式，应将技术考虑和决策以恰当形式形成书面材料，以用于后续独立评审。

如果电厂设计可确保不自动插入控制棒的情况下能够经受住 ATWS 工况的考验，那么增加后备停堆系统可能会为电厂增加不必要的复杂性。反过来讲，如果为保证电厂能够经受 ATWS 考验而增加了其他电厂系统的复杂性，那么设置后备停堆系统则可能是一个更好的选择。应通过有效的评审和评价在这两种方式之间进行权衡和选择。

此外，应开展纵深防御和多样性（D3）评价，识别仪控系统是否存在可能的共因故障以及是否得到恰当地缓解。如果假设的共因故障会导致安全功能失效，应提供多样化手段执行相同或不同的功能，并保证执行该多样化功能的系统不会受到同一共因故障的影响。

9) 试验

保护系统应能开展满足要求的定期试验，并尽可能地提供更多的自诊断功能。即，保护系统应仅在自动试验不可行的情况下才要求操纵员手动执行试验。

10) 布置

保护系统设备应布置在就地事件不会妨碍其执行保护功能的位置。保护系统应整个布置在重要区域，并尽可能地通过恰当的布置（如实体分隔）保证系统的不同部分不会受到同一事件的影响。

11) 驱动和状态的确认

应为主控制室操纵员提供操纵员辅助手段（如显示），以帮助他们能对以下信息进行快速和无误的确认（即使在丧失交流电的情况下）。

(a) 保护动作已被触发。

(b) 保护动作已经完成，如未完成则可识别尚待完成的动作。

(c) 保护动作是基于实际工况的，即不是误动作。

(d) 保护系统处在防误动降级的情况。

尽管保护系统正常运行不需要操纵员的关注，但在保护功能驱动时可能需要操纵员提供必要的后备动作。保护功能驱动和反应堆停堆通常会为操纵员带来较大的工作负荷，因此虽然并不能完全消除操纵员对保护系统状态的关注，但宜将这种影响降至最低，避免影响操纵员对停堆其他方面的注意力。

12) 整定值修改

系统配置应防止对保护系统整定值执行无意或未授权的修改。应提供相关功能保证整定值修改已经获得批准，并在生成了正确的变更记录时才可实施。

9.5.1.6 特定功能要求

1) 安全壳隔离

(a) 功能

安全壳隔离为隔离安全壳提供必要的控制和监视，以保证将释放到环境中的放射性减少到最小。

（b）监控策略

a）隔离动作的确认

安全壳隔离应自动触发和完成而无需操纵员动作。应为操纵员提供简单易用的操纵员辅助手段（如显示）和相关控制，帮助他们能快速有效地完成以下操作。

- 确认要求的隔离已经完成，或在必要时采用手动操作完成隔离。
- 确认隔离是基于有效信息而触发的。
- 工况允许时，采取手动操作对被隔离的系统进行恢复。

尽管隔离是自动的，但操纵员操作可提供有价值的后备。但是由于隔离动作涉及众多设备，因此除非为其提供有效的辅助，否则他们很难提供有效后备。

b）防误隔离

安全壳隔离的设计应提供有效措施防止误触发手动或自动的安全壳隔离。

涉及安全壳误隔离的系统瞬态十分严重，且必然导致发电能力丧失。因此，安全壳隔离误触发违背电厂可用性目标。

（c）集成和协同运行

安全壳隔离的监控应与其他电厂系统的监控进行集成和协同，尤其包括与以下系统协同的考虑。

a）产生安全壳隔离触发信号的系统。

b）含有受安全壳隔离命令自动控制的设备的系统。

安全壳隔离涉及大量电厂系统，因此需要考虑在各相关系统之间广泛存在的相互连接。

2）安全壳系统

（a）功能

安全壳系统功能提供了将潜在放射性物质包容在安全壳内的必要的控制和监视。

（b）监控策略

安全壳的工况监视应不要求直接的操纵员动作。应为主控制室操纵员提供操纵员辅助手段（如显示），提供对以下信息的简明指示。

a）安全壳系统就绪状态。

b）事故进程中的安全壳状态，包括相关数据处理算法，如基于仪表管线实际温度对液位指示的补偿。

安全壳必须保持在允许电厂运行的就绪状态。事故工况下，在缺少支持操纵员理解数据的辅助手段情况下，来自安全壳的大量数据可能对操纵员带来无法应对的巨大负荷。

（c）集成和协同运行

安全壳系统的监控不要求与其他的电厂监控功能进行深度集成和协同。

3）非能动安全注射系统

（a）功能

非能动安全注射系统功能应为反应堆压力容器注射提供必要的监视和控制，保证在发生 LOCA 后维持一回路足够装量以避免堆芯损伤。

（b）监控策略

a）触发和驱动运行

非能动安全注射系统应自动触发，并使用多样化的触发信号。

保护系统应提供充分的监视和控制，使操纵员在系统级和设备级均能提供有效的手动后备触发。

b）正常运行

触发后，非能动安全注射系统的运行应不要求自动控制系统运行，但 72 小时后可能需要某些操纵员手动动作，因此应提供触发后的运行监视，包括在丧失厂外或厂内交流电的工况下。

c）停运或复位运行

为将电厂功能恢复至安全系统未触发时的正常运行状态，保护系统应为手动复位安全功能提供必要的控制和监视。这些控制应设置必要的联锁，保证在允许手动操作前需要保护功能驱动的工况已经消除。

(c) 集成和协同运行

非能动安全注射系统的监控应与其他电厂系统的监控进行集成和协同，包括：

a）来自反应堆冷却剂系统的触发和监测信号。

b）来自安全壳系统的触发信号。

4）非能动余热排出系统。

(a) 功能

非能动余热排出系统功能应在正常热阱系统不可用时为排出反应堆衰变热提供必要的监视和控制。

(b) 监控策略

a）触发和驱动运行

非能动余热排出系统应在丧失蒸汽发生器热量排出能力时自动触发。

保护系统应提供充分的监视和控制，使操纵员在系统级和设备级均能提供有效的手动后备触发。

b）正常运行

触发后，非能动余热排出系统的运行应不要求自动控制系统运行，但72小时后可能需要某些操纵员手动动作，因此应提供触发后的运行监视，包括在丧失厂外或厂内交流电的工况下。在交流电可用时，由控制系统侧提供对降温速率的手动控制。

c）停运或复位运行

为将电厂余热排出功能恢复回由非安全级系统执行的正常运行状态，保护系统应为手动复位安全功能提供必要的控制和监视。这些控制应设置必要的联锁，保证在允许手动操作前需要保护功能驱动的工况已经消除。

(c) 集成和协同运行

非能动余热排出系统的监控应与其他电厂系统的监控进行集成和协同，包括与蒸汽发生器及备用给水系统。

5）卸压系统

(a) 功能

卸压系统功能应提供必要的监视和控制，以实现：

a）将反应堆冷却剂系统的压力降低并维持在允许非能动安全注射系统投入运行的水平。

b）排出稳压器中的不可凝聚气体。

(b) 监控策略

卸压系统应能自动触发，同时具有从主控制室和远距离停堆室手动触发的能力。

保护系统应采取适当措施将卸压系统驱动的可能降到最小，并防止由操纵员人因失误导致的误驱动。

卸压系统的误驱动实际上就是丧失冷却剂事故（LOCA），会引起其他安全系统的动作。

(c) 集成和协同运行

卸压系统的监控应与其他电厂系统的监控进行集成和协同，特别包括：

a）RCS反应堆冷却剂系统工况。

b）非能动安全注射系统的监控。

6）非能动安全壳冷却系统

(a) 功能

非能动安全壳冷却系统功能应为事故工况下排出安全壳热量提供必要的监视和控制。

(b) 监控策略

a) 触发和驱动运行

非能动安全壳冷却系统应自动驱动。

保护系统应提供充分的监视和控制，使操纵员在系统级和设备级均能提供有效的手动后备触发。

b) 正常运行

触发后，非能动安全壳冷却系统的运行应不要求自动控制系统运行，仅需提供用于确认系统正确运行的监视。

c) 停运或复位运行

保护系统应提供必要的控制和监视，以允许手动使非能动安全壳冷却系统退出安全状态并返回其初始状态。这些控制应设置必要的联锁，保证在允许手动操作前需要保护功能驱动的工况已经消除。

(c) 集成和协同运行

非能动安全壳冷却系统的监控应与其他电厂系统的监控进行集成和协同，包括来自安全壳系统的触发信号。

9.5.2 控制系统

9.5.2.1 系统功能

电厂设计方应明确反应堆（堆）和蒸汽用户（机）间的协调运行方式，可选择“堆跟机”或“机跟堆”。

对于非能动电厂，一般需考虑以下关键控制功能，来实现堆机协调运行目标。

1）通过控制棒来改变反应堆功率输出。

2）通过稳压器对反应堆冷却剂压力进行控制。

3）通过化学和容积控制系统对稳压器液位进行控制。

4）通过给水控制系统控制蒸汽发生器的液位。

5）通过蒸汽排放系统消纳在甩负荷瞬态中的多余蒸汽，维持“堆”侧和“机”侧的负荷平衡。

对于关键控制系统和其他电厂工艺（流体、暖通）控制回路，均需要保证系统控制的稳定性，同时注意控制的瞬态响应速度。此外，控制系统应支持运维和测试等特殊模式。

9.5.2.2 控制策略

为了保证控制系统性能，应考虑以下通用控制策略。

1）PID 控制器应具备抗积分饱和特性。一般的实现形式为积分项的限值等于 PID 输出限值减去比例项的值。

2）对于自动控制功能，均应设置相应的手动控制。操纵员应能根据运行要求或者为了实现针对被控对象及其相关部件的复杂控制目标，进行自动和手动控制模式的选择。对于需要在面板上操作多个终端执行器的控制功能，应该为每个执行器设置手动控制模式；手动和自动等控制模式之间应实现无扰切换，防止引入系统瞬态。

3）控制系统设计时应考虑电厂和设备非线性特性。典型具有非线性特性的设备有：汽轮机主蒸汽调节阀、给水调节阀等。控制系统应对这些非线性特性进行补偿，来保证在各运行点附近的响应特性和稳定性。

4）控制系统设计时应考虑电厂设备和过程的反向特性、积分饱和、死区和系统延时等影响。

5）应通过对控制系统的参数整定和调试，保证其能维持相关流体系统的稳定状态。

6）应考虑采样频率和分辨率的影响，避免使控制系统性能降级。

为了降低执行器的机械载荷和系统的热冲击载荷，提高设备系统的使用寿命，应对闭环控制功能进行优化，以减少终端执行器的动作次数。

为了保证关键控制系统性能，针对设计的运行工况，应通过充分的仿真分析对控制系统进行验证。

9.5.2.3 接口

1）与测量回路的接口

控制系统的设计需考虑测量系统的原理、部件特性（如传感器、引压管、缓冲器）对控制性能的影响。当显示的指示值可能在某些工况下误导操纵员时，应针对温度和压力对测量的影响对测量结果进行补偿。例如，环境温度对液位测量参考段的影响、过程工况对流体密度的影响将对液位控制准确性有较大影响。

测量数据或者控制设备的故障可能引起控制系统误动作，并可能引起更大范围的仪表和控制系统动作，进而对电厂产生更大范围的影响。因此，针对控制功能的输入信号和设备性能故障，应提供检测手段来缩短维修时间。应对输入信号进行限值监测或和其他信号进行比较，并在检测到异常后采取有效措施。

2）与仪表和控制系统的平台软件的接口

设定值、校准系数、测点量程以及其他关键系数应保存在仪表和控制系统的永久内存中，防止在电源中断时丢失。应定义并设计电厂系统和部件在失电（控制端或现场端）恢复后处于安全位置。

主控制室应支持启动顺序控制、模式切换、闭锁等操作的信息显示；成功执行控制动作后，各控制功能应向操纵员提供反馈。

3）与保护系统的接口：

不建议在安全系统和非安全级系统之间设置软件接口，如果不能避免，设计方要证明设置了充分的隔离措施。

部分被控设备需要接收来自保护系统的超越控制命令，例如：给水调节阀在调节给水流量的同时，还受保护系统的控制，由保护信号自动关闭。

9.5.3 仪表系统

9.5.3.1 过程测量系统

1）功能

过程测量系统通过设置必要的仪表，对电厂温度、压力、流量和液位等过程变量进行测量，获取电厂的参数和变化。

2）监测策略

（a）实现电厂过程变量的连续检测。

（b）每个停堆变量采用 4 个多重的测量通道，每个通道采用独立的传感器。

（c）通常专设安全设施驱动采用 4 个传感器监测每个变量（这些传感器可能监测与停堆功能相同的变量）。

（d）在各种电厂运行工况下（包括预计运行事件、事故与事故后工况等），为操纵员提供电厂信息，操纵员通过获取安全显示信息监视和维持电厂的安全运行，或在必要时停堆。

（e）为电厂控制系统在电厂启动、提升功率、功率运行和停堆工况下执行控制和调节功能提供电厂信息。

（f）为多样化驱动系统提供电厂信息。

3）接口

（a）向保护系统提供测量信号。

（b）向电厂控制系统提供测量信号。

（c）向多样化驱动系统提供测量信号。

9.5.3.2 堆芯测量系统

1）功能

堆芯测量系统通过测量反应堆堆芯中子注量率、堆芯温度等参数，用于在线监测反应堆堆芯中子注量率分布及堆芯出口温度等反应堆堆芯状态信息。

2）监测策略

（a）应实现堆芯状态的在线连续监测。

（b）探测器宜采用一体化结构，从反应堆顶部插入堆芯，提高安全性和可维护性。

3）接口

（a）向多样化驱动系统提供4个象限的堆芯出口温度测量信号。

（b）向数据显示和处理系统定期发送自给能中子探测器测量数据。

（c）向保护监测系统提供堆芯出口温度测量信号。

9.5.3.3 堆外核测系统

1）功能

堆外核测系统用于对反应堆功率水平进行持续监测，用于确认反应堆功率水平、变化率以及功率分布情况是否处于可接受的范围。这些监测功能通过设置在反应堆压力容器外干孔道内的一系列测量中子注量率的探测器来实现，所使用的探测器应易于更换和维护。

2）监测策略

堆外核测系统的人机接口需要分析中子通量水平和分布信息，因此需要满足以下要求。

（a）监测必须自动进行，且能够满足操纵员的要求。

（b）监测数据应通过有效手段进行处理用于呈现给操纵员，以便于操纵员实时掌握监测信息。

（c）通过报警或者其他方式提醒操纵员注意。

3）接口

堆外核测系统的接口设置应考虑与其他系统之间的协同，包括：

（a）与控制棒相关的动作。

（b）与化学及容积控制系统相关的动作。

（c）与反应堆保护系统相关的动作。

（d）对堆芯吊篮振动的监测。

9.5.3.4 其他仪表系统

安全壳氢气浓度监测仪表用于监测安全壳内的氢气浓度，相关描述见第5章。

辐射剂量仪表用于监测电厂放射性，相关描述见第8章。

9.5.4 控制棒控制系统

9.5.4.1 系统功能

棒控系统用于提升、插入和保持控制棒束在堆芯中的位置。棒控系统应根据操纵员的手动控制命令或来自反应堆控制系统的自动控制命令，使所有停堆棒和控制棒按规定程序正确运行，实现反应堆启堆、运行、停堆等功能。棒位指示系统用于测量每一束控制棒在堆芯内的实际位置并向运行人员提供控制棒实际位置信息及控制棒发生卡棒、失步、落棒及棒离顶等报警状态。

9.5.4.2 控制策略

正常功率运行时，应提供反应堆功率的自动控制功能；在特殊情况下，应提供控制棒的手动控制功能。

9.5.4.3 接口

控制系统应提供移动方向、棒速、联锁等自动控制信息，用于棒控系统的控制。

主控制室内应有人机接口供操纵员观察控制棒的棒位、棒速、移动方向等信息；主控制室内应设置可以组、单束、重叠形式控制棒控制的接口；对于棒控系统的底层设备，应有适当的接口将设备状态信息传输至外部，供系统维护使用。

9.5.5 汽轮发电机控制系统

9.5.5.1 系统功能

主汽轮机-发电机系统的控制是电厂控制功能的一部分，为汽轮机-发电机所要求的功能提供必要的监测和控制。

1）能量的流动和转换

汽轮发电机系统的仪表和控制应对蒸汽从蒸汽发生器输送到主汽轮机过程中的能量进行监测和控制。能量输送功能主要由主蒸汽系统和抽汽系统实现。能量从蒸汽到电能的转换由主汽轮机和发电机系统完成。设计人员应在仪表和控制上对这些系统的运行进行集成以及协调它们与反应堆冷却剂系统和配电系统的运行。当汽轮发电机系统中的蒸汽转换受限或与蒸汽生产不平衡时，仪表和控制系统还应该通过汽机旁路系统或排大气系统，保证蒸汽转换平衡。

2）蒸汽状态

汽轮发电机系统的仪表和控制应将蒸汽状态（如压力和品质）保持在可接受的范围内。仪表和控制应主要通过主蒸汽系统和抽汽系统的运行来监测和控制蒸汽状态。由于蒸汽流量的控制将直接影响蒸汽状态，此功能要求设计人员对主蒸汽系统和抽汽系统的运行与蒸汽流量控制相结合。

3）给水和冷凝水的供给

汽轮发电机系统的仪表和控制应提供对给水和冷凝水系统运行的控制和监测，以保证电厂系统可用满足一定条件（如温度和压力）的给水控制蒸汽发生器的水装量。给水和冷凝水系统的仪表和控制运行应与蒸汽发生器液位控制系统以及与汽轮发电机控制系统相协调。除对给水的压力和温度状态进行控制和监测外，该系统的仪表和控制还应监测和控制给水的化学状态。此功能主要由化学加药系统、冷凝水系统以及这些电厂系统的仪表和控制操作来完成。

4）辅助蒸汽供给

汽轮发电机的仪表和控制应监测和控制辅助蒸汽的状态，以保证使用辅助蒸汽的系统能执行它们的功能。应由辅助蒸汽系统完成对辅助蒸汽的监测和控制，但其仪表和控制应与整个用户系统的仪表和控制相协调，且当主蒸汽是辅助蒸汽的来源时，应与主蒸汽系统和抽汽系统的仪表和控制相集成。

9.5.5.2 总体控制和监测策略要求

设计人员应确保本系统内（个别修改的系统仪表和控制除外）采用一致的控制和监测策略。该通用控制和监测策略也应与整个控制系统采用的策略保持一致。

1）启动和停机操作

系统主要的控制是自动的，但应提供由操纵员执行手动启动或停机所必需的控制和监测手段（提供手动控制功能）。如果功能和任务的分析表明手动操作会加重操纵员负担或分散操纵员的注意力，则所涉及的启动或停机等特定任务应自动完成。

2）正常运行

仪表和控制系统应为持续的或经常重复的任务提供自动或无人值守等操作。

3）重新配置（复位）操作

设计应在必要时提供系统的重新配置或自动停运，以避免人员危险、重大设备损坏或者支持电厂其他仪控系统的运行操作。

系统自动重新配置返回到其初始配置，应由操纵员确认，即无操纵员确认，则不能自动配置。自动返回到初始配置而无需操纵员确认的条件是，设计人员可确定自动操作能显著有利于以下方面。

(a) 减少保护系统或其他安全系统的动作。

(b) 降低人员的伤害。

(c) 改善电厂的可用性。

(d) 降低损坏电厂主设备的风险。

任何自动返回初始配置的情况应提示操纵员。

4) 试验操作

系统应仅在操纵员的引导下进行在线试验。

应提供持续的内部自检及诊断，相应的故障及失效在主控制室应提供报警。

9.5.5.3 接口

系统的接口与控制系统的接口要求保持一致，提供与现场设备（含传感器和受控设备等）的接口以及与其他控制/保护系统的接口。主控制室内应有人机接口提供操纵员控制相应设备的能力。

9.6 运维支持系统

9.6.1 目标和范围

除了电厂监视和控制所需的人机接口系统外，还需要一套补充的系统和设备，用于电厂的各种操作，例如整个电厂的维护、测试和检查，包括远程使用这些功能。对于已建成的核电厂，没有设施支持这些基本功能，这限制了有效和高效地使用这些技术并在可用时采用新功能的能力，同时为增加这些功能而进行的改造成本高昂且耗费大量人力。因此，本节提供了在核电厂中支持和应用这些技术的基本要求。

9.6.2 通用要求

9.6.2.1 功能

仪表和控制系统设计人员应为核电厂中所提供的远程监控技术基础设施制定和记录设计基准。设计基准应包括对运行经验和当前技术的评审。

电厂设计应包括永久安装、灵活的、可本地扩展的技术基础设施，以支持远程监视。包括的功能举例如下。

1) 为放射性控制区域或放射性重要区域支持和提供物理访问控制。

2) 在干井/安全壳和换料平台等关键位置提供辐射工作许可操作站。

3) 支持并提供增强型区域辐射监测，包括便携式设备，例如电子剂量计。支持并为常规需要辐射监测的设备提供永久性辐射监测，如过滤器和取样槽。

4) 通过远程连接设备支持并提供辐射检查和视频检查。

5) 支持收集设备不同阶段的数据，建立性能历史记录，确定设备当前的状态，预测设备将来的性能及剩余寿命。应考虑有效的老化和有再现趋势的参数或性能指标。

6) 支持实时人员定位监测。

7) 支持并为电厂区域提供全厂范围的视频监控，尤其是在经常使用的工作区域和需要定期进入进行维护或检查的带有辐射性的区域（例如，一回路蒸汽发生器平台，凝汽器隔间）。

8) 支持并在预定位置提供在线性能监测，并设置临时监测设备以进行故障排除或性能分析、泄漏监测和采样。

9) 支持泄漏监测系统，包括提供测设备，如热成像和流量计等。

10) 支持并提供电子识别标签和跟踪，例如与全球定位系统相结合的射频识别。

9.6.2.2 远程设计特性

电厂设计应包括永久安装、灵活、可本地扩展的技术基础设施，以支持远程监视。该系统应设计有网络安全保护。远程监视系统的设计应支持以下功能。

1）远程监控设施应为远程监视系统的永久和临时安装提供受控访问。

2）应在已知的功率运行和停堆位置提供永久的远程监视访问，并纳入配置管理的要求。

3）应为永久系统的不能访问的具体故障和特殊要求提供临时的远程监测访问措施，临时安装的配置应作为电厂规程进行控制。

4）作为初始设计和安装的一部分，仪表和控制系统设计人员应定义并提供内置的实体和带宽扩展能力。

5）系统的插件应符合规定的配置和性能要求，符合所需的功能，并能与永久安装的设备兼容。

6）永久和临时系统应设计为使用即插即用模块，以简化使用和潜在的修改，并减少特殊校准要求。

10 电气系统

10.1 通用要求

10.1.1 目的及范围

本章规定了非能动核电厂电气系统及电气设备的要求，旨在实现电厂的安全性、可用性、经济性及整体简化等目标，并提高电气系统设计的标准化程度。

本章所涉及的电气系统包括厂外电力系统、厂内交流电源系统、厂内备用电源系统、直流和不间断电源系统、照明系统和防雷接地系统。

10.1.2 功能和运行要求

(1) 电气系统应能在所有设计基准下按本章的要求运行。

(2) 电气系统应具备所需的容量裕度、独立性、冗余性以及可试验性，在所有电厂运行工况下确保安全级和非安全级系统得到所需的电力供应。

10.1.3 系统配置

(1) 电气系统设计应尽可能简化，具体简化设计的目标如下。

1) 减少操作程序的复杂程度以及相互依赖程度，尤其是应急工况相关操作程序。

2) 减少系统设备的数量，并简化电气设备维修程序，以更好实现非能动核电厂安全性、可靠性及可用性的目标。

(2) 厂内配电系统的配置应遵循如下3个层次。

1) 第一层次：为机组运行所需的非安全级负荷供电的交流配电系统。

2) 第二层次：为永久性非安全级负荷供电的交流和直流配电系统。永久性非安全级负荷需执行特定功能，通常要求在任何时候包括机组停机时保持运行。

3) 第三层次：为安全级负荷供电的直流和交流配电系统。

(3) 非1E级配电系统（第一层次和第二层次）应分为2个序列，每个序列均由母线、变压器和开关设备组成，向各自负荷组供电。

(4) 为永久性非安全级负荷供电的非1E级配电系统（第二层次）应设置冗余的厂内备用电源。

(5) 1E级配电系统（第三层次）应根据第5章和本章的要求分成相互独立的序列。每个序列分别向功能冗余的对应序列的负荷组供电。

(6) 1E级配电系统的每个序列应设置实体分隔且电气隔离的蓄电池组，其容量应满足在失去其他所有电源时，保证专设安全系统应急电源需求。

(7) 与特定安全序列相关的、安全系统运行和控制所需的辅助或支持设备，如风机、仪表等，应由对应安全系统的同序列安全级母线供电。

(8) 应优化1E级电气设备设计，在满足适用规范的同时避免过度保守、毫无根据地将更多的电气设备提升至1E级。设计人员应通过详细分析确定执行或支持安全功能所必需的系统、设备、部件，从而确定分级和鉴定要求。

(9) 除如下情况外，电厂配电系统设计应避免非1E级电气回路与1E级电气回路或电源相连。

1) 与1E级配电系统输入端相连的非1E级电源回路。

2) 由1E级电源供电的主控室照明系统。

(10) 构成1E级配电系统各序列的回路之间应实体分隔和电气隔离，相关设计应符合GB/T 13286《核电厂安全级电气设备和电路独立性准则》或其他等效标准，不同安全序列的母线或回路之间不允许跨接。

(11) 整个电厂的非1E级回路与1E级回路之间的隔离设计应符合GB/T 13286或其他等效标准，两者不可共存于同一布线通道中。

(12) 安全冗余电气系统及其布线通道的布置应满足：任一防火区由于火、烟、高温气体或灭火剂导致区内所有设备无法运行且不能恢复时仍能实现安全停堆，否则需使用防火屏障将两个冗余系统及其布线通道分隔开来。

(13) 交流或直流辅助或支持设备，例如润滑油泵、冷却泵和风机、蓄电池充电器、部分仪表等，应由相应主系统所属的非安全级序列的母线供电。

(14) 1E级和非1E级配电系统的特性、配置以及序列分隔应结合第8章的厂址支持系统的设计内容，提高电厂的防火能力。

(15) 应为永久性非安全级负荷设置单独的供电回路，避免电厂失去正常电源时故障范围扩大。该回路的容量应至少能为永久性非安全级负荷提供维持冷停堆以及正常检修的电力供应。

(16) 非能动核电厂在全厂断电后72 h内无需交流电源支持执行安全功能。由1E级直流和交流不间断电源系统在失去所有交流电源并发生设计基准事故的情况下为需要执行安全功能的负荷提供电源。

(17) 应设置辅助柴油发电机，在失去所有交流电源的情况下为反应堆冷却和事故缓解提供电源。在发生失去所有交流电源事故的72 h内，辅助柴油发电机无需执行上述功能。

(18) 可根据核电厂安全功能需要配置移动电源；移动电源可在辅助柴油发电机不可用的情况下快速便捷接入系统，为反应堆冷却和事故缓解提供电源。移动电源的设置应满足《福岛核事故后核电厂改进行动通用技术要求（试行）》的要求。

(19) 可考虑相邻机组间交流电源的交叉连接（手动连接）。

10.1.4 容量裕度

为减少电厂建造期间及运行期间因可能的系统变更产生的费用，电气系统设计时应考虑法规要求之外的额外负荷容量裕度和相关电气设备裕度。在增加远景负荷后，电气系统仍应能够满足功能和性能要求，例如电压调节、电机启动能力、最大故障电流等。在确定容量裕度时，应充分考虑非能动核电厂设计寿命（60年）。

10.1.5 系统分析

(1) 设计人员应采用工业标准方法进行系统分析，验证电气系统的容量和性能在所有正常和异常运行工况下均能满足相关要求。

(2) 设计人员应为电厂交流和直流电源系统编制一套完善的接口规范。技术规范书应包括完整的负荷清单（如具备条件）并具备必要的设计参数，确保电源、配电系统和负荷三者相互匹配。

10.1.6 电气设备

10.1.6.1 通用要求

1）1E级电气系统的设备应按1E级设备进行设计和鉴定，满足电厂安全级系统运行所要求的环境条件和工作周期。

2）所有设备，如开关装置、母线、电缆、布线通道、电动机以及其他与给定安全序列相关的电气负荷应使用容易识别的颜色和编码。

3）所有1E级设备和支撑结构设计应满足第2章第4节的要求并满足抗震Ⅰ类结构的设计准则。鉴定要求应符合《核电厂安全级电气设备抗震鉴定》（GB/T 13625）或其他等效标准。

4）为降低非能动核电厂地震风险，应特别注意1E级设备的抗震性能，确保其能够承受安全停堆地震（SSE）。电厂设计应充分借鉴蓄电池、蓄电池充电器、逆变器、继电器、电气盘柜、电缆和配管连接等有关抗震的实用工程经验。

5）如果非1E级设备的支撑和锚固位于1E级设备或支撑结构附近，则该非1E级设备应满足抗震Ⅱ类的要求。

6）非1E级设备的支撑和锚固应符合第2章第4节相关要求。

7）电气系统应按60年寿期不更换主要设备和电缆开展设计，但系统设计和建筑布置应允许上述设备及电缆更换。此要求主要适用于主升压变压器、厂用变压器、辅助变压器、离相封闭母线、气体绝缘母线、发电机出口断路器、备用电源以及电缆布线系统（包括电气贯穿件）。对于预期寿命较短的部件，如继电器、电子元件等，设计人员应确定部件期望寿命并在设计中考虑更换措施。

8）安装在室内的电气设备应能在规定的环境温度范围内运行。

9）电气设备应远离辐射控制区。

10.1.6.2 电动机

1）同一电压等级的电动机额定电压应保持一致。所有电动机应能在其额定电压±10%范围内正常运行。

2）非1E级电动机应能在最低80%额定电压情况下启动。

3）1E级直流阀门电动执行机构应能在机端最低72%额定电压情况下启动。应对每个阀门电动执行机构进行计算分析，验证电压是否满足启动要求。

4）电动机在额定电压和额定频率条件下的连续额定功率应大于限制运行工况下驱动负荷所需的最大功率。

5）1E级阀门电动执行机构应根据《核电厂安全级阀门驱动装置的鉴定》（NB/T 20093）或其他等效标准相关要求进行鉴定。

6）除特殊说明，电厂正常运行时需要连续运行的中压电动机应符合B级温升和F级绝缘等级要求。

7）电厂正常运行时需要连续运行的中压电动机应装设热电偶或热电阻用于测量绕组和轴承温度。

10.1.6.3 电缆

1）电缆的绝缘、护套材料适用于电厂环境，有耐热、耐潮湿、耐机械冲击、耐臭氧、耐辐射的能力。

2）电缆至少具有60年安装寿命，并考虑电厂延寿运行超过60年的情况。

3）电缆的绝缘、护套和填充层等非金属结构组件均应采用低烟、无卤、阻燃型材料。所有1E级电缆的鉴定应符合《核电厂安全级电缆及接头鉴定》（NB/T 20420）或其他等效标准。

4）电缆载流量与敷设降容系数应符

合相关标准的规定。

5）动力电缆选型应考虑额定电流、允许电压降和故障载流能力等因素，并应至少满足以下要求。

（a）连续运行电机的电缆载流量应不低于125%满负荷电流。

（b）用于消防泵电动机、电动阀的电缆应能耐受堵转电流。

（c）用于变压器的电缆应按100%变压器容量选择。

6）接线盒应为电缆中间接头提供机械防护。中间接头互相连接的电缆或线芯应相似（如相同的导体尺寸、等级、配置等）。中间接头选用的材料应与运行环境匹配。用于严酷环境1E级回路的中间接头应通过鉴定。应在图纸中标记所有中间接头（1E级和非1E级）的位置。

7）电缆系统应规定短期最小弯曲半径（安装）和长期最小弯曲半径（运行），从而保证电缆的结构能够承受敷设时和长期运行时的牵拉力和侧壁压力而不致损坏。

8）电缆屏蔽层应接地。对于低压动力电缆，铠装层可作屏蔽层使用。

9）电缆敷设应尽可能避开严酷环境。严酷环境的特征包括高温、高辐照、化学物暴露及潮湿。严酷环境包括靠近蒸汽管道，或邻近的热管和阀门等。

10）邻近严酷环境的电缆可考虑在电厂设计寿期内更换。按定期更换设计的电缆应便于现场替换，如电缆桥架间保留足够间距、尽量少影响防火隔离贯穿件等。

11）在地下、电缆沟或不可达位置的电缆应避免潮湿或浸泡，或按耐浸泡要求设计。

10.1.6.4 布线通道

1）布线通道应根据电缆的功能和电压等级按以下顺序从上而下布置。

（a）中压动力电缆。

（b）低压动力电缆。

（c）控制电缆。

（d）仪表电缆。

同一布线通道内仅允许敷设同类电缆，仅当低压动力电缆和控制电缆的运行电压等级、尺寸和运行温度相近时，可考虑混合敷设。此时，动力电缆载流量计算应假设桥架中所有电缆均为动力电缆。布线通道填充率不宜超过填充率限值，且电缆不应超过桥架边高或影响盖板安装，否则需复核电缆载流量及支架力学性能。

2）安全级回路的动力电缆应敷设于排管或布线通道内，以针对工业危害、电缆长期使用劣化和其他潜在风险（如火灾、飞射物、管道损坏、喷水和地震等）提供更好的防护。

3）敷设低压仪表电缆的桥架应提供防护以避免电缆受到信号干扰。

4）电缆桥架必须采用金属材料。电缆明敷设时应采用线槽或金属导管。仅在靠近设备连接处可使用金属软管。

5）优先使用电缆桥架和线槽作为布线通道。金属导管在单根或少量电缆，或有特殊敷设和隔离要求的情况下使用。

6）电缆穿防火屏障时，布线通道设计应采取特殊措施，确保防火屏障的密封完整性不会受到因火灾引起的支吊架掉落情况的影响。

10.1.6.5 安全壳电气贯穿件

1）安全壳电气贯穿件的设计和保护应确保任一回路故障且保护装置发生单一故障时的故障电流产生的短路热容量不超过其最大短路热容量。贯穿件的设计应符合《核电厂安全壳电气贯穿件》（GB/T 13538）或其他等效标准相关规定。

2）每个贯穿件只允许接入一种电压等级的电缆，即要求中压动力电缆、低压动力电缆和仪表电缆分别接入不同的贯穿件。

3）接入用于安全级负荷的电缆的贯穿件不应同时接入非安全级回路，并且仅能接入同一安全序列的安全级电缆。

4）接入中压动力电缆的贯穿件应装设热电偶，监测组件内最热处的温度。

5）所有接入贯穿件的中压和低压回路都应设置主保护和后备保护，确保短路或过载电流的短路热容量（I^2t）不高于贯穿件的短路热容量。设计人员应根据安全和功能要求选择保护装置，并优化定期试验和维修方案。

6）接入贯穿件的控制回路、控制电源回路和仪表回路的设计应尽可能减少贯穿件对故障或过载电流保护的需求。

7）当采用保护装置保护贯穿件时，贯穿件应能承受从主保护发生故障拒动直到后备保护动作期间可能发生的最大故障或产生的最大过载电流。

8）1E 级回路的主保护和后备保护装置应为 1E 级。非 1E 级回路的主保护和后备保护装置为非 1E 级。

9）安全壳电气贯穿件应有充足的备用回路。

10.1.7 仪表与控制

（1）为便于电厂运行并保证电厂安全，应采用适当的仪表设备监测电气系统在正常和异常运行工况下的运行参数。应设计恰当的手动和自动控制，确保参数和系统处于规定运行范围内，尤其应允许如下操作。

1）为特定配电系统选择最合适的电源。

2）当正常和备用电源均不可用时，切除相关负荷。

（2）应按照下列要求监测开关柜性能。

1）应在就地、主控制室和远程停堆控制室（如有）显示开关柜断路器的负荷电流和电源母线电流。

2）应在就地、主控制室和远程停堆控制室（如有）显示开关柜母线电压。

（3）在主控制室外应为下列设备设计控制功能和显示功能。

1）断路器，尤其是将永久性非安全级负荷由正常电源切换至备用电源的断路器。

2）辅助支持系统，如变压器风扇、加热器等。

3）厂内备用电源。

（4）应通过柜门或其他措施（例如钥匙或联锁）防止开关设备的误操作。

（5）保护方案应采用具有重叠保护范围的主保护与后备保护。

（6）当非 1E 级电源系统向 1E 级系统供电时，应按 GB/T 13286 或其他等效标准要求采用隔离装置，确保在设计基准事故中 1E 级设备不会受到非 1E 级电源电气故障的影响而无法执行安全功能。隔离装置应按 1E 级要求进行设备鉴定。

（7）保护继电器应采用固态继电器而非电磁继电器。

（8）除主控制室外，全厂电气系统的按钮、指示灯颜色要求应统一。

10.1.8 布置要求

（1）电气设备位置和布置应能防止水灾、水淹、喷射和甩管等危害。

（2）电气设备不应布置于消防喷淋附近。若这种情况不可避免，电气设备应采取恰当的防护措施。

（3）电气设备的位置和布置应便于在所有运行工况下进行设备检修。

10.1.9 试验能力

(1) 系统设计和设备设计应允许在电厂正常运行期间能够对运行异常的部件进行操作试验。

(2) 应采取适当措施对系统进行隔离，防止系统试验对机组运行造成影响。应设有连续信号来指示监测系统的试验情况。应设置接地开关和试验开关，避免人员接触带电部件。

10.2 厂外电力系统

10.2.1 系统范围

厂外电力系统由一组电路及相关设备组成，用于连接电网、主汽轮发电机和厂内电力系统。它包括电厂开关站、主升压变压器、厂用变压器、辅助变压器、高压联络线路和离相母线以及包括继电保护设备、就地仪表和控制设备在内的辅助系统。

厂外电力系统范围包括从开关站与电网连接的断路器电网侧端子，至电厂主汽轮发电机出口端子以及厂用变压器和辅助变压器的低压侧端子之间的电力系统部分。

10.2.2 功能和运行要求

(1) 在电厂启动、正常停堆或紧急停堆期间，或在电厂停运期间，厂内电力系统通常由电网供电。

(2) 在电厂正常运行期间，厂外电力系统为电力送出提供通道，厂内电力系统通常直接由电厂主汽轮发电机供电（即电流不流经开关站）。

(3) 在系统没有出现故障的情况下，在电厂启动、正常运行和正常停堆或紧急停堆期间，厂内配电系统由厂外电力系统持续供电且期间不进行负荷切换。当正常发电所使用的厂外输电线路失效或不可用时，厂外电力系统仍应可用，通过辅助变压器电源线路供电。辅助变压器电源线路应独立于正常发电所使用的厂外输电线路。

(4) 厂外电力系统的设计应将厂内配电系统运行电压的变化限制在合适的范围内，以保证：

1) 所有电厂负荷安全稳定运行。

2) 在其他负荷正常运行的情况下，厂用电动机（包括带软起动器的电动机）能够正常启动与加速。

3) 在电压降低的情况下，控制和保护系统可靠运行。

特别是负荷侧的电压变化不应超过如下范围。

1) 在所有稳态运行方式期间，负荷额定电压的±7%。

2) 在电动机启动期间，电动机额定电压的-20%。

(5) 对于最大和最小负荷情况下，电网和主汽轮发电机的电压波动，应分析厂用变压器及辅助变压器低压侧的电压水平。对厂外电力系统的各种运行方式应进行单独分析。

(6) 设计人员应对预定的连接至电厂的输电线路的特性和与电厂相连的电网的特性进行审查，以确定厂外电力系统的可靠性。

10.2.3 系统配置

(1) 主厂外电源电路通过开关站将电厂主汽轮发电机和厂内电力系统连接到电网。该电路应具有下述的容量和能力。

1) 输送主汽轮发电机的最大输出功率。

2) 在电厂启动、正常运行和正常停堆或紧急停堆期间，由电网或由主汽轮发电机供电时，输送电厂系统运行所需的电力。

(2) 备用厂外电源电路通过开关站将厂内电力系统连接到电网。该电路应具有下述的容量和能力。

(3) 在电厂启动、正常运行和正常停堆或紧急停堆期间，当主厂外电源电路不可用或部分不可用时，由电网输送电厂系统运行所需的电力。

(4) 与主厂外电源电路传输线相连的开关站配置（即母线和断路器的布置）应满足：只要有一条与开关站相连的输电线（即接电网）可用就可保持供电。

(5) 与主厂外电源电路输电线路相连的开关站应提供两段满容量的主母线，并且其设置应满足：

1) 可以投切任何输入或输出的输电线而不影响其他线路。

2) 维修时可隔离任一个断路器而不中断任何电路运行。

3) 隔离单段主母线的故障而不中断任何电路运行。

10.2.4 设备要求

(1) 新建开关站应根据当地的环境和气象条件以及系统电压要求决定开关站的形式，如架空线、GIS 户外或室内型式。应合理建模进行分析研究，以选择在实际厂址条件下最符合非能动核电厂可靠性和经济要求的设计。应在设计中通过冗余回路、一个半断路器等方式缓解开关站故障所带来的影响。

(2) 主厂外电源电路及备用厂外电源电路应包括以下主要部件。

1) 主升压变压器。

2) 为厂内电力系统供电的厂用变压器及辅助变压器。

3) 连接主升压变压器与开关站的传输线（如果传输线长于 2.4 km，应考虑在主升压变压器附近安装一组高压断路器）。

4) 连接辅助变压器与开关站的传输线。

5) 连接主升压变压器低压侧与主汽轮发电机和厂用变压器高压侧的离相母线。

6) 发电机出口断路器。

(3) 主升压变压器由 3 台正常情况下带电运行的单相变压器组成，另设置 1 台备用的单相变压器。应提供无载或有载调压分接头以满足电压调节要求。同期建设的同型号机组间共用 1 台备用的单相变压器。主升压变压器的设计应考虑倒送电运行。主升压变压器的低压绕组及厂用变压器的高压绕组应与主汽轮发电机输出电压匹配。另外，主升压变压器的高压绕组及厂用变压器的低压绕组的额定电压应根据电压调整的情况考虑是否需要适当提高。

(4) 厂用及辅助变压器均由 2 台三相变压器组成，每个三相变压器带有 2 个低压绕组。根据最大同时负荷预期（考虑所需裕度），每个变压器具有电厂系统运行所需电力的 50%的容量。变压器应提供有载自动或手动调压分接头（LTC），使次级电压在电网和主汽轮发电机的预期电压波动范围内并且变压器所有预期负载达到最大额定值时能保持在 10.2.2（4）规定的限值内。

(5) 主升压变压器、厂用变压器及辅助变压器的设计和安装应能承受由外部短路产生的机械应力和热应力，并满足最新版本的国家及行业标准的相应要求。应对主升压变压器、厂用变压器及辅助变压器进行设计审查，其中每台变压器都应进行热运行试验，裕度应为热态运行要求的

10%以上。主升压变压器、厂用变压器及辅助变压器承载电流的部件或元件，其载流量均不应小于铁芯和线圈的载流量。主升压变压器承载能力应大于主汽轮发电机最大输出能力。主升压变压器、厂用变压器及辅助变压器的最大运行短路电流计算应假定电源为无限大，以保证计算的保守性。主升压变压器、厂用变压器及辅助变压器应使用最严格的额定耐受电压标准要求。变压器避雷器的安装应尽量靠近变压器的高压套管。主升压变压器、厂用变压器及辅助变压器的设计磁密应考虑过激励的可能性或采取补偿手段。主升压变压器、厂用变压器及辅助变压器的报警、控制、显示和电源应冗余配置。

(6) 应根据当地的环境和气象条件以及系统电压要求，在主厂外电源电路的不同设计方案中进行选择，例如架空线、GIL（气体绝缘母线）、离相母线、充油电缆方案。

(7) 如果使用架空设备（如传输线、开关站母线和塔架结构等），应针对特定厂址现场的温度、风速和覆冰情况进行设计；同时，应满足国家及行业标准对于导线负荷的相应要求。

(8) 辅助变压器电源线路宜采用电缆设计，应尽量采用直埋或电缆沟敷设，除非特定厂址条件导致不可行。

(9) 封闭母线的设计应方便进行端子的定期检查、清洁和紧固以及绝缘子的定期检查和清洁。母线的设计应考虑清除碎屑和液体以及排除凝结水的措施。

(10) 发电机出口断路器应设计为能承受最大工作电流和瞬时峰值电流，并能在产生最大故障电流时切断由金属性三相短路故障引起的最大平衡和不平衡电流。

(11) 应考虑特殊的环境及运行条件，如高/低温、海拔高度等，以确保设备预留了适当的裕量。

10.2.5 布置要求

主升压变压器和厂用变压器应在汽轮机厂房外靠近主汽轮发电机出线端和发电机出口断路器的位置并排布置。主升压变压器、厂用变压器及辅助变压器之间的防火分隔要求和贮油措施应符合本文件第8章和第13章的要求。厂用变压器及辅助变压器的布置还应尽量缩短低压侧的封闭母线。

10.2.6 保护与控制

(1) 一般应通过发电机出口断路器使机组同期并网。应使用三取三与逻辑控制方案和同期检查继电器，以防止非同期并网；同时，电厂也可以通过开关站的断路器使机组同期并网。

(2) 所有用于厂外电源电路和开关站设备保护的继电器应冗余配置，并应设置后备保护。所有断路器应装备双跳闸线圈。每个提供跳闸信号的冗余保护电路应与一个独立的跳闸线圈连接。所有与冗余系统有关的设备和电缆应实体分隔。

(3) 厂外电力系统冗余保护和控制设备运行所需直流电源应由两个独立的、开关站专用的蓄电池组供给，每个蓄电池组由独立的交流母线充电。每个蓄电池组应能够单独为开关站设备的正常运行提供直流电力。

(4) 应采用2个冗余的低压交流电源系统为开关站辅助负荷提供电力。每个系统应由相互隔离的、独立的交流母线供电。每个电源系统的容量应满足开关站设备正常运行所需的交流电力要求。

(5) 应为每个变压器提供主保护和后备保护装置。主保护和后备保护装置所需直流电力应由单独的直流电源供电。

（6）主控制室应能监视开关站的状态。

10.3 厂内交流电源系统

10.3.1 系统范围

厂内交流电源系统由电压等级为 10 kV（或 6 kV）和 380 V 的配电回路组成，为中压和低压交流负荷提供电源。本系统上游始于厂用变压器和辅助变压器的低压侧及厂内备用电源的出口断路器，下游止于电动机、加热器、直流和不间断电源系统的蓄电池充电器和调压变压器、照明变压器等用电负荷。

本系统包括母线、断路器、配电变压器及就地仪表、控制和保护装置，还包括相关的母线、电缆、连接件和电气贯穿件。

10.3.2 功能和运行要求

（1）交流配电系统的供电电源应按如下要求设计。

1）用于机组运行的非安全级负荷由正常电源供电。

2）永久性非安全级负荷根据运行工况由下列电源供电。

（a）正常电源（主发电机经由厂用变压器供电）。

（b）优先电源（经由主升压变压器和厂用变压器供电。

（c）厂用备用电源（经由辅助变压器供电）。

（d）备用电源（备用柴油发电机供电）。

（2）辅助变压器也作为电厂的检修电源和调试电源。

（3）当厂用母线的主进线回路失电时，应自动切换至厂外辅助（备用）电源供电。该自动切换是由残压切换作为后备的快速切换。

（4）在失去厂外电且主发电机跳闸的情况下，选定的永久性非安全级负荷应自动切换至由厂内备用电源系统供电。选定的负荷应包含有助于操纵员应对失去厂外电事件的负荷，或可能在 30 min 内需要运行的负荷。应尽可能减少选定负荷的数量，以简化自动带载程序并保证充分的容量裕度。

（5）应尽可能提高永久性非安全级负荷的电源切换的可靠性。

（6）应采用简单可靠的自动甩负荷和顺序带载方案，以提高厂内备用电源自动带载的可靠性，并降低甩负荷与带载过程中损害电动机及其他相关设备的风险。

（7）应能够接入移动电源，在设计基准事故 72 h 后为反应堆冷却和事故缓解提供电源。

（8）单一部件或设备故障不应影响主交流电源系统的运行。

（9）母线或盘柜的冗余电源不应并联运行。

（10）为实现电厂可用率目标，应考虑主交流电源系统的年度不可用时间。

10.3.3 系统配置

（1）应采用单一的中压电压等级（10 kV 或 6 kV）。选取的电压等级应满足系统和设备的运行要求。低压电压等级应采用 380 V/220 V。

（2）为直接支持机组运行的负荷供电的非安全级母线应尽量与工艺系统的配置相对应，由不同的母线为冗余的泵或泵组供电，提高运行的灵活性。应尽量减少正常运行时独立的母线的数量，同时为便于电压调节，负荷分配应尽量统一和对称。针对上述中压母线，非能动核电厂配置宜采用四段非安全级母线。

（3）应配置专用中压母线为永久性非安全级负荷供电。母线的负荷应尽可能均匀和对称。

（4）动力中心按就近、负荷均衡原则配置，向电动机控制中心、大电机或其他较大负荷供电；电动机控制中心需深入负荷中心布置，向所属区域配电箱或其他较小负荷供电；配电箱应深入负荷中心。冗余负荷分别由成对冗余母线供电，保持电源通道冗余度的匹配。

（5）需冗余电源的负荷，其馈电回路应分开敷设。

（6）电动机控制中心应具备恰当的容量和布局以支持电厂检修活动，应作为第二层配电系统考虑。

10.3.4　设备要求

（1）应采用金属封闭式开关柜，设计应基于先进成熟的技术，提高可靠性并减少对空间和维护的要求。

（2）中压开关柜应采用真空开关柜。

（3）中压开关柜应采用防电弧开关柜。

（4）开关柜应预留 10%～25% 的备用隔间及断路器。

（5）中压开关柜的断路器应具有远程操作能力。

（6）当失去直流或交流控制电源时，电动执行机构的开关装置应能手动分/合闸。

（7）中压共箱母线采用自然冷却形式，应使用柔性铜导体，应通风、有屏蔽、有铝制外壳包围。

（8）配电变压器应采用干式变压器。在变压器容量选择时，额定容量应大于最大预期负荷。

10.3.5　仪表与控制

（1）用于连接正常电源的断路器应手动控制。用于连接备用电源的断路器应手动或自动控制。

（2）保护继电器应执行如下功能。

1）人员防护。

2）保护配电变压器。

3）保护开关柜。

4）保护电缆。

5）保护电动机和用电负荷。

6）报警。

继电保护的选择与配置应保证保护配合，并满足下列要求。

1）故障应由最近的上级断路器切除。

2）应设计保护重叠范围和后备保护。

3）保护方案应能区分实际故障和过载/启动电流以防误动作。

（3）自动切换方案应确保厂内备用电源在带载时的电压和频率维持在设计限值范围内。当带载过程中或完成带载后电源进线断路器发生跳闸，若负荷需要再次带载，甩负荷及顺序带载程序应自动复位并重新执行。

（4）中压开关柜和动力中心开关柜应设置必要的就地监测和指示。

1）电流：开关柜母线电流和馈线电流。

2）电压：开关柜母线电压和进线电源电压。

（5）干式变压器应设置必要的监测和指示，就地监测绕组温度。

（6）进线和馈线断路器应能手动操作。

（7）余热排出功能相关设备和维持电厂安全停堆功能相关设备的电气控制回路应设置切换开关，能够将远程控制回路与就地控制回路进行隔离。切换开关的位置应能在主控制室正确显示。

（8）有冗余电源的单段的动力中心

或电动机控制中心应配置电气联锁；分段的动力中心或电动机控制中心应在进线断路器和联络断路器之间配置电气联锁或机械联锁。

10.4 厂内直流电源系统和交流不间断电源系统

10.4.1 系统范围

直流电源系统包括为电厂直流负荷供电的直流电源、配电设备及回路。系统上游起始于电厂安全级和非安全级蓄电池充电器的电源端，下游终止于电厂直流负荷（如电动机、控制负荷等）的输入端和交流不间断电源系统逆变器的输入端。

交流不间断电源系统包括为需要连续运行的安全级仪表负荷、计算机系统和其他重要的电厂负荷供电的交流不间断电源、配电设备及回路。系统上游起始于逆变器和备用调压变压器的输入端，下游终止于系统负荷的输入端。

以上系统包括蓄电池组、蓄电池充电器、逆变器、调压变压器、电动机控制中心、配电盘、相关的保护继电器和仪表，以及所有从电源端到系统负荷端的电缆和接线。

10.4.2 功能和运行要求

（1）直流电源系统和交流不间断电源系统的设计应能为控制和仪表负荷（例如反应堆保护和安全设施驱动系统）、电厂启动、正常运行以及正常或紧急停堆所要求的其他直流和重要交流负荷提供连续、可靠的电源。

（2）在丧失交流电源的事件中，蓄电池组为直流电源系统和交流不间断电源系统负荷的运行提供所需的电源。

（3）在设计基准事件/事故中，为安全停堆所需设备供电的直流电源系统和交流不间断电源系统部分应按安全级设计。支持投资保护有关功能的系统部分按非安全级设计并认为是电厂永久性非安全系统的一部分。

（4）在正常运行期间，蓄电池充电器、不间断电源（UPS）和逆变器通常应连续带载运行。蓄电池组和蓄电池充电器（除专门的备用蓄电池和充电器）一般应与直流配电母线保持连接，保证系统处于备用状态。蓄电池在正常运行期间保持浮充电，在交流电力丧失或蓄电池充电器故障的情况下自动放电，为直流配电母线上的负荷供电。

（5）直流电源系统的设计应保证系统的负荷设备在工作电压（包括浮充、均充和放电末期）的整个范围内可靠运行，并考虑所有预期运行工况的稳态和瞬态下电缆的电压降。如果电压过低可能导致不可接受的设备损坏或非计划操作，则应采取相应措施以保证系统的负荷和设备在所有预期的运行工况下按设计要求运行且不会损坏。

（6）系统应设计为在紧急情况下可以合理利用蓄电池组可用总容量，同时系统操作尽量少且便利。

（7）安全级直流电源和交流不间断电源应具有足够的冗余度，以保证：

1）安全级直流电源系统和交流不间断电源系统应设计足够的冗余度，以确保在丧失一个序列的直流母线或交流不间断母线时不会立即造成电厂瞬态。同时系统在单一故障之后，仍然能够执行安全功能。

2）安全级蓄电池、充电器或逆变器的丧失不会立即造成电厂瞬态，如：停堆、紧急停堆、安全系统启动。

3）在备用设备或电源投运时，允许安全级蓄电池均充和对蓄电池、充电器、逆变器的维护活动离线执行。

（8）直流电源系统的蓄电池容量应满足下列运行要求。

1）蓄电池的容量在无需甩负荷的情况下满足规定的蓄电池工作周期负荷曲线。

2）根据电厂为应对超设计基准事件的策略和程序，系统应能接入移动式柴油发电机，从而为负荷提供足够长时间的供电。

3）蓄电池容量应按《核电厂用蓄电池 第1部分：容量确定》(NB/T 20028.1)或其他等效标准的方法和要求进行计算。用于确定蓄电池容量的蓄电池工作周期负荷曲线应包括短时负荷。

4）以蓄电池放电过程中蓄电池房间的最低温度确定容量计算时的温度修正系数。

（9）安全级直流电源系统和交流不间断电源系统的设备在无环境冷却且失去区域正常供热和通风时，应至少能运行72 h。

10.4.3 系统配置

10.4.3.1 总则

1）直流电源系统的设计应符合《核电厂直流电力系统设计推荐实施方法》(GB/T 14546)或其他等效标准的要求。

2）直流电源系统应不接地运行，确保单点接地故障不影响系统运行。

3）为安全级负荷供电的电源和电路应与为非安全级负荷供电的电源和电路保持实体隔离和电气隔离；安全级电源不应为非安全级负荷供电。特殊情况下若需要为非安全级负荷供电时，应通过隔离装置，且该装置能避免非安全级负荷的故障导致安全级电源和电路的性能降低至不可接受的程度。

4）直流电源系统的设计应尽可能提高电厂正常和应急工况下安全级和非安全级直流负荷供电的可用性。每条直流母线应与1组蓄电池和至少1台蓄电池充电器连接。备用蓄电池和充电器的容量应至少与其代替的蓄电池和充电器的容量相等。

5）直流电源系统和交流不间断电源系统的设计应减少系统部件的数量，实现系统简化和降低维修要求的目的。

6）应为每个逆变器配置一个具有足够容量的调压变压器，为逆变器下游负荷提供备用电源，在单个逆变器故障或不可用时保证系统正常运行。对于安全级逆变器，为其配置的调压变压器也应为安全级。

10.4.3.2 安全级系统

1）安全级直流电源系统和交流不间断电源系统设置与专设安全设施的序列相对应的多个独立序列。各个序列的部件之间应保持实体隔离和电气隔离。如果在电厂某些区域无法满足上述隔离要求，可采用其他措施保证序列之间满足独立性和单一故障准则的要求。

2）冗余的安全序列之间不应设置联络母线。

3）安全级直流电源系统和交流不间断电源系统应满足反应堆保护通道的数量、独立性以及反应堆紧急停堆逻辑对其布置的要求。

4）应为交流不间断安全级负荷（包括反应堆保护和安全系统驱动装置），以及安全系统仪表和控制负荷配置UPS电源。

5）由蓄电池组供电的负荷数量应尽可能少，尤其是持续运行的负荷，以确保在事故情况（包括丧失所有交流电源）

下可提供充足的监测和控制能力。

6）应在不同安全级序列之间合理分配负荷以保证在任意单个安全级直流或低压交流母线丧失的情况下，剩余序列的直流电源系统和交流不间断电源系统能够在单一故障之后，仍然执行安全功能。

10.4.3.3　非安全级系统

1）应将非安全级直流电源系统和交流不间断电源系统的非安全级部分划分为永久性非安全级系统的一部分。其由厂内交流电源系统提供电源，由厂内备用电源系统提供备用电源。

2）应为电厂大型负荷（例如备用润滑油泵或密封油泵）的运行提供单独的非安全级直流电源系统。

3）非安全级直流电源系统应包含2个相互独立的和备用的电源通道。

4）非安全级交流不间断电源系统向电厂计算机、仪表和控制负荷以及火灾探测等系统设备提供不间断的电能供应。

10.4.4　设备要求

10.4.4.1　总则

1）直流电源系统和交流不间断电源系统的所有设备应能在允许的电压变化范围内运行。

2）充电器和逆变器在设计时应选取保守的温度裕量，防止设备过快老化。

3）作为蓄电池充电器和逆变器一部分的变压器应具有H级或更好的绝缘系统，在40 ℃环境温度下作为温升F级使用，以保证长期可靠性。

4）应在所有蓄电池充电器、UPS的输入端装设浪涌抑制装置。

10.4.4.2　蓄电池

1）安全级蓄电池组应符合《核电厂安全级排气式铅酸蓄电池鉴定》（NB/T 20080）或其他等效标准的要求。

2）综合考虑到未来负荷增长、维护不当、环境温度低于设计值等因素，蓄电池的容量应考虑除环境温度、老化和初始容量等因素的影响之外的10%～15%裕量。

3）蓄电池组的设计应允许更换单节蓄电池。每组蓄电池应配置相应的隔离开关以便于维护。为了便于维护和/或更换蓄电池，蓄电池架应设计留有足够的间隙。

4）蓄电池类型的选择原则是在不降低性能和可靠性的前提下，尽量减少维护要求和提高抗震性能。

10.4.4.3　充电器

1）蓄电池充电器应能在最大预期负荷的情况下为与其相连的稳态负荷供电，同时可将耗尽的蓄电池组在24 h内重新充电至满电量的95%。

2）蓄电池充电器应具有降压输出特性，可以在系统负荷超过充电器额定值时由蓄电池组供电，防止蓄电池充电器因过载而损坏。

3）蓄电池充电器应具有在失去交流电源后，防止蓄电池组通过充电器向交流电源输入侧反向供电的功能。

10.4.4.4　不间断电源（UPS）

1）每个直流序列应配备专用的调压变压器作为备用电源。

2）应配置先通后断式静态开关，用于在逆变器故障时自动将负荷切换至备用交流电源。应配置手动切换开关，用于在逆变器或静态开关维修时手动将负荷切换至备用电源。

10.4.5　安装要求

1）电厂蓄电池的安装应符合《核电

厂用蓄电池 第2部分：安装设计和安装准则》（NB/T 20028.2）或其他等效标准的要求。

2）电厂蓄电池间的正常环境温度及异常环境温度应能确保蓄电池的性能满足蓄电池工作周期负荷曲线的需求。

3）蓄电池的位置与布局确保单体蓄电池间的温差在正常情况下限制在3 ℃。

4）蓄电池充电器和配电设备布置在蓄电池间外且尽可能接近相应的蓄电池，避免电弧产生的电火花导致氢气燃烧且尽量减少系统压降。

5）在连接蓄电池与其试验负荷时，应避免使人员接触带电的部件。

6）靠墙布置的直流和交流不间断电源系统电气设备应预留柜后焊接及安装空间。

10.4.6 仪表与控制

（1）直流电动机驱动的阀门电装应装设热过载保护装置，在执行安全功能时旁路热过载保护跳闸功能，在保护电动机的同时确保不会影响安全功能的实现。

（2）热过载装置的选择和整定应符合《核电厂安全级电力系统及设备保护准则》（NB/T 20089）或其他等效标准的要求。

（3）每个直流系统应配置如下指示表。

1）直流母线电压表。

2）蓄电池（充电和放电）电流表。

3）充电器输出电流表。

4）蓄电池充电器输出电压表。

（4）每个直流系统应提供如下报警信息：

1）蓄电池故障报警。

2）直流母线高、低电压报警。

3）充电器欠压报警。

4）蓄电池放电报警。

5）断路器断开报警（至少包括蓄电池和蓄电池充电器输入和输出断路器）。

6）接地故障报警。

10.5 厂内备用电源系统

10.5.1 系统范围

厂内备用电源系统包括厂内备用交流电源以及至厂内交流配电系统的供电电路。厂内备用交流电源包括原动机和交流发电机、辅助系统（起动系统、润滑系统、冷却系统、燃料供应系统和励磁系统等）、燃料储存和输送系统，以及相关的就地（靠近设备位置）仪表和控制系统。

10.5.2 功能和运行要求

（1）应提供2个备用电源，以便在主发电机跳闸同时失去厂外电源的情况下，向电厂永久性非安全级负荷提供电源。

（2）备用电源成功起动及成功加载运行的目标可靠性应不低于0.98。备用电源（包括辅助支持系统和控制系统）应满足下列要求之一。

1）在过去五年中可靠性指标不低于0.99。

2）新设计柴油发电机组按10.5.2（4）进行型式试验。

（3）评估交流电源系统可靠性时，单个备用电源可靠性假设为0.9。

（4）备用电源的初次设计鉴定程序应符合《核电厂应急柴油发电机组设计和试验要求》（NB/T 20485）第7.2节的要求。

（5）备用电源在正常情况下不与厂外电力系统直接连接。应尽量降低厂内交流电源与厂外电力系统发生共模失效的概率，保证在与天气有关的事件或单一故障导致厂外电力系统丧失的同时，不会丧失厂内交流电源。

(6) 备用电源的最小额定输出应满足下列要求。

1) 每台机组的短时功率应大于任意时刻可能同时供电的负荷之和，这些负荷包括同一序列的永久性非安全级负荷和安全级蓄电池充电器。

2) 2台机组的短时功率之和应大于核电厂冷停堆（至换料温度）或退出运行期间可能同时供电的2个序列中所有永久性非安全级负荷和安全级蓄电池充电器负荷之和。

3) 当核电厂发生一个9.5 mm（3/8 in）的管道破口，同时非安全级电力系统中发生一个单一能动部件故障或单一非能动电气部件失效时，要求非安全级电力系统应能支持能动非安全级系统使其具有应对此类事故的能力。应证明厂内备用电源的功率应足以应对该运行模式，并满足上述容量要求。

(7) 备用电源的额定功率应包含足够的裕度以适应未来负荷增长的需要。标准化电厂的第一个电厂，初步设计阶段容量裕度取10% ~15%，施工设计阶段容量裕度取5%及以上。标准化电厂的后续电厂的容量裕度取5%及以上。

(8) 备用电源的持续满负荷运行时间应长于最恶劣停堆工况或LOCA事件同时失去厂外电源时的最大可信持续时间，一般来说，基于2 000 h持续满负荷运行的功率可满足该要求。

(9) 在起动和顺序加载过程中，每个备用电源应具有在加载相当于加载曲线中最大单步负荷110%的负荷后恢复的能力，同时满足下列瞬态性能要求。

1) 任意时刻频率不低于额定值的95%，电压不低于额定值的80%。

2) 在每个加载时间间隔的60%以内，频率必须恢复至额定值的±2%范围内。

3) 在每个加载时间间隔的60%以内，电压必须恢复至额定值的±10%范围内。

(10) 甩短时功率负荷时，机组转速的增加应不超过额定转速和超速跳闸整定值之差的75%和额定转速的15%两者间的低值。

(11) 在收到起动信号2 min内备用电源应自动起动，并达到允许带载状态。起动程序的设计应尽量减小应力对柴油机或燃气轮机可靠性产生的有害影响。

(12) 电厂正常运行工况下，备用电源应持续处于备用状态（检修时除外）。

(13) 当失去厂外电源时，备用电源应能自动起动，加速至额定转速并达到额定电压，具备向电厂永久性非安全级负荷供电的条件。

10.5.3 系统配置

(1) 备用电源的起动和控制所需的辅助交流或直流电源应使用与备用电源同序列的交流或直流电源。

(2) 单个备用电源应专用于永久性非安全级负荷的一个序列。

10.5.4 设备要求

10.5.4.1 通用要求

1) 备用电源应能空载运行至少2 h，且不对后续满载运行或带部分负荷运行产生有害影响。

2) 在没有外部冷却水或者冷却空气供应的条件下，备用电源应能在起动后空载运行至少3 min，或满载运行1 min。

3) 每个备用电源应是整体经过试验的机组。提供的设备应包括所有必需的辅助系统和就地仪表及控制系统。仪表和控制系统应安装在独立的落地柜中。部分辅助系统应考虑独立安装。

4）备用电源及其辅助系统和控制系统应能在最高正常设计温度和最低正常设计温度范围内，按 10.5.3 的要求起动和运行。

5）每个备用电源应根据需要配置一套预热系统和一套预润滑系统，以维持机组处于热备用状态，确保机组在接到起动信号后的起动性能满足要求。

6）每个备用电源应能使用液体燃料运行。

7）建议安装曲轴箱超压保护装置。

10.5.4.2 起动系统

1）每个备用电源应至少配置 1 套压缩空气起动系统或直流电机起动系统。

2）每套空气起动系统应由 1 组能满足起动要求的空气起动马达、供气管线和供气控制装置组成。电磁阀应能就地手动控制。起动空气瓶应具有足够容量保证连续独立起动柴油发电机组 3 次而无需补气。

3）每套空气起动系统应配备空气干燥器和空气过滤器。

4）每套空气起动系统应包括 1 个专用空气压缩机。空气压缩机应由对应的起动空气瓶压力自动控制启停。

5）空气起动系统的管道材料应采用不锈钢或铜。

10.5.4.3 进排气系统

1）每个备用电源应配置 1 套独立的燃烧空气进、排气系统。系统的容量和布置应避免机组在最大额定功率工况下持续运行时柴油机性能下降。

2）每套燃烧空气进气系统应有相应措施减少气载粒子物质进入该系统，其设计应基于进气口处最大预期气载粒子物质浓度来考虑。

3）每套燃烧空气进、排气系统构筑物的布置和位置，应排除由于废气、烟或其他稀释剂（如灭火剂等）的吸入使含氧量降低到可接受的水平以下，进而导致柴油机输出功率降低的情况。

4）暴露于大气环境中的燃烧空气进、排气系统设备应采取有效防护，避免冰、雪和灰尘等可能引起的阻塞。

10.5.4.4 燃油系统

每个备用电源应配置 1 台机带燃油泵（机带齿轮驱动），以满足机组满负荷运行下的燃油供油要求。燃油系统的设计和日用油箱布置，应避免对燃油增压泵的依赖。

10.5.4.5 冷却系统

每个备用电源应设置独立自持的冷却系统，该系统不应依赖于电厂设备冷却水系统或厂用水系统运行。

10.5.4.6 润滑系统

1）每个备用电源应具有独立的润滑系统。

2）每个备用电源应配备机带润滑油泵（机带齿轮驱动），以满足机组满负荷运行时的润滑要求。

3）每个备用电源应配置预润滑系统，该系统包括两台冗余配置的交流电动预供滑油泵，以确保系统在备用模式下的预润滑功能实现。

10.5.4.7 调速器

1）每个备用电源应装设电液调速器。

2）机组可运行在有差模式或无差模式。在有差模式或无差模式下，调速器应具有由自动或手动同期装置进行远程控制的能力。机组自动运行时，应具有将调速器自动设置在适当运行方式的措施。

3）在正常起动过程中，调速器应根

据一个可调的斜坡函数控制机组的加速。

4）调速器应提供快速和可靠的超速保护。

5）电子式速度控制器失效时，可利用后备的机械式速度控制装置为机组提供起动和正常运行期间的全制式速度控制。

6）调速器油泵应由柴油机机械驱动，以确保系统的独立性。

10.5.4.8 交流发电机

1）发电机应采用自通风型式。发电机外壳采用敞开式防滴水型设计。

2）发电机绕组应采用 H 级及以上绝缘，绕组温升按 B 级考核。

10.5.4.9 励磁机和电压调节器

1）机组应装设静止励磁功率单元或旋转整流器交流励磁机励磁功率单元，并由并联、冗余的电压调节器控制。

2）当机组运行在有差模式时，电压调节器应能提供恒无功调节和恒功率因数调节功能。当切换到无差模式时，上述调节功能应自动退出。

3）故障条件下，电压调节器应能提供足够的发电机励磁，以维持发电机输出电压和电流能触发保护继电器动作。

4）输出电压偏差应在±10%以内。频率偏差应在±2%以内。

10.5.4.10 供油

1）应为每个备用电源提供独立的供油系统。每套供油系统由 1 只燃油贮存罐、2 只燃油输送泵、1 只日用油箱和连接管道组成。

2）每只燃油贮存罐应具有足够的容量，可供相关备用电源以最大额定功率运行不少于下列时间中较长的时间。

（a）7 天。

（b）在极限设计基准事件后，从远离核电厂的地方补充燃油所需的时间。

3）每只日用油箱应有足够的容量，可供相关备用电源以最大额定功率运行至少 4 h。当日用油箱内液位降低触发自动补油时，剩余油量应能满足最大额定功率运行至少 60 min。

4）每只燃油贮存罐应具有检测罐内是否有水的能力，如有必要应能将水从罐底抽出。

5）应为燃油贮存罐和相关管道的内表面和外表面提供防腐处理。

10.5.5 仪表与控制

（1）每个备用电源应配备适用于手动起动和停机，以及运行期间监测和控制的就地仪表和控制系统。应能远程控制自动起动和负荷顺序加载。

（2）应为每个备用电源提供就地仪表，以监测电源的运行参数，包括发动机和发电机振动。监测系统应包括起动、冷却、润滑、供油、进排气，以及励磁和电压调节系统等。还应监测室温、控制电源、预润滑和预热情况。

（3）就地仪表和控制系统的设计应不受其运行环境条件的影响，不受温度、振动、湿度、电气触头污染等方面的影响。

（4）在机组所有运行模式下，用于避免关键部件性能快速下降导致设备重大损坏的保护跳闸功能应保持有效。应使用符合保护逻辑方案和保护旁路方案，避免机组运行期间不必要的跳闸。

（5）每个备用电源控制系统应设计为在接收到 LOOP 信号时，具有使机组从任何试验模式自动切换至正常备用运行模式的功能。

（6）应由同一序列的直流电源系统和不间断交流电源系统为仪表和控制系统

提供电源。

10.5.6 试验要求

(1) 每个备用电源应具有与厂外电力系统手动同期并网的能力。应配备保护装置（如同期检查继电器）以确保同期操作正确。

(2) 厂内备用交流电源系统的设计应提供在电厂正常运行期间或停堆期间对任何备用电源进行试验的能力。设计应确保机组能在模拟接收到真实命令时，达到预期的运行参数。

(3) 厂内备用交流电源系统的设计应允许进行备用电源的预运行试验或维修后试验。

10.6 其他电气系统

10.6.1 照明系统

10.6.1.1 通用要求

1) 照明系统设计应包括所有灯具选型和灯具定位，即现场施工人员不负责灯具选型及其定位。照明系统设计应考虑以下几点。

(a) 在电厂每个区域都需要执行任务。

(b) 避免由于眩光或过高的对比度导致人员不适。

(c) 采用照明专用技术提高人员的注意力。

2) 照明光源应能保证满足使用寿命长和维修需求低的要求，如荧光灯、金属卤素灯和高压钠灯等。在燃料操作区域不应使用含有汞蒸汽的光源。为避免产生氢气，在安全壳内、部分核辅助厂房及其他可能存在酸性或碱性物质的场所，不应使用含铝和铝合金的灯具。同时，在满足光生物安全、总谐波畸变率和电磁兼容等要求，并设置照明变压器的情况下，可使用LED作为照明光源。

3) 系统设计应使用标准材料。对于已证实无法使用标准材料的情况，应限制使用“特殊的”或“定制的”装置或材料。

4) 设计者应通过调整照明系统的设计和照明对象的性质，将照明引起的人员不适（例如眩光）减至最小。

5) 照明系统的部件选择应减少对人员或设备潜在的危险，应特别对灯泡破裂的潜在危害和后果进行评估。

6) 每个照明配电盘都需配备1个进线断路器，其备用容量至少为20%，以保证可能增加的配电盘负荷。

7) 照明配电盘应安装在容易接近的区域以便于安装、维修、试验和操作。

8) 照明装置的设计和安装位置应在同样的区域便于有效和安全地完成维修和更换。

9) 为了便于房间、空间或区域的改造，照明设备应允许拆卸和重新安装。

10) 电厂照明系统的设计应符合所应用的工业标准中对照明装置、电缆、接地、贯穿件、导管和控制器的要求。

11) 应特别注意安装在人员活动区域或安装在有安全设备的区域的照明装置和其他部件的支撑和固定，以提高这些部件的抗地震能力，确保即使是经受安全停堆地震（SSE）时，这些部件不会对人员或其他设备造成危害。

12) 在存在旋转设备的区域里，照明系统的设计应采用特殊措施以避免由光源闪烁引起的频闪效应。设计者应考虑在这些区域中使用高强度放电灯、合适的光源颜色或特殊类型的镇流器。

13）对于安装在高辐射区的照明装置，设计者应采用特殊设计，以减少人员在更换和维修期间受到的辐射。这些设计包括将照明装置调整安装在低辐射区内、使用长寿命照明装置和提供易于接近照明装置的措施。

14）照明系统线缆相线颜色应按统一要求执行，相线 L1、L2、L3 采用的颜色分别为黄色、绿色和红色。

10.6.1.2 正常照明系统

1）正常照明系统的设计应满足电厂所有区域的照度要求，以保证操作对象、中心得到足够的照度，使人员在这些区域内能够安全和有效地完成任务。

2）室内照明应适于连续运行。除办公区域外，其他区域照明的开关应由配电柜内单独的出线断路器控制。室外照明应由光电元件控制。

3）正常照明系统属于电厂非安全级系统。因此，只要正常电源或备用电源可用，正常照明系统就可获得供电。

4）每个照明装置的配电回路应尽可能采用间隔布置，间隔排列的配电回路由独立的电气序列供电，以保证部分配电回路发生故障时仍可保持其余照明。

5）应对安装在人员活动区域或安装在有安全设备区域的照明装置进行牢固支撑，当经受安全停堆地震（SSE）时，这些设备不会对人员或其他设备造成危害。

10.6.1.3 应急照明系统

1）在电厂需要读取打印、手写材料或看清刻度和铭文的应急操作区域，应急照明系统应能提供 100 lx 的最低照度。在电厂的其他区域，应急照明应能提供至少 20 lx 的照度。

2）应急照明系统应由下列系统组成。

（a）主控制室：由安全级不间断电源（交流/直流）供电的应急照明系统。

（b）主控制室外：自带蓄电池的照明装置。

3）在所有应急工况下包括全厂断电期间，应急照明系统应能正常运行。在恢复电厂运行可能需要进行操作的区域（例如配电控制盘和备用柴油发电机及其控制器），仅依靠自带蓄电池的照明装置就能提供足够的照明。

4）自带蓄电池的照明装置应满足下列要求。

（a）在额定负荷时，与恢复电厂运行相关的区域内的自带蓄电池的照明装置，其电池使用时间至少为 8 h，其他区域内应满足常规照明规范要求。

（b）由于温度降低将导致电池容量减少，因此负荷需求应不大于额定容量的 80%。

（c）当交流供电恢复，带蓄电池组的灯具在正常照明工作后延时关闭。

（d）应采取措施以闭锁为该装置供电的、处于“通电”位置的电源断路器。

5）主控制室的应急照明是正常照明的一部分，其内部的应急照明装置应由不同安全序列的电源供电。

6）位于主控制室和需执行安全停堆操作的区域的应急照明装置的安装方式应在设计基准事件（包括安全停堆地震）期间和以后仍能保持结构完整性。

7）疏散和救援路线上应设置应急照明。

8）安全级蓄电池的容量应确保主控室应急照明系统在发生设计基准事故且失去所有交流电源的情况下，能够维持 10.6.1.3（1）规定的照度水平至少 72 h。

10.6.2 防雷接地系统

10.6.2.1 系统范围

电厂防雷接地系统包括：全厂接地系统、中性点接地系统（系统接地）、设备接地系统、仪表/计算机接地系统和防雷保护系统。

10.6.2.2 接地系统

1）全厂接地系统

（a）全厂接地网由裸铜缆组成，在任何工况下，接地网将跨步和接触电压限制在安全值以下。接地网应有向上的接头，用于敷设于地下的管道和设备接地和连接到厂房内部的接地网。接地系统的设计和分析方法应遵循《交流电气装置的接地设计规范》（GB/T 50065）或其他等效标准。

（b）每个建筑物中都应有与全厂接地网连接的接地系统。建筑物钢柱采用逐个间隔的方式与接地网直接连接。

2）中性点接地系统（系统接地）

（a）主发电机的中性点通过一个二次侧带电阻的单相配电变压器高电阻接地。当主发电机跳闸时，应采取措施保证离相母线的正确接地。

（b）厂内中压交流配电系统在厂用电变压器和辅助变压器低压侧绕组优先采用中性点低阻接地方式。

（c）厂内备用柴油发电机的中性点优先通过二次侧带电阻的变压器进行接地，接地设备容量需保证能在发生接地故障的情况下持续运行。

（d）低压交流配电系统的中性点直接接地。

（e）直流系统不接地。

3）设备接地系统

（a）所有的电气设备外壳，建筑钢结构和其他包含或靠近带电导体的金属物，都需要连接到建筑物内接地网上。

（b）设备的每个大型部件、金属构造物及金属罐体需在对称的方向上两点接地。

（c）开关柜、动力中心与电动机控制中心的接地母排需要在两端进行接地。

（d）应沿着电气排管敷设一根裸铜缆，人孔中的所有金属构件应与这根裸铜缆相连。

（e）含动力回路的桥架内敷设一根裸铜缆，各层桥架之间采用接地线相互跨接。

4）仪表/计算机接地系统

（a）应为电厂的模拟和数字仪表系统预留独立的仪表接地系统。

（b）电厂仪表接地系统通过单独的接地母线和绝缘电缆组成的放射式接地系统接地。仪表接地系统与全厂接地网一点连接，并与其他接地回路相隔离。

10.6.2.3 防雷系统

1）所有主要的电厂构筑物包括安全壳周围的建筑物都需要有防雷保护。该系统的设计和安装应符合《建筑物防雷设计规范》（GB 50057）或其他等效标准的规定。

2）应在电厂电气系统与开关站和厂外输电系统的连接线的每一相上提供避雷器。这些避雷器应与主升压变压器和辅助变压器的高压侧连接。开关站出线侧也应安装避雷器。

3）位于室外的或与室外电缆连接的电厂仪表和监测设备应内置浪涌保护装置，以保护设备不因雷电感应的高压而损坏。

11 放射性废物处理系统

11.1 通用要求

11.1.1 目标

本章节旨在构建放射性废物处理系统的总体功能与设计基准。本章节从法规与政策为依据，确定各个系统的关键技术要求。放射性废物处理系统包括放射性废气处理系统，放射性废液处理系统、放射性固体废物处理系统和厂址废物处理设施。

11.1.2 范围

本章节包括放射性废气处理系统、放射性废液处理系统、放射性固体废物处理系统和厂址废物处理设施。除放射性废液处理系统外，其他上述系统不执行安全有关功能。放射性气态流出物通过暖通系统排放至烟囱的部分不包括在本章节内。大型设备物项的更换产生的废固量不包括在低放废物的预期产生量中。本章节不提供非放射性废物的处理要求。

11.1.3 功能

放射性废物处理系统的总体功能如下。

(1) 将放射性废气、废液、废固分类收集至地坑或暂存容器内。

(2) 考虑废物种类、系统处理负荷、衰变和暂存周期等因素确定系统暂存能力与容量。

(3) 安全有效地进行废物处理、整备与处置，以安全、受控的排放/处置方式进行放射性废物的排放、转运、处理。

(4) 允许对进料、中间物料和出料进行采样和/或在线测量与数据跟踪，为操纵员进行工艺选择提供支持。

(5) 采取有效的控制措施，确保放射性废物及其管理活动所引起的对工作人员和公众的辐射照射不超过国家有关法律和标准规定，并保持在可合理达到尽量低水平。

(6) 在废物处理和整备过程中，尽量采用先进合理减容技术，实现废物最小化目标。

11.1.4 法规与政策

以下是关于放射性废物处理系统的法规与政策，旨在解读后续章节给出的要求以及制定这些要求时所采用的方法。

气、液态放射性流出物年设计排放量应满足《核动力厂环境辐射防护规定》(GB 6249)，气、液、固态放射性废物在收集、贮存、处理和整备等过程中需满足《放射性废物安全监督管理规定》(HAF 401)、《电离辐射防护与辐射源安全基本标准》(GB 18871)、《放射性废物管理规定》(GB 14500)、《低、中水平放射性固体废物近地表处置安全规定》(GB 9132)等相关法规标准的排放控制要求。

11.1.5 设计基准

11.1.5.1 设计采用源项

在设计时，采用如下反应堆冷却剂源项假设。

1）设计基准源项

反应堆冷却剂系统中的裂变产物源项基于0.25%燃料棒包壳破损的假设，即反应堆在产生0.25%堆芯额定热功率的燃料棒的包壳破损情况下运行，且破损燃料棒在堆芯中均匀分布，与技术规格书中规定的剂量等效^{131}I活度浓度限值一致。对于主冷却剂系统中的腐蚀产物源项，应基于运行电厂的测量数据，根据《轻水堆正常运行的放射性源项》（ANSI/ANS 18.1）中描述的方法调整得到。该源项主要用于屏蔽设计、废物管理系统设计能力评估和事故分析。

2）用于设计排放源项计算的反应堆冷却剂源项

反应堆冷却剂裂变产物剂量等效^{131}I活度浓度为5 GBq/t时的源项。该源项保守考虑了电厂运行中可能的各种瞬态情况导致的反应堆冷却剂中核素活度浓度的增加，是计算设计排放源项的基础。该活度谱用于环境影响评价和排放量申请的设计需要。对于用于设计排放源项的反应堆冷却剂腐蚀产物源项，与设计基准源项一致。

3）现实源项

反应堆冷却剂剂量等效^{131}I活度浓度为0.1 GBq/t时的源项。该源项根据核电厂正常运行时的经验数据来确定，是计算现实排放源项的基础。该活度谱用于核电厂运行辐射环境现状评价、环境监测方案制定和流出物监测方案制定等设计需要。对于反应堆冷却剂腐蚀产物现实源项，考虑为设计基准源项的二分之一。

4）氚

反应堆冷却剂系统中氚源项计算应全面考虑其产生途径，主要产生途径一般包括：

（a）燃料三元裂变产生的氚通过扩散或包壳破损处泄漏进入反应堆冷却剂中。

（b）反应堆冷却剂中硼与中子的反应。

（c）可燃中子吸收体中产生的氚通过扩散或包壳破损进入反应堆冷却剂中。

（d）反应堆冷却剂中锂与中子的反应。

（e）反应堆冷却剂中氘与中子的反应。

（f）次级源棒中^{9}Be产生的氚通过扩散或包壳破损处泄漏进入反应堆冷却剂中。

5）^{14}C

反应堆冷却剂中^{14}C主要由^{17}O（n，α）^{14}C和^{14}N（n，p）^{14}C反应生成。虽然在燃料芯块、燃料包壳、主冷却剂和结构材料中都含有^{17}O和^{14}N，但是反应堆冷却剂中^{14}C主要来自水中^{17}O和^{14}N的活化。由于^{14}C半衰期非常长，在反应堆运行寿期内计算^{14}C产生量，可不考虑^{14}C的衰减。

11.1.5.2 总体设计基准

放射性废物处理系统的总体设计基准如下。

1）通过合理的设计措施，从源头减少放射性废物的产生。通过燃料元件的性能提升减少裂变产物的产生。尽量减少系统泄漏。

2）放射性废气处理系统应能够给气态放射性核素（如Kr、Xe等）提供足够的延迟衰变时间，以满足国家标准的排放控制要求。

3）放射性废液处理系统通过过滤、离子交换等工艺将各类放射性废液进行净化。液态流出物通过槽式排放至虹吸井或其他指定区域，与常规岛循环冷却水或其他水源进行混合排放。随着技术的发展，液态流出物也可考虑采用其他方式排放。

4）采用最佳可行技术进行放射性废物的处理与整备。采用临时或移动式设备向低概率的运行工况提供补充处理手段，并提供未来工艺升级的灵活性。

11.1.6 废物最小化

废物最小化应以确保安全为前提，以废物处置为核心，通过技术和管理措施实现废物最小化，遵循源头控制优先、全过程管理、全员责任和持续优化的原则。

应从减少源项、再循环再利用、减容技术和优化管理四个方面来实施废物最小化，最终使得产生的固体废物年产生量可合理达到尽量低。

放射性废物管理应遵从分类收集、分类处理的原则，采用先进的减容处理技术，有效降低最终处置的废物量，实现废物最小化。

11.2 放射性废气处理系统

11.2.1 系统功能要求

(1) 接收和处理上游系统（放射性废液处理系统等）运行期间产生的潜在含氢放射性废气，保持厂外放射性释放在可接受的限值以内。

(2) 提供放射性废气处理前后取样手段，以分析其化学组成和放射性水平。

(3) 废气排放前提供放射性活度浓度监测和报警功能，防止气态放射性核素的意外释放。

(4) 调节废气的温、湿度至所需水平，以确保活性炭延迟床达到预期的吸附性能。

(5) 防止系统内的可燃气体发生燃烧或爆炸。

11.2.2 系统配置要求

根据系统功能要求，典型的放射性废气处理系统接收处理来自放射性废液处理系统的脱气塔排气和反应堆冷却剂疏水箱排气。对于放射性工艺废气处理通常采用活性炭滞留衰变工艺或加压贮存衰变工艺，11.2 节以活性炭滞留衰变工艺为例说明放射性废气处理系统要求，其他处理工艺参考执行。

典型的放射性废气处理系统主要包括气体冷却除湿、延迟衰变、控制排放等功能模块。必要时可考虑增加氢氧复合等工艺减少进入下游保护床和延迟床的气体流量。

典型的放射性废气处理系统主要设备有：

(1) 气体冷却器。
(2) 气水分离器。
(3) 活性炭保护床。
(4) 活性炭延迟床。
(5) 废气取样装置。
(6) 放射性活度浓度监测仪表。
(7) 排气控制阀门等。

11.2.3 系统设计要求

放射性废气处理系统设计应能实现 11.2.1 节的各项系统功能。

放射性废气处理系统应为放射性惰性气体（Kr、Xe）提供足够的延迟衰变时间，确保电厂运行期间，包括在发生燃料包壳最大破损率为 0.25%时，其年排放总量和厂址边界外个人辐照剂量满足 GB 6249 的相关要求。

放射性废气处理系统的设备和管道为非安全级、非抗震类。对于放射性核素吸附滞留设备（如活性炭延迟床）及支撑件应按 1/2SSE 进行抗震设计。

放射性废气处理系统应能收集和处理上游系统运行期间产生的所有潜在含氢放射性气体，满足上游最大废气流量的处理需求。

放射性废气处理系统应通过冷凝冷却有效去除气体中的湿气，废气冷凝液应与废气分离，以防止浸湿下游的活性炭床。

为进入活性炭延迟床的放射性废气提供合适的温度和相对湿度条件，以确保活性炭延迟床达到预期的吸附性能。

放射性废气处理系统应有足够驱动力，能有效将废气从废气系统入口转运到电厂烟囱释放点。

放射性废气处理系统的设计应考虑放射性物质的包容，防止其意外或非受控释放到环境中。经系统处理后的含氢放射性排气管线上，应设置放射性活度浓度连续监测装置，当放射性活度浓度超过设定值时进行报警和自动停止排气。

为了确定工艺设备的性能，应对工艺处理过程中的放射性废气进行取样分析和监测。

放射性水平较高的放射性活性炭延迟装置应布置在独立房间。

应尽量采用焊接连接以保证密封性，减少放射性废气泄漏。

对于布置在可能发生氢气泄漏的设备间内的，或直接与含氢废气接触的仪控设备、电气设备，应考虑防爆设计要求。

应采取下列措施防止生成氢氧混合爆炸性气体。

(1) 废气处理系统应设置具有自动控制功能、能检测爆炸性混合气体的形成或积累的双重气体分析仪，并在主控制室报警。

(2) 提供氮气供应接口，用氮气充分吹扫系统管线和设备，以保证不产生氢、氧混合爆炸性气体。

(3) 相关设备间要保持足够的通风。设备间排风管尽量设置在顶部，防止氢气聚集。

(4) 含氢废气系统宜维持正压，防止空气进入系统内部。

(5) 对含氢废气排放进行控制，以保证排到通风系统的废气经通风稀释后氢浓度小于在空气中的爆炸下限值。

(6) 系统采取静电接地措施，以防止发生燃爆。

(7) 尽可能减少潜在火源。

11.2.4 设备设计要求

设备管道选材应考虑综合介质、设计温度、设计压力、耐腐蚀和耐辐照照射等要求。

活性炭保护床和（或）活性炭延迟床的设计应确定所选用的活性炭的类型和活性炭装填量，并规定系统的相关运行参数，以保证达到所要求的滞留时间。

活性炭保护床和（或）活性炭延迟床的设计，应保证气流向上或者向下垂直通过设备截面，并且当气流达到最大设计流速时，活性炭颗粒仍保持相对固定状态。废气通过活性炭延迟床的速度不应低于1 mm/s，不应因轴向扩散造成滞留的效率降低。

活性炭保护床和（或）活性炭延迟床的设计应能安全、方便地装卸吸附剂，设备布置设计应考虑活性炭检查或更换的运维空间需求。延迟床的下部应设置疏水管道，以便在水压试验后或检修前能将水排净，疏水管道或床体底部应设置滤网，以防止活性炭从炭床中流失。

废气处理系统的阀门应采用密封性能较好地隔膜阀、波纹管阀或其他具有相似密封特性的阀门。阀门密封件应采用优质密封材料，该材料应有足够的耐辐照能力和使用寿期。

气水分离器应设置液位高液位报警，当液位超过高报整定值时，联锁关闭出口阀门，避免下游活性炭床受潮。气水分离器应采用密封管道疏水，并避免罐体内冷凝液排空。

系统设备、阀门和仪表等部件的泄漏率应满足相关法规标准要求。

11.2.5 仪表和控制要求

本系统设计中应提供仪表及控制设备，并应保证足够的精度与响应时间，以满足系统性能要求。

在主控制室，应对系统的下列参数给予显示和（或）报警。

（1）废气系统进出口压力。

（2）冷却器进出口温度。

（3）延迟床进口湿度。

（4）活性炭延迟床进出口温度。

（5）废气流氢氧浓度。

（6）气水分离器液位。

（7）废气系统设备间氢气浓度。

（8）废气流量。

（9）系统出口放射性活度浓度。

11.2.6 接口要求

放射性废气处理系统主要与以下系统存在接口。

（1）放射性废液处理系统：接收处理放射性废液系统脱气塔和反应堆冷却剂疏水箱产生的放射性废气。同时也将气水分离器中废气冷凝液排往废液系统。

（2）电厂气体（氮气）系统：氮气用以维持系统正压防止氧气倒灌入系统。含氢废气中氧浓度超标时使用氮气来稀释。氮气也用于扑灭着火的活性炭床。在系统部件维护前后需要氮气来稀释和置换氧气。

（3）冷冻水系统：冷冻水系统为废气系统气体冷却器提供冷源。

（4）放射性控制区通风系统：为废气系统设备的区域提供充分通风；接收并稀释放射性废气系统处理后的含氢废气。

11.2.7 系统运维要求

含氢废气处理系统的工艺设备间内应设有氢气检测仪表，当氢气浓度报警时应及时关停上游来气，防止生成氢、氧混合爆炸性气体。

活性炭保护床后需设置湿度检测仪表，湿度过大时提醒操作人员，必要时更换保护床活性炭。

放射性废气处理系统的设计应允许对仪表进行定期校验。对于活性炭保护床和延迟床，应考虑设置活性炭介质更换区域并配备合适的介质更换工具。

系统的卡套、螺纹和法兰等连接件拆装操作后需进行氦气检漏测试。

系统的设计必须便于维修，应尽量减少维修操作对机组运行的影响。

11.3 放射性废液处理系统

11.3.1 系统功能要求

11.3.1.1 安全功能

本系统执行安全壳贯穿管线的自动隔离功能以及防止在事故工况下安全壳内水淹倒流至不允许水淹的隔间。

11.3.1.2 其他功能

1）在电厂正常运行，包括下列预期运行事件下，应保证放射性受控释放。

（a）一回路系统高泄漏量。

（b）去污水大量产生。

（c）蒸汽发生器传热管泄漏。

（d）换料。

（e）放射性废水疏排系统大量废液的输入。

（f）安全壳水淹。

2）测量和记录系统向环境排放液态

流出物中的放射性活度浓度，并在控制室提供报警和显示。

3）应提供可广泛使用的检测方法来确定反应堆冷却剂压力边界泄漏源。

4）应接收并处理反应堆冷却剂流出液、各类放射性废液和疏水。

5）应将排入本系统受到化学污染的废液通过屏蔽转运容器送至厂址废物处理设施处理或采用其他可行技术进行处理，如采用移动式处理设备等。

6）应维持不同类别废液之间的隔离。

7）对于内陆厂址或一些对排放有特殊要求的滨海厂址，在外界受纳水体不适宜接受处理达标的液态流出物时，可将待排放液态流出物贮存在厂区废液大贮罐，待适时排放，以满足国家标准规范的要求。

8）对于需要控制硼排放的厂址，应采取工程和管理措施降低硼排放浓度和总量，具体配置可根据厂址条件及排放限值确定；同时，不同类型废液尽可能分类处理，便于硼回收和复用。

9）应设置移动式接口，以便通过移动式处理设备等来增加放射性废液处理系统的灵活性。

11.3.2 系统配置要求

本系统对输入的放射性废液进行分类。不同类型的废液将被收集在特定的废液水箱内。本系统接收、贮存和（或）处理和排放如下各类废液。

（1）反应堆冷却剂流出液。

（2）地面疏水和设备疏水。

（3）洗手废液。

（4）化学废液。

本系统去除反应堆冷却剂流出液中溶解的氢和裂变气体，并将这些废气送至放射性废气处理系统。处理后的废液放射性活度浓度降低至 GB 6249 限值以下，向环境受控排放。

基于废液收集、处理和监测排放要求，本系统主要通过真空脱气方式进行除氢，降低反应堆冷却剂流出液中的氢浓度。同时，各类废液中的主要污染物类型包括颗粒物、胶体、少量油类物质、离子态的阳离子核素和阴离子核素等。本系统应先将设置足够容积的收集罐对废液进行分类收集和暂存。然后针对不同杂质类型，进行分类处理。目前废液处理采用的主要工艺包括过滤、化学絮凝、离子交换、蒸发和膜处理工艺等。

典型工艺组合为通过过滤+化学絮凝+离子交换床工艺对废液进行处理，确保处理后的液态流出物满足国标要求。

本系统的工艺设备主要包括地坑、废液收集罐、化学絮凝处理装置、介质床、监测箱、脱气装置以及相关仪表、阀门、管道、快速接头和金属软管等。

11.3.3 系统设计要求

11.3.3.1 系统性能要求

本系统设计应保证电厂在正常运行和 0.25%燃料包壳破损率（对应设计基准源项）情况下，排放液态流出物中的放射性活度浓度不超过 GB 6249 规定的限值。

11.3.3.2 安全分级和抗震分类

本系统除安全壳隔离边界和防止安全壳隔间的倒流水淹设备为安全级和抗震类外，其余设备为非安全级、非抗震类。

11.3.3.3 布置准则

为便于维修和减少放射性辐照，仪表变送器应设置屏蔽或远离主要的放射源。

反应堆冷却剂疏水箱的布置应考虑预留足够的空间用于放置水泵及仪表拆卸和更换。为便于拆卸潜水泵，还需要考虑放置特殊装置的空间。

地坑应考虑设置足够高度的围堰，以防止堆芯熔化物沿周边地板进入地坑。该地坑围堰应在地板标高处设置套管疏水孔，允许周边地面疏水进入地坑。此外还要预留泵和仪表拆卸和更换所需的空间。为便于拆卸和支撑潜水泵，还需要考虑放置相应装置的空间。进入地坑管线的管口必须淹没在正常低液位以下。

脱气装置应布置尽量紧凑。蒸汽冷凝器出口管连接时，气体和冷凝液出口管汇流接口与蒸汽冷凝器内最高液位等高。冷凝液通过重力汇流到真空泵入口。

水箱的接口和连接件均采用焊接减少泄漏。仅水箱与水泵、仪表的接口采用法兰连接，以便于上述设备、仪表的维修或校准。

过滤器应考虑设置屏蔽以减少人员辐照。设备排气、疏水、隔离和旁路管线上的手动阀门应设置在放射性屏蔽设施外，或设有遥控阀杆可远距离操作。屏蔽设施应预留检修孔或其他措施以便进行辐射测量。

介质床设备应考虑设置屏蔽。相关阀门设有加长阀杆，可减少人员辐照。

泵的安装区域与相应水箱间设置屏蔽，或预留便携式或临时屏蔽设施的安装空间。泵的安装区域须预留转运通道，正常检修时将整个水泵外运。泵内排出的气体应通过管道排入放射性废水疏排系统或送回水箱内。可通过目视检测管道出口是否有液体判断泵膜片的泄漏。

排放管线采用管沟敷设，排放至虹吸井中。

11.3.3.4 其他要求

本系统含氢房间内电气设备应考虑电气防爆设计要求。

11.3.4 设备设计要求

本系统主要设备包括：地坑、废液收集罐、化学絮凝处理装置、介质床、脱气装置、监测箱以及相关仪表、阀门、管道、快速接头和金属软管等。

地坑包括安全壳地坑和辅助厂房地坑，主要用于收集含放射性废液。应设置液位指示和连锁功能，同时安全壳地坑还需执行安全壳内不可识别泄漏的检测功能。

废液收集罐包括反应堆冷却剂收集罐、地面和设备疏水收集罐、洗手废液箱和化学废液箱。箱罐容积应能满足正常和异常工况下的废液收集功能，尤其是90%寿期时冷停堆+机组启动+冷停堆工况产生的废液。

收集罐应采用圆筒形及底封头结构，便于废液收集和排放。箱体底部应尽可能设置排污口，便于人员检修时排空箱体。

废液系统地坑中含有固体颗粒，废液输送泵应尽可能选用结构简单且具备输送复杂介质类型的泵，例如气动隔膜泵，其可输送气体、液体或淤泥情况下无损坏运行，同时可根据压空流量在较大的范围内调整水泵的水力性能。

输送泵的类型应尽可能统一，便于设备维护和减少备品数量。

化学絮凝装置应能根据废液来源动态添加适量絮凝剂，提高对颗粒/胶体的去污能力。

介质装填装置应能将介质顺利输送至介质床内，应采用尽可能少的输送水。输送混合树脂时应防止树脂分层。

介质床的尺寸（介质装填高度、床体直径、床体积）设计应综合考虑处理流速、污染物水平、出水水质要求、允许压降和单位体积处理废液产生的废物量等。

最大高度应由该介质层的最大允许压降来决定，并且应小于可能造成介质或者床体内其他部件机械损坏对应的值。

介质床应设置介质装填管、排气管、疏水管和废介质卸载管道，必要时应设置反冲洗管道。排气口应设置滤网，排气管应接至集液装置，防止放射性液体泄漏，输水管和介质卸载管道的设计应能满足将废液和废介质排空的要求。介质装填管应布置在床体顶部。

介质床上下水的设计应布水均匀，介质床底部应设置滤网，防止介质泄漏。

介质床内装填的介质应规定介质类型和关键指标，应在一定温度下能运行（≤60 ℃），介质的使用寿命应尽可能长。

介质床应设置压差高位报警，当发生压差高报警时，更换介质。整个设施的进口应设置电导率高位报警，当发生电导率高位报警时，需调整装填的介质类型。

每个介质床的进出口管线上应设置取样口，取样口应集中布置在取样槽内。每台床应设置旁路管道。最后一台介质床的出水管的布置应防止虹吸。

废介质输送总管上应设置窥视镜，以便清晰观察介质是否输送干净。每台床的输送介质管道的拐弯处设计应满足 5D 弯曲半径要求。介质输送管道上应使用球阀或旋塞阀等直通型阀门，以减少阀门堵塞。

脱气装置应能对含氢反应堆冷却剂进行除氢，通过真空方式进行脱气后排至废气系统，同时将下泄的冷却剂排至下游冷却剂收集箱中。

应设置至少 3 台监测箱，用以收集和槽式排放液态流出物。监测箱容积应与上游废液收集罐容积相匹配。箱体之间应设置倒罐接口，便于废液滞留。

应对处理后的液态流出物进行取样和监测。同时为了获得具有代表性的取样，应设置监测箱搅拌或循环装置。

排放管线应设有在线辐射监测仪表。经取样分析达标的液态流出物，通过排放管线受控监测排放。当排放流中放射性活度浓度达到监测仪表整定值时，触发报警信号，排放管线隔离阀自动关闭，排放泵自动停泵，中止 WLS 系统排放。

设备材料应满足耐腐蚀性、环境相容性及接触介质安全性等相关要求，与放射性介质接触的设备材料应选用奥氏体不锈钢。

11.3.5 仪表和控制要求

本系统设计中应提供仪表及控制设备，并应保证足够的精度与响应时间，以满足系统性能要求。

本系统的就地控制面板上应对下列参数给予显示和（或）报警。

（1）过滤器压差。

（2）介质床压差。

（3）废液收集罐液位。

（4）地坑液位。

（5）泵出口压力。

（6）真空脱氢装置压力和液位。

（7）液态流出物排放管的流量和总放射性活度浓度。

11.3.6 接口要求

本系统的主要接口系统以及接口要求如下。

（1）压缩空气和仪表空气系统：为双隔膜泵提供压缩空气气源。

（2）设备冷却水系统：为反应堆冷却剂疏水箱热交换器提供冷却水。

（3）化容系统：将反应堆冷却剂下泄至放射性废液处理系统，经放射性废液处理脱氢处理后送回一回路。

(4) 除盐水储存与分配系统：为本系统提供初装水、补水及冲洗水。

(5) 电厂气体系统：对氮气覆盖箱体提供覆盖气，避免氧气进入箱体。

(6) 一回路取样系统：在安全壳地坑泵下游进行取样。

(7) 中央冷冻水系统：为放射性废液处理系统的蒸汽冷凝器提供冷冻水。

(8) 放射性废气处理系统：接收来自本系统的含氢废气。

(9) 放射性废水疏排系统：接收来自本系统设备去污冲洗水或其他设备疏水。

(10) 放射性固体废物处理系统：转运和接收来自离子交换床和深床过滤器的树脂和活性炭以及来自过滤器的废过滤器滤芯。

(11) 移动式处理装置：为放射性废液处理系统提供额外的处理能力。

(12) 循环水系统：为本系统提供液态流出物排放所需的掺混水。

11.3.7 系统运维要求

本系统的设计应能通过介质床体压差或者介质床进出口去污因子判断介质是否失效。介质失效后应卸载废介质，同时装填新介质。

本系统内化学絮凝剂应在使用前配置，未使用完的絮凝剂应当收集后处理，不允许直接排入地坑中。

为保持反应堆冷却剂系统泄漏检测能力，安全壳地坑液位仪表需要进行技术规格书监督。通道校准需要每 24 个月进行一次。

本系统的在线仪表需定期校准和维护。

11.4 放射性固体废物处理系统

11.4.1 系统功能

11.4.1.1 安全功能

放射性固体废物处理系统不执行安全有关功能。

11.4.1.2 其他功能

1) 提供废树脂接收和临时贮存功能，接收并临时贮存化容系统、放射性废液处理系统、乏燃料池冷却系统和移动式废液处理设施运行产生的废树脂（包含深床过滤器过滤介质），为废树脂在核岛厂房内提供适当的暂存衰变时间。

2) 提供废树脂混合功能，使水和树脂混合均匀，便于树脂浆液的输送。

3) 提供废树脂转运功能，以将废树脂转运至屏蔽转运装置或高完整性容器（HIC）内。

4) 提供废树脂取样功能，以便开展树脂特性分析。

5) 提供水过滤器滤芯更换、转运和临时贮存功能，更换、转运并临时贮存化容系统、放射性废液处理系统、乏燃料池冷却系统和本系统运行产生的放射性水过滤器滤芯，为水过滤器滤芯在核岛厂房内提供适当的暂存衰变时间。

6) 提供放射性干废物临时贮存功能，为放射性干废物在核岛厂房提供临时贮存场地。

11.4.2 系统配置要求

11.4.2.1 废树脂处理功能配置要求

根据废树脂处理功能要求，放射性固体废物处理系统接收和临时贮存来自化容系统、放射性废液处理系统、移动式处理设备和乏燃料池冷却系统运行产生的废树脂，并将废树脂转运至屏蔽转运装置。废树脂处理系统需配置的主要设备有：

1）废树脂接收槽。

2）树脂混合泵。

3）树脂输送泵。

4）树脂取样装置。

11.4.2.2　水过滤器滤芯处理功能配置要求

根据水过滤器滤芯处理功能要求，放射性固体废物处理系统更换、转运并临时贮存化容系统、放射性废液处理系统、乏燃料池冷却系统和本系统运行产生的放射性水过滤器滤芯。水过滤器滤芯处理系统为纯机械系统，需配置的主要设备有：

1）水过滤器滤芯更换转运装置。

2）水过滤器滤芯贮存格架（或其他临时贮存设施）。

11.4.2.3　干废物处理功能配置要求

根据干废物处理功能要求，放射性固体废物处理系统提供临时贮存核电厂运行维修产生的干废物的功能，系统为干废物临时贮存提供场地。

11.4.3　系统设计要求

放射性固体废物处理系统设计应能实现11.4.1节的各项系统功能。

非能动核电厂放射性固体废物处理系统的设备和管道为非安全级、非抗震类。

放射性固体废物处理系统应能收集和临时贮存上游系统（化容系统、放射性废液处理系统和乏燃料池冷却系统等）运行产生的废树脂，临时贮存废树脂的接收槽应设置不少于2个，废树脂接收槽容量应与废树脂设计处理能力匹配并预留一定裕量。

放射性固体废物处理系统可通过树脂混合泵抽取废树脂接收槽中的水并返回废树脂接收槽，以对废树脂接收槽内废树脂进行混合，树脂混合泵也可将废树脂接收槽中余水排放至放射性废液处理系统。此外，放射性固体废物处理系统也可通过除盐水、压缩空气或其他措施对废树脂接收槽内废树脂进行混合。

放射性固体废物处理系统可通过树脂输送泵循环树脂浆液。废树脂接收槽内树脂浆液应能通过树脂输送泵转运至屏蔽转运装置内。树脂输送泵后管道应设置安全释放阀，用以保护树脂输送泵的运行安全，同时可防止泵后管道堵塞引起压力上升并超过限值。同时，放射性固体废物处理系统应设置接口使得上游系统产生的废树脂转运至屏蔽转运装置。此外，放射性固体废物处理系统也可通过其他措施将废树脂接收槽内废树脂转运至废树脂屏蔽转运装置。

放射性固体废物处理系统可通过树脂取样装置获取循环或转运过程中的树脂浆液样品。

放射性固体废物处理系统的设计应考虑放射性物质的包容，防止其意外或非受控释放到环境中。

放射性固体废物处理系统的管道、阀门和管件等的连接应尽量采用对接焊，以减少放射性释放和堆积风险。废树脂输送管道应采用不低于DN40的不锈钢管道，并保证树脂浆液流速不低于1.4 m/s，同时应选用45°斜三通和5D弯管等管件，以降低树脂输送的堵塞风险。

放射性固体废物处理系统可通过水过滤器滤芯更换转运装置为上游系统（含本系统）产生的放射性水过滤器滤芯进行更换和转运，水过滤器滤芯更换转运装置应提供足够的屏蔽以保证操作人员的辐照可合理达到尽量低。

放射性固体废物处理系统可设置水过滤器滤芯贮存格架（或其他临时贮存设施）临时贮存水过滤器滤芯，水过滤器滤芯临时贮存容量应与水过滤器滤芯设计处理能力匹配。

放射性固体废物处理系统提供的放射性干废物临时贮存场地，干废物临时贮存容量应与干废物设计处理能力匹配。

11.4.4 设备设计要求

废树脂接收槽的设计应保证废树脂临时贮存的要求，可实现树脂接收、混合、循环、转运和疏排的要求。废树脂接收槽树脂混合泵吸入口和溢流口应设置树脂截留滤网，滤网设计应满足树脂混合和溢流通行流量的要求，同时为有效截留树脂，滤网孔径应不大于 0.2 mm。

树脂混合泵的设计应保证抽水混合流量满足树脂混合的要求。

树脂输送泵的设计应保证树脂浆液能够顺利通过，且流量不低于树脂浆液不易发生堵塞的最低流量。

树脂取样装置的设计应保证可远程自动化取样，同时取样瓶应设置足够屏蔽，以保证操作人员的辐照可合理达到尽量低。

水过滤器滤芯更换转运装置的设计应适应上游及本系统过滤器及其屏蔽容器结构，保证滤芯更换和转运功能的实现，此外滤芯屏蔽筒应提供足够的屏蔽以保证操作人员的辐照可合理达到尽量低。

水过滤器滤芯贮存格架（或其他临时贮存设施）应满足滤芯临时贮存的功能要求。

系统设备、阀门和仪表等部件的设计要求应满足相关法规标准要求。

系统设备、阀门、管道和管件等部件选用材料应满足腐蚀、使用环境条件和使用介质等相关要求，与放射性介质接触的材料应选用奥氏体不锈钢材料。

11.4.5 仪表和控制要求

本系统设计中应提供仪表及控制设备，并应保证足够的精度与响应时间，以满足系统性能要求。

在放射性固体废物处理系统控制室，可对系统的下列参数给予显示和（或）报警。

（1）树脂混合泵出口压力。

（2）树脂输送泵出口压力。

（3）树脂输送泵压差。

（4）树脂供应管道流量。

（5）废树脂接收槽液位。

（6）流量视镜。

（7）树脂碎片过滤器压差。

（8）树脂混合泵和树脂输送泵运行状态。

（9）远程控制阀门的位置状态。

11.4.6 接口要求

放射性固体废物处理系统主要与以下系统存在接口。

（1）放射性废液处理系统：接收和临时贮存放射性废液处理系统产生的废树脂、水过滤器滤芯，将废树脂接收槽内余水排放至放射性废液处理系统。

（2）化容系统：接收和临时贮存化容系统产生的废树脂、水过滤器滤芯。

（3）乏燃料池冷却系统：接收和临时贮存乏燃料池冷却系统产生的废树脂、水过滤器滤芯。

（4）放射性控制区通风系统：为放射性固体废物处理系统区域提供充分通风。

（5）压缩空气和仪表空气系统：为放射性固体废物处理系统中树脂混合及树

脂混合泵等气动部件提供动力。

(6) 除盐水储存和分配系统：为放射性固体废物处理系统提供除盐水用于树脂混合、管道冲洗等。

(7) 厂址废物处理设施废树脂处理系统：将废树脂接收槽内废树脂转运至厂址废物处理设施废树脂处理系统的废树脂屏蔽转运装置内，并接收废树脂屏蔽转运装置的脱水回水。

(8) 厂址废物处理设施水过滤器滤芯处理系统：将水过滤器滤芯转运至厂址废物处理设施水过滤器滤芯处理系统的水过滤器滤芯屏蔽转运装置内。

(9) 移动式废液处理设施：接收和临时贮存移动式废液处理设施产生的废树脂。

(10) HIC 装料脱水系统：废树脂和水过滤器滤芯通过 HIC 装料脱水系统装入 HIC；接收 HIC 装料脱水系统从 HIC 内脱出的废液。

(注：接口 7、8、9 和 10 与厂址废物处理设施处理工艺相关，正常情况不会同时存在。)

11.4.7 系统运维要求

放射性固体废物处理系统的运行应设置必要的仪表和流量视镜以判断系统的运行状态，操作人员应严格按照运行规程操作，避免由于人因问题发生系统运行异常，如树脂堵塞管道。

放射性固体废物处理系统的设计应允许对仪表进行定期校验。

系统的设计必须便于维修，应尽量减少维修操作对机组运行的影响。

11.5 厂址废物处理设施

厂址废物处理设施是全厂址机组共用的离堆式废物处理设施，承担了全厂址机组核岛放射性固体废物以及部分放射性废液的处理职责，它简化了单机组核岛废物处理系统与设备的配置，有效衔接了厂址范围内所有机组废物的安全处理。

11.5.1 功能要求

厂址废物处理设施针对废树脂、化学废液、水过滤器滤芯、干废物、脏工作服等不同类型的废物进行转运、接收和处理，并提供一定的暂存功能和回收复用。

具体功能描述如下。

(1) 废树脂转运、接收、处理

设置废树脂处理系统，接收核岛产生的废树脂，采用合适的处理方法将其处理成适用于中间贮存的形态，运至废物暂存库进行中间贮存。

(2) 化学废液转运、接收、处理

设置化学废液处理系统，接收核岛及各子项产生的化学废液、去污热车间的去污废液，采用合适的处理方法处理成适用于中间贮存的形态，运至废物暂存库进行中间贮存。

(3) 水过滤器滤芯转运、接收、处理

设置水过滤器滤芯处理系统，接收核岛产生的水过滤器滤芯，采用合适的处理方法处理成适用于中间贮存的形态，运至废物暂存库进行中间贮存。

(4) 干废物处理转运、接收、处理

设置干废物处理系统，接收核岛产生的干废物，采用合适的处理方法处理成适用于中间贮存的形态，运至废物暂存库进行中间贮存。

(5) 废物辊道转运

设置辊道转运系统，通过辊道及小车输送转运、吊车优选装载和包装桶开盖/加盖的方式，串联各个废物处理工艺，将来自各废物处理系统的废物送往超压、灌浆或固化处理，并将最终形成的包装桶送至废物暂存库。

（6）废物包装体中间贮存及送处置

设置废物暂存库或场所，用于贮存低放废物包装体或其他特殊废物（如废油、堆芯测量仪表），适当的贮存期满后，废物包装体运至国家区域处置场进行最终处置。

（7）工作服和工作鞋清洗、复用

设置全厂共用的洗衣房，洗衣房接收在核电站正常运行和维修期间，产生的程度不同的被放射性沾污的工作服（外衣、内衣）和鞋套等物。其中，对不符合卫生、剂量标准的直接作为放射性固体废物处理，对于符合的将其清洗去污、脱水、烘干和熨平后回收重复使用。洗衣房对洗涤产生的废水进行接收并监测排放。

（8）废物信息管理

设置废物跟踪系统，采用全自动化的方法来跟踪废物桶在子项内的流转过程，能够通过外部系统来获取所需进行记录的相关参数，并保存所有子项内废物桶所关联的测量参数和贮存位置信息。

（9）放射性废液的移动式处理

设置移动式处理设备，用于补充放射性废液处理系统的净化能力、处理二回路发生放射性沾污的废液、换料水池废液以及化学废液等其他特殊放射性废液。

11.5.2 总体设计要求

11.5.2.1 通用设计要求

1）遵照执行我国所有现行有效的放射性废物管理规范和标准以及与核电厂安全有关的法律法规。

2）废物处理系统的设备和管道为非安全级、非抗震类。

3）采用经实践验证的，成熟可靠的减容工艺，最终废物包装体能够满足《低、中水平放射性废物近地表处置安全规定》（GB 9132）、《低、中水平放射性固体废物包安全标准》（GB 12711）、《低、中水平放射性废物高完整性容器》（GB 36900）、《低、中水平放射性废物固化体性能要求》（GB 14569）等对于废物性质和包装的通用性要求，符合我国相关废物处理和处置标准，适宜于近地表处置。

4）充分贯彻废物最小化原则，以缓解日益增加的废物处置压力。

5）核岛废物通过经实践验证的、专用的屏蔽转运容器将废物流分类送至子项内。子项内的各类屏蔽转运容器与特殊接口形式，保证放射性废物的转运过程高度可靠，安全送抵指定区域。

6）处理过程产生二次废物，如：设备工艺排气、冷凝液、设备清洗水、浓缩液、废介质等，需提供相应的处理手段来处理这类废物。所有废物无须再回到核岛或其他设施进行再处理。

7）保护工作人员、公众以及周围环境免受辐射照射的危害，并保证所受辐射量符合“可合理达到尽量低”（ALARA）的原则。

8）子项内任何一种废物流或废物桶都将通过专门的途径进行数据跟踪。对于关键处理步骤的数据跟踪将确保废物流始终处于可控状态。废物桶的数据跟踪为废物暂存库与最终处置提供了必要的信息。

9）污染严重的衣物作为固体废物处理，不再清洗；衣物经清洗后的放射性水平应符合 GB 18871 中有关辐射防护规定中的允许剂量。

10）废物暂存库的设计库存量和运行的技术要求遵照《低水平放射性固体废物贮存设施安全》（HAD 401/13）。

11）厂房房间辐射分区应合理布局，

比如由低到高；非放的房间尽量设置于控制区外，如除盐水、压空、电气间、控制柜间。

12）厂房布置应满足屏蔽要求，合理设置墙厚、迷宫墙、屏蔽门、临时屏蔽等，以达到人员辐射防护要求。

13）厂房应集中设置废物转运接口，并区分人流和物流接口；厂房内人流和物流通道顺畅。

14）废液箱罐间应考虑在箱罐破损的情况下将废液滞留的措施。

15）尽量考虑采用远距离操作手段来实现废物在厂房内的转运，如吊车、辊道等。

16）考虑特殊设备的转运及安装要求，如大体积设备等。

17）布置应满足具体工艺需求，如重力输送、就近布置等。

18）废树脂、蒸残液输送管道应设置合理坡度，并采用5D弯管和斜三通，并设置适当的冲洗措施。

19）废物处理工艺合理设置UPS电源，部分关键设备还应考虑设置应急电源。如灌浆设备在断电的情况下会导致水泥结块，应考虑设置应急电源。

20）应充分考虑人因工程，合理整合控制系统。部分关联较大的工艺的控制可考虑设置在一个控制面板内，减少出错。

21）放射性较高废物的处理应进行远程操作，并合理设置摄像头进行监控。

22）废液槽式排放应设置在线辐射监测仪表及流量计，对排放废液量及水平进行监测及统计。

23）处理整备后单机组废物包装体体积小于50 m^3/a。

24）系统的设计应允许对仪表进行定期校验。

25）系统的设计必须便于维修，应尽量减少维修操作对机组运行的影响。

26）系统设计中应提供仪表及控制设备，并应保证足够的精度与响应时间，以满足系统性能要求。

27）集中控制室和就地控制室应对控制设备的参数给予显示和（或）报警。

28）系统的运行应设置必要的仪表、管道视镜和摄像头等以判断系统的运行状态。

11.5.2.2 特殊设计要求

1）应考虑废物最小化的需求，在满足废物处理功能要求的前提下，减少废物包装体体积，为满足废物最小化目标提供支持。子项所含处理工艺应根据业内良好实践进行优化，以便采用新型减容技术，如蒸汽重整、PVA降解、湿法氧化、外运焚烧、等离子熔融和废金属熔炼等。

2）放射性流出物的排放应遵照GB 6249的要求。处理后符合排放要求的液态流出物采取槽式监测排放，并汇入全厂指定排放区域。废液槽式排放应设置在线辐射监测仪表及流量计，对排放废液量及水平进行监测及统计。

11.5.3 废树脂转运、接收、处理

根据系统功能要求，废树脂处理系统接收处理来自核岛产生但不能直接处理的放射性废树脂，采用热态超压工艺、蒸汽重整工艺等实现废物减容目标。主要包括废树脂转运、计量、干燥（如需）、超压（如需）、优选装桶、灌浆固定（如需）、剂量检测等功能。系统设计还应考虑树脂取样分析手段。

废树脂处理系统可采用热态超压工艺、装聚乙烯HIC、蒸汽重整工艺等处理核岛产生的放射性废树脂。热态超压工艺通过接收、计量、干燥、装桶（压实桶）、

超压等程序实现废树脂减容处理。装聚乙烯 HIC 是将废树脂装入高密度聚乙烯 HIC 容器中进行脱水，然后封盖暂存。若采用装聚乙烯 HIC 处理工艺，则在核岛厂房对接放射性固体废物处理系统，装聚乙烯 HIC 并完成装料脱水后运输至厂址废物处理设施暂存库进行暂存。蒸汽重整工艺是将废树脂经蒸汽重整反应后形成稳定的无机化的金属氧化物、铝硅酸盐等颗粒状产物，装入容器后暂存。

结合国内目前应用经验和处置要求，下文主要对热态超压工艺进行论述。

废树脂干燥前，应采用适当的物位仪表废树脂转运过程中对其进行计量。

废树脂干燥应设有判断废树脂干燥终点的措施，通常可通过监测干燥装置温度、压力以及冷凝液产生速率等进行判断。

废树脂应设有防止废树脂在干燥过程中过热分解的措施，如控制物料干燥温度等。

废树脂干燥后宜尽快装入钢桶并封盖，并考虑防止干燥产物散发出来的气溶胶进入厂房环境的措施。

废树脂干燥装置宜设置废树脂排空措施，在故障或异常工况下可移除干燥装置内的废树脂。

对干燥前的废树脂应设置取样措施，样品应具有代表性，取样过程应减少操作人员受到辐照危害。取样管道宜尽量短且直，保证取样管道的畅通并减少取样废物。宜考虑干燥产物的取样分析。

为便于部件检修和更换，废树脂干燥装置的顶封头宜设计成可拆卸式。

管道布置应尽量减少死区，废树脂管道应考虑冲洗措施。

11.5.4 化学废液处理

根据系统功能要求，化学废液处理系统接收处理来自核岛产生但不能直接处理的放射性化学废液，采用蒸发和干燥工艺实现废物减容目标，主要包括化学废液转运、计量、蒸发、干燥、装桶、超压、灌浆固定、剂量检测等功能模块。系统设计还应考虑化学废液和干燥盐块的取样分析手段。典型的化学废液处理系统主要设备有：

（1）化学废液屏蔽转运装置。

（2）化学废液缓冲罐。

（3）蒸残液箱。

（4）蒸发装置。

（5）干燥装置。

（6）化学添加装置。

化学废液处理系统可采用“蒸发+干燥”处理工艺或移动式废液处理系统对化学废液进行处理。“蒸发+干燥”处理工艺通过接收、计量、蒸发、干燥、装桶（压实桶）实现化学废液的减容处理。移动式废液处理系统通过化学注入、活性炭床过滤、树脂床过滤等工序对化学废液进行处理。下文主要对“蒸发+干燥”处理工艺进行论述。

化学废液在转运过程中应采用适当的液位仪表进行计量。

化学废液在蒸发前应进行化学调节，以确保蒸发去污效果。

化学废液干燥应设有判断干燥终点的措施，通常可通过监测干燥装置温度、压力以及冷凝液产生速率等进行判断。

对蒸发和干燥前的化学废液、干燥后的盐块应设有取样措施，样品应具有代表性，取样过程应减少操作人员受到辐照危害。取样管道宜尽量短且直，保证取样管道的畅通并减少取样废物。

管道布置应尽量减少死区，蒸残液管道应考虑保温和冲洗措施。

11.5.5 水过滤器滤芯处理

水过滤器滤芯处理系统在核岛接收化容系统、乏燃料池冷却系统、放射性废液处理系统和放射性固体废物处理系统产生的废过滤器滤芯，并转运至子项内以进行灌浆固定处理。

典型的水过滤器滤芯处理系统主要设备如下。

(1) 水过滤器滤芯屏蔽转运装置。

(2) 直立单臂吊车。

(3) 远距离控制单轨吊车（含抓具）。

(4) 屏蔽环。

(5) 适配器。

水过滤器滤芯处理系统可采用水泥灌浆处理工艺或装聚乙烯 HIC 处理水过滤器滤芯。装聚乙烯 HIC 是将水过滤器滤芯装入高密度聚乙烯 HIC 容器中进行脱水，然后封盖暂存。若采用装聚乙烯 HIC 处理工艺，则在核岛厂房对接放射性固体废物处理系统，装聚乙烯 HIC 并完成装料脱水后运输至厂址废物处理设施暂存库进行暂存。下文主要对水泥灌浆处理工艺进行论述。

在核岛辅助厂房内，屏蔽转运装置接收水过滤器滤芯后，运送至子项进行进一步处理。在子项内，远距离控制单轨吊车将包装桶从屏蔽转运装置内取出并吊运至辊道转运系统。随后，包装桶将在子项内进行后续灌浆固定处理。

(1) 包装桶的装载

将安装有过滤器滤芯保持架的包装桶装入已开盖的废过滤器滤芯屏蔽转运装置。随后将屏蔽转运装置加盖并转运至核岛辅助厂房指定位置。

(2) 水过滤器滤芯装载并转运

在核岛辅助厂房，水过滤器滤芯转运装置将水过滤器滤芯取出，并通过水过滤器滤芯屏蔽转运装置转运至子项指定位置。

(3) 包装桶的卸载

在包装桶卸载工位，远距离控制单轨吊车上的包装桶专用抓具将装置盖吊至指定位置后，再将装载废过滤器滤芯的包装桶吊运至辊道转运系统。随后，包装桶将进行后续处理。

11.5.6 干废物处理

根据系统功能要求，干废物处理系统接收处理放射性通风过滤器滤芯和干废物。对于可清洁解控的通风过滤器滤芯，干废物处理系统采用暂存衰变、清洁解控工艺处理；对于不可清洁解控的通风过滤器滤芯和干废物，对可压实固体废物（含通风过滤器滤芯）采用“预压+超压”工艺实现减容，主要包括含水干废物干燥、干废物切割、分拣和预压、通风过滤器滤芯预处理、超压、优选装桶、灌浆固定、剂量检测等功能。

典型的干废物处理系统主要设备有：

(1) 干废物分拣装置。

(2) 通风过滤器滤芯预处理装置。

(3) 含水干废物多桶干燥装置。

(4) 超级压实机（共用）。

(5) 水泥灌浆装置（共用）。

(6) 废物桶放射性检测装置（共用）。

干废物处理系统通过接收、临时存放、预处理（如切割/分拣/预压和干燥）、超级压实和灌浆等处理工艺来处理核电厂运行和维修过程中产生的放射性通风过滤器滤芯和干废物，形成的包装桶废物包送废物暂存库暂存。

根据国内核电厂运行经验和废物最小化良好实践：(1) 多数通风过滤器滤芯放射性活度浓度低于解控水平，可直接解控；(2) 对于略微高于解控水平的通风过滤器滤芯，经暂存衰变可达到解控水平并进行解控处理；（3）若发生预计运行事件，通风过滤器滤芯可能达到低放水平，为应对该情况，干废物处理系统考虑对通风过滤器滤芯框架进行拆除后，滤芯装入包装桶进行桶内预压处理，框架进行清洁解控处理。

11.5.7 废物转运

根据系统功能要求，辊道转运系统转运和养护装有（或接收）各类放射性废物的压实桶/饼和包装桶，主要包括辊道和小车输送、压实桶加盖、压实饼剂量检测、压实饼吊运和优选装载、压实饼存放、包装桶开盖和加盖等功能。

典型的辊道转运系统主要设备有：

（1）辊道和转运小车。

（2）压实桶加盖装置。

（3）压实饼剂量检测装置。

（4）桥式吊车和压实饼存放格架。

（5）包装桶加盖装置。

辊道转运系统提供对装有（或接收）各类放射性废物的压实桶/饼和包装桶的转运和养护功能，连接超级压实机、水泥灌浆装置、水泥固化装置、放射性废物桶检测装置和废物暂存库，并提供压实桶加盖、压实饼剂量检测、压实饼存放和优选装载、包装桶开盖/加盖等功能，串联子项各废物处理工艺，形成的包装桶废物包送废物暂存库暂存。

11.5.8 放射性废液的移动式处理

移动式处理设备应根据处理对象和处理要求配备具体工艺，工艺包括蒸发、离子交换、膜工艺等，可以是单一工艺也可以是多种工艺的组合。本系统的处理流量应能满足不同处理要求。

当移动式处理设备作为其他放射性废液处理或者净化系统的补充处理手段时，若作为液态流出液排放，则应结合原放射性废液处理系统（如有），经移动式处理设备处理后的液态流出液中放射性核素浓度可满足《核动力厂环境辐射防护规定》（GB 6249）中放射性流出物除氚和^{14}C外其他放射性核素排放浓度限值要求；若回用，则应结合原放射性废液净化系统（如有），经移动式处理设备净化后的废液可能满足上游回用要求。

移动式处理设备包含的主要设备包括离子交换床或膜处理设施或蒸发器。

离子交换床应设有排气管与疏水管。疏水管应能使设备完全排空。床体应能更换和装填介质。

蒸发器结构材料的选择应该考虑料液的化学成分，同时应考虑料液中可能存在的杂质和化学调节剂，要能够经受在浓缩液沸腾条件下的腐蚀，并留有足够的腐蚀裕量。蒸发器应能完全排空后进行清洗。

膜处理设备（如微滤、超滤、纳滤及反渗透等）处理废液前应对所处理液体进行预处理，以满足膜处理设备输入水质条件的要求。

移动式处理设备的所有设备应集成在20英尺（约6.096 m）的集装箱内，设备总重量应不超过厂区内路面转运或者所在厂房的载重要求。设备布置需便于运行和维修。

移动式处理设备应自带足够的屏蔽或者配备临时屏蔽设施。

移动式处理设备运行、维护或者停放厂房的门槛坡度应满足移动式处理设备运输车倒车的需求，厂房的入口道路应满足移动式处理设备运输车的转弯半径要求。

移动式处理设备若采用离子交换（选择性吸附）工艺，本设施的设计应能通过介质床体压差或者介质床进出口去污因子判断介质是否失效。介质失效后应卸载介质并装填新的介质。系统长期不运行，则不应再装填新的介质。本设施内装有未失效介质时，应定期采用除盐水进行冲洗。停运时间间隔较长后再次启动前，需要对设备进行检漏和打压，需对快速接头进行泄漏检测。

移动式处理设备若采用膜工艺，本设施的设计应能根据废液进出水放射性核素浓度、产水侧流量或者膜元件内废液输入侧与浓水侧额定压差变化等判断膜是否需要更换或者清洗。当膜元件结垢或失效时应按需清洗或更换。

移动式处理设备若采用蒸发工艺，设备应定期做气密性试验，运行结束后进行冲洗。

11.5.9 废物暂存

相关工艺处理产生的废物桶通过辊道转运至接收间。根据废物桶的表面剂量率分类，3t 遥控起重机将放射性较低的废物桶和放射性较高的废物桶分别吊运至Ⅰ区暂存间或Ⅱ区暂存间进行暂存养护。养护完成后，放射性较低的废物桶和放射性较高的废物桶分别吊运至贮存Ⅰ区和贮存Ⅱ区进行贮存。聚乙烯 HIC 送入 HIC 暂存区贮存。当贮存期满后，废物桶或聚乙烯 HIC 将运至国家区域处置场做最终处置。其中，装有化学废液盐块和废树脂的废物桶需装入废物处置容器进行灌浆、养护。养护期满后，废物处置容器将运至国家区域处置场做最终处置。

废物桶在废物暂存库分区存放，贮存Ⅰ区和贮存Ⅱ通过实体围墙隔开。其中，贮存Ⅰ区内的废物桶可竖直堆叠 5 层，贮存Ⅱ区内废物桶可竖直堆叠 4 层。贮存Ⅰ区和贮存Ⅱ区内分别设置有支撑钢架和钢桶支架，可维持废物桶堆叠时的安全性与稳定性，防止废物桶倾倒。贮存Ⅱ区上方设置混凝土楼板和屏蔽塞，以降低厂房上部空间的放射性剂量水平。3 t 遥控起重机主要用于执行废物桶吊运操作，20 t 遥控起重机主要用于执行废物处置容器的吊运操作。

废油储存间储存废油和废溶剂，设有防爆型感温探测器和火焰探测器，信号传到集中控制室和厂区消控中心，房间设有干粉灭火器。

典型的废物暂存库系统主要设备如下。

（1）3 t 遥控起重机。

（2）20 t 遥控起重机。

（3）包装桶专用抓具。

（4）钢桶支架。

（5）支撑钢架。

（6）包装桶主要放射性核素浓度检测装置。

（7）HIC 表面沾污、表面及 1 m 处剂量率检测装置。

（8）灌浆振动台。

（9）箱型 HIC 专用吊具。

（10）桶型 HIC 专用吊具。

（11）混凝土 HIC 抹平设备。

（12）混凝土搅拌机。

（13）混凝土转运料斗。

（14）桶型及箱型空混凝土 HIC 若干。

废物暂存库用于贮存全厂址所有机组产生的桶装低放废物。废物暂存库根据所选处理工艺和形成的废物包装体类型分类设置贮存区。贮存区可按需划分，如贮存Ⅰ区（包含贮存Ⅰ-a 区和Ⅰ-b 区）用于存放放射性较低的废物桶（表面剂量率≤2 mSv/h），贮存Ⅱ区用于存放放射性较高的废物桶（表面剂量率>2 mSv/h），高密度聚乙烯 HIC 暂存区等。这些废物桶和聚乙烯 HIC 最终将运至国家区域处置场作最终处置。其中，装有化学废液盐块和废树脂的废物桶需先装入废物处置容器进行灌浆、养护，养护期满后，废物处置容器将运至国家区域处置场作最终处置。若外运的废物包装体表面剂量率不满足 GB 11806 相关要求，废物包装体需要加屏蔽外包装以满足外运的标准要求。

贮存Ⅰ区和贮存Ⅱ区的功能如下：

贮存Ⅱ区用于贮存放射性较高的废物桶，贮存容量按 6 台机组 5 年的废物产生量考虑。

贮存Ⅰ区用于贮存放射性较低的废物桶，贮存容量按 6 台机组 5 年的废物产生量考虑。

废物暂存库为非安全相关厂房，但在设计时要考虑放射性不向环境释放，并使操作人员所受的辐射剂量尽可能小，所以本厂房应设置放射性屏蔽措施，使运行人员所受的照射剂量率控制在可接受的限值内。

废物暂存库的设计须保证贮存期间内废物包装体的完好性和可回取。废物暂存库的设计应遵循辐射防护最优化原则。废物暂存库设置包装措施，使得中间贮存的废物包装体在外运前满足处置接收要求，同时提供废物包装体便于外运的措施。

11.5.10 衣物洗涤

在核电站正常运行和维修期间，会产生程度不同的被放射性沾污的工作服（外衣、内衣）和工作鞋等物。对不符合卫生、剂量标准的直接作为放射性固体废物处理，对于符合的将其清洗去污、脱水、烘干和熨平后回收重复使用。

典型的洗衣房系统主要设备有：

（1）洗衣机。

（2）洗鞋机。

（3）烘干机。

（4）烘鞋机。

（5）洗衣废水箱。

（6）废水排放泵。

洗衣房的主要设计基准如下。

（1）来自电站各厂房内的衣物，分为内衣、外衣和鞋等，应接受检测和分类打包。

（2）污染严重的衣物不再清洗，而作为固体废物处理。

（3）洗衣的操作程序根据衣物的种类和污染程度制定。

从洗衣机来的洗衣废水输送到洗衣废水箱暂存，取样分析后，满足排放要求的废水通过洗衣废水排放泵监测排放至电厂总排放口。

烘干后的衣物用小车送到平整间，并在操作台上用污染监测仪检测工作服的表面剂量。监测合格的衣物，进行折叠、熨平，再送收发室待发放。破损衣物可在平整间修补后重复使用。衣物经检测如不符合要求，须重新清洗。

洗衣机和洗鞋机的类型均为隔离式，设有前后两道门，分别送入和取出衣物，有效地防止二次污染。

11.5.11 废物信息管理

系统网络采用单一的星型网络结构、以太网交换技术。网络具有自检功能，当发生网络故障时，系统能及时在屏幕上提供报警指示。跟踪系统主要设备详细配置如下。

（1）系统服务器。

（2）通信控制器。

（3）通信服务器。

（4）操作站。

（5）网络设备。

（6）打印机。

其中，在集中控制室中设置 1 台操作

站和 1 台打印机；系统服务器，通信控制器，通信服务器，交换机等放置在控制间中 2 个跟踪系统机柜中。

废物跟踪系统采用全自动化的方法来跟踪废物桶（压实桶、包装桶和聚乙烯 HIC）在厂址废物处理设施内的流转过程，并通过外部系统来获取所需进行记录的相关参数。其中，压实桶可装有以下几种类型的废物：可压实干废物、通风过滤器滤芯、化学废液以及废树脂；包装桶可装有下列几种类型的废物：压实桶经超压以后形成的压实饼、不可压实干废物、废树脂、水过滤器滤芯、剂量超标化学废液、灌浆清洗废液以及固化清洗废液；聚乙烯 HIC 可装有下列几种类型的废物：废树脂、水过滤器滤芯。

（1）系统可靠性

1）采用在核电厂或其他相似的工业领域成功运行的高性能服务器和微机，同时配置冗余磁盘阵列作为数据存储的工具。

2）在断电恢复后，应能够立即投入运行，且断电前的全部数据不丢失。

3）从数据采集装置到系统接收到相应信息并显示出来的时间小于 1 s。

（2）系统可维护性

应便于核电厂运行维护人员对系统进行维护，除了考虑了硬件的维护外，还考虑了提供便捷的方法对软件组态、接口配置、权限管理、访问控制等功能进行管理和配置。

（3）系统安全性

1）应采取各种有效的措施，使系统能够防止非法侵入、各类病毒的侵害和存储数据的丢失，保证计算机系统的安全运行。

2）应限制使用其他无关的设备以及无关的应用软件。

3）应设置防火墙和防病毒软件，以保证跟踪系统与外部系统通信的安全性。

4）应根据不同的操作人员职责范围分配权限。

（4）系统处理能力

1）系统的软硬件应有足够的计算速度和容量，能够保证数据的实时性和完整性。

2）系统服务器 CPU、操作站 CPU 等负荷：正常工况≤40%，峰值工况≤50%。

3）通信网络的负荷：正常工况≤15%，峰值工况≤20%。

4）系统应具有处理大量数据以及系统服务的能力，能够进行并行的运算和处理。

（5）系统可扩展性

1）服务器的内存应至少留有 40%的余量，外存至少留有 70%的余量。

2）应具有一定的扩充能力，允许适当地增加终端。

（6）人因工程

设计应充分考虑核电厂运行和维护等过程中的人因工程原则，避免人的行为对电厂的安全性和可用性造成不良影响。

在电厂正常运行时，本系统设计应能够用于对厂址废物处理设施中的废物桶信息进行跟踪和记录；在各种电厂瞬态和事故工况下，仍能保持其原有功能，对厂址废物处理设施中的废物桶信息进行跟踪和记录；操作站和主要服务器使用 UPS 供电，持续时间为 1 h，以在厂房失电的时候进行相关跟踪操作及数据的存储和备份。

在集中控制室，应显示至少以下信息的人机界面。

（1）废物桶流转动态变化的总貌示

意图。

（2）废物桶信息汇总表。

（3）废物桶流转跟踪表。

（4）废物桶数据信息表。

（5）废物暂存库模拟显示画面。

（6）系统配置和管理相关界面等。

网络应具有自检功能，当发生网络故障时，系统能及时在屏幕上提供报警指示，需要及时进行维修。

12 蒸汽和动力转化系统

12.1 通用要求

12.1.1 目标

本章节旨在构建蒸汽和动力转化系统的功能和设计基准。

12.1.2 范围

本章节主要包括汽轮机系统、主发电机系统、核岛侧蒸汽和动力转化系统、常规岛侧其他蒸汽和动力转化系统。

12.1.3 功能

蒸汽和动力转化系统的总体功能要求如下。

(1) 通过蒸汽发生器带走反应堆冷却剂系统的热量并将该热量通过汽轮发电机组转化为电能。汽轮机低压缸排汽由循环水冷却并将废热排至最终热阱。

(2) 采用汽水分离再热器除湿并加热高压缸排汽，采用抽汽加热供至蒸汽发生器的给水提高机组循环热效率。

(3) 通过合理的工艺和仪控系统设计，保证汽轮发电机组安全、可靠、连续、稳定运行，防止汽轮机发生进水、超速等事故。

(4) 通过抽真空系统、蒸汽发生器系统和蒸汽发生器排污系统等监测二回路放射性水平。

(5) 通过合理的设备配置、系统和结构设计避免异常工况对核岛相关系统和构筑物产生影响。

12.1.4 设计要求

蒸汽和动力转化系统的总体设计要求如下。

(1) 应能向汽轮发电机输送从暖机到额定功率工况存在的各种流量、温度和压力范围的蒸汽。

(2) 汽轮机主汽阀入口设计参数应与主蒸汽参数相匹配，汽轮机输出功率保证值以核岛热工设计工况参数为设计输入。

(3) 发电机最大连续出力与汽轮机冬季工况相匹配。

(4) 系统和设备的设计和配置需考虑可靠性、可用率、可维护性，并根据标准和规范要求考虑冗余设计。

(5) 有关汽轮机飞射物概率的分析应满足标准审查大纲 3.5.1.3 节的规定。

(6) 材料选择应与系统设计参数相匹配，对于存在两相流或易发生流动加速腐蚀的系统，应考虑流动加速腐蚀的影响。

(7) 本系统设备的设计寿命与核电厂的整体设计寿命相匹配。汽轮发电机组无需长期停机整修或翻新，整机设计寿命应不少于 60 年。设备和部件的设计应考虑检修的便利性，且应有足够的检修空间，系统设备的运维应按设备厂家操作和维护手册的说明执行。

(8) 应确保各子系统的自动操作，无论来自预期的控制动作或部件故障，均不引起其他电厂系统的停机。

12.2 汽轮机系统

汽轮机系统主要包括主汽轮机系统、汽水分离再热器系统、润滑油系统、顶轴油系统、轴封系统、汽轮机控制和保护系统等。

12.2.1 主汽轮机系统

12.2.1.1 系统功能要求

主汽轮机系统主要功能是将从核岛系统产生的蒸汽热能转化为动能，并带动汽轮发电机组发电。

12.2.1.2 系统配置要求

主汽轮机由高压缸或高中压缸、低压缸、主汽阀和主汽调节阀、再热阀和再热调节阀、盘车装置、轴承箱、轴封和管道等组成。

高压缸和低压缸采用双流方式，或高中压缸分别采用单流方式。

12.2.1.3 系统设计要求

1）系统性能要求

（a）汽轮机额定工况主汽门入口主蒸汽压力、湿度和流量应为额定值；阀门全开工况的主汽门入口主蒸汽压力和湿度应为额定值，主蒸汽流量应为额定工况主蒸汽流量的1.03~1.05倍。

（b）汽轮机在额定的阀门开度、额定蒸汽压力、所有抽汽都投入的工况下应能连续地运转，而不会缩减其可用率或工作寿命。

（c）汽轮发电机组的设计满足核岛对启停次数、负荷变化率和寿命等方面的要求。

（d）旁路系统容量满足核岛要求，其容量宜按额定工况主蒸汽流量的40%设计。旁路系统和反应堆控制系统相配合，使主蒸汽动力操作大气释放阀、主蒸汽安全阀和稳压器安全阀在反应堆100%功率下紧急停堆、反应堆100%甩负荷或汽轮机100%功率下脱扣不停堆等工况下均不动作。

（e）汽轮机应能作负荷跟踪运行。

（f）机组应具有快速降负荷能力。

（g）在汽水分离再热器部分或全部退出运行时，汽轮机应能在设定的负荷下连续稳定运转。

（h）假定任何单一部件故障（例如某一抽汽管上的逆止阀故障），汽轮机应不超出其超速的限值。

（i）转子或静止部件的挠曲不致引起相互干扰、磨擦或发生正常运行时和设计瞬态时的部件损坏。

（j）主汽阀、主汽调节阀、再热汽阀、再热调节阀应按危急跳闸系统的动作在一定时限内关闭，以防止汽轮机的超速。阀门的布置和阀门的关闭时间应做到当一只阀门关闭失效时，跳闸信号事件不会引起汽轮机的不安全超速。

（k）主汽调节阀和再热调节阀应能在要求的时限之内关闭，以防止汽轮机、发电机负载不平衡时发生汽轮机超速跳闸。

（l）盘车装置应配置两套。当处于自动控制状态，在润滑油压足够、顶轴油压足够、汽轮机转子零转速时，盘车装置应啮合并起动，在汽轮机升速至一定转速时自动解除啮合。

2）安全分级和抗震分类

主汽轮机系统和部件为非安全级、非抗震类。

3）布置准则

汽轮机应纵向布置在运转层平台，汽轮机头部朝向核岛侧。

热再热管道或中低压联通管道的布置宜进行优化，满足不拆卸管道即可检修低压缸。

12.2.1.4 设备设计要求

1）汽轮机转速

1 000 MW 及以上等级机组，宜采用半转速汽轮发电机组；1 000 MW 以下等级机组宜采用全速机组。

2）末级叶片

汽轮机低压缸末级叶片长度应根据汽轮机背压、机组出力、冷端配置等综合确定。背压合适时，低压缸末级叶片宜选择长叶片。

3）高压或高中压和低压汽轮机

汽轮机的转子和叶片材料以及制造工艺应有成熟的高度抗应力腐蚀裂纹特性。应考虑材料强度、热处理、低合金钢的回火致脆，以及不锈钢的敏感性的影响。

机械加工、清洗、无损探伤，以及在制造、贮存、安装和检验过程中采用的其他化合物应加以控制，以免被含有氯和硫成分的化合物污染。当使用此类化合物不能避免时，汽轮机的供货商应说明使用理由，并采取措施以减少污染。

隔板叶片/导叶/分隔板所选用的材料应是现场可修理的，避免使用需要高预热温度和焊后热处理的材料。

汽轮发电机组转子的横向和扭振固有频率不能和额定转速的对应频率一致。在整个汽轮发电机组轴系的设计中应提供足够的阻尼和安全裕度使临界速度的影响最小化。

叶片的调谐频率应通过试验加以验证。叶片频率的计算应包括离心力、金属温度、叶根固定因数、叶片成组装置（如拉金、固定环等）的影响。

转子和壳体的设计应避免有尖锐的转角半径和裂隙。

高中压转子的脆性转变温度值不会影响整个单元机组的启动灵活性。

汽轮机高压第 1 级叶片应能承受连续的部分圆周进汽所引起的循环负载。

转子应按单体设计，采用整体锻造或焊接设计。

汽轮机、发电机的联轴器设计应能适应发电机的短路事故，而不超出联轴器或螺栓的最小屈服应力。

高压（或高中压）和低压汽轮机叶片中使用防腐材料、湿蒸汽叶片保护技术、去湿措施以及保护层，以确保叶片在湿蒸汽条件下的正常运行。

应有减少汽轮机喷嘴和低压内缸冲刷的措施，以及改善蒸汽流道的低压级水分排出的措施。

低压转子（包括轴承）应能互换，不同机组的高压和低压转子应能互换。

汽轮机低压排汽缸应装有通大气的隔膜。

低压转子是否需要中心钻孔应根据各厂的特定条件评估确定。

汽轮机飞射物发生概率应控制在可以接受的低水平，可采取的措施如汽轮发电机组布置方位优化、采用强度高的转子和定期检查等。在汽轮发电机组厂房内，汽轮发电机组的布置和方位应按有利于降低汽轮机飞射物概率的方位进行布置。汽轮机发电机组按有利方位布置的飞射物故障概率应小于 10^{-4}/堆年；汽轮机发电机组按不利方位布置的飞射物故障概率应小于 10^{-5}/堆年；汽轮机飞射物造成无法接受损伤的概率应小于 10^{-7}/堆年。汽轮机发生飞射物的概率按相关标准规定的方法计算。

4）主汽阀、主汽调节阀、再热汽阀

和再热调节阀

阀门及其支架应设计成不会因汽轮机的工作谐振和阀门中汽流或液力不稳定而激发起过量的振动。

阀门的操作机构应属于故障安全（即故障时关闭）的设计，以减少复杂的联动，并应采用有成熟经验的部件。

当应急跳闸系统启动时，主汽阀、调节阀、再热主汽阀和再热截止阀应在一定时间段内快速关闭，以避免汽轮机发生危及安全的超速。

阀门布置和阀门关闭时间应保证出现跳闸信号时，发生任何单个阀门不能正常关闭时，不会使汽轮机发生危及安全的超速。

调节阀应能在线在全周进汽和局部进汽之间进行切换，这一切换不应导致伺服机构和液压管道的振动。

控制和调速阀应能在低于满负荷，包括负荷跟踪条件下延长期限运行。

5）汽轮机阀门、壳体间和汽水分离再热器系统之间的主蒸汽和再热蒸汽管道

蒸汽管道的通流截面应根据成熟的运行经验，考虑预期的介质参数（压力、温度、湿度）和下述的材料要求，选用合适的蒸汽流速。

管道的布置应减少 90° 弯头和斜接管，有条件时应采用弯曲半径较大的弯管。斜接管宜带有导向叶片以减少湍流。

导汽管和再热蒸汽管道应设低位疏水管，在运行时有可能集水的地方应设连续排放型疏水。

热再热管道布置中若采用膨胀节，则膨胀节的材料应具有成熟的抗应力腐蚀裂纹的特性。

冷再热管道的材料应采用耐腐蚀材料。

6）疏水和放气接口以及相关的阀门和管道

汽轮机疏水管道应选用耐冲刷的材料。

会积聚凝结水的汽轮机内部凹槽处应有适当的疏水。

12.2.1.5 仪表和控制要求

本系统现场仪表及设备纳入汽轮机数字化电液控制系统和汽轮机跳闸保护系统中，在主控室内完成监视、报警、控制、联锁和保护功能。

主汽轮机的仪表和控制系统与电厂控制系统、汽轮机监控仪表系统存在较多信号接口，完成相应特殊功能。该系统应与其他电厂系统的仪表和控制系统运行协调一致。这应包括以下特殊考虑。

1）主蒸汽系统和抽汽系统供应给主汽轮机的蒸汽流量的控制。

2）主冷凝器、补给水和冷凝水系统及循环水系统的状态的控制。

3）主发电机的控制。

4）反应堆功率及蒸汽发生器蒸汽产生的控制。

12.2.1.6 接口要求

本系统主要与以下系统存在接口。

1）主蒸汽系统：高压主汽调节阀的蒸汽由主蒸汽系统供应。

2）汽轮机厂房疏水、排汽、泄放系统：设备、阀门及管道的疏水送至汽机厂房疏水、排汽、泄放系统。

3）汽轮机轴封系统：向汽缸轴端供汽，提供密封用汽。

4）汽水分离再热器系统：分离湿蒸汽中的凝结水，并加热除湿后的蒸汽满足进汽参数要求。

5）润滑油系统：向轴承提供润滑和冷却油。

12.2.1.7 系统运维要求

应配置汽轮机的监控仪表以监测其热力、液力和机械参数，并实现控制功能、触发自动报警，在汽轮发电机组处于不安全状态下触发汽轮发电机组跳闸。

1）汽轮机监控仪表

应配置汽轮机的监控仪表以监测其热力、液力和机械参数，下列参数在所要求的轮机监控仪表系统中应予以考虑：监测项目包括转速、相角、振动（轴振动、轴承振动）、大轴偏心度、汽缸绝对膨胀、相对膨胀、轴向位移、轴温和瓦温等。

2）汽轮机/反应堆接口信号

应提供冗余、可靠的用于表征汽轮机已经跳闸的信号，该信号应送至反应堆保护系统用于表征汽轮机已经跳闸。

3）在线诊断

应设置一套汽轮发电机组轴系振动故障分析与诊断系统，具有振动数据采集和故障诊断功能，能诊断汽轮机故障和指导汽轮机在线运行操作。

12.2.2 汽水分离再热器系统

12.2.2.1 系统功能要求

汽轮机汽水分离及再热系统是在蒸汽经过高压缸做功后，对高压缸排汽进行汽水分离和再热，从而使中压缸或低压缸进汽带有一定的过热度，并使低压缸的排汽湿度达到可接受水平，以保证中、低压缸的效率和安全性。

12.2.2.2 系统配置要求

汽水分离及再热系统主要由汽水分离再热器、蒸汽供汽系统、抽汽系统、疏（排）水系统及相关设备组成。

汽水分离再热器主要由3个部分组成：汽水分离器、一级再热器和二级再热器。

每个汽轮机配有2台并列的汽水分离再热器。

每台汽水分离器疏水箱宜配置2台100%容量疏水泵。

12.2.2.3 系统设计要求

1）系统性能要求

（a）汽水分离再热器的容量和热力性能应与汽轮机的设计相匹配，且应满足汽轮机在正常工况和瞬态工况下的运行要求。

（b）汽水分离器效率不低于98%，出口蒸汽干度不小于99.5%，汽流压损不超过14 kPa。

（c）系统的性能应考虑对压降和再热器温度端差的综合权衡做优化确定。

（d）汽水分离再热器的加热和再热蒸汽系统蒸汽流量的分配要进行优化。

2）安全分级和抗震分类

汽水分离再热器系统和部件为非安全E级、非抗震类。

3）布置准则

汽水分离再热器布置在运转层汽轮发电机组两侧，并预留通道；汽水分离再热器应预留抽管检修空间。

汽水分离器疏水箱的布置应满足疏水泵必需汽蚀余量的要求。

12.2.2.4 设备设计要求

1）汽水分离再热器壳体材料应符合《固定式压力容器安全技术监察规程》（TSG 21）和《压力容器》（GB/T 150）的规定，采用韧性好、可焊性高的优质碳素容器钢。

2）汽水分离再热器的面积裕量宜不低于5%。

3）汽水分离器再热器应设置安全阀或爆破片。

4）汽水分离再热器壳体与湿蒸汽或

者两相流液体等接触的部件采用抗腐蚀的材料。

5）汽水分离器应当使用V形波纹板型或者类似的可靠、高效、低压降的除湿分离器。

6）再热器管束支撑板的结构型式和支撑板跨距设计，应保证蒸汽流速小于引起振动的临界流速，避免发生管束振动磨损。

7）再热器管束的设计和制造的精确度应确保在所有的运行条件下，加热管能自由热膨胀而不产生过大应力或损坏管束的构架。

8）汽水分离器再热器应设有停机保养措施。

9）汽水分离器的结构设计应便于分离元件的更换拆卸和从筒体内到筒体外的搬运，便于再热器堵管和抽管束。

10）每台汽轮机宜采用两台汽水分离再热器和两套独立、相同的疏水系统。

11）应装设排汽和/或其他装置以确保非凝结气体连续排出；

12）汽水分离器、再热器的疏水装置选择应能使疏水自流至分离器的疏水箱。

12.2.2.5 仪表和控制要求

本系统现场仪表及设备纳入电厂控制系统中，在主控室内完成监视、报警、控制、联锁和保护功能。

12.2.2.6 接口要求

本系统主要与以下系统存在接口。

1）主蒸汽系统：为汽水分离再热器二级再热器提供加热蒸汽。

2）压缩空气和仪表空气系统：为汽水分离再热器系统气动阀的操作提供压缩空气。

3）汽轮机房闭式冷却水系统：为汽水分离再热器疏水泵冷却提供冷却水。

4）主汽轮机系统：为汽水分离再热器一级再热器提供加热蒸汽。

5）除盐水储存和分配系统：为汽水分离再热器一、二级再热疏水箱及壳体疏水箱注水。

6）主给水和启动给水系统：接收汽水分离再热器一级、二级加热器疏水。

7）凝结水系统：接收汽水分离再热器壳体疏水。

8）汽轮机厂房疏水、排汽、泄放系统：汽水分离再热器壳体疏水箱接收来自汽轮机再热冷段的连续疏水。

12.2.2.7 系统运维要求

汽水分离再热器壳侧备用疏水泵（若有）宜定期检查和试验。

12.2.3 润滑油和顶轴油系统

12.2.3.1 系统功能要求

润滑油系统的功能是在各种工况下保证向汽轮发电机组各轴承，以及主油泵和盘车装置提供润滑油，同时带走轴承及转子在运行时产生的热量，防止轴承及转子超温，并为发电机密封油系统提供油源。

顶轴油系统的功能是在汽轮发电机组启动及低转速时向各轴承提供高压顶轴油，将转子顶起，以减少轴承摩擦和降低盘车电动机的启动扭矩，避免汽轮机在低转速过程中轴颈和轴瓦之间的干摩擦，保证机组的安全。

12.2.3.2 系统配置要求

润滑油系统采用主油泵、交流辅助油泵、直流事故油泵3套不同的油泵向系统供油，每套油泵均由独立的动力源驱动，以保证在不同工况下系统供油的要求。

润滑油系统采用2台100%容量的冷油器。主油箱上设置2台排烟风机。配置2台100%润滑油流量的过滤器。润滑油系统宜配置一套油净化装置，每小时处理油量不低于系统总油量的 20%。

顶轴油系统配置 2 台顶轴油泵。

12.2.3.3 系统设计要求

1）系统性能要求

（a）应能为汽轮发电机的轴承、顶轴油系统、密封油系统、盘车装置在各种运行情况下（包括停机、正常和紧急状态）提供 100%的所需油量，并考虑足够的流量裕度；同时，带走轴承在运行时产生的热量，防止轴承超温。

（b）润滑油的理化性能和清洁度不低于汽轮机供货商要求。

（c）提供冗余度，使单一设备或电源故障不会导致系统失效。

2）安全分级和抗震分类

润滑油和顶轴油系统和部件为非安全 E 级、非抗震类。

3）布置准则

主油箱、油净化及冷油器应集中布置在润滑油间内。润滑油区应设置防泄漏和防火隔离措施。

主油箱宜布置在汽机房中间层，并满足润滑油泵和过滤器检修要求。

润滑油管道宜采用套装式油管道，进油管道在回油管道内，回油管道宜分段设置清洗装置。

润滑油管道不宜靠近高温管道布置，宜靠近 A 列柱布置。

事故排油阀应设两个串联钢质截止阀，其操作手轮应设在距油箱 5 m 以外的地方，便于操作和撤离，有两个以上通道且能保证漏油着火时人员可以到达，操作手轮不允许加锁或摘除手轮，应挂有明显的“禁止操作”标志牌。

12.2.3.4 设备设计要求

1）主油泵为容积泵或交流电动油泵。

2）排烟风机吸入口安装有油烟分离器。

3）润滑油系统应有单独的排气口。

4）润滑油箱应设有油雾消除器，其位置应尽可能靠近排气口的出口端布置。

5）应设有油箱、供油管和回油管的冲洗措施。

6）应有润滑油油箱低油位保护措施。

7）顶轴油泵出口应设置溢流阀。

8）在主油泵的下游应设全流量的过滤系统，过滤系统要能在线保证供油下清洗过滤器，当过滤器前后出现高压差时能自动旁路。

9）要有带水分分离能力的润滑油净化/调整的旁路系统，过滤精度满足要求。

10）当主油泵故障时，交流电动油泵的容量应足以保持各轴承的油压。

11）当汽轮机的转速不足，主轴油泵不能提供足够的供油能力时，交流辅助油泵应自动启动。

12）当主轴油泵，交流辅助油泵都不能工作时，直流事故油泵应自动启动。

13）工作顶轴油泵故障，备用顶轴油泵应自动启动。

12.2.3.5 仪表和控制要求

本系统现场仪表及设备纳入电厂控制系统中，在主控室内完成监视、报警、控制、联锁和保护功能。

12.2.3.6 接口要求

本系统主要与以下系统存在接口。

1）润滑油传输系统：输送润滑油系统所需的润滑油。

2）汽轮机房闭式冷却水系统：向润滑油冷油器提供冷却水。

3）消防系统：为润滑油油室等提供消防安全保障。

4）氢气密封油系统：润滑油系统向

氢气密封油系统提供所需密封油。

5）主汽轮机系统：润滑油系统向汽轮机各轴承提供润滑油及顶轴油。

12.2.3.7 系统运维要求

润滑油系统的交流辅助油泵和直流事故油泵，顶轴油系统的顶轴油泵宜定期检查和试验。润滑油系统的滤网等宜定期更换。

12.2.4 轴封系统

12.2.4.1 系统功能要求

轴封系统主要保证汽轮机组汽缸轴端及高压主气调节阀阀杆的密封性能，防止蒸汽泄漏到空气中，造成工质损失，影响机组经济性，并防止空气通过转子轴端和阀杆进入低压缸内。

12.2.4.2 系统配置要求

轴封系统包括高压主汽站、辅助汽源站、轴封加热器和轴封风机等。

高压主汽站和辅助汽源站由气动控制阀、电动隔离阀、蒸汽过滤器等设备组成。

轴封系统设置 2 台轴封风机。

轴封系统包括轴封供汽管路、轴封回汽管路和平衡管路等管路。

12.2.4.3 系统设计要求

1）系统性能要求

(a) 备有冗余的汽源和控制装置可供利用，使汽源或控制装置的单一故障在任一设计运行工况下，不致使系统失效。

(b) 轴封系统应能供汽到（或引出自）所有的汽轮机汽缸的轴封，保证汽轮机组汽缸轴端及高压主气调节阀阀杆的密封性能，防止蒸汽泄漏到空气中。

(c) 防止空气通过转子轴端和阀杆进入低压缸内。

2）安全分级和抗震分类

轴封系统和部件为非安全 E 级、非抗震类。

3）布置准则

轴封母管宜标高应低于汽轮机轴封接口，并平行布置在汽轮机一侧。

汽轮机与汽封联箱或母管之间的管道应坡向联箱或母管，轴封外部供汽管道应坡向供汽汽源，轴封漏汽管道应坡向轴封加热器。

12.2.4.4 设备设计要求

1）轴封加热器为表面式热交换器，卧式布置，冷却管采用不锈钢管。

2）汽封加热器的凝结水通过疏水管路排入凝汽器，疏水管路上设置一个“U”型水封管，以防止空气倒流入汽封加热器内。

3）应具有轴封蒸汽压力和温度（必要时）的自动和手动控制手段。

4）轴封冷却器应维持部分真空。

12.2.4.5 仪表和控制要求

本系统现场仪表及设备纳入电厂控制系统中，在主控室内完成监视、报警、控制、联锁和保护功能。

在系统排大气管道中提供带报警的放射性探测器，以便监测蒸汽发生器中一回路至二回路有无放射性的泄漏。

12.2.4.6 接口要求

本系统主要与以下系统存在接口。

1）除盐水储存和分配系统：为“U”型水封注水提供水源。

2）辅助蒸汽系统：为轴封供汽提供辅助汽源。

3）主蒸汽系统：为轴封供汽提供主蒸汽汽源。

4）压缩空气和仪表空气系统：为汽封调节阀提供压缩空气。

5）凝结水系统：接收来自轴封系统的疏水，为汽封加热器提供冷却水。

6）主汽轮机系统：轴封系统保证汽轮机轴端及阀杆的密封。

12.2.5　汽轮机控制油系统

12.2.5.1　系统功能要求

汽轮机控制油系统为所有调节阀和主汽阀以及高压遮断模块的运行提供必需的控制油，并回收排油。

12.2.5.2　系统配置要求

控制油系统主要部件包括供油装置、油动机蓄能器组件等，供油装置采用整体集装式，其主要部件包括油箱、2 台 100%容量的主油泵组、2 套 100%容量的滤油器组件、2 套冷油器、蓄能器组件等。

控制油系统所用油宜为磷酸酯型抗燃油。

抗燃油泵配置 2 台 100%容量。

12.2.5.3　系统设计要求

1）系统性能要求

汽轮机控制油系统的设计为所有调节阀、主汽阀和高压遮断模块提供恒压、恒温、品质合格的控制油，满足汽轮机调节系统和保护系统的用油需求。

2）安全分级和抗震分类

汽轮机控制油系统和部件为非安全 E 级、非抗震类。

3）布置准则

汽轮机控制油装置应设置防泄漏和防火隔离措施。

12.2.5.4　设备设计要求

1）抗燃油箱采用不锈钢材质。

2）滤油器过滤精度应满足要求。

3）蓄能器的数量和型式应满足稳定系统压力的要求。

4）冷油器采用不锈钢板式换热器。

5）抗燃油泵具有压力低联锁功能。

6）主油泵的调节油蓄能器，应能够吸收系统液压冲击、补充系统瞬时增加的耗油量、维持系统压力稳定，并在主油泵联锁试验时，维持系统压力稳定。

7）汽机停机时，油箱容纳全部的调节油。

8）油箱里的电加热器加热调节油。

9）主油泵出口组件（主泵出口集成块）上应装设安全阀或安全阀作用的阀门，起到过压保护作用。

10）控制油系统油质满足设备要求，必要时设置再生装置。

11）2 套滤油器可实现在线切换及更换滤芯。

12.2.5.5　仪表和控制要求

本系统现场仪表及设备与主汽轮机控制和诊断系统（包括汽轮机危急遮断系统和汽轮机电液控制系统），以及电厂控制系统均有接口，应确保接口完整、准确接入相应系统，根据执行功能分配不同、在主控室内相应的操纵员站上完成监视、报警、控制、联锁和保护功能。

12.2.5.6　接口要求

本系统主要与以下系统存在接口。

1）汽轮机房闭式冷却水系统：向控制油冷油器提供冷却水。

2）消防系统：为控制油系统等提供消防安全保障。

3）主汽轮机系统：控制油系统向汽轮机调节阀、主汽阀和高压遮断模块提供合格调节油。

12.3　主发电机系统

主发电机系统包括发电机本体、励磁系统、定子冷却水系统、氢气冷却系统、氢密封油系统、发电机氢气和二氧化碳系统、监测装置及必要附件。

12.3.1 发电机本体

12.3.1.1 系统功能要求

发电机的主要功能是将汽轮机输出的机械功率转化为电功率。

12.3.1.2 系统配置要求

发电机本体主要由定子、转子两大部分组成。发电机转子由转子铁芯、转子绕组、护环、中心环、滑环和风扇等组成;发电机定子是由机座、定子铁芯、定子绕组、端盖、轴承和密封瓦等组成。

12.3.1.3 系统设计要求

发电机的设计能保证设备连续、安全、可靠、经济地运行,没有异常的发热、振动、噪声。

1) 系统性能要求

在汽轮机所产生的额定扭矩的驱动下,发电机应能输出额定功率。

发电机应能够在额定负荷及以下的工况连续运行,还能承受由于负荷快速变化和输电线路故障时引起的暂态工况。

在额定功率因数以及额定电压±5%、额定频率-2% ~+2%的偏差下,发电机应能够连续输出额定功率(kW)。

在额定负载、额定滞后功率因数及105%额定电压等最不利工况下,发电机能承受非同期合闸以及机端的三相突然短路。

发电机转子应能承受超速20%运行2 min,而不会损坏。

发电机宜采用水氢冷却方式。

发电机应能在规定的最小设计氢压下,以额定功率因数降低负荷方式连续运行。

当冷却器装置中的一组氢气冷却器或冷却器的部分无法运行,以及采用额定氢压时,发电机应能够在0.90过励磁功率因数(滞后)的条件下,以降低的负荷水平连续运行。

当一个定子绕组水冷却器无法运行以及采用额定氢压时,发电机应能够在0.90过励磁功率因数(滞后)的条件下,以至少100%的额定负荷水平连续运行。

在130%的额定定子电流条件下,从额定条件下的稳定温度开始,发电机应能连续运行1 min。

从额定条件下的稳定温度开始,励磁(转子)绕组应能够1年2次在125%的额定励磁电压条件下运行1 min。

发电机转子的临界转速应避开额定转速的±10%范围。

发电机在0.90过励磁功率因数(滞后)、满载的情况下能承受负序电流。

2) 安全分级和抗震分类

主发电机系统为非安全级、非抗震类。

3) 布置准则

发电机与汽轮机总装后布置在运转层平台,应满足转子抽芯的空间要求。

12.3.1.4 设备设计要求

1) 发电机转子

(a) 发电机转子的基本设计,在电站设备所设定的运行条件下,应具有成熟的运行经验。

(b) 转子的构造应避免运行时出现噪声,转子在所有负荷条件下的运行都应比较安静,并应能够满足标准中所规定的温度和高压测试。

(c) 发电机的构造应做到各部件的平均温升值,满足相关标准的要求。

(d) 发电机转子的构造应能够避免在盘车装置运行中铜粉的生成。

(e) 转子应由无裂缝和缺陷的整体钢

锻件加工而成。

(f) 转子绕组的固定应防止在所有正常运行条件下出现有害移动或损伤。绝缘材料的设计应能够防止在盘车时铜粉的生成。

(g) 转子轴应以机械方式与汽轮机耦合。

(h) 转子绕组的设计应采用 F 级绝缘，按 B 级绝缘的温升考核。

(i) 发电机每一轴段的自然扭振频率处于 0.9~1.1 及 1.9~2.1 倍工频范围以外，能承受定子绕组出口三相突然短路、系统故障周期性振荡、高压线路单相重合闸以及误并列等产生的冲击力，而无有害变形或损坏。

2) 发电机定子

(a) 定子铁芯和线圈的基本设计，在电站设备所设定的运行条件下，应具有成熟的运行经验。

(b) 定子铁芯和绕组的装配应使振动达到最小化。定子铁芯的设计和制造应使其能够承受允许范围内的铁芯振动所造成的松动。定子铁芯振动不应传输到定子绕组端部。定子铁芯端部的设计，应能避免高杂散损耗及其导致的局部铁芯发热、应使得在励磁达到稳定极限的状况下发电机仍能够正常运行。应提供相应仪表设备，对定子端部线圈的振荡进行探测。

(c) 定子绕组的设计应采用 F 级绝缘，按 B 级绝缘的温升考核。

(d) 铁芯片绝缘材料应在所有设计运行条件下都具有机械稳定性，从而使得在设计寿命内不会发生严重的绝缘击穿。

(e) 铁芯硅钢片应没有加工过程中冲压造成的毛刺。

(f) 端部绕组及其连接应有合适的间隔，并用非磁性材料支撑以防止线圈移动及机端短路时绕组或其他部件发生的损坏。

(g) 定子槽内与槽外一定长度的线棒，应进行适当的包裹和处理，以防止电晕的形成。

(h) 在转子和定子线圈的加工过程中，应对线圈尺寸和均匀度进行控制，以确保在下线过程中能正好进入定子线槽而不会发生损伤，并防止在运行过程中发生局部放电（电晕）。

(i) 线圈表面处理，应有针对绕组可能暴露在油气、尘土、湿气或其他污染物中的充分防护措施。

(j) 6 个定子绕组出线端子的终端应由套管引出，其结构应适于与外部封闭母线连接。发电机应能使封闭母线的终端主法兰能连接在每个套管的端部法兰上。发电机机座的设计应做到，在正常运行和瞬变过程中不会发生破坏性的振动。

(k) 应配备完善的接地系统，包括在二次侧装有限流电阻的配电变压器，以使得在发生单相接地故障造成的故障电流和系统干扰达到最小化。

3) 发电机轴承

(a) 轴承外壳的设计应能防止油和油气泄漏并使漏进来的空气达到最少。

(b) 对发电机各个末端的轴承和励端轴承（如有）进行绝缘。

(c) 在集电环轴承座、轴封，油、水和其他相关区域进行绝缘以确保不致因轴电流而造成损坏。绝缘系统应能在机组运行时进行绝缘测试。

(d) 发电机轴承用的润滑油应由汽轮机润滑油系统提供。

(e) 应提供汽轮发电机轴接地系统和轴电压监测系统，以防止在轴承内出现电弧。

12.3.1.5 仪表和控制要求

本系统现场仪表及设备纳入电厂控制系统中，在主控室内完成监视、报警、控制、联锁和保护功能。发电机控制应具备以下基本功能。

1）发电机控制装置应具有安全启动、运行和停机功能。

2）应由汽轮机控制系统提供发电机输出频率控制。

12.3.1.6 接口要求

发电机主要与以下系统存在接口。

1）励磁及电压调整系统：发电机为励磁及电压调整系统提供输入（如直流电流，机端电压），用来控制励磁输出；同时，励磁及电压调整系统为发电机转子提供励磁电流，同时调整发电机输出电压。

2）主汽轮机控制及诊断系统：发电机向主汽轮机控制及诊断系统提供功率信号；同时，主汽轮机控制及诊断系统向发电机系统发送汽轮机跳闸信号。

3）氢气密封油系统：氢气密封油系统用油密封发电机转子，防止过多的氢气泄漏。

4）发电机氢气和二氧化碳系统：发电机氢气和二氧化碳系统为发电机提供冷却用氢气和置换用的二氧化碳气体。

5）发电机定子冷却水系统：发电机定子冷却水系统为发电机定子提供冷却水。

6）主汽轮机和发电机润滑油系统：主汽轮机和发电机润滑油系统以压力油来润滑发电机轴承，同时形成油封防止氢气泄漏。

7）汽轮机房闭式冷却水系统：汽轮机房闭式冷却水系统为氢气冷却器提供冷却水，汽轮机房闭式冷却水系统须收到发电机系统的信号后调节进入冷却器的水流量。

8）主汽轮机系统：主汽轮机系统为发电机提供源动力。

12.3.1.7 系统运维要求

1）发电机监测仪表设备

应提供发电机监测仪表设备，用来对电力、热力以及机械参数进行监测。

2）报警装置

所提供的装置应能在可能造成异常运行的条件下，启动控制室内的警报器。

3）在线诊断

应提供配套的发电机在线监测和趋势预测的仪表装置。还应包括能进行连续数据采集和趋势预测的联机诊断监测系统。

12.3.2 励磁和电压调节系统

12.3.2.1 系统功能要求

励磁系统的主要功能是控制和调整发电机的机端电压和无功功率。

12.3.2.2 系统配置要求

励磁系统一般由两个基本部分构成：第一部分是励磁功率单元（包括整流装置及其交流电源），它向发电机的励磁绕组提供直流励磁电流；第二部分是励磁调节器，它跟踪发电机机端电压及运行工况的变化，自动地调节励磁功率单元输出的励磁电流的大小，以满足系统运行的要求。

大型机组发电机的励磁方式主要有无刷励磁和静态励磁两大类。无刷励磁系统包括多种方式，既有采用永磁发电机作为副励磁机的无刷励磁形式，也有由机端变压器获取的带旋转整流器的无刷励磁机形式；静态励磁系统多采用电压源–可控硅整流器系统，即机端变压器自并励励磁系统。对无刷励磁系统和静态励磁系统两种主要励磁方式的选择由发电机厂家评估确定。

12.3.2.3 系统设计要求

采用高起始响应高顶值电压的励磁系统，即具有足够的励磁电压上升速度和足够的强励顶值电压。

励磁系统的设计应具备高可靠性。励磁系统是发电机系统的重要构成部分，其技术性能及运行的可靠性，对供电质量、继电保护可靠动作，以及发电机与电力系统的安全稳定运行都有重大影响。

1）系统性能要求

(a）一般运行要求

a）励磁系统允许的连续输出不小于发电机额定励磁电流的110%。

b）励磁系统能够在所有正常和非正常条件，甚至是发电机机端电压下降至80%额定电压情况下可以提供强励，强励电压倍数不低于2倍。

c）励磁系统中应配备保护功能，用以从空载到满载条件下保护发电机不会受到欠励磁和过励磁的损害，并在励磁系统中提供转子接地故障保护。

d）励磁控制设备应包括一个独立的双通道自动电压调节器。每个自动电压调节器通道应配备合适的电力系统稳定器。当单路调节器独立运行时，完全能满足发电机各种工况下正常运行。

e）自动电压调节器的双通道是并列运行的。当一个通道停止工作时，另一个通道独自运行并提供发电机的全部励磁电流。双通道具有独立的电源和运行信号。

(b）异常运行要求

励磁机应能够在以下异常条件下运行而不会发生任何功能下降。

a）如果采用静态整流器，功率整流装置的一个柜退出运行时，能满足发电机运行在额定工况。

b）如果采用静态整流器，并且整流器是用水冷却的，励磁系统应能够在整流器冷却水流消失后承受满负荷励磁电流达5 min，当降低到满负荷的50%且没有冷却水时，不超过设计温度。

c）励磁系统应能够在所有设计正常和非正常条件下，甚至是在发电机末端电压下降至80%额定电压下，以最高电压做出响应。

d）如果配备了旋转励磁系统，则发电机转子与励磁机的连接应处于动态平衡状态，并应以额定速度的120%接受超速测试。

2）安全分级和抗震分类

励磁和电压调节系统为非安全级、非抗震类。

12.3.2.4 设备设计要求

1）根据汽轮发电机供应商的供货经验及业绩，可选择装设静态励磁或旋转励磁，提供的励磁系统应采用可靠性和有成熟运行经验的设备。

2）励磁装置应能保证在正常工况、三相短路或突然甩负荷下运行而没有任何损坏。

3）供货商应向电网公司提供无功电流补偿值、励无功极限值、最大励磁极限值及欠频率极限值。

4）励磁系统中应配备继电保护设备，用以从空载负荷到满载负荷条件下保护发电机不会受到欠励磁和过励磁的损害。

5）如果整流器采用水冷却装置，则冷却水路的设计和安装应保证在所有运行条件下不发生电闪络，包括冷却水流短时间中断的情况。

6）静态励磁系统：励磁整流柜应配备强制通风冷却系统和后备冷却设备。

7）旋转励磁系统：

(a）应采用闭路通风回路和水气热交

换器对励磁机进行空气冷却。

（b）应在励磁机周围建立金属罩壳。应对外壳进行通风来防止可能发生的氢气聚积。

（c）如果励磁机安装在独立于发电机转子的机轴上，应直接将它与发电机转子进行联结。联轴器的设计应允许方便和快速地断开和拆卸。

（d）如果励磁机转子是与发电机转子分开的，汽轮机润滑油系统应对励磁机转子的轴承进行润滑。

（e）应提供励磁机的壳外部件，包括吊环或吊眼，以方便拆卸。

（f）应提供接入端口用来检查可更换元件，如二极管或保险丝。

12.3.2.5 仪表和控制要求

励磁系统的自动电压调节器的设置应能够满足系统正常运行和自动控制的要求。至少提供以下控制功能。

1）应提供对励磁/电压进行自动调节的控制装置。

2）以软件方式实现下列保护和限制功能。

（a）过励磁限制器。

（b）电压/频率限制器。

（c）欠励磁无功电流限制器。

（d）阻尼和/或稳定设备。

（e）无功电流补偿器。

3）报警装置。

自动电压调节器通过硬接点或通信提供报警信号，保证在异常运行的条件下，能够启动控制室内的警报器。

12.3.2.6 接口要求

励磁系统主要与以下系统存在接口。

主发电系统：发电机为励磁及电压调整系统提供输入（如直流电流、机端电压），用来控制励磁输出；同时，励磁及电压调整系统为发电机转子提供励磁电流，同时调整发电机输出电压。

12.3.2.7 系统运维要求

励磁系统的检查维护主要包括对励磁系统的运行环境检查、状态检查、定期维护及大小修检查等。

12.3.3 定子冷却水系统

12.3.3.1 系统功能要求

定子冷却水系统的主要功能保证冷却水（除盐水）不间断地流经定子线圈内部，从而将定子线圈损耗而产生的热量带走，保证温升（温度）符合发电机的有关要求。

该系统还必须控制进入定子线圈的压力、流量、温度和水的电导率等参数，使之符合系统要求。

定子冷却水系统在运行期间保证水压低于发电机内的氢压，确保不会有水泄漏进发电机内。

12.3.3.2 系统配置要求

定子冷却水系统主要由定子水集装装置、水箱、流量信号装置、管道阀门及测量仪器仪表等组成。

系统中设置有 2 台 100% 流量定子冷却水泵、2 台板式换热器。

12.3.3.3 系统设计要求

1）系统性能要求

在任何正常运行和设计瞬态条件下，定子水冷却器应能维持冷却水温度在允许范围内。

冷却水电导率及清洁度应在发电机制造商所规定的允许标准范围内。

系统中设置的自动调节水温的电动温度调节阀可控制发电机的进水温度。

正常运行期间，整个系统中的冷却水必须保持高纯度，电导率应不高于设定值。

为了保证发电机进口压力稳定，系统中的压力调节阀可通过阀门开度的变化来自动调节阀门下游端的压力，使之稳定在整定值。

2）安全分级和抗震分类

定子冷却水系统和部件为非安全E级、非抗震类。

3）布置准则

定子冷却水集装装置宜布置在主厂房发电机端的底层或中间层。

12.3.3.4 设备设计要求

定子冷却水设备和管道宜采用集装装置。

主水过滤器设置在供水管路上，精度满足定子冷却水水质要求。

离子交换器安装在主循环水系统旁路，净化后水的电导率满足要求。

12.3.3.5 仪表和控制要求

本系统现场仪表及设备纳入电厂控制系统中，在主控室内完成监视、报警、控制、联锁和保护功能。

12.3.3.6 接口要求

本系统主要与以下系统存在接口。

1）汽轮机房闭式冷却水系统：向冷却水换热器提供冷却水。

2）电厂气体系统：向定子冷却水水箱充氮气。

3）除盐水系统：为定子冷却水系统提供除盐水。

4）发电机氢气和二氧化碳系统：定子冷却水箱排气至发电机氢气和二氧化碳系统。

12.3.4 氢气冷却系统

12.3.4.1 系统功能要求

发电机氢气冷系统的功能是利用干燥的氢气对发电转子绕组和定子铁芯进行冷却。通过氢气冷却器对发电机内氢气进行冷却，并将氢气温度保持在规定的100%额定负荷下连续运行的允许范围内。

12.3.4.2 系统配置要求

氢气冷却系统的主要设备为氢气冷却器、冷却水调节阀，以及管道和仪表等。

12.3.4.3 系统设计要求

1）系统性能要求

氢气冷却系统应保证冷却后的氢气温度在发电机各处偏差在要求范围，并且不能影响发电机的额定功率。

机座内部的分区及合理的连通管布置使由于一个冷却器退出运行时引起的机内温度不对称程度减到最小，特别是能够在发电机适当降低负荷运行时不停机人工清洗冷却管。

发电机内氢压应高于定子内冷水压，其压差应按厂家规定执行。如厂家无规定，差压应大于0.05 MPa。

发电机氢气冷系统不允许形成可爆性混合气体，并具有防爆能力。

2）安全分级和抗震分类

氢气冷却系统和部件（常规岛）为非安全级、非抗震类。

3）布置准则

氢气冷却系统的布置应保证发电机的可靠冷却，不影响发电机出力。

12.3.4.4 设备设计要求

氢气冷却器的冷却水为闭式水，冷却器应采用适合冷却水化学特性的材料制造；冷却器的设计还应考虑采取一些措施，包括水侧在线清洗、防止氢气的聚集等。

氢气冷却系统应配备带自动温度控制的温度调节阀。

定子端部有特殊的措施来加强冷却。

12.3.4.5 仪表和控制要求

本系统现场仪表及设备纳入电厂控制系统中，在主控室内完成监视、报警、控制、联锁和保护功能。

12.3.4.6 接口要求

本系统主要与以下系统存在接口。

1）汽轮机房闭式冷却水系统：向氢气冷却器提供冷却水。

2）发电机氢气和二氧化碳系统：氢冷却系统冷却氢气温度至设定值。

12.3.5 氢密封油系统

12.3.5.1 系统功能要求

氢气密封油系统的功能是采用油密封机内的氢气以防止其向外泄漏，同时也防止机外的空气进入发电机。

系统满足发电机在正常运行、起动、停机、盘车，以及充氢、置换等工况下均能密封住机内气体的要求，并使其压差稳定在规定范围内，密封油不会漏入发电机内。

12.3.5.2 系统配置要求

密封油系统（以双流环为例）主要由密封油控制装置（集成在一个整体底盘上的油泵、阀门、管道和测量仪表的组合体），包括空侧和氢侧密封油泵、过滤器、油烟净化装置、氢侧换热器、氢侧密封油箱、阀门、管道和仪表等。

12.3.5.3 系统设计要求

1）系统性能要求

系统应能维持其密封油压力大于发电机内氢气的压力，并有足够的压差防止氢气从发电机的端部溢出。

在正常运行并连续补氢的条件下，密封油系统能维持氢气纯度大于98%。

2）安全分级和抗震分类

密封油系统和部件为非安全E级、非抗震类。

3）布置准则

密封油控制装置宜靠近发电机侧布置。

密封油供油、回油管道应尽量短且直，不允许倒U型。

12.3.5.4 设备设计要求

发电机内气体压力值始终向发电机密封瓦提供高于发电机内气体压力的油压用以密封住发电机内的气体。

密封油系统宜按双流环形式设计，系统分空、氢侧油路且两油路上均设置多台油泵互为备用。

空侧油路和氢侧油路是相对独立的两个油回路。每个回路配有相应的油泵、压差阀、平衡阀和板式换热器等主要设备以完成对进油压力、流量和温度的调节功能。空侧回油与发电机轴承润滑油回油混合后回到汽轮机主油箱。氢侧回油通过氢侧回油管回到氢侧密封油箱形成闭式循环回路。

空侧密封油泵应至少设置交流和直流密封油泵；氢侧密封油泵应至少设置2台密封油泵。

提供全流量双联过滤器，过滤器的精度为10 μm或更好，过滤器能在线切换更换滤芯。

12.3.5.5 仪表和控制要求

本系统现场仪表及设备纳入电厂控制系统中，在主控室内完成监视、报警、控制、联锁和保护功能。

12.3.5.6 接口要求

本系统主要与以下系统存在接口。

1）汽轮机房闭式冷却水系统：为密

封油板式换热器提供冷却水。

2）汽轮发电机组润滑油系统：为密封油系统提供油源。

3）发电机氢气和二氧化碳系统：氢气密封油系统向发电机氢气和二氧化碳系统提供密封油防止气体泄漏。

12.3.6 发电机氢气和二氧化碳系统

12.3.6.1 系统功能要求

本系统使发电机在安全的条件下置换空气，充入氢气，通过引入二氧化碳作为中间介质来避免产生易燃易爆混合物。该系统还可以使发电机在长时间停机或保养期内，在安全的条件下充入二氧化碳，置换氢气。

该系统可以保持发电机的机内氢压，并持续监控氢气的纯度和露点，从而确保氢压处于发电机容许范围之内。

12.3.6.2 系统配置要求

氢气的贮存量应满足置换二氧化碳所需的氢气量的 3 倍。

二氧化碳贮存箱容量应满足置换氢气和空气所需的二氧化碳量的 3 倍。

发电机氢气供应系统包括发电机气体控制站、二氧化碳减压装置、气体加热装置、氢气干燥器、循环风机、漏液检测装置、绝缘过热监测仪、阀门、管道和仪表等。

12.3.6.3 系统设计要求

1）系统性能要求

本氢气供应系统的设计旨在使发电机能够被充注额定压力的氢气，且运行状态下的发电机可以自动保持压力。

氢气纯度在停止时应维持在 96% 以上，在运行时应维持在 98% 以上。

应配置气体干燥器用于去除气体中的湿气，使其干度尽可能达到 100% 的水平。

2）安全分级和抗震分类

发电机氢气和二氧化碳系统、部件为非安全 E 级、非抗震类。

3）布置准则

二氧化碳系统的设备若布置在室内，则安装场所应保证良好的自然通风或设置机械通风装置。

氢气系统的布置应使氢气安全的排至厂房外。

12.3.6.4 设备设计要求

氢气干燥器应为 2 套，一套进行干燥，另一套可进行活化再生过程。

循环风机按氢气和空气分别设置。

在氢气膨胀装置后面安装一个体积流量系统来记录氢气的消耗量。

二氧化碳加热装置将供应的低压二氧化碳加热，然后再用一个减压装置将其压力降低至分布压力。

在供氢设备气动调节阀与供氢气管隔离阀间配备可拆卸的短管。

配置氢气干燥器用于去除在发电机内循环的氢气中的湿气。

应提供用于测量氢气泄漏量的装置。

应提供发电机内氢气浓度在线取样的装置。

发电机氢气系统及氢气压力自动控制装置，能满足发电机充氢、自动补氢、排氢及中间气体介质置换工作的要求，能自动监测和保持氢气的额定压力、规定纯度及冷氢温度、湿度等。

12.3.6.5 仪表和控制要求

本系统现场仪表及设备纳入电厂控制系统中，在主控室内完成监视、报警、控制、联锁和保护功能。

12.3.6.6 接口要求

本系统主要与以下系统存在接口。

1）电厂气体系统：向系统供应氢气和二氧化碳。

2）汽轮发电机组润滑油系统：为密封油系统提供油源。

3）氢气密封油系统：避免氢气泄漏。

12.4 核岛侧蒸汽和动力转换系统

12.4.1 蒸汽发生器系统

12.4.1.1 系统功能要求

1）安全功能

（a）安全壳隔离功能

安全壳内的蒸汽发生器系统管道，应与反应堆冷却剂系统、蒸汽发生器壳体及传热管共同提供工艺流体与安全壳大气的隔离。

应为贯穿安全壳的本系统管道提供安全壳隔离，以限制厂外辐射剂量。

（b）蒸汽发生器隔离功能

在蒸汽管道破裂、给水管道破裂或排污管道破裂期间，应防止超过1台蒸汽发生器快速排空。此功能可协同其他系统完成。

在任何1台主蒸汽安全阀（MSSV）或大气释放阀（PORV）误开或卡开时，应只有1台蒸汽发生器失控排放，以维持反应堆压力容器的完整性并限制燃料损坏。

（c）给水隔离功能

在事故工况下，应为蒸汽发生器提供给水隔离。

（d）超压保护功能

应为蒸汽发生器二次侧和主蒸汽隔离阀上游管道提供超压保护。

（e）工艺监测功能

应监测系统工艺参数，为保护和安全监测系统提供所需信号。

2）其他功能

（a）工艺监测和控制功能

可监测系统工艺参数，为多样化驱动系统提供取照功能和纵深防御功能所需的信号。

可监测系统工艺参数，为核电厂正常运行期间控制提供所需的信号。

（b）衰变热导出功能

在正常停堆工况和特定异常事故期间，可连同其他系统通过蒸汽发生器将堆芯衰变热传递到蒸汽发生器二次侧。

停堆运行期间若凝汽器不可用，可通过启动给水系统向蒸汽发生器输送给水，并通过大气释放阀或主蒸汽安全阀把蒸汽排至大气带走堆芯衰变热。

（c）非安全的超压保护功能

若需要，可通过大气释放阀提供蒸汽发生器二次侧超压保护纵深防御功能，避免主蒸汽安全阀起跳。

（d）发电所需的蒸汽和给水功能

在电站正常运行期间，可将加热后的给水输送到蒸汽发生器，并输送蒸汽发生器产生的蒸汽，供汽轮机发电。

（e）连续运行功能

连同其他系统，可在核电厂功率运行期间连续运行，带走反应堆冷却剂系统产生的热量，并由蒸汽发生器传递至二次侧。可向蒸汽发生器提供可靠和稳定地给水流量控制，同时维持蒸汽发生器二次侧水装量在正常运行范围内。

（f）主给水和启动给水控制的自动切换功能

可连同控制系统在主给水流量和启动给水流量之间提供可靠稳定的自动切换，以防止核电厂低功率运行时反应堆的不必要停堆，并避免启动给水管嘴处的热冲击。

(g) 蒸汽发生器排污功能

在核电厂启动、停堆和正常功率运行的工况下，可进行蒸汽发生器二次侧装量连续排污。

(h) 主蒸汽暖管功能

在核电厂反应堆启堆期间，可为主蒸汽管道提供缓慢暖管功能。

(i) 主蒸汽疏水功能

可收集和排放主蒸汽管道冷凝水。

(j) 主蒸汽管道取样功能

可进行主蒸汽管道内蒸汽取样以进行蒸汽湿度评估。

12.4.1.2 系统配置要求

根据系统功能要求，蒸汽发生器系统需要执行安全壳隔离、蒸汽发生器隔离、给水隔离和超压保护等安全功能。因此，本系统需要设置相应的隔离和超压保护设备。此外，蒸汽发生器系统还可执行堆芯热量导出、给水/蒸汽输送、排污、主蒸汽管道暖管及疏水等功能。因此，本系统还需要设置相应的路径及设备。

蒸汽发生器系统是指执行 12.4.1.1 节规定功能的设备（包括阀门、测量仪表和控制设备等）、管道及其支撑件。

蒸汽发生器系统可包括两个或多个相同的系列，每台蒸汽发生器对应一个系列。每个系列可由几个子系统组成。如主蒸汽管道及其相关管道，主给水管道，启动给水管道和蒸汽发生器排污管道，及管道上的设备。这些子系统和装置组成一个统一体，共同完成系统功能。

蒸汽发生器系统没有泵、箱体、热交换器或其他主要的设备类型。蒸汽发生器属于反应堆冷却剂系统。典型的蒸汽发生器系统的主要设备有：

1）主蒸汽部分

(a) 主蒸汽隔离阀及其旁路阀、疏水阀。

(b) 主蒸汽安全阀。

(c) 大气释放阀和大气释放阀隔离阀。

2）主给水部分

(a) 主给水隔离阀。

(b) 主给水止回阀。

(c) 主给水调节阀。

(d) 主给水压力释放阀。

3）启动给水部分

(a) 启动给水隔离阀。

(b) 启动给水止回阀。

(c) 启动给水调节阀。

(d) 启动给水压力释放阀。

4）蒸汽发生器排污部分

(a) 蒸汽发生器排污隔离阀。

(b) 蒸汽发生器排污流道压力平衡阀。

12.4.1.3 系统性能要求

1）安全壳隔离

蒸汽发生器系统在贯穿安全壳的每条管道上都应设置至少 1 台安全壳隔离阀，且满足安全壳系统准则要求。每台安全壳隔离阀都应为能动阀门，具有切换关和保持关的安全功能，在接收到关闭信号时阀门应关闭。

2）蒸汽发生器隔离

蒸汽发生器系统在假想的蒸汽或给水管道破裂后应隔离蒸汽发生器，保证至少 1 台蒸汽发生器继续作为热阱使用，应限制通过假想破裂的管道向安全壳内的质能释放不超过 1 台蒸汽发生器容器的水装量，并限制由假想管道破裂引起的反应堆压力容器冷却瞬态。

在蒸汽管道或给水管道破裂后，为防止超过 1 台的蒸汽发生器排空，蒸汽发生器系统应为故障蒸汽发生器的主蒸汽管道提供能动安全隔离。

蒸汽发生器系统主蒸汽隔离阀的旁路管道隔离阀，除了关闭时间可为 10 s 外，该隔离阀应符合主蒸汽隔离阀适用的所有隔离准则。

蒸汽发生器系统的 ASME 规范安全阀在不执行超压保护功能时有切换关和保持关的安全功能。

在主蒸汽管道或主给水管道破裂后，为防止超过 1 台的蒸汽发生器排空，在与故障蒸汽发生器连接的主给水、启动给水、蒸汽发生器排污和主蒸汽疏水管线上，应设置冗余、能动的安全隔离。每台隔离阀都有切换关和保持关的安全功能，在接收到关闭信号时关闭。

蒸汽发生器系统应通过大气释放阀隔离阀为大气释放阀提供能动的安全隔离，每台隔离阀应有切换关和保持关的安全功能，在接收到关闭信号时关闭。

蒸汽发生器大气释放阀的排量设计应保证任何 1 台阀门误开不会降低反应堆的安全要求。大气释放阀的排量不应超过 ASME 规范安全阀。

ASME 规范安全阀的数量应根据如下规则选取：在任何 1 台安全阀失效开时，所排放的蒸汽流量不会导致超出 DNB 限值。

3）给水隔离

在连接到每台蒸汽发生器的主给水管道和启动给水管道上，应设置冗余、能动的安全隔离。每台阀门应具有切换关和保持关的安全功能，在接收到关闭信号时关闭。

4）超压保护

在丧失所有电源事故下，ASME 规范安全阀应能防止蒸汽发生器系统压力超过系统设计压力的 110%。阀门应向大气排放。

安全阀数量的设置应尽量少但必须满足在一个或多个安全阀无法投入运行时，有足够数量的安全阀确保核电厂降低功率后的运行要求。下面公式用来确定 MSSV 不可运行时连续运行的最高允许功率水平。

最高 NSSS 功率≤（100/Q）（$W_s h_{fg} N$）/K

式中：Q——机组额定 NSSS 功率（包括反应堆冷却剂泵热量），MWt；

K——转化系数，1.00×10^6 J/s/MWt；

W_s——任意 1 台蒸汽发生器上的可运行 MSSV 在可运行 MSSV 的最高开启压力下的最小蒸汽总流量额定能力，包括适当的偏差和累积，kg/s；

h_{fg}——在 MSSV 的最高开启压力下的汽化热，包括适当的偏差和累积，kJ/kg；

N——机组内蒸汽发生器的数量。

最高允许功率水平应为上面公式计算的最高 NSSS 功率减去超功率 ΔT 紧急停堆通道不确定性。

大气释放阀应设有适当的自动开启整定点，并能提供足够的蒸汽排放能力以避免非能动余热排出系统的不必要启动或弹簧安全阀起跳。

5）工艺监测和控制

蒸汽发生器系统提供给保护和安全监测系统的信号应满足保护和安全监测系统规定的冗余和质量要求。

蒸汽发生器系统可为每台蒸汽发生器提供 2 个宽量程液位测量通道向多样化驱动系统提供输入。

6）衰变热导出

启动给水调节阀的设计流量应能保证在仅有 1 台蒸汽发生器可用的情况下提供

足够的启动给水流量导出衰变热。

大气释放阀应有足够的蒸汽排量，能将反应堆从热态零功率工况冷却到正常余热排出系统投入的工况，该排量应满足：(a) 反应堆冷却剂系统自然循环情况下实现8 h核电厂冷却；(b) 将核电厂从热态零功率冷却到正常余热排出系统投入的工况；(c) 与事故后运行剂量分析一致。

7) 其他

(a) 运行性能

核电厂正常发电期间，蒸汽发生器系统处于运行状态。

在核电厂0~100%功率运行期间，蒸汽发生器系统和主给水系统的设计应满足给水流量由电厂控制系统自动调节的要求。

在核电厂正常功率运行期间，蒸汽发生器系统应能响应电厂控制系统给水控制程序信号，调节进入蒸汽发生器的主给水流量。

在核电厂正常功率运行期间，蒸汽发生器系统的每根主蒸汽管道应能将要求流量的蒸汽从蒸汽发生器输送至汽轮机厂房。

在核电厂启动、停堆和其他低功率(约0~10%额定给水流量) 运行期间，蒸汽发生器系统能自动调节经过启动给水管道进入蒸汽发生器的给水流量，而不引起反应堆停堆。

蒸汽发生器系统排污管道应能满足排污流量要求、化学控制要求、蒸汽发生器湿保养要求、蒸汽发生器管板冲洗和蒸汽发生器疏水要求，同时不会在排污管中发生闪蒸。

与主蒸汽隔离阀并联的旁路管道的阀门，其调节范围和接管尺寸应满足在主蒸汽隔离阀开启前平衡阀门前后压力的要求和暖管的要求。

主蒸汽疏水管道的疏水流速不超过3 m/s，低位疏水点要考虑管道在冷热两种情况下的位置；低位疏水点宜设一个直径至少为0.3 m的疏水罐；每个主蒸汽隔离阀上游都应设有低位疏水点。

主蒸汽管道的冷凝水应疏水至汽机房排汽、疏水和卸压系统，在管道布置和材料选择中应考虑两相流的影响，以缓解腐蚀程度。

蒸汽发生器系统主蒸汽管道与主蒸汽系统的设计应限制从蒸汽发生器到汽轮机截止阀之间的总压降，宜限制蒸汽湿度在蒸汽发生器出口处低于0.25%，在核岛与常规岛接口处不高于0.36%，在主汽阀处不高于0.50%。

(b) 主蒸汽管道取样

主蒸汽管道取样应设永久接管，连接点宜根据实际情况靠近蒸汽发生器布置，在电站功率运行期间可达，此接管同时可用于蒸汽湿度试验。

(c) 合理可行尽量低、可靠性、可用率、可维护性和简化

蒸汽发生器系统应满足电站可靠性、可用率和可维护性的目标。

蒸汽发生器系统应重视通过降低给水管嘴和给水管道破裂因素来改进这些部件的可靠性。

蒸汽发生器系统的主给水调节阀、主给水止回阀、主给水隔离阀和主蒸汽隔离阀应采用高可靠性设计。

蒸汽发生器系统应确保单一支持系统失效（如丧失仪用压空或厂外电）不会造成主给水和启动给水一并失效。

用于支持蒸汽发生器液位控制的蒸汽发生器系统的设施应具有较高的容错能力，能提供稳定地给水流量调节。

蒸汽发生器系统应与电厂其他设施配合，实现1台主给水泵失效不会导致反应堆停堆。

蒸汽发生器系统的部件应有适当的可靠性和可维护性要求以保证满足电站发电目标，同时将反应堆停堆次数降至最低，并保证全厂可用率。

蒸汽发生器系统应将维修和检查时的个人辐射剂量控制在限值内。

12.4.1.4 系统设计要求

1）总设计要求

蒸汽发生器系统设计应满足以下总设计要求。

（a）系统部件的设计与制造应按照与其安全功能对应的标准质量体系进行。

（b）系统部件的设计应能在适当时进行试验和检查。

（c）系统在特定的火灾、内部飞射物或管道破裂等危险情况下应能执行安全功能。

（d）系统应受到保护免受外部事件，如地震、飓风和洪水等的影响。

（e）系统设计应有充分的可靠性，应考虑冗余性和多样性，能支持电厂堆芯熔化概率和大规模放射性释放概率目标。

（f）执行安全功能的阀门应由1E级电源供电。

2）单一故障准则

本系统设计应遵循单一故障准则。

对于本系统中的部件，若其设计、制造、在役检查和维修均已达到很高的质量水平且保持不受到假设始发事件的影响，则在单一故障分析中可以不必假设它会发生故障。

3）安全分级和抗震分类

蒸汽发生器系统从蒸汽发生器管嘴至（并包括）第1台隔离阀之间的部分构成安全壳边界，这些管道和设备为安全B级，抗震Ⅰ类。

（a）主蒸汽管道，从蒸汽发生器主蒸汽管嘴向外至（并包括）主蒸汽隔离阀及其旁路阀、大气释放阀隔离阀、主蒸汽安全阀和第一道冷凝水疏水隔离阀。

（b）主给水管道，从蒸汽发生器给水管嘴向外至（并包括）主给水止回阀和隔离阀。

（c）启动给水管道，从蒸汽发生器启动给水管嘴向外至（并包括）启动给水隔离阀。

（d）排污管道，从蒸汽发生器排污管嘴向外至（并包括）第一个排污隔离阀。

（e）与以上设备或管道压力边界连接的仪表接管。

蒸汽发生器系统从安全壳隔离阀至与相邻系统接口之间的部分为安全C级，抗震Ⅰ类；安全阀下游的管道定为安全C级，抗震Ⅰ类。

大气释放阀下游的管道划分为安全D级，抗震Ⅱ类。

蒸汽发生器系统第一道隔离阀下游疏水放气管道划分为非安全级，非抗震类。

4）布置准则

本系统的布置准则如下。

（a）应尽量将SGS部件布置在安全壳外或蒸汽发生器隔间外。蒸汽发生器系统安全壳内主给水、启动给水和蒸汽发生器排污管道宜设置必要的管道防甩装置和喷射屏障。核辅助厂房内主蒸汽、主给水、启动给水和蒸汽发生器排污管道宜设置必要的防甩和防喷射措施。

（b）给水管道布置中应考虑防止腐蚀破坏，应预防蒸汽发生器水锤，主给水隔离阀应尽可能靠近安全壳以使从给水隔离阀至蒸汽发生器之间的给水管道内的水装量最小，应遵循有关管道破裂保护要求。

(c) 主蒸汽管道布置应预防水夹带和水锤，管道的压降要求宜与蒸汽发生器系统和主蒸汽系统的布置要求相匹配，宜考虑额外的支撑以能够承受主蒸汽安全阀和大气释放阀运行对管道的反作用力，宜考虑在主蒸汽管道水压试验期间能方便地安装支架以承受自重载荷，应遵循有关管道破裂保护要求。

(d) 每条主蒸汽管道上应设置冗余的压力传送器，每对传送器应在蒸汽管道周向相隔 180°布置。

(e) 主蒸汽安全阀排气竖管应将蒸汽直接排至高处以降低排放压降和降低背压对排放的影响，与主蒸汽安全阀和大气释放阀入口管相连的蒸汽管嘴应考虑降低反作用力矩的影响。

(f) 应考虑运行维修、在役试验和辐射屏蔽保护等要求。

(g) 应在合适的位置设置排气和疏水。

(h) 主蒸汽管道取样连接点宜根据实际情况靠近蒸汽发生器布置，在核电厂功率运行期间可达。

12.4.1.5 设备设计要求

蒸汽发生器系统没有泵、箱体、热交换器或其他主要的设备类型。蒸汽发生器属于反应堆冷却剂系统。

1) 主蒸汽安全阀

主蒸汽安全阀是安全壳隔离阀，应位于主蒸汽隔离阀上游的主蒸汽管道上，布置在辅助厂房内。

主蒸汽安全阀宜采用法兰连接，满足拆卸和维修要求。每台阀门应具有独立的入口管道。阀体上应连接一根疏水管线，用于阀门和排放管线疏水，以避免阀门打开时产生水锤。

安全阀是主蒸汽管道压力边界的一部分，也是安全壳压力边界的一部分。

主蒸汽安全阀应有事故后阀位监测功能。

2) 大气释放阀

大气释放阀执行蒸汽发生器隔离和蒸汽发生器释放隔离的安全功能，应位于主蒸汽隔离阀上游主蒸汽管道支管上，布置在辅助厂房内。

阀门应可以在导致主蒸汽隔离阀关闭的所有瞬态工况下执行其功能，发生二次侧管道破裂事故时大气释放阀可为完好蒸汽发生器提供冗余隔离。

阀门宜设计为气动调节阀，应设计为失效关闭。

大气释放阀出口应设置消音器降低蒸汽向大气排放时产生的噪音。

3) 大气释放阀隔离阀

大气释放阀隔离阀是安全壳隔离阀，执行安全壳隔离和蒸汽发生器隔离的安全功能。该隔离阀也能隔离泄漏或卡开的大气释放阀。

大气释放阀隔离阀应位于大气释放阀上游的主蒸汽管道支管上，布置在辅助厂房内。

4) 主蒸汽隔离阀

主蒸汽隔离阀是安全壳隔离阀，执行安全壳隔离和蒸汽发生器隔离的安全功能。

主蒸汽隔离阀布置在辅助厂房内，安装在主蒸汽安全阀下游。

主蒸汽隔离阀宜为气液驱动，应能够快速关闭（5 s 内），在驱动机构失液压时应失效关，在失去电源后应保持原位。

5）主蒸汽隔离阀旁路阀

主蒸汽隔离阀旁路阀是安全壳隔离阀，执行安全壳隔离、蒸汽发生器隔离和主蒸汽管道隔离的安全功能。

主蒸汽隔离阀旁路阀应与主蒸汽隔离阀并联，在主蒸汽隔离阀打开前为主蒸汽管道提供旁路流量，以平衡主蒸汽隔离阀的前后压差。在电站启动期间旁路阀也执行蒸汽管道暖管功能。

阀门宜设计为气动调节阀，应设计为失效关闭。

主蒸汽隔离阀旁路阀应定义为安全 B 级阀门。

6）主蒸汽管道疏水隔离阀及控制阀

主蒸汽管道疏水隔离阀是安全壳隔离阀，执行安全壳隔离、蒸汽发生器隔离和主蒸汽管道隔离的安全功能。阀门应设计为失效关闭。

主蒸汽管道疏水控制阀执行蒸汽发生器和主蒸汽管道隔离的安全功能，在接收到主蒸汽管道隔离信号后关闭。阀门应设计为失效关闭。

7）主给水隔离阀

主给水隔离阀作为安全壳隔离阀，执行安全壳隔离、蒸汽发生器隔离和给水隔离的安全功能。

阀门宜为气液驱动阀门，应能够快速关闭（5 s 内），在驱动机构失液压时应失效关，在失去电源后应保持原位。

8）主给水止回阀

在发生假设的阀门上游主给水管道破裂或主给水泵发生故障，引起压力下降，主给水止回阀可以防止给水从蒸汽发生器回流到主给水管道。

阀门设计应防止阀门快速关闭时蒸汽发生器或管道承受过大的水锤载荷。阀门的关闭速度应保证既可限制给水管道的压力下降，又可以限制管道或接管的载荷。

9）主给水调节阀

主给水调节阀执行蒸汽发生器隔离和主给水隔离的安全功能，在核电厂稳态运行、负荷连续变化和负荷阶跃变化运行期间维持蒸汽发生器液位。

阀门宜设计为气动调节阀，应设计为失效关闭。

如果安全壳内的二次侧管道破裂，主给水调节阀可作为主给水隔离阀的备用，限制高能流体通过破口进入安全壳。

10）启动给水隔离阀

启动给水隔离阀是安全壳隔离阀，执行安全壳隔离、蒸汽发生器隔离和给水隔离的安全功能。

在核电厂正常启动工况或在电厂运行工况期间响应蒸汽发生器窄量程低液位，通过启动给水隔离阀提供启动给水。

11）启动给水止回阀

启动给水止回阀可在核电厂正常运行期间预防蒸汽发生器回流。

如果启动给水隔离阀上游管道破裂，启动给水调节阀止回阀可提供冗余隔离。

12）启动给水调节阀

启动给水调节阀执行蒸汽发生器隔离和给水隔离的安全功能。启动给水调节阀可为气动调节阀。

从电厂启动到 10%额定给水流量的范围内，可由启动给水调节阀控制给水流量，当大于 10%额定给水流量时主给水系统投入运行。

阀门应设计为失效关闭。

13）蒸汽发生器排污隔离阀

每条蒸汽发生器排污管道上应串联设置 2 台隔离阀，阀门位于辅助厂房内。

第一道蒸汽发生器排污隔离阀是安全壳隔离阀，执行安全壳隔离和蒸汽发生器隔离的安全功能。第二道蒸汽发生器排污隔离阀执行蒸汽发生器隔离的安全功能。阀门应设计为失效关闭。

14）蒸汽发生器排污流道压力平衡阀

蒸汽发生器排污流道压力平衡阀应在每条蒸汽发生器排污管道第二道隔离阀下游设置，阀门位于辅助厂房内。

阀门闸板上应设有小孔，在阀门处于关闭状态时提供一定流量用于平衡上下游压力。

阀门宜设计为电动阀，应设计为失效保持原位。

15）大气释放阀消音器

大气释放阀通过消音器排放蒸汽，消音器可布置在辅助厂房顶部，应能接收大气释放阀的最大饱和蒸汽排量。

消音器可为非安全、非抗震的，但应设计成能在地震工况下不影响大气释放阀的排放能力。

消音器入口宜为法兰连接，敞开式出口垂直安装。

12.4.1.6 仪表和控制要求

本系统设计中应提供仪表及控制设备，并应保证足够的精度与响应时间，以满足系统性能要求。

在主控制室，应对系统的下列参数给予显示和（或）报警。

1）主蒸汽管道压力、流量、惰性气体放射性、^{16}N 放射性和泄漏监测。

2）主给水管道压力和温度。

3）启动给水流量。

4）蒸汽发生器宽、窄量程液位。

5）主蒸汽疏水罐液位。

6）蒸汽发生器壳体金属温度。

7）执行安全功能的阀门（止回阀除外）阀位指示。

任何功率下，蒸汽发生器液位应能自动控制。

主蒸汽隔离阀应接自动或手动蒸汽管道隔离信号后关闭，可在主控制室手动开启和关闭。

主蒸汽隔离阀旁路阀应接自动或手动蒸汽管道隔离信号后关闭，可在主控制室手动开启和关闭，可通过手动控制调节阀门开度。

大气释放阀应接自动隔离信号关闭，也可接手动蒸汽发生器卸压隔离信号关闭，可在主控制室手动开启和关闭，可由控制系统手动调节整定值控制阀位。

大气释放阀隔离阀应接自动隔离信号关闭，也可接手动蒸汽发生器卸压隔离信号关闭，可在主控制室手动开启和关闭。

主蒸汽管道疏水隔离阀应接自动或手动蒸汽管道隔离信号关闭，可在主控制室手动开启和关闭。

主蒸汽管道疏水控制阀应接自动或手动蒸汽管道隔离信号关闭，可在主控制室手动开启和关闭，也可根据疏水液位信号自动开启和关闭。

主给水调节阀应接手动或自动给水隔离信号关闭，可在主控制室手动控制阀门阀位，也可通过控制系统自动调节阀位。

主给水隔离阀应接手动或自动给水隔离信号关闭，可在主控制室手动开启和关闭。

启动给水调节阀应接自动或手动给水隔离信号关闭，可在主控制室手动控制阀门阀位，也可通过控制系统自动调节阀位。

启动给水隔离阀应接手动或自动给水隔离信号关闭，可在主控制室手动开启和关闭。

蒸汽发生器第一道排污隔离阀和第二道排污隔离阀应接手动安全壳隔离或手动

非能动余排热交换器驱动或手动堆芯补水箱驱动信号，或自动蒸汽发生器排污隔离信号或自动安全壳隔离信号关闭，可在主控制室手动开启和关闭。蒸汽发生器第二道排污隔离阀在对应序列的蒸汽发生器排污管道压力平衡阀未完全关闭时，不应开启。

蒸汽发生器排污管道压力平衡阀可在主控制室手动开启和关闭，可在对应序列的蒸汽发生器第二道排污隔离阀完全开启后自动开启，可在对应序列的蒸汽发生器第一道排污隔离阀或蒸汽发生器第二道排污隔离阀已完全关闭时自动关闭。

12.4.1.7　接口要求

蒸汽发生器系统主要与以下系统存在接口。

1）反应堆冷却剂系统：在电站功率运行、热备用和电站降温初期为反应堆冷却剂系统提供热量导出的途径。在异常和事故工况下为反应堆冷却剂系统提供过量热量的导出手段。

2）蒸汽发生器排污系统：蒸汽发生器排污系统接受包括核电厂启动、停堆和电厂运行等多种运行模式下的蒸汽发生器排污流；在蒸汽发生器湿保养期间，蒸汽发生器排污系统提供蒸汽发生器二次侧流体再循环和化学调节功能。蒸汽发生器正常疏水也可通过蒸汽发生器排污系统将水疏送到生产废水系统或放射性废液处理系统。

3）压缩空气和仪表空气系统：压缩空气和仪表空气系统为蒸汽发生器系统阀门的执行机构提供动力。

4）主给水和启动给水系统：主给水和启动给水系统为蒸汽发生器系统提供给水。

5）主蒸汽系统：主蒸汽系统接收来自蒸汽发生器系统的蒸汽并将其输送至汽轮机，蒸汽满足电厂功率要求。当发生主蒸汽管道破裂事故且主蒸汽隔离阀单一能动故障时，主蒸汽系统和主汽轮机系统可以提供备用隔离。

6）汽轮机房排汽、疏水和卸压系统：汽机房排汽、疏水和卸压系统为主蒸汽隔离阀上游疏水罐收集的冷凝水提供排放路径。

12.4.1.8　系统运维要求

应提供确保系统运行而进行系统运维的能力。

蒸汽发生器系统的设计应包括定期开展以下试验和检查的措施，便于评价系统的性能，保证系统的可运行性。

1）执行安全功能的能动阀门（止回阀除外）的定期检查和在役试验。

2）定期监测安全壳内主蒸汽管道泄漏情况。

蒸汽发生器系统的设计应考虑其可维修性，并为维修提供通道，以尽量减少移动其他设备、使用专用工具、损坏其他设备的可能性，使检修工作人员所受的辐照尽量低。

设备的选型应尽量减少设备所需的维修频度。

12.4.2　主给水和启动给水系统（核岛）

12.4.2.1　系统功能要求

1）安全功能

主给水和启动给水系统（核岛）不执行安全功能。

2）其他功能

（a）主给水输送功能

主给水系统（核岛）可为主给水提供从主给水泵母管输送至蒸汽发生器的流道，同时对主给水流量进行监测，用于核电厂控制。

(b) 堆芯衰变热导出功能

在事故工况下，可向蒸汽发生器提供启动给水，通过反应堆冷却剂系统导出堆芯衰变热。

(c) 限制启动给水最大流量功能

宜限制输送至蒸汽发生器的最大流量，以防止在安全壳质能释放、蒸汽发生器传热管破裂和停堆工况下的反应堆冷却剂系统过冷。

(d) 启动给水输送功能

可向蒸汽发生器提供所需压力和流量的启动给水并维持蒸汽发生器的液位。

12.4.2.2 系统配置要求

根据系统功能要求，主给水系统（核岛）执行主给水输送功能，以及对主给水流量进行监测。因此，本系统需要设置主给水输送路径以及流量监测装置。

主给水系统（核岛）是指执行12.4.2.1节规定功能的设备（包括阀门和测量仪表等）、管道及其支撑件。上述装置组成一个统一体，共同完成系统功能。典型的主给水系统（核岛）流程简图见图12.4.2.-1。

根据系统功能要求，启动给水系统需要执行启动给水输送、堆芯衰变热导出、给水流量限制等功能，因此，本系统需要设置冗余的启动给水泵及路径，还需要在给水路径上设置限流装置。启动给水系统宜能够接受常规岛主给水，作为启动给水输送至蒸汽发生器。

启动给水系统是指执行12.4.2.1节规定功能的设备（包括泵、阀门、节流装置、测量仪表和控制设备等）、管道及其支撑件，上述设备共同完成系统功能。

典型的主给水系统（核岛）的主要设备有：

1）超声波流量计。

2）流量调整器。

3）文丘里流量计。

4）阀门。

典型的启动给水系统的主要设备有：

1）启动给水泵。

2）启动给水限流文丘里。

3）阀门。

12.4.2.3 系统性能要求

1）主给水输送

在常规岛主给水管道和安全级主给水管道之间应设置衔接管道，其上应设置文丘里流量计和超声波流量计，以便精确测量给水流量。

2）堆芯衰变热导出

核电厂瞬态工况下，任意一台启动给水泵及其输送路径，应能向蒸汽发生器提供足够地给水流量，至少运行24 h，排出堆芯衰变热。

非LOCA事故和蒸汽发生器传热管破裂事故时，启动给水泵应能向蒸汽发生器提供给水，作为非能动余热排出热交换器备用的堆芯冷却手段。

3）限制启动给水最大流量

系统宜限制2台启动给水泵的总流量。启动给水泵最大流量限值宜在安全分析假定的安全壳质能释放量和1台蒸汽发生器传热管破裂时释放率内，并能限制停堆后反应堆冷却剂系统过冷。

4）启动给水输送

启动给水泵宜具备在核电厂热备用、电厂启动、低功率运行以及余热排出系统（RNS）未投入使用的某些停堆阶段向蒸汽发生器提供启动给水的能力。2台启动给水泵中任一台泵的容量由12.4.2.3节3）确定。

在核电厂正常运行工况，2台启动给

水泵及其相关流道可用时，允许2台泵同时运行的总流量可达到12.4.2.3节2）要求的流量。

5）系统启动

启动给水系统宜采用给水低流量和蒸汽发生器低液位作为系统自动启动信号。启动给水系统宜考虑与主给水系统的自动切换运行。启动给水系统的设计应允许操纵员必要时在主控室手动触发运行。

6）可靠性和可利用率原则

给水流速、管道布置和部件材料应确保流动加速腐蚀效应不会使主给水系统（核岛）管道设计寿命小于60年。

12.4.2.4 系统设计要求

1）单一故障准则

启动给水系统设计应遵循单一故障准则。

对于本系统中的部件，若其设计、制造、在役检查和维修均已达到很高的质量水平且保持不受到假设始发事件的影响，则在单一故障分析中可以不必假设它会发生故障。

2）安全分级和抗震分类

执行主给水输送的设备及管道为安全E级、非抗震类。

执行堆芯衰变热导出和限制启动给水最大流量功能，以及与常规岛主给水供水接口的设备及管道为安全D级、非抗震类；其余设备为非安全级、非抗震类。

3）布置准则

本系统的布置准则如下。

(a) 主给水系统（核岛）管道和设备应布置在未限制职业辐照的非放射性控制区域。

(b) 超声波流量计、流量调整器和文丘里流量计的布置应能够满足安装和测量要求。

(c) 启动给水系统管道和设备应布置在未限制职业辐照的非放射性控制区域。

(d) 启动给水泵布置标高应能够在水源最低液位下，能够保证泵的有效净正吸入压头（NPSH）；在水源最高液位下，考虑泵的关闭扬程，应保证泵出口压力不超过管道的设计压力。

(e) 启动给水限流文丘里的布置应能够满足文丘里的安装和测量要求。

(f) 应在合适的位置设置排气和疏水。

(g) 运行温度超过60 ℃的管道及设备，应设置保温层。

12.4.2.5 设备设计要求

1）主给水文丘里流量计

主给水文丘里流量计宜有高精度、小压损，可避免由于过度膨胀而导致的振动增加。

2）主给水超声波流量计

超声波流量计应具有高度可靠性，以用于主给水文丘里流量计的校正。

3）主给水流动调整器

流动调整器可减小主给水流动中的旋涡以提高文丘里流量计的测量精度。流动调整器宜为孔式。

4）启动给水泵

启动给水泵应具有从水源吸水向蒸汽发生器供水的能力。每台泵的容量能满足12.4.2.3节2）所述的性能要求。

泵必需净正吸入压头（NPSH）不应超过水源处于低液位且泵以最大流量运行时的有效净正吸入压头（NPSH）。

泵进出口宜采用法兰连接。

5）主给水至启动给水隔离阀

启动给水系统接收常规岛主给水路径上宜设一个隔离阀，阀门宜设计为失效关闭。

当阀门关闭时，将主给水与启动给水母系统隔离。需要使用主给水通过启动给水系统和蒸汽发生器系统向蒸汽发生器供水时，阀门打开。

阀门应能提供可靠的隔离，在接到给水隔离信号时应能关闭。

6）启动给水文丘里流量计

每台启动给水泵的出口宜设有一个文丘里流量计，用于监测泵出口流量是否满足12.4.2.3节2）的要求并限制启动给水泵出口流量超过12.4.2.3节3）的要求。

12.4.2.6 仪表和控制要求

本系统设计中应提供仪表及控制设备，并应保证足够的精度与响应时间，以满足系统性能要求。

在主控制室，应对系统的下列参数给予显示和（或）报警。

1）主给水流量。

2）启动给水泵出口温度和流量、泵轴承温度。

3）启动给水母管压力。

4）启动给水泵出口隔离阀、主给水与启动给水隔离阀的阀位指示。

启动给水泵出口隔离阀应在相应的启动给水泵启动时打开，在相应的启动给水泵停运时关闭，也可以在主控制室手动打开或关闭。

主给水与启动给水隔离阀应在控制系统将给水路径从主给水路径切换至启动给水路径时自动打开，在给水路径从启动给水切换到主给水路径后自动关闭；应在接到启动给水启动指令或启动给水泵出口隔离阀打开信号时，阀门自动关闭；应在主给水隔离信号下自动关闭；也可在主控室手动打开或关闭。

启动给水泵应接蒸汽发生器窄量程液位低且同时给水流量低，或者当蒸汽发生器宽量程液位低时，自动启动；应接启动给水隔离自动信号或给水隔离手动驱动信号时停运；应接泵轴承温度高信号自动停运；应在核电厂丧失厂外电且正常余热排出系统未投入时，自动启动。

12.4.2.7 接口要求

主给水系统（核岛）系统主要与以下系统存在接口。

1）蒸汽发生器系统：主给水系统（核岛）为蒸汽发生器系统提供主给水。

2）主给水系统（常规岛）：常规岛主给水系统为本系统提供主给水。

启动给水系统主要与以下系统存在接口。

1）除盐水储存和分配系统：启动给水系统以除盐水储存和分配系统为水源。

2）二回路取样系统：二回路取样系统对启动给水进行取样并分析，确保满足蒸汽发生器的水化学要求。

3）压缩空气和仪表空气系统：压缩空气和仪表空气系统为主给水与启动给水气动隔离阀提供压缩空气气源，保证阀门处于系统要求的阀位。

4）蒸汽发生器系统：启动给水系统为蒸汽发生器系统提供给水。

5）主给水系统（常规岛）：主给水系统（常规岛）为启动给水系统提供给水用于向蒸汽发生器系统提供启动给水。

12.4.2.8 系统运维要求

应提供确保系统运行而进行系统运维的能力。

启动给水系统的设计应包括定期开展启动给水泵的定期检查和在役试验，便于评价系统的性能，保证系统的可运行性。

主给水和启动给水系统（核岛）的设计应考虑其可维修性，并为维修提供通道，以尽量减少移动其他设备、使用专用工具、损坏其他设备的可能性。

设备的选型应使设备所需的维修频度减到最低程度。不可运行的泵应尽可能快的返回备用状态以维持系统冗余度。

12.4.3 蒸汽发生器排污系统

12.4.3.1 系统功能要求

1）安全功能

蒸汽发生器排污系统不执行安全功能。

2）其他功能

（a）蒸汽发生器二次侧水化学控制功能

应能通过排污维持蒸汽发生器二次侧的水质。

（b）蒸汽发生器湿保养功能

停堆期间，应能通过再循环运行控制二回路水的 pH 和溶解氧，对蒸汽发生器进行保养。在核电厂冷却到模式 5 时，蒸汽发生器排污系统可以湿保养模式运行以加强蒸汽发生器二次侧向一次侧的倒传热。

（c）蒸汽发生器疏水功能

停堆期间，应为蒸汽发生器提供疏水通道，允许排空蒸汽发生器以进行检查和维修。

（d）蒸汽发生器管板冲洗功能

可从蒸汽发生器管板上部抽出二次侧水，带走淤积在管板上的淤泥，对蒸汽发生器管板冲洗运行。

（e）异常水化学恢复功能

可在不进行排污流净化和复用的情况下，以高于所有蒸汽发生器最大正常排污总量的流量运行，以恢复异常的蒸汽发生器水化学工况。

12.4.3.2 系统配置要求

根据系统功能要求，蒸汽发生器排污系统执行二回路水化学控制、蒸汽发生器湿保养、疏水、管板冲洗及异常水化学恢复等功能。因此，本系统需要设置输送设备及路径、水化学处理设备及路径；由于蒸汽发生器二次侧温度较高，还应设置热交换器以降低系统流体温度。

蒸汽发生器排污系统是指执行12.4.3.1节规定功能的设备（包括泵、换热器、电离除盐装置、阀门、测量仪表和控制设备等）、管道及其支撑件。这些设备组成一个统一体，共同完成系统功能。

典型的蒸汽发生器排污系统的主要设备有：

1）再循环/疏水泵。

2）排污热交换器。

3）排污电离除盐装置。

4）阀门。

12.4.3.3 系统性能要求

1）蒸汽发生器二次侧水化学控制

电厂运行时，蒸汽发生器排污系统应能够通过移除不挥发、可溶性杂质和颗粒物，控制和维持蒸汽发生器二次侧水化学性质。

蒸汽发生器排污系统应具有持续热态排污的能力，排污流量的范围宜在0.06%~0.6%最大蒸汽流量（每台蒸汽发生器），并能够在此流量区间内持续运行，应能够在 8 h 内将蒸汽发生器二次侧水化学特性从冷态湿保养转换至热备用状态。

排污流量应能够由操纵员进行控制。

排污水应能够在经冷却、降压、净化和放射性监测后进行回收复用。

排污水中存在放射性时，蒸汽发生器排污系统应能将排污流自动输送放射性液体废物处理系统进行处理和处置。

2）蒸汽发生器湿保养

冷停堆工况时，蒸汽发生器排污系统应提供足够的再循环流量，将蒸汽发生器内的二次侧水化学性质维持在要求的运行规范内。

在电厂模式 5，可在湿保养模式下运行以加强蒸汽发生器二次侧向一次侧的倒传热。

3）蒸汽发生器疏水

蒸汽发生器排污系统应在蒸汽发生器冷却至65 ℃后的约6 h 内，疏水排空1台蒸汽发生器。

如果排污流中出现放射性，应将其送往放射性液体废物处理系统进行处理和处置。此时根据放射性液体废物处理系统的接收能力，可以降低疏水流量。

4）蒸汽发生器管板冲洗

电厂运行时，蒸汽发生器排污系统应能依次冲刷单台蒸汽发生器管板上的淤泥，最高排污流量可至单台蒸汽发生器的1.85%最大蒸汽流量。

如果排污水出现放射性，应将排污流自动切换送往放射性液体废物处理系统进行处理和处置。

5）异常水化学恢复

蒸汽发生器内水化学异常时，蒸汽发生器排污流量可增大运行以便恢复水化学至要求范围，每台蒸汽发生器的排污流量可增大至0.925%最大蒸汽流量。此模式的运行时间宜考虑常规岛支持系统的限制。

如果排污流中存在放射性，应能将排污流自动切换送往放射性液体废物处理系统。

12.4.3.4 系统设计要求

1）安全分级和抗震分类

蒸汽发生器系统不执行安全功能，系统与放射性废液系统接口的管道和隔离阀定义为安全 D 级，非抗震类；系统其他部分定义为非安全级，非抗震类。

2）布置准则

本系统的布置准则如下。

(a) 排污热交换器应布置在距离蒸汽发生器最近的位置，低于蒸汽发生器排污管嘴尽可能低的标高位置，应在周围预留加设屏蔽空间。

(b) 再循环/疏水泵不需进行放射性屏蔽，泵的布置应尽可能提高其有效气蚀余量。

(c) 电离除盐装置应在周围预留加设屏蔽空间。

(d) 设备布置时，应提供必要的维修和/或更换空间，应采取措施防止排污流因压降过大出现闪蒸。

(e) 应在合适的位置设置排气和疏水。

(f) 应设置取样管线，以在核电厂正常运行期间进行取样。

(g) 应设置临时充水接口。

12.4.3.5 设备设计要求

1）排污热交换器

系统应根据排污系统序列数量设置排污热交换器，换热器宜为管壳式逆流热交换器。

热交换器宜能回收排污流中的热能，以汽轮机凝结水作为冷却水流经排污热交换器。

在所有需要排污冷却的系统运行模式下，热交换器应均能为排污流提供要求的冷却。

热交换器的容量设计应使得核电厂正常运行期间的排污流出口温度足够低，以避免电离除盐装置除盐模块受到损害；管板冲洗和异常水化学恢复期间的排污流出口温度可略高于正常运行时的温度。

热交换器凝结水侧宜设有一个流量控制阀，自动控制凝结水流量。

2）电离除盐装置

每个蒸汽发生器排污系列应设有一套

电离除盐装置。每套电离除盐装置应包括过滤固体杂质的过滤器和移除可溶解杂质的电离除盐模块。

电离除盐装置根据需要除盐的最小排污流量和最大排污流量进行容量设计。

电离除盐装置应在不添加再生化学试剂的情况下，回收率达到90%以上。

每套电离除盐装置在除盐模块上游应设有两条过滤管线，一用一备。每条过滤管线上应各串联一台5 μm的过滤器和一台0.1 μm的过滤器，用于去除排污流中的杂质颗粒，降低除盐模块的损耗。

每条过滤管线进出口管均应设有隔离阀，以便于在除盐模块运行期间进行过滤器的更换。

3）再循环/疏水泵

再循环/疏水泵用于蒸汽发生器疏水和湿保养运行。

泵在系统不同运行模式下的流量应满足12.4.3.3节2）和3）的系统性能要求。

泵流量可通过手动调节泵出口阀进行控制。

4）排污流量控制阀

每个蒸汽发生器排污系列设置一个排污流量控制阀门。

在排污流量介于0.06%~0.6%最大蒸汽流量范围内时，控制阀应能进行调节。

排污流量控制阀应带有阀位指示器，宜为气动阀，应失效关闭。

阀门密封面和阀体选用适合节流/耐冲刷且不易产生气蚀和侵蚀的材料。

排污流量控制阀应设有手轮，以允许操作机构失效后就地手动打开，防止阀门操作机构失效后排污流量减少，提高排污系统的可靠性。

5）再循环/疏水泵出口阀

再循环/疏水泵出口阀应有一定的调节能力，以适应蒸汽发生器湿保养和疏水运行工况。

6）蒸汽发生器排污系列隔离阀

蒸汽发生器排污系列隔离阀在系统异常工况时隔离排污系统，阀门宜为气动阀，应失效关闭。

阀门应设有手轮，以在操作机构失效时能就地手动打开。

7）蒸汽发生器排污转向阀

蒸汽发生器排污转向阀应为三通阀，宜为气动，在需要时将排污流排向不同去向。

阀门应设有手轮，以在操作机构失效时手动调节阀位。

8）压力控制阀

压力控制阀应靠近凝汽器设置，防止排污母管因凝汽器真空发生气蚀和闪蒸，阀门宜为气动阀，应失效开启。

阀门应具有足够的抗腐蚀性能，外部应具有好的气密性。

阀门应设有手轮，以在操作机构失效时手动调节阀位。

9）背压控制阀

电离除盐装置下游设有背压控制阀，维持阀门上游压力，避免排污流闪蒸或气蚀。阀门宜为气动阀，应失效关闭。

阀门应设有手轮，以在操作机构失效时手动调节阀位。

10）电离除盐装置浓缩流转向阀

浓缩流转向阀将电离除盐装置污水排往疏水系统，或放射性液体废物处理系统。阀门宜为气动阀。

阀门应设有手轮，允许操作机构失效后手动调节阀位。

12.4.3.6 仪表和控制要求

本系统设计中应提供仪表及控制设

备，并应保证足够的精度与响应时间，以满足系统性能要求。

在主控制室，应对系统的下列参数给予显示和（或）报警。

1）再循环/疏水泵出口压力，出口流量。

2）排污总管压力。

3）电离除盐装置浓缩流压力，电离除盐装置差压。

4）排污流排放背压。

5）排污热交换器入口、出口温度。

6）蒸汽发生器排污流量。

7）蒸汽发生器排污清洁流和浓缩流放射性。

8）电离除盐装置过滤后排污流、清洁流和浓缩流电导率/电离除盐装置过滤器压差。

此外，应根据需要，在主控制室内显示电离除盐装置其他参数和状态。

蒸汽发生器排污系统流量控制阀应接排污清洁流放射性、排污浓缩流放射性、排污热交换器出口温度、各系列排污流量、排放总管压力、常规岛凝结水温度和除氧器储罐液位等任一信号高整定值自动关闭；应接常规岛凝结水流量低信号自动关闭；应接蒸汽发生器窄量程液位低、安全壳隔离和复位允许，或非能动余热排出热交换器驱动和复位允许信号自动关闭；应在系统排污系列隔离阀未完全开启时，自动关闭。阀门也可通过主控制室手动开启和关闭，但自动关闭信号应优于手动开启信号，自动关闭信号消失后，才能手动开启阀门。

蒸汽发生器排污系列隔离阀应接排污清洁流放射性、排污浓缩流放射性、排污热交换器出口温度、各系列排污流量、排放总管压力、常规岛凝结水温度和除氧器储罐液位等任一信号高整定值自动关闭；应接常规岛凝结水流量低信号自动关闭；应接蒸汽发生器窄量程液位低、安全壳隔离和复位允许，或非能动余热排出热交换器驱动和复位允许信号自动关闭。阀门也可通过主控制室手动开启和关闭，但自动关闭信号应优于手动开启信号，自动关闭信号消失后，才能手动开启阀门；手动开启控制应由凝结水流量作为允许信号。

蒸汽发生器排污转向阀应接蒸汽发生器排污清洁流放射性高信号后自动切向放射性废液处理系统，直至放射性高信号消失；阀门失电或失气时，应切向放射性废液处理系统。

电离除盐装置浓缩流转向阀应接排污浓缩流放射性高信号后自动切向放射性废液处理系统，直至放射性高信号消失；阀门失电或失气时，应切向放射性废液处理系统。

取样隔离阀应接排污清洁流或浓缩流放射性高信号自动关闭。

12.4.3.7 接口要求

蒸汽发生器排污系统主要与以下系统存在接口。

1）蒸汽发生器系统：蒸汽发生器排污系统为蒸汽发生器系统接收并处理排污流；湿保养期间，处理和循环排污流送回蒸汽发生器中；停堆期间如有必要，系统接收并处理从蒸汽发生器排出的二次侧水。

2）凝结水系统：凝结水系统向排污热交换器提供冷却水，接收来自排污系统的排污清洁流。

3）压缩空气和仪表空气系统：压缩空气和仪表空气系统为蒸汽发生器排污系统气动阀提供压缩空气气源，保证阀门处于系统要求的阀位。

4）二回路取样系统：二回路取样系统对排污水化学指标进行取样和分析，用于帮助保持蒸汽发生器二次侧水质。

5）放射性废液处理系统：放射性废液处理系统收集和处理放射性排污流。

12.4.3.8 系统运维要求

蒸汽发生器排污系统的设计应考虑其可维修性，并为维修提供通道，以尽量减少移动其他设备、使用专用工具、损坏其他设备的可能性，使检修工作人员所受的辐照尽量低。

设备的选型应尽可能降低设备所需的维修频度。

12.5 常规岛侧其他蒸汽和动力转换系统

12.5.1 主蒸汽系统

12.5.1.1 系统功能要求

1）余热导出

汽轮机旁路系统具有反应堆余热排出功能，在机组正常停机时，避免反应堆余热排出完全依赖于相关的安全系统。

2）蒸汽发生器隔离

主蒸汽系统有隔离蒸汽发生器的功能。当一台主蒸汽隔离阀前出现管道破口时，主蒸汽系统可提供冗余边界，减少另一台蒸汽发生器中的冷却剂损失。旁路阀、辅助蒸汽管道隔离阀、汽水分离再热器二级再热蒸汽隔离阀以及主汽门具有这种功能。隔离阀的关闭时间满足核岛要求。

3）主蒸汽输送

主蒸汽系统将来自蒸汽发生器系统的蒸汽输送至主汽轮机系统。在正常运行时为汽水分离再热器系统提供二级再热蒸汽，为汽轮机轴封系统提供密封用汽。在机组启动及停机时为辅助蒸汽系统提供辅助用汽。

4）汽轮机旁路

主蒸汽旁路管道具有旁通主汽的功能，采用可控手段，在机组启动、热停堆、冷却，以及发电机阶跃式降负荷过程中，将来自蒸汽发生器系统的主汽旁通至凝汽器，带走热量并使对反应堆冷却剂系统的瞬态影响最小化。

12.5.1.2 系统配置要求

主蒸汽在进入汽轮机之前应有消除压力、流量偏差的措施。应设置主蒸汽母管（或交叉管）连接主蒸汽隔离阀的下游管道和汽轮机主汽阀的上游管道。蒸汽发生器产生的主蒸汽可以通过主蒸汽支管汇集到主蒸汽母管，再从主蒸汽联箱上接出各路主蒸汽支管连接到汽轮机主汽阀，通过主蒸汽母管实现主蒸汽压力和流量的平衡。

在主蒸汽隔离阀的下游，汽轮机主汽阀的上游，应设有连接于主蒸汽母管（或交叉管）上的汽轮机旁路管道，旁路蒸汽应通过旁路阀排放到凝汽器。

主蒸汽、汽轮机旁路管道的布置应避免有多处低位点。

除了因维修需要容许部件进行拆卸的地方之外，主蒸汽、汽轮机旁路系统不应采用螺纹和法兰连接。

汽轮机旁路系统应有足够的容量和瞬态响应能力满足核电厂启动、负荷突降、带厂用电运行、停机不停堆等要求。

主蒸汽和汽轮机旁路系统设计应满足汽轮机防进水要求，疏水系统的设计应满足下列规定。

1）主蒸汽和汽轮机旁路系统应配置自动疏水系统以满足机组启动、正常运行和停机时的管道疏水要求。疏水管道宜单独接入疏水扩容器或集管，不应与不同工作压力的其他系统进行疏水转注或疏水合并。

2）汽轮机主汽阀前管道、主蒸汽母管/联箱以及管道的低位点应设置疏水罐，疏水罐的公称通径不应小于 DN200。

3）管道疏水宜采用气动疏水阀和疏水器并联的疏水方式。气动疏水阀应能在主控室进行操作，疏水器应采用机械式。

4）疏水管道和阀门的通流截面应按机组在各种运行工况下可能出现的最大疏水量设计，并应能满足在最小压差的情况下排出可能出现最大水量的要求，且内径不应小于 25 mm。

主蒸汽和汽轮机旁路管道的通流截面应根据成熟的运行经验，考虑介质参数（压力、温度、湿度）和材料要求，选用合适的蒸汽流速。在满负荷额定运行条件下主蒸汽管道的介质流速宜在 30~55 m/s 范围内；汽轮机旁路阀上游管道的介质流速宜在 45~80 m/s 范围内。

管道布置应力求减少使用 90° 弯头、斜接管等。

主蒸汽、旁路系统主管道材料应选用控铬的优质碳素钢或低合金钢。

汽轮机旁路阀的数量、分组、单阀的最小排放量和最大排放量以及动作时间应满足核岛要求。

汽轮机旁路阀应能调节蒸汽流量以满足 12.5.1.1 节和 12.5.1.3 节的要求。

汽轮机旁路阀在失去电源或失去控制气源时必须处于关闭状态。

12.5.1.3 系统设计要求

1）系统性能要求

汽轮机主蒸汽系统的设计应满足以下要求。

（a）允许汽轮机突然降负荷而不引起紧急停堆，也不会引发主蒸汽安全阀、大气释放阀和稳压器安全阀动作。

（b）允许在某些工况下汽轮机脱扣而反应堆不紧急停堆。

（c）允许反应堆接受不超过±10%额定负荷的阶跃变化和每分钟±5%额定负荷的线性变化。

（d）主蒸汽系统的设计要最大程度地减少由于汽轮机超速或进水导致的汽轮机跳闸而引起的强迫停机。

（e）在额定负荷下，主汽管道压力降需保证汽轮机主汽门入口蒸汽湿度不大于 0.5%。

（f）汽轮机旁路系统用于机组的正常停机，以避免机组的正常停机单一依赖安全相关系统。正常停机时，汽轮机旁路系统应能够满足将反应堆冷却剂系统冷却至正常余热排出系统能够投入的程度。

（g）旁路系统和反应堆控制系统相配合，能使主蒸汽安全阀在设计工况下均不动作。

（h）在紧急停堆期间，防止一回路升温使蒸汽发生器释放阀及安全阀开启。

（i）使一回路冷却，直至余热排出系统投入运行。

（j）允许汽轮机启动前对二回路暖管，并满足汽轮机升负荷要求。

（k）汽轮机旁路蒸汽应排入凝汽器。

2）安全分级和抗震分类

主蒸汽系统和部件（常规岛）为非安全级、非抗震类。

3）布置准则

主蒸汽管道的布置和直径应使每台蒸汽发生器与汽轮机之间的主蒸汽管道阻力相近，保证来自每台蒸汽发生器的蒸汽流量的均衡。

主蒸汽管道宜在汽轮机头部布置母管或联通管，母管后支管宜均匀布置。

主蒸汽管道的坡度方向应与汽流方向一致。

旁路阀应尽量靠近凝汽器布置，旁路阀后不应出现“U”型。

12.5.1.4　设备设计要求

旁路蒸汽排放阀性能应满足核岛要求，具体要求如下。

1）汽轮机旁路容量选择与反应堆控制系统设计相配合，应能使反应堆紧急停堆、汽轮机跳闸或甩负荷时主蒸汽安全阀不动作。

2）根据核岛要求，汽轮机旁路系统容量宜按额定工况主蒸汽流量的 40% 设计。

3）汽轮机旁路阀选择应能保证单个旁路阀的最大排放量应满足核岛要求。

4）汽轮机旁路阀组设置为顺序动作，以便逐渐增加蒸汽排放量。

5）旁路阀从全关到全开的快开时间不大于 3 s。

6）旁路阀从全开到全关的快关时间不大于 5 s。

7）旁路阀的全行程调节时间不大于 20 s。

8）流量特性宜采用线性。

12.5.1.5　仪表和控制要求

本系统现场仪表及设备纳入电厂控制系统中，在主控室内完成监视、报警、控制、联锁和保护功能。

12.5.1.6　接口要求

与主蒸汽系统接口的系统有：

1）蒸汽发生器系统：向主蒸汽系统提供蒸汽。

2）主汽轮机系统：主蒸汽系统为主汽轮机系统提供主蒸汽，为汽水分离再热器提供二级加热蒸汽。

3）辅助蒸汽系统：主蒸汽系统为辅助蒸汽系统提供汽源。

4）凝结水系统：主蒸汽系统向凝结水系统凝汽器排放旁路蒸汽。

5）二回路取样系统：从主蒸汽管道上取样进行分析检测。

6）汽轮机厂房疏水、排汽、泄放系统：接收主蒸汽系统的疏水。

7）汽轮机轴封系统：主蒸汽系统为汽轮机轴封系统提供密封汽源。

8）压缩空气和仪表空气系统：为主蒸汽系统气动阀门提供操作汽源。

9）主交流电源系统：主交流电源系统为主蒸汽系统的旁路阀等提供交流电。

10）电厂控制系统：电厂控制系统为旁路阀等提供控制支持。

11）数据显示和处理系统：数据显示和处理系统提供自主蒸汽系统仪表的数据处理和显示以及报警信号。

12.5.1.7　系统运维要求

应设有足够的空间和场地和起吊设施，用于设备和阀门的检修维护。

主蒸汽疏水器、疏水阀、疏水扩容器、管道支吊架和阻尼器等应按设备厂家操作和维护手册的说明执行。

设备、阀门维修应当在电厂停运时进行。但是在确保系统安全运行和维修人员安全的前提下，主蒸汽疏水阀或主蒸汽疏水器可以在确保隔离阀已关闭严密并有效泄压条件下进行维护。

12.5.2　主给水系统（常规岛）

12.5.2.1　系统功能

1）给水输送

主给水系统向蒸汽发生器系统输送所

需压力和流量的给水，并且在机组热备用、启动、运行以及停机等工况下维持蒸汽发生器所需的水位。

2）给水加热

在机组运行期间，主给水系统通过使用高压加热器将提供给蒸汽发生器的主给水进行加热。

3）循环清洗

在机组启动前和启动过程中，主给水系统通过循环清洗管路将给水再循环到凝汽器。

12.5.2.2 系统配置要求

主给水泵宜采用包括前置泵的电动给水泵组，一个配置实例为三台并联的33.3%电动给水泵组，主给水的配置应满足核岛瞬态工况蒸发器的供水需求。

高压加热器按两列配置，并设置高加旁路，高加旁路容量应满足核岛对给水温度变化的限制。

12.5.2.3 系统设计要求

1）系统性能要求

在机组满负荷时，主给水系统必须能向蒸汽发生系统连续输送满足蒸汽发生器要求的给水流量。

在主给水调节阀全开工况下，给水系统能够提供不小于103%机组满负荷流量的给水。

机组负荷瞬时变化时，主给水系统应维持蒸汽发生器的水位不超过设定值。

当失去一台给水泵组时，不能引起汽轮机停机或反应堆停堆。

主给水系统应能实现从给水泵经高加后的循环清洗。

高压加热器旁路容量应满足一列高压加热器解列时核岛对给水温度变化的要求。

给水再循环流量应根据给水泵组的要求确定，再循环调节阀宜选用可调节阀型。

2）安全分级和抗震分类

主给水系统和部件（常规岛）为非安全级、非抗震类。

3）布置准则

低压给水管道的长度应当尽量短，管道尽量垂直，水平管道应当减少并至少保持15%的坡度。

主给水管道要尽量减少主给水管道布置突然改变方向。

给水泵再循环调节阀应当靠近除氧器水箱布置，布置标高宜在除氧器正常水位以下。调节阀下游隔离阀和除氧器之间的下游管道应当尽量短。

12.5.2.4 设备设计要求

主给水系统设备包括高压加热器、给水前置泵和主给泵等。

1）高压给水加热器

高压加热器为卧式、管壳式换热设备。高压加热器设计应满足压力容器相关标准的规定。

高压加热器壳侧应配置安全阀，高压加热器管侧本体或给水管道上应配置安全阀。

高压加热器设计管束堵管率应不低于10%。

2）给水前置泵

前置泵应为主给水泵提供合适的入口压力以满足主给水泵在各种工况下必须汽蚀余量的要求，并应留有足够的裕量；其主要部件均应采用抗汽蚀材料制成。

单台给水前置泵在正常运行时输送设计的给水流量，并应满足核岛瞬态工况蒸发器的供水需求。

3）主给水泵

每台主给水泵及其相关的前置泵为主

给水提供动力。在正常满负荷运行期间，单台给水前置泵在正常运行时输送设计的给水流量，并应满足核岛瞬态工况蒸发器的供水需求。

给水泵组可根据需要设置暖泵系统。

12.5.2.5 仪表和控制要求

本系统现场仪表及设备纳入电厂控制系统中，在主控室内完成监视、报警、控制、联锁和保护功能。

1）控制和监测策略

(a) 启动和停机

仪表和控制的设计应确保：

应提供自动运行，以便在所有电厂工况下正确运行，并在主控制室中提供手动备用控制。

低功率水平的运行不要求操作员连续关注，例如，可能由控制阀门泄漏引起的事件。

在启动过程中将电厂正常运行时会处于自动控制的系统适时平稳地切换到自动控制。

主给水系统的启动和停闭应该是自动的。当然这并不是必需的，当功能和任务分析表明自动化操作没有潜在的实质性收益时，也可以使用手动操作。这可能包括在启动之前将一些系统切换到自动控制，或在停机之后保持自动控制，还可能包括特定而无需操作员持续关注的不可避免的控制阀门泄漏的自动控制，都可以采取手动操作。

(b) 正常功率变化

主给水系统的仪表和控制应确保正常功率变化无需短期的操作员动作。

2）与工艺系统运行协调一致

主给水系统的仪表和控制应与其他电厂系统的仪表和控制运行协调一致。这应包括以下特殊考虑。

蒸汽发生器水位的控制。

反应堆衰变热排出的控制。

主蒸汽系统和抽汽系统的控制。

主汽轮机的控制。

冷凝水补给和常规岛加药系统的控制。

12.5.2.6 接口要求

本系统主要与以下系统存在接口。

1）凝结水系统：凝结水系统输送至除氧器的凝结水经加热、除氧，作为主给水系统的给水。给水泵再循环管道在主给水流量小于泵的最小流量时将给水再循环至除氧器。

2）二回路取样系统：二回路取样系统收集并分析主给水的水质。

3）常规岛化学药剂供给系统：常规岛化学药剂供给系统为主给水系统提供化学加药以保证给水水质。

4）压缩空气和仪表空气系统：压缩空气和仪表空气系统为主给水系统提供气动阀门的仪表用气。

5）汽轮机房闭式冷却水系统：汽轮机房闭式冷却水系统为主给水系统中的电动给水泵组提供冷却水。

6）汽轮机房排汽、疏水和泄压系统：主给水系统放水排放至汽轮机房排汽、疏水和泄压系统。

7）蒸汽发生器系统：主给水系统为蒸汽发生器系统提供给水。

8）主交流电源系统：主交流电源系统为主给水系统的主给水泵、电动阀门提供交流电。

9）电厂控制系统：电厂控制系统为主给水泵及阀门提供控制支持。

10）数据显示和处理系统：数据显示和处理系统提供自主给水系统仪表的数据处理和显示以及报警信号。

12.5.2.7 系统运维要求

如有必要，在运行期间可以将 1 台主给水泵组隔离进行检修，此时电厂负荷降至满负荷的 70%或者更少。

主给水泵润滑油站的备用辅助润滑油泵宜定期检查和试验。

12.5.3 凝结水系统

12.5.3.1 系统功能要求

1）蒸汽凝结和收集

凝结水系统对来自汽轮机低压缸和汽轮机旁路阀的蒸汽进行凝结，同时收集来自汽机厂房疏放水系统的凝结水，并将凝结水收集至凝汽器热井。

2）凝结水的存贮

凝结水系统维持二回路凝结水和给水存贮量，并适应由于损失和机组瞬态造成的水量变化。为满足这一要求，凝结水系统与凝结水储水箱和汽机房排污箱连接，以进行凝结水的自动补给和排放，维持凝汽器水位。

（a）应有足够的凝结水补给和排放流量，以适应启动和停机的瞬态变化。

（b）凝汽器正常补水能够补充蒸汽发生器排污产生的损失。

（c）在启动或停机工况下，当主给水系统启动给水泵向蒸汽发生器供应凝结水（直接从凝结水储水箱抽出）且蒸汽回到凝汽器时，凝结水的排放流量应与启动给水泵的运行相匹配。

（d）在正常水位下，凝汽器热井的有效容积不宜小于机组额定满负荷工况运行时 4.5 min 的凝结水量。

（e）在正常水位下，除氧器的有效容积不应小于 3.5 min 额定满负荷给水消耗量。

3）凝结水的品质

凝结水系统具有净化凝结水的能力，通过除氧、凝结水精处理系统和常规岛化学药剂供给系统来维持凝结水品质。标准如下。

（a）凝结水系统的凝结水品质（精处理后）满足核岛蒸汽发生器给水品质要求。

（b）凝结水系统与凝结水精处理系统相连接，以清除溶解的矿物质和悬浮颗粒。精处理系统宜设置为凝结水全流量处理。

（c）在凝结水精处理接口的下游，设置凝结水再循环至凝汽器的管路，来进行机组启动时系统清洗。

4）凝结水的供给

凝结水系统为主给水系统提供高品质的凝结水，并满足流量要求。

（a）在额定工况运行时，凝结水系统的凝结水泵输送额定流量的凝结水。

（b）凝结水系统能适应机组正常运行负荷变化要求，而不引起除氧器水位的低位或高位报警。

（c）在凝结水低流量或无流量进入除氧器时，凝结水系统将凝结水再循环到凝汽器，以保证凝结水泵在最小流量以上运行。

5）凝结水的加热

凝结水系统通过低压来加热凝结水，并对汽封加热器和蒸汽发生器排污系统的换热器进行冷却。

12.5.3.2 系统配置要求

凝结水系统主要包括凝汽器、凝结水泵、低压加热器、除氧器、调节阀、管道和相关的系统仪表。凝结水系统管道和部件均布置于汽轮机厂房内。

凝结水系统设 3 台 50% 容量的凝结水泵。在正常负荷运行下，2 台泵工作，第 3 台泵处于可以自动启动的备用状态。

凝结水系统中的凝结水加热是通过五级卧式低压加热器完成凝结水加热。前四级加热使用管壳式低压加热器，第五级使用混合式的除氧器。除氧器位于凝结水系统中的高点。

凝结水系统通过母管上两个相同的并联的气动调节阀来调节供至除氧器的主凝结水流量。在启动和低负荷工况，仅开启1个调节阀调节流量。高负荷工况，由1个或2个调节阀调节流量及控制除氧器水位。

汽轮机轴封系统的汽封加热器由凝结水来冷却，同时热量回收至凝结水系统。凝结水系统需满足汽封加热器最小凝结水流量要求。

凝结水母管的分支供给冷却蒸汽发生器排污系统换热器的凝结水。

12.5.3.3 系统设计要求

1）系统性能要求

凝结水系统的关键设备要有备用，并防止主要设备的单一故障引起机组强制停机。尤其是一台凝结水泵的停运不应引起给水泵跳闸、汽轮发电机停机或反应堆停堆。

在选择凝结水系统的流体速度、管道布置和部件材料时，应考虑流动加速腐蚀的影响，保证系统管道的设计寿命满足机组寿命要求。

2）安全分级和抗震分类

凝结水系统和部件为非安全级、非抗震类。

3）布置准则

从凝结水储水箱到凝汽器热井的补水管道，应尽量减小管道阻力，以依靠水箱到热井的虹吸及凝汽器真空达到要求的补水流量。

凝结水一般从热井底部或侧面引出，向凝结水泵布置。凝结水泵入口管应布置在热井正常最低水位以下，以保证启动运行时管道充满水。

凝结水再循环调节阀应尽量靠近凝汽器布置。

蒸汽发生器排污系统换热器凝结水调节阀应尽量靠近除氧器布置。

凝结水泵宜布置在汽机房底层凝结水泵坑内。凝结水泵进水口安装标高应保证机组在各工况运行时，凝结水泵首级叶轮处不发生汽化。

凝汽器附近的布置应能进行管束更换。

12.5.3.4 设备设计要求

1）低压加热器

每台低压加热器均为卧式、表面式热交换器。加热器满足机组热平衡要求，设计制造满足压力容器有关标准的要求。

低压加热器管侧均设有安全阀以保护加热器，防止在管侧被隔断而壳侧仍有蒸汽时，加热器内凝结水会被加热膨胀产生过压。

低压加热器设计管束堵管率应不低于10%。

2）除氧器

除氧器宜采用单体卧式无头除氧器。除氧器的设计与制造应满足压力容器有关标准的要求。除氧器能够满足正常运行时给水含氧量要求。

为防止超压，除氧器应配有安全阀。

3）凝汽器

凝汽器每个壳体连接一个汽轮机低压缸排汽口。凝汽器宜采用单流程、表面式。

4）凝结水泵

每台机组设置3台50%容量的凝结水泵，2台运行、1台备用。凝结水泵采用立式筒袋型。水泵的设计、制造与检验满足相应国家标准和行业标准。

12.5.3.5 仪表和控制要求

本系统现场仪表及设备纳入电厂控制系统中，在主控室内完成监视、报警、控制、联锁和保护功能。

12.5.3.6 接口要求

凝结水系统主要与以下系统存在接口。

1）汽轮机厂房辅助蒸汽供应系统：汽轮机厂房辅助蒸汽供应系统向凝结水系统除氧器提供辅助蒸汽。

2）常规岛化学药剂供给系统：常规岛化学药剂供给系统为凝结水管道提供加药。

3）凝汽器抽真空系统：凝结水系统向真空泵提供凝结水，用作补给工作水。

4）凝结水精处理系统：凝结水精处理系统去除凝结水泵下游凝结水中的溶解矿物质和悬浮物。

5）汽轮机厂房循环水系统：汽轮机厂房循环水系统将冷却水提供给凝汽器的管侧，用以换热。

6）数据显示和处理系统：数据显示和处理系统处理和显示来自仪表和报警装置的信息。

7）除盐水储存和分配系统：除盐水储存和分配系统自凝结水储水箱向凝汽器提供凝结水补水。向凝结水泵出口的凝结水总管提供除盐水，在凝结水泵起动之前对凝结水系统充注和排气。

8）主交流电系统：主交流电系统向凝结水泵、电动阀门提供交流电。

9）主给水系统：凝结水系统除氧器出口输送加热的、除氧的给水；除氧器接收给水再循环的回水。

10）加热器疏水和排气系统：加热器疏水和排气系统控制加热器的疏水流量，并保持壳侧的加热器水位。还将疏水逐级自流，使疏水排至低一级加热器，以用于加热凝结水。凝结水系统凝汽器接收来自一号低压加热器的正常疏水；凝汽器还接收各加热器的危急疏水。

11）抽汽系统：抽汽系统向加热器提供加热蒸汽，以用于凝结水加热。凝汽器还接收抽汽系统管道低位点自动疏水阀的疏水。

12）电厂控制系统：电厂控制系统提供凝结水泵和气动/电动阀的控制。

13）二回路取样系统：二回路取样系统收集并分析凝汽器处、凝结水泵的出口和除氧器入口的凝结水取样。

14）汽轮机厂房闭式冷却水系统：汽轮机厂房闭式冷却水系统为凝结水泵提供冷却水。凝结水系统为闭式冷却水膨胀水箱提供补水。

15）汽轮机厂房疏放水系统：汽轮机厂房疏放水系统接受凝结水管道疏放水及安全阀等的排放。

16）蒸汽发生器排污系统：向蒸汽发生器排污换热器提供冷却水，以进行排污热量回收。该流量可自动调节，以保持排污出口温度稳定。

17）汽轮机轴封系统：汽轮机轴封系统提供汽封加热器管侧的冷却水。

18）主蒸汽系统：凝结水系统凝汽器接收旁路运行期间来自汽轮机旁路阀的蒸汽；凝汽器还接收主蒸汽系统管道低位点自动疏水阀的疏水。

19）主汽轮机系统：凝汽器冷凝来自低压缸的蒸汽；提供低压缸喷水和旁路减温水。

20）压缩空气和仪表空气系统：压缩空气和仪表空气系统为凝结水水系统提供

气动阀门的仪表用气。

12.5.3.7 系统运维要求

为避免运行故障，需要定期进行维护。

1）如果需要，单台凝结水泵可在系统运行期间脱离热备用状态进行检修。

2）备用凝结水泵宜定期启动。

3）如果需要，低压加热器也可以隔离检修，不过电厂热效率会随之降低。

4）除氧器在机组运行期间不能检修。

12.5.4 汽轮机抽汽系统

12.5.4.1 系统功能要求

1）输送汽轮机抽汽

抽汽管道将汽轮机各级抽汽输送至相应的加热器，在机组正常运行期间加热凝结水和给水。

2）汽轮机保护

抽汽系统可以防止瞬态工况时系统中的水或饱和蒸汽进入汽轮机。汽轮机抽汽系统通过合理的管道和阀门布置，减少瞬态工况时传递至汽轮机的能量，从而防止汽轮机超速。

12.5.4.2 系统配置要求

汽轮机抽汽系统以 7 级回热抽汽系统为例，系统设置 4 级低压加热器，1 个除氧器和 2 级高压加热器，各级加热器均由汽机的抽汽进行加热。第 7 级、第 6 级抽汽来自高压缸，分别向 7 号和 6 号高压加热器提供加热蒸汽。第 5 级抽汽来自冷再热管道并向除氧器提供加热蒸汽。第 4 级、第 3 级、第 2 级和第 1 级抽汽来自低压缸，并分别向 4 号、3 号、2 号和 1 号低压加热器提供加热蒸汽。2 号和 1 号低压加热器位于凝汽器喉部。

去 7 号、6 号高压加热器、除氧器、4 号和 3 号低压加热器的抽汽管道上均设有气动止回阀和电动隔离阀。

在所有抽汽管道低点和可能聚集疏水的位置应设置自动疏水系统。

除去 1 号和 2 号低压加热器的抽汽管道外，各抽汽管道上的低点和止回阀前后均设置疏水点及疏水装置，疏水应单独接至凝汽器。

12.5.4.3 系统设计要求

1）系统性能要求

汽轮机抽汽系统的各级抽汽管道管径选择应合理，应能在合理的流速下输送汽轮机额定工况下的抽汽量。抽汽管道的管径选择应能保证从汽轮机抽汽口到相应各级加热器或除氧器的压力降不超过汽轮机额定工况下给定值。湿度相对较高的抽汽管道，应采用抗腐蚀/侵蚀的金属材料，以保证电厂寿期内的安全性。

汽轮机抽汽系统应最大程度地减少由于汽轮机超速或进水导致的汽轮机跳闸而引起的强迫停机。

正常运行时，抽汽系统应避免 3 号、4 号低压加热器和 6 号、7 号高压加热器及除氧器的水倒流入汽轮机引起汽轮机的损坏。

在瞬态工况时，抽汽系统应防止 3 号、4 号低压加热器和 6 号、7 号高压加热器、除氧器及各级抽汽管路中的蒸汽倒流入汽轮机引起汽轮机超速，减少汽轮机超速跳闸保护装置的动作。

2）安全分级和抗震分类

汽轮机抽汽系统为非安全 E 级、非抗震类。

3）布置准则

抽汽系统的气动止回阀宜靠近汽轮机抽汽口布置，电动隔离阀宜靠近加热器布置。

抽汽管道的坡度应顺汽流方向。

12.5.4.4 设备设计要求

抽汽管道上的电动隔离阀的关闭时间取决于加热器从高三水位到壳体满水的时间。

电动隔离阀应允许在电厂运行时进行部分关断性能试验，而不会使阀门意外全关。

12.5.4.5 仪表和控制要求

本系统设计中应提供仪表及控制设备，并应保证足够的精度与响应时间，以满足系统性能要求。本系统现场仪表及设备纳入电厂控制系统中，在主控室内完成监视、报警、控制、联锁和保护功能。

设计人员应确保，汽轮机抽汽系统中的自动操作，无论来自预期的控制动作或部件故障，均不引起其他电厂系统的停机。

12.5.4.6 接口要求

汽轮机抽汽系统主要与以下系统存在接口。

1）压缩空气系统：压缩空气系统为汽轮机抽汽系统的气动调节阀提供仪用压缩空气。

2）主交流电源系统：主交流电源系统为汽轮机抽汽系统的电动阀提供交流电。

3）电厂控制系统：电厂控制系统为汽轮机抽汽系统提供控制支持。

4）数据显示和处理系统：数据显示和处理系统提供自汽轮机抽汽系统仪表的数据处理和显示以及报警信号。

5）凝结水系统：凝结水系统为低压加热器提供凝结水；汽轮机抽汽系统为凝结水系统低压加热器提供加热蒸汽。

6）主给水系统：主给水系统为高压加热器提供给水；汽轮机抽汽系统为主给水系统高压加热器提供加热蒸汽。

7）汽轮机房排汽、疏水和泄压系统：汽轮机抽汽系统管道疏水至汽机房排汽、疏水和泄压系统。

8）辅助蒸汽供应系统：汽轮机抽汽系统为辅助蒸汽供应系统提供汽源。

12.5.4.7 系统运维要求

应设有足够的空间、场地及起吊设施用于设备和阀门的检修维护。

汽轮机抽汽系统疏水器、疏水阀、疏水扩容器、管道支吊架和阻尼器等应按设备厂家操作和维护手册的说明执行。

需对抽汽管道上的电动关断阀定期进行阀门部分关断试验，以确保电动关断阀的关闭性能，防止汽轮机进水。

设备、阀门维修应当在电厂停运时进行。但是在确保系统安全运行和维修人员安全的前提下，疏水阀或主蒸汽疏水器可以在隔离阀确保已关闭严密并有效泄压下进行维护。

12.5.5 凝汽器抽真空系统

12.5.5.1 系统功能要求

1）建立凝汽器汽侧真空

机组启动阶段，汽侧抽真空系统从凝汽器壳体和与之相连部分抽出不可凝气体，使凝汽器内部初步形成机组启动需要的真空。

2）维持凝汽器汽侧真空

机组正常运行阶段，汽侧抽真空系统持续从凝汽器中抽出不可凝气体，维持机组正常运行期间所需的真空度，为机组达到额定出力和保持经济性运行提供支持。

3）破坏凝汽器汽侧真空

当机组需要正常停机或紧急停机时，根据机组安全运行的需要，可打开凝汽器汽侧真空破坏阀以破坏凝汽器真空，缩短汽轮机惰走时间，起到保护汽轮机设备的作用。

4）建立循环水虹吸效应

当循环水系统采用直流循环时，为降低循环水泵扬程，一般均利用虹吸效应，在凝汽器后水室建立和维持一定的真空度。机组启动阶段，循环水系统灌水过程中，水室抽真空系统抽出水室上部的不可凝气体，提升凝汽器水侧循环水水位，直至循环水完全淹没凝汽器上排管，建立循环水系统虹吸效应。

5）维持循环水虹吸效应

对于直流循环机组，机组正常运行阶段，循环水流经凝汽器后，压力降低、温度升高，使得水中溶解的不凝结性气体部分析出，这些析出的不凝结性气体绝大部分被循环水水流带走，少部分滞留在凝汽器水室中，积聚在水室顶端，使循环水虹吸高度降低，凝汽器水室上部不满水，部分冷凝管中循环水断流，使凝汽器换热面积减小，造成凝汽器真空降低。当凝汽器水室水位下降至一定值时，通过水室真空泵的投运，抽走水室顶部积聚的不可凝气体，维持循环水虹吸高度，使水室充满水。

12.5.5.2 系统配置要求

根据系统功能要求，凝汽器抽真空系统一般由三部分组成，分别为汽侧抽真空系统、水室抽真空系统（适用于循环水直流循环机组）和真空破坏系统。

凝汽器抽真空系统是指执行规定功能的设备（包括真空泵、换热器、阀门、测量仪表和控制设备等）、管道等。

典型凝汽器抽真空系统主要设备有：凝汽器、汽侧真空泵、水室真空泵（适用于循环水直流循环机组）、阀门。

12.5.5.3 系统设计要求

1）系统性能要求

凝汽器抽真空系统的性能要求需满足其系统的功能要求。汽侧真空泵的配置与凝汽器的背压型式有关，单背压宜配置 3×50% 容量真空泵，双背压宜配置 4×50%。汽侧真空泵的选型应遵循 HEI 标准的要求。汽侧真空泵全部投运时，应满足机组启动要求。汽侧真空泵宜采用循环水系统冷却。

对于循环水直流循环机组，水室真空泵宜按 1×100% 容量配置。在正常运行阶段需要水室抽真空泵间歇运行，保持凝汽器水室被循环水充满，维持循环水虹吸作用，降低循环水泵的输出功率。

真空破坏阀是控制室远程手操的电动阀，其电源故障不得导致凝汽器失去真空。真空破坏管道进口处应设置不锈钢金属滤网以防止异物进入凝汽器。真空破坏阀空气侧需定期补充水封水。

2）安全分级和抗震分类

凝汽器抽真空系统和部件为非安全级、非抗震类。

3）布置准则

抽真空管道布置时应坡向凝汽器或真空泵入口，在凝汽器与真空泵之间的抽真空管道上不出现低点。

真空破坏阀应该安装在垂直管段上，使水封水能直接作用在真空破坏阀上，有利于提高真空破坏阀的密封性。

凝汽器水室抽真空系统中，凝汽器水室抽真空母管应设置阻水器或采用倒 U 形布置，再引至水室真空泵组入口处，以确保机组各种运行工况下（包括循环水水锤等异常工况），均不会发生循环水经水室抽真空管道进入水室真空泵的情况。

12.5.5.4 设备设计要求

1）汽侧真空泵

汽侧真空泵主要包括如下部件：水环式真空泵本体、工作液循环泵（如有）、三相电机、气水分离器、工作液冷却器及相关管道管件。汽侧真空泵宜采用循环水冷却。当采用闭式循环冷却水进行冷却时，汽侧真空泵宜设置大气喷射器。

2）水室真空泵

水室真空泵主要包括如下部件：水环式真空泵本体、工作液循环泵（如有）、三相电机、气水分离器、工作液冷却器，以及相关管道管件。

12.5.5.5　仪表和控制要求

本系统现场仪表及设备纳入电厂控制系统中，在主控室内完成监视、报警、控制、联锁和保护功能。

12.5.5.6　接口要求

凝汽器抽真空系统主要与以下系统存在接口。

1）主交流电源系统：为真空泵、电动阀门提供交流电。

2）数据显示和处理系统：为凝汽器抽真空系统仪表和报警提供数据显示和处理。

3）除盐水处理系统：为真空泵组提供工作液。

4）电厂控制系统：为真空泵、阀门提供控制支持。

5）压缩空气和仪表空气系统：向气动阀门操纵机构提供仪表用空气。

6）凝结水系统：为真空泵和真空破坏阀提供冷凝水作为补充密封水。建立凝汽器内的真空度，抽吸凝结水系统中的不凝结气体。

7）循环水系统：为汽侧真空泵提供冷却水。抽取凝汽器水室顶部析出的气体，为循环水系统建立和维持虹吸。

8）汽轮机房闭式冷却水系统：为水室真空泵提供冷却水。

9）汽轮机厂房疏水、排汽、泄放系统：接收真空泵气水分离器的溢流水及真空泵组的放水。

12.5.5.7　系统运维要求

真空泵应安排定期切换，以保证设备的均匀磨损。系统应设置隔离措施，避免单元设备故障影响其他单元正常运行。

12.5.6　循环水系统

12.5.6.1　系统功能要求

循环水系统为凝汽器和汽机房闭式冷却水系统提供充足的冷却水，以支持非安全相关的热交换功能，包括以下5个工况。

1）正常满发工况

机组正常满发运行时，循环水系统为凝汽器和汽机房闭式冷却水系统等热交换器提供冷却水，带走凝汽器和热交换器产生的热量。

2）降负荷运行工况

机组降负荷运行时，循环水系统根据汽轮机负荷情况调整水泵运行台数。

3）机组升温、冷停堆、高温备用、启动运行工况

当机组处于机组升温、冷停堆、高温备用、启动运行时，循环水系统应保持正常运行。

4）换料

当机组换料期间，循环水系统不需要运行。

5）失电/丧失功率工况

该工况下循环水系统不需要运行。

12.5.6.2　系统配置要求

循环水系统为凝汽器和辅机提供冷却水，将凝汽器和热交换器产生的热量排入环境（对于直流供水系统，热量排入大海；对于冷却塔循环供水系统，热量排入大气）。

循环水系统是指执行规定功能的设备

（包括水泵、凝汽器、过滤设施、阀门、测量仪表和控制设备等）、管道及其水源（对于冷却塔循环供水系统，还包含冷却塔）。

循环水系统可以由几个子系统组成。例如，由汽轮机房开式冷却水系统、胶球清洗系统、循环水泵房开式冷却水系统、循环水泵房闭式冷却水系统和滤网冲洗水系统组成。

12.5.6.3　系统设计要求

1）系统性能要求

在核电厂发电运行的各种工况下（对于直流供水系统）或夏季10%的日平均湿球温度条件下（对于冷却塔循环供水系统），循环水系统向汽轮机组的凝汽器和汽轮机房闭式冷却水系统的热交换器以及其他需要冷却水的设备和系统提供充足的冷却水，以支持非安全相关的热交换功能。

循环水系统应能保证机组全年经济运行。

在夏季10%的日平均水温条件下，循环水系统仍能保证电厂安全、稳定运行，能将闭式循环冷却水系统热交换器的热量安全地排出，并能保证真空泵密封液的充分冷却。

2）安全分级和抗震分类

循环水系统和部件为非安全级、非抗震类。

3）布置准则

当采用直流供水系统时，凝汽器宜低位布置，且应保证凝汽器出口最高点的绝对压力不低于20 kPa。

当厂用水系统与常规岛冷却水系统的取排水构筑物合并时，应满足厂用水系统的设计要求。

当厂用水系统排水排入常规岛冷却水排水渠道时，应采取措施保证厂用水系统排水不受常规岛冷却水排水渠道检修的影响。

滨海核电厂在100年一遇高潮位和100年一遇波浪条件下，泵房前池有效波高不超过0.5 m。

排水构筑物应采取措施减少泡沫产生及缩小范围。

排水构筑物的布置应有利于减小对取水温升的影响，符合环保要求。

管道和阀门应设置必要的支撑，防止其重量和推力或拉力传至设备。

冷却塔的位置宜靠近汽轮机房，并应考虑与周围环境的相互影响。

12.5.6.4　设备设计要求

1）二次滤网

根据厂址水质条件，在凝汽器的循环水进水管道上安装二次滤网。二次滤网需具有自动反冲洗供能，定期将拦截在滤网上的杂质冲洗到循环水下游。

2）电动滤水器

电动滤水器设置在开式冷却水系统中的换热设备的上游。电动滤水器需具有自动反冲洗供能，定期将拦截在滤网上的杂质冲洗到循环水下游或海水集水池内。电动滤水器一般需考虑设置两台，互为备用。

3）循环水泵

循环水泵用于向汽轮机组的凝汽器和汽机房闭式冷却水系统的热交换器等输送冷却水，带走凝汽器和热交换器产生的热量。

循环水泵可不设备用。不同季节的冷却水量可通过调整循环水泵运行台数、转速或叶片角度进行调节。

4）清污净水设施

每条循环水泵进水流道宜设一套独立的清污净水设施，用于过滤可能影响系统运行的杂物，按水流方向依序布置粗格栅→细格栅→鼓型滤网或旋转滤网，清污机械应配套自动清污设施。

5）汽轮机房开式循环冷却水泵

当循环水泵的扬程无法满足汽轮机房开式冷却水系统的压头需求时，汽轮机房开式冷却水系统需设置汽轮机房开式循环冷却水泵。汽轮机房开式循环冷却水泵宜按 3 台 50%容量或 2 台 100%容量配置。

12.5.6.5 仪表和控制要求

本系统现场仪表及设备纳入电厂控制系统中，在主控室内完成监视、报警、控制、联锁和保护功能，控制机柜就近布置在循环水泵房内，满足物理防护要求。

12.5.6.6 接口要求

循环水系统主要与以下系统存在接口。

1）主交流电源系统：为循环水泵、电动阀门提供交流电。

2）数据显示和处理系统：数据显示和处理系统提供自循环水系统仪表的数据处理和显示以及报警信号。

3）除盐水处理系统：为循环水泵电机闭式冷却水系统提供除盐水。

4）电厂控制系统：为循环水系统的循环水泵及阀门提供控制支持。

5）循环水泵房采暖通风空调系统：为循环水泵通风和散热。

6）循环水加药系统：为循环水系统加入药剂防止海生物滋生。

7）生产水分配系统：为循环水泵提供轴封冷却水。

8）汽轮机房闭式冷却水系统：为循环水泵房闭式水系统提供冷却水补水。

9）凝汽器抽真空系统：抽取凝汽器顶部析出的气体，循环水系统为真空泵密封液提供冷却水。

10）凝结水系统：循环水系统为凝汽器提供冷却水。

12.5.6.7 系统运维要求

为了便于机组停运后机组检修，系统应设置放空措施。循环水供排水管上应预留检修人孔。系统应设置隔离措施，避免单元设备故障影响其他单元正常运行。

12.5.7 汽轮机厂房辅助蒸汽系统

12.5.7.1 系统功能要求

汽轮机厂房辅助蒸汽系统提供蒸汽用作除氧器加热、汽轮机轴封、热水加热、BOP 用户等，以实现非安全相关的功能。这些功能如下。

1）除氧器加热

供应除氧器加热蒸汽，对凝结水与主给水进行预暖和除氧；在停机不停堆工况、机组启动阶段汽轮机冲转时，辅助蒸汽能满足除氧器的正常连续运行要求。

2）汽轮机轴封供汽

为汽轮机高压缸和低压缸提供可靠的轴封蒸汽。当电厂启动时，轴封用汽使凝汽器建立真空。

3）热水加热：为热水加热系统提供低压蒸汽。

4）锅炉房换热站：为锅炉房换热站提供低压蒸汽。

5）SRTF 洗衣房用汽。

6）热检修。

7）核岛三废处理用汽（若有）。

12.5.7.2 系统配置要求

辅助蒸汽的汽源主要有：

1）辅助锅炉供给：机组启动阶段，辅助锅炉提供符合用户参数要求的辅助蒸汽。

2）主蒸汽供给：主蒸汽通过调节阀供应辅助蒸汽，调节阀前设有气动隔离阀；调节阀后配安全阀，为辅助蒸汽系统提供过压保护。

3）设置厂区辅助蒸汽母管，通过厂区辅助蒸汽母管，为邻机提供辅助蒸汽汽源。

4）高压缸排汽（可选）：机组高功率运行，高压缸排汽压力满足用户要求后，为辅助各用户提供辅助蒸汽。

主蒸汽系统通过调节阀与汽轮机厂房辅助蒸汽系统相连。通过调节阀控制汽机厂房辅助蒸汽系统的压力。来自主蒸汽系统的辅助蒸汽经过调节阀控制输送至各用户的蒸汽的流量或压力，以满足不同用户的需要。

辅助蒸汽母管应设置全启式安全阀。

12.5.7.3 系统设计要求

1）系统性能要求

机组正常运行工况下，汽轮机跳闸后，辅助锅炉未投用，应满足的要求如下。

(a) 电厂正常运行工况汽轮机跳闸后，主蒸汽系统仍可用，主汽至辅汽气动调节阀自动开启，主蒸汽向汽机厂房辅助蒸汽系统供汽，以满足不同用户蒸汽需求。

(b) 汽轮机跳闸后，如果主蒸汽压力明显降低，应适时关闭主汽至辅汽气动调节阀，避免触发主蒸汽隔离信号。

(c) 汽轮机跳闸后，如果主蒸汽系统不可用，辅助蒸汽的汽源可以考虑从邻机供给。

2）安全分级和抗震分类

汽轮机厂房辅助蒸汽系统为非安全级、非抗震类。

3）布置准则

汽轮机厂房辅助蒸汽系统的调节阀应尽量布置在靠近用户接口处，以减少阀后大管径管道长度。

12.5.7.4 设备设计要求

辅助蒸汽系统由管道、阀门、仪表组成，无相关设备。

12.5.7.5 仪表和控制要求

本系统现场仪表及设备纳入电厂控制系统中，在主控室内完成监视、报警、控制、联锁和保护功能。

12.5.7.6 接口要求

汽轮机厂房辅助蒸汽系统主要与以下系统存在接口。

1）压缩空气系统：压缩空气系统为汽轮机厂房辅助蒸汽系统的气动调节阀提供仪用压缩空气。

2）主交流电源系统：主交流电源系统为汽轮机厂房辅助蒸汽系统的电动阀提供交流电。

3）电厂控制系统：电厂控制系统为汽轮机厂房辅助蒸汽系统提供控制支持。

4）数据显示和处理系统：数据显示和处理系统提供自汽轮机厂房辅助蒸汽系统仪表的数据处理和显示以及报警信号。

5）主蒸汽系统：机组启停及部分负荷时，主蒸汽系统代替辅助锅炉为汽轮机厂房辅助蒸汽系统提供蒸汽。

6）汽轮机抽汽系统：机组满负荷运行时，五级抽汽为汽轮机厂房辅助蒸汽系统提供蒸汽。

7）汽轮机房排汽、疏水和泄压系统：汽轮机房排汽、疏水和泄压系统收集汽轮机厂房辅助蒸汽系统启动及正常疏水。

8）凝结水系统：五级抽汽投运前，汽轮机厂房辅助蒸汽系统为凝结水系统除氧器提供加热蒸汽。

9）热水加热系统：汽轮机厂房辅助蒸汽系统为热水加热系统提供加热蒸汽。

10）汽轮机轴封蒸汽系统：机组启动期间，汽轮机厂房辅助蒸汽系统为轴封蒸汽系统提供轴封蒸汽。

12.5.7.7 系统运维要求

应设有足够的空间和场地以及起吊设施用于设备和阀门的检修维护。

辅助蒸汽系统的疏水器、调节阀、管道支吊架等应按设备厂家操作和维护手册的说明执行。

汽轮机厂房辅助蒸汽系统的正常运行对发电机组运行至关重要。一般来说，在发电机组正常运行时不要求汽轮机厂房辅助蒸汽系统连续运行（冬季除外）。因此，汽轮机厂房辅助蒸汽系统中的大部分部件的维修均可在机组正常运行阶段完成。

定期维护包括保温材料检查、管道产生裂纹或者损坏检查、钢制部件腐蚀情况检查等。

12.5.8 常规岛加药系统

12.5.8.1 系统功能要求

常规岛加药系统将碱化剂、除氧剂注入电厂二回路系统，以实现对二回路系统水质的控制。这些化学药剂主要是用来调节二回路系统 pH、溶氧或除氧剂含量。需要加药的系统包括凝结水系统、主给水和启动给水系统、蒸汽发生器排污系统和汽轮机房闭式冷却水系统。

12.5.8.2 系统配置要求

常规岛加药设备由药品储存及输送设备、联氨加药装置、有机胺/氨加药装置等三部分组成。

1）药品储存及输送设备

常规岛加药系统设有机胺/氨储存罐，联氨储存罐，有机胺/氨、联氨储存罐均为不锈钢材质。

输送设备包括卸药泵和药剂输送泵，卸药泵用于将槽车或药剂桶中的溶液输送至药品储存罐中；药剂输送泵用于将药品储存罐中的溶液输送至加药装置的溶液箱中。

2）联氨加药装置

联氨加药装置主要由溶液箱和计量泵组成，包括联氨溶液箱、闭式水加联氨计量泵、给水加联氨计量泵、凝结水加联氨计量泵。

3）有机胺/氨加药装置

有机胺/氨加药装置主要由溶液箱和计量泵组成，包括有机胺/氨溶液箱、给水加有机胺/氨计量泵、凝结水加有机胺/氨计量泵。

12.5.8.3 系统设计要求

1）系统性能要求

在电厂各运行模式期间，常规岛加药系统可保持电厂二回路系统的水化学性质，以减少二回路系统腐蚀。

二回路水质的调节应满足核电厂二回路水化学技术要求。

2）安全分级和抗震分类

常规岛加药系统和设备为非安全级、非抗震类。

3）布置准则

化学药剂储存罐或区域需设置围堰，围堰内容积应大于最大一台储存设备的容积，以便在单个储存罐发生破裂时提供人员及设备防护。当围堰有排放措施时可适当减小其容积。

安全淋浴或洗眼器必须布置在储存罐、溶液箱和操作区 15 m 以内，以便操作人员在事故状况下紧急使用。

12.5.8.4 设备设计要求

1）总的要求

常规岛加药系统设备的能力应可以满

足系统最大加药量时的要求。

2）储存罐

储存罐采用不锈钢材质，容量满足计量泵持续工作15~30天。

3）加药装置

常规岛加药系统中加药装置包括联氨加药装置和有机胺/氨加药装置两类装置。

加药装置是成套装置，其包括溶液箱、滤网、校正柱、计量泵、缓冲罐、配套管道阀门，以及仪表、控制柜等部件。这些部件应组装在整体框架上。成套装置将在工厂装配固定好，以免运输过程中遗失。

4）溶液箱

溶液箱用于配制一定浓度的药剂，通过计量将联氨、有机胺/氨定量注入凝结水系统、主给水和启动给水系统、汽机房闭式冷却水系统和蒸汽发生器排污系统中。溶液箱为不锈钢结构，配带搅拌电机、进水口、溢流排污口、排气口等。

5）计量泵

计量泵采用变频隔膜式计量泵。计量泵的过流部件（隔膜除外）应为不锈钢材质，隔膜应为聚四氟乙烯材质。

12.5.8.5 仪表和控制要求

本系统现场仪表及设备纳入凝结水精处理程控系统中，在凝结水精处理控制室内完成监视、报警、控制、联锁和保护功能。

12.5.8.6 接口要求

常规岛加药系统主要与以下系统存在接口。

1）凝结水系统：常规岛加药系统向凝结水系统注入除氧剂和pH控制剂来保持其特定的水化学；同时，凝结水系统向常规岛加药系统提供运行许可和流量信号。

2）主给水和启动给水系统：常规岛加药系统向主给水和启动给水系统注入除氧剂和pH控制剂来保持其特定的水化学；同时，主给水和启动给水系统向常规岛加药系统提供运行许可和流量信号。

3）汽轮机房闭式冷却水系统：常规岛加药系统向汽轮机房闭式冷却水系统注入缓蚀剂来保持其特定的水化学；同时，汽轮机房闭式冷却水系统向常规岛加药系统提供运行许可信号。

4）蒸汽发生器排污系统：在湿保养期间，常规岛加药系统向蒸汽发生器排污系统注入药剂保持pH和溶解氧水平。

5）除盐水储存和分配系统：除盐水储存和分配系统为常规岛加药系统提供稀释药剂所需的除盐水。

6）凝结水精处理系统：凝结水精处理系统收集常规岛加药系统的外排废水。

7）数据显示和处理系统：数据显示和处理系统用于处理常规岛加药系统的仪表和报警信息。

8）辅网控制系统：辅网控制系统用于处理常规岛加药系统的控制信号

12.5.8.7 系统运维要求

1）在线性能测试

通过在线性能测试来确定系统控制二回路系统水质的有效性。相关系统中应配有取样点及手工取样点以便于性能测试。

2）计量泵加药速率标定试验

计量泵加药量的精确控制对实现二回路系统水质参数的控制至关重要。因此，应定期检查及校准计量泵的流速。

使用校正柱和阀门完成对化学计量泵流速的验证。测量校正柱体积从一个基准位置降低到另一个基准位置所花的时间，将输送的药剂体积除以试验时间得出泵精确流速。

3）维护

因计量泵及计量箱均设有备用，故在备用泵可用的情况下，允许在运设备在电厂发电运行期间退出使用，并进行维护。

常规维护工作应包括泵入口滤网的清洗和化学计量泵的校准等。

13 厂房设计与布置

13.1 概述

本章节主要规定了非能动核电厂在布置设计方面的要求。

13.1.1 目的

本章节主要规定了非能动核电厂在布置设计及其相关的总体技术、工艺、危险防护、建筑、结构、辐射防护、电气和仪控等各方面的要求，在其他章节中包含了特殊的布置要求。

13.1.2 范围

本章节内容涵盖了厂房、设备、管道、电气、仪控及暖通等专业的总体布置要求，涉及核电厂设计、建造、安装、调试、试验和运维所有阶段的布置要求。

13.2 总体布置准则

13.2.1 总体设计准则

13.2.1.1 电厂寿命

非能动核电厂重要子项的设计寿命为60年。

13.2.1.2 建筑设计

单体建筑及整个电厂的设计、布置应满足核电厂功能性要求，在保证经济性的前提下，外观效果尽可能美观。

建筑内部设计应考虑照明、通风、室内陈设、颜色和空间分配中的人因要素。

13.2.1.3 结构设计

核电厂结构设计除遵循通用结构设计要求外，还需参考本章内容及其他要求作为补充。设计工作需充分满足构筑物寿命的要求，并最大程度地满足经济性、适用性。

厂房结构及构件设计时应考虑合理的尺寸公差、定位公差及间隙要求。

13.2.1.4 设计方法

应结合核电厂的复杂性和重要性，按需开展精细程度与之匹配的结构设计和力学分析。可进一步建立核电厂全周期数字化三维模型，使设计、施工、运行和维修更为便捷。

13.2.1.5 标准化

电厂应考虑对核岛厂房、常规岛厂房等重要厂房内的物项进行标准化布置设计，节省设计、制造、安装和维护的工时，并减少零件的仓储。通过标准化的设计形成“标准化”核电厂，同时结合各厂址需求，形成适应特定厂址项目的接口要求。

为尽可能实现标准化的建筑结构和系统设计，包括建筑结构构件、系统管道支撑、电气管道等各种工艺管道及采购设备（如阀门、仪表、电动装置等）应尽可能使用标准产品。

13.2.1.6 厂址包络

1）冷凝器冷却水和非安全相关厂用水的热阱在第7章明确。

2）依据标准厂址包络参数开展核电厂冷却水系统设计，未被包络的厂址条件需作为特殊厂址处理。

13.2.1.7 核电厂综合布置优化

建筑物的大小不应仅考虑其内物项的体积，还应考虑在施工、运行和维护阶段，人员通行和设备的可达、可安装、可操作的需求。同时，优化沟槽、管道、桥架、电缆布置，以免对施工、维修、试验、检查和运行产生不利影响。

13.2.1.8 人因

在核电厂的布置和设计中，应充分考虑人因要素，提升操作人员的便利性与舒适度。此外，在受限区域可考虑布置不需要监督试验或不影响核电厂可用率的设备。对无法采用人工搬运的设备或部件，应配置起重设备，包括单轨吊、起重机等。

13.2.2 安全设计准则

13.2.2.1 概述

在厂房结构设计和厂房布置中，应考虑吸纳相关安全要求。同时，还应与操作和维修需求相结合，例如辐射屏蔽和访问控制。

13.2.2.2 内部防护

1）消防

建筑物的建筑材料符合相应法规、规范的防火要求。

应尽量减少防火屏障上的贯穿设计。

安全相关建筑物外墙满足相应防火区的耐火极限要求，应尽量减少防火屏障的贯穿，并使用与防火屏障耐火极限相同的防火材料进行封堵。

安全相关系统仪表和控制系统，包括其通信和电源，应与冗余系统分隔。

安全相关的电源与冗余的电源相互分隔，非安全级电源与安全级电源相互分隔。

开关室应当与厂房其余部分隔离，并设置防火屏障。开关室外冗余的安全相关的控制设备应设立防火屏障。远程停堆室应与控制中心通过防火屏障隔离，此防火屏障不能阻碍通往安全相关的控制设备所在房间的通道。

不在综合控制室内的安全相关的计算机设备应设置独立的防火分区，非安全相关的计算机设备应与安全相关的部件隔开。

每个防火分区都应设置人员疏散通道，通向室外的楼梯可以作为主要通道，并作为主控室路径。

安装固定灭火系统的区域应设置地漏，以防止安全相关的设备因被消防水淹而损坏。可燃液体区域的应设置排水系统以防止易燃液体回流。

燃油贮存区不得设在装与燃油系统无关的安全设备所在的建筑物内。罐体须安置在单独的建筑物或地下室中。

变压器防火设计遵照相关建筑防火法规、规范进行设计。

2）内部水淹

设计人员应考虑管道破裂产生影响，包括射流冲击、管道甩击、飞射物及环境变化等效应。

核电厂布置应确保非安全相关的流体系统的泄漏不会导致安全相关设备所在区域的水淹。对安全相关流体系统中一个区域内的泄漏，应尽可能地避免造成其他区域的内部水淹；如必须将冗余安全系统的多个系列布置在一起，则需满足一定的空间分隔，避免由于内部水淹造成多个冗余安全系统同时受到威胁。水淹隔离功能应最大程度上利用结构和屏蔽等目的设置的墙体来实现，避免单独设置屏障。

内部水淹分隔可通过划分水淹分区的方式限制水淹漫延。水淹分区的实体屏障可以限制内部水淹向其他分区漫延。应对核安全相关物项进行必要的防护，将执行安全功能的系统和设备所在的房间进行水淹分区。

通过设置门槛、挡水堰等方式限制内部水淹的漫延，尽可能减少需防护设备所在区域受到内部水淹影响。如果需防护的设备位置低于最大内部水淹水位且无法证明其能在被水淹情况下运行，则可提高设备安装高度。

内部水淹控制是指通过分流疏排、泄漏探测和隔离的方式控制和缓解内部水淹的后果。可通过设置排水设施，并对泄漏进行探测和隔离来实现。

3）有毒易燃物质

应识别核电厂运行所需的各种有毒物质，明确厂区内存放的有毒物质及其特性。应综合考虑物质的储存位置、分配或运送路径以及操作人员的行动路线，确定有毒物质的释放是否会影响安全系统相关的设备或执行安全行动的人员。

有毒易燃物质储存应遵守以下准则。

（a）采取合理的总体设计原则，考虑冗余性、实体分隔和空间分离等，合理地设计有毒易燃物质储存位置，消除有毒易燃物质泄漏的影响。例如：将安全相关物项布置在建筑物内部，有毒易燃物质储存在厂房外，从而缓解造成的影响。

（b）通过保守设计储存罐和分配系统、选择合适的材料、在役检查等手段，尽量减少有毒易燃物质泄漏的可能性。

（c）在有毒易燃物质泄漏时，控制系统应关闭通风系统的新风口，并使相关区域进入内部循环通风模式，从而避免对人员的影响。

（d）在设计核电厂系统和设备时，如果物项靠近有毒易燃物质泄漏源，需要考虑有毒易燃物质是否会对物项造成损害，通过设计和布置将可能造成的损害降到最低。

（e）针对化学品泄漏导致意外混合并且形成二次产物的情况，应对化学品的接收和储进行管理控制，同时采取必要的设计措施。

（f）避免在建筑物附近放置储存易燃气体（丙烷、氢气等）的大型容器，并且易燃气体容器距离安全相关的设备所在的建筑物应保持一定的距离。同时，可以采用埋设的方式保存易燃气体，埋设的容器应由耐腐材料构成。气体容器的位置应考虑潜在的火灾、设备故障、操作事故，并综合考虑气象条件、地形、地质条件和人员所处位置。应根据氢气设备及管道间的实际布置情况设置氢气浓度报警装置。位于厂区的氢气管道大部分采用埋地敷设，在地面上的设备及管道应有接地设施，以消除静电带来的危害。

4）事故后通道

发生事故后，应为监视和恢复核电厂运行需要的人员提供安全通道，通道应尽可能保证进出人员免于高水平的放射性辐射，并且适当利用远程控制技术。

13.2.2.3 外部防护

外部事件包括外部自然事件和外部人为事件。外部自然事件是指恶劣的气象条件，如极端风、极端降雨、极端温度和极端降雪等；外部人为事件是指外部的人为因素引发的危险，如空气压力波和风、飞射物撞击、烟雾和灰尘等。

防护上述外部事件是为了在核电厂中对放射性危害和事故建立起完善的防御，

保护核电厂周围人员和生物以及生态环境免受核电厂放射性危害，维护核电厂运行的基本安全。外部事件防护设计的基本准则为在发生设计基准外部事件时，保护核电厂安全重要物项的安全功能不受影响。在发生超设计基准的危险时，应避免核电厂发生陡边效应，保护用于防止早期放射性释放或大量放射性释放所需的物项。

13.2.2.4 环境分区

应保证人员在通往较低辐射区（或较低污染区）时不必穿过较高辐射区（或较高污染区），并尽可能缩短穿过辐射区和污染区的通行路线。应综合考虑计划维修任务中工作区的预期辐射水平、维修所需时间、人员数量以及往返路径，确认是否满足总体要求中的辐射防护目标值。

设计人员应根据核监管要求和现有的核电厂运行反馈确定屏蔽设计所用正常源项、停堆源项和事故源项，源项应考虑反应堆冷却剂水化学条件，包括添加剂。

13.2.2.5 安保

应当对核电厂保护区和要害区的出入口进行施工（燃料进场后）、换料、大修期以及正常运行期间的安全评估。

应规定人员行动和物料移动的控制标准，并设置最低限度的安保和辐射控制点。控制点的尺寸应容纳工作人员短时间逗留，并满足重要的维修作业或正常运行所需空间要求。应明确标识应急情况下人员的通道，例如，控制中心至远程停堆站、技术支持中心和现场应急电源。安保措施不能妨碍应急期间必需的操作人员出入。

为满足辐射屏蔽和访问控制等安保要求，应尽可能增强核电厂抵抗产生放射性破坏的外部威胁能力，例如，在要害区边界设置通往要害区受控的安保出入口。

设计人员应将实物保护监视措施纳入核电厂设计中，如在要害区内布置要害设备、安装入侵检测系统和评估系统等。

13.2.2.6 实体隔离

在进行核电厂布置时，安全设备应按照系统分级的规定进行隔离。尽量避免将非安全相关的设备、管道、电缆桥架或管道附件布置在安全相关的设备、管道、电缆桥架或管道附件的上方或者附近，以防止在地震发生时相互影响。如无法避免上述情况，非安全相关的部件应按照抗震Ⅱ类要求设计。

核电厂布置还应考虑将非安全相关的辅助设备与非安全相关的仪器设备隔离，避免后者受到内部危险的影响。

13.2.3 施工准则

13.2.3.1 施工工艺

根据核电厂中厂房设计和布置选择合适的施工工艺。

13.2.3.2 安全相关和非安全相关施工区的隔离

应建立安全区和非安全区的隔离，以保证安全区的施工质量，并且降低非安全相关区域的建造以及维护等成本。可考虑采用实体隔离如建立物理屏障或者距离以及采取不同的设计规范、施工活动和质量保证体系中所要求的隔离措施和手段。

13.2.3.3 模块化

设计中应统筹考虑电厂相关区域的模块化需求，并与施工技术能力匹配，形成完整的模块化设计。可在水池及相关区域采用大型的模块进行组件的装配和安装。设备的模块化必须满足运行功能的完善性和可运行性，同时结合现场施工的顺序对模块的设计及选择范围进行评估等。

13.2.4 运行和维修

13.2.4.1 可维修性评价

核电厂的设计人员应在核电厂布置图设计时对电厂的设备和组件等进行可维修性评价。评价应包括整个核电厂的维修活动，重点考虑进出通道和运输设施受限的情况。应对核电厂受限制的作业（例如受起重设备、走廊通道等尺寸限制的活动）提供详细的可维修性评价，以保证：

1）在核电厂运行期间的设备正常使用。

2）对于需要进行维护、试验或定期检查的设备，应提供足够的检修通道满足人员可达性要求。

3）在核电厂停堆期间的换料和主要的维修检查、维修和试验等。

当移动大型放射性设备、废料以及其他放射性原料时，应尽可能平行移动。

应对作业平台和梯子以及用于设备、工具和人员的运输设备以及吊装载荷及其运行空间、墙和天花板及楼板上的吊装点、作业空间等提供详细的评价。根据评价和分析的结果确定合理的运输设备（包括单轨吊车、起重机、升降机和机动运输装置等）、临时吊点及堆放位置以及通道宽度和高度等。设计人员应考虑在重要的厂房如反应堆厂房内预留临时脚手架的储存位置。设计应考虑机器人在进行可维修性评价和在役检查时的应用。

13.2.4.2 可维修性设施

1）活动墙

应尽量减少或避免活动墙的使用。若为了满足设备移动和安装的特殊需求，活动墙应具备必要的屏蔽功能和在正常运行期间要求的其他功能。除此之外，墙体结构和填充材料表面应进行表面处理，以便于后续污渍去除等作业。

2）走廊通道

应设置电梯到达厂房出口，以及提供从安装点到吊装孔的路径，从而提升设备运输的便捷性和操作人员作业的可达性。走廊通道也需满足施工操作人员的活动以及相关施工材料的运输的要求。除此之外，通道走廊的尺寸应满足小型自动装卸车或小车的进入和运输需求。

3）升降通道

为保证通过多层楼层的垂直起吊的可达性和便捷性，升降通道应尽量垂直。在现场实际作业时，可考虑分段运输，例如在中间的楼层上设置转换吊装层。通道口盖板应易于拆卸并有防泄漏的接缝，表面应易于去污。

4）设备安装和起吊

设计应对施工和维修人员使用的设备安装和起吊设备做出明确规定。应在厂房内提供厂房起重机或外部起重机备用的起卸通道。应提供起吊和装卸较大设备及其部件的措施，包括厂房起重机用的楼板顶柱和升降口、单轨卷扬机、辅助旋臂吊车和悬挂固定点。如有必要，应在墙、楼板上提供预埋件和可能偶尔需要特殊悬挂的高架装置。应标明每一个预埋件的设计载荷。应在厂房内提供厂房起重机或外部起重机备用的起卸通道。当厂房内局部区域剂量率超标时，应使用远程操作电动升降机进行操作。

5）坡道、升降机和楼梯

应尽量利用坡道来提高施工便捷性。在较大高度的运输路径上，应依据可维修性评价，为运送货物和人员提供升降机。升降机的尺寸应满足大型物件（如脚手架等）的移动需求。升降机应提供单独的动力系统以确保发生电力问题时能持续使用。坡道的坡度设计应保证千斤顶、叉车、手推车等运输工具的正常使用。坡道设计荷载需考虑运送放射性物质的重型屏蔽容器（如放射性物质的过滤器、树脂等）。反应堆堆腔通道可考虑使用可移动楼梯井。

6）核电厂维修配套设施

应提供焊接所需电源以及维修所需的氩、氮和二氧化碳气源等配套设施，从而保证整个核电厂的配套设施的标准化。

厂区应为从核电厂其他区域以及从核电厂外部到这些区域提供运输通道，也分别应为受污染和未受污染的设备提供车间和仓库设施，需要注意的是：仓库设施应能通过外部走廊进入，且并不经过重要或受保护的区域。此外应该在受污染设备的车间和仓库通道与未受污染设备的相应通道之间建立起物理隔离屏障，并且应将受污染设备通道建立为封闭通道，以防止放射性物质进入环境。

应提供办公室和其他设施以支持核电厂的运营需求，并合理规划进入其中的路线，路线应尽量避开包含高噪音、放射性物质或其他危害的区域。应在重要或受保护区域外围设置办公室等设施，以减少进入相关区域人员数量。

7）遥控设备

核电厂在运行和维修阶段可使用遥控设备，并在设计阶段为其预留运行空间以降低工作人员辐射伤害。同时，应充分考虑、门、楼梯和走廊通道与遥控设备匹配性、闸门和设备升降口的可通过性、遥控设备贮存及去污等因素。可在核电厂设计中可考虑机器人系统的应用，有效地延长在恶劣环境中工作时间，增强处理艰巨的任务的能力，具备在无人干预的情况下提供帮助的能力。

8）风雨防护设施

厂区应尽量为设备提供风雨防护，并且为现场施工和维护人员提供舒适安全的环境。除了因安全原因不能放置在室内的危险品、大型设备、大型容器及其配套的支持设备等之外，其他所有发电设备均应布置在室内。应在需要维护的室外设备周围为维护人员提供庇护所。

13.3 总平面布置

13.3.1 概要

13.3.1.1 范围

本章节提供了核电厂厂区总平面布置的基本要求，内容主要涉及核电厂在设计、施工、运行期间的厂区总平面布置需要关注的事项。

13.3.1.2 厂址适用性

本章规定的要求，必须根据所选特定厂址的地形地貌等特征进行适应性调整。如果相关要求与特定厂址条件不相符，则核电厂设计方应为业主提出合理可行的调整方案。

核电厂应考虑多机组布置的情况，坚持尽可能利用厂址多堆机组建设的原则，节省厂址开发成本，具体遵照以下要求。

1）充分利用空间：设计应考虑多机组布置的相互影响，并在合理条件下对有限厂址空间进行充分利用。

2）辅助设施共用：在多机组厂址中应考虑多机组对辅助配套功能设施共同利用的可能性，但是通常情况下不建议核安全相关的设施采取共用设计。

3）标准化布置复制原则：多机组核电厂应该参照复制原则而避免镜像原则进行布置，避免可能存在的人因工程操作失误发生。

4）关注汽轮机飞射物影响：多机组布置时，应尽量避免汽轮发电机断裂或飞射物对反应堆厂房、主控制室等安全重要建构筑物产生严重影响。

13.3.1.3 厂址总体规划原则

1）应满足规划容量和分期建设的要求

核电厂的规划容量是核电厂建设的重要依据，决定了核电厂的建设规模，分期建设的厂址要保证一期最优，二期合理，三期可行，并考虑各期工程之间的相互影响。

2）满足厂址所在区域的环境相容性要求

完成厂址选择后，需要核实核电厂建设和运行活动与周边环境的相容性，即上述活动是否满足环境的承载力，一般会通过非居住区范围和规划限制区范围进行控制。

3）满足厂址周边生态红线、自然保护区等城镇规划体系要求

厂址在总体规划时应避开各类生态红线和自然保护区等，不能占用基本农田，并满足周边城镇规划等相关的上位规划要求。

4）满足厂区主厂房安全稳定要求

核岛主厂房等核安全相关厂房应规划布置在均匀稳定、承载力满足要求的基岩范围内。

5）满足交通运输规划要求

应结合厂址自然社会条件和大件运输等因素，规划设置进厂道路、应急道路、大件码头和拼装场地等设施，满足厂区各类运输要求。

6）满足厂区取排水要求

应结合厂区周边的河、湖、海洋及水库等选定水源，敷设取水管线设施。规划各类排放口的位置，保证各类排水排出厂外。

7）满足厂区电力进出线要求

应规划各类电源满足厂区内各类用电的需要，同时，根据核电厂的负荷中心和厂址地区的区域电网条件确定联网方案，规划厂区高压线设施输送至厂外电网。

8）满足厂外环境监测要求

应合理规划厂外各类环境监测站和气象站等设施各类辐射监测、气象监测设施。

13.3.2 关联因素影响

核电厂布局通常要与产业政策、电力负荷、区域发展、土地资源、环境保护、社会人口相协调，根据厂址条件、规划容量和核电厂生产、运维要求、厂内外设施、非居住区、施工区、防洪排涝设施、交通运输及设施、出线走廊等内容，并兼顾远期发展，进行统筹规划。

核电厂区总平面布置应在总体规划基础上，结合特定厂址内的地形、地质、水文、气象、水源、厂内外运输条件和建设顺序等特点，落实生产流程组织、应急、安全、环境、卫生、消防、抗震、辐射控制、实物保护、人物流交通、土建施工、设备安装及检修、土方平衡等多个关联因素方面的不同要求。

13.3.3 厂区总平面布置要求

13.3.3.1 厂区布置原则

1）满足核电厂近、远期规划容量及其配套设施所需用地面积。

2）满足核岛等安全重要建构筑物和其他重要建构筑物对地基的要求。

3）满足工艺流程、功能分区要求。应近远期结合，方便施工，有利于扩建；

应满足实保要求合理设置控制区、保护区和要害区，合理划分放射区和非放射区。

4）核电厂区用地应结合反应堆厂房位置和非居住区半径，应充分利用非居住区用地，减少征地拆迁和居民搬迁量。

5）各配套设施应根据核电厂规划容量和分期建设要求合理配置，宜在满足有关规范且符合安全的前提下，相对集中布置并与核电厂区邻近。

6）按照确定的核电厂设计基准洪水位要求，结合厂址地形条件，合理规划防排洪设施。

7）因地制宜，取排水管线和电力进出线尽量满足工艺流程，力求短捷顺畅。

8）根据不同吊装方式，重件道路、吊装场地等设施能够满足核电厂建设各阶段的使用需求。

9）采用大型龙门吊设施吊装时，要合理安排龙门吊设施的组装、停放位置，并合理规划龙门吊基础的位置，安排好地下管线与龙门吊基础的避让关系。

10）核电厂对外交通运输方式应结合当地交通运输状况合理选择确定，保证施工、运行和应急期间的运输需要；厂区内部通道应满足消防、卫生、安全、实物保护、管网布置及施工安装等要求。交通运输应保证核电厂新燃料、乏燃料及放射性废物的贮存和运输安全。

11）充分利用自然条件，地质条件，减少厂区土石方开挖回填等工程量，以降低工程造价和缩短建设工期。

13.3.3.2 厂区布置设施的分类

核电厂厂区的主要设施分为以下几类。

1）主厂房区设施

(a) 核岛主厂房一般由反应堆厂房、辅助厂房、附属厂房、放射性废物厂房组成。

(b) 常规岛一般由汽轮机发电机厂房以及变压器区域构筑物等附属设施组成。

(c) 其他核岛工艺辅助设施包括：柴油发电机厂房及其燃油贮存罐等配套电气设施、除盐水储存箱、硼酸箱、非能动安全壳冷却水辅助贮存箱、凝结水箱、消防泵房及其储罐、辅助锅炉房等其他配套设施。

2）厂区辅助生产设施区

厂区辅助生产设施主要包括：

(a) 取排水设施（取排水海工设施、各类泵房设施、加氯车间、冷却塔等设施，以及其各类配套沟道设施等）。

(b) 电力配电装置（各类开关站、网控楼及相关输变电等设施）。

(c) 放射性辅助生产设施（厂址废物处理设施、特种汽车库、去污和热检修车间、放射源库和电离辐射剂量实验室、流出物和放化实验室等）。

(d) 水处理设施（水处理厂、除盐水厂、海水淡化厂以及各类污废水处理厂等）。

(e) 检修仓储设施（各类仓库、综合检修厂房、模拟厂房等）。

(f) 气体子项设施（氢气、氮气等气体类设施）。

(g) 实物保护及辐防控制设施（保卫控制中心等）。

(h) 厂区公用设施（大件码头、进厂道路、应急道路、停车场、围墙围栏和各类廊道沟道）等。

(i) 环保相关设施（油脂库、危险废物库，一般固体废物库等）。

3）厂前建筑区及其他辅助设施区

厂前建筑区主要由综合办公楼、档案

馆和餐厅等组成。其他辅助设施区由宣传展览中心、培训中心、应急指挥中心、武警营房、消防站、气象站、环境实验室、环境监测站和非放射性实验室等组成。

4）施工建造设施

厂区布置应同时考虑核电厂在建造期间的施工区布置安排，布置各类施工能力供应设施、施工办公和生活设施、调试检修和临时仓储等设施，还有模块拼装、混凝土搅拌预制以及重件道路和吊装场地等运输设施。

5）厂外设施

本部分主要含核电厂辐射环境现场监督站、前沿站实验室和流出物实验室等，主要用于辅助厂区各种生产的设施。

13.3.3.3 厂区布置要求

1）厂区设施方位

厂区建构筑物及管线等设施通常情况下应满足以下的布局要求，其中对于特定厂址的特殊需求，设计方应统筹协调解决。

(a）核电厂区布置宜位于附近城镇或居民区常年最小风频的上风侧。合理规划核电厂取水口和排出口位置，应根据水文特性通过水力排放模型试验确定取水口和排出口的距离，二者为同一水体时，排出口宜选择在取水口头部的下游。

(b）核岛厂房布置要求：

a）宜使与其毗邻的常规岛有便捷的取、排水条件和电缆敷设条件。

b）宜有利于放射性厂房成区布置，并处于盛行风向下风向。

c）应有利于新、乏燃料和放射性废物的运输。

d）厂房地基应在稳定的、岩土性质均匀的地基上，地基岩土参数应符合核电厂设计的要求。

(c）汽轮发电机厂房布置要求：

a）应紧靠核岛，其汽轮机长轴方向宜与反应堆呈径向布置。

b）应使循环水管线短捷。

c）应使高压输电线出线方便。

d）炎热地区宜使汽轮发电机厂房面向夏季盛行风向。室外配电装置宜布置在循环水冷却设施冬季盛行风向的上风侧。

(d）放射性辅助生产厂房宜相对集中、独立成区布置在厂区一角，常年最小风频的上风侧且厂区地形最低的地段，且应有对外运输的单独出入口，并应布置在保护区内，与核岛之间的管线和道路连接方便短捷。

(e）非放射性仓库宜集中或联合布置，各类仓库应按贮存物料的性质和管理特性确定其朝向，并设置必要的露天作业场地。仓库区宜靠近对外物料运输的出入口，并布置在保护区外。机、电修理车间宜集中或联合布置，应设置必要的露天堆场和作业场，仪修车间应远离震源。

(f）动力和气体供应设施宜相对集中于一区，并应靠近核岛、常规岛。压缩空气站应布置在主要服务对象附近或靠近负荷中心。贮气罐宜布置在压缩空气站室外较阴凉的一面。制氢站及氢气储供车间应单独布置在常年最小风频的下风侧，远离明火或散发火花的地点，靠近厂区边缘且不窝风的地段，泄压面不应面对人员集中的地方和主要交通道路。

(g）为降低污染物对主厂房区的影响，废气处理厂房、污水处理厂、任何气态氯设施等应尽可能设置在主厂房区下风向位置。循环水系统的主要进水和排水与汽轮机厂房之间的管道布置应力求短捷，并应减少相互之间及与其他管线的交叉。

冷却塔（如有）宜靠近汽轮发电机

厂房，应与安全重要建筑物、构筑物保持安全距离，确保其损坏不会危及抗震 I 类建构筑物，并最大程度减少其他设备的损坏。冷却塔的强制通风方向应以主要通风冷却效果最佳化的方式确定方向方位，不宜布置在室外配电装置和主厂房建筑群冬季盛行风向的上风侧。

厂前区建筑宜布置在厂区常年最小风频的下风侧，集中于保护区外且对外联系方便、面向厂外主要干道的地段，并应靠近厂区主要人流出入口处。其中餐厅宜布置在厂前区常年或夏季盛行风向下风侧。

宣传展览中心、培训中心和厂区生活服务设施可集中或分区布置，宜靠近厂前区，布置在进厂道路附近，控制区外。

武警营房应布置在靠近核电厂且交通便利地段，满足核电厂保卫、实物保护、突发事件和应急状态下的处置要求。

消防站宜设在厂前区边缘，在通往厂区主厂房建筑群最短捷的出入口附近，或布置在责任区的适中位置，并能顺利通往责任区内各个地段，应保证在接到报警后 5 min 内消防队可以到达责任区边缘。

应急指挥中心布置应设在厂址征地边界内与主控制室相分离的地方，应保证应急期间的应急指挥人员可以快速到达，并满足在严重事故状态下的可居留性要求。

气象站应符合国家有关气象技术的法规标准要求，应布置在核电厂厂址盛行风向的上风向。其位置能较好地反映本地气象要素特点，四周应空旷平坦，海拔高度宜与厂址地坪相适应；由气象站探测的气象信息能用于判定放射性气体在核电厂大气水平方向和厂区环境中散逸释放等技术问题。

厂区出入口设置应满足人、货分流和应急撤离要求，应设有两个不同方向的出入口，其位置应使厂内、外联系方便，且方便进厂道路与地方公路的连接。

2）厂区排水

核电厂厂区排水能力应确保厂区可能的最大降水量及邻近区域地段疏排水流的影响下，厂区不会被淹没，并将超基准洪灾淹没厂区的可能性降至最低。核电厂厂区排水应结合地形、地质条件、竖向布置充分利用和保护自然的排水系统。场地排水宜采用管道式排水，当设置排水管道有困难或经济上不合理时，可采用明沟排水方式。挡土墙、边坡坡顶应设截水沟。当采用管道排水时道路雨水口的型式、数量和布置应按汇水面积范围内的流量、雨水口的泄水能力、道路纵坡和路面种类等因素确定，场地雨水口设置应按汇水面积范围内的流量和雨水口的泄水能力等因素确定。此外，根据国家相关法规标准要求，厂区雨水与厂区污水排放系统应采用分流制。

3）厂区地坪设计标高及土建结构地下布置

（a）厂区地坪设计标高

厂区地坪设计标高应满足生产、运输与装卸、工程管线布置、防洪、场地排水、土石方平衡及施工等要求。核电厂场地设计标高应符合安全应急的要求，需要考虑超设计基准水淹情况（设计基准洪水位情况下，叠加千年一遇降水）。

安全重要建、构筑物的场地设计标高应高于设计基准洪水位，并应考虑相应的波浪影响。常规岛区域场地设计标高应高于防洪标准（重现期）0.5 m。核电厂的设计基准洪水应按《滨河核电厂厂址设计基准洪水的确定》（HAD 101/08）或《滨海核电厂厂址设计基准洪水的确定》（HAD 101/09）确定。

建筑物的室内地坪设计标高应与联系密切的车间、仓库之间所采用的运输方式相适应，进入建筑物的运输线路应符合相应技术条件，应考虑燃料容器操作设施通道进行燃料桶装卸作业的便利性。

易燃、可燃、腐蚀性液体仓库室内地坪宜低于仓库门口的地坪，或入口处设置门槛，应确保液体无外流的可能。固定露天仓库堆场地坪标高宜高于周围场地。山坡地区厂区竖向布置，在满足生产、运输等要求下，宜采用阶梯式布置。当电厂采用直流冷却供水，场地标高与取水标高相差较大时，宜将反应堆厂房与汽机厂房错层布置。

(b) 厂区土建结构地下布置

厂区土建结构地下布置考虑如下。

a) 核岛厂房群：反应堆厂房土建结构埋深应在建造施工成本、正常运行维护、维修便利性等因素之间取得合理平衡。附属厂房等核岛厂房的土建结构地下深度应满足放射性废物及各类带放设备的运输车辆能够到达指定平台位置或者进入厂房。

b) 常规岛汽轮机厂房：常规岛汽轮机厂房应具有适当的结构埋深。其结构地下深度应根据厂址条件、循环水取排水方案、建造成本、汽轮机冷端优化及凝汽器布置高度要求进行确定。

4) 厂区功能分区

场地布置应按生产功能联系，人物分流、安保要求、放射性控制和环境污染等进行分区且区内相对集中布置。场地内具有同类需求、用途的建构筑物或设施，应根据功能相互联系进行简短便捷的路线布局，其生产与施工、维修和运行等交通流线应避免相互交叉干扰。

处理潜在有害材料的厂房或设施，如氯气罐、氢气罐和酸罐等，不应设置在安全控制设施的附近。电厂设计方应对靠近控制设施的相关危险厂房或设施进行评价，并应采取措施降低此类设施污染或进入控制设施的可能性。

5) 厂区外部的关联管线

核电厂区布置应考虑以下外部关联管线的影响。

(a) 供水管线，包括生活用水、厂用水和冷却水管线。

(b) 厂区排水、下水道和污水管道排出路线。

(c) 电力输入和输出路线。

(d) 公路、海运或河运等运输路线。

6) 厂区综合管线/管廊/管沟等设施布置

管线综合布置应结合厂区机组容量、厂区建构筑物布置、厂区地坪设计标高、交通运输及管线特性、施工维修等基本要求统一规划；应使管线之间、管线与建构筑物、道路、铁路之间，在平面及竖向布置上协调紧凑、安全合理。

当核电厂分期建设时，厂区管线综合布置应按规划容量统一规划，近期集中，近远期结合，近期管线穿越远期用地时，不应影响核电厂将来的扩建和发展。地下综合廊道内宜预留远期管线布置的空间。近期管线布置时考虑与远期管线的接口衔接关系。

管线地下或地上敷设方式的选择，应根据管线内介质的性质、生产安全、辐射防护、卫生、检修和美观等因素经技术经济比较后择优确定，在符合安全、辐射防护、卫生和检修等条件下，管线宜采用共沟或共架敷设。

管线布置应短捷顺直，适当集中，管线与建筑物、构筑物、铁路、道路应平行布置，管线与道路、铁路及其他干管应减少交叉。一般管线不宜穿越与其无关的建筑物、构筑物，必须穿越时应采取相应措施来确保建筑物和管线的安全及正常使用功能。管线布置应满足管道防冻要求，地下管线不应敷设在酸、碱等腐蚀性物料的装卸场地下面。在严寒或寒冷地区，给水管道、排水管道直埋时应位于冰冻线以下。地下管线不宜布置在建、构筑物的基础压力影响范围内，并应考虑管线在施工和检修开挖时，对建、构筑物基础的影响。架空管线布置不应影响交通运输、人流及消防车通行，满足实物保护要求，多管共架敷设时管道的排列方式及布置尺寸应便于管道安装和维修，且保证管架荷载分布合理和避免相互影响。

地下综合管廊应合理规划敷设范围，满足厂区各个建构筑物的生产运行需求，同时合理确定入廊管线种类，在条件允许时，管线尽可能集中布置在综合管廊内。综合管廊应布置合适的正常出入口、应急出入口及安装孔等设施，保证管廊能够正常施工安装和运维；管廊内部应规划人行通道、消防设施、照明、通信、通风和排水等附属设施，以满足综合管廊施工安装和运行维护的要求，提升管廊的安全性和便捷性。安全级重要廊道（如有）应满足地基和抗震要求，宜布置在稳定的、岩土性质均匀的地基上，地基岩土参数应满足抗震Ⅰ类物项的要求。

7）厂区施工场地

施工区规划应包括施工生产区和施工生活区。施工区用地内不应设置永久性设施。

施工生产区宜布置在厂区扩建端，且靠近施工场地和对外交通运输方便的地段。施工生产周转场地及临时堆场宜利用扩建工程用地。

施工生活区宜靠近核电厂或电厂附近县、乡镇，且应交通运输便捷，并应具有一定规模的生活配套条件。

施工生产区应合理规划施工生产临建、设备材料堆场、建筑垃圾堆场及施工临时供水、供电、供热等设施，并应布置紧凑、分区明确、节约用地。

施工生产区所确定的主要运输路线的道路设计应考虑包括高温、雨雪雾天、路面结冰等不同天气，对道路使用的影响，尽量确保在恶劣气象条件下路面可用性，满足重型车辆及设备的运输。

在施工开挖区的护坡工程应安全可靠并符合相关标准规定的要求，并满足相关起重机和其他交通工具吊装和运输设备的要求。

施工区宜设置单独的临时排水设施，以及适当的照明和防雨设施。

8）厂区交通运输

核电厂交通运输应结合当地交通运输现状和发展规划，应满足核电厂生产运行的运输、建设期间的运输和核电厂应急计划实施的要求，且应便于经营管理，兼顾地方交通运输。

对外运输方式可采用公路、水路、铁路进行联合运输。大件设备的运输宜采用水路和公路联运的方式。核燃料、乏燃料、放射性废物运输应选择安全可靠、路径短捷的运输方式。运输路线宜避开繁忙的国家干线，应避免穿越城镇居民区。

核电厂应设置执行应急计划所需的场地、撤离道路、运输和通信方面的设施。

核电厂进厂道路应合理利用现有的国家公路及城镇道路，设置不同方向的主要和次要进厂道路，与国家公路或城镇道路连接的进厂道路线路应合理、短捷。

核电厂内道路布置应满足生产、运输、安装、检修、消防及环境等要求。厂区内所有区域和建构筑物均应设有疏散路线；厂区交通运输布置，应使物料流程顺畅短捷，并宜做到人货分流和避免交叉，放射性物流与非放射性物流宜分流运输。厂内道路宜平行或垂直于主要建、构筑物，主厂房建筑群四周应设环形道路。

核电厂的厂内、外道路设计应考虑在建造和运行期间大件设备或大型模块的运输、装卸对道路设施和作业场地的要求。厂区通道宽度应满足建构筑物、露天设备对防火、防爆、卫生间距的要求，并符合管线、管廊、道路等布置要求。

公路线的布置应尽可能减少大量可燃、爆炸等有害材料紧靠安全相关厂房进行运输的情况。

9）厂区绿化

核电厂绿化布置应根据自然条件和厂内各区的功能和性质统一考虑。核电厂绿化布置按照禁止绿化区、适度绿化区和重点绿化区进行区域划分，分片区指导厂区绿化景观设计。

核电厂保护区内不应绿化，并在有监控要求的围栏内外 6 m 范围内不应种植乔木和灌木。控制区和保护区之间的区域可以根据建构筑物厂房/仓库的生产性质要求种植相关植物，进行景观绿化，如室外配电装置区域内一般以地被类植物为主，冷却塔附近在不影响冷却效率的前提下，可铺设草皮以及喜潮湿耐潮湿的树种等。在重点绿化区域可选用观赏植物，做适当的空间艺术处理，例如，厂前区一般会开展专项景观绿化设计，以体现企业文化，提升企业整体形象。

13.4 核岛厂房布置要求

13.4.1 通用要求

13.4.1.1 总体布置

1）布置设计应满足核岛厂房相关系统功能要求。

2）布置设计应考虑内外部事件的影响，确保不丧失执行其设计安全功能的能力。

3）布置设计应将冗余安全系统中相互冗余的设备或部件进行实体分隔，确保安全功能的实现。

4）布置设计应避免安全相关和非安全相关的设备相互产生不利影响。

5）布置设计应考虑按剂量分区，将放射性设备和非放射性设备隔离，并且为干净区域和污染区域提供独立的人员通道。

6）厂房通道的设计应考虑到操作维修、人员通行及疏散和可能的临时工作区域，应为设备的安装、操作、维修、放置、拆除和检查提供足够的空间。

7）安全相关的与非安全相关的系统之间的防火分隔应通过设置防火屏障来实现。

8）功能相近或相关的厂房或设施，应尽量集中布置，以减少必要的接口。

9）厂房的基准标高应高于最大洪水淹没水位，厂房基准标高还应考虑便于装卸料设施的操作。

10）布置设计应充分考虑在役检查可达性和相应检查操作的可实施性。

11）布置设计应考虑吊装运输工具的空间和通道，满足电厂建造各阶段的吊装运输需求。

12）厂房需要根据消防疏散及功能使

用情况设置楼梯及电梯，其中楼梯间的布置需要满足不同区域人员的安全疏散要求；电梯主要用于人员交通及器材运输。

13.4.1.2 安全要求

1）内部火灾防护要求

（a）包含安全相关设备的房间应与其他区域采用防火屏障隔开。

（b）冗余的安全序列之间应采用防火屏障隔开。

（c）电厂的建造应最大范围地应用不可燃材料。

2）内部水淹防护要求

（a）所有安全相关设备应尽量布置在水淹水位以上。

（b）对于安全壳内布置在事故后水淹水位以下的安全相关设备，应完成水淹环境鉴定或通过分析确定其水淹不会影响安全相关功能实现。

（c）在厂房设计中，将最大水淹水位以下的围栏或屏障墙上的贯穿件数目减到最少。

3）高能管道破裂防护要求

（a）布置时应尽可能将安全相关系统布置在远离高能管道的地方。

（b）在实体隔离无法实现的地方，应开展管道破裂危害评估，并通过结构部件将安全相关物项与管道破裂危害影响区域隔离开。

（c）当管道破裂会引起不可接受的破坏时，需提供防护管道甩击的措施。

（d）应为管道破裂区域提供疏排水系统，限制管道破裂造成的水淹影响。

4）内部飞射物防护要求

（a）布置时应尽量将安全相关部件与潜在的飞射物源布置在不同的电厂区域内。

（b）当安全相关部件与潜在的飞射物源位于同一区域时，应设置飞射物屏障防止安全相关部件受到影响。

5）外部水淹防护要求

（a）厂址厂坪标高应高于设计基准洪水位。

（b）潜在水源应远离安全有关的构筑物设置，防止对安全有关构筑物产生威胁。

（c）抗震Ⅰ类建筑物的地坪下应安装防水系统以限制地下水的渗透。

（d）为进一步提高应对超设计基准外部洪水的裕量，核岛主厂房外部额外设置活动挡水闸板。

6）外部飞射物防护要求

（a）应设置外部事件下保持结构完整的屏障结构用于防止外部飞射物对安全有关部件的影响。

（b）对于核岛内的安全有关部件应进行评估，以确保飞射物无法直接穿越抗震Ⅰ类混凝土墙、屋顶、楼板或飞射物屏障上永久或临时洞口而影响其安全功能。

7）内部爆炸防护要求

（a）应尽可能将可能产生或有助于产生爆炸性混合气体的易燃气体、可燃液体和可燃物料排除在核岛厂房之外。

（b）应选择适当的电气部件，并通过设计限制电弧可能出现的概率和持续时间，降低爆炸发生的概率。

（c）应隔离潜在火灾与潜在爆炸性液体和气体，将火灾引起爆炸风险减至最低。

（d）对于不能消除的爆炸危害，应采取设计措施限制爆炸后果（如超压、产生飞射物或火灾等）。

8）外部爆炸防护要求

（a）应避免将安全级设备布置在靠近厂房外边界并存在永久开口的房间。

(b) 对于不可避免布置在厂房外边界永久开口的房间内的设备，应进行安全性评价或设置防护措施。

9) 电磁干扰防护要求

对于厂房内的电气设备应考虑适当的屏蔽防护，防止电磁干扰对安全级设备产生影响。

13.4.1.3 堆本体布置

1) 定位要求

(a) 反应堆本体系统在安全壳内的位置应使堆芯区域靠近安全壳底部，从而在事故工况下能够淹没堆芯。

(b) 反应堆本体系统应与环吊旋转中心偏心布置，便于环吊吊钩与一体化堆顶组件的连接。

2) 可达性要求

(a) 按 ASME B&PV 规范第Ⅲ卷划分为 1、2、3 级属于安全有关的设备（包括泵和阀门），在设计阶段必须设置可达通道，以便按 ASME B&PV 规范第Ⅺ卷的适用版本和补遗的规定进行在役检查和试验，以评价其运行准备状态。

(b) 应有足够的空间对接管焊缝进行检查。在换料期间应能到达接管区域。

(c) 反应堆压力容器接管和筒体与保温层之间应有足够的空间进行在役检查。

(d) 反应堆压力容器顶盖法兰应有足够的空间进行螺栓拉伸。

(e) 设置通向反应堆压力容器顶盖法兰的楼梯或其他运输通道供换料时使用。

(f) 在停堆期间，应能到达一体化堆顶组件上的抗震支承板。

(g) 反应堆压力容器下方应有足够的空间以拆除和安装保温层。

3) 其他布置要求

(a) 应能将一体化堆顶组件从其存放位置起吊至反应堆压力容器法兰处，反之亦然。应通过部件设计和屏蔽减小吊装期间反应堆压力容器顶盖下方/周围的人员辐照。

(b) 应对放置在上部堆内构件内的所有堆芯仪表套管组件进行有效屏蔽（水或固体屏蔽），以减少上部堆内构件存放位置的辐射剂量。

13.4.1.4 燃料装卸和贮存工艺布置

燃料装卸和贮存主要包括新燃料接收、检查、贮存、运输和乏燃料搬运、倒换、贮存、检查、修理和发运。

燃料装卸和贮存工艺布置的总体要求有：

1) 乏燃料贮存水池最低容量为满足至少 10 个日历年正常换料卸出数量再加一个完整堆芯的贮存容量，并根据燃料装卸和贮存系统的要求进行设计。

2) 乏燃料在转运过程中需提供足够的屏蔽。

3) 应在专门的房间内设置新燃料贮存格架，设计应保证不会发生意外临界，即使在最佳慢化条件下，也可以保持在次临界状态。新燃料贮存间的容量至少应满足一次换料所需要的新燃料组件数量要求。此外，电厂应设置区域用于新燃料接收和检查，并且能够将新燃料从贮存间转运到乏燃料贮存水池。

4) 在燃料贮存区域，应通过对装卸料、燃料贮存和容器装载区域的合理布置，以及燃料装卸设备的可靠设计避免在燃料贮存区域发生重载跌落：通过燃料贮存区域结构独立性、设置结构围堰或其他结构等措施防止重载跌落的间接影响，以避免在重载跌落于燃料贮存邻近区域时造成乏燃料池水装量的大量丧失；或，起重机满足单一故障保护设计及相关吊具的保守设计，可以排除与换料操作相关的重载跌落。

5）乏燃料运输容器可放置在乏燃料贮存水池旁的容器装料池内。容器装料池与乏燃料贮存水池通过水闸门相连，水闸门底部应高于乏燃料贮存格架顶部。

6）应在容器装料池附近设置容器清洗池用于乏燃料运输容器的准备、去污和检查。

7）燃料装卸和贮存区域需设置起重机用于吊运重物。

8）在为所有必要的燃料装卸和检查装置处设置吊点。

9）所有水池侧均需提供人员查看及操作的区域和可达通道。

13.4.1.5 工艺系统布置

1）设备布置

(a) 设备布置应满足相关系统功能要求。

(b) 放射性设备应根据系统或放射性水平进行分区域集中布置。

(c) 应将安全壳外的管道贯穿区分为放射性和非放射性区域并分开布置。若因布置空间限制，放射性隔离阀与非放射性隔离阀布置在同一区域内，则在放射性隔离阀和非放射性隔离阀之间需要有一定的屏蔽措施。

(d) 放射性管道和设备应该与非放射性管道和设备分开布置，放射性等级不同的系统也应分开布置。

(e) 放射性管道和设备应尽可能地用已有的结构进行屏蔽，放射性设备房间尽量设置迷宫。

(f) 放射性水平高的设备，如过滤器、除盐床和储罐等，应布置在单独的房间中。

(g) 在每个厂房内，都应该为地面疏水和设备排水分别设置放射性地坑和非放射性地坑。

(h) 应根据设备需求，为设备的安装、维修、放置、拆除和检查提供足够的空间。

(i) 非能动系统相关设备应根据系统需求，合理考虑相关设备的布置标高。

2）管道布置

(a) 管道布置应考虑安全系列隔离、可操作性和维修通道要求。

(b) 管道应靠近土建结构进行布置，以便于支架生根。

(c) 管道的布置应不妨碍日常的运行和维修活动。

(d) 在满足隔离要求前提下，管道、风管和电缆桥架应集中布置以便使用共用支架，并综合协调布置空间。

(e) 在满足系统功能要求下，管道长度应尽量短，尽可能用弯管代替弯头，同时尽可能减少管道的高低点。

(f) 地面排水应有存水弯，以防止放射性气体通过疏水管从一个房间进入另一个房间。

(g) 放射性管道的布置应避免死管段和可能的存污管段，同时管道需要采用对接焊。

(h) 管道布置应尽可能减少水锤现象。

(i) 管道应根据流向设置合适的坡度。

(j) 阀门应位于维修和操作容易接近的区域。一个系统中的阀门应尽可能分组就近布置以便于操作。

(k) 安全壳隔离阀的布置应根据实际情况尽量靠近安全壳。

(l) 含硼系统中管道的设计和布置尽少采用可拆卸接头连接。必要时，可以采用法兰连接；含硼系统中管线不能使用螺纹连接。

(m) 系统充水期间，所有高点应有排气措施。要求定期试验的放射性系统，地面疏水应采用硬质管道通至地漏并观测排空。

(n) 安全壳内安全相关的电动和气动阀门的安装高度应保证它们在 LOCA 事故后的堆芯长期冷却期间不会被水淹没。

(o) 管道穿过不同构筑物时，需要考虑构筑物变形或沉降对管道的影响。

3) 支吊架布置

(a) 管道布置设计时宜尽可能地减少支吊架，并减少阻尼器的使用。

(b) 管道支吊架宜尽可能采用标准设计。

(c) 支吊架型式宜尽量归并，减少支吊架种类。

(d) 支吊架设计宜生根在结构或钢板/预埋板上。

(e) 相邻的系统布置时宜考虑共同通道，使用共用支架。

(f) 管道布置时宜靠近土建结构，以减少支吊架材料用量。

(g) 在需要阻尼器的地方应规定阻尼器的参数和试验要求。

(h) 支架的设计和布置应该考虑到操作和维修空间，避免干扰其他物项的操作和维修活动。

13.4.1.6 电气布置

电缆桥架及配管应与高温管道、阀体和法兰保持足够的距离，以防止由于环境温度升高而降低电缆载流量和/或使用屏障的必要性。如有可能，应尽量避免电缆敷设在高温环境内。

对于多层电缆桥架系统，除特殊情况外，应在上部桥架底部和下部桥架顶部之间留出至少 150 mm 的垂直间距，并在相邻桥架之间留出至少 100 mm 的水平间距，以便于电缆桥架安装及电缆敷设。

电气设备布置、电缆布线通道的设计中应考虑电缆敷设路径的规划，以便最大程度地提高成组拉线的可能性。

为便于电缆敷设和隔离，应酌情将各电缆布线通道和走廊分配给各个安全系列。

应将电缆、电缆通道、电缆桥架通过颜色、字母和数字等规则进行标识。

电缆隧道中，电缆桥架的地面支撑结构不应用于长期潮湿的区域，以防止支撑结构的腐蚀。

13.4.1.7 仪控布置

1) 仪表布置应考虑以下几方面。

(a) 分隔和隔离要求。

(b) 在役和试验期间仪表应暴露在尽量少的辐照剂量中。

(c) 直管长度要求。

(d) 必须安装在附近的设备组件。

(e) 管子破裂造成的水淹防护。

(f) 维修空间要求。

(g) 危险、环境和地震影响。

2) 有就地显示要求的仪表应布置在方便读数的位置。

3) 辐射监测仪的布置位置需考虑屏蔽体的支撑和较低的辐射本底计数。

4) 气溶胶辐射监测仪的布置应尽量缩短取样管线长度并且允许比较大的弯曲半径。

5) 含放射性介质的仪表管线应填充去离子水并从根阀处进行冲洗，从而保证管内的污染物尽可能低。

6) 仪控房间应布置在不会出现喷水和水淹的地理位置。

7) 应采用特别的布局防止喷水和水淹带来的不利影响。

13.4.1.8 控制室综合体

控制室综合体包括主控制室（区）和支持主控制室运行的其他房间，如计算机和设备间，也包括相关的办公室和技术支持中心。

1）布置

控制室综合体的位置应布置于反应堆厂房和汽轮机厂房之间，位于抗震Ⅰ类构筑物内。

控制室综合体的位置应考虑以下要求。

（a）便于电缆的敷设，减少动力电缆和控制电缆的敷设长度，为序列隔离提供足够的空间。

（b）提供所有假想设计工况下的人员通道及可居留性。

（c）当发生可能导致控制室撤离的火灾或其他危害时，应可通过进入远程停堆站。

控制室综合体的设计和布局应满足运行要求和功能要求，并考虑人因工程。

控制室综合体与远距离停堆室属于不同的防火分区，不共用带有贯穿件、门或闸门的隔离屏障。

技术支持中心的位置应考虑保障技术支持中心与控制室之间人员能安全往来。

2）可居留性

主控制室是事故工况下确保安全运行的主要场所。对于主控制室边界贯穿物项（如门、电缆套管等）的设计应尽可能减少进/出主控制室。设计应防止外部的空气、蒸汽、烟气、水和灭火化学品（如 CO_2）渗入主控制室。主控制室通风设备新风口的位置和防护措施设计应尽可能减少非新风的吸入。

主控制室可居留区域应包括主控制室（区）、值长办公室、卫生间和厨房/就餐区域等应急响应期间人员持续或频繁居留的区域。

事故工况下，在技术支持中心的 HVAC 系统可运行的情况下，技术支持中心应具有与主控制室相同的可居留性。

13.4.1.9 暖通布置

服务于主控制室的 HVAC 系统空调和通风设备应设置在单独的设备间内，且设备间的边界不应包括在主控制室压力边界内。

建筑物、房间或小室的气流应从较清洁区流至潜在污染区再至污染区。

建筑物墙上的通风进风口应位于尽可能高的地方，排风口在定位和布置时应防止气流短路。同时进风口的布置应尽量减少吸入有毒有害气体或放射性物质的可能性。

应尽可能将空气处理机组、冷冻机、冷却/加热盘管、风阀和风管等核心部件设置在构筑物内，以防止被损坏。

13.4.1.10 辐射防护

1）厂房和设备布置的辐射防护

所有厂房和设备布置必须满足以下要求。

（a）厂房布置应保证所有出入电厂控制区的人员必须通过控制区出入口，还应考虑应急情况下工作人员撤离路线，确保工作人员安全撤离。

（b）厂房布置应考虑减少设备维护时间，为维护人员提供合适的工作空间与环境。厂房布置应考虑在特定设备检查和维护时减少其他辐射源的影响。

（c）厂房设计应便于安装必要的临时屏蔽和遥控设备。

（d）针对不同辐射源及屏蔽要求，应合理布置永久屏蔽和临时屏蔽。

（e）潜在高放射性设备和低放射性设

备、放射性管道和非放射性管道等应尽量分开布置；阀门布置在阀门间里，与主设备分隔屏蔽。

(f) 放射性系统及设备的疏水排气应考虑直接接入疏水排气系统，减少放射性污染扩散风险。

(g) 设计上降低正常运行期间需进入高辐射区域巡检的可能性。

(h) 仪表装置、传送器和读数装置等应布置在远离辐射源的低辐射区。

(i) 最大限度地减少使用直埋管道，尽可能将管道布置在易于接近的区域，例如专用的管线通道或管沟。

(j) 辐射源和工作人员正常可进入区域之间的贯穿件宜采用错位设置。

(k) 各系统和设备的取样操作点宜布置在剂量尽量低的区域。

(l) 应为检查和维修提供足够的空间，并应考虑处理潜在设备污染所需的空间。

(m) 潜在气载放射性区域应提供呼吸器等呼吸防护设施，需要吊装或拆除设备的区域应提供便利的工具等。

(n) 辐射防护应遵循 ALARA 原则。

2) 辐射分区和屏蔽

放射性设备及其部件的设计、屏蔽及辐射分区应满足以下要求。

(a) 核电厂厂内一般应分为辐射工作场所和非辐射工作场所，将辐射工作场所分为控制区和监督区，并将控制区细分为若干子区，为厂内的辐射屏蔽设计和人员出入控制提供依据。

(b) 根据电厂内各区域的辐射水平及进出入需求等确定合理的辐射分区。

(c) 根据电厂内不同区域的辐射分区和剂量率水平，通过控制区出入口的设置、张贴辐射标志、人员控制、报警和锁的使用来管理和控制人员的进入。电厂运行期间，只有通过控制区出入口才可进入到放射性控制区。控制区出入口应设置有更衣室、监测体表和工作服污染的设备、人体去污设施、监测携带物品污染的设备和被污染衣具的收集装置等。

(d) 在设备或部件设计中减少辐照的主要途径包括最少的维修、最少的试验和标定、最低的监督要求和最大的可靠性。所有这些途径，目的在于减少工作人员在设备和部件旁工作的时间。在经验表明设备或部件潜在有缺陷的场所，应采取措施以减少工作人员的预计工作量和人员剂量，或者采用已有较成功经验的设施。在高辐射区域中的设备或部件（包括非放射性设备）应尽快拆除和安装。

(e) 应把核电厂设备或部件中的放射性物质总量减至最少，以减少工作人员的受照剂量。尽量缩短带有放射性物质的管道长度，但在选择最短路线时，放射性管道不得穿过低辐射区或人员需要经常进出的区域。在核电厂设计中，确定在带有放射性流体设备或部件的系统之间的联接方式非常重要，在设计初期就应在电厂布置中加以考虑。

(f) 设备或部件设计中应尽可能选择满足功能要求的合适材料，以尽量减少放射源的强度和所引起的剂量。

(g) 易于污染的设备或部件应设计成便于去污，并使表面光滑，避免能积聚放射性的弯角和凹槽，以及为盛装放射性液体的回路提供隔离、冲洗和疏水手段。若设计中考虑使用机械方法（例如，用高压水喷射和喷砂）去污，则应考虑实施的可行性和便利性。

3) 高辐射区的设计

部件和系统的设计应尽量消除在电厂

运行模式下人员进入或接触高辐射区域的可能。对于人员必须进入或接触高辐射区域的情况，应在设计时尽量减少或消除对工作人员进行例行操作的需求。在需要操作和维护人员执行其职责时，应使用以下设计方法将辐射水平降至最低。

（a）提供远程观察装置进行日常监视。

（b）使用长寿命及较少维修和校准的仪表设备。

（c）将仪表指示器、电磁阀、控制盘、仪表隔离阀及电气转换器等需要经常读取或操作的设备设置在较低的辐射区，使其能够在不拆卸或拆除其他结构的情况下使用、校准和维修。

（d）使高辐射隔间的放射性监控器允许从临近的低辐射区进行定期校准或其他维护。

（e）屏蔽墙的管道、风管等贯穿件设置应在人员头部高度以上，以尽量减少对人员的照射。贯穿件不得位于辐射源和居留区域之间直线视线区域。

（f）合理设置阀门位置，将阀门操作装置设置在低辐射区，如有必要应加装屏蔽，确保在阀门的维修时不会受到明显的辐射照射。

（g）设备维护所需的通道或走廊不被阀门及其驱动机构等设备阻挡。

（h）高辐射区域应设置远程控制摄像机，实现对这些区域进行远程监控。

（i）远程监控设备，应包括区域剂量率、设备运行参数、音频、视频、人员展示等。

（j）设计人员评估可能出现瞬时高辐射的区域（如靠近废树脂冲排管线、燃料运输通道等区域），最大限度地降低此类瞬态源不必要辐射照射的可能性。

（k）设计人员应确定，在正常和预计运行事件期间剂量率 1 mSv/h 及以上辐射剂量的区域。应通过设计避免这些区域的可接近性，或者当无法通过设计消除时，应通过合理的控制措施将潜在影响降至最低。

4）污染控制

核电厂的布置和厂房设计应提供有下列特性的结构表面，以减少放射性污染扩散的可能性，且便于清理。

（a）要合理安排运输路线。运输过程中要避免碰撞等意外事故，防止放射性物质泄漏。要配备放射性物质泄漏报警装置，并备有应急预案。

（b）具有气载放射性区域要进行通风净化，降低气载放射性浓度。

（c）潜在污染区地面、墙面和设备表面要使用易清洗、易更换且耐腐蚀、耐辐射的材料。

（d）设计时应考虑对潜在被污染系统的冲洗和远程化学清洗。潜在携带放射性的设备应能够隔离、冲洗和排水。

（e）应给系统或厂房布置高点排气和低点疏水来处理高放射性的流体。排气和疏水连接隔离阀应尽可能靠近工艺管道。

（f）对高放系统的管道应采用双边界隔离设计确保无泄漏，减少工作人员辐射照射。

（g）通风系统设计可通过对气载放射性区域进行通风净化以及保持潜在污染区域和干净区域之间的压力边界等方式来减少工作人员辐射照射。

（h）潜在气载放射性污染的厂房应该维持负压，防止污染扩散。通风应该区分低放和高放，气流要从低放区域流向高放区域。

（i）堆腔内衬应采用高品质的不锈钢表面抛光材料，并且应安装冲洗系统来清洁墙壁。

(j) 管道内表面设计和管道布置要尽量避免污染累积。

(k) 阀门、阀门填料和密封等要避免放射性物质泄漏和满溢。

(l) 为控制污染，贮存放射性废液的大箱体应该设置在水密室或者采用围堰来包容。

(m) 所有含有放射性设备的厂房的地板要向出口流向倾斜，并提供排水。

(n) 出现污染后要有应急措施，包括隔离及清除污染、通知区域内工作人员撤离等。

(o) 要有监测装置，及时发现、控制污染，避免二次污染及事故恶化。

13.4.1.11 建筑设计

1) 遵循的防火准则

(a) 通过控制、隔离、限制可燃物和着火源的数量，来预防火灾的发生。

(b) 利用防火屏障将建筑物划分为若干个防火区，以隔离可燃物和限制火灾蔓延。

(c) 隔离多重安全停堆所需部件和相应的电气设施，以保持发生火灾后核电厂具有安全停堆能力。

(d) 如果火灾迫使主控制室人员撤离或火灾导致主控制室内用于安全停堆系统的电路损毁时，电厂具有使用主控制室外的备用控制设计来实现安全停堆的能力。

(e) 隔离区域，减轻事故的影响范围，使一个系列内发生的火灾不会危害到其他的多重系统。

(f) 阻止烟气、热气或者灭火剂从一个着火区域蔓延到其他区域，以免对安全停堆或者操作人员的作业造成不利影响。

(g) 不会因消防系统的故障或误操作而影响到核电厂的安全功能。

(h) 设置适当大小的地面排水设施以排除预期的消防水，以免淹没安全有关的设备。对放射性区域和非放射性区域的消防排水分别进行收集，放射性区域的消防水由放射性废水排水系统收集、处理达标后稀释排放，非放射性区域的消防水由非放射性废水排水系统收集、监测排放。

(i) 为每个防火区提供灭火人员出入通道和人员安全撤离路线。

(j) 提供应急照明和通讯措施。

(k) 将火灾后造成的对人员及环境的放射性和化学危害降到最小。

(l) 对具有正常冷停堆功能的设施进行实体隔离或设置自动灭火系统，以提高这些设施在火灾发生后的可用性和火灾后的冷停堆能力。

(m) 整个厂区同一时间考虑火灾的次数为 1 次。

2) 建筑防火设计

核岛厂房的设计着重于保证安全停堆能力，在主控制室和反应堆厂房外假想火灾下，为多重的安全停堆设备提供防火屏障的隔离保护。对于非能动核电厂安全停堆能力的评估，是假定在任何一个防火区内的所有无保护的设备（在反应堆厂房和主控制室内的除外）由于火灾而无法操作，且重返火灾区域实施维修和操作也是不可能的情况下，是否仍具有执行安全停堆的能力。消防系统的操作故障或操作失误不能影响实现安全功能。

为了隔离潜在的火灾发生，使火灾蔓延的风险和腐蚀性气体、灭火剂产物、烟气、放射性污染合成的间接损害减到最低程度，把厂房划分为若干个防火区。防火区为一个三维的空间，能抑制内部可能会出现的火灾。防火区通过安全距离隔离、防火屏障、防火屏障贯穿件防护及其他装置（例如空调通风管道内的防火阀）进行隔离，把火灾限制在该防火区内。

为了能对可燃物、火灾探测以及灭火系统的类型及位置进行更精确的辨认，有些防火区再细分为若干个防火小区，以隔离防火区内不同的安全重要物项，从而使被隔离的系统不会受到显著地损坏。

按规范要求设置防火屏障，设置耐火极限为 3 h 的防火屏障围护容纳安全有关部件的防火区，除了那些实体隔离要求与其他重要要求冲突的场合，其余场合用耐火极限为 3 h 的防火屏障为多重安全停堆部件提供完全的实体隔离，这些安全停堆部件包括设备、电缆和仪控。根据火灾危害性分析加上足够的富裕度来设计非安全有关区域防火屏障的耐火极限。

3）建筑构件设计

核岛厂房的设计需考虑火灾热量的影响，厂房应尽可能使用不燃材料，避免由于结构构件的变形导致结构支撑的削弱。

建筑构件的耐火极限根据建筑使用性质或经过火灾危害性分析计算和防火区的特性要求来确定。厂房的每一部分应按使用功能单独分开，并用防火屏障或空间隔离与相邻的区域实现隔离，防火屏障应具有与相应的使用部分相一致的防火等级。内装饰应根据场所和厂房的分类选用合格的耐火焰蔓延和烟雾扩散的材料。

4）通行及疏散

（a）人员疏散通道设计要求

a）核岛厂房安全出口的设计需遵循 HAD 102/11《核动力厂防火与防爆设计》，同时参考 GB/T 22158《核电厂防火设计规范》的相关要求。在设计中，需对生命安全有重大风险的地方提供安全保证。由于重大原因需要撤离的时候，厂内人员能够迅速通过疏散通道到达安全区域，实现疏散和逃生的目的。

b）每个防火区都设有人员疏散及消防队员灭火通道（在非放射性控制区域内，人员使用频率高的房间，疏散门开启方向尽可能开向疏散方向；放射性控制区域内，以泵、阀、罐、换料操作为主的，疏散门开启方向不作要求），均清楚地标出火灾撤退路线。

（b）设备运输通道设计要求

a）应确保在不破坏厂房结构、不拆卸管道、电缆及其他物项的前提下，对设备进行运输，除非营运单位有特殊要求。

b）应尽可能减少在设备运输路径上出现台阶，如不可避免，则应采取适当应对措施。如设置坡道或电梯满足设备运输需求。

（c）门的设计要求

主要疏散楼梯间的门和其他房间的疏散门应向疏散方向开启，除了下列情况。

a）由于两侧的压差原因，疏散门不宜朝疏散方向开启。

b）其他特殊原因导致门无法朝疏散方向开启。

c）应考虑在电厂寿期内运输重型设备的门槛便于拆除或采取其他措施。

d）当门两侧通风系统独立设置形成压差时，应保证门的正常开启和关闭（包括事故工况下形成极大压差时）。

e）停堆换料期间，设置在门旁边用于管线临时穿过的洞口，其封堵后耐火极限与门相同。

f）厂房的疏散用门不应采用推拉门、滑升门。

13.4.1.12 结构设计

1）结构体系

结构布置和体系满足下列要求。

（a）尽可能降低结构的重心。

（b）结构的平面和立面布置宜简单规则，尽量避免局部突出或收进。

（c）结构的质量和刚度分布宜均匀，刚度中心尽量靠近其质量中心。

（d）尽可能避免不同抗震类别和不同动态特性的构筑物或设备之间的刚性连接。

（e）应有明确的计算简图和合理的地震作用传递途径。

（f）应具备必要的抗震承载力及安全裕度。

（g）应避免出现局部薄弱部位，若有局部薄弱部位应予加强。

2）地基与基础

（a）抗震Ⅰ、Ⅱ类物项不应采用液化土或软弱土构成的天然地基，也不宜选取水平方向力学性质差异大的岩土作为地基；同一结构单元的地基不应一部分为人工地基而另一部分为天然地基。

（b）安全相关的发电厂房应与非安全相关厂房（结构）的基础底板分开，基础底板之间的间隔应确保基础结构之间不会发生直接相互作用。

（c）对于具有相同安全等级、彼此相邻且具有相同基底标高的各厂房建筑，应使用共同底板代替单独底板。

（d）基础结构的设计应确保潜在的放射性液体不会泄漏到当地地下水中，可以通过使用单次连续浇筑来实现。

3）结构之间的相互作用

在考虑实用和经济的情况下，宜使用整体结构；否则应在结构之间留有足够的间隙，以避免地震相互作用；或者评估由于地震相互作用对核安全相关结构带来的影响。

4）混凝土结构设计

（a）混凝土墙和楼板设计应尽量减少对混凝土浇筑的不利因素，需注意以下事项。

a）应避免较大的钢筋密集问题，以利于贯穿套管插入。

b）应最大限度地减少预留孔和多层钢筋，以利于混凝土浇筑。

（b）混凝土配合比设计应考虑使用减水剂，确保在钢筋和预埋件高密集区域进行充分浇筑。

（c）预埋板需尽可能标准化；预埋板的设计和尺寸应考虑板本身的制造和安装公差，以及安装到板上的部件的制造和安装公差。

（d）钢筋设计宜采用预装配方法。

5）钢结构设计

（a）钢结构材料、焊接材料及紧固件应满足相关技术规定的要求。

（b）结构钢柱和梁宜使用统一的高度、长度和连接，以简化施工。

（c）建筑结构钢框架尽量使用螺栓连接代替现场焊接连接，并尽可能使用带负载指示器的螺栓。

（d）应采取必要措施保证钢结构与其他结构相适应，要考虑它们的公差。钢结构之间的连接应便于在工作现场进行调整，不允许进行临时的切割、焊接或钻孔。

6）钢板混凝土结构模块设计

（a）模块设计中除了考虑正常运行荷载和事故荷载，还需考虑模块的制造、吊运、运输和安装过程中产生的所有荷载。

（b）钢板混凝土结构内的混凝土浇筑应考虑采用自密实混凝土，以确保施工浇筑质量。

（c）钢板混凝土结构模块与混凝土结构的连接或锚固应采取合理可行的连接方式，保证传力路径连续性和足够连接节点强度。

13.4.1.13 施工建造

1）结构和部件的模块化

（a）从核电厂设计初期，有必要开始考虑结构和构件的模块化设计。

（b）但模块设计需注意：

a）核岛厂房设计和布置应考虑到预制结构、管道、机械、仪表/控制和电气部件等大型复合模块，其重量应考虑吊车的起重能力。

b）在保证经济性可行的条件下，模块的设计应与核岛厂房的框架设计相结合，利用厂房框架作为内部模块的支撑。

c）模块的模板、支撑框架和起重装置应该与模块一起设计和制作。

d）应提前考虑好模块的建造和搬运，模块预制厂的预装配区和车间应适应所有建造阶段的模块组装。应考虑模块从预装配区到安装现场的转移。

2）施工出入口

（a）核电厂内设置清晰的设备、材料和人员通道。

（b）核电厂的永久电梯应尽早设计和安装，并能承担建造期间重负荷运行的能力。在大工程量的核岛厂房建造过程中，可设置临时电梯用于施工人员高峰期间使用，在相邻厂房预留出用于安装临时电梯的空间。

（c）核电厂内的永久单轨吊车和起重机应尽早设计并安装，以便建造期间使用，使用前需进行吊车试验检查。垂直升降口处应预留临时吊车起吊设备的空间，以便在施工高峰期间吊装永久设备。

（d）应为核岛厂房内混凝土预埋件和钢结构附属装置提供临时起吊索具等。

（e）核岛厂房的基础和结构设计应能为建造施工期间使用的塔式起重机提供足够的支撑，确保塔式起重机可用。

（f）设计人员应考虑临时厂房延伸场地或平台的位置，以便在建造的所有阶段进入电厂永久设施。

3）施工公差

（a）施工安装或制造公差应在各专业图纸或相关工程文件上注明确认。

（b）使用可容许的最小/最大标准来规定可行的施工公差。

（c）为避免成本高昂的返工或不必要的修改，施工/安装图纸必须明确不影响预期功能设计的公差。

（d）设计人员规定的安装公差应与工业公差和标准相一致。

（e）为在施工中实现可行且具有成本效益的做法，给定材料的规定公差不应超过参考材料的制造公差。

（f）设计尺寸的标注精度应与设计所需精度要求相一致。

4）起重机路径设计

（a）设计人员应提供或指明吊车在不同区域转运所有重物的安全路径。

（b）对所有重物或危险物应明确临时放置区，包括所有可能跌落后影响安全停堆装置的设备。

（c）燃料桶装载区的路径设计应避免燃料桶落入乏燃料池。

13.4.2 反应堆厂房

13.4.2.1 概述

反应堆厂房主要布置有反应堆冷却剂系统和其相关系统，其主要功能是包容假想设计基准事故后的放射性物质，为正常运行工况下的反应堆堆芯和反应堆冷却剂系统提供防护和屏蔽。

13.4.2.2 布置要求

1）应在反应堆厂房不同标高的低放射性区域设置设备检修空间，并为检修空间配备共用设施，如压缩空气、动力电、照明、除盐水和通讯设施等。

2）反应堆厂房的布置应尽量减少必须在操作平台上执行的维修操作，并尽量减少对环吊操作的需求。

3）反应堆厂房的布置应最大限度提高自然循环中氢气与气体的混合速率，并降低氢气局部积聚的可能性。

4）应保证在严重事故下反应堆堆腔可被水淹没，以冷却反应堆压力容器，保证反应堆压力容器完整性。

5）包含高能管道的隔间应保证足够的泄压孔面积，确保隔间的温度和压力不会超过隔间边界和安全有关设备的设计限值。

6）反应堆厂房地坑的设计应有利于收集反应堆厂房的泄漏液。

7）反应堆厂房应设置两个人员闸门，为停堆和运行期间的人员进出提供通道和紧急疏散时提供逃生路径。

8）在安全壳上应预留备用贯穿件，以便在停堆期间临时铺设临时电缆、管道或软管。

13.4.3 核辅助厂房

13.4.3.1 概述

核辅助厂房主要布置有辅助系统、电气系统、仪控系统和燃料贮存操作相关系统，其主要功能是对布置在反应堆厂房外抗震I类的设备提供防护和隔离，对安全相关设备抵御假想的内部或外部事件提供了防护手段；同时，也对厂房内的放射性设备和管道进行了屏蔽，防止放射性外泄。

13.4.3.2 布置要求

1）主控室布置在辅助厂房核心区域，以满足抵御大型飞机撞击等外部事件的要求；主控室宜布置在 1E 级序列中心位置，上方宜就近布置供主控室安全通风的暖通机组。

2）核岛厂房主运输通道应考虑与安全壳设备闸门设备运输衔接的便利性和乏燃料运输的便利性。

3）控制区出入口应布置在控制区边界上辐射水平或潜在辐射水平较低的区域，其设计应能防止污染从控制区向非控制区扩散。

4）工艺贯穿区、电气贯穿区及暖通贯穿区宜分区布置。工艺放射性贯穿区与非放射性贯穿区宜分开布置。电气 1E 级贯穿区与非 1E 级贯穿区宜分开布置。

5）建筑物墙上的通风进风口应位于尽可能高的地方，通风进气口应设置成能减少除新风外其他气体进入的可能性。

6）放射性工艺系统宜布置在地下层面，以更好实现放射性包容。

7）辅助厂房应至少设置两部电梯，分别为放射性控制区和非放射性控制区服务。

13.4.4 附属厂房

13.4.4.1 概述

附属厂房在总体布置中属于非安全有关的建筑物，附属厂房内不设置任何安全有关设备。附属厂房为进出反应堆厂房、辅助厂房提供主要的人员进出口，也为人员和设备出入辅助厂房的非放射性控制区域和放射性控制区域提供通道，并对其进出进行控制。

13.4.4.2 布置要求

1）附属厂房需要设置进出辅助厂房内的非放射性控制区和放射性控制区的人员和设备通道，也应考虑为放射性控制区人员出入而设置的保健物理支持设施，以及人员卫生支持设施，例如更衣室及淋浴室。

2）附属厂房还包含非 1E 级交流和直流供电系统、辅助柴油发电机组及其燃料供给设施、其他电气设备、技术支持中心以及各类 HVAC 系统。附属厂房内不设置任何安全有关设备。为了保证在停堆期间人员和大设备的进出，需设置通往安全壳内上下设备闸门的直接大通道及楼面吊装孔。为维护放射性控制区域内的设备，厂房内宜布置热机修车间，内设去污设施，包括一个可以在其他区域内进行去污的便携式去污设备。

13.4.5 放射性废物厂房

13.4.5.1 概述

放射性废物厂房主要布置有废液监测排放系统和废物间，其主要功能是分隔储存不同种类的未经处理的废物，同时对经过处理达标的放射性废液监测排放。

13.4.5.2 布置要求

1）应为接收和运输放射性废物的车辆提供足够的装卸空间，并防止卡车受到污染。

2）废物贮存间用于分隔储存不同种类未经处理的废物，应设置屏蔽措施，保护人员经过时不受辐射危害。

3）废液监测箱区域的底板和结构应能容纳任意一个监测箱的最大水装量，并具有收集溢漏放射性废液的能力。

4）废液监测箱内溢出或者外泄的液体由放射性废水疏排系统收集，然后排放至废液收集地坑内。

13.4.6 柴油发电机厂房

13.4.6.1 概述

柴油发电机厂房装有柴油发电机组及其相关的辅助支持系统、暖通、消防等设备。厂房为按统一建筑规范规定的地震和风载荷进行设计的非抗震结构。这些柴油发电机在电厂正常电源中断的事件下，为电厂运行提供后备电源。

13.4.6.2 布置要求

柴油发电机厂房宜考虑一定的降噪措施，以保证就地操作员与主控室之间有良好的通信。

柴油发电机厂房应设置设备的进出通道，保证设备整体更换时不会对墙体进行拆除。

柴油发电机的布置及厂房内吊车的行走空间，应能满足柴油发电机日常检修起吊的设备部件的需求。

厂房电气设备间宜设置两扇门，确保紧急情况下操作人员的安全。

每台柴油发电机组应布置在独立的房间内，房间的防火设计应确保一个房间内发生火灾不会影响其他柴油发电机的运行。

每台柴油发电机组均应单独配置其辅助支持系统设备，包括控制系统、进气系统、排气系统、冷却系统、润滑油系统、燃油系统设备，保证一台柴油发电机组的工作不会影响其他柴油发电机组的可用性。

设备的布置均应考虑日常操作和维护的空间，尤其是：

1）柴油发电机的活塞、连杆缸盖、缸套、轴承等部件可就地完成检查或更换。

2）进排气系统消除积尘和定期检查。

柴油发电机的高温设备、管道应进行保温、防烫处理，防止对运行、检修人员造成高温伤害。

燃油贮存罐宜室外布置，与包含安全相关设备的构筑物之间应至少有 15 m 的距离；或布置在独立的构筑物内，其结构的耐火等级应至少为 3 h。

燃油贮存罐区域不应布置与柴油发电机燃油系统无关的安全相关设备。

日用油箱、燃油贮存罐底部应设置疏水阀及取样阀。

13.5 汽轮机厂房布置要求

汽轮机主厂房布置应满足以下要求。

(1) 主厂房布置要应满足安装、运行、维护和检修的需要，并应满足与核岛安全相关的要求。

(2) 主厂房在满足主要设备布置要求的前提下，可采用变柱距。

(3) 主厂房宜采用汽轮机头部侧朝向核岛厂房布置。

(4) 主厂房宜采用汽机房和除氧间双列布置。

(5) 主厂房可采用地上或下沉式布置方式。当采用直流供水时，经技术经济比较，可采用整体下沉式布置或凝汽器局部降标高布置。

(6) 汽轮机房运转层宜采用大平台布置，且应满足汽机房的通风、安装、检修要求。除氧间可根据设备布置需要设置层数，主结构层标高应与汽轮机房一致。

(7) 主厂房外侧可根据需要设置辅助设备厂房，辅助设备厂房主结构层标高宜与汽轮机房一致。

(8) 核岛辅助系统及设备需布置在常规岛时，宜布置在独立房间内或厂房内合适的位置。当设置第一跨厂房时，宜脱开核岛厂房独立设置，第一跨厂房的设计应满足核岛管道假想破损事故防护设计要求，与相邻核岛厂房通行楼层的标高应与核岛厂房一致。对于可能产生放射性的设备，常规岛应按照核岛提供的屏蔽设计要求进行屏蔽设置。

(9) 当主蒸汽和主给水管道需设置防甩装置时，防甩装置结构形式可采用钢结构或剪力墙，相关结构宜脱开主厂房框架结构独立设置。

(10) 主厂房布置应符合现行国家标准《核电厂常规岛设计规范》(GB/T 50958) 及《核电厂常规岛设计防火规范》(GB/T 50745) 的相关规定。

(11) 化学相关设备的布置应满足下列要求。

1) 凝结水精处理装置、汽水取样监测装置和化学加药装置，宜相对集中布置。

2) 再生装置和精处理控制室宜布置在同一层。

3) 酸、碱等腐蚀性液体容器不应布置在主厂房内。

(12) 电控相关设备的布置应满足下列要求。

1) 主厂房的电子设备间和电气间宜统筹规划，可联合布置于主厂房或辅助厂房内。

2) 电气出线、励磁小间等，宜布置于发电机下方楼层周围区域，电气出线不宜穿越除氧间。

3) 主厂房电缆敷设及通道的布置应符合现行国家标准《电力工程电缆设计规范》(GB 50217) 规定。

(13) 暖通相关设备的布置应满足下列要求。

1) 当热水生产及分配系统的相关设备布置在常规岛厂房时，相关设备宜布置在除氧间或汽轮机房内靠近管道廊道接口的位置。

2) 主厂房通风采用机械进风方式时，相关设备宜布置在通风机房内，通风机房宜靠近主厂房布置。

3) 主厂房内设置管沟时，管沟不应穿越地下电缆沟道，管沟内应有可靠的排水措施。